Prüfungsbuch für Elektroberufe

Energietechnik

W. Bieneck
H. Haibl
P. Kieffer

8. Auflage

Best.-Nr. 465
Holland + Josenhans Verlag Stuttgart

Dieses Prüfungsbuch berücksichtigt die neuesten VDE-Bestimmungen und DIN-Blätter. Verbindlich sind aber nur die jeweiligen VDE-Bestimmungen und DIN-Blätter selbst.

8. Auflage 1994

Dieses Buch ist auf Papier gedruckt, das aus 100 % chlorfrei gebleichten Faserstoffen hergestellt wurde.

Gestaltung: Ursula Thum, 70599 Stuttgart
Satz: Werbeservice, Stuttgart
Druck: Oertel + Spörer GmbH + Co., 72764 Reutlingen
Bindearbeit: Industrie- und Verlagsbuchbinderei Dollinger GmbH, Postfach 198, 72555 Metzingen

ISBN 3-7782-4650-X

Vorwort

Die Entwicklung auf dem Gebiet der Elektrotechnik hat im letzten Jahrzehnt einen stürmischen Verlauf genommen. Die Neuordnung der Lehrpläne für die elektrotechnischen Berufe hat deshalb eine Fülle von neuen Lehrinhalten gebracht, insbesondere auf den Gebieten Computer- und Automatisierungstechnik. Dabei blieben aber viele klassische Inhalte der Elektrotechnik wie Maschinen, Anlagen und Schutzmaßnahmen nahezu ungekürzt erhalten. Für den Auszubildenden ist der zu bewältigende Lernstoff nicht nur schwieriger, sondern auch umfangreicher geworden. Bei den gestiegenen Anforderungen ist es deshalb umso wichtiger, dem Schüler gut strukturierte Lernhilfen zu bieten.

Das „Prüfungsbuch für Elektroberufe“ baut auf dem bewährten Prinzip auf, den Lernstoff in Frage und Antwort anzubieten. Die einzelnen Problemkreise werden dabei konsequent in leicht überschaubare Teilprobleme untergliedert, wobei aber stets darauf geachtet wird, daß zusätzlich zum Faktenwissen der Sinn für übergeordnete Zusammenhänge vermittelt wird. Besonderer Wert wird dabei auf eine leicht verständliche Darstellung gelegt. Der Lernstoff wird deshalb klar gegliedert dargeboten:

1. Das für das Verständnis unbedingt erforderliche Wissen wird in Kernfragen zusammengefaßt. Die Kernfragen sind knapp und präzise beantwortet; die Antworten sind farblich unterlegt.
2. Die Antworten auf die Kernfragen sind durch aussagekräftige Skizzen und Schaltpläne ergänzt.
3. Die Kernfragen werden durch zahlreiche zusätzliche Fragen ergänzt und abgerundet.

Das „Prüfungsbuch für Elektroberufe“ war ursprünglich für die Vorbereitung auf die Abschlußprüfung konzipiert. Die langjährige Arbeit mit dem Buch hat aber gezeigt, daß es darüber hinaus dem Schüler vom ersten Schultag an wertvolle Hilfe bei der Bewältigung der täglichen Lernarbeit bieten kann.

Das vorliegende, völlig überarbeite Werk ist so gestaltet, daß es dem Schüler hilft beim Erfassen des umfangreichen Lernstoffes, beim Lernen auf Klassenarbeiten sowie bei der sorgfältigen Vorbereitung auf die Abschlußprüfung.

Die Autoren

Inhaltsverzeichnis

6 Automatisierungstechnik

7 Elektrische Maschinen

8 Elektrische Anlagen und Geräte

1 Grundlagen der Elektrotechnik

1.1 Grundwissen

Aus welchen Grundbausteinen bestehen alle Stoffe?

Alle Stoffe bestehen aus Atomen.

Das griechische Wort "atomos" bedeutet "unteilbar". In der Atomphysik können Atome aber geteilt werden.

Wie ist ein Atom aufgebaut?

Ein Atom besteht aus Protonen, Neutronen und Elektronen. Protonen und Neutronen bilden den Atomkern, die Elektronen bilden die Atomhülle (Atomschale).

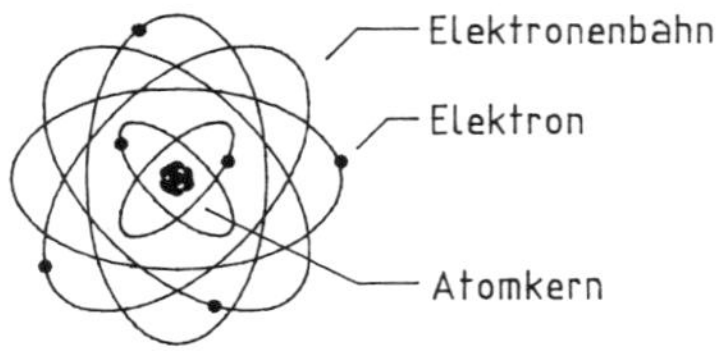

Wodurch unterscheiden sich die Atome verschiedener Elemente, z.B. ein Wasserstoffatom von einem Sauerstoffatom?

Die Atome verschiedener Elemente unterscheiden sich durch die Anzahl der Protonen (Kernladungszahl).
Mit der Zahl der Protonen ändert sich auch die Zahl der Elektronen.

Wasserstoffatom
1 Proton
1 Elektron

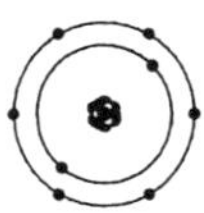

Sauerstoffatom
8 Protonen
8 Neutronen
8 Elektronen

Unter welchen Umständen ist ein Atom geladen?

Ein Atom ist elektrisch geladen, wenn die Zahl der Elektronen größer oder kleiner ist als die Zahl der Protonen.

Hat das Atom mehr Elektronen als Protonen, so ist es negativ geladen. Hat das Atom weniger Elektronen als Protonen, so ist es positiv geladen. Elektrisch geladene Atome nennt man Ionen.

Wie wirken elektrisch geladene Teilchen aufeinander?

Gleichnamig geladene Teilchen stoßen sich ab.
Ungleichnamig geladene Teilchen ziehen sich an.

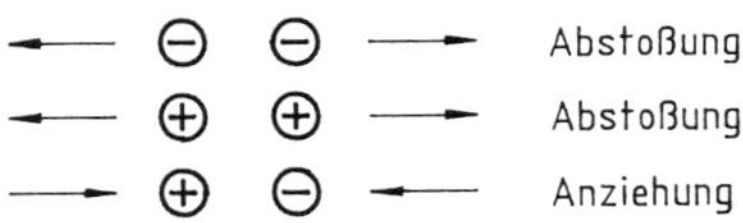

Was versteht man unter einem Molekül?

Ein Molekül ist eine chemische Verbindung von zwei oder mehreren Atomen. Es ist der kleinste Teil einer chemischen Verbindung.

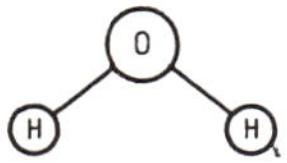

Beispiel:
Zwei Wasserstoffatome (H) und ein Sauerstoffatom (O) bilden ein Molekül Wasser
$H + H + O \rightarrow H_2O$.

Was versteht man unter Ionen?

Ionen sind elektrisch geladene Atome oder Moleküle. Es gibt positive Ionen und negative Ionen.

Wird einem Atom oder Molekül ein Elektron entrissen, so entsteht ein positives Ion; enthält es ein zusätzliches Elektron, so entsteht ein negatives Ion.

Wie sind Protonen, wie sind Elektronen geladen?

Protonen sind positiv, Elektronen sind negativ geladen. Beide Ladungsmengen sind gleich groß.

Was versteht man unter der Elementarladung?

Die Elementarladung ist die Ladung eines Elektrons bzw. eines Protons. Die Elementarladung ist die kleinstmögliche Ladung ($e = 1{,}6 \cdot 10^{-19}\,\text{As}$).

Wie sind Neutronen geladen?

Neutronen besitzen keine elektrische Ladung, d.h. sie sind elektrisch neutral.

Nennen Sie chemische Elemente und ihr chemisches Zeichen!

Chemische Elemente sind zum Beispiel: Kupfer (Cu), Eisen (Fe), Zink (Zn), Aluminium (Al), Quecksilber (Hg), Sauerstoff (O), Wasserstoff (H), Kohlenstoff (C), Silizium (Si).

Was versteht man unter Isotopen?

Isotope sind Abarten eines chemischen Elementes. Die Atome des Isotops unterscheiden sich von den Atomen des Elements durch die Anzahl der Neutronen.

Beispiel:
Ein Wasserstoffatom enthält 1 Proton, 0 Neutronen, 1 Elektron.
Ein Isotop davon enthält 1 Proton, 1 Neutron, 1 Elektron.
Manche Elemente besitzen mehrere Isotope.

Was versteht man unter Messen?

Messen heißt Vergleichen mit einer festgelegten Einheit.

Das Meßergebnis $I = 5$ A besagt: der gemessene Strom ist 5 mal so groß wie die gesetzlich festgelegte Einheit 1 A.

Welche beiden Angaben sind erforderlich, um eine physikalische Größe (z.B. die elektrische Spannung) zu bestimmen?

Zur Bestimmung einer physikalischen Größe benötigt man ihren Zahlenwert und ihre Einheit.

Beispiel: $U = 230$ V

U	230	V
Formelzeichen der Größe	Maßzahl	Einheitenzeichen (Volt)

Welche 7 Größen bilden die Basis (Grundlage) für das internationale Einheitensystem (SI)?

Die 7 Basisgrößen sind:

1. Länge
2. Masse
3. Zeit
4. Elektrische Stromstärke
5. Temperatur
6. Lichtstärke
7. Stoffmenge

Basisgröße		Einheit	
Länge	l	Meter	m
Masse	m	Kilogramm	kg
Zeit	t	Sekunde	s
Stromstärke	I	Ampere	A
Temperatur	ϑ	Grad Celsius	°C
	T	Kelvin	K
Lichtstärke	I	Candela	cd
Stoffmenge	n	Mol	mol

Welches sind die gesetzlichen Einheiten im Meßwesen?

Die gesetzlichen Einheiten im Meßwesen sind: die Basisgrößen, die atomphysikalischen Einheiten, die gesetzlich abgeleiteten und festgesetzten Einheiten, dezimale Vielfache und Teile obiger Einheiten.

Atomphysikalische Einheit der Masse für die Angabe von Teilchenmassen ist die atomare Masseneinheit (Kurzzeichen: u). 1 atomare Masseneinheit ist der 12te Teil der Masse eines Atoms des Nuklids ^{12}C. Dezimale Vielfache sind bei den Zeiteinheiten Minute, Stunde, Tag und Jahr nicht zugelassen, erlaubt ist jedoch die Millisekunde (ms).

Nennen Sie abgeleitete SI-Einheiten!

Abgeleitete SI-Einheiten sind z. B.: Volt (V), Ohm (Ω), Farad (F), Tesla (T).

Beispiel:
1 Volt = 1 V = 1 W / 1 A = 1 J / 1 A
= 1 Nm/1 A = 1 kg m^2 A^{-1} s^{-3}

Welche Bedeutung haben die Vorsätze: p, n, μ, m, k, M?

Die Vorsätze bedeuten:

p	Pico	= 0,000 000 000 001
n	Nano	= 0,000 000 001
μ	Mikro	= 0,000 001
m	Milli	= 0,001
k	Kilo	= 1000
M	Mega	= 1 000 000

Vorsätze werden verwendet, wenn man sehr kleine oder sehr große Werte angeben will.

Beispiel: U = 0,00014 V = 140 μV
U = 380000 V = 380 kV

Geben Sie die Vorsätze Piko, Nano, Mikro, Milli, Kilo, und Mega als Zehnerpotenzen an!

Name	Zehnerpotenz
Piko	10^{-12}
Nano	10^{-9}
Mikro	10^{-6}
Milli	10^{-3}
Kilo	10^{3}
Mega	10^{6}

Zehnerpotenzen werden verwendet, wenn man sehr kleine oder sehr große Werte angeben will. Sie ersparen das Schreiben vieler Nullen.
Beispiele:
Elementarladung $e = 1{,}6 \cdot 10^{-19}$ As
Kraftwerksleistung $P = 60 \cdot 10^{6}$ W = 60 MW

In welcher Einheit wird die Leistung angegeben?

Die abgeleitete SI-Einheit der Leistung ist das Watt (W) und alle Quotienten, die aus einer gesetzlichen Einheit der Energie, Arbeit und Wärmemenge und der Zeiteinheit gebildet sind.

Bei der Angabe der elektrischen Scheinleistung darf das Watt auch als Voltampere (VA) bezeichnet werden, bei der elektrischen Blindleistung als Var (var).

Leistungseinheiten:
1 W = 1 J/s = 1 Nm/s (= 1 kg m^2/s^3)

Welche Einheiten lassen sich nicht auf Basisgrößen zurückführen?

Die gesetzlich festgesetzten Einheiten lassen sich nicht auf die Basisgrößen zurückführen.

Aus praktischen und meßtechnischen Gründen festgesetzte Einheiten sind z. B. Minute, Tag, Tonne, Grad, Karat, Dioptrie, Ar, Hektar.

1.2 Grundgrößen des elektrischen Stromkreises

Welche elektrischen Betriebsmittel müssen in einem Stromkreis mindestens vorhanden sein?

Zu jedem Stromkreis gehören mindestens: Spannungserzeuger Hin- und Rückleiter Spannungsverbraucher.

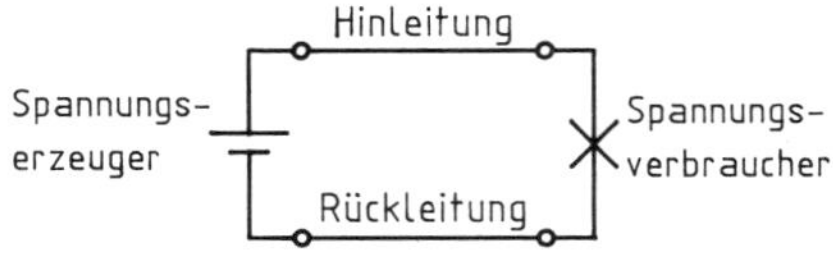

Was versteht man unter dem Begriff elektrischer Strom?

Unter elektrischem Strom versteht man die gerichtete Bewegung von elektrisch geladenen Teilchen. Man unterscheidet den Elektronenstrom und den Ionenstrom.

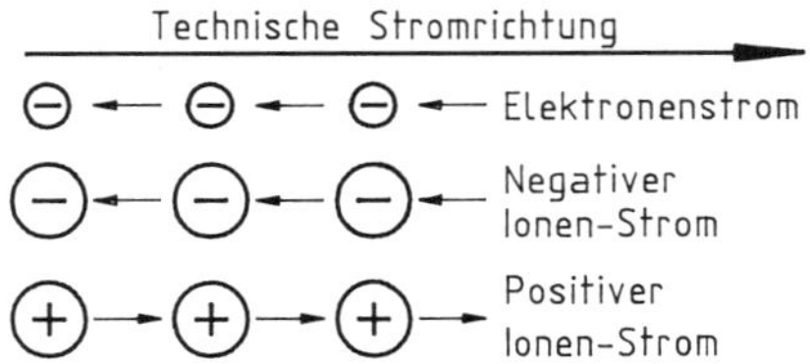

Welche Ladungsträger führen den elektrischen Strom in Metallen?

In Metallen sind freie Elektronen die Stromträger. Dies sind Valenzelektronen (Elektronen der äußersten Schale), die sich von ihrem Atom gelöst haben. Mit der Anzahl der freien Elektronen steigt die elektrische Leitfähigkeit.

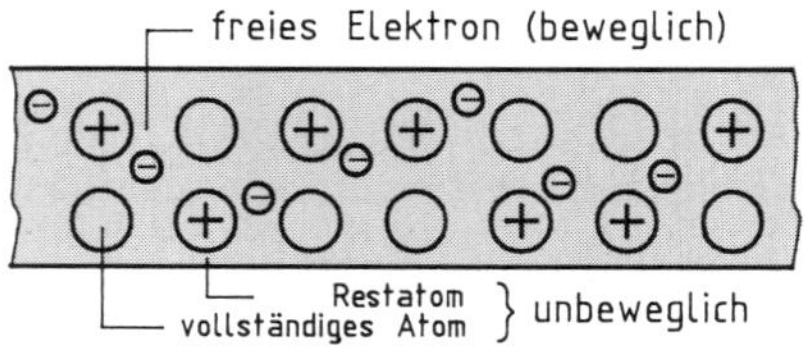

Welche Ladungsträger führen den Strom in Elektrolyten?

In Elektrolyten (flüssige Leiter) sind Ionen die Träger des Stromes.

Die Moleküle von Salzen und Säuren z. B. zerfallen in positive und negative Ionen, wenn sie in Wasser gelöst werden.

Erklären Sie die Begriffe DC und AC!

Die Begriffe DC und AC sind die englischen Abkürzungen für Gleichstrom = DC (Direct Current), Zeichen: –, Wechselstrom = AC (Alternating Current), Zeichen: ~.

Was versteht man unter elektrischer Spannung?

Die elektrische Spannung ist die Kraft, welche die Ladungsträger (Elektronen, Ionen) antreibt.

Die Spannung ist die Ursache für den Strom. Ohne Spannung kann kein Strom fließen, umgekehrt kann aber Spannung bestehen, ohne daß Strom fließt.

Unter welcher Bedingung besteht zwischen 2 Punkten eine elektrische Spannung?

Zwischen 2 Punkten besteht Spannung, wenn beide Punkte verschiedene Ladungen haben.

Elektrische Spannung ist die Potentialdifferenz zwischen 2 Punkten ($U = \varphi_1 - \varphi_2$). Elektrische Spannung wird grundsätzlich durch Trennen von Ladungen erzeugt.

Warum ist zum Erzeugen von elektrischer Spannung immer Energie erforderlich?

Beim Trennen der Ladungen müssen die Anziehungskräfte der verschiedenartigen Ladungsträger überwunden werden.

Jede Art von Spannungserzeugung beruht auf der Umwandlung von nichtelektrischer Energie in elektrische Energie.
Großtechnisch wird elektrische Spannung vor allem durch Iduktion erzeugt.

Nennen Sie 6 verschiedene Spannungserzeuger!

Wichtige Spannungserzeuger sind:
1. Generator
2. Galvanisches Element
3. Akkumulator
4. Thermoelement
5. Solarzelle
6. Piezokristall

Dabei treten folgende Energieumwandlungen auf:

zu 1: mechanische
zu 2: chemische
zu 3: chemische
zu 4: thermische
zu 5: Lichtenergie
zu 6: mechanische

} elektrische Energie

Nennen Sie Formelzeichen und Einheit der elektrischen Spannung!

Für die elektrische Spannung gilt:
Formelzeichen: *U*
Einheit: Volt (V)

Das Volt ist eine abgeleitete Einheit:

$$1\,\text{V} = \frac{1\,\text{W}}{1\,\text{A}} = \frac{1\,\text{Nm}}{1\,\text{A}\cdot\text{s}} = \frac{1\,\text{m}^2\,\text{kg}}{\text{A}\cdot\text{s}^3}$$

Nennen Sie die wichtigsten Stromwirkungen, ihre Anwendung und die möglichen Gefahren!

Stromwirkung	Anwendung	Gefahr
1. Wärmewirkung	Heizofen, Lötkolben, Schmelzofen	Brandgefahr, Verbrennungen
2. Lichtwirkung	Glimmlampe, Leuchtstofflampe	Augenschäden durch UV-Strahlen
3. Magnetische Wirkung	Motor, Meßgerät, Schütz, Lastmagnet	Magnetische Störfelder (Meßfehler)
4. Chemische Wirkung	Akkumulator, Metallüberzüge	Knallgasbildung, Korrosion
5. Physiologische Wirkung (Wirkung auf Lebewesen)	Herzschrittmacher, Defibrillator, elektrischer Weidezaun	Lebensgefahr durch Herzversagen, Atemlähmung und Verbrennungen

Nennen Sie Formelzeichen und Einheit des elektrischen Stromes!

Für den elektrische Strom gilt:
Formelzeichen: I
Einheit: Ampere (A)

Die Einheit Ampere ist eine international festgelegte Basiseinheit. Sie gehört zu den 7 Basiseinheiten, von denen alle anderen Einheiten abgeleitet sind.

Wie muß ein Spannungsmesser angeschlossen werden?

Spannungsmesser werden zwischen die Punkte geschaltet, zwischen denen die zu messende Spannung auftritt.

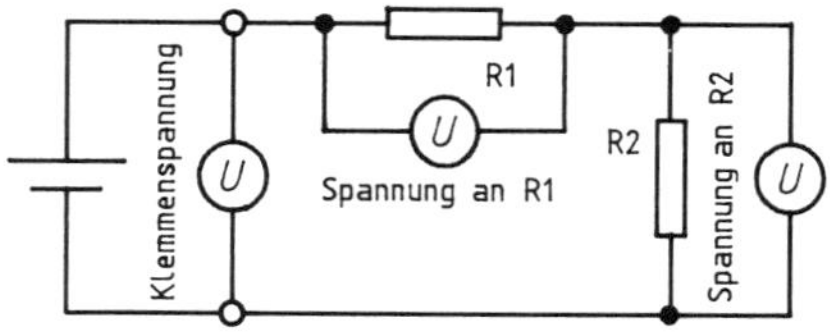

Wie muß ein Strommesser angeschlossen werden?

Strommesser werden in die Leitung geschaltet, in welcher der zu messende Strom fließt.

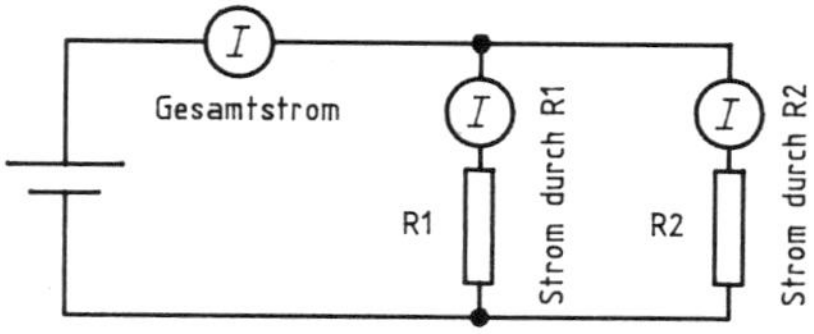

Wie werden Spannungen und Ströme im Stromkreis gekennzeichnet?

Spannungen und Ströme werden durch Zählpfeile gekennzeichnet.
Die Richtung der Pfeile ist durch das üblicherweise benutzte Verbraucher-Zählpfeilsystem festgelegt: Im Verbraucher zeigen Spannungs- und Strompfeil in die gleiche Richtung.

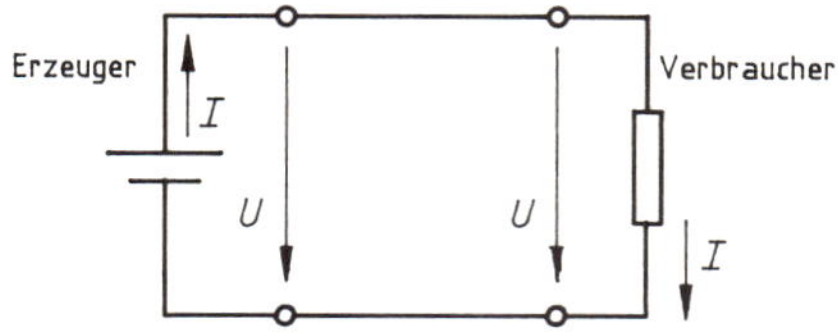

Zählpfeile geben die Richtung an, in der die elektrische Größe positiv gezählt wird.

Mit welcher Formel wird die Stromdichte berechnet?

Formel: $J = \frac{I}{A}$
Einheit: A/mm^2

Unter Stromdichte versteht man die Stromstärke je mm^2 Leiterquerschnitt.

Wovon hängt die zulässige Stromdichte in Leitungen ab?

Die zulässige Stromdichte ist von der im Leiter erzeugten Stromwärme und der Kühlung abhängig.

Stromwärme und Kühlung werden beeinflußt von Leiterwerkstoff, Verlegungsart, Leiterdurchmesser, Zahl der Leiter und Umgebungstemperatur.

Warum dürfen Leitungen mit kleinem Querschnitt mit höherer Stromdichte belastet werden als Leitungen mit großem Querschnitt?

Leitungen mit kleinem Querschnitt haben eine im Verhältnis zum Querschnitt größere Leiteroberfläche als solche mit großem Querschnitt. Die entstehende Wärme kann daher besser abgeführt werden.

Was wird im Verbraucher eines Stromkreises verbraucht?

Ein elektrischer Verbraucher verbraucht elektrische Spannung. Die Elektronen als Stromträger werden nicht verbraucht; der Begriff Stromverbraucher ist irreführend.

Nennen Sie Formelzeichen und Einheit des elektrischen Widerstandes!

Für den elektrischen Widerstand gilt:
Formelzeichen: *R*
Einheit: Ohm (Ω)

Das Wort Widerstand bezeichnet sowohl das Bauelement als auch den Widerstandswert des Bauelements.

Nennen Sie Formelzeichen und Einheit des elektrischen Leitwertes!

Für den elektrischen Leitwert gilt:
Formelzeichen: *G*
Einheit: Siemens (S)

Leiter mit kleinem elektrischen Widerstand leiten den Strom gut; sie haben einen großen Leitwert.
Zusammenhang: $G = 1/R$ bzw. $R = 1/G$.

Nennen Sie Formelzeichen und Einheit des spezifischen Widerstandes!

Für den spezifischen Widerstand gilt:
Formelzeichen: ϱ
Einheit: $\Omega\ mm^2/m$

Der spezifische Widerstand ϱ (sprich: Rho) ist der Widerstand eines Leiters von 1 m Länge und 1 mm^2 Querschnitt bei der Temperatur 20 °C.

Mit welchen Formeln kann der Widerstand eines Leiters berechnet werden, wenn der Werkstoff und die Abmessungen bekannt sind?

Der Leiterwiderstand wird berechnet mit:

$$R = \frac{\varrho \cdot l}{A}$$

oder:

$$R = \frac{l}{\gamma \cdot A}$$

Die Leitfähigkeit γ (sprich: Gamma) ist der Kehrwert des spezifischen Widerstandes.

Zusammenhang: $\gamma = \dfrac{1}{\varrho}$

Statt des Formelzeichens γ ist auch das Zeichen $\varkappa$ (sprich: Kappa) üblich.

Geben Sie den spezifischen Widerstand und die Leitfähigkeit von Silber, Kupfer und Aluminium an!

Silber (Ag): $\varrho = \dfrac{1}{62}\ \dfrac{\Omega\ mm^2}{m}$ $\gamma = 62\ \dfrac{m}{\Omega\ mm^2}$

Kupfer (Cu): $\varrho = \dfrac{1}{56}\ \dfrac{\Omega\ mm^2}{m}$ $\gamma = 56\ \dfrac{m}{\Omega\ mm^2}$

Aluminium (Al): $\varrho = \dfrac{1}{35}\ \dfrac{\Omega\ mm^2}{m}$ $\gamma = 35\ \dfrac{m}{\Omega\ mm^2}$

Wie ändert sich der elektrische Widerstand eines metallischen Leiters, wenn er erwärmt wird?

Der Widerstandswert eines metallischen Leiters nimmt zu, wenn er erwärmt wird. Als Bezugsgröße wird meist der Widerstandswert bei 20 °C verwendet.
Für die Widerstandsänderung gilt:
$\Delta R = R_{20} \cdot \alpha \cdot \Delta\vartheta$
Warmwiderstand R_w
somit: $R_w = R_{20} + \Delta R$

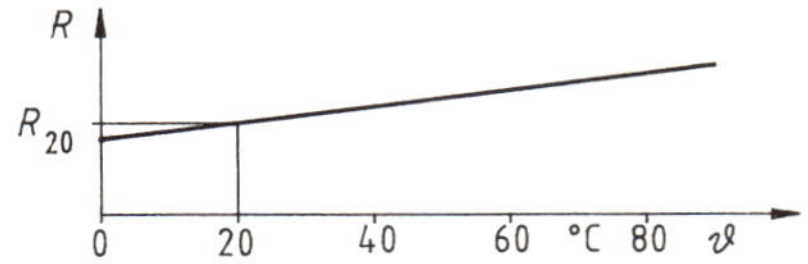

α ist der Temperaturbeiwert (Temperaturkoeffizient), bei Metallen $\alpha \approx 4 \cdot 10^{-3}$ 1/K.
In der Nähe des absoluten Nullpunkts (−273 °C = 0 K) wird der Widerstand unmeßbar klein (Zustand der Supraleitung).

Wie heißt das Ohmsche Gesetz?

Formel: $I = \frac{U}{R}$

Einheitengleichung: $1\,\text{A} = \frac{1\,\text{V}}{1\,\Omega}$

Das Ohmsche Gesetz besagt:
Der Strom in einem Widerstand ist proportional zur angelegten Spannung und umgekehrt proportional zum Wert des Widerstandes.

Welchen Verlauf hat die Kennlinie $I = f(U)$ bei konstantem Widerstand?

Bei konstantem Widerstand ist die Kennlinie $I = f(U)$ eine Gerade durch den Ursprung des Koordinatensystems, da Strom und Spannung proportional zueinander sind.

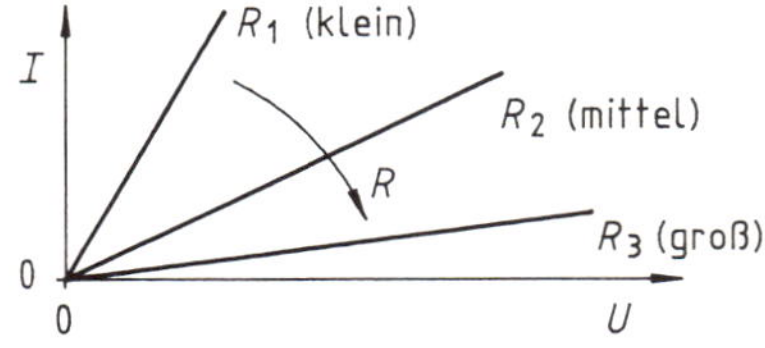

Welchen Verlauf hat die Kennlinie $I = f(R)$ bei konstanter Spannung?

Bei konstanter Spannung ist die Kennlinie $I = f(R)$ eine Hyperbel, da Strom und Widerstand umgekehrt proportional zueinander sind.

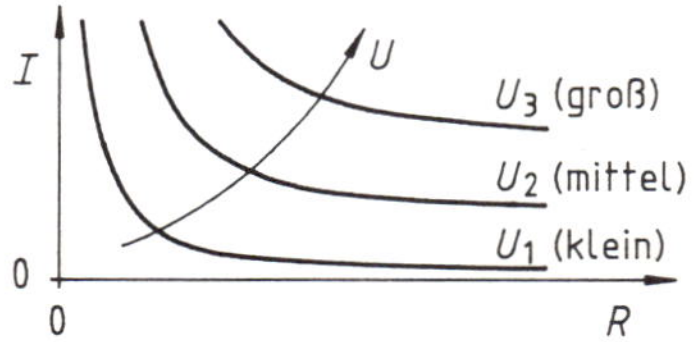

Nach welcher Formel wird die mechanische Arbeit berechnet?

Formel: $W = F \cdot s$
Einheiten-
gleichung: 1 Nm = 1 N · 1 m

Energie ist die Fähigkeit, Arbeit zu verrichten; Energie und Arbeit haben die gleichen Einheiten (Nm, Ws, J, kWh).

In welcher Einheit wird die mechanische Kraft angegeben?

Die Einheit der mechanischen Kraft ist das Newton (sprich: njuten).
Einheitenzeichen: N

Das Newton (N) ist eine abgeleitete SI-Einheit. Es gilt: 1 N = 1 kg · 1 m/s^2 .
Die Masse 1 kg wird auf der Erde mit der Gewichtskraft F = 9,81 N angezogen.

Welche gesetzlichen Einheiten gelten für die Arbeit?

Die gesetzlichen Einheiten der Arbeit sind:
Wattsekunde (Ws)
Newtonmeter (Nm)
Joule (J)
Es gilt: 1 Ws = 1 Nm = 1 J

Weitere Einheiten sind:
1 kWh = 1000 Wh = 3 600 000 Ws
Die elektrische Arbeit wird meist in kWh, die mechanische Arbeit in Nm, die Wärmearbeit (Wärmemenge) in J (sprich: dschul) angegeben. Die Einheit Kalorie ist veraltet.

Nennen Sie den Zusammenhang zwischen Arbeit, Leistung und Zeit!

Es gilt: Leistung ist Arbeit pro Zeiteinheit.

$$P = \frac{W}{t}$$

Die elektrische Leistung wird meist in Watt (W) bzw. Kilowatt (kW) angegeben, die mechanische Leistung in Newtonmeter pro Sekunde (Nm/s).
Die Einheit PS (1 PS = 736 W) ist veraltet.

Nennen Sie die Zusammenhänge zwischen Spannung, Strom und Leistung bei einem Wirkwiderstand!

Beim Wirkwiderstand gilt:

$$P = U \cdot I$$

daraus folgt:

$$P = \frac{U^2}{R}$$

und $$P = I^2 \cdot R$$

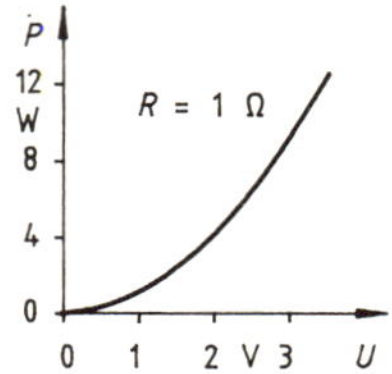

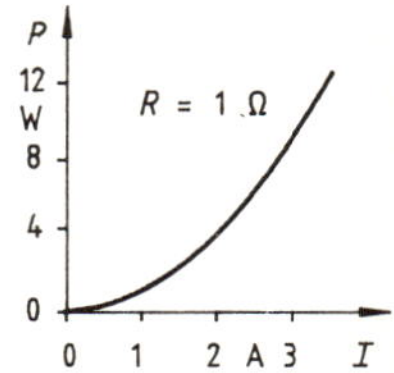

Warum ist die abgegebene Leistung von Maschinen und Geräten stets kleiner als die aufgenommene Leistung?

Die von einem Betriebsmittel abgegebene Leistung ist kleiner als die aufgenommene, da jedes Betriebsmittel Verluste hat. Die Verluste werden in unerwünschte Wärme umgewandelt.

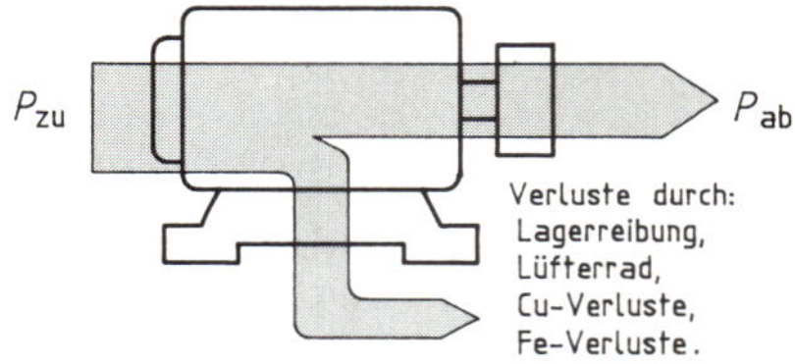

Wie ist der Wirkungsgrad festgelegt?

Der Wirkungsgrad η (Leistungswirkungsgrad) ist das Verhältnis von abgegebener zu zugeführter Leistung.

$$\eta = \frac{P_{ab}}{P_{zu}} = \frac{P_{ab}}{P_{ab} + P_{Verlust}}$$

Der Wirkungsgrad ist allgemein das Verhältnis von Nutzen zu Aufwand.
Da jedes Betriebsmittel Verluste hat, ist der Wirkungsgrad stets kleiner als 1 bzw. 100 %.
Ein Perpetuum mobile, eine Maschine, die mehr Leistung abgibt als sie aufnimmt, ist somit nicht möglich.

Wie wird der Gesamtwirkungsgrad hintereinander geschalteter Maschinen berechnet?

Der Gesamtwirkungsgrad ist gleich dem Produkt der Einzelwirkungsgrade:

$$\eta_{ges} = \eta_1 \cdot \eta_2 \cdot \eta_3 \dots$$

Der Gesamtwirkungsgrad ist stets kleiner als der kleinste Einzelwirkungsgrad des Aggregats.

Beispiel:

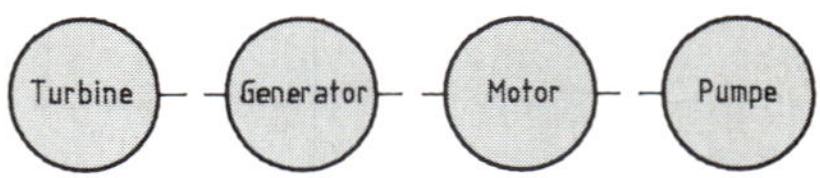

$\eta_1 = 0{,}85$ $\eta_2 = 0{,}9$ $\eta_3 = 0{,}8$ $\eta_4 = 0{,}7$

Gesamtwirkungsgrad

$$\eta = \eta_1 \cdot \eta_2 \cdot \eta_3 \cdot \eta_4$$
$$= 0{,}85 \cdot 0{,}9 \cdot 0{,}8 \cdot 0{,}7 = 0{,}428 = 42{,}8\%.$$

Wie kann Energie erzeugt werden?

Energie kann weder erzeugt noch verbraucht werden; die einzelnen Energieformen können aber ineinander umgewandelt werden.
Umgangssprachlich sind aber trotzdem die Begriffe Energieerzeuger und Energieverbraucher üblich.

Beschreiben Sie den Vorgang der indirekten Widerstandsmessung!

Bei der indirekten Widerstandsmessung wird die am Widerstand liegende Spannung und der durch den Widerstand fließende Strom gemessen.
Der Widerstandswert wird mit dem
Ohmschen Gesetz
berechnet:

$$R = \frac{U}{I}$$

Werden Strom und Spannung gleichzeitig gemessen, so unterscheidet man:

Stromfehler- (spannungsrichtige) Schaltung	Spannungsfehler- (stromrichtige) Schaltung

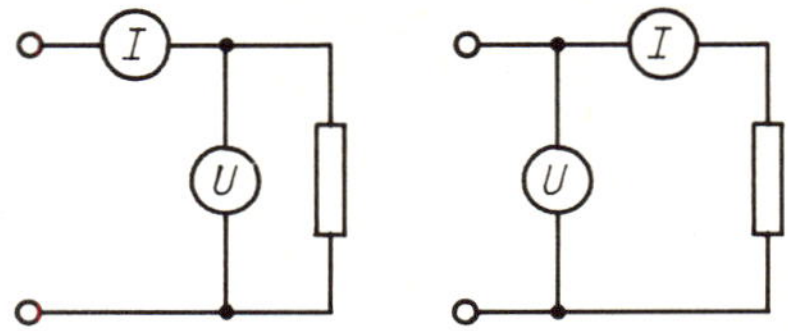

Beschreiben Sie den Vorgang der indirekten Leistungsmessung!

Bei der indirekten Leistungsmessung wird die am Verbraucher anliegende Spannung und der durch den Verbraucher fließende Strom gemessen. Die Leistung wird berechnet: $P = U \cdot I$

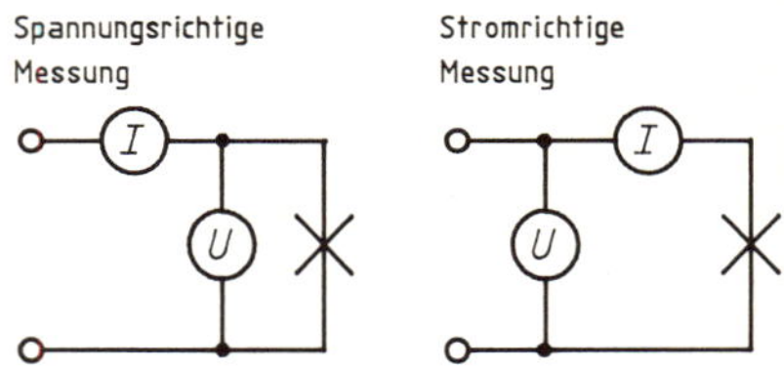

Beschreiben Sie den Anschluß eines Leistungsmessers!

Der Leistungsmesser besitzt einen Strom- und einen Spannungspfad.
Der Strompfad wird in die Zuleitung gelegt, der Spannungspfad wird an die Klemmen des Verbrauchers angeschlossen.

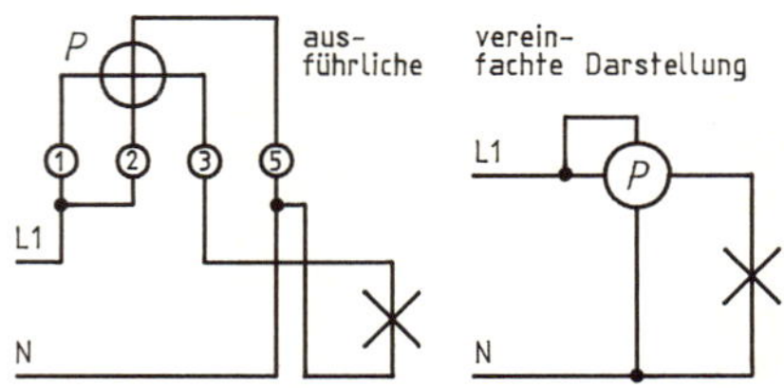

Nennen Sie 2 Meßgeräte zur direkten Widerstandsbestimmung!

Eine direkte Widerstandsmessung kann mit Hilfe von Meßbrücken (z.B. Wheatstone-Brücke) oder Widerstandsmessern (Ohmmetern) durchgeführt werden. Meßbrücken sind Präzisionsmeßgeräte mit analoger oder digitaler Anzeige; Ohmmeter sind meist in Vielfachmeßgeräten enthalten.

1.3 Grundschaltungen

Zwei Widerstände sind in Reihe geschaltet. Welcher Zusammenhang besteht zwischen dem Gesamtstrom und den Teilströmen?

In der Reihenschaltung fließt durch alle Widerstände der gleiche Strom:

$$I = I_1 = I_2$$

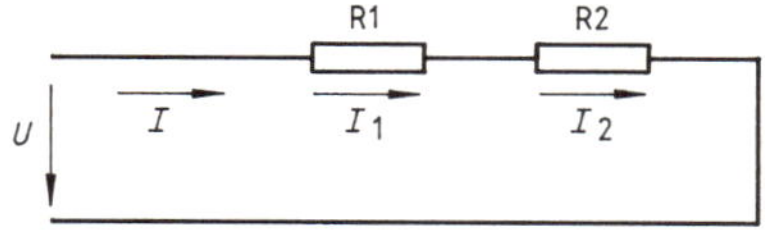

Zwei Widerstände sind in Reihe geschaltet. Welcher Zusammenhang besteht zwischen der Gesamtspannung und den Teilspannungen?

In der Reihenschaltung ist die Gesamtspannung gleich der Summe der Teilspannungen (Maschenregel):

$$U = U_1 + U_2$$

Die Maschenregel wird auch 2. Kirchhoffsche Regel genannt.

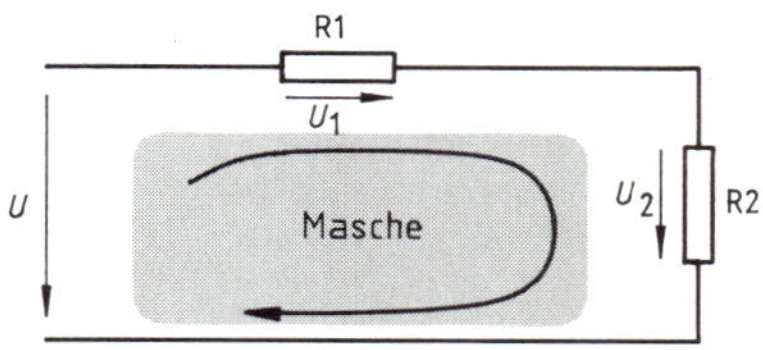

Zwei Widerstände sind in Reihe geschaltet. Durch welchen Gesamtwiderstand können die Teilwiderstände ersetzt werden?

In der Reihenschaltung ist der Gesamtwiderstand gleich der Summe der Teilwiderstände:

$$R = R_1 + R_2$$

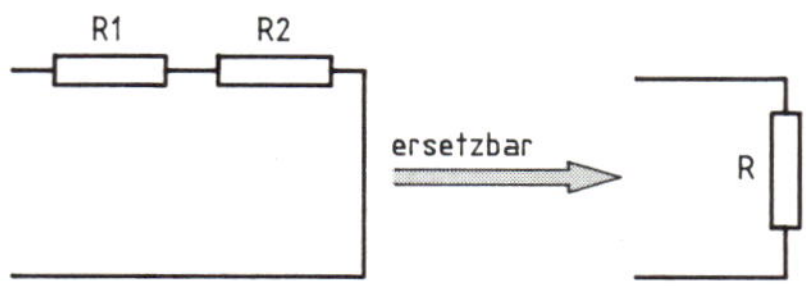

Zwei Widerstände sind in Reihe geschaltet. Welcher Zusammenhang besteht zwischen den Teilspannungen und den Teilwiderständen?

In der Reihenschaltung verhalten sich die Teilspannungen wie die zugehörigen Teilwiderstände:

$$\frac{U_1}{U_2} = \frac{R_1}{R_2}\ ; \quad \frac{U_1}{U} = \frac{R_1}{R}$$

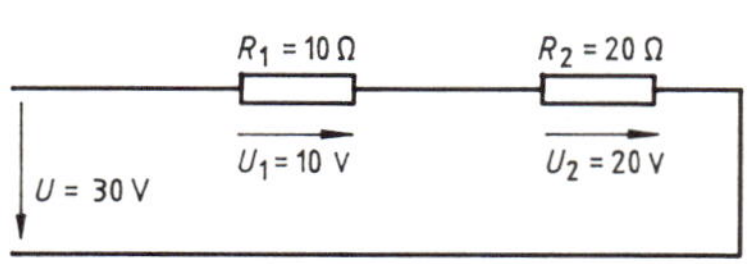

Welche Folgen sind zu erwarten, wenn in einer Reihenschaltung von mehreren Verbrauchern ein Verbraucher durchbrennt?

Brennt in einer Reihenschaltung ein Verbraucher durch, so ist der gesamte Stromkreis unterbrochen. Alle Verbraucher sind außer Betrieb.

Welche Aufgabe haben Vorwiderstände?

Vorwiderstände sollen die überschüssige Spannung verbrauchen und dadurch den Strom begrenzen.

Beispiel: Eine 6 V-Glühlampe soll an 230 V betrieben werden.

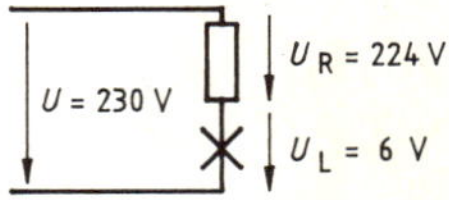

Welche Nachteile hat die Spannungsverminderung durch Vorwiderstände?

Die Spannungsverminderung durch Vorwiderstände ist unwirtschaftlich. Ein Teil der insgesamt aufgenommenen Leistung wird in Wärme umgesetzt. Zur Herstellung von Schutzkleinspannung dürfen Vorwiderstände nicht verwendet werden.

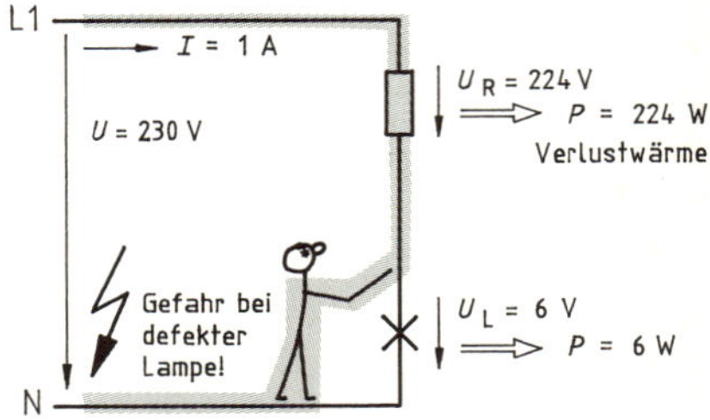

Wie wird der Spannungsmeßbereich eines Drehspulmeßwerkes erweitert?

Der Spannungsmeßbereich eines Drehspulmeßwerkes wird erweitert, indem ein Widerstand R_V in Reihe zum Meßwerk geschaltet wird. Die überschüssige Spannung fällt am Vorwiderstand ab.

Beispiel: Erweiterung des Meßbereichs von 100 mV auf 100 V.

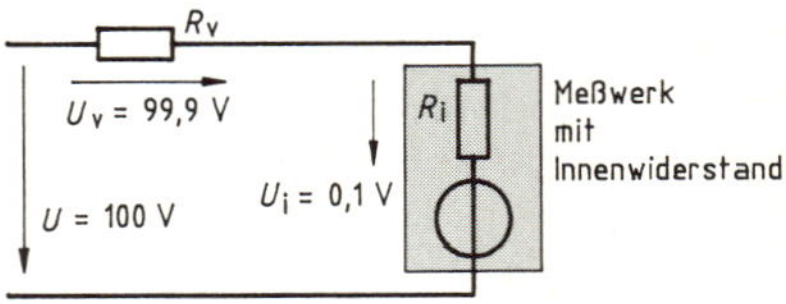

Zwei Widerstände sind parallel geschaltet. Welcher Zusammenhang besteht zwischen der Gesamtspannung und den Teilspannungen?

In der Parallelschaltung liegt an allen Widerständen die gleiche Spannung: $U = U_1 = U_2$

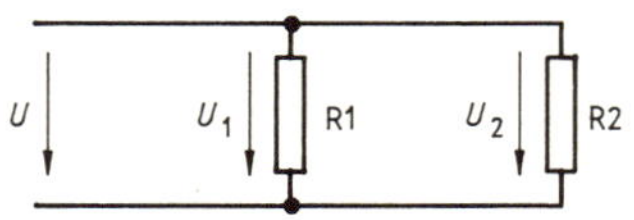

Welche Folgen sind zu erwarten, wenn in einer Parallelschaltung von mehreren Verbrauchern ein Verbraucher ausfällt?

Brennt in einer Parallelschaltung ein Verbraucher durch, so ist nur dieser eine Stromkreis unterbrochen. Auf die parallelgeschalteten Verbraucher hat dies keinen Einfluß.

Zwei Widerstände sind parallel geschaltet. Welcher Zusammenhang besteht zwischen dem Gesamtstrom und den Teilströmen?

In der Parallelschaltung ist der Gesamtstrom gleich der Summe der Teilströme (Knotenregel):

$$I = I_1 + I_2$$

Die Knotenregel wird auch 1. Kirchhoffsche Regel genannt.

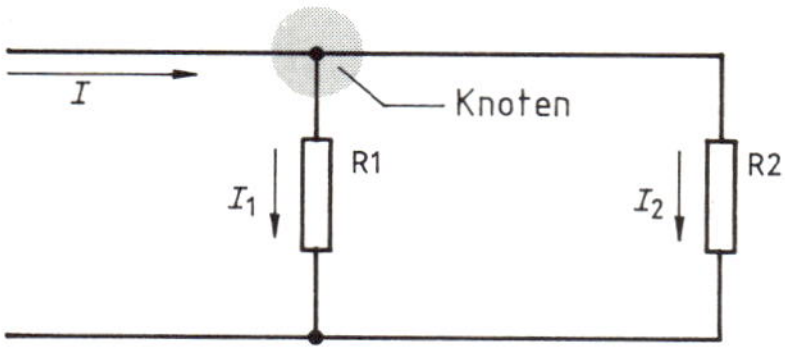

Zwei Widerstände sind parallel geschaltet. Wie wird der Gesamtwiderstand (Ersatzwiderstand) berechnet?

Der Gesamtwiderstand einer Parallelschaltung kann über den Gesamtleitwert berechnet werden.
Aus $G = G_1 + G_2$ folgt:

$$\frac{1}{R} = \frac{1}{R_1} + \frac{1}{R_2}; \quad R = \frac{R_1 \cdot R_2}{R_1 + R_2}$$

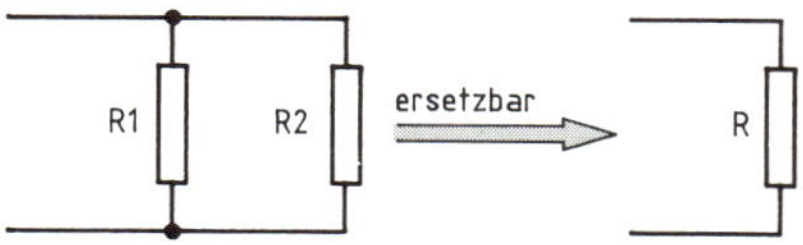

Der Gesamtwiderstand ist stets kleiner als der kleinste Teilwiderstand.

Zwei Widerstände sind parallel geschaltet. Welcher Zusammenhang besteht zwischen den Teilströmen und den zugehörigen Teilwiderständen?

In der Parallelschaltung verhalten sich die Teilströme umgekehrt wie die zugehörigen Teilwiderstände:

$$\frac{I_1}{I_2} = \frac{R_2}{R_1}; \quad \frac{I_1}{I} = \frac{R}{R_1}$$

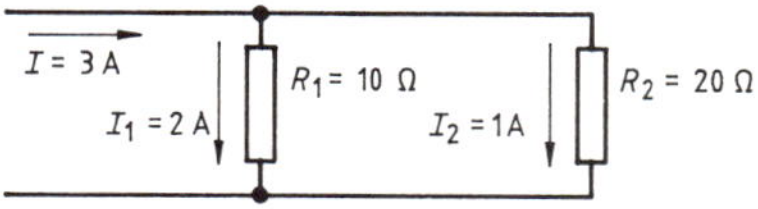

Im kleinsten Teilwiderstand fließt der größte Teilstrom.

Wie wird der Strommeßbereich eines Drehspulmeßwerkes erweitert?

Der Strommeßbereich wird erweitert, indem ein Widerstand R_p parallel zum Meßwerk geschaltet wird. Der Parallelwiderstand (Shunt) leitet einen Teil des Stromes am Meßwerk vorbei.

Beispiel: Erweiterung des Meßbereichs von 1 mA auf 1 A.

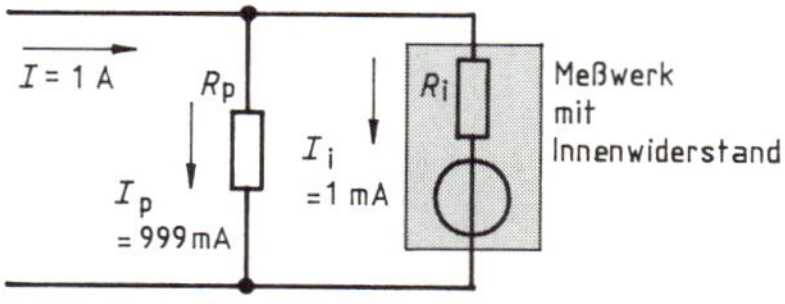

Erklären Sie den Aufbau eines Spannungsteilers!

Ein Spannungsteiler besteht aus 2 in Reihe geschalteten Widerständen oder Widerstandsteilen. Er hat mindestens 3 Anschlüsse.

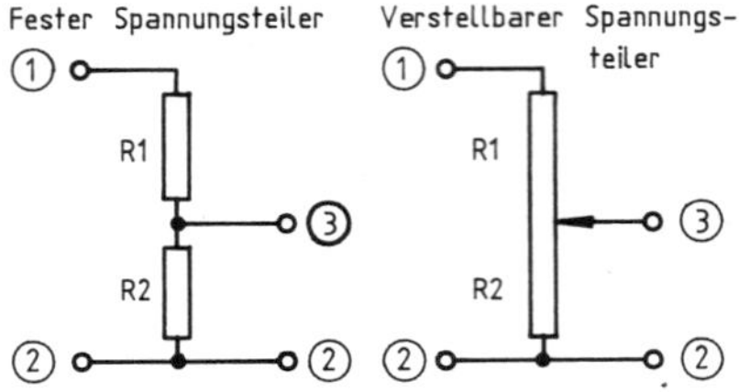

Erklären Sie die Funktion eines Spannungsteilers!

Legt man an den Spannungsteiler die Eingangsspannung U, so kann man an den Teilwiderständen die Teilspannung U_1 bzw. U_2 abgreifen.

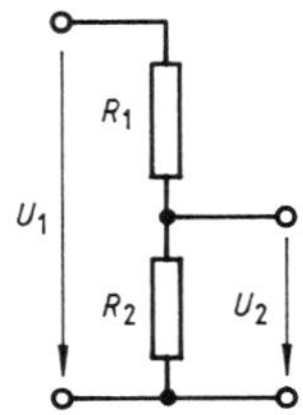

Es gilt:

$$U_2 = \frac{R_2}{R_1 + R_2} \cdot U_1$$

Wie kann die abgegriffene Spannung beim belasteten Spannungsteiler berechnet werden?

Beim belasteten Spannungsteiler gilt für die abgegriffenen Spannung:

$$U_2 = \frac{R_e}{R_1 + R_e} \cdot U_1$$

dabei ist:

$$R_e = \frac{R_2 \cdot R_L}{R_2 + R_L}$$

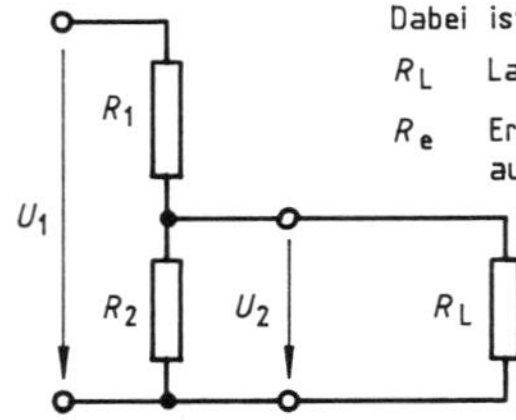

Dabei ist:

R_L Lastwiderstand

R_e Ersatzwiderstand aus R_2 und R_L

Wie ändert sich die an einem Spannungsteiler abgegriffene Spannung, wenn er belastet wird?

Wird ein Spannungsteiler belastet, so wird die abgegriffene Spannung kleiner. Je größer der Laststrom, desto stärker sinkt die Spannung ab.

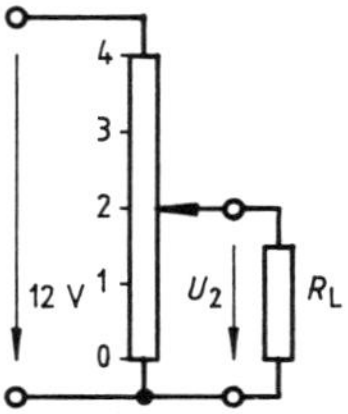

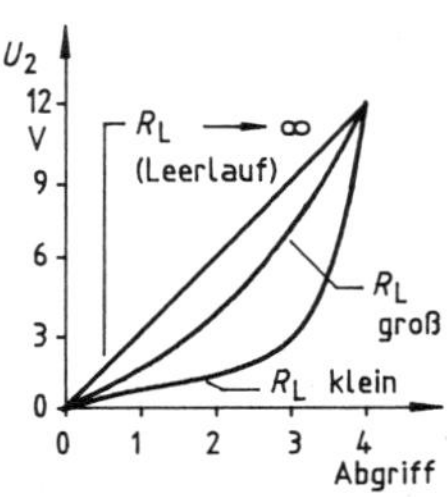

Wie ist ein Spannungsteiler zu dimensionieren, damit die abgegriffene Spannung möglichst lastunabhängig ist?

Die abgegriffene Spannung ist umso lastunabhängiger, je niederohmiger der Spannungsteiler im Vergleich zur Last ist, d. h. je größer der Querstrom im Vergleich zum Laststrom ist.

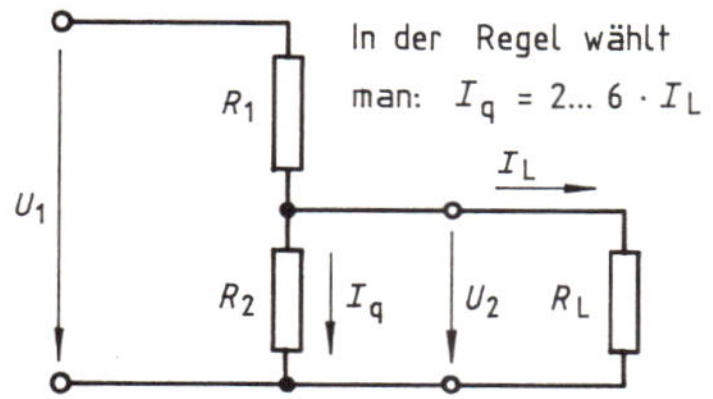

Was versteht man unter einer Widerstands-Brückenschaltung?

Eine Widerstands-Brükkenschaltung besteht aus der Parallelschaltung von 2 Spannungsteilern. Die Verbindung zwischen den Abgriffpunkten beider Spanungsteiler heißt Brückendiagonale.

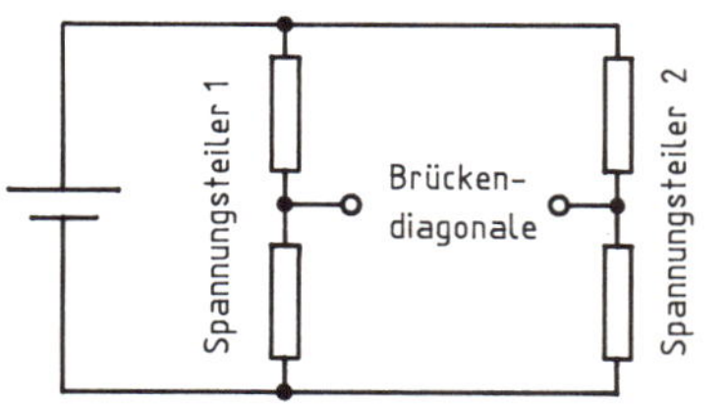

Nennen Sie die Abgleichbedingung für eine Brückenschaltung!

Eine Brücke ist abgeglichen, wenn zwischen den Abgriffpunkten beider Spannungsteiler keine Spannung auftritt. Diese Bedingung ist erfüllt, wenn für die Widerstände gilt:

$$\frac{R_1}{R_2} = \frac{R_3}{R_4}$$

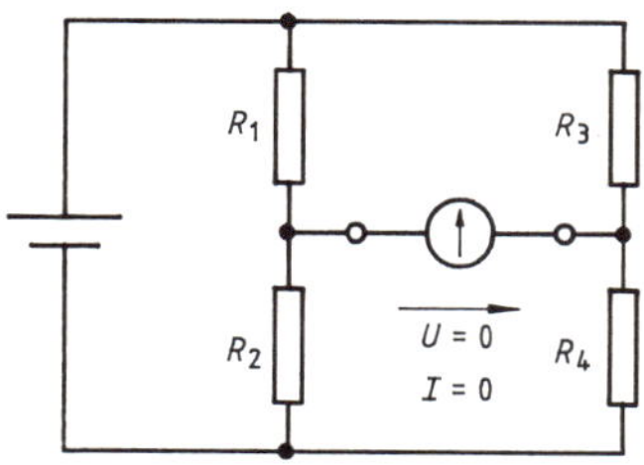

Nennen Sie Anwendungsbeispiele für Brückenschaltungen!

Brückenschaltungen werden insbesondere in der Meß- und Regelungstechnik verwendet, z. B. bei der Widerstandmessung mit der Wheatstone-Brücke und bei der Temperaturregelung. Brückenschaltungen werden auch beim Gleichrichten von Wechselströmen eingesetzt.

Beschreiben Sie den Vorgang der Widerstandsmessung mit Hilfe einer Meßbrücke (Wheatstone-Brücke)!

Zur Bestimmung eines unbekannten Widerstandes R_X wird das Verhältnis zweier Normalwiderstände R_1 und R_2 solange verstellt, bis die Brücke abgeglichen ist.
Der Abgleich ist erreicht, wenn das Nullinstrument keinen Ausschlag mehr zeigt. Nach erfolgtem Abgleich kann der Widerstandswert R_X direkt abgelesen werden.

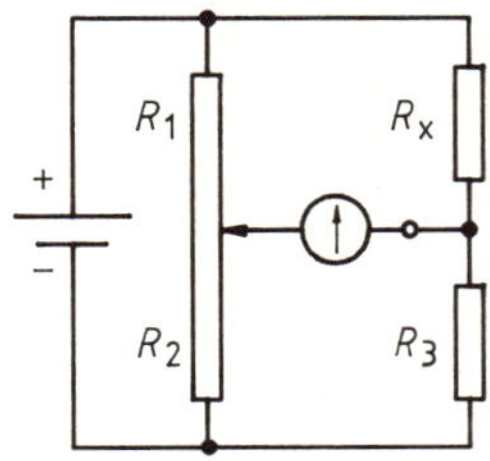

Beim Abgleich gilt:

$$\frac{R_x}{R_3} = \frac{R_1}{R_2}$$

daraus folgt:

$$R_x = \frac{R_1 \cdot R_3}{R_2}$$

Der Meßbereich bei der Wheatstone-Brükke beträgt etwa 0,1 Ω bis etwa 1 MΩ.
Für sehr kleine Widerstände bis 10^{-6} Ω verwendet man die Thomson-Brücke.

Welche Gesamtspannung ergibt sich, wenn mehrere Spannungserzeuger in Reihe geschaltet sind?

Sind mehrere Spannungserzeuger in Reihe geschaltet, so ist die Gesamtspannung gleich der Summe der Einzelspannungen.
Durch alle Spannungserzeuger fließt der gleiche Strom.

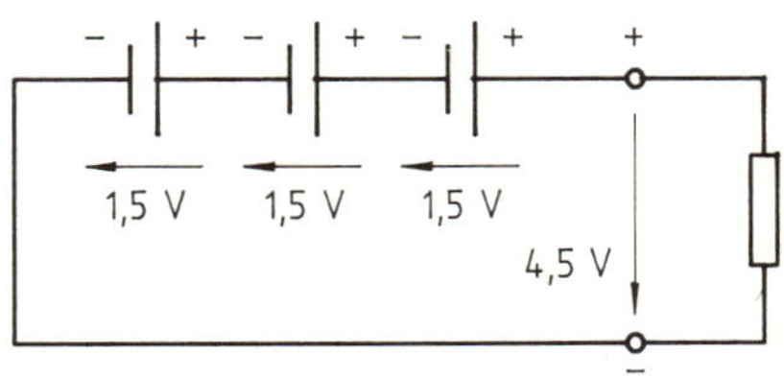

Welcher Gesamtstrom ergibt sich, wenn mehrere Spannungserzeuger parallel geschaltet sind?

Sind mehrere Spannungserzeuger parallel geschaltet, so ist der Gesamtstrom gleich der Summe der Einzelströme.
Alle Spannungserzeuger müssen die gleiche Spannung haben.

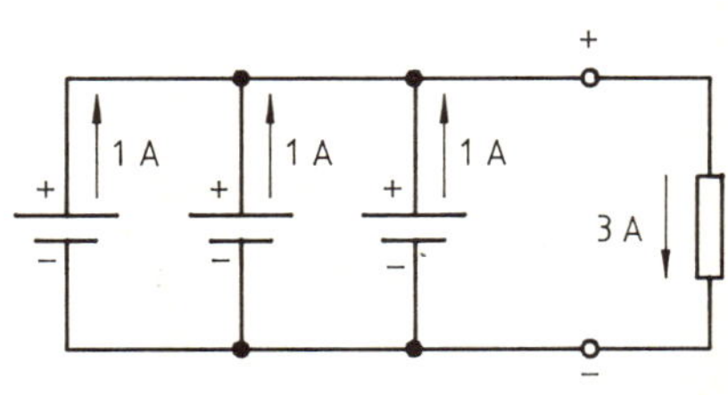

Warum sinkt die Klemmenspannung eines Spannungserzeugers bei Belastung ab?

Die Klemmenspannung eines Spannungserzeugers sinkt bei Belastung ab, da der Strom am Innenwiderstand R_i einen Spannungsfall erzeugt.

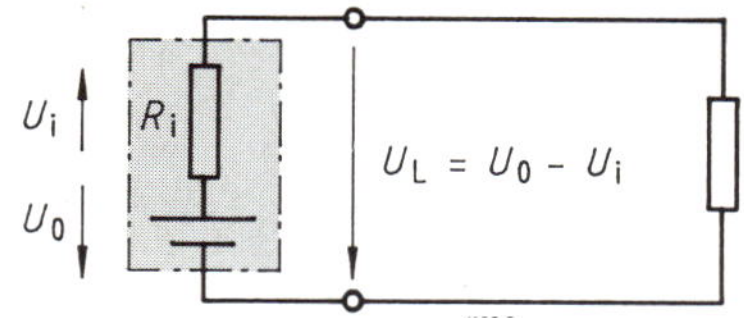

Wie kann der Innenwiderstand eines Spannungserzeugers bestimmt werden?

Der Innenwiderstand eines Spannungserzeugers kann durch Messung von Spannung und Strom bei 2 verschiedenen Belastungsfällen bestimmt werden. Leerlauf und Kurzschluß sind dabei besondere Belastungsfälle.

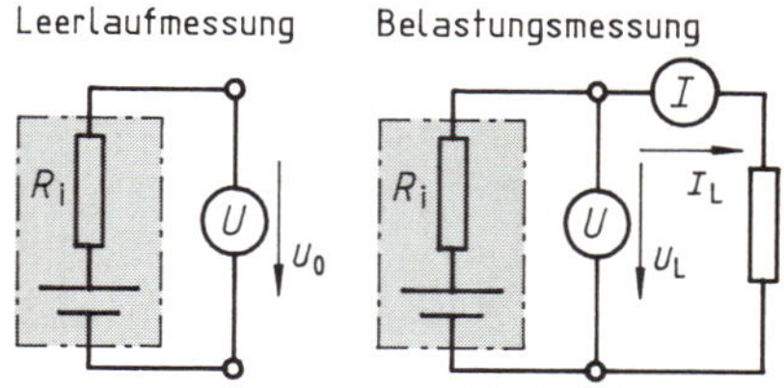

Berechnung des Innenwiderstands: $R_i = \dfrac{U_0 - U_L}{I_L}$

Erklären Sie den Begriff Ur- oder Quellenspannung eines Spannungserzeugers!

Die Ur- oder Quellenspannung eines Erzeugers ist die im Spannungserzeuger erzeugte Spannung.

Die Ur- oder Quellenspannung liegt im Leerlauf an den Klemmen an (Leerlaufspannung). Mit steigender Belastung nimmt die Klemmenspannung ab.

Welche Arten von Anpassung unterscheidet man?

Folgende Anpassungsarten werden unterschieden:
Leistungsanpassung: Der Spannungserzeuger gibt die maximale Leistung ab, wenn $R_{Last} = R_1$. Hierbei ist $U_{Last} = \frac{1}{2}\, U_{Leerlauf}$.
Spannungsanpassung: Der Spannungserzeuger gibt die maximale Spannung ab, wenn $R_{Last} >> R_1$.
Stromanpassung: Der Spannungserzeuger gibt den maximalen Strom ab, wenn $R_{Last} << R_1$.

Bei der Parallelschaltung von 4 gleichen Zellen mit je 2 V wurde eine Zelle falsch gepolt. Welche Folgen sind zu erwarten?

Alle Zellen werden sehr schnell entladen, da die Schaltung einen Kurzschluß darstellt.

1.4 Kondensator im Gleichstromkreis

Wodurch entsteht ein elektrisches Feld?

Ein elektrisches Feld wird durch zwei verschiedene Ladungen hervorgerufen.

Elektrische Spannungen erzeugen immer elektrische Felder. Elektrostatische Felder werden von ruhenden Ladungen erzeugt.

Wie verlaufen die elektrischen Feldlinien?

Die elektrischen Feldlinien beginnen senkrecht auf der positiven Ladung und enden senkrecht auf der negativen Ladung, sie kreuzen einander nie.

Feld zwischen Zylindern

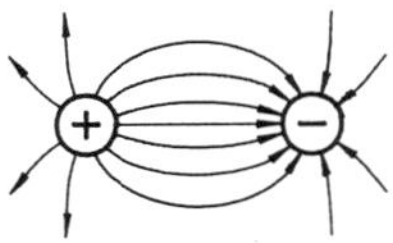

Feld zwischen Platten

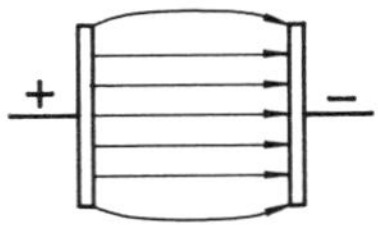

Von welchen Größen hängt die elektrische Feldstärke *E* beim Plattenkondensator ab?

Für das homogene Feld zwischen 2 parallelen Platten gilt:

$$E = \frac{U}{d}$$

Einheit: V/m bzw. kV/mm.

Besondere Bedeutung hat die Durchschlagsfeldstärke (Durchschlagsfestigkeit) von Isolierstoffen:

z.B. Luft: $E_d = 2{,}1$ kV/mm
Polyethylen: $E_d = 20$ kV/mm

Wie können elektrische Felder abgeschirmt werden?

Elektrische Felder können durch leitende Werkstoffe abgeschirmt werden.

Das Innere eines Leiters ist feldfrei (Faradayscher Käfig).

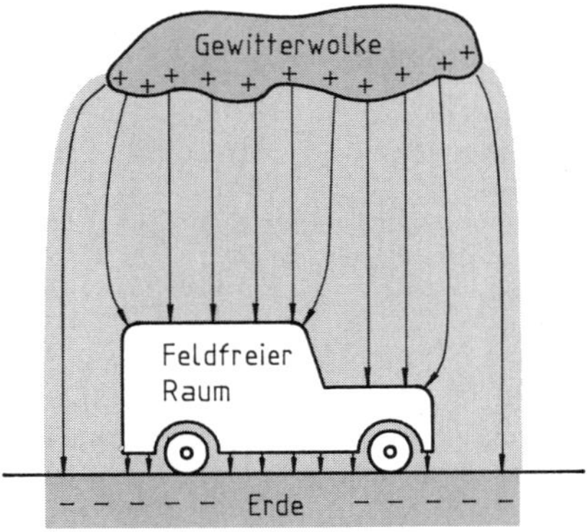

Wie ist ein Kondensator aufgebaut?

Ein Kondensator besteht aus zwei durch das Dielektrikum voneinander isolierten Leitern.

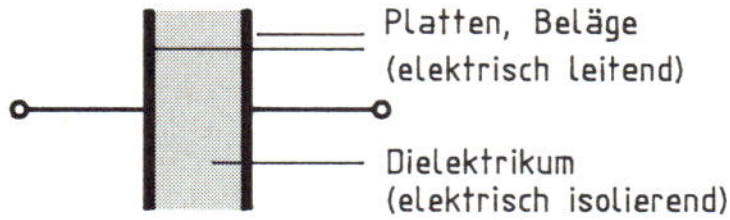

Erklären Sie den Begriff Kapazität des Kondensators!

Kapazität ist das Speichervermögen des Kondensators für elektrische Ladung.
Formelzeichen: C
Einheit: Farad (F)

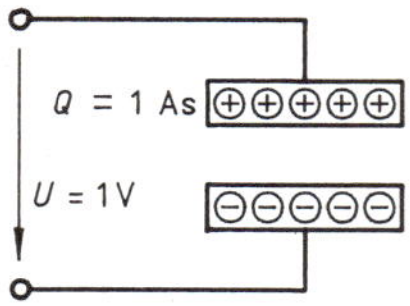

Für die Kapazität 1 Farad gilt:

$$1\,\text{F} = \frac{1\,\text{As}}{1\,\text{V}}$$

Von welchen Baugrößen hängt die Kapazität eines Kondensators ab?

Die Kapazität eines Kondensators C wächst mit der Plattenfläche A und der Dielektrizitätszahl ε_r und wird kleiner mit wachsendem Plattenabstand d.
Formel:

$$C = \varepsilon \cdot \frac{A}{d} = \varepsilon_0 \cdot \varepsilon_r \cdot \frac{A}{d}$$

ε_0 ist die elektrische Feldkonstante
$\varepsilon_0 = 8{,}85 \cdot 10^{-12}$ As/Vm.
Die Einheit der Kapazität ist das Farad (F). Die Einheit 1 Farad ist für die Praxis zu groß. Folgende Einheiten werden meist verwandt:
1 µF = 10^{-6} F; 1 pF = 10^{-12} F.
Für die Einheit gilt:
1 F = 1 As/V = 1 s/Ω.

Welche Eigenschaften muß ein Dielektrikum aufweisen?

Das Dielektrikum von Kondensatoren soll neben guten Isoliereigenschaften auch eine hohe Dielektrizitätszahl ε_r aufweisen.

Hohe Durchschlagsfestigkeit des Dielektrikums ergeben dünne Isolierschichten und somit große Kapazitäten bei kleiner Bauform ($C \sim 1/d$).
Dielektrizitätszahl der Luft: $\varepsilon_r = 1$.

Welche Bedeutung hat die Dielektrizitätszahl ε_r (Permittivitätszahl)?

Die Dielektrizitätszahl ε_r gibt an, um welchen Faktor das Dielektrikum die Kapazität gegenüber dem Vakuum erhöht.

Durch die Dipolbildung wird das Feld verkürzt, der Plattenabstand also kleiner, die Kapazität somit vergrößert.
Keramikwerkstoffe haben z.B. eine Dielektrizitätszahl $\varepsilon_r = 10 \ldots 10\,000$.

Von welchen Größen hängt die in einem Kondensator gespeicherte Ladung ab?

Die in einem Kondensator gespeicherte Ladung Q wächst mit der Kapazität C und der Spannung U.
Formel: $Q = C \cdot U$
Einheit: Coulomb (C)

Die Kondensatorplatten werden solange geladen, bis die auf den Platten gespeicherte Ladung die gleiche Spannung hervorruft wie die angelegte Klemmenspannung.
Einheitengleichung: 1 C = 1 As.

Wie wird die Ersatzkapazität parallelgeschalteter Kondensatoren berechnet?

Durch die Parallelschaltung wird die Kapazität vergrößert.
Formel: $C = C_1 + C_2 + \ldots$

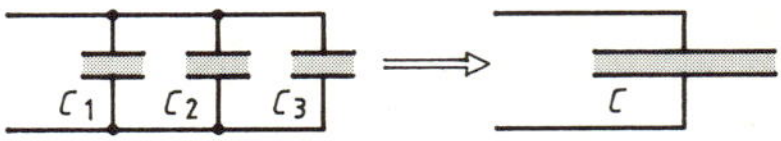

Die Plattenflächen der einzelnen Kondensatoren addieren sich zur Gesamtfläche.

Welche Ersatzkapazität ergibt sich bei der Reihenschaltung von Kondensatoren?

Die Ersatzkapazität ist kleiner als die kleinste Einzelkapazität.

Formel: $\frac{1}{C} = \frac{1}{C_1} + \frac{1}{C_2} + \ldots$

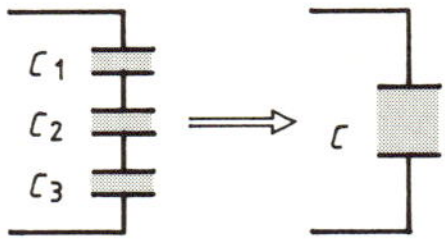

Die Plattenabstände der einzelnen Kondensatoren addieren sich zum Gesamtabstand.

Wie verhält sich ein Kondensator im Gleichstromkreis?

Der Kondensator sperrt Gleichstrom, er wirkt wie eine Unterbrechung.

Beim Einschalten fließt nur ein Ladestromstoß, dann sperrt das Dielektrikum den Stromkreis.

Welchen Vorteil hat die Reihenschaltung von Kondensatoren?

In der Reihenschaltung der Kondensatoren teilt sich die Gesamtspannung im umgekehrten Verhältnis der Kondensatorkapazitäten auf. Dadurch kann an die Reihenschaltung eine größere Spannung als die Nennspannung der Kondensatoren gelegt werden. Allerdings wird die Kapazität kleiner.

Welchen Verlauf hat der Ladestrom eines Kondensators?

Der anfangs große Ladestrom des Kondensators klingt schnell auf den Wert Null ab.
Formel: $i_C = I_0\, e^{-t/\tau}$

Welchen Verlauf hat die Spannung beim Laden eines Kondensators?

Die Kondensatorspannung nimmt beim Laden zuerst schnell zu, dann steigt sie immer langsamer.
Formel: $u_C = U_0\,(1-e^{-t/\tau})$

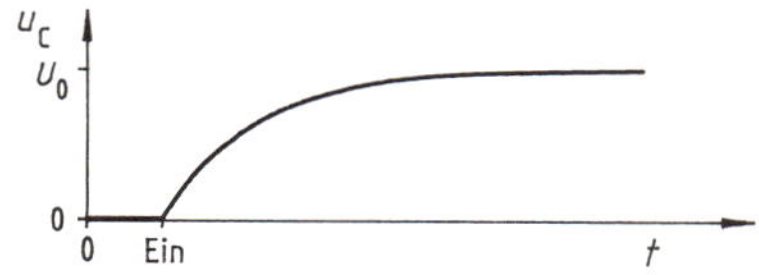

Erklären sie den Begriff Zeitkonstante τ beim Kondensator!

Die Zeitkonstante τ ist die Zeit, in der die Kondensatorspannung auf 63 % der angelegten Spannung angestiegen ist.
Nach 5 τ gilt der Ladevorgang als beendet.

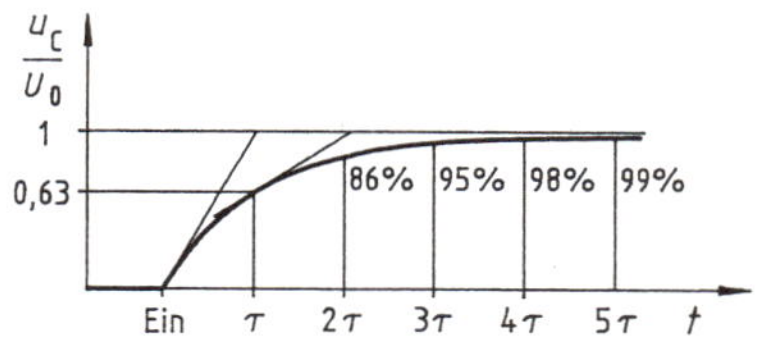

Welche Größen bestimmen die Zeitkonstante τ beim Kondensator?

Die Zeitkonstante τ ist nur von der Kondensatorkapazität *C* und dem Widerstand *R* des Stromkreises abhängig.
Formel: $\tau = R \cdot C$

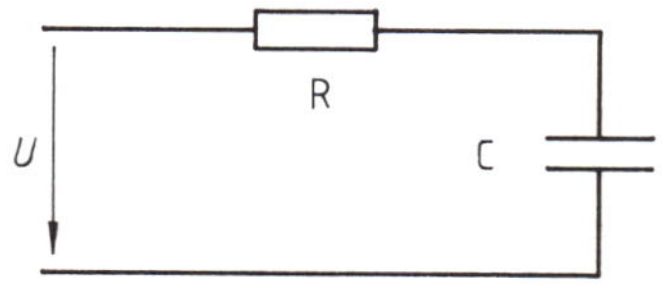

Nach welcher Zeit ist der Kondensator auf die angelegte Spannung aufgeladen?

Theoretisch ist der Kondensator erst nach unendlich langer Zeit aufgeladen. Praktisch gilt er nach der Zeit $t = 5\,\tau$ als geladen.

Nennen Sie Anwendungsbeispiele für RC-Glieder!

RC-Glieder (Reihenschaltung von R und C) werden als Zeitglieder, als Differenzier- und Integrierglieder verwendet.

1.5 Elektrische Meßgeräte

Erklären Sie die Begriffe Meßwerk, Meßinstrument, Meßgerät!

Das Meßwerk ist der Teil eines Meßgerätes, in dem die Meßgröße in eine Zeigerbewegung umgewandelt wird.
Das Meßinstrument besteht aus dem Gehäuse und dem eingebauten Zubehör (z.B. Schalter, Vorwiderstand, Gleichrichter).
Das Meßgerät besteht aus dem Meßinstrument und dem zusätzlichen Zubehör (z.B. Meßleitungen, getrennte Vorwiderstände).

Beispiel: Drehspulmeßgerät

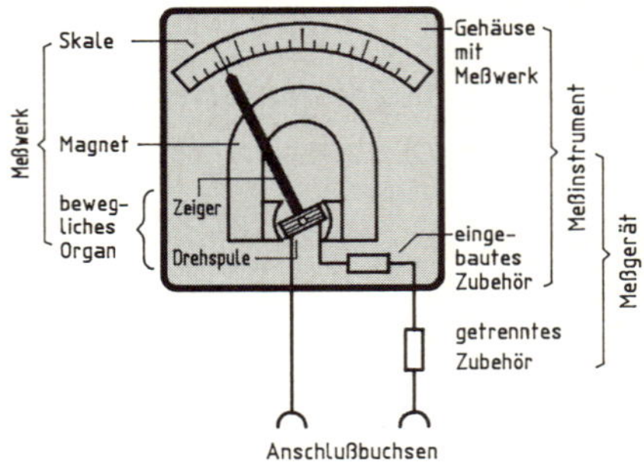

Welche Angaben sind auf der Skale eines elektrischen Meßgerätes aufgedruckt?

Auf der Skale werden angegeben:
1. Einheit der Meßgröße
2. Sinnbild des Meßwerkes
3. Stromartzeichen
4. Lagezeichen
5. Genauigkeitsklasse
6. Prüfspannungszeichen

Außerdem werden meist noch Hersteller- und Fertigungsnummer angegeben.

Zu 1: z.B.		V, A, W, var
Zu 2: z.B.		Drehspulmeßwerk
Zu 3:	—	Gleichstrom
	~	Wechselstrom
	≂	Gleich- u. Wechselstrom
Zu 4:	⊥	senkrechte Nennlage
	⊓	waagrechte Nennlage
	∠30°	schräge Nennlage (30° Neigungswinkel)
Zu 5: z.B.	1,5	Klasse 1,5
Zu 6: z.B.	☆	Prüfspannung 500 V

Erklären Sie den Begriff Klasse (Genauigkeitsklasse) bei elektrischen Meßgeräten!

Die Klasse eines Meßgerätes gibt den zulässigen prozentualen Anzeigefehler an.
Er ist auf den Endwert des Meßbereichs bezogen.

Beispiel: Klasse 1,5; Endausschlag 100 V
bedeutet: Der zulässige Fehler beträgt $\pm 1{,}5\,\% \cdot 100\ \text{V} = \pm\ 1{,}5\ \text{V}$.
Werden 60 V gemessen, so liegt der tatsächliche Wert zwischen 58,5 V und 61,5 V (Unsicherheitsbereich).

Welcher Meßbereich ist bei einem Vielfach-Meßgerät einzustellen, damit eine möglichst hohe Meßgenauigkeit erreicht wird?

Für möglichst genaue Messungen ist der Meßbereich so zu wählen, daß der Zeiger im letzten Drittel der Skale anzeigt.
Messungen im ersten Drittel der Skale liefern meist ungenaue Meßergebnisse.

Beispiel:
Meßbereich 100 V, Klasse 1
absoluter Fehler ± 1% · 100 V = ± 1 V.

1. Messung 100 V; der tatsächliche Wert der Spannung liegt zwischen 99 und 101 V; der relative Fehler ist ± 1%.
2. Messung 10 V; der tatsächliche Wert der Spannung liegt zwischen 9 V und 11 V; der relative Fehler ist ± 10%.

Welche Meßfehler treten bei elektrischen Messungen auf?

In der Meßtechnik unterscheidet man 3 prinzipielle Arten von Meßfehlern:

1. Persönliche Fehler
2. Anzeigefehler
3. Fehler durch die Meßschaltung (systematischer Fehler)

Zu 1: z.B. durch ungenaues Ablesen
Zu 2: z.B. durch Lagerreibung, ungenaue Skale und Fertigungstoleranzen. Anzeigefehler werden in der Genauigkeitsklasse berücksichtigt.
Zu 3: z.B. durch Stromfehler- und Spannungsfehlerschaltung. Der Fehler wird durch den Eigenverbrauch der Meßgeräte hervorgerufen.

Welche Art der Lagerung unterscheidet man bei elektrischen Meßgeräten?

Elektrische Meßgeräte werden je nach Einsatz des Gerätes hergestellt mit:

1. Spitzenlagerung
2. Zapfenlagerung
3. Spannbandlagerung

Zu 1: geringe Reibung, empfindlich gegen Stroß und Erschütterung.
Zu 2: große Reibung, wenig empfindlich gegen Stoß und Erschütterung.
Zu 3: sehr geringe Reibung, wenig empfindlich gegen Stoß und Erschütterung, jedoch lageabhängig.

Erklären Sie den Begriff Parallaxenfehler!

Parallaxenfehler sind Ablesefehler bei Analogmeßgeräten, die dadurch zustandekommen, daß der Beobachter nicht senkrecht auf die Skale blickt. Zur Vermeidung von Parallaxenfehlern wird die Skale mit einem Spiegel hinterlegt.

Warum wird in elektrischen Meßwerken eine Dämpfung eingebaut?

Die Dämpfung bewirkt, daß sich der dem Meßwert entsprechende Zeigerausschlag rasch und ohne Überschwingen einstellt. Das Pendel des Zeigers wird somit vermieden.

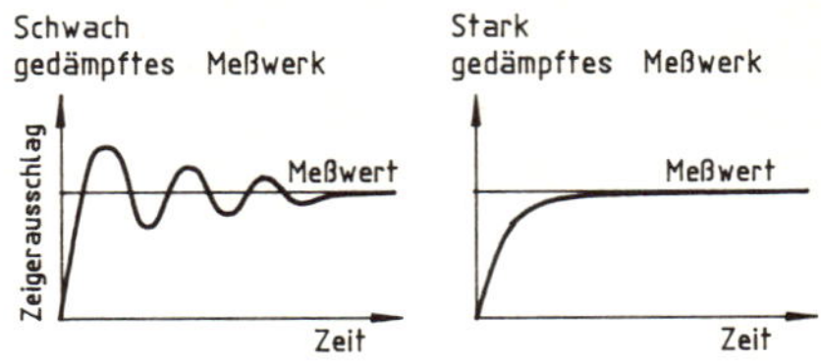

Welche Arten von Dämpfung unterscheidet man bei Meßwerken?

Übliche Dämpfungen sind:
1. Wirbelstromdämpfung (meist in Drehspulmeßwerken)
2. Luftkammerdämpfung (meist in Dreheisenmeßwerken)

Bei der Wirbelstromdämpfung bewegt sich eine Aluminiumscheibe oder -rähmchen zwischen den Polen eines Dauermagneten. Die induzierten Wirbelströme bremsen die Bewegung ab (Lenzsche Regel).
Bei der Luftkammerdämpfung wird ein Metallflügel durch Luft abgebremst.

Erklären Sie die Begriffe Messen, Eichen, und Prüfen!

Beim Messen wird der Zahlenwert einer Meßgröße (z.B. Strom, Spannung) ermittelt. Der am Meßgerät abgelesene Wert heißt Meßwert.
Beim Eichen wird die Genauigkeit eines Meßgerätes festgestellt bzw. überprüft. Hierzu wird der vom Meßgerät angezeigt Wert mit einem Eichnormal verglichen (z.B. Normal-Spannungsmesser, Widerstandsnormal).
Beim Prüfen wird ermittelt, ob der Prüfling die geforderten Eigenschaften aufweist (z.B. ob ein Kondensator die geforderte Durchschlagsfestigkeit besitzt).

Warum wird bei vielen Meßinstrumenten der Zeiger mit einem Spiegel unterlegt?

Der Spiegel erleichtert das genaue Ablesen des Meßwertes. Deckt sich der Zeiger mit seinem Spiegelbild, so ist ein parallaxenfreies Ablesen garantiert.

Was versteht man unter der Empfindlichkeit eines Meßinstrumentes?

Die Empfindlichkeit ist das Verhältnis der Ausschlagsänderung zur Änderung der Meßgröße (z.B. 1 Skalenteil/V, 5 mm/A).

Erklären Sie den Begriff Eigenverbrauch eines Meßgerätes!

Der Eigenverbrauch ist die Leistungsaufnahme des Meßgerätes (einschließlich Zubehör) bei Vollausschlag. Er beträgt je nach Meßgerät zwischen 1 μW und 10 W.

Nennen Sie die in der Elektrotechnik gebräuchlichen Meßwerke!

In der Elektrotechnik gebräuchliche Meßwerke sind Drehspulmeßwerk, Dreheisenmeßwerk, elektrodynamisches Meßwerk.

Außerdem werden verwendet: Bimetallmeßwerk, Vibrationsmeßwerk, Kreuzspulmeßwerk, Drehmagnetmeßwerk, Induktionsmeßwerk und elektrostatisches Meßwerk.

Beschreiben Sie den Aufbau eines Drehspulmeßwerkes!

Das Drehspulmeßwerk besteht aus einer Spule, die im Feld eines starken Dauermagneten drehbar gelagert ist.

Sinnbild: 

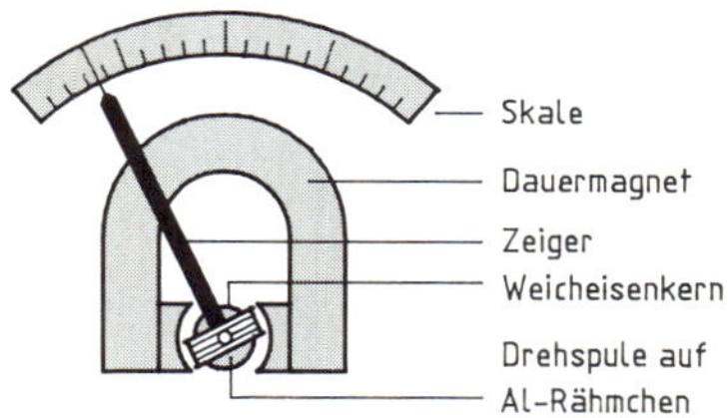

Beschreiben Sie die Wirkungsweise eines Drehspulmeßwerkes!

Fließt in der Drehspule Strom, so wird sie im Feld des Dauermagneten abgelenkt. Wird der Strom in der Drehspule umgepolt, so ändert sich die Richtung des Ausschlags.

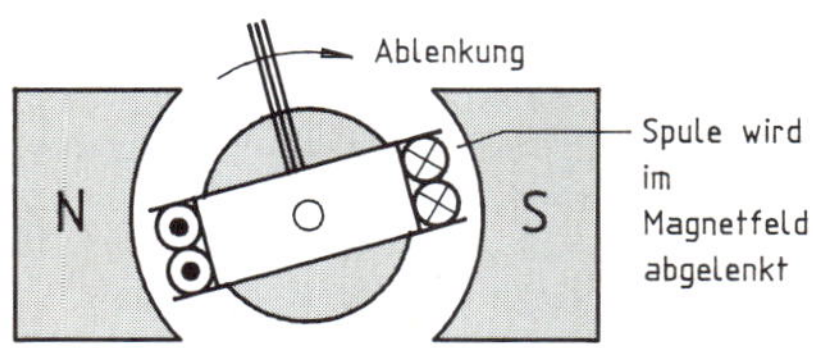

Nennen Sie die wichtigsten Eigenschaften von Drehspulmeßwerken!

Drehspulmeßwerke zeichnen sich durch geringen Eigenverbrauch, hohe Empfindlichkeit, große Genauigkeit und eine lineare Skale aus. Sie sind aber teuer, empfindlich gegen Überlast und Erschütterung und nur für Gleichstrom zu verwenden.

Für Drehspulmeßwerke gilt: Eigenverbrauch 1 μW...1 mW, Empfindlichkeit bis 1 mm/μA, Genauigkeit bis ±0,1%, kleinster Meßbereich 10 μA, größter direkter Meßbereich 100 mA. Durch Vor- bzw. Parallelschalten von Widerständen kann der Meßbereich erweitert werden; durch Vorschalten von Gleichrichtern kann auch Wechselstrom gemessen werden (Vielfachmeßgerät).

Beschreiben Sie den Aufbau eines Dreheisenmeßwerkes!

Das Dreheisenmeßwerk besteht aus einer Spule, in welche ein festes und ein drehbar gelagertes Weicheisenplättchen eingebaut ist.

Sinnbild: 

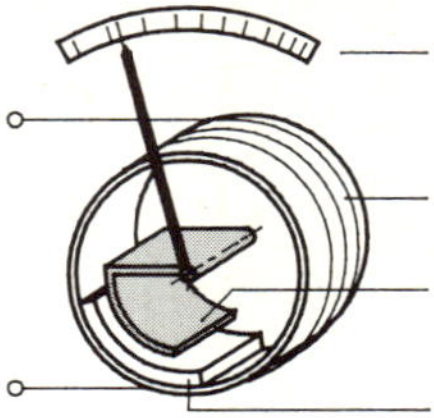

Beschreiben Sie die Wirkungsweise eines Dreheisenmeßwerkes!

Die beiden Weicheisenplättchen im Innern der Spule werden durch den Spulenstrom gleichsinnig magnetisiert, sie stoßen sich gegenseitig ab. Der Ausschlag ist von der Stromrichtung unabhängig.

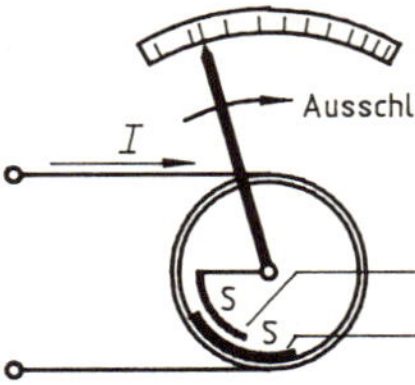

Nennen Sie die wichtigsten Eigenschaften von Dreheisenmeßwerken!

Dreheisenmeßwerke sind robust, billig und kurzfristig stark überlastbar. Sie sind für Gleich- und Wechselstrom geeignet, dabei messen sie stets den Effektivwert.
Nachteilig ist der hohe Eigenverbrauch, die geringe Empfindlichkeit und der meist ungleichmäßige Skalenverlauf.

Dreheisenmeßwerke sind robust, billig und überlastbar, da sie keine bewegliche Spule und damit keine bewegliche Stromzufuhr besitzen. Der 50fache Nennstrom wird 1 s lang vertragen. Der Eigenverbrauch beträgt 0,1 VA...5 VA.
Niedrigste Meßbereiche sind etwa 30 mA bzw. 6 V, direkter Strommeßbereich bis 100 A ist möglich. Durch bestimmte Formen der Weicheisenplättchen kann die Skale in bestimmten Abschnitten gedehnt oder zusammengepreßt werden.

Welche Art der Dämpfung wird bei Drehspulmeßwerken, welche bei Dreheisenmeßwerken verwendet?

Drehspulmeßwerke enthalten in der Regel eine Wirbelstromdämpfung (die Wirbelströme werden in dem Aluminiumrähmchen induziert, auf dem die Drehspule aufgewickelt ist).
Dreheisenmeßwerke enthalten in der Regel eine Luftkammerdämpfung.

Beschreiben Sie den Aufbau eines elektrodynamischen Meßwerkes!

Das elektrodynamische Meßwerk besteht aus zwei Spulen. In einer feststehenden Spule ist eine zweite Spule drehbar gelagert.

Sinnbild: 

Beschreiben Sie die Wirkungsweise eines elektrodynamischen Meßwerkes!

Werden beide Spulen des elektrodynamischen Meßwerkes von Strom durchflossen, so wirken die beiden entstehenden Magnetfelder aufeinander. Die drehbare Spule wird ausgelenkt.

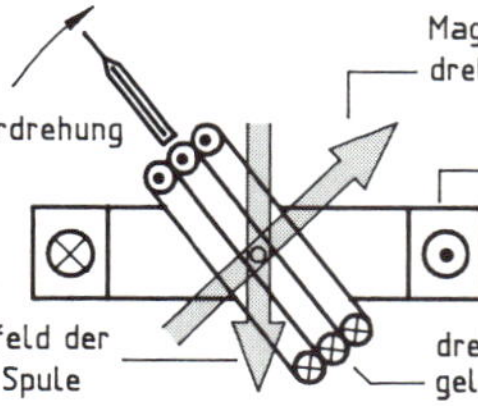

Wofür werden elektrodynamische Meßwerke verwendet?

Elektrodynamische Meßwerke werden vor allem als Leistungsmesser bei Gleich- und Wechselstrom verwendet.

Wird die eine Spule als Strompfad, die andere als Spannungspfad geschaltet, so ist der Zeigerausschlag ein Maß für das Produkt $u \cdot i$. Bei Wechselstrom wird die Wirkleistung $P = U \cdot I \cdot \cos \varphi$ angezeigt.

Wozu werden Quotientenmeßwerke verwendet?

Mit Quotientenmeßwerken wird das Verhältnis zweier Größen gemessen, z.B. das Verhältnis zweier Widerstände (Widerstandsmeßgerät) oder das Verhältnis von Wirk- zu Scheinleistung (Leistungsfaktormesser). Mit Quotientenmeßwerken können auch Frequenzmessungen und Kapazitätsmessungen durchgeführt werden.

Wozu werden elektrostatische Meßwerke verwendet?

Elektrostatische Meßwerke werden zum Messen sehr hoher Gleich- und Wechselspannungen verwendet (etwa 1 kV bis 1 MV). Zum Messen von Strömen sind elektrostatische Meßwerke nicht geeignet.

Beschreiben Sie Aufbau und Wirkungsweise ein Bimetallmeßwerkes!

Beim Bimetallmeßwerk ist ein Thermobimetall spiralig aufgewickelt und an der Zeigerachse befestigt. Der Meßstrom fließt durch das Bimetall und erwärmt es. Der Bimetallstreifen rollt sich auf und dreht die Zeigerachse.

Wie wird der Einfluß der Umgebungstemperatur auf die Anzeige des Bimetallmeßwerkes kompensiert?

Um den Einfluß der Raumtemperatur auszuschalten, wirkt auf die Zeigerachse eine zweite, stromlose Bimetallspirale (Kompensations-Bimetallspirale). Sie ist gegensinnig zur Meß-Bimetallspirale gewickelt.

Nennen Sie wichtige Eigenschaften von Bimetallweßwerken!

Bimetallmeßwerke sind sehr träge, kurzzeitige Strom- und Spannungsspitzen werden nicht angezeigt. Die Genauigkeit ist gering, die Skale ist am Anfang zusammengedrängt. Bimetallmeßwerke entwickeln ein sehr starkes Drehmoment. Sie sind außerdem billig, unempfindlich gegen Erschütterung und stark überlastbar.

Nennen Sie Anwendungsgebiete für Bimetallmeßwerke!

Mit Bimetallmeßwerken werden Spannungen und Ströme von Gleich- und Wechselstrom gemessen. Insbesondere eignen sie sich in Verbindung mit einem Schleppzeiger zum Messen von Strom-Höchstwerten.

Was sind Galvanometer?

Galvanometer sind Meßgeräte mit höchster Empfindlichkeit, aber meist geringer Genauigkeit; sie sind meist nicht geeicht.
In der Regel verwendet man Drehspul-Galvanometer.

Wie wird die hohe Empfindlichkeit bei Galvanometern erreicht?

Hohe Empfindlichkeit erreicht man durch möglichst reibungsarme Lagerung (Spitzen-, Spannband-, Bandlagerung) und durch kleine bewegte Massen. Besonders empfindliche Geräte haben masselose Lichtzeiger.

Nennen Sie Anwendungsbeispiele für Galvanometer!

Galvanometer dienen vor allem als Nullinstrument in Widerstandsmeßbrükken. Galvanometer mit Lichtzeiger werden für Präzisionsmessungen in Labors verwendet.

Erklären Sie die Begriffe analoges und digitales Meßgerät!

Bei analogen Meßgeräten wird der Meßwert in einen Zeigerausschlag umgeformt, der Zahlenwert an der Skale abgelesen. Bei digitalen Meßgeräten wird der Meßwert im Anzeigeelement als Ziffer sichtbar.

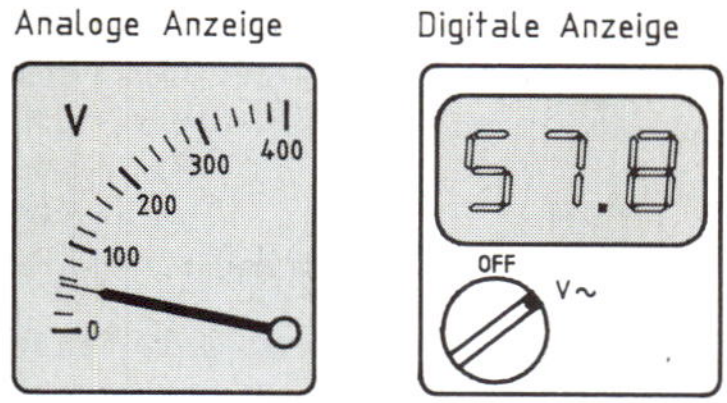

Wie ist ein digitales Meßgerät prinzipiell aufgebaut?

Digitale Meßgeräte enthalten meist einen Meßverstärker mit hohem Eingangswiderstand, einen Analog-Digital-Umsetzer, einen Zähler, einen Taktgeber und eine digitale Anzeige.

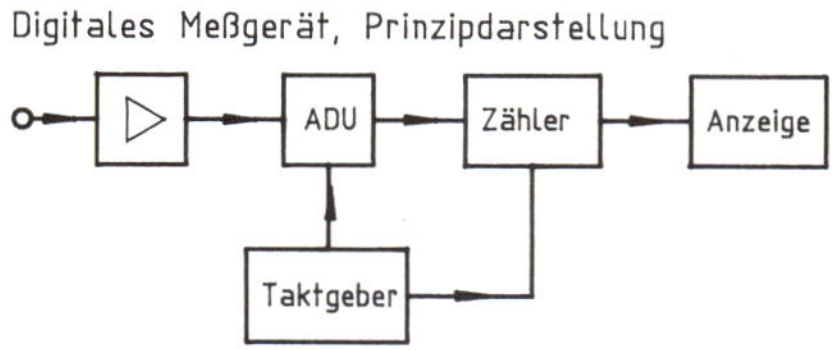

Nennen Sie digitale Anzeigeelemente!

Als digitale Anzeigeelemente werden verwendet: 7-Segment- oder 14-Segment-Anzeigen mit Leuchtdioden (LED) oder Flüssigkristallen (LCD).
Zur Darstellung beliebiger Zeichen eignet sich z. B. die 5 × 7-Punkt-Matrix.

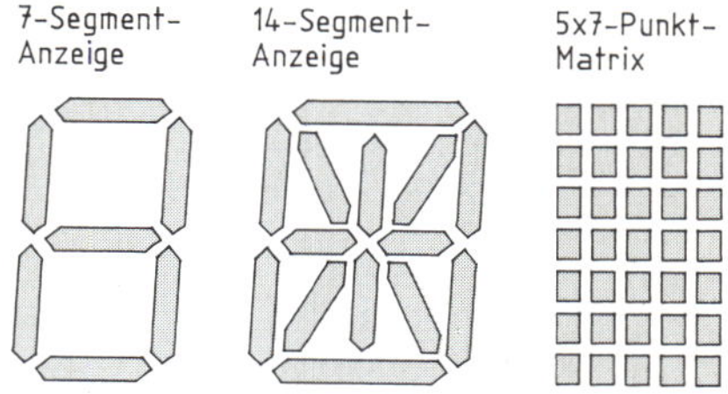

Aus welchen Komponenten bestehen digitale Vielfachmeßgeräte?

Digitale Vielfachmeßgeräte enthalten Gleichrichter zur Wechselspannungsmessung (der Analog-Digital-Umsetzer verarbeitet nur Gleichspannung), Spannungsteiler für hohe und Verstärker für kleine Gleichspannungen.
Die Strommessung erfolgt über den Spannungsfall an Präzisionswiderständen.

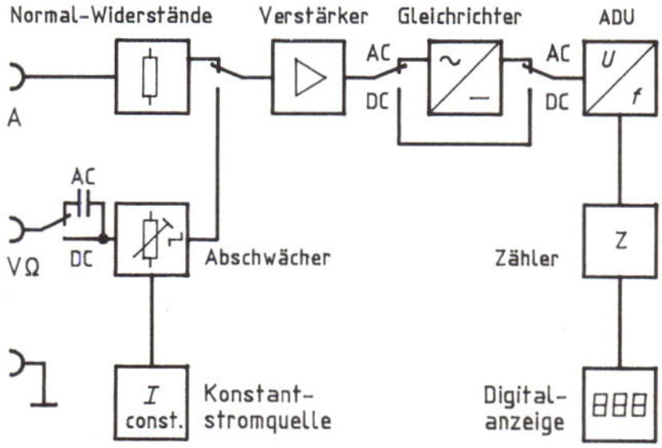

Welche Gattungen von Elektrizitätszählern verwendet man meist in Wechsel- und Drehstromanlagen?

Zur Arbeitsmessung verwendet man meist Induktionszähler.
Gattungszeichen: 212

Außerdem verwendet man elektrodynamische Motorzähler.
Bei Gleichspannung: Magnetmotor-Zähler und Elektrolyt-Zähler.

Erklären Sie die Wirkungsweise eines Induktionszählers!

Die Wirkungsweise eines Induktionszählers entspricht der eines Asynchronmotors mit Kurzschlußläufer.
Strom- und Spannungsspule des Zählers erzeugen gemeinsam ein Drehfeld, welches eine drehbar gelagerte Aluminiumscheibe antreibt.

Die Stromspule (wenige Windungen) hat eine kleine, die Spannungsspule (viele Windungen) eine große Induktivität. Dadurch sind die beiden Ströme bzw. magnetischen Flüsse bei ohmscher Last um nahezu 90° gegeneinander verschoben.
Das aus den beiden Flüssen resultierende Drehfeld erzeugt in der Aluminiumscheibe Wirbelströme; das Drehfeld und das Magnetfeld der Wirbelströme erzeugen gemeinsam ein Drehmoment.

Beschreiben Sie den Anschluß eines Wechselstromzählers!

Der Anschluß eines Zählers entspricht dem Anschluß von Strom- und Spannungsmesser.
Der Strompfad wird in Reihe, der Spannungspfad wird parallel zum Verbraucher geschaltet.

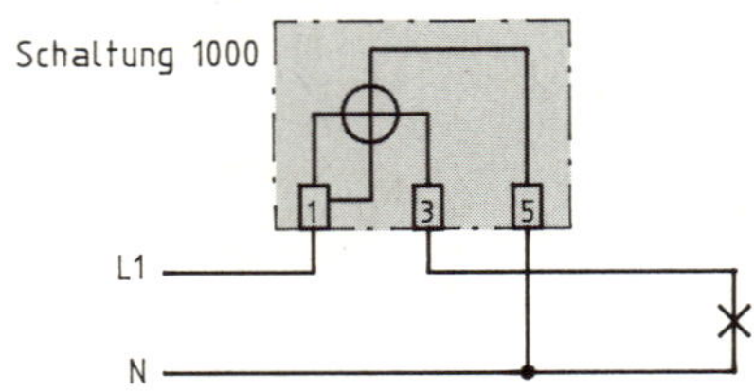

Welche Bedeutung hat die Zählerkonstante C_Z?

Die Zählerkonstante C_Z gibt an, nach wie vielen Umdrehungen der Scheibe 1 kWh verbraucht ist.

Beispiel:
C_Z = 120 1/kWh bedeutet: 1 kWh ist verbraucht, wenn die Zählerscheibe 120 Umdrehungen gemacht hat.

Wie kann mit Hilfe eines Zählers die elektrische Leistung eines Verbrauchers bestimmt werden?

Zur Leistungsbestimmung wird die Drehzahl n (Anzahl der Umdrehungen je Zeiteinheit) der Zählerscheibe bestimmt.
Die Leistung wird nach der Formel $P = n/C_Z$ bestimmt.

Nennen Sie die wichtigsten Angaben auf dem Leistungsschild eines Elektrizitätszählers!

Die wichtigsten Angaben auf dem Leistungsschild eines Zählers sind:
1. Ableseeinheit
2. Zählerart
3. Nennspannung
4. Nennstrom und Grenzstrom
5. Nennfrequenz
6. Zählerkonstante
7. Schaltungsnummer

Leistungsschild eines Zählers nach VDE 0418:

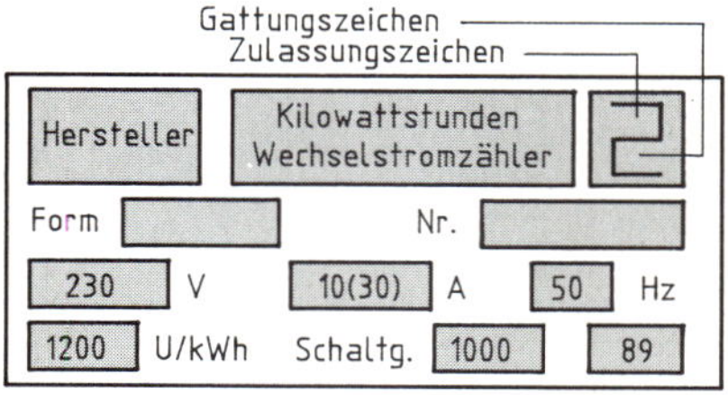

Was bedeutet auf einem Elektrizitätszähler die Angabe 10(40) A?

Die Angabe 10(40)A auf einem Zähler weist auf einen Großbereichszähler hin. Der Nennstrom beträgt 10 A, der höchstzulässige Dauerstrom (Grenzstrom) 40 A. Die Meßfehler beziehen sich auf den Nennstrom.

Wie wird bei einem Zweitarifzähler von Hochtarif auf Niedrigtarif umgeschaltet?

Die Umschaltung von Zweitarifzählern erfolgt in der Regel durch das Signal einer Tonfrequenz-Rundsteueranlage über das Netz.
Umschaltungen durch Tarifschaltuhren sind ebenfalls möglich.

Wozu dienen Maximumzähler?

Maximumzähler dienen zum Messen der auftretenden Höchstbelastungen. Der Zähler erfaßt die mittlere Höchstbelastung in Zeitabschnitten von 15 oder 30 Minuten.

Wie verhält sich ein Blindverbrauchszähler, wenn das Netz durch einen kapazitiven Verbraucher belastet wird?

Kapazitive Blindarbeit wird vom Blindleistungszähler nicht erfaßt.
Theoretisch würde die Zählerscheibe rückwärts laufen, dies wird aber durch eine Rücklaufsperre verhindert.

Wozu werden Oszilloskope verwendet?

Oszilloskope dienen zur Darstellung des zeitlichen Verlaufs einer Wechselspannung. Andere physikalische Größen, z. B. elektrische Ströme, können dargestellt werden, wenn sie zuerst durch Hilfsmaßnahmen in eine elektrische Spannung umgewandelt werden.

Beispiel: Spannung und Strom einer Induktivität

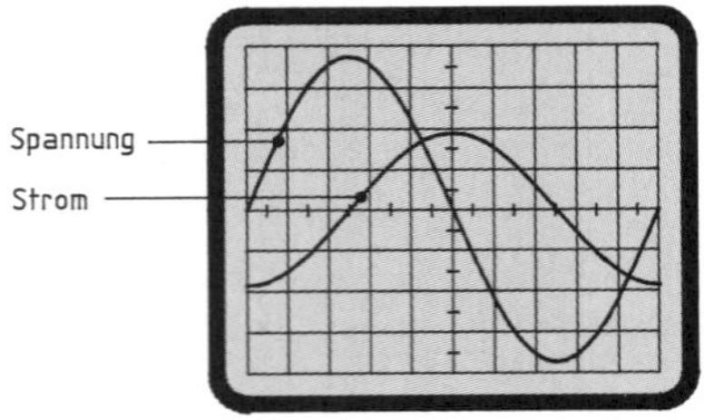

Nennen Sie die wichtigsten Bedienelemente eines Oszilloskops!

Oszilloskope enthalten Tasten, Drehknöpfe und Schalter zur Einstellung folgender Funktionen:
Netz Ein/Aus (POWER on/off)
Helligkeit (INTENS.)
Strahlschärfe (FOCUS)
Horziontalverschiebung (X-POS., POS ↔)
Vertikalverschiebung (Y-POS., POS ↕)
Ablenkkoeffizient (AMPL./DIV., VOLTS/DIV.)
Zeitmaßstab (TIME/DIV.)
Gleichspannung (DC)
Wechselspannung (AC)
Triggerung (INTERN, EXTERN, +/-)

Einkanal-Oszilloskop, vereinfachte Darstellung

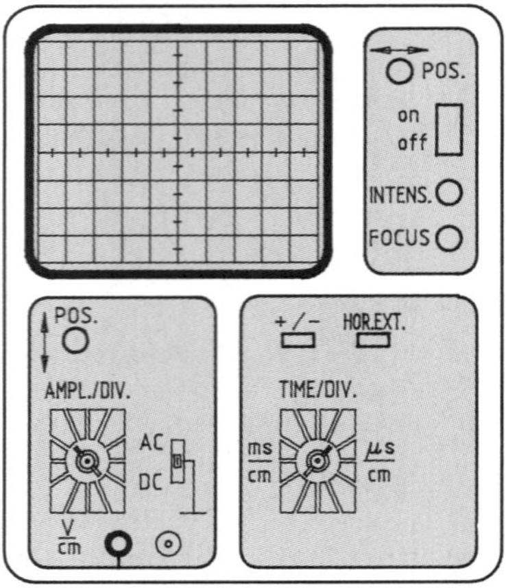

Beschreiben Sie die Aufnahme einer Diodenkennlinie!

Zur Aufnahme einer Diodenkennlinie wird der Diodenstrom mit einem Widerstand in eine proportionale Spannung umgewandelt. Diese wird an den Y-Eingang gelegt.
Die Diodenspannung wird an den X-Eingang gelegt.

Messung mit Zweikanal-Oszilloskop

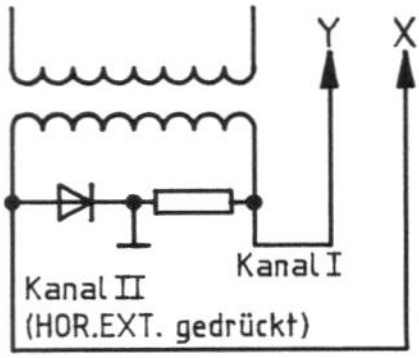

Kennlinie

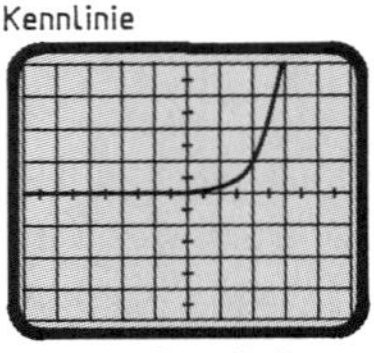

Für Kanal I muß die INVERT-Taste gedrückt sein.

2 Wechselstromtechnik

2.1 Grundbegriffe des Wechselstroms

Erklären Sie den Begriff Wechselstrom!

Wechselströme sind Ströme, deren Betrag (Stromstärke) und Richtung sich periodisch mit der Zeit ändern.

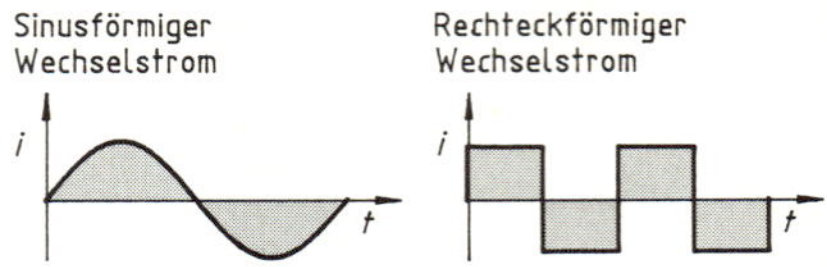

Wie kann eine sinusförmige Wechselspannung erzeugt werden?

Wird eine Leiterschleife mit gleichförmiger Geschwindigkeit in einem homogenen Magnetfeld gedreht, so wird in ihr eine sinusförmige Wechselspannung induziert.

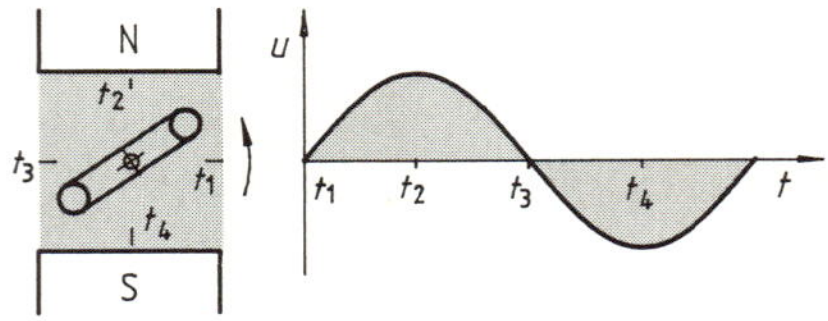

Erklären Sie den Begriff Periode und Periodendauer einer Wechselspannung!

Die Periode ist der vollständige Pendelvorgang, bestehend aus einer positiven und einer negativen Halbperiode. Die Periodendauer *T* ist die Zeit für eine Periode.

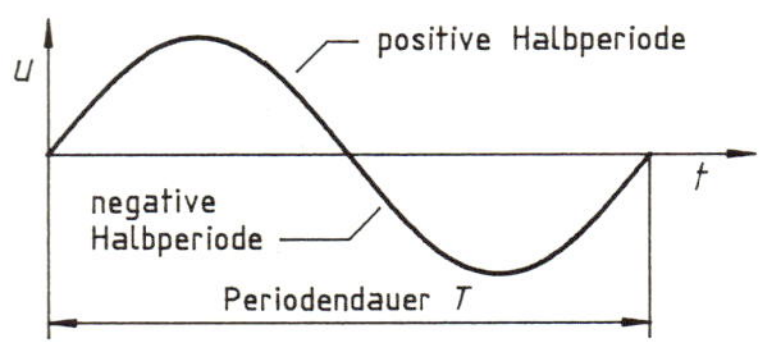

Erklären Sie den Begriff Frequenz einer Wechselspannung!

Die Frequenz gibt die Anzahl der Perioden in einer Sekunde an.
Formelzeichen: f
Einheit: Hertz (Hz)

Die Frequenz ist der Kehrwert der Periodendauer T. Es gilt: $f = 1/T$.
Für die Einheit gilt: 1 Hz = 1/s.
Übliche Netzfrequenzen: $f = 50$ Hz, USA $f = 60$ Hz, Bahn $f = 16\,{}^2/_3$ Hz.

Welcher Zusammenhang besteht zwischen der Frequenz *f* und der Kreisfrequenz ω?

Formel: $\omega = 2 \cdot \pi \cdot f$
Einheit: 1/s

Die Kreisfrequenz ist die Winkelgeschwindigkeit eines Zeigers, z.B. des Spannungs- oder Stromzeigers.

2

Erklären Sie den Begriff Augenblickswert der Wechselspannung!

Der Augenblickswert (Momentanwert) u einer Wechselspannung ist die in einem bestimmten Zeitpunkt t gemessene Spannung.

Augenblickswerte werden mit Kleinbuchstaben bezeichnet (u, i, p).
Für sinusförmigen Spannungsverlauf gilt:
$u = \hat{u} \cdot \sin \omega t = \hat{u} \sin (2 \cdot \pi \cdot f \cdot t)$.
Momentanwerte können im Oszillogramm gemessen werden.

Erklären Sie die Begriffe Scheitelwert und Spitze-Tal-Wert!

Der Scheitelwert $\hat{u}$ (Amplitude, Spitzenwert) ist der Höchstwert einer Wechselgröße.
Der Spitze-Tal-Wert $\hat{\check{u}}$ (Spitze-Spitze-Wert) ist die Differenz zwischen positivem und negativem Scheitelwert.

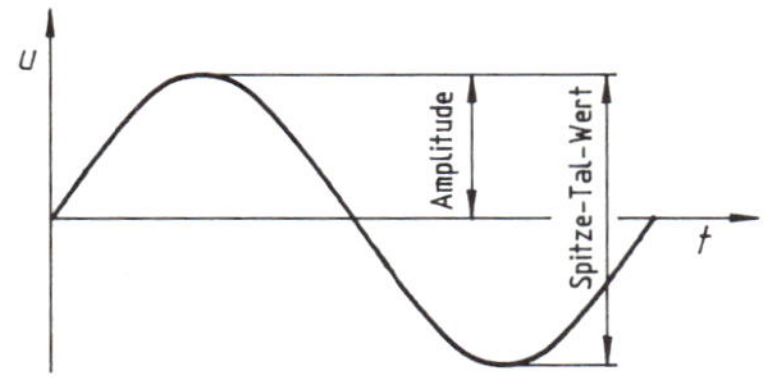

Erklären Sie den Begriff Effektivwert eines Wechselstromes!

Der Effektivwert eines Wechselstromes ist so groß wie ein Gleichstrom, der die gleiche Leistung erzeugt.

Effektivwerte werden wie Gleichstromwerte mit Großbuchstaben bezeichnet, z.B. $U_{eff} = U = 230$ V. Die üblichen Wechselstrommeßgeräte zeigen Effektivwerte an.

Nennen Sie den Zusammenhang zwischen Scheitelwert und Effektivwert einer sinusförmigen Wechselgröße!

Bei sinusförmigen Wechselgrößen besteht zwischen Scheitelwert und Effektivwert der Zusammenhang:

$\hat{u} = \sqrt{2} \cdot U_{eff} = \sqrt{2} \cdot U$

$\hat{\imath} = \sqrt{2} \cdot I_{eff} = \sqrt{2} \cdot I$

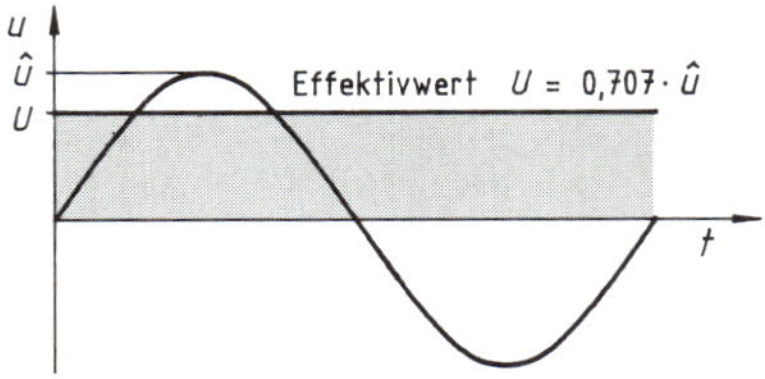

Wie können Wechselstromgrößen zeichnerisch dargestellt werden?

Wechselstromgrößen können dargestellt werden durch:
1. Zeigerbilder
2. Linienbilder
Für Berechnungen wird das Zeigerbild der Effektivwerte bevorzugt, aus dem Linienbild lassen sich Augenblickswerte ablesen.

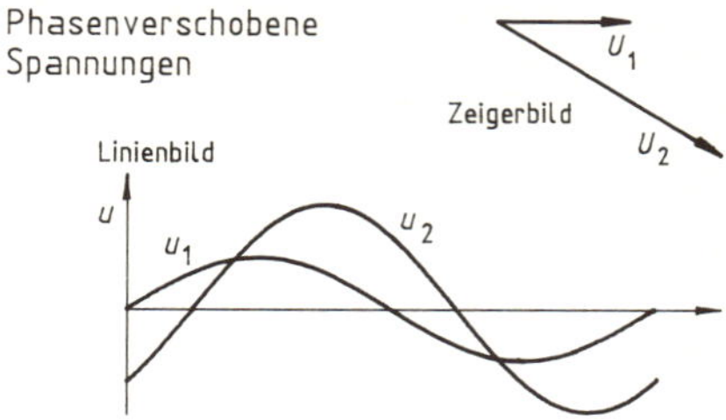

Was bedeutet: Spannung und Strom sind in Phase?

Spannung und Strom sind in Phase (keine Phasenverschiebung), wenn sie gleichzeitig Nulldurchgang und positiven Scheitelwert erreichen.
(In Phase = gleicher Schwingungszustand)

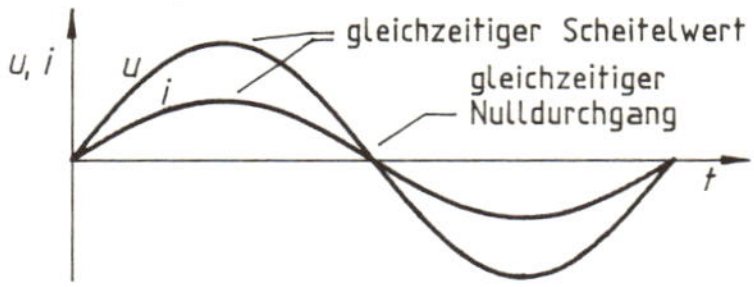

Erklären Sie den Begriff Phasenverschiebung!

Phasenverschiebung zwischen zwei elektrischen Größen bedeutet, daß sie nicht zur gleichen Zeit ihre Nulldurchgänge haben.
Die Phasenverschiebung wird durch den Winkel φ zwischen den Größen angegeben.

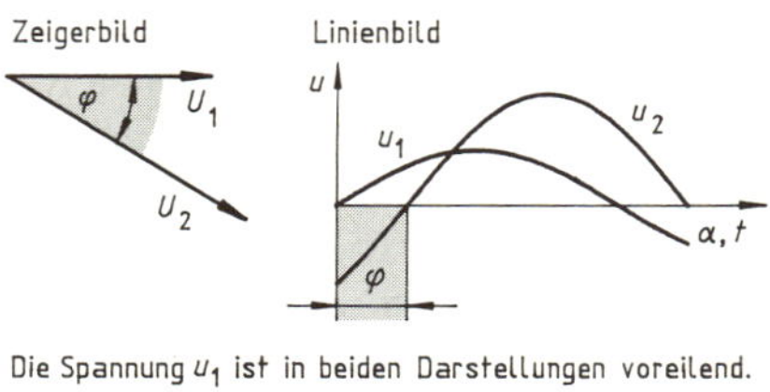

Die Spannung u_1 ist in beiden Darstellungen voreilend.

Nennen Sie technisch verwendete nichtsinusförmige Spannungen!

Die wichtigsten nichtsinusförmigen Spannungen der Technik sind:
1. Rechteckspannung
2. Sägezahnspannung.

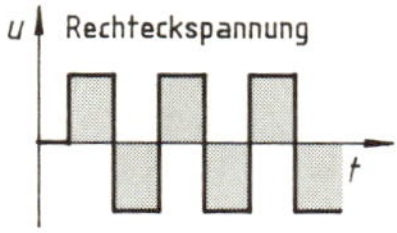

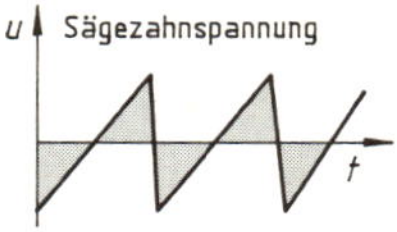

Erklären Sie den Begriff Mischspannung!

Mischspannungen sind Spannungen, die aus einem Gleichspannungs- und einem Wechselspannungsanteil bestehen.

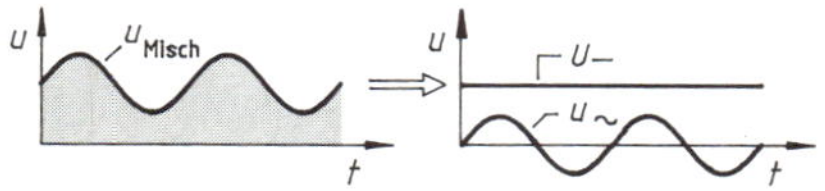

2

Erklären Sie den Begriff Impuls!

Impulse sind kurzzeitige Spannungs- oder Stromstöße. Periodisch auftretende Impulsfolgen heißen Pulsvorgang.
Wichtige Impulsformen:
1. Rechteckimpulse
2. Nadelimpulse
3. Schwingungsimpulse.

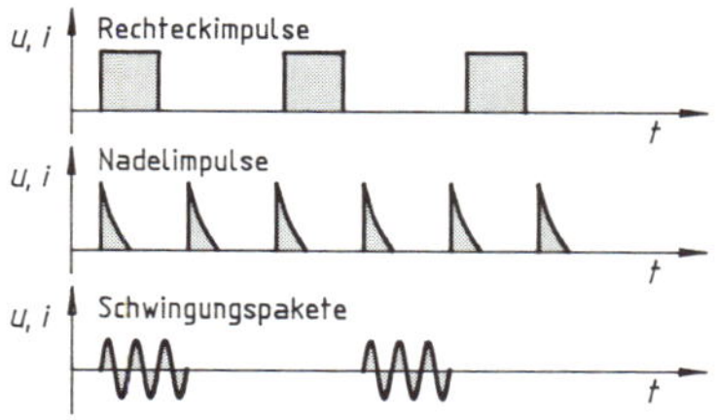

Erklären Sie den Begriff Tastgrad *g*!

Der Tastgrad ist das Verhältnis von Impulsdauer t_i zur Periodendauer T einer periodischen Wechselgröße.
Es gilt: $g = t_i/T$
Den Kehrwert des Tastgrades nennt man das Tastverhältnis V.

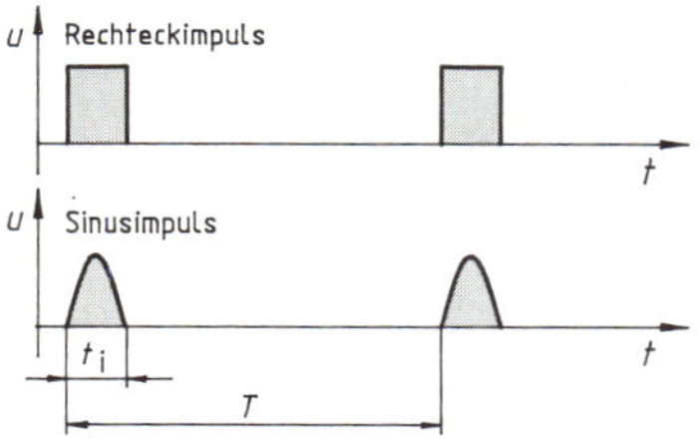

Nennen Sie wichtige Kenngrößen eines Impulses!

Wichtige Kenngrößen eines Impulses sind:
Anstiegszeit,
Impulsdauer,
Abfallzeit.
Weiterhin ist die Form der Flanken und des Daches von Bedeutung.

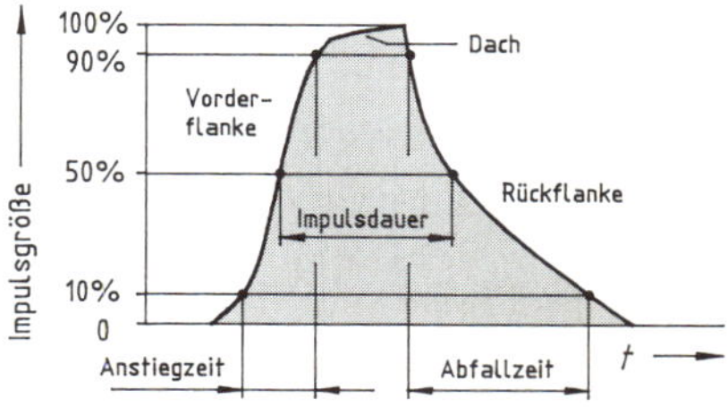

2.2 Magnetfeld, Induktion

Welche Stoffe werden von einem Magneten angezogen?

Ein Magnet zieht Teile aus Eisen, Nickel, Kobalt und die meisten ihrer Legierungen an und hält sie fest.

Diese Stoffe verhalten sich magnetisch wie Eisen, man nennt sie deshalb ferromagnetisch (ferrum = Eisen). Außerdem gibt es dia- und paramagnetische Stoffe.

Welche Kraftwirkung üben Magnetpole aufeinander aus?

Gleichnamige Magnetpole stoßen einander ab, ungleichnamige Magnetpole ziehen einander an.

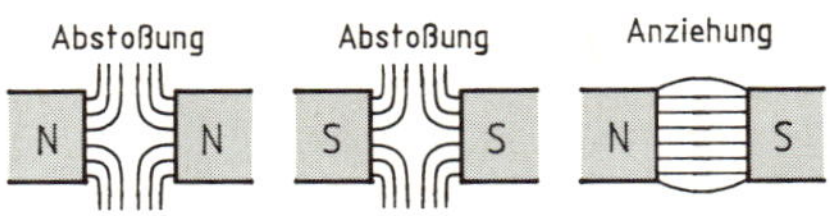

Wodurch unterscheidet sich magnetisiertes von unmagnetisiertem Eisen?

Im magnetisierten Eisen sind die Elementarmagnete (Weißsche Bezirke) geordnet, im unmagnetisierten Eisen sind sie ungeordnet und heben sich in ihrer Wirkung auf.

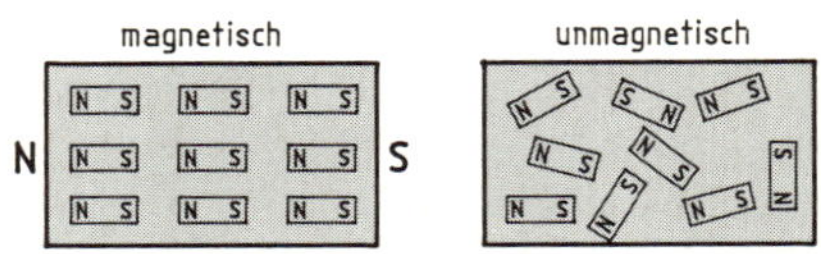

Nur ferromagnetische Stoffe bestehen aus Elementarmagneten.

Welchen Verlauf haben die Feldlinien eines Magneten?

Magnetische Feldlinien verlaufen außerhalb des Magneten vom Nordpol zum Südpol. Feldlinien sind geschlossene Linienzüge.

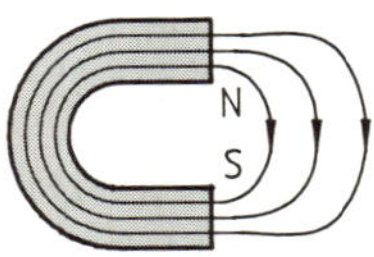

Feldlinien beschreiben das magnetische Feld (= Raum in dem die magnetischen Kräfte wirken).

Erklären Sie den Begriff homogenes Feld!

Ein homogenes (gleichmäßiges) Feld hat überall dieselbe Feldliniendichte, und alle Feldlinien verlaufen parallel.

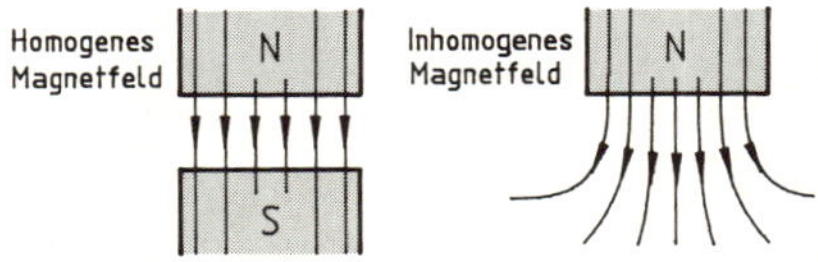

Wie kann ein Magnetfeld nachgewiesen werden?

Ein Magnetfeld kann durch eine Magnetnadel oder durch Eisenfeilspäne nachgewiesen werden. Das Magnetfeld ist der Raum in dem magnetische Kräfte wirken.

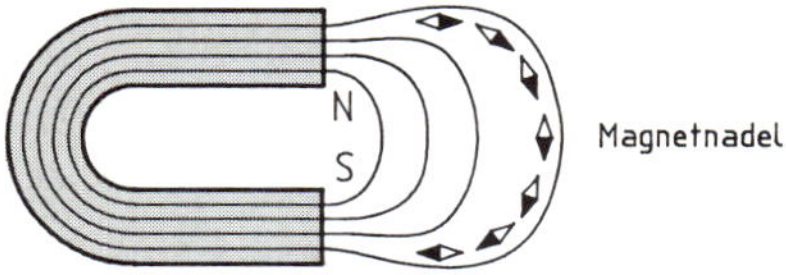

Wie kann man z. B. Meßgeräte gegen magnetische Störfelder abschirmen?

Magnetische Störfelder (auch das Erdmagnetfeld) werden durch weichmagnetische Werkstoffe abgeschirmt.

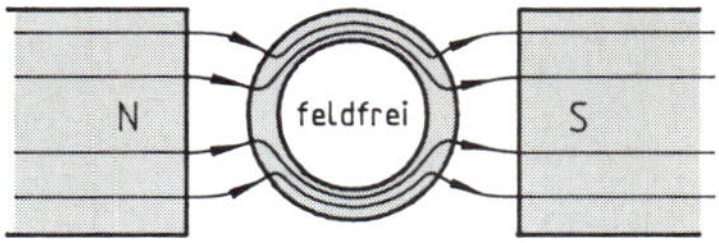

Wie kann ein Werkstück entmagnetisiert werden?

Magnetismus wird beseitigt durch ein abklingendes magnetisches Wechselfeld, durch Glühen und durch Erschütterungen.

Die geordneten Elementarmagnete müssen beim Entmagnetisieren in einen ungeordneten Zustand gebracht werden.
Beim Glühen muß die Curie-Temperatur (z. B. Fe 769 °C) überschritten werden.

Erklären Sie die Begriffe Dauermagnet und Zeitmagnet!

Dauermagnete (Permanentmagnete) sind Magnete, deren Elementarmagnete ohne äußeres Feld in geordnetem Zustand bleiben (hartmagnetischer Werkstoff).
Zeitmagnete (Temporärmagnete) sind Magnete, deren Elementarmagnete ohne äußeres Feld in den ungeordneten Zustand zurückfallen (weichmagnetischer Werkstoff).

Nennen Sie Anwendungsbeispiele für Dauermagnete!

Dauermagnete (Permanentmagnete) finden Anwendung als Kompaß, Haftmagnete, Werkstückhalter, Magnetscheider, in Drehspulmeßwerken, in permanentdynamischen Lautsprechern und in Gleichstrommaschinen.

Welcher Magnetpol befindet sich am geographischen Nordpol?

In der Nähe des geographischen Nordpols befindet sich ein magnetischer Südpol. Er zieht den Nordpol der Kompaßnadel an.

Welche Wirkung zeigt der elektrische Strom um einen Leiter?

Um jeden stromdurchflossenen Leiter bildet sich ein Magnetfeld.

Elektrische Ströme erzeugen immer ein Magnetfeld um den Leiter und Stromwärme im Leiter.

Welche Form hat das Magnetfeld um einen stromdurchflossenen Leiter?

Jeder stromdurchflossene Leiter ist von kreisförmigen, konzentrischen Feldlinien umgeben.

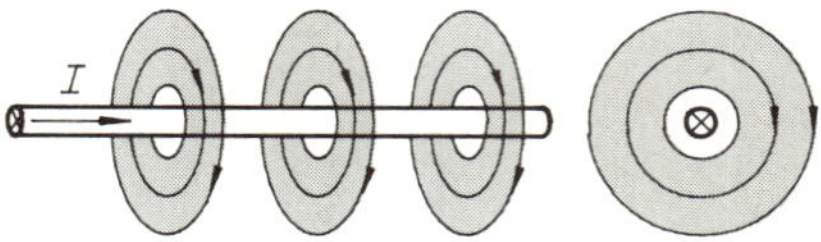

Welche Richtung haben die Feldlinien um einen stromdurchflossenen Leiter?

Wird eine Schraube mit Rechtsgewinde in Richtung des Stromes in den Leiter eingeschraubt, so ergibt ihre Drehrichtung die Richtung der Feldlinien um den Leiter.

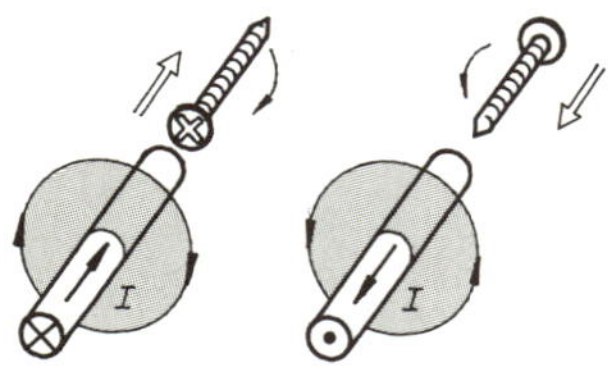

Welche Kraftwirkung besteht zwischen parallelen stromdurchflossenen Leitern?

Parallele, in gleicher Richtung stromdurchflossene Leiter ziehen sich an.
Parallele, von entgegengesetzten Strömen durchflossene Leiter hingegen stoßen sich ab.

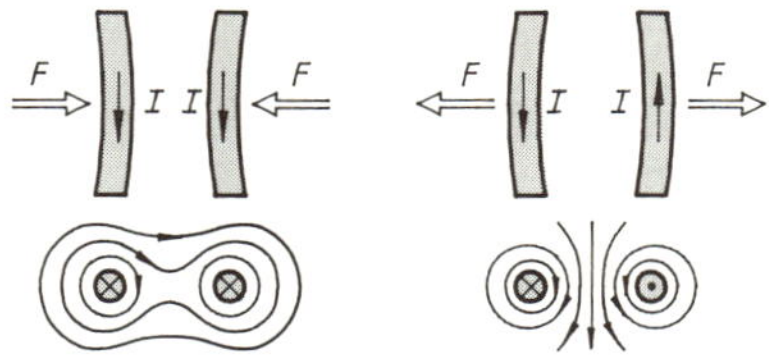

Welche Form hat das Magnetfeld um eine stromdurchflossene Spule?

Das Magnetfeld einer stromdurchflossenen Spule entspricht dem Magnetfeld eines Stabmagneten.
Im Spuleninneren ist das Feld homogen.

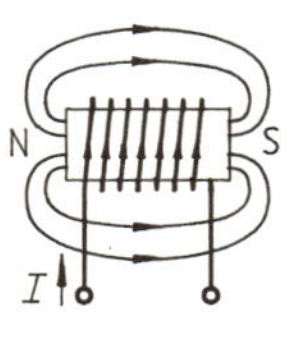

Spulenregel: Legt man die rechte Hand so um die Spule, daß die Finger in Richtung des Stromes zeigen, so zeigt der Daumen zum N-Pol der Spule.

2

Von welchen Größen hängt die Durchflutung Θ ab?

Die Durchflutung Θ ist das Prokdukt aus Strom I und Windungszahl N der Spule.
Formel: $\Theta = I \cdot N$
Einheit: Ampere (A)

Gleiche Durchflutung Θ wird erreicht:
1. großer Strom durch wenig Windungen oder
2. kleiner Strom durch viele Windungen.

Die Einheit der Windungszahl ist 1.

Welcher Zusammenhang besteht zwischen der magnetischen Feldstärke *H* und der Durchflutung Θ?

Die magnetische Feldstärke H ist der Quotient aus Durchflutung Θ und mittlerer Feldlinienlänge l.
Formel:

$$H = \frac{\Theta}{l} = \frac{I \cdot N}{l}$$

Einheit: A/m, A/cm.

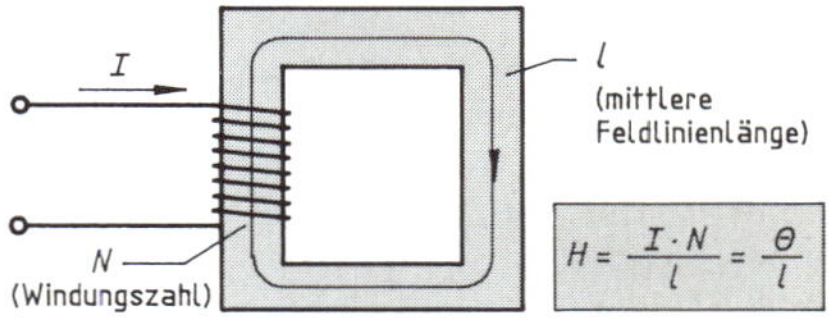

Für Luftspulen
läßt sich keine mittlere Feldlinienlänge bestimmen.

Wie heißt die Gesamtzahl aller magnetischer Feldlinien?

Die Gesamtzahl aller Feldlinien nennt man den magnetischen Fluß Φ.
Einheit:
1 Weber (Wb) = 1 Vs

Da die Feldlinien geschlossene Linien sind, durchsetzt der magnetische Fluß überall mit gleicher Stärke den magnetischen Kreis. Der magnetische Fluß ist mit dem Fluxmeter meßbar.

Wie ist die magnetische Flußdichte *B* festgelegt?

Die magnetische Flußdichte B ist der magnetische Fluß pro Flächeneinheit A.

Formel: $B = \frac{\Phi}{A}$

Einheit:
1 Tesla (T) = 1 Vs/m^2.

Die magnetische Flußdichte B, auch magnetische Induktion genannt, ist der Fluß, der die Flächeneinheit senkrecht durchsetzt.
Die zulässige Flußdichte $\hat{B}$ ist vom verwendeten Magnetwerkstoff abhängig.

Wie kann das Magnetfeld eines Leiters aufgehoben werden?

In verdrillten Leitungen (Hin- und Rückleitung) und in bifilaren Wicklungen heben sich die Magnetfelder auf.

Welcher Zusammenhang besteht bei einer eisenlosen Spule (Luftspule) zwischen der Feldstärke und der magnetischen Flußdichte?

Die Flußdichte B steigt linear mit der Feldstärke H.
Formel: $B = \mu_0 \cdot H$

μ_0 ist die magnetische Feldkonstante.

$$\mu_0 = 1{,}257 \cdot 10^{-6} \ \frac{\mathrm{Vs}}{\mathrm{Am}}$$

Wie ändert sich die Flußdichte B, wenn ein Eisenkern in eine stromdurchflossene Spule eingebracht wird?

Der Eisenkern verstärkt wesentlich die magnetische Flußdichte.
Formel: $B = \mu_0 \cdot \mu_r \cdot H$
$= \mu \cdot H$
μ_r Permeabilitätszahl
μ Permeabilität

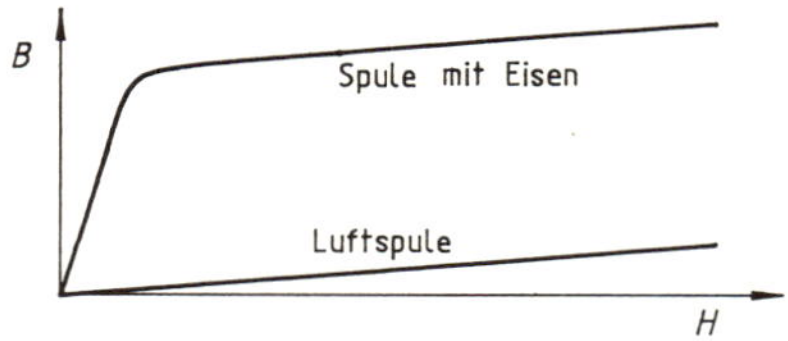

Wie kann bei einer Spule mit bekanntem Kernwerkstoff und bei gegebener Feldstärke H die magnetische Flußdichte B bestimmt werden?

Der Zusammenhang zwischen der Feldstärke und der Flußdichte wird aus der Magnetisierungskennlinie entnommen.
Die Berechnung ist meist nicht möglich.

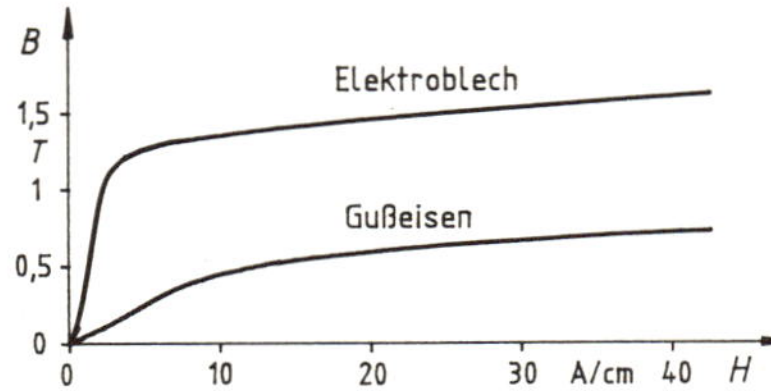

Erklären Sie den Begriff Sättigung!

Ein Magnetwerkstoff ist gesättigt, wenn alle Elementarmagnete ausgerichtet sind.

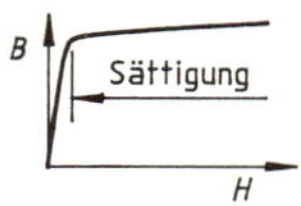

In der Sättigung steigt die Flußdichte trotz steigender Feldstärke kaum noch an.

Warum erhöht ein ferromagnetischer Kern die Flußdichte?

Die Erhöhung der Flußdichte durch einen ferromagnetischen Kern liegt in der Ausrichtung der Weißschen Bezirke. In diesen Bezirken haben die Elektronen den gleichen Drehsinn (Spin). Diese bewegten Elektronen (= Strom) rufen die Magnetfelder der Elementarmagnete hervor.

Erklären Sie die Begriffe Remanenzflußdichte und Koerzitivfeldstärke!

Die Remanenzflußdichte B_r (Restmagnetismus) ist die Flußdichte, die nach dem Magnetisieren bei der Feldstärke Null zurückbleibt.

Die Koerzitivfeldstärke H_C ist die Feldstärke, die notwendig ist, um den Restmagnetismus völlig zu beseitigen.

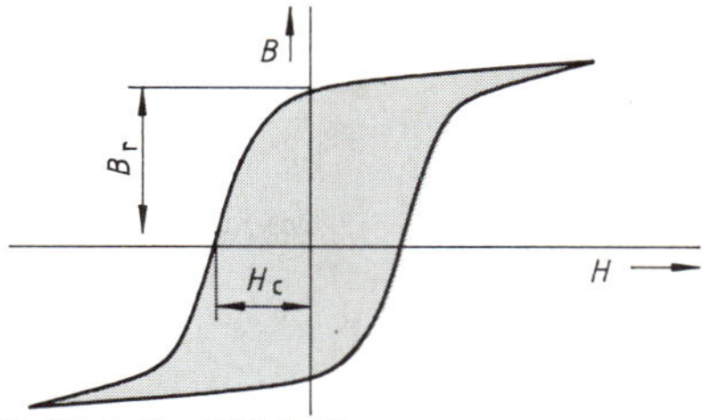

Die Kurve $B = f(H)$ heißt Hystereseschleife oder Ummagnetisierungskennlinie.

Welche Form hat die Ummagnetisierungskennlinie (Hystereseschleife) eines hartmagnetischen Werkstoffes?

Hartmagnetische Werkstoffe besitzen eine breite Ummagnetisierungskennlinie, d. h. eine große Koerzitivfeldstärke H_C.

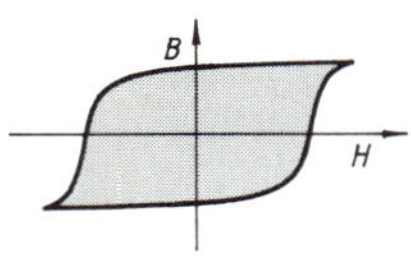

Dauermagnete sollen auch eine große Remanenzflußdichte aufweisen.

Welche Form hat die Ummagnetisierungskennlinie (Hystereseschleife) eines weichmagnetischen Werkstoffes?

Weichmagnetische Werkstoffe haben eine schmale Ummagnetisierungskennlinie, d. h. eine kleine Koerzitivfeldstärke H_C.

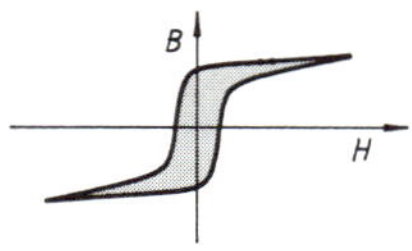

Der Flächeninhalt der Schleife ist ein Maß für die Ummagnetisierungsarbeit.

In welchem Bereich liegt die Permeabilitätszahl μ_r von ferro-, dia- und paramagnetischen Werkstoffen?

Die Permeabilitätszahl μ_r von ferromagnetischen Werkstoffen erreicht Werte von 6000 bis 300 000, die diamagnetischer Stoffe ist etwas kleiner als 1, die paramagnetischer Stoffe ist wenig größer als 1.

Wie verteilt sich die Durchflutung in einem magnetischen Kreis mit Luftspalt?

Im magnetischen Kreis gilt das Durchflutungsgesetz: Die Gesamtdurchflutung ist gleich der Summe der Teildurchflutungen.
Formel:
$\Theta_{ges} = H_{Fe} \cdot l_{Fe} + H_L \cdot l_L$

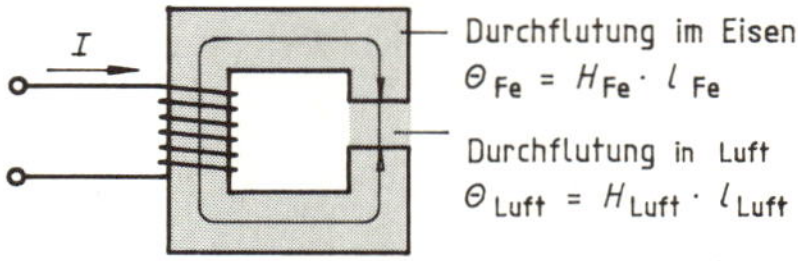

Der Hauptteil der Durchflutung wird meist zur Erzeugung des Magnetflusses im Luftspalt benötigt.

Welche Wirkung übt ein Magnetfeld auf einen stromdurchflossenen Leiter aus?

Ein stromdurchflossener Leiter erfährt im Magnetfeld eine Kraftwirkung.
Die Kraftwirkung resultiert aus der Überlagerung von zwei Magnetfeldern.

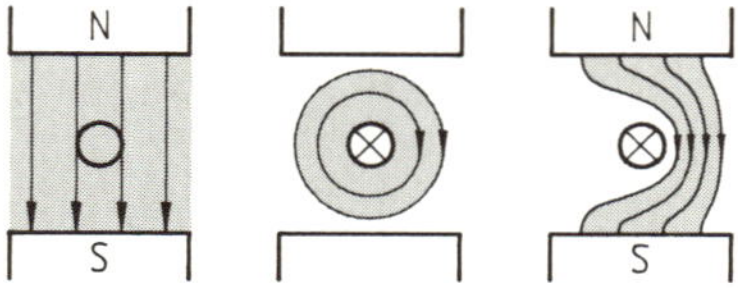

In welche Richtung wird ein stromdurchflossener Leiter im Magnetfeld abgelenkt?

Der Leiter wird aus dem Gebiet der Feldlinienverdichtung herausgedrängt.
Die Feldlinienverdichtung hängt von Größe und Richtung der Einzelfelder ab.

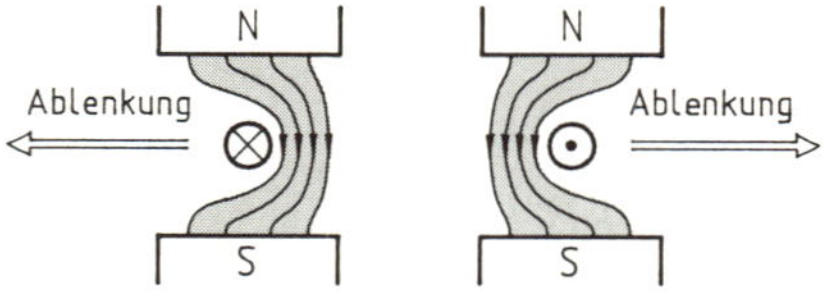

Von welchen Größen hängt die Bewegungsrichtung eines stromdurchflossenen Leiters ab?

Die Bewegungsrichtung eines stromdurchflossenen Leiters im Magnetfeld ist von der Stromrichtung im Leiter und der Richtung des Magnetfeldes abhängig.

Die Bewegungsrichtung des Leiters kann man mit der Motorregel (Linke-Hand-Regel) bestimmen.
Die Kraft auf den Leiter ist von der Stromstärke im Leiter, von der Leiterlänge, der Leiterzahl und der Flußdichte abhängig.

Nennen Sie Anwendungsbeispiele für die Ablenkung von Elektronen durch Magnetfelder!

Die Ablenkung von Elektronen in Magnetfeldern wird angewandt in Oszilloskopen, Fernsehgeräten, Teilchenbeschleunigern, magnetischen Linsen von Elektronenmikroskopen und Blasmagneten von Schützen.

Erklären Sie die Spannungserzeugung durch Induktion!

Eine Induktionsspannung entsteht, wenn in einer Leiterschleife der magnetische Fluß geändert wird. Durch Induktion wird immer eine Wechselspannung erzeugt.

Man unterscheidet:
Induktion der Bewegung (Generator): Flußänderung durch „Schneiden" von Feldlinien.
Induktion der Ruhe (Transformator): Flußänderung durch Wechselstöme.

2

Welche Größen bestimmen die Höhe der Induktionsspannung?

Die Induktionsspannung steigt mit der Geschwindigkeit der Flußänderung und der Windungszahl N, die vom Fluß durchsetzt wird.

Allgemein gilt: $u_{ind} = -N \frac{\Delta \Phi}{\Delta t}$

Beim Generator gilt: $U_0 = B \cdot l \cdot v \cdot z$
mit: $v = 2 \cdot \pi \cdot r \cdot n$
l wirksame Leiterlänge
z Leiterzahl, n Drehzahl, r Radius

Wie lautet die Lenzsche Regel?

Die Lenzsche Regel besagt:
Der Induktionsstrom ist so gerichtet, daß sein Magnetfeld der Induktionsursache entgegenwirkt.

Entgegenwirken der Induktionsursache heißt:
die Leiterbewegung wird gehemmt (Induktion der Bewegung);
die Flußänderung wird abgeschwächt (Induktion der Ruhe).

Erklären Sie mit Hilfe der Lenzschen Regel das Abbremsen einer Leiterschleife im Magnetfeld!

Der Leiterbewegung wirkt das Magnetfeld des Induktionsstromes durch Feldverdichtung entgegen.

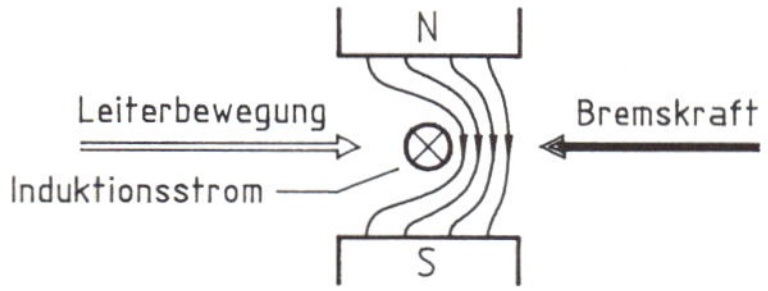

Bei welchen Maschinen wird das Induktionsprinzip angewandt?

In Generatoren, Transformatoren und Induktionsmotoren findet die Induktion Anwendung.

Generator: Induktion der Bewegung, Flußänderung durch Rotordrehung.
Transformator: Induktion der Ruhe, Flußänderung durch den Wechselstrom.

Beschreiben Sie das Transformatorprinzip!

Beim Transformator sind zwei Spulen auf einem gemeinsamen Eisenkern angeordnet. Flußänderungen, die der Wechselstrom in der Eingangsspule erzeugt, durchsetzen auch die Ausgangsspule und induzieren eine Ausgangsspannung.

Die Höhe der induzierten Ausgangsspannung ist vom Verhältnis der Windungszahlen in den Spulen abhängig.

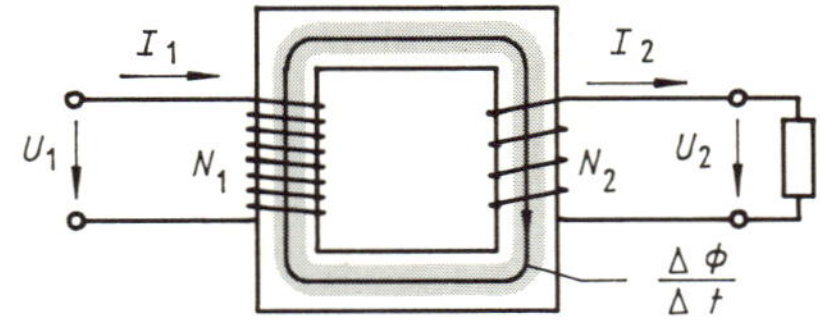

Erklären Sie den Begriff Selbstinduktion!

Eine Stromänderung in einer Spule bewirkt eine Flußänderung.
Die Flußänderung induziert in derselben Spule eine Spannung, die Selbstinduktionsspannung.

Die Stromänderung erfolgt durch Ein- oder Ausschalten oder durch den Wechselstrom.
Die Selbstinduktion tritt bei Wechselstrom ständig auf (induktiver Blindwiderstand), bei Gleichstrom nur bei Stromänderungen (Schaltvorgängen).

Welche Wirkung hat die Selbstinduktion im Innern eines elektrischen Leiters?

Selbstinduktion bewirkt im Leiter eine Stromverdrängung (Skineffekt).

Die Stromverdrängung tritt besonders bei hohen Frequenzen auf. Der Strom wird aus dem Leiterinnern herausgedrängt.

Welche Richtung hat die Selbstinduktionsspannung?

Die Selbstinduktionsspannung ist so gerichtet, daß sie der Induktionsursache, der Klemmenspannung, entgegenwirkt.

Nach der Lenzschen Regel muß die Selbstinduktionsspannung der Klemmenspannung entgegenwirken, da sie eine Stromänderung bewirkt und somit Induktionsursache ist.

Welche Wirkung hat die Selbstinduktion beim Ein- und Ausschalten?

Durch die Selbstinduktion verlaufen Stromänderungen nur allmählich (Lenzsche Regel).

Beim Ausschalten versucht die Selbstinduktionsspannung den Stromfluß aufrecht zu erhalten, am geöffneten Schaltkontakt entsteht ein Lichtbogen.

Wovon ist die Höhe der Selbstinduktionsspannung abhängig?

Die Selbstinduktionsspannung steigt mit der Geschwindigkeit der Stromänderung und der Induktivität L der Spule.

Formel: $u_s = -L \cdot \frac{\Delta I}{\Delta t}$

Gefährlich hohe Selbstinduktionsspannungen entstehen beim raschen Abschalten großer Ströme durch Induktivitäten (Spulen, Motoren, Transformatoren).
Die Selbstinduktionsspannung ruft zwischen den Schaltkontakten einen Lichtbogen hervor.

2

Erklären Sie den Begriff Induktivität!

Induktivität L ist die Eigenschaft einer Spule, durch Selbstinduktion einer sprunghaften Stromänderung entgegenzuwirken.
Einheit: Henry (H)

Eine Spule besitzt die Induktivität 1 H, wenn eine Stromänderung von 1 A je Sekunde eine Selbstinduktionsspannung von 1 V hervorruft.
Für die Einheit gilt:
1 H = 1 Vs/A = 1 Ωs.

Wie kann die Induktivität L einer Spule berechnet werden?

Die Induktivität L einer Spule kann ,nur näherungsweise aus den Spulendaten ermittelt werden:

$$L = \frac{\mu_0 \cdot \mu_r \cdot A \cdot N^2}{l_m}$$

A Spulenquerschnitt (Kern)
l_m mittlere Feldlinienlänge
In der Spulenkonstanten A_L sind alle Daten des Kerns zusammengefaßt, so daß gilt:
$L = N^2 \cdot A_L$.
z. B. Kern M 65: $A_L = 2{,}8 \cdot 10^{-6}$ H.

Welche Schäden an elektrischen Betriebsmitteln können durch die Selbstinduktion hervorgerufen werden?

Die Selbstinduktion kann Wicklungsdurchschläge und Kontaktzerstörungen hervorrufen.

Die Selbstinduktionsspannung beim Abschalten einer Induktivität beträgt meist ein Vielfaches der Klemmenspannung.

Woher stammt die Energie für den Abschaltfunken?

Induktivitäten sind Energiespeicher.
Die im magnetischen Feld gespeicherte Energie beträgt $W = \frac{1}{2} \cdot L \cdot I^2$.

In welchen Geräten ist die Selbstinduktionsspannung erwünscht?

Eine möglichst hohe Selbstinduktionsspannung ist z. B. in Kfz-Zündspulen, Vorschaltgeräten für Gasentladungslampen und in Funkeninduktoren erwünscht.

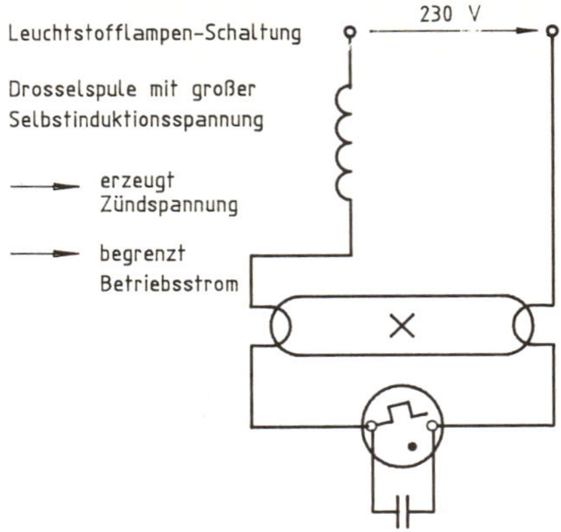

Wodurch entstehen Wirbelströme?

Wirbelströme werden durch Induktion erzeugt. Die Strombahn ähnelt einem Wasserwirbel; sie ist praktisch nicht berechenbar.

Wirbelströme entstehen bevorzugt in massiven Metallteilen. Sie sind unerwünscht in z. B. Transformatoren- und Spulenkernen, Motoren- und Generatorenläufern, da sie Verluste verursachen.

Wie können die Wirbelströme in Spulenkernen vermindert werden?

Wirbelströme in Kernen können vermindert werden durch Blechen (Lamellieren) der Kerne, durch Legieren des Kernwerkstoffes mit Silizium oder durch Verwendung von Masse- und Ferritkernen.

Die Bleche sind gegeneinander isoliert, damit die Bahnen der Wirbelströme unterbrochen werden. Der elektrische Widerstand der Bleche wird durch die Legierung mit Silizium erhöht.
Ferritkerne bestehen aus nichtleitenden Metalloxidkörnchen (geringe Sättigung) und werden in der HF-Technik verwendet.

Wozu werden Wirbelströme technisch genutzt?

Wirbelströme werden genutzt:

1. zum Abbremsen bewegter Metallteile
2. zur induktiven Erwärmung
3. zum Abschirmen von Magnetfeldern.

Zu 1: Wirbelstrombremsung in Zählern, als Meßwerkdämpfung, als verschleißfreie Kfz-Bremse

Zu 2: Oberflächenhärten, Induktionsofen

Zu 3: Abschirmung von empfindlichen elektrischen Meßgeräten und von Bandfiltern in Rundfunk- und Fernsehgeräten (Al-Becher).

2.3 Spule im Gleich- und Wechselstromkreis

2

Wie verhält sich eine Spule im Gleichstromkreis?

Im Gleichstromkreis wirkt nur der Widerstand *R* der Spule.

Beim Einschalten fließt der Strom aber nicht sofort mit voller Stärke, da die Induktivität dem Stromanstieg entgegenwirkt.

Welchen zeitlichen Verlauf hat der Strom, wenn eine Spule an Gleichspannung gelegt wird?

Nach dem Anlegen einer Spule an Gleichspannung steigt der Spulenstrom nur langsam an, da die Selbstinduktionsspannung der angelegten Spannung entgegenwirkt. Beim Ausschalten versucht die induzierte Spannung den Stromfluß aufrecht zu erhalten.

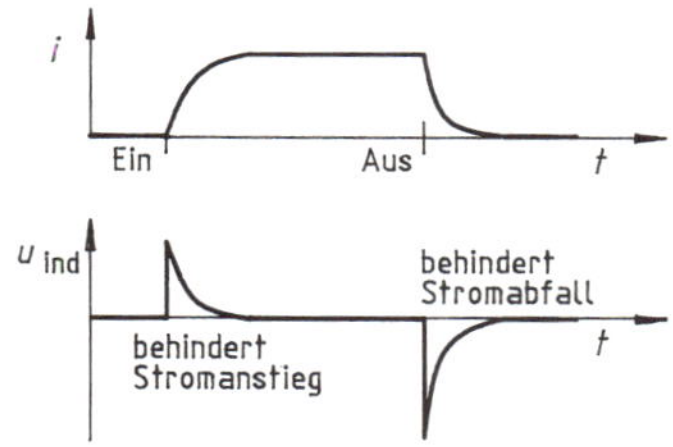

Wie ist die Zeitkonstante τ bei der Spule festgelegt?

Die Zeitkonstante τ ist die Zeit nach dem Einschalten, in welcher der Spulenstrom auf 63 % seines Endwertes angestiegen ist.

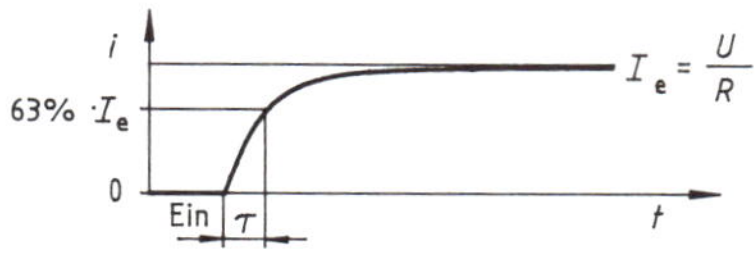

Welche Größen bestimmen die Zeitkonstante τ der Spule?

Die Zeitkonstante τ der Spule ist von der Induktivität *L* und dem Widerstand *R* abhängig.

Formel: $\tau = \frac{L}{R}$

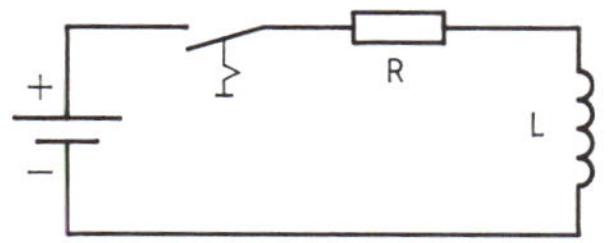

Im Widerstand R sind der Vorwiderstand, der Drahtwiderstand der Spule und der Ersatzwiderstand für die Eisenverluste zusammengefaßt.

Nach welcher Zeit *t* nach dem Einschalten fließt der volle Spulenstrom?

Nach der Zeit $t = 5\,\tau$ (Einschaltzeit) fließt praktisch der volle Spulenstrom.
Nach der Zeit $t = 5\,\tau$ (Ausschaltzeit) ist der Strom praktisch abgeklungen.

Wie verhält sich eine Induktivität im Wechselstromkreis?

Die Induktivität wirkt im Wechselstromkreis wie ein frequenzabhängiger Widerstand und bewirkt eine Phasenverschiebung.

Die Selbstinduktionsspannung wirkt der Klemmenspannung entgegen, es fließt verspätet ein kleinerer Strom als nach dem Ohmschen Gesetz zu erwarten wäre.

Wie kann der induktive Blindwiderstand X_L berechnet werden?

Formel: $X_L = \omega \cdot L = 2\pi \cdot f \cdot L$

Einheitengleichung:

$$\frac{1}{s} \cdot H = \frac{1}{s} \frac{Vs}{A} = \frac{V}{A} = \Omega$$

Für Gleichstrom stellt die Induktivität keinen Widerstand dar, der induktive Blindwiderstand ist Null.

$f = 0 \rightarrow X_L = 2\pi \cdot 0 \cdot L = 0$

Wie groß und welcher Art ist die Phasenverschiebung bei der Induktivität?

Bei der Induktivität eilt der Strom der Spannung um $\varphi = 90°$ (= $\pi/2$) nach.
Dies gilt nur für die reine (ideale) Induktivität.
Bei der verlustbehafteten Induktivität ist der Verschiebungswinkel kleiner als 90°.

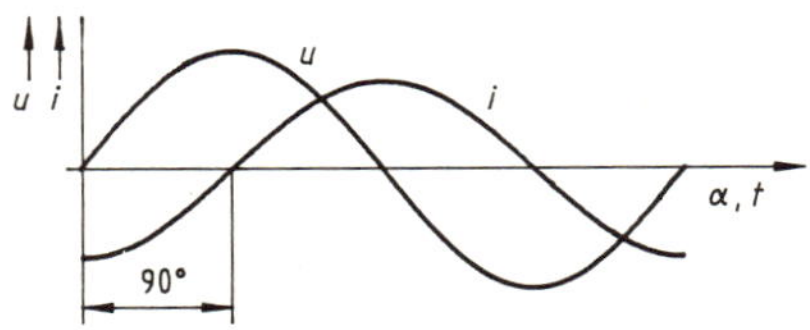

Warum gibt es keine reine Induktivität?

Es gibt keine reine Induktivität, da die Wickeldrähte einen ohmschen Widerstand R enthalten.

Bei Spulen mit Eisenkern treten zusätzliche Eisenverluste auf, die wie ein ohmscher Widerstand wirken und im Verlustwiderstand R_V zusammengefaßt sind.

Welches Ersatzschaltbild hat die Spule?

Das übliche Ersatzschaltbild der Spule ist die Reihenschaltung aus Wirkwiderstand und Induktivität.
Eine Parallelschaltung von Wirkwiderstand und induktivem Wirkwiderstand ist ebenfalls möglich.

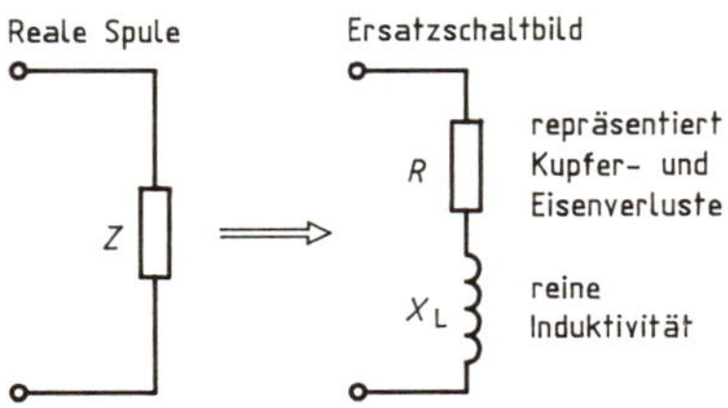

Wie kann der Scheinwiderstand Z der Spule berechnet werden?

Da der Wirkwiderstand und der Blindwiderstand der Spule nicht in Phase sind, müssen die Größen "geometrisch" nach dem Lehrsatz von Pythagoras addiert werden.

Formel: $Z = \sqrt{R^2 + X_L^2}$

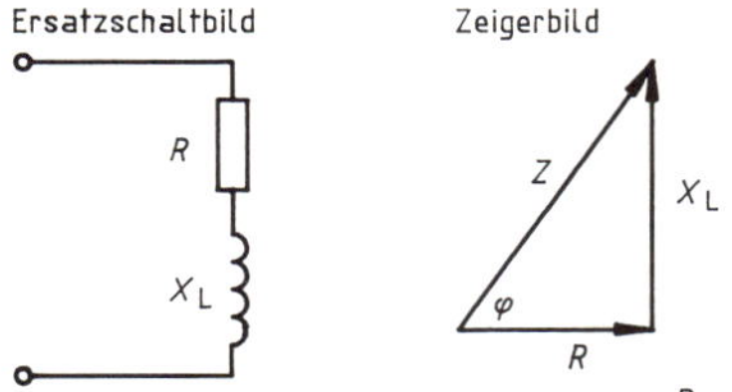

Der Scheinwiderstand kann auch mit Winkelfunktionen berechnet werden: $Z = \frac{R}{\cos \varphi}$

Erklären Sie die Lenzsche Regel allgemein, sowie speziell für die Induktion der Ruhe und die Induktion der Bewegung!

Lenzsche Regel:
die induzierte Spannung ist so gerichtet, daß sie ihrer Enstehungsursache entgegenwirkt.
Induktion der Ruhe:
die induzierte Spannung ist so gerichtet, daß einer Veränderung des Stromes entgegengewirkt wird.
Induktion der Bewegung:
die induzierte Spannung ist so gerichtet, daß die auslösende Bewegung abgebremst wird.

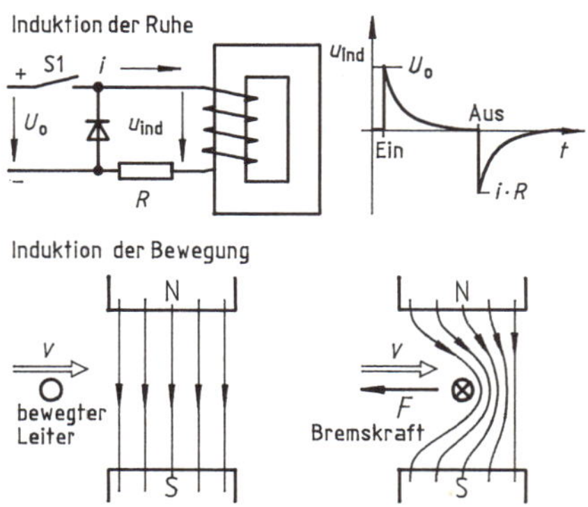

Wie wird der Scheinwiderstand Z einer Spule in der Praxis bestimmt?

Der Scheinwiderstand Z einer Spule wird aus den Ergebnissen einer Spannungs- und Strommessung mit Wechselstrom nach der Formel $Z = U/I$ (Ohmsches Gesetz bei Wechselstrom) berechnet.

Welche Verluste treten bei einer Spule mit Eisenkern auf?

Bei einer Spule mit Eisenkern treten Eisenverluste (Ummagnetisierungs- und Wirbelstromverluste) und Kupferverluste (durch den Drahtwiderstand und Stromverdrängung) auf.

Aus welchen beiden Spannungsanteilen setzt sich die Klemmenspannung einer Spule zusammen?

Die Klemmenspannung U ist die geometrische Summe der Spannung am Wirkwiderstand U_w und der Spannung am Blindwiderstand U_{bL}.

Formel: $U = \sqrt{U_w^2 + U_{bL}^2}$

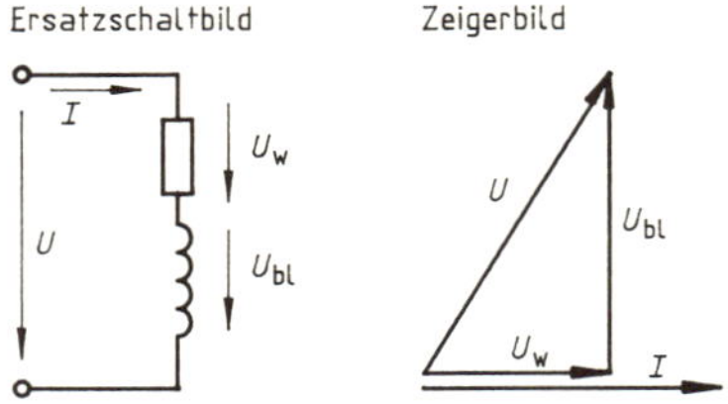

Zwei Spulen sind in Reihe geschaltet. Wie groß ist der Gesamtwiderstand?

Bei der Reihenschaltung von 2 Spulen addieren sich die Wirk- und die Blindwiderstände. Für den Scheinwiderstand gilt:

$Z_{ges} = \sqrt{(R_1 + R_2)^2 + (X_1 + X_2)^2}$

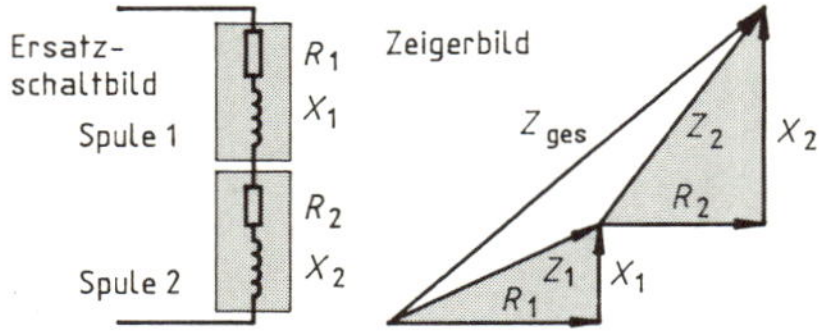

Ein Widerstand und eine Induktivität sind parallelgeschaltet. Welche Beziehung besteht zwischen den Strömen?

Bei der Parallelschaltung ist der Strom I die geometrische Summe aus dem Wirkstrom I_w und dem Blindstrom I_{bL}.

Formel: $I = \sqrt{I_w^2 + I_{bL}^2}$

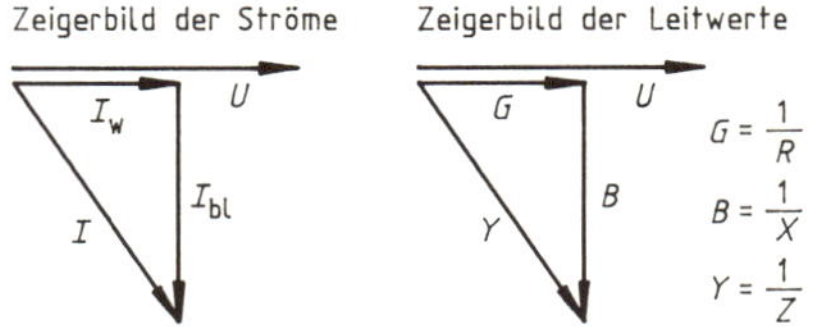

Ein Widerstand und eine Induktivität sind parallelgeschaltet. Wie groß ist der Scheinwiderstand?

Der Scheinwiderstand Z einer Parallelschaltung wird vorteilhaft über die Leitwerte berechnet.

Für den Scheinleitwert Y gilt:

$Y = \sqrt{G^2 + B_L^2}$

Scheinwiderstand $Z = 1/Y$

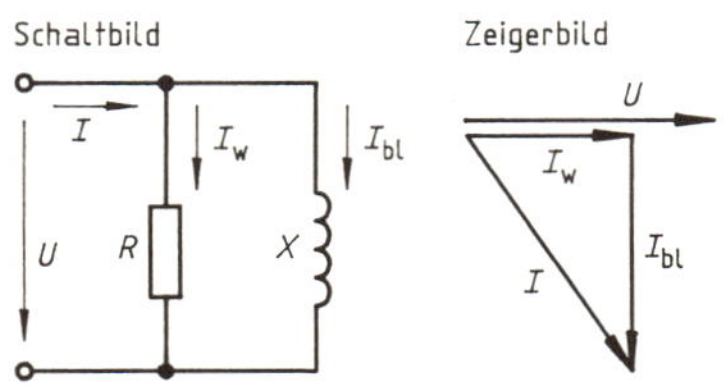

2

Wie wird die Scheinleistung berechnet?

Die Scheinleistung S ist das Produkt aus der Spannung U und dem Strom I.
Formel: $S = U \cdot I$
Einheit: Watt (W) oder VA

Die Scheinleistung wird bei Generatoren und Transformatoren angegeben. Sie ist unabhängig von der Phasenverschiebung bzw. dem Leistungsfaktor!

Wie wird die Wirkleistung P berechnet?

Für die Wirkleistung P gilt:
$P = U \cdot I \cdot \cos\varphi = S \cdot \cos\varphi$
$P = \sqrt{S^2 - Q^2}$
$P = I^2 \cdot R = \frac{U^2}{R}$
Einheit: Watt (W)

Die Wirkleistung P ist der Anteil der Scheinleistung S, der im Verbraucher eine nutzbare Wirkung, einschließlich der Verluste, hervorbringt.

Wie wird die Blindleistung Q berechnet?

Für die Blindleistung Q gilt:
$Q = U \cdot I \sin\varphi = S \cdot \sin\varphi$
$Q = \sqrt{S^2 - P^2}$
$Q = I^2 \cdot X = \frac{U^2}{X}$
Einheit: Watt (W) oder Var (var)

Die Blindleistung Q pendelt mit doppelter Frequenz zwischen Erzeuger und Verbraucher, belastet also die Leitung, die Transformatoren und den Generator. Die EVU installieren deshalb bei den Großabnehmern Blindleistungszähler und berechnen auch die Kosten für die Blindleistung.

Erklären Sie den Begriff Leistungsfaktor!

Der Leistungsfaktor $\cos\varphi$ ist das Verhältnis Wirkleistung P zu Scheinleistung S.
Formel: $\cos\varphi = \frac{P}{S}$

Bei einer großen Phasenverschiebung φ ist $\cos\varphi$ klein, d. h. der Leistungsfaktor ebenfalls klein und somit schlecht.

Welche Werte kann der Leistungsfaktor annehmen?

Die Werte des Leistungsfaktors liegen zwischen Null und maximal 1.

Die Wirkleistung kann höchstens so groß wie die Scheinleistung sein, z. B. bei ohmschen Verbrauchern.

Welche Art von Leistung nimmt eine Induktivität (ideale Spule) auf?

Eine Induktivität nimmt nur induktive Blindleistung Q_L auf.

Induktivität: $\varphi = 90°$; $\cos 90° = 0$
Wirkleistung $P = S \cdot \cos 90° = 0$
somit: Scheinleistung = Blindleistung.

Welche Leistungen treten bei der realen Spule auf?

Bei der realen Spule besteht die Scheinleistung S aus der Wirkleistung P und der Blindleistung Q_L.

Formel: $S = \sqrt{P^2 + Q_L^2}$

Leistungsdreieck

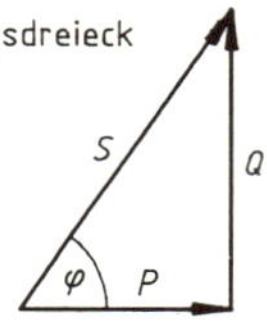

Zusammenhänge:

$S = U \cdot I$

$P = S \cdot \cos \varphi$

$Q = S \cdot \sin \varphi$

Nach welcher Leistung wird eine Wechselstromleitung bemessen?

Wechselstromleitungen werden für die Scheinleistung bemessen.

Die in der Scheinleistung enthaltene Blindleistung belastet die Zuleitung und ist daher unerwünscht.

Welche Leistungen können direkt gemessen werden?

Die Wirkleistung P und die Blindleistung Q können direkt gemessen werden.

Da es keine Scheinleistungmesser gibt, wird die Scheinleistung indirekt aus Strom- und Spannungsmessung durch Rechnung ermittelt: $S = U \cdot I$.

Wie kann in der Praxis der Leistungsfaktor eines Verbrauchers bestimmt werden?

Der Leistungsfaktor eines Verbrauchers kann bestimmt werden:
a) Aus einer Strom- und Spannungsmessung bei Wechselstrom wird die Scheinleistung $S = U \cdot I$ berechnet. Mit dem Leistungsmesser oder Zähler wird die Wirkleistung P bestimmt, dann $\cos\varphi = P/S$.
b) Messung mit dem Leistungsfaktormeßgerät.

Indirekte Messung

$$\cos \varphi = \frac{P}{U \cdot I}$$

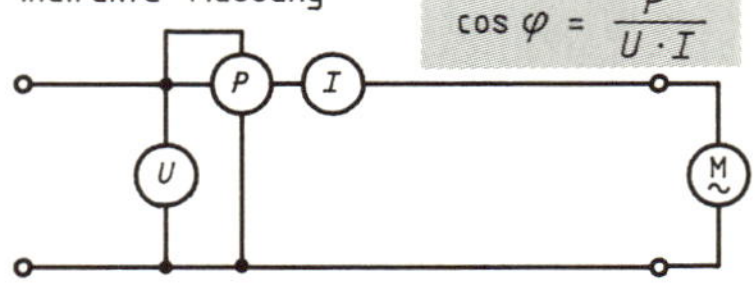

Direkte Messung

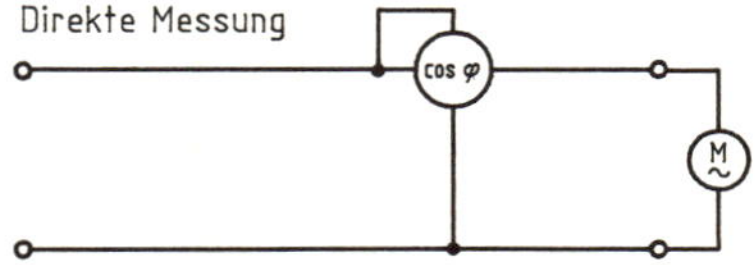

2.4 Kondensator im Wechselstromkreis

Wie verhält sich ein Kondensator im Wechselstromkreis?

An Wechselspannung werden die Kondensatorbeläge ständig umgeladen. Dadurch fließt in der Zuleitung ständig ein Wechselstrom, der Kondensator wirkt wie ein Widerstand.

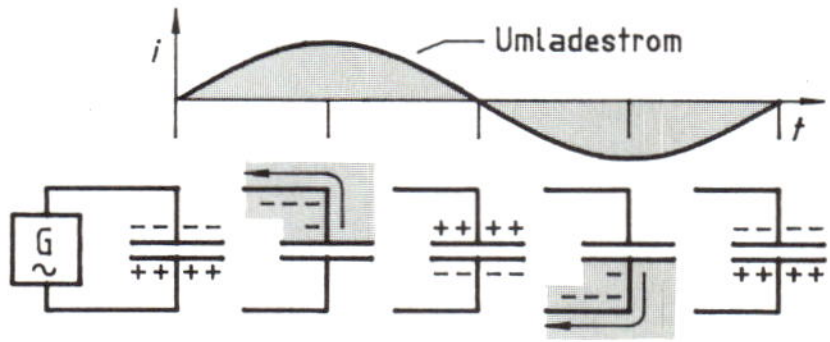

Warum ruft der Kondensator eine Phasenverschiebung hervor?

Die Phasenverschiebung des Kondensators wird dadurch hervorgerufen, daß zuerst ein Strom den Kondensator aufladen muß und diese Ladung erst die Kondensatorspannung hervorruft.

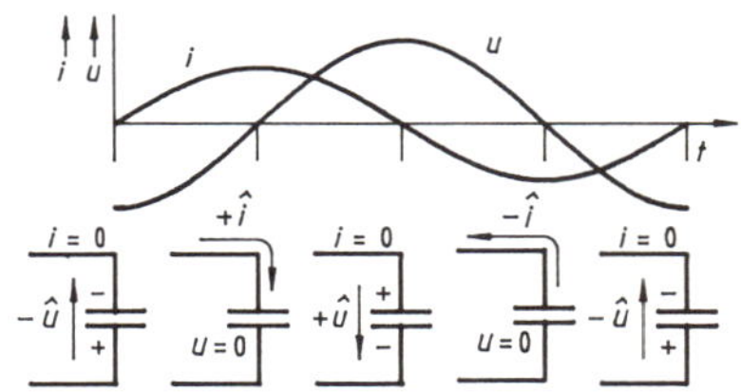

Von welchen Größen hängt der kapazitive Blindwiderstand X_C ab?

Der kapazitive Blindwiderstand X_C ist von der Kapazität C und der Frequenz f abhängig.

Formel: $X_C = \dfrac{1}{\omega \cdot C} = \dfrac{1}{2\pi \cdot f \cdot C}$

Einheitengleichung:

$$\frac{1}{\frac{1}{s}\cdot\frac{As}{V}} = \frac{V\cdot s}{As} = \frac{V}{A} = \Omega$$

Mit steigender Frequenz f finden mehr Umladevorgänge statt, es fließt ein größerer Strom, d. h. $X_L \sim 1/\omega$.

Bei größerer Kapazität C kann eine größere Ladung, d. h. ein größerer Strom, in den Kondensator fließen, also $X_L \sim 1/C$.

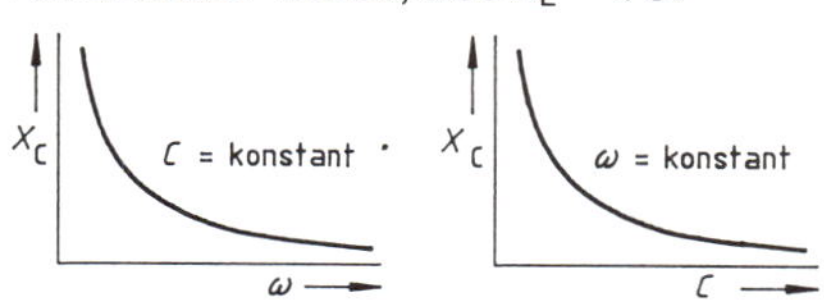

Wie groß und welcher Art ist die Phasenverschiebung beim Kondensator?

Am Kondensator eilt der Strom der Spannung um 90° (= π/2) voraus. Dies gilt nur für den verlustfreien Kondensator; die Verluste sind aber meist vernachlässigbar.

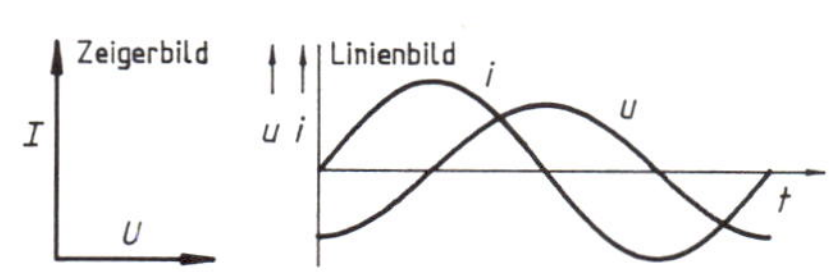

Welches Ersatzschaltbild hat der verlustbehaftete Kondensator?

Das übliche Ersatzbild des verlustbehaften Kondensators ist die Parallelschaltung aus Kapazität C und Verlustwiderstand R_p.
Eine Reihenschaltung von Wirkwiderstand und kapazitivem Widerstand ist auch möglich.

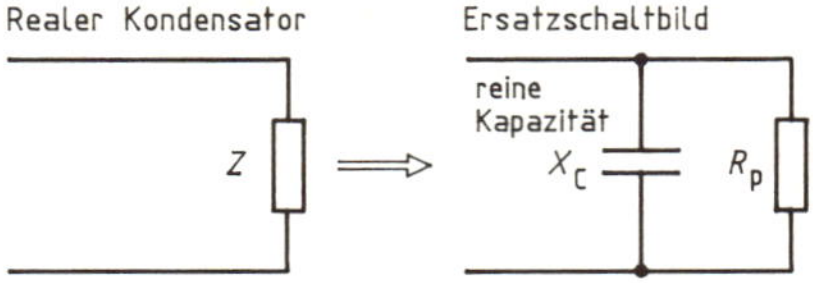

R_p repräsentiert den Isolationswiderstand sowie die Dielektrizitätsverluste durch Umpolen der Dipole.

Wie können die Kondensatorverluste angegeben werden?

Die Kondensatorverluste können durch den Verlustfaktor d angegeben werden.

$$d = \tan\delta = \frac{X_C}{R_p}$$

Der Kehrwert des Verlustfaktors heißt Güte: $Q = 1/d$.

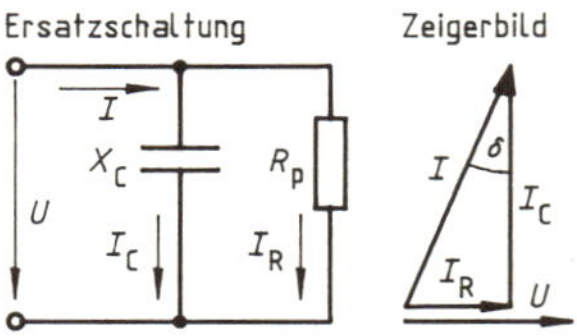

Verlustfaktor

$$\tan\delta = \frac{I_R}{I_C}$$

$$\tan\delta = \frac{X_C}{R_p}$$

Die Kondensatorverluste sind meist vernachlässigbar.

Welche elektrische Energie *W* kann ein Kondensator speichern?

Im elektrischen Feld des Kondensators ist die Energie $W = \frac{1}{2} \cdot C \cdot U^2$ gespeichert.

Kondensatoren werden dann als Energiespeicher verwendet, wenn die Energie in kurzer Zeit freigesetzt werden muß, z. B. im Blitzgerät. Gegenüber Akkumulatoren ist die speicherbare Energie klein.

Wodurch werden die Kondensatorverluste hervorgerufen?

Kondensatorverluste entstehen

1. durch den Lade- und Entladestrom im ohmschen Widerstand der Beläge und Zuleitungen,
2. durch die Molekulardipoldrehungen im Dielektrikum,
3. durch Leckströme, die durch das Dielektrikum fließen (nichtidealer Isolator).

Wo wird die dielektrische Erwärmung angewandt?

Die Erwärmung durch Dipoldrehung wird beim Kunststoffschweißen, bei der Klebestellenerwärmung und zur Nahrungsmittelerwärmung (Mikrowellenherd) ausgenutzt.

Wie ändert sich der kapazitive Blindwiderstand, wenn mehrere Kondensatoren parallelgeschaltet werden?

Durch die Parallelschaltung mehrerer Kondensatoren wird der Blindwiderstand X_C kleiner.

Durch die Parallelschaltung der Kondensatoren vergrößert sich die Kapazität, der Blindwiderstand $X_C \sim 1/C$ somit kleiner. Die Stromaufnahme wird erhöht.

Wie ändert sich der kapazitive Blindwiderstand, wenn mehrere Kondensatoren in Reihe geschaltet werden?

Durch die Reihenschaltung mehrere Kondensatoren vergrößert sich der Blindwiderstand X_C.

Durch die Reihenschaltung der Kondensatoren wird die Kapazität kleiner, der Blindwiderstand $X_C \sim 1/C$ somit größer. Die Spannungsfestigkeit wird erhöht.

Wie kann die kapazitive Blindleistung Q_C eines Kondensators berechnet werden?

Für die Kondensatorblindleistung Q_C gilt:

$$Q_C = U^2 \cdot \omega \cdot C$$

Die Wirkleistungsaufnahme des Kondensators ist vernachlässigbar klein. Es gilt: $P = d \cdot Q_C$ (Verlustfaktor d).

Wie ist eine einfache RC-Filterschaltung aufgebaut?

Ein RC-Filter ist die Reihenschaltung aus Kondensator und Widerstand und liegt an der Eingangsspannung U_1. Die Ausgangsspannung U_2 wird am Kondensator oder am Widerstand abgegriffen.

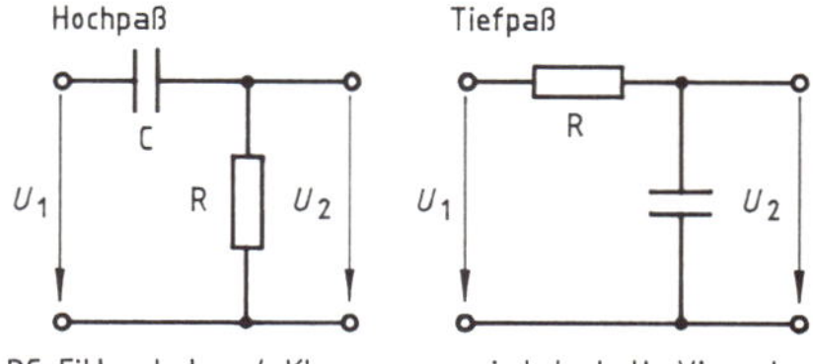

RC-Filter haben 4 Klemmen; es sind deshalb Vierpole.

Welche Aufgabe haben Filter?

Filter unterdrücken oder schwächen unerwünschte Bereiche eines Frequenzgemisches.

Schaltzeichen

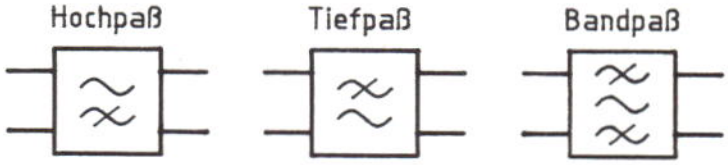

Erklären Sie die Wirkungsweise eines RC-Tiefpasses!

Ein RC-Tiefpaß ist ein frequenzabhängiger Spannungsteiler. Die am Kondensator abgegriffene Ausgangsspannung U_2 wird mit steigender Frequenz kleiner, da der Blindwiderstand X_C kleiner wird. Spannungen mit niedriger Frequenz erzeugen also eine große Ausgangsspannung, d. h. sie werden nahezu ungeschwächt durchgelassen, solche mit hoher Frequenz werden abgeschwächt.

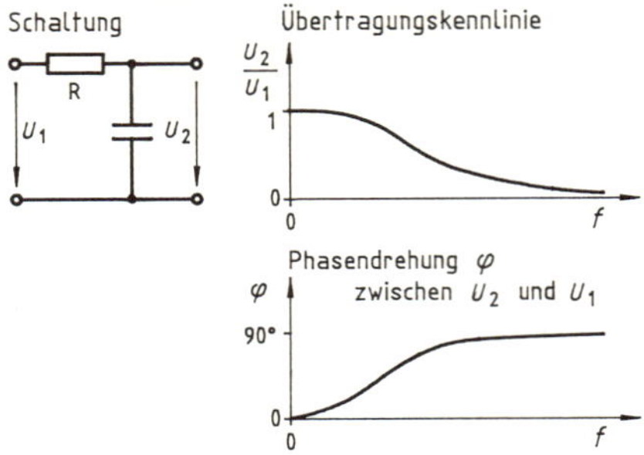

Der RC-Tiefpaß wird in Siebschaltungen zur Unterdrückung der Wechselstromanteile verwendet.

Erklären Sie den Begriff Grenzfrequenz f_g!

Grenzfrequenz f_g ist die Frequenz, bei der die Ausgangsspannung 70,7 % der Eingangsspannung ist.

Bei der Grenzfrequenz f_g gilt:

$$U_1 = \sqrt{2} \cdot U_2 \rightarrow R = X_C \rightarrow \varphi\,(U_1\ U_2) = 45°$$

$$f_g = \frac{1}{2 \cdot \pi \cdot R \cdot C}$$

Wozu werden RC-Hochpässe verwendet?

RC-Hochpässe werden verwendet, um Wechselspannungen mit hohen Frequenzen, z. B. Steuersignale der Tonfrequenz-Rundsteueranlagen, in niedrigfrequente Netze, z.B. 50 Hz, einzuspeisen oder auszukoppeln. Die hochfrequenten Signale passieren den Hochpaß nahezu ungeschwächt.

Wozu werden RC-Tiefpässe verwendet?

RC-Tiefpässe werden verwendet, wenn Wechselspannungen mit hoher Frequenz, z. B. Funkstörungen oder Oberschwingungen in gleichgerichteten Spannungen, unterdrückt werden sollen.
Die niederfrequente Wechsel- bzw. Gleichspannung wird nicht beeinflußt.

2.5 RLC-Schaltungen, Kompensation

2

Welche Phasenlage haben induktive und kapazitive Blindwerte zueinander?

Induktive und kapazitive Blindwerte sind um 180° gegeneinander phasenverschoben (in Gegenphase). Ihre Zeiger sind antiparallel (entgegengesetzt parallel gerichtet).

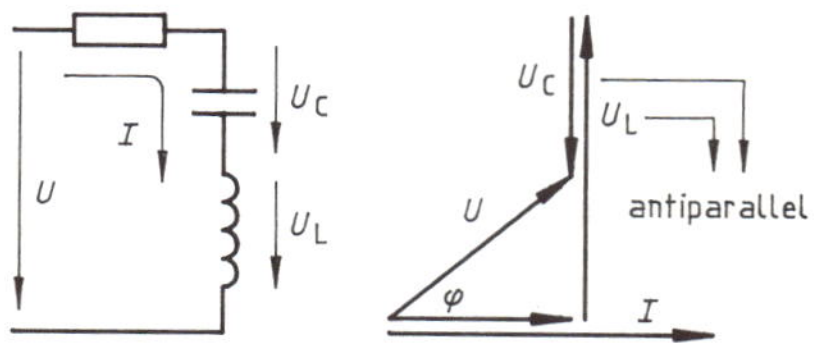

In welcher Reihenfolge wird das Zeigerbild einer Reihenschaltung aus *R*, X_L und X_C konstruiert?

Konstruktion des Zeigerbildes einer Reihenschaltung:

1. gemeinsame Größe ist der Strom *I*, er wird waagrecht eingetragen,
2. Spannung U_w am Wirkwiderstand *R* in Phase zu *I* eintragen,
3. Spannung U_{bL} des induktiven Blindwiderstandes X_L um 90° gegenüber *I* voreilend an der Spitze von U_w antragen,
4. Spannung U_{bC} des kapazitiven Blindwiderstandes X_C in Gegenphase (antiparallel) zu U_{bL} antragen,
5. die Gesamtspannung *U* ergibt sich aus der geometrischen Addition der Teilspannungen,
6. der Phasenverschiebungswinkel φ wird von *I* nach *U* eingetragen.

Bei maßstäblichen Zeigerbildern muß ein Maßstab für *U* und *I* festgelegt werden.

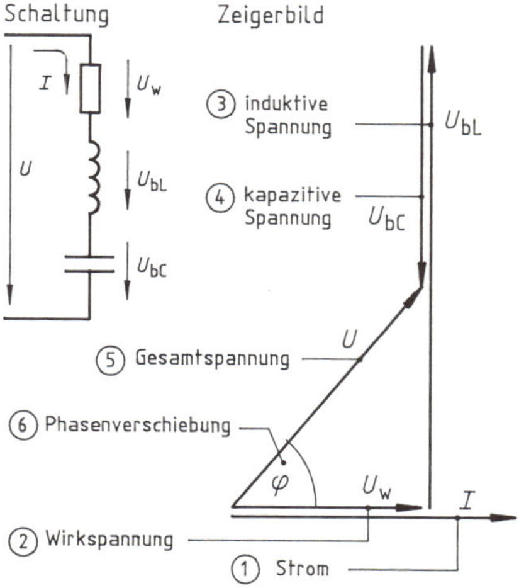

Das Zeigerbild der Widerstände ist dem Zeigerbild der Spannungen ähnlich, da die Spannungen, bei gleichem Strom *I*, den Widerständen proportional sind. Gleiches gilt für das Leistungsdreieck.

In welcher Reihenfolge wird das Zeigerbild der Spannungen und Ströme bei einer Parallelschaltung von Wechselstromwiderständen konstruiert?

Konstruktion des Zeigerbildes:

1. gemeinsame Spannung U waagrecht
2. Wirkstrom I_w in Phase zu U
3. Kapazitiver Blindstrom I_{bC} voreilend
4. Induktiver Blindstrom I_{bL} nacheilend
5. geometrische Summe von I_w und I_b ergibt den Gesamtstrom I
6. Phasenverschiebungswinkel φ von I nach U.

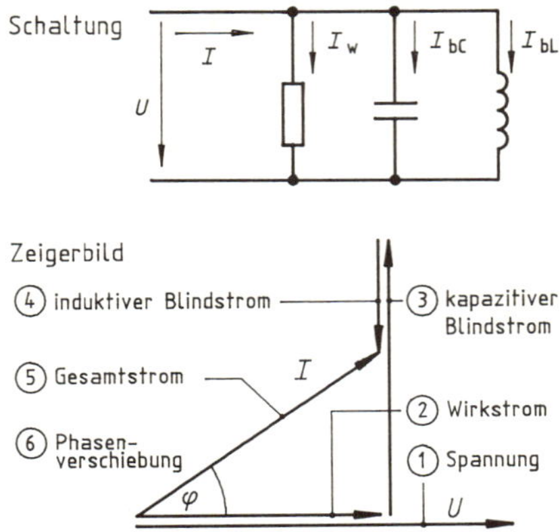

Wie wird das Zeigerbild der Widerstände bei einer Parallelschaltung von Wirk- und Blindwiderständen konstruiert?

Bei der Parallelschaltung von Wirk- und Blindwiderständen kann kein Widerstandsdreieck, sondern ein Leitwertdreieck gezeichnet werden, da die Leitwerte proportional zu den Strömen sind.

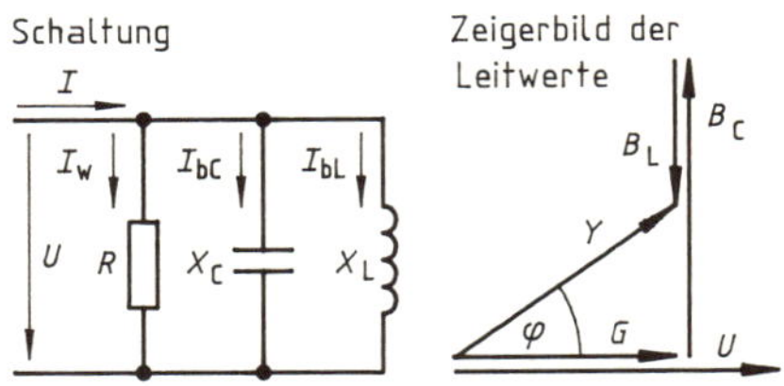

Unter welcher Bedingung wirkt eine Reihenschaltung aus R, X_L und X_C induktiv?

Eine Reihenschaltung aus R, X_L und X_C wirkt induktiv, wenn die induktive Blindleistung Q_L größer ist als die kapazitive Blindleistung Q_C, bzw. wenn $X_L > X_C$ ist.

Unter welcher Bedingung wirkt die Parallelschaltung aus R, X_L und X_C induktiv?

Die Parallelschaltung aus R, X_L und X_C wirkt induktiv, wenn die induktive Blindleistung größer als die kapazitive Blindleistung ist, bzw. wenn $I_L > I_C$, d.h. wenn $X_L < X_C$ ist.

Aus welchen Bauteilen besteht ein Schwingkreis?

Ein Schwingkreis besteht aus einer Spule und einem Kondensator.

Ein idealer Schwingkreis besteht aus einer reinen Induktivität und einem verlustfreien Kondensator.

2

Nennen Sie die zwei möglichen Schwingkreisschaltungen!

Man unterscheidet:
1. Reihenschwingkreis (Reihenschaltung von L und C)
2. Parallelschwingkreis (Parallelschaltung von L und C)

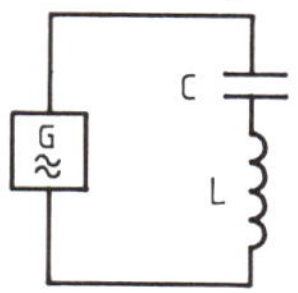

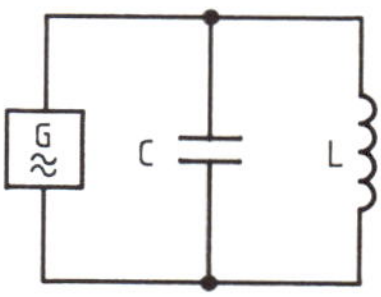

Welche Größe „schwingt" im Schwingkreis?

Im Schwingkreis pendelt elektrische Energie zwischen der Induktivität und der Kapazität und wird wechselweise im elektrischen und magnetischen Feld gespeichert.
Dieser Vorgang wiederholt sich periodisch.

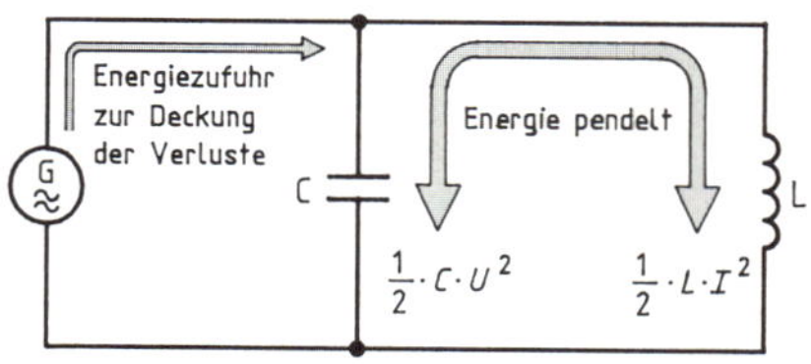

Wodurch werden die Schwingungen im Schwingkreis gedämpft?

In realen Schwingkreisen wird die Schwingung durch Verluste, besonders in der Spule, gedämpft.

Zur Aufrechterhaltung der Schwingungen muß dem Schwingkreis die in Verlustwärme umgesetzte Energie von außen zugeführt werden.

Nennen Sie die Resonanzbedingung für einen Schwingkreis!

Ein Schwingkreis ist mit der Erregerfrequenz in Resonanz, wenn induktiver und kapazitiver Blindwiderstand gleich groß sind.

Im Resonanzfall müssen elektrisches und magnetisches Feld abwechslungsweise die gleiche Energie speichern:

$$W = \frac{1}{2} \cdot C \cdot U^2 = \frac{1}{2} \cdot L \cdot I^2$$

Wie kann die Resonanzfrequenz f_{res} eines Schwingkreises berechnet werden?

Für die Resonanzfrequenz f_{res} des Reihen- und Parallelschwingkreises gilt die Thomsonsche Schwingungsgleichung:

$$f_{res} = \frac{1}{2 \cdot \pi \cdot \sqrt{L \cdot C}}$$

Aus $X_L = X_C$

folgt $\omega \cdot L = \frac{1}{\omega \cdot C}$

$$\omega^2 = \frac{1}{L \cdot C} \iff \omega = \frac{1}{\sqrt{L \cdot C}}$$

oder $f = \frac{1}{2 \cdot \pi \cdot \sqrt{L \cdot C}}$

Wie groß ist der Scheinwiderstand des Reihenschwingkreises bei Resonanz?

Im Resonanzfall sind induktiver und kapazitiver Blindwiderstand entgegensetzt gleich groß, sie heben sich auf. Der Scheinwiderstand ist nur noch so groß wie der Wirkwiderstand des Schwingkreises. Bei Resonanz hat der Schwingkreis sein Widerstandsminimum.

Es gilt: $Z_{res} = R$

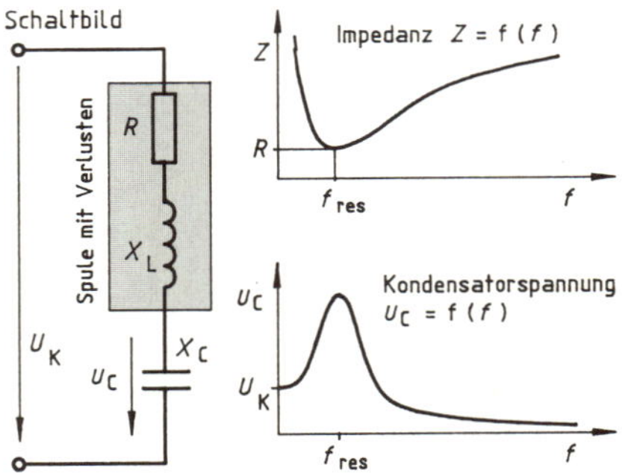

Warum tritt beim Reihenschwingkreis eine Spannungsüberhöhung ein?

Die Spannungsüberhöhung beim Reihenschwingkreis ergibt sich aus dem Widerstandsminimum der Schaltung. Im Resonanzfall wirkt nur noch der Wirkwiderstand. Der große Strom erzeugt an Induktivität und Kapazität hohe Spannungsfälle, die ein Mehrfaches der Klemmenspannung betragen können.

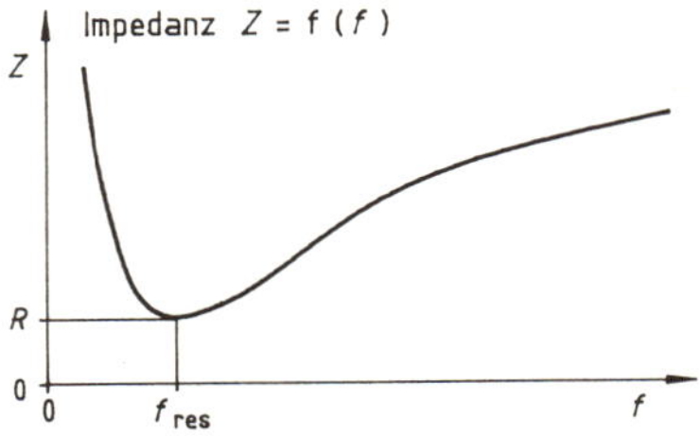

Wie ist die Güte Q des Reihenschwingkreises festgelegt?

Die Güte Q des Reihenschwingkreises ist der Quotient aus der Blindleistung eines Bauteils bei Resonanz und der Wirkleistung des Kreises.
Formel:
Güte $Q = \frac{Q_L}{P} = \frac{Q_C}{P}$

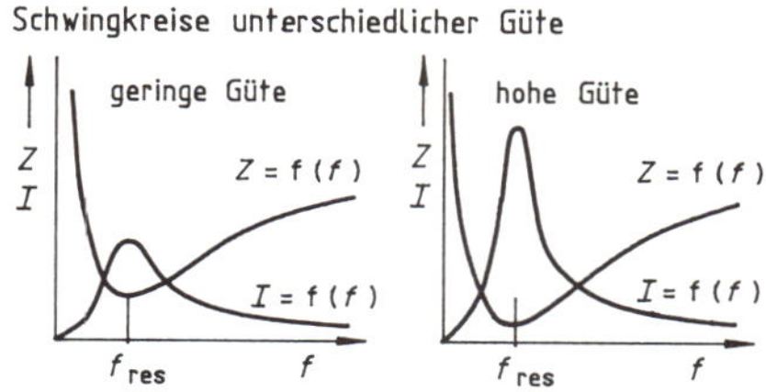

Wie wird die Spannungsüberhöhung bei Reihenresonanz berechnet?

Die an den Blindwiderständen auftretende Resonanzspannung ist um den Faktor Q (Güte) größer als die Klemmenspannung.
Formel: $U_{bL} = U_{bC} = Q \cdot U$

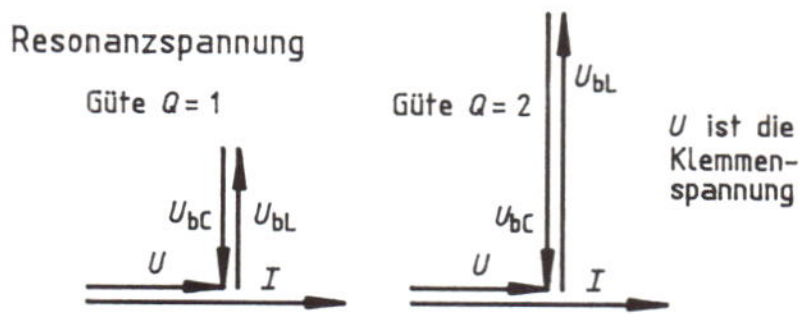

Warum werden Reihenschwingkreise auch als Saugkreise bezeichnet?

Der Reihenschwingkreis stellt für die Resonanzfrequenz einen Kurzschluß dar. Liegt er parallel zu einem Verbraucher, so hält er die Resonanzfrequenz vom Verbraucher fern; er „saugt" sie ab.

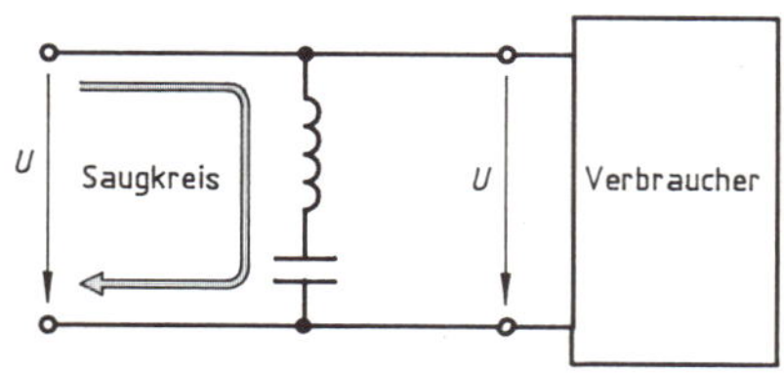

Wie groß ist der Scheinwiderstand des Parallelschwingkreises bei Resonanz?

Im Resonanzfall sind induktiver und kapazitiver Blindleitwert gleich groß, sie heben sich auf.
Der Parallelschwingkreis hat bei Resonanz sein Widerstandsmaximum, da nur noch der durch die Spulen- und Kondensatorverluste bedingte Wirkleitwert vorhanden ist.

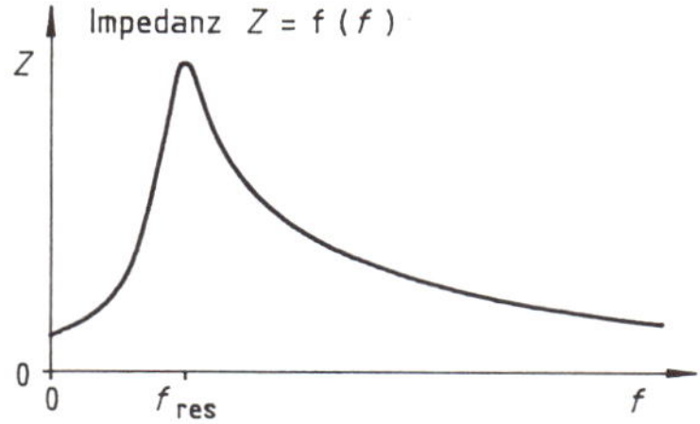

Erklären Sie die Stromüberhöhung beim Parallelschwingkreis!

Im Resonanzfall des Parallelschwingkreises sinkt der Gesamtstrom bei konstanter Betriebsspannung auf ein Minimum.
Die zwischen Induktivität und Kapazität pendelnde Blindleistung ruft aber einen sehr viel größeren Blindstrom hervor.
Die Stromüberhöhung tritt schon außerhalb der Resonanz auf.

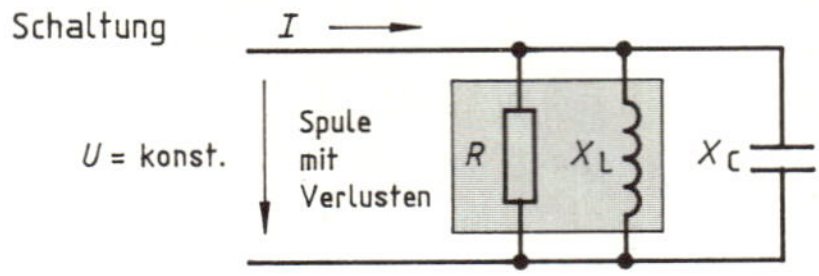

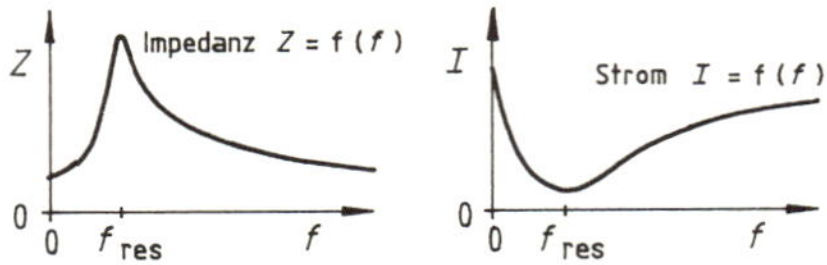

Wie ist die Güte des Parallelschwingkreises festgelegt?

Die Güte Q des Parallelschwingkreises ist der Quotient aus der Blindleistung eines Bauteils bei Resonanz und der Wirkleistung des Kreises.
Formel:
Güte $Q = \frac{Q_L}{P} = \frac{Q_C}{P}$

Da die Spulengüte meist viel schlechter als die Güte des Kondensators ist, gilt für Parallelschwingkreis und Reihenschwingkreis gleichermaßen:
Schwingkreisgüte ≈ Spulengüte.

Die Spulenverluste bestehen aus Eisen- und Kupferverlusten. Insbesondere die Eisenverluste sind frequenzabhängig.

Wie groß ist der Resonanzstrom des Parallelschwingkreises?

Der Resonanzstrom im Parallelschwingkreis ist um den Faktor Q (Güte) größer als der Gesamtstrom.
Formel: $I_L = I_C = Q \cdot I$.
Die Teilströme sind größer als der Gesamtstrom; dies heißt Stromüberhöhung.

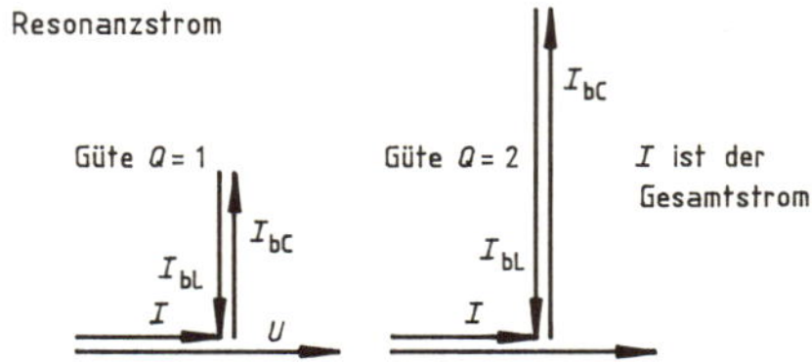

Warum werden Parallelschwingkreise auch Sperrkreise genannt?

Bei der Resonanzfrequenz hat der Parallelschwingkreis sein Widerstandsmaximum, das heißt, bei der Reihenschaltung mit einem Verbraucher sperrt er die Resonanzfrequenz.

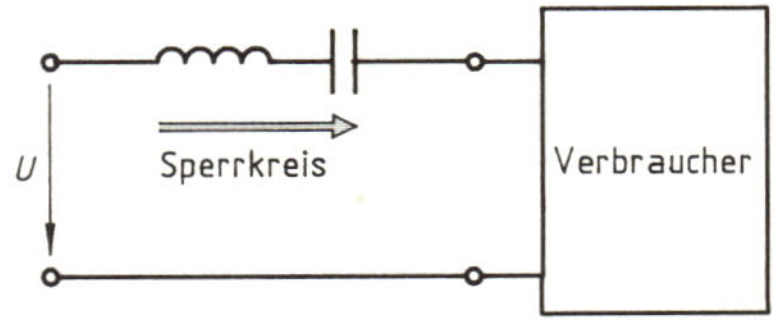

Welche Phasenverschiebung ruft ein Schwingkreis bei Resonanz hervor?

Im Resonanzfall sind im Reihen- und im Parallelschwingkreis Spannung und Strom in Phase, die Phasenverschiebung ist $\varphi_{res} = 0°$.
Reihen- und Parallelschwingkreise wirken im Resonanzfall wie rein Ohmsche Widerstände.

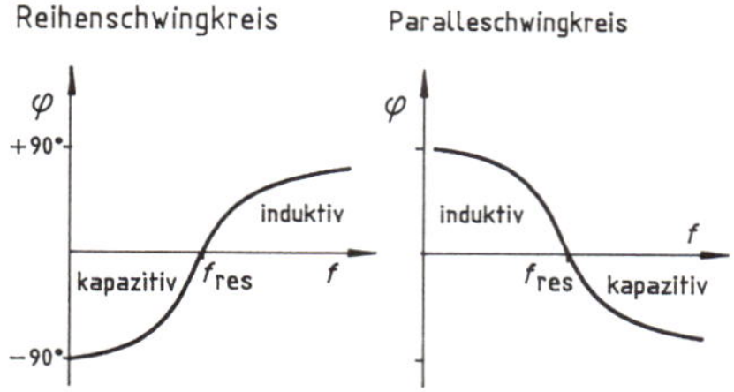

Wie kann die Resonanzfrequenz eines Schwingkreises verändert werden?

Die Resonanzfrequenz eines Schwingkreises wird durch Verstellen der Induktivität oder der Kapazität des Schwingkreises verändert.

Das Einstellen eines Senders im Radio ist ein Abstimmen des Empfängerschwingkreises auf die Senderfrequenz.
Das Einstellen erfolgt meist durch Verändern der Kapazität eines Drehkondensators.

Wozu werden Schwingkreise verwendet?

Schwingkreise finden Anwendung:

1. als Schwingungserzeuger (Oszillator)
2. zur Frequenztrennung (Hoch-, Tief- und Bandpaß, Siebkette).

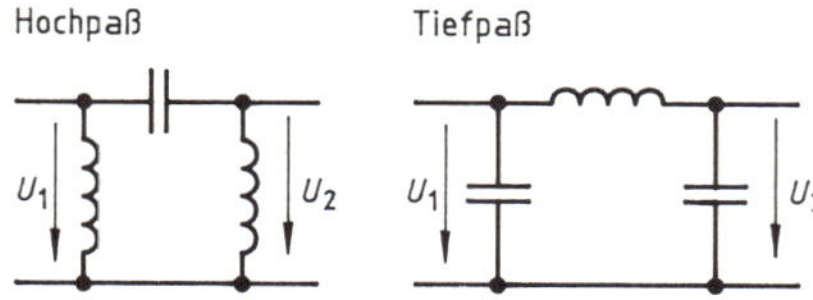

Erklären Sie den Begriff Bandbreite *B* eines Schwingkreises!

Bandbreite *B* ist die Differenz der Frequenzen (obere und untere Grenzfrequenz), bei denen die Resonanzkurve (U, I oder Z) auf etwa 70% des Maximalwertes abgefallen ist.

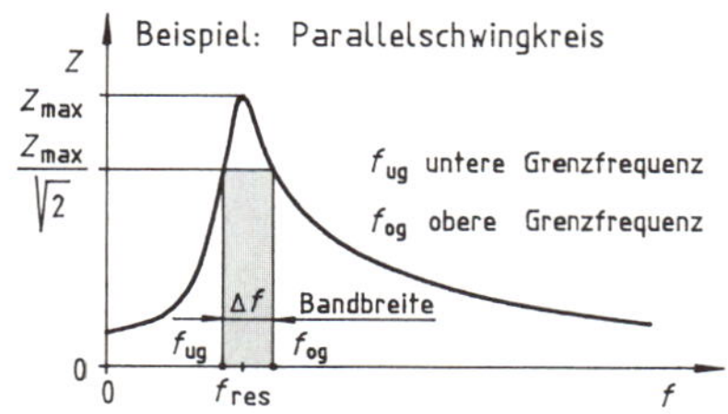

Wie kann der Leistungsfaktor eines Verbrauchers verbessert werden?

Der Leistungsfaktor eines Verbrauchers wird durch Kompensation der Blindleistung verbessert.

Verbessern des Leistungsfaktor heißt: Vergrößern des cos φ -Wertes (cos $\varphi \rightarrow 1$) bzw. Verkleinern der Phasenverschiebung zwischen Spannung und Strom ($\varphi \rightarrow 0$).

Warum wird von den EVU in den TAB die Kompensation der Blindleistung verlangt?

Die Blindleistung belastet Leitungen, Transformatoren und Generatoren, verrichtet aber keine Arbeit und wird vom Zähler nicht gemessen.

Durch die Kompensation der Blindleistung können die Leitungen und Wickeldrähte in einem kleineren Querschnitt ausgeführt werden. Bei Kunden mit hohem Blindleistungsverbrauch werden vom EVU Blindleistungszähler installiert.

Welche Kompensationsschaltungen werden in der Praxis angewandt?

Zur Kompensation von induktiver Blindleistung kann ein Kondensator parallel oder in Reihe zum induktiven Verbraucher geschaltet werden.
Für die Kompensation von Motoren, Transformatoren u. dgl. wird immer die Parallelkompensation eingesetzt.
Für die Kompensation der Leitungsinduktivitäten in Mittelspannungsanlagen wird die Reihenkompensation eingesetzt.
Eine Sonderform der Reihenkompensation (Überkompensation) wird in der Duo-Schaltung von Leuchtstofflampen verwendet.

Parallelkompensation

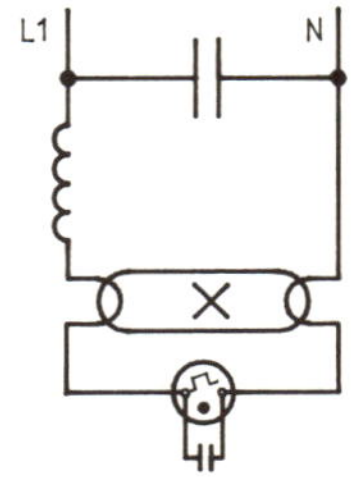

Duo-Schaltung

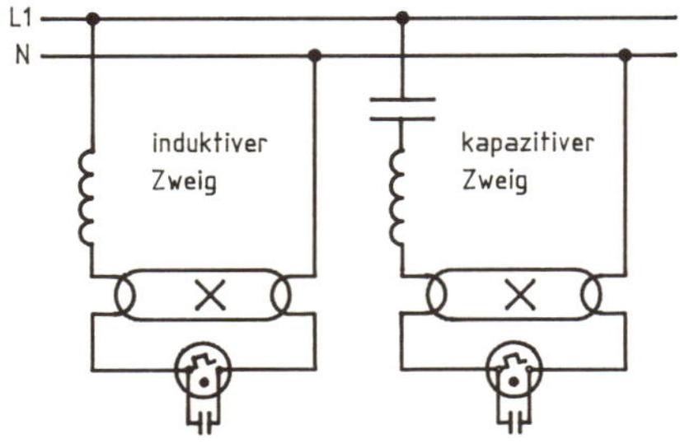

Wie wird die Kapazität des Kondensators bei Parallelkompensation berechnet, wenn ein bestimmter Leistungsfaktor vorgeschrieben ist?

Die Berechnung des Kompensationskondensators erfolgt in 2 Schritten:

1. Zu kompensierende Blindleistung Q:
   $Q = Q_C$
   $= P(\tan\varphi_1 - \tan\varphi_2)$
2. Kondensatorkapazität
   $C = \dfrac{Q_C}{2\pi \cdot f \cdot U^2}$

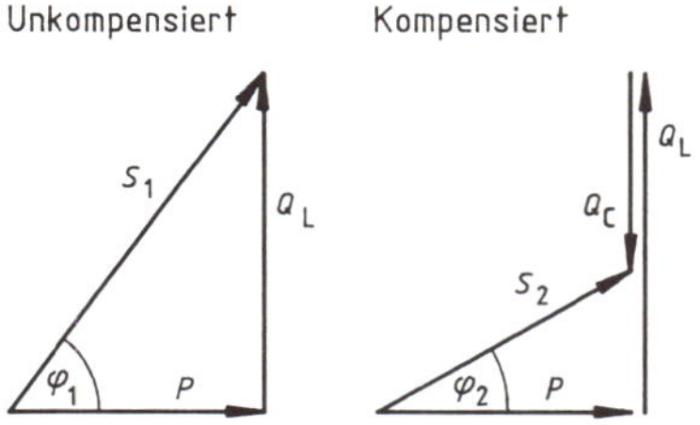

Wie ändert sich die Wirkleistung eines Verbrauchers bei der Kompensation?

Die Wirkleistung wird durch die Kompensation nicht verändert.

Die Kompensation wirkt sich auf Blind- bzw. Scheinleistung aus, aber nicht auf die Wirkleistung des Verbrauchers.

Welchen Einfluß hat die Parallelkompensation auf Rundsteueranlagen?

Durch die Parallelkompensation werden die Signale der Tonfrequenz-Rundsteueranlage geschwächt bzw. kurzgeschlossen.

Die Umschaltung von Zweitarifzählern erfolgt durch Tonfrequenzsignale (z.B. 475 Hz) auf den Versorgungsleitungen. Diese Signale werden durch die Kompensationskondensatoren abgeschwächt.

Welche Aufgaben haben Tonfrequenzsperren?

Tonfrequenzsperren verhindern eine Abschwächung des Tonfrequenz-Rundsteuersignales; sie werden in Reihe zu den Kompensationskondensatoren geschaltet.
Die Resonanzfrequenz des Sperrkreises muß auf die Tonfrequenz des Versorgungsgebietes abgestimmt sein.

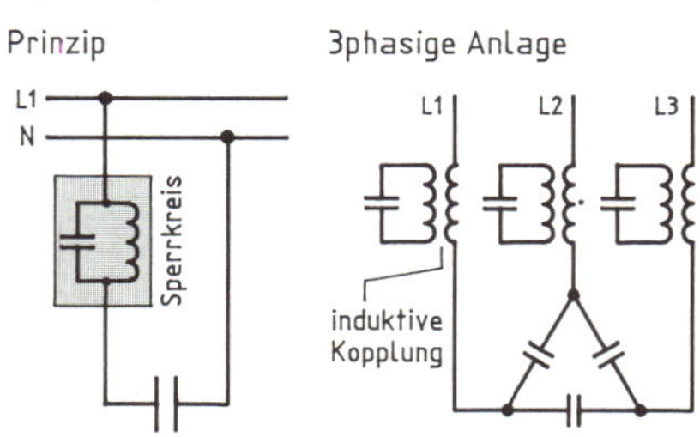

Der Einbau von Tonfrequenzsperren ist durch die TAB des EVU geregelt.

2.6 Dreiphasenwechselstrom (Drehstrom)

Erklären Sie den Begriff Dreiphasenwechselstrom (Drehstrom)!

Der Dreiphasenwechselstrom ist ein System, in dem 3 Wechselspannungen bzw. Wechselströme miteinander verkettet sind. Die Spannungen haben gleiche Frequenz, gleiche Scheitelwerte und sind jeweils um 1/3 Periode (120°) gegeneinander phasenverschoben.

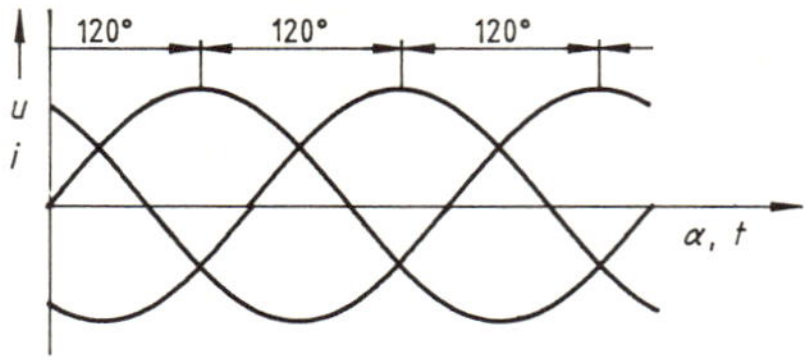

Dreiphasenwechselstrom kann ein magnetisches Drehfeld erzeugen; er wird deshalb meist auch „Drehstrom“ genannt.

Wie kann Dreiphasenwechselspannung erzeugt werden?

Dreiphasige Wechselspannung wird durch ein rotierendes Magnetfeld (Drehfeld) in 3 um 120° (elektrisch) versetzten Wicklungssträngen induziert. Die Erzeugung ist auch in 3 entsprechend synchronisierten Einphasengeneratoren möglich.

Prinzip der Innenpolmaschine

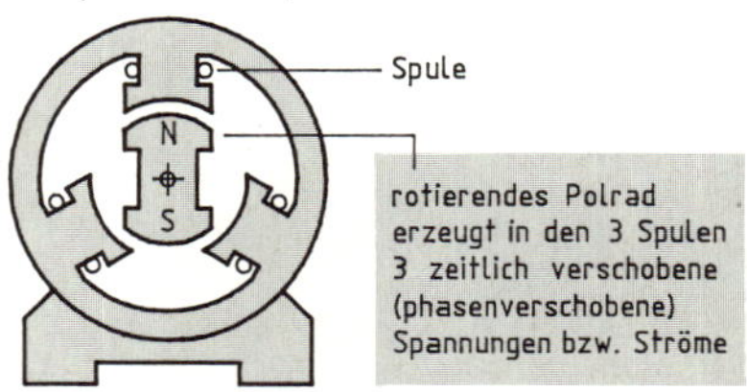

Welchen wesentlichen Vorteil bietet der Dreiphasenwechselstrom (Drehstrom) gegenüber dem Einphasenwechselstrom?

Der wesentliche Vorteil des Drehstroms besteht in der Möglichkeit, ein magnetisches Drehfeld zu erzeugen. Damit lassen sich einfache, robuste, nahezu wartungsfreie und damit wirtschaftliche Motoren herstellen.

Für elektrische Antriebe über 1 kW werden vorzugsweise Drehstrommotoren, insbesondere Kurzschlußläufermotoren, eingesetzt. Sie haben keine Kollektoren, Schleifringe und Bürsten und sind deshalb preisgünstig und wartungsarm.
Mittels elektronischer Frequenzumrichter sind sie in der Drehzahl gut steuerbar und für alle Antriebe geeignet.

Erklären Sie den Begriff Drehstromverkettung!

Unter Verkettung versteht man das Zusammenschalten der Stränge in einem dreiphasigen System.
Durch das Verketten der Stränge können Übertragungsleitungen eingespart werden.

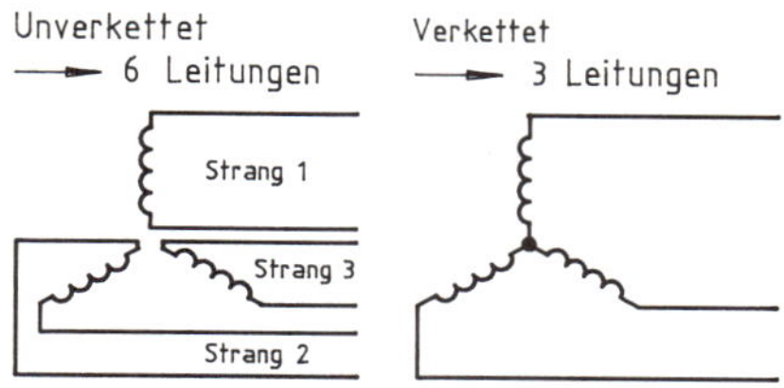

Welche Verkettungsschaltungen sind beim Drehstrom möglich?

Die Verkettung der 3 Stränge des Drehstroms ist möglich als:
1. Sternschaltung
2. Dreieckschaltung

Eine spezielle Möglichkeit die Stränge von Drehstrom-Transformatoren zu verketten, ist die Zick-Zack-Schaltung.

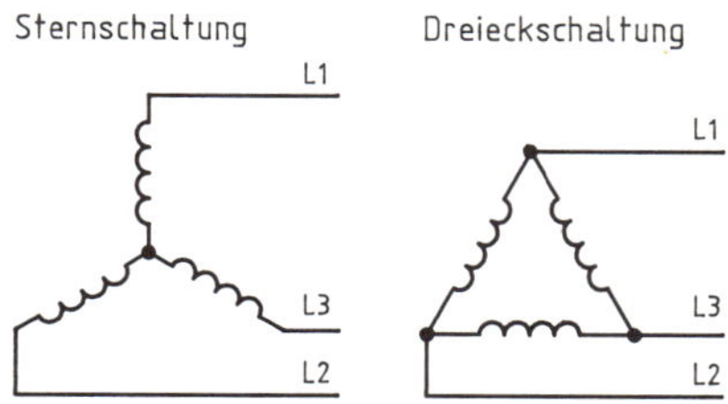

Was versteht man unter einem Vierleiter-Drehstrom-Netz?

Ein Vierleiter-Netz ist ein Netz, das von einem Transformator in Sternschaltung gespeist wird.
Es enthält außer den 3 Außenleitern einen Mittelleiter (Neutralleiter, N-Leiter).

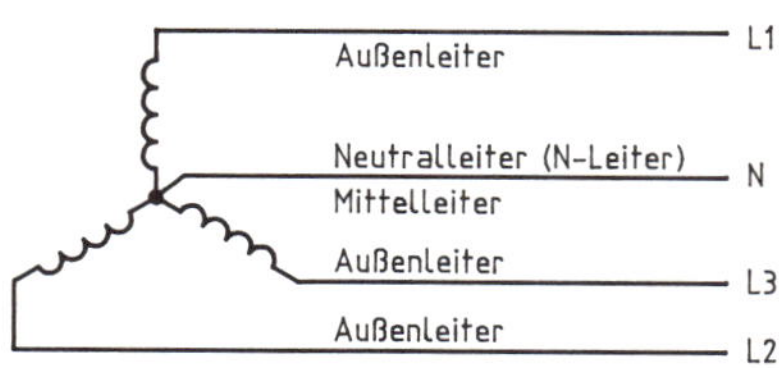

Erklären Sie die Begriffe Leiterspannung und Strangspannung!

Die Leitersspannung U ist beim verketteten Drehstrom die Spannung zwischen zwei Leitern (Außenleitern).
Die Strangspannung U_{Str} ist die an einem Strang auftretende Spannung.

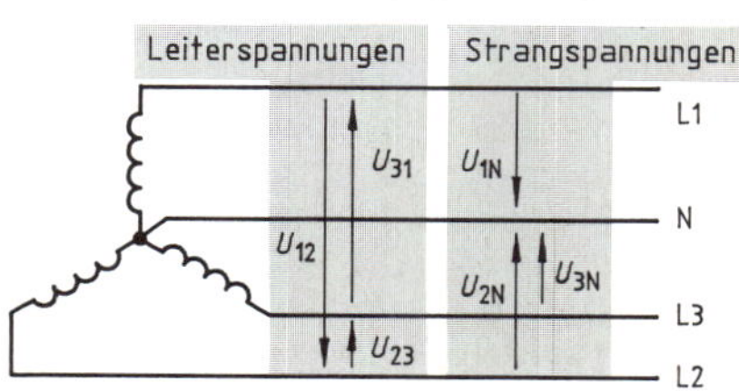

Erklären Sie den Begriff Verkettungsfaktor an der Sternschaltung!

Bei der Sternschaltung ist der Verkettungsfaktor das Verhältnis von Leiterspannung U zur Strangspannung U_{Str}.
Bei symmetrischer Last, bzw. bei angeschlossenem N-Leiter ist:

$$\frac{U}{U_{Str}} = \sqrt{3} \approx 1{,}73$$

Beispiel: $U_{Str} = 230\ \text{V}$
$U = \sqrt{3}\, U_{Str} = \sqrt{3} \cdot 230\ \text{V} = 400\ \text{V}$.
Die Ströme sind bei der Sternschaltung nicht verkettet. Es gilt: $I = I_{Str}$.

Zeigerbild der Spannungen

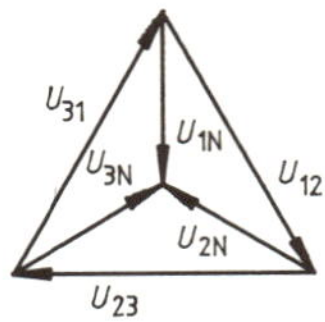

Welcher Zusammenhang besteht zwischen Strangstrom I_{Str} und Leiterstrom I bei der a) Dreieckschaltung, b) Sternschaltung?

Zwischen Strang- und Leiterstrom besteht folgender Zusammenhang:
a) Dreieckschaltung
$I = \sqrt{3}\, I_{Str}$
(symmetrische Last)
b) Sternschaltung
$I = I_{Str}$
(lastunabhängig)

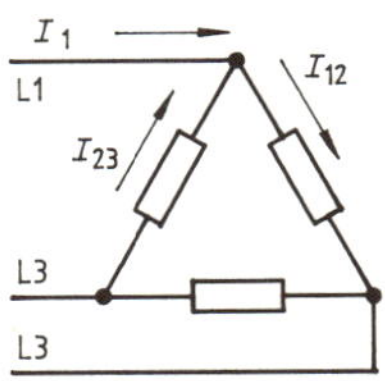

Leiterstrom teilt sich auf

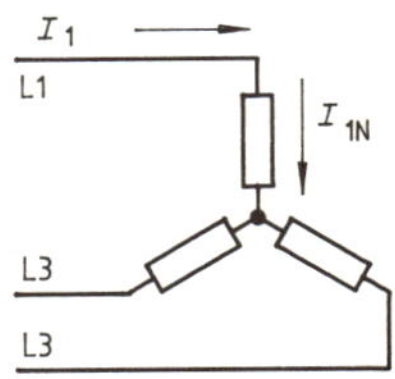

Leiterstrom = Strangstrom

Unter welcher Bedingung kann bei der Sternschaltung auf den Anschluß des Neutralleiters am Verbraucher verzichtet werden?

Bei gleicher Belastung der 3 Phasen (symmetrische Belastung) braucht der Neutralleiter nicht angeschlossen werden.

Bei symmetrischer Belastung ist die Summe der Außenleiterstöme Null, der Neutralleiter wäre stromlos.
Beispiel: Drehstrommotoren haben keinen Neutralleiteranschluß der Wicklungen.

Welche Spannungsverhältnisse treten auf, wenn eine Sternschaltung ohne Neutralleiter unsymmetrisch belastet wird?

Wird eine Sternschaltung ohne N-Leiter unsymmetrisch belastet, so entsteht eine Sternpunktverschiebung.
Am größeren Widerstand tritt die größere Spannung auf.

Symmetrische Last

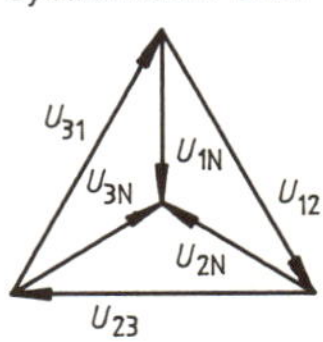

Unsymmetrische Last

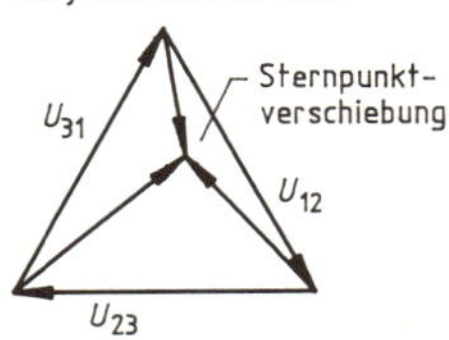

Wie ändern sich die Strangspannungen in einer Dreieckschaltung bei unsymmetrischer Belastung?

Bei der Dreieckschaltung bleiben auch bei unsymmetrischer Belastung alle 3 Strangspannungen gleich groß. Die 3 Strangströme sind verschieden groß.

Beispiel: Unsymmetrische, ohmsche Last

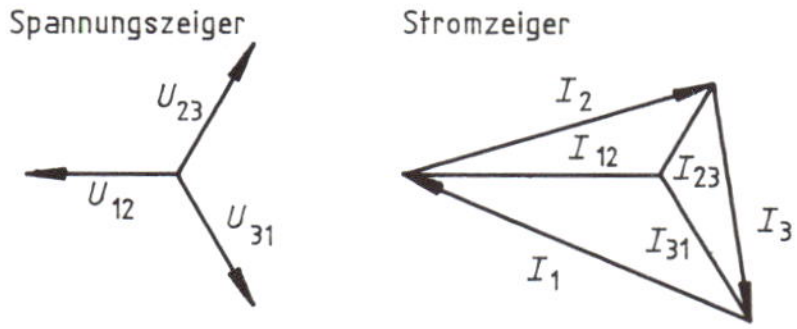

Warum sind Niederspannungsnetze meist als Vierleiternetze ausgeführt?

Niederspannungsnetze sind wegen der meist unsymmetrischen Belastung Vierleiternetze. Der Neutralleiter führt bei „Schieflast“ den Ausgleichstrom.

Der Neutralleiter wird in Niederspannungsanlagen meist geerdet und kann dann für Schutzmaßnahmen verwendet werden (PEN-Leiter).
Hochspannungsnetze werden meist als Dreileiternetz ausgeführt.

Welche Verkettungsschaltung muß gewählt werden, wenn ein Motor mit der Leistungsschildangabe 230/400 V an das übliche 400/230 V-Netz angeschlossen werden soll?

Ein Motor mit der Leistungsschildangabe 230/400 V wird in Sternschaltung an das 400/230 V-Netz angeschlossen.

Die zulässige Strangspannung eines Motors mit der Leistungsschildangabe 230/400 V beträgt 230 V. In der Sternschaltung beträgt die Strangspannung 230 V, in Dreieckschaltung dagegen 400 V.

Erklären Sie die Netzbezeichnung 3/N/PE ~ 50 Hz 400/230 V!

Das Netz mit dieser Bezeichnung ist ein Fünfleiter-Drehstromnetz (3 Außenleiter, Neutralleiter und Schutzleiter) mit der Nennfrequenz 50 Hz, der (Außen-) Leiterspannung $U = 400$ V und der Spannung 230 V zwischen Außenleiter und Neutralleiter.

Erklären Sie den Begriff Sternpunktverschiebung!

Bei der unsymmetrischen Belastung einer Sternschaltung ohne Neutralleiteranschluß treten verschieden große Strangspannungen auf. Der Sternpunkt wird verschoben, das Zeigerbild ist unsymmetrisch. Zwischen verschobenem und ursprünglichem Sternpunkt darf die Spannung nicht mehr als 50 V betragen.

Wie wird die Scheinleistung eines symmetrischen Drehstromverbrauchers berechnet?

Für Stern- und Dreieckschaltungen gilt bei symmetrischer Belastung:

$S = 3 \cdot U_{Str} \cdot I_{Str} = \sqrt{3} \cdot U \cdot I$

Bei unsymmetrischer Belastung ist die Scheinleistung die Summe der einzelnen Strangleistungen:

$S = S_1 + S_2 + S_3$

Wie wird die Wirkleistung eines symmetrischen Drehstromverbrauchers berechnet?

Die Wirkleistung eines symmetrischen Drehstromverbrauchers wird berechnet nach der Formel:

$P = S \cdot \cos \varphi$

bzw.

$P = \sqrt{3} \cdot U \cdot I \cdot \cos \varphi$

Die Formeln gelten sowohl für Stern- als auch für die Dreieckschaltung.

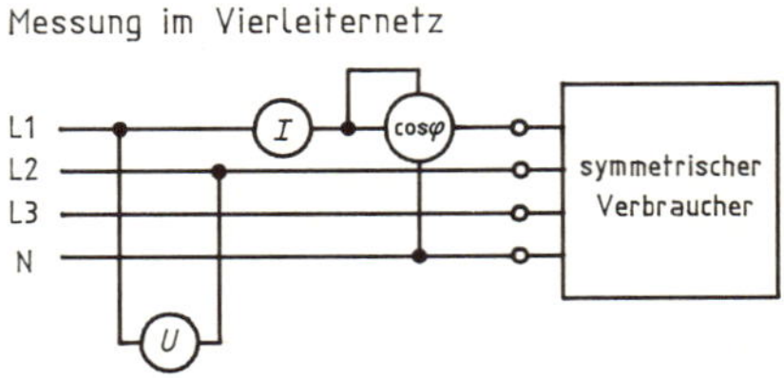

Welche Leistung hat ein symmetrischer Drehstromverbraucher in Dreieckschaltung, wenn a) ein Leiter, b) ein Strang unterbrochen wird?

Die Leistung eines Drehstromverbrauchers in Dreieckschaltung beträgt:

a) bei Leiterausfall
$P = {}^1/_2 \cdot P_{voll}$

b) bei Strangausfall
$P = {}^2/_3 \cdot P_{voll}$

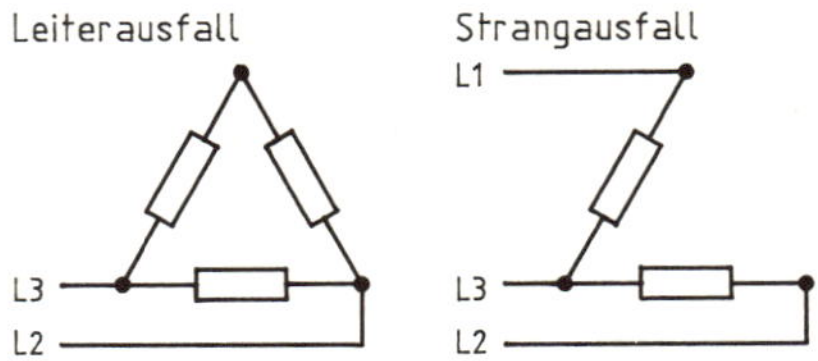

Welche Leistung hat ein symmetrischer Drehstromverbraucher in Sternschaltung a) mit b) ohne Neutralleiter, wenn ein Leiter oder Strang unterbrochen wird?

Die Leistung eines Drehstromverbrauchers in Sternschaltung beträgt bei Leiterunterbrechung:

a) mit Neutralleiter
$P = {}^2/_3 \cdot P_{voll}$

b) ohne Neutralleiter
$P = {}^1/_2 \cdot P_{voll}$

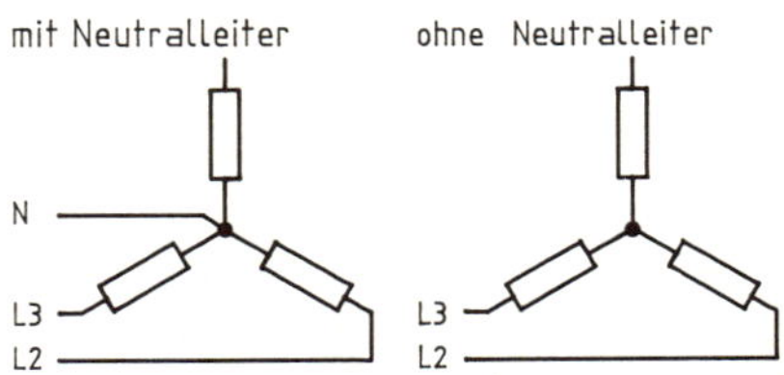

Wird die Drehstromleistung mit Strang- oder Leiterwerten berechnet?

In die Drehstromleistungsformeln

$$S = \sqrt{3} \cdot U \cdot I$$

bzw.

$$P = \sqrt{3} \cdot U \cdot I \cos\varphi$$

müssen die Leiterwerte eingesetzt werden.

Durch die Verwendung von Leiterwerten gilt die Formel bei Stern- und Dreieckschaltung. Außerdem können die Leiterwerte meist leichter gemessen werden als Strangwerte.
Prinzipiell gilt aber auch:
$S = 3 \cdot S_{Strang} = 3 \cdot U_{Strang} \cdot I_{Strang}$

Wie ändert sich die Leistung eines Drehstrom-Heizofens, wenn er bei gleicher Leiterspannung von Sternschaltung in Dreieckschaltung umgeschaltet wird?

Bei gleicher Netzspannung nimmt ein Drehstromverbraucher in Dreieckschaltung die dreifache Leistung auf wie in Sternschaltung.
(Hinweis: der Zusammenhang gilt nicht für Drehstrommotoren).

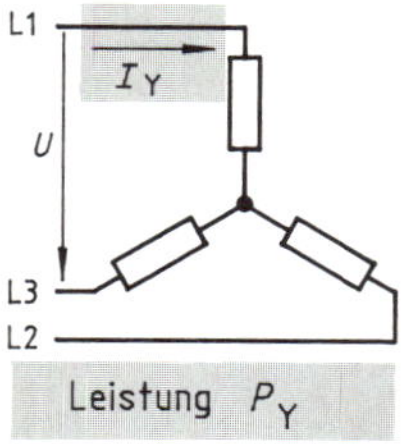

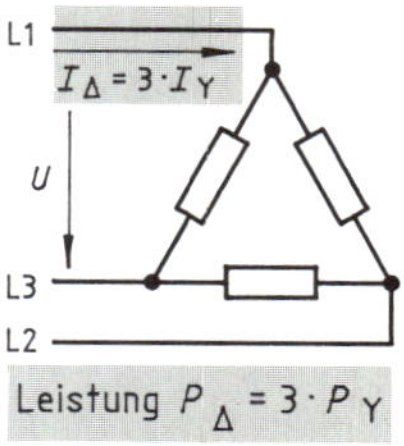

Wie kann der Neutralleiterstrom bei unsymmetrischer Belastung in Sternschaltung ermittelt werden?

Der Strom im Neutralleiter bei unsymmetrischer Belastung kann aus einem maßstäblichen Zeigerbild ermittelt werden.
Die Summe aller Stromzeiger muß Null ergeben.

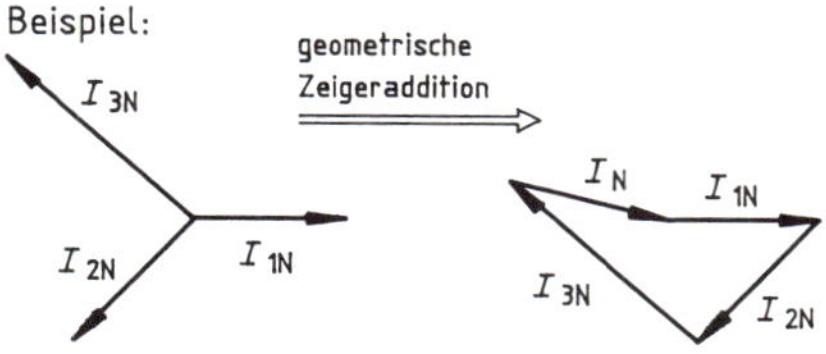

Wie groß ist die Strangleistung eines symmetrischen Drehstromverbrauchers, wenn die Gesamtleistung bekannt ist?

In jedem Strang eines symmetrischen Drehstromverbrauchers wird ein Drittel der Gesamtleistung umgesetzt.

Erklären Sie den Begriff symmetrischer Drehstromverbraucher!

Ein Drehstromverbraucher ist symmetrisch, wenn jeder Strang den gleichen Widerstandswert und die gleiche Phasenverschiebung hat.

Wie wird bei einem symmetrisch belasteten Vierleiter-Drehstromnetz die Wirkleistung gemessen?

Beim symmetrisch belasteten Vierleiter-Netz wird die Leistung in einem Strang gemessen.
Für die Gesamtleistung gilt: $P = 3 \cdot P_{Str}$

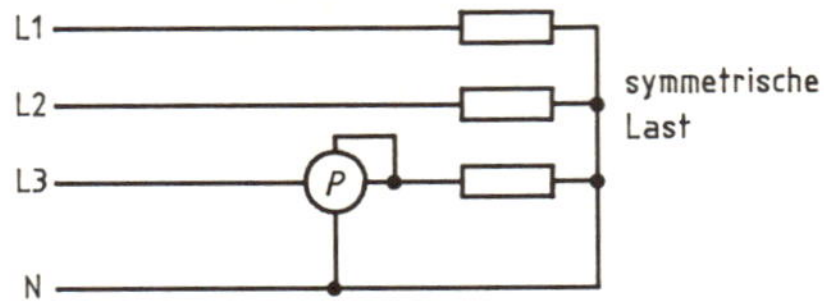

Wie wird bei einem unsymmetrisch belasteten Vierleiter-Drehstromnetz die Wirkleistung gemessen?

Beim unsymmetrisch belasteten Vierleiter-Netz werden die 3 Strangleistungen gemessen.
Für die Gesamtleistung gilt: $P = P_1 + P_2 + P_3$

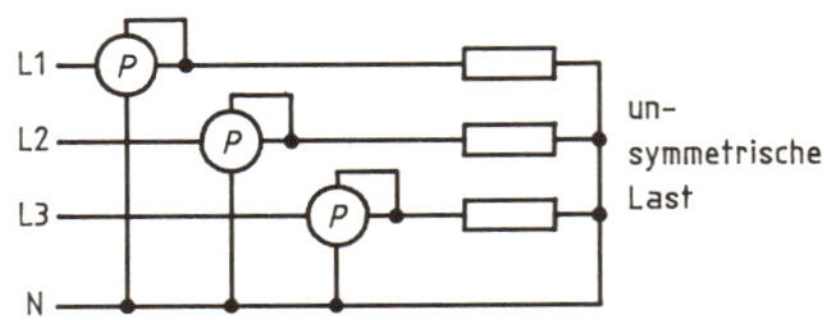

Wie wird bei einem symmetrisch belasteten Dreileiter-Drehstromnetz die Wirkleistung gemessen?

Beim symmetrisch belasteten Dreileiter-Netz wird die Leistung in einer Phase gemessen. Der fehlende Neutralleiter wird durch einen künstlichen Sternpunkt ersetzt.
Für die Gesamtleistung gilt: $P = 3 \cdot P_{Str}$

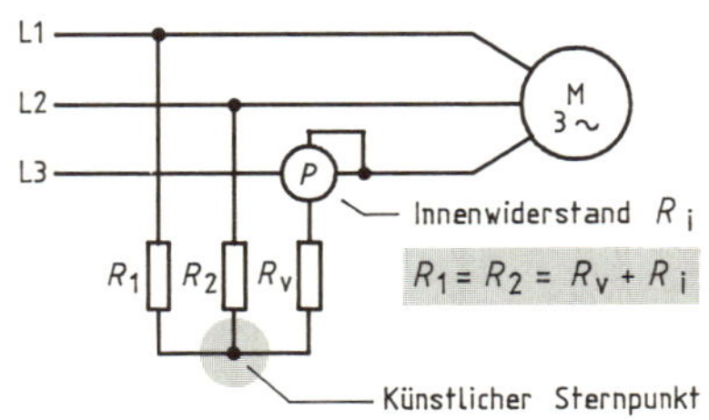

Wie wird bei einem unsymmetrisch belasteten Dreileiter-Drehstromnetz die Wirkleistung gemessen?

Es gibt 2 Meßmethoden:
1. Messung in allen 3 Zuleitungen mit künstlichem Sternpunkt:
$P = P_1 + P_2 + P_3$
2. Messung in 2 Zuleitungen (Aron-Schaltung):
$P = P_1 + P_2$
Negative Ausschläge eines Meßgerätes sind abzuziehen!

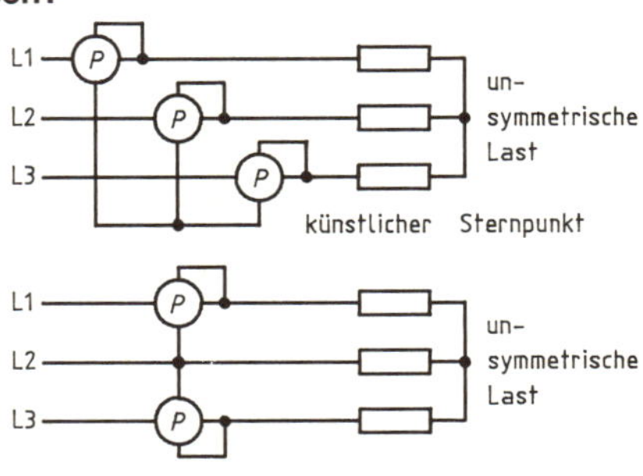

3 Elektronik

3.1 Grundbegriffe der Elektronik

Welche Bauelemente haben eine lineare, welche eine nichtlineare Strom-Spannungs-Kennlinie?

Eine lineare Strom-Spannungs-Kennlinie haben die Wirkwiderstände.
Eine nichtlineare Strom-Spannungs-Kennlinie haben z.B. Thermistoren (Heißleiter, Kaltleiter), Varistoren (VDR), Fotowiderstände (LDR) und Dioden.

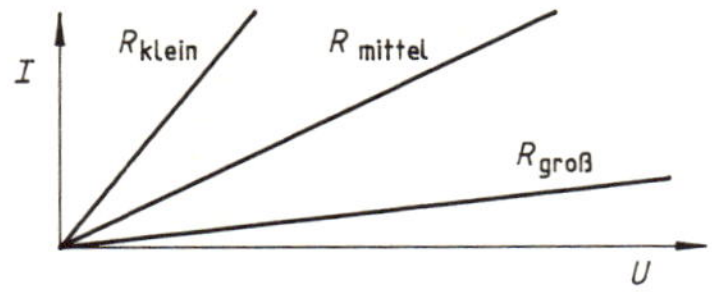

Lineare Widerstände haben für unterschiedliche Spannungswerte ein konstantes Verhältnis $R = U/I$.

Erklären Sie den Begriff nichtlinearer Widerstand!

Bei nichtlinearen Widerständen ist der Widerstandswert z.B. von der anliegenden Spannung oder der Temperatur abhängig.
Nichtlineare Widerstände sind z. B. PTC, NTC, VDR.

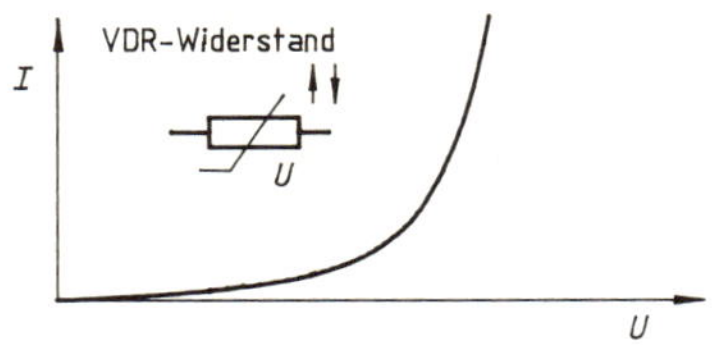

Wie wird der statische und wie der dynamische (differentielle) Widerstand aus der Kennlinie eines Bauelements bestimmt?

Der statische Widerstand (Gleichstromwiderstand) eines Bauelements im Arbeitspunkt AP ergibt sich aus:

$$R_F = \frac{U}{I}$$

Der differentielle Widerstand

$$r_F = \frac{\Delta U}{\Delta I}$$

ist der Durchlaßwiderstand in einem bestimmten Kennlinienpunkt, er entspricht der Kennliniensteigung in diesem Punkt.

Dioden-Kennlinie

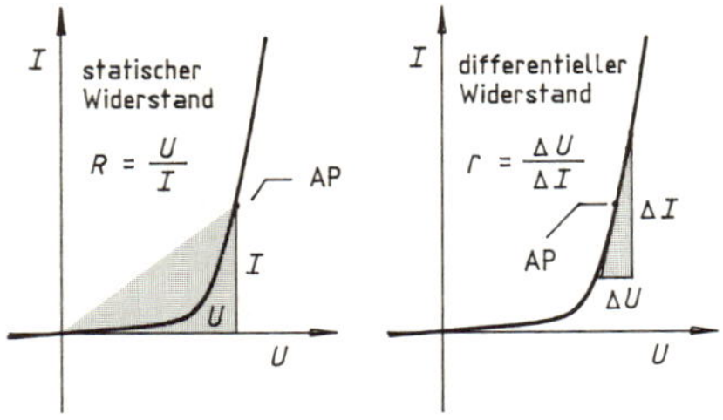

Statische Werte beschreiben das Gleichstromverhalten des Bauelements, dynamische Werte hingegen das Wechselstromverhalten.

Erklären Sie den Begriff Arbeitspunkt (Ruhepunkt)!

Der Arbeitspunkt ist der durch äußere Beschaltung festgelegte Punkt auf der Kennlinie des Bauteils, wenn kein Signal am Bauteil liegt.

Der Arbeitspunkt stellt die arithmetischen Mittelwerte von Spannung und Strom dar, die sich einstellen, wenn außer den Gleichspannungen und -strömen auch Wechselspannungen und -ströme vorhanden sind.

3

Wie kann der Arbeitspunkt der Reihenschaltung aus einem linearen und einem nichtlinearen Bauelement ermittelt werden?

In die Kennlinie des nichtlinearen Bauelements wird die Kennlinie des linearen Bauelements „spiegelbildlich“ eingetragen.
Der Schnittpunkt der Kennlinien ist der Arbeitspunkt.

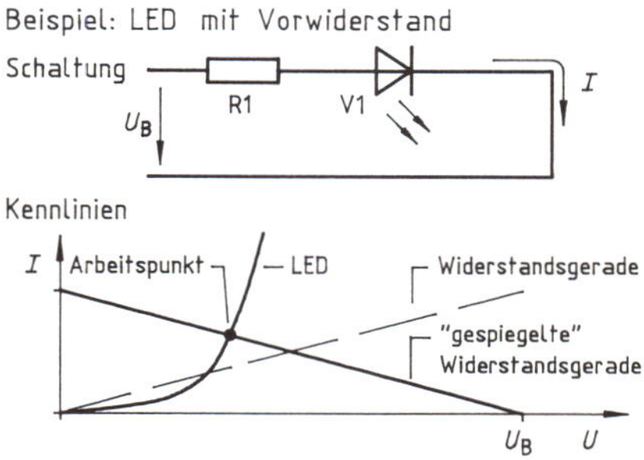

Erklären Sie den Begriff Eigenleitung eines Halbleiters (Eigenhalbleitung)!

Bei Erwärmung des Halbleiters brechen Elektronenpaarbindungen auf und es entstehen freie Elektronen.
Elektronenpaarverbindungen können auch durch Licht aufgebrochen werden.

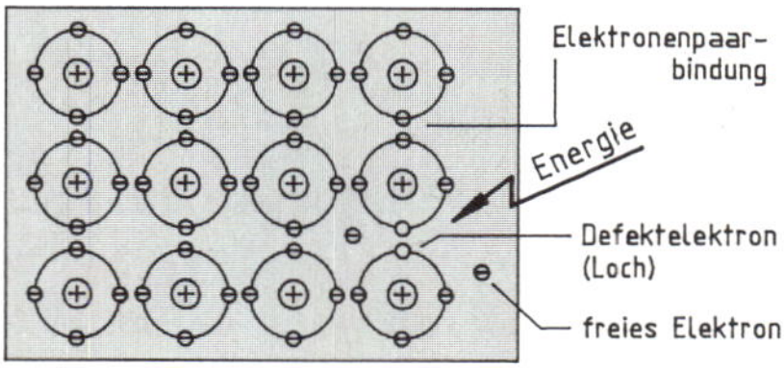

Wie entsteht ein P-Leiter (Defekthalbleiter)?

Durch das Dotieren des Kristallgitters mit einem dreiwertigen Stoff (Akzeptor) werden „frei bewegliche“ Löcher gebildet.
Als Akzeptoren eignen sich Indium (In), Gallium (Ga) und Aluminium (Al).

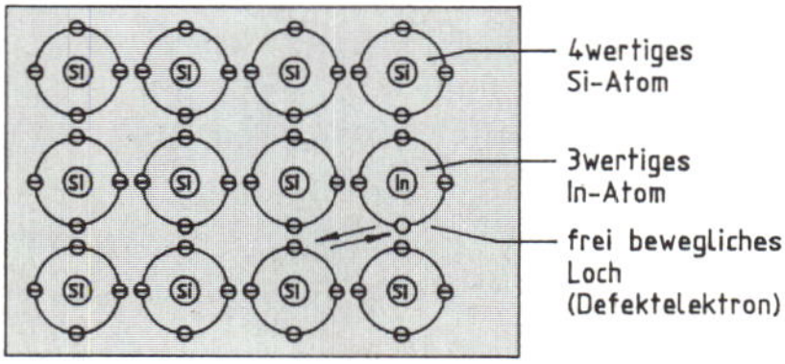

Wie entsteht ein N-Leiter (Überschußhalbleiter)?

Durch das Dotieren des Kristallgitters mit einem fünfwertigen Stoff (Donator) werden Leitungselektronen frei.

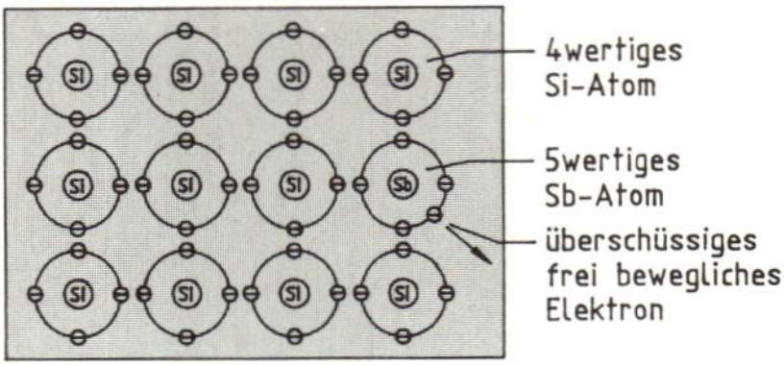

Welche Ladungsträger führen den Strom in Halbleitern?

In Halbleitern unterscheidet man Löcherleitung und Elektronenleitung.

Durch das Einspringen der beweglichen Elektronen in die Löcher entsteht der Eindruck, die Löcher würden entgegen der Elektronenrichtung wandern.

Erklären Sie den Begriff Störstellenleitung eines Halbleiters (Störstellenhalbleitung)!

Durch das Dotieren der Halbleiter mit drei- oder fünfwertigen Fremdatomen wird der Gitteraufbau des Halbleiters gestört. Es entstehen freie Elektronen oder Löcher, die Leitfähigkeit wird vergrößert.

Dotierungswerkstoffe: Als dreiwertige Akzeptoren werden Indium (In), Bor (B), Gallium (Ga), Aluminium (Al) verwendet.
Als fünfwertige Donatoren werden Antimon (Sb), Arsen (As), Phosphor (P) verwendet.
Trotz Dotierung bleiben die Halbleiter elektrisch neutral.

Wie ist die Eigenleitfähigkeit des Halbleiter von der Temperatur abhängig?

Die Eigenleitfähigkeit der Halbleiter wird mit steigender Temperatur besser. Bei −273 °C (absoluter Nullpunkt) ist jeder Halbleiter ein Nichtleiter.

Die sehr ausgeprägte Temperaturabhängigkeit der Eigenleitfähigkeit wird bei thermischen Meßfühlern genutzt.
In Dioden und Transistoren ist die temperaturabhängige Eigenleitung unerwünscht.

Erklären Sie den Begriff PN-Übergang!

Der PN-Übergang ist die Grenzfläche zwischen der P-dotierten Zone und der N-dotierten Zone.

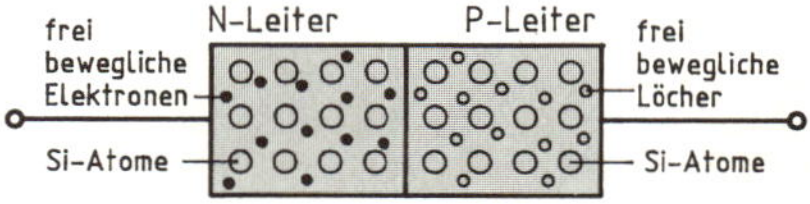

Wodurch bildet sich am PN-Übergang eine Sperrschicht?

Durch die Diffusion wandern Elektronen in die P-Zone und Löcher in die N-Zone und rekombinieren. Der PN-Übergang verarmt an freien Ladungsträgern, die Zone wird zum Nichtleiter, d.h. zur Sperrschicht.

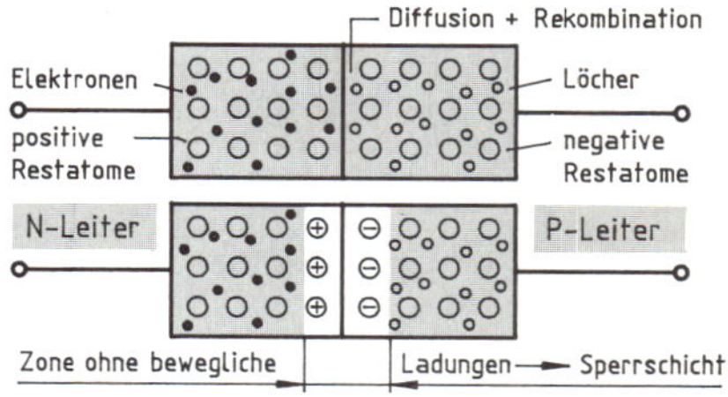

Wie ändert sich die Sperrschicht beim Anlegen einer Gleichspannung an den PN-Übergang?

Legt man an einen PN-Übergang den Minuspol an die P-Zone und den Pluspol an die N-Zone, so werden Ladungsträger abgesaugt und die Sperrschicht verbreitert – der PN-Übergang sperrt (ist hochohmig).
Bei umgekehrter Polung dringen Ladungsträger in die Sperrschicht ein und bauen sie ab – der PN-Übergang leitet (ist niederohmig).

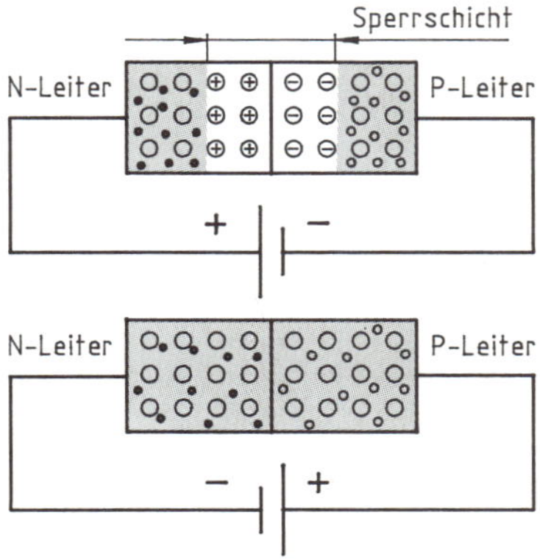

Welche technische Anwendung hat der PN-Übergang?

Halbleiterbauelemente mit zwei Anschlüssen und (meist nur) einem PN-Übergang werden als Diode bezeichnet.

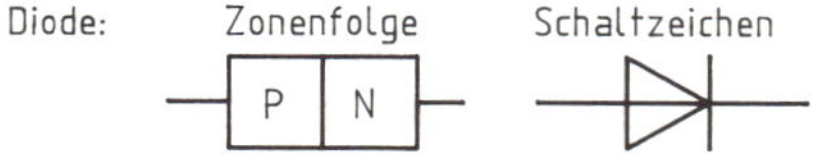

Verwendung: Gleichrichtung von Wechselströmen, Freilaufdiode.

Nennen Sie verschiedene Arten von Halbleiterdioden!

Diodenarten sind: Flächendioden, Spitzendioden, Z-Dioden, Kapazitätsdioden, Schaltdioden, Fotodioden und Lumineszenzdioden (LED).

Welchen Zusammenhang beschreibt die Diodenkennlinie?

Die Diodenkennlinie beschreibt den Zusammenhang zwischen der angelegten Spannung und dem fließenden Strom.
Der Zusammenhang zwischen Strom und Spannung ist nicht linear.

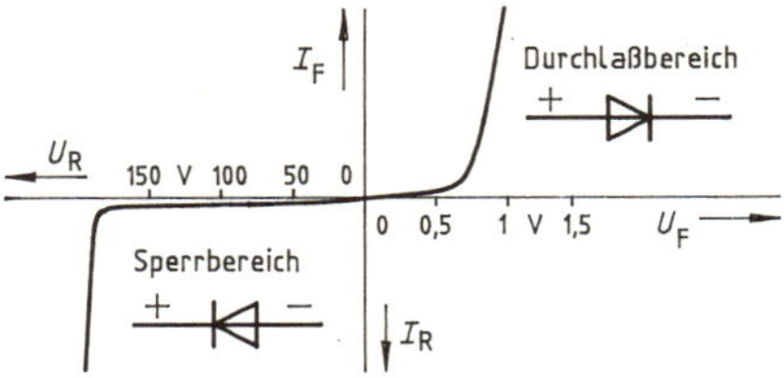

Erklären Sie den Begriff Schwellwert (Schleusenspannung) einer Diode!

Der Schwellwert einer Diode ist die Spannung, die in Durchlaßrichtung angelegt werden muß, damit die Sperrschicht abgebaut wird.

Wird die Spannung in Sperrichtung immer weiter vergrößert, so entreißt das starke Feld den Atomen Elektronen. Die Sperrschicht bricht bei der Durchbruchspannung durch, die Diode wird zerstört (Ausnahme: Z-Diode mit Vorwiderstand).

Erklären Sie den Begriff Sperrspannung einer Diode!

Die Sperrspannung einer Diode ist die Spannung, die in Sperrichtung dauernd angelegt sein darf.

Die Sperrspannung ist kleiner als die Durchbruchspannung.
Bei Kondensatoren und Akkumulatoren als Last wird die Diode mit doppelter Sperrspannung belastet.

Wodurch unterscheidet sich die Kennlinie einer Ge-Diode von der einer Si-Diode?

Die Schleusenspannung der Ge-Diode beträgt nur ca. 0,4 V gegenüber ca. 0,8 V bei der Si-Diode. Die Si-Diode hat eine steilere Durchlaßkennlinie.

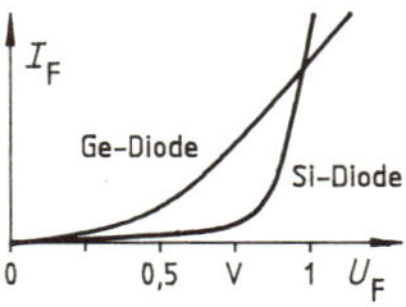

Sperrichtung:
Si-Diode höhere Sperrspannung, kleinerer Sperrstrom.

Wie verhält sich eine Halbleiterdiode bei Erwärmung?

Bei Erwärmung der Diode nimmt die Vorwärtsspannung ab, der Sperrstrom steigt an. Die maximale Sperrschichttemperatur ist vom Halbleiterwerkstoff abhängig.

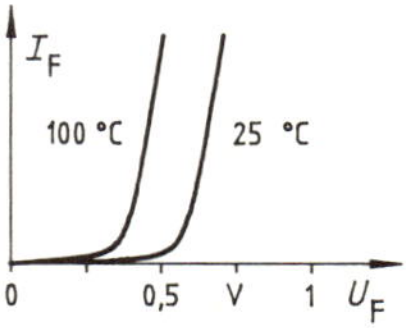

Maximale Sperrschichttemperatur
Ge: bis etwa 90 °C
Si: bis etwa 200 °C

Wie ändert sich der Widerstandswert eines NTC-Widerstandes bei Erwärmung?

Der Widerstandswert eines NTC-Widerstandes sinkt bei Erwärmung. NTC-Widerstände sind Heißleiter.
NTC heißt:
Negativer
Temperatur-**C**oeffizient

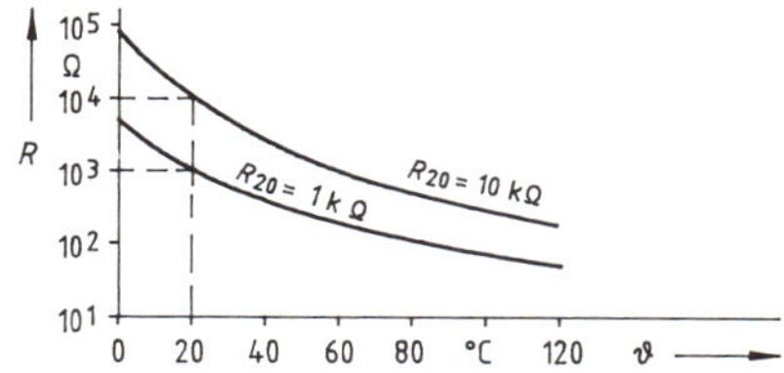

Wie ändert sich der Widerstandswert eines PTC-Widerstandes bei Erwärmung?

Der Widerstandswert eines PTC-Widerstandes steigt bei Erwärmung. PTC-Widerstände sind Kaltleiter.
PTC heißt:
Positiver
Temperatur-**C**oeffizient

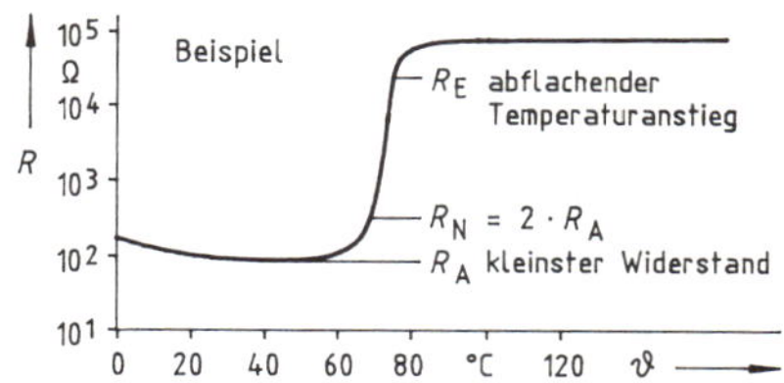

Welche Schaltzeichen werden für temperaturabhängige Widerstände verwendet?

Genormte Schaltzeichen:

Heißleiter (NTC)

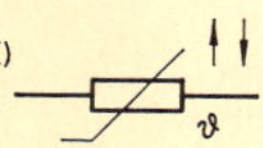

Kaltleiter (PTC)

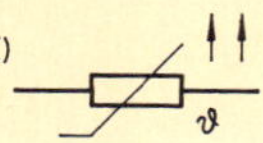

Bedeutung:

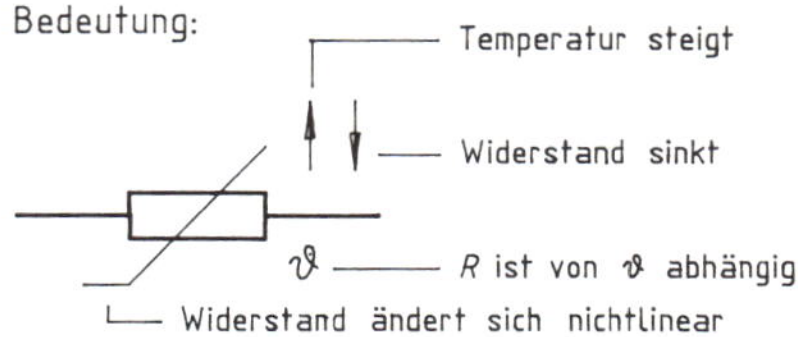

Was versteht man unter einem Fotowiderstand?

Ein Fotowiderstand (LDR) ist ein lichtabhängiger Widerstand.
Mit zunehmender Beleuchtungsstärke wird der Wert des Widerstandes verringert.
LDR heißt:
Light
Dependent **R**esistor

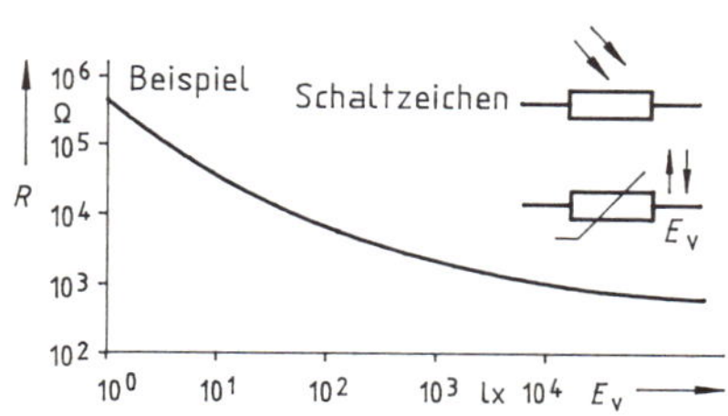

Was versteht man unter einem VDR-Widerstand (Varistor)?

Ein VDR-Widerstand ist ein spannungsabhängiger Widerstand.
Mit zunehmender Spannung wird der Wert des Widerstandes verringert.
VDR heißt:
Voltage
Dependent **R**esistor

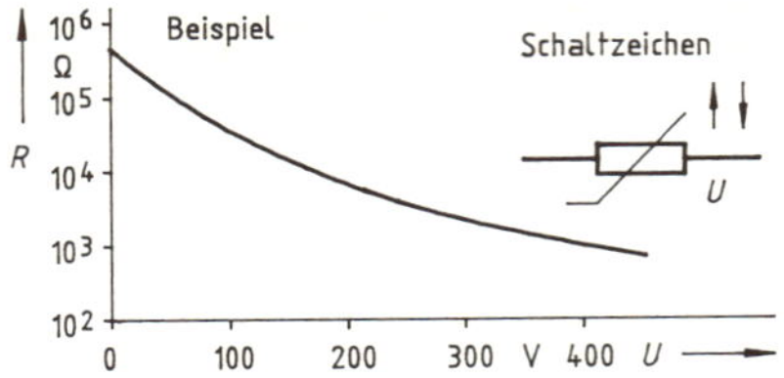

Was versteht man unter einer Feldplatte?

Eine Feldplatte (MDR) ist ein magnetfeldabhängiger Widerstand.
Mit zunehmender Flußdichte steigt der Wert des Widerstandes.
MDR heißt:
Magnetic
Dependent **R**esistor

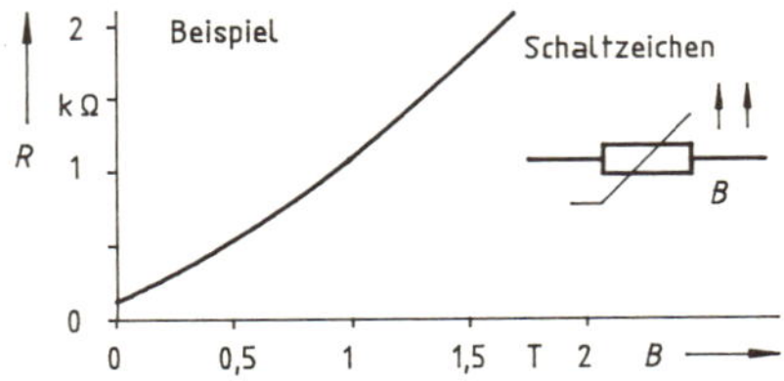

Was sind Dehnungsmeßstreifen (DMS)?

Ein Dehnungsmeßstreifen ist ein verformungsabhängiger Widerstand. Wird der Dehnungsmeßstreifen gereckt, so steigt sein Widerstandswert.

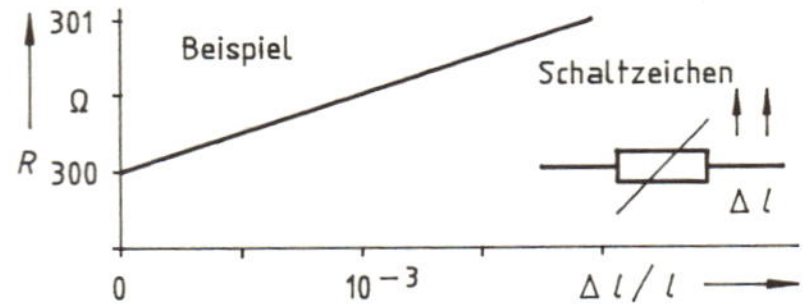

Beschreiben Sie den Aufbau eines Dehnungsmeßstreifens!

Ein Dehnungsmeßstreifen besteht z. B. aus mehreren in Reihe geschalteten Reckdrähten (Meßgitter), die in eine Trägerfolie eingebettet sind.

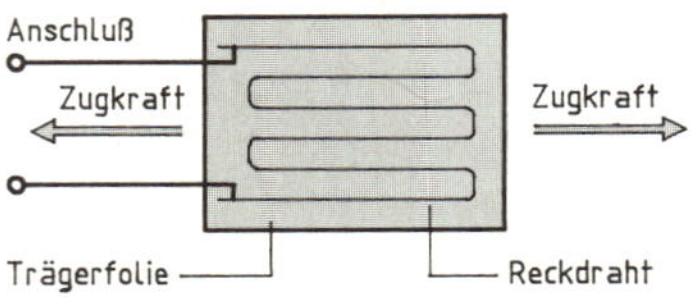

Wozu werden Fotowiderstände verwendet?

Fotowiderstände werden z.B. zum direkten Schalten von kleinen Relais in Flammwächtern, Lichtschranken und Dämmerungsschaltern, sowie in Belichtungsmessern und verschiedenen Transistorschaltungen der Meß- und Regeltechnik verwendet.

Wozu werden Varistoren verwendet?

Varistoren werden verwendet, um hohe Überspannungen an gefährdeten Bauteilen (Spulen, Schalter, Freileitungen) zu verhindern.
Der Varistor ist parallel zum gefährdeten Bauteil zu schalten.

Wozu werden Feldplatten verwendet?

Feldplatten werden z.B. in Sonden zum Messen von Magnetfeldern und in kontaktlosen Tastern verwendet.

3

Wozu werden Dehnungsmeßstreifen verwendet?

Dehnungsmeßstreifen werden verwendet, um Verformungen an Konstruktionsteilen wie Trägern, Pfeilern, Turbinenschaufeln, Kfz-Teilen und dgl. zu messen. Dazu wird der DMS auf den Prüfling geklebt und die Widerstandsänderung mit einer Meßbrücke bestimmt.

3.2 Gleichrichtung und Stabilisierung

Wie ist eine Silizium-Leistungsdiode aufgebaut?

Die Si-Leistungsdiode besteht aus der sogenannten Si-Tablette mit einem PN- bzw. PSN-Übergang und einem Schutzgehäuse aus Metall. Eine Zone der Tablette ist zur Wärmeableitung mit dem Metallgehäuse verbunden.

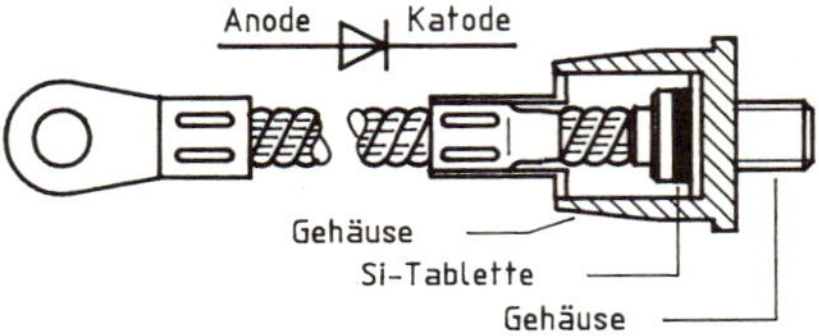

Nennsperrspannung bis 4000 V
Durchlaßstrom bis 1000 A

Welche Forderungen werden an Dioden der Energietechnik gestellt?

Dioden der Energietechnik sollen hohe Sperrspannungen und kleine Durchlaßwiderstände aufweisen.

Diese Forderungen können nur durch Dioden mit einer PSN-Zonenfolge (S = schwach dotiert), auch PIN-Dioden genannt, verwirklicht werden.

Erklären Sie den Begriff Grenzwerte!

Grenzwerte sind höchstzulässige Werte, die gerade noch dauernd wirken dürfen, ohne daß das Bauelement zerstört wird.

Die in Datenblättern angegebenen Grenzwerte wie z.B. die Verlustleistung P_{tot} sind Maximalwerte bei einer bestimmten Gehäusetemperatur. Kurzzeitig überschreitbare Werte sind angegeben.

Erklären Sie den Begriff Kennwerte am Beispiel Diode!

Bei der Diode sind statische Kennwerte z.B. die Vorwärtsspannung U_F bei einem bestimmten Vorwärtsstrom I_F. Dynamische Kennwerte sind z.B. Schaltzeiten und Sperrschichtkapazität.

Kennwerte sind Mittelwerte aus vielen Exemplaren.

z.B. Si-Universaldiode BAY 44

Sperrspannung	U_R	= 50 V
Durchlaßspannung	U_F	< 1,1 V
Sperrstrom	I_R	< 0,2 μA
Wärmewiderstand	R_{thJU}	< 380 K/W
Gehäuseform	DO-7	

Welche Aufgabe haben Gleichrichterschaltungen?

In Gleichrichtersschaltungen werden aus Wechselspannungen Gleichspannungen erzeugt.

Gleichrichterschaltungen bestehen aus Gleichrichterdioden.
Die gleichgerichtete Spannung ist eine Mischspannung.

Welche prinzipiellen Gleichrichtersschaltungen unterscheidet man?

Man unterscheidet zwischen Mittelpunkt(M)- und Brücken(B)-Gleichrichterschaltungen.

Einphasenschaltungen und Kurzzeichen	
Einpuls-Mittelpunktschaltung	M1
Zweipuls-Mittelpunktschaltung	M2
Zweipuls-Brückenschaltung	B2

3

Worin unterscheiden sich Ein- und Zweipulsgleichrichterschaltungen?

Bei der Einpuls-Mittelpunktsschaltung wird nur eine Halbperiode der Wechselspannung gleichgerichtet und die andere unterdrückt. Bei den Zweipuls-Schaltungen werden beide Halbperioden gleichgerichtet.

Nachteile der Einpuls-Mittelpunktschaltung sind: schlechte Ausnutzung des Transformators und große Welligkeit der Ausgangsspannung.

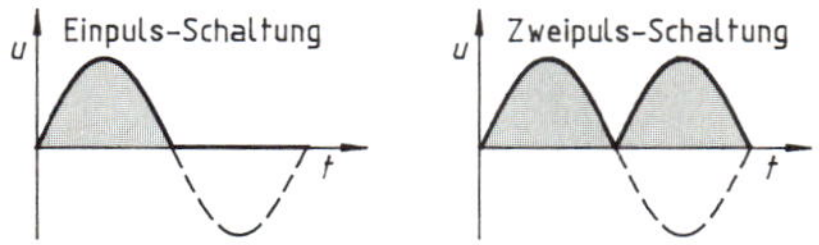

Welche einphasige Zweipulsschaltungen gibt es?

Einphasige Zweipuls-Schaltungen sind die Zweipuls-Mittelpunktschaltung (M2) und die Zweipuls-Brückenschaltung (B2).

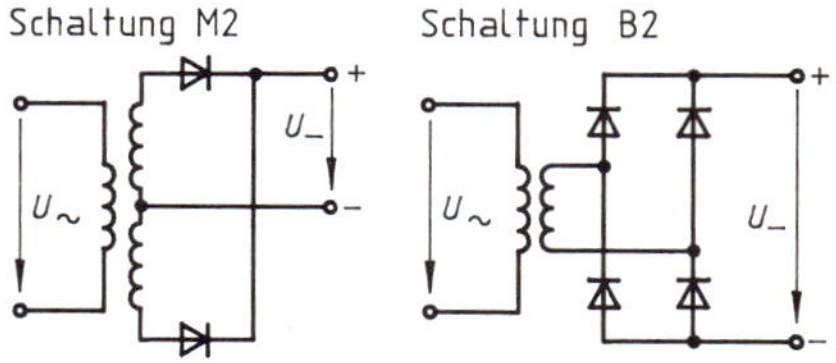

Nennen Sie Drehstrom-Gleichrichterschaltungen!

Wichtige Drehstrom-Gleichrichterschaltungen sind die Dreipuls-Mittelpunktschaltung (M3) und die Sechspuls-Brückenschaltung (B6).

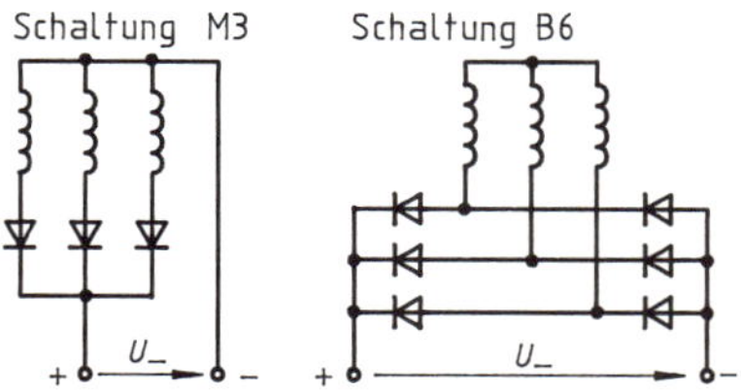

Welchen Vorteil haben Drehstromgleichrichterschaltungen gegenüber Einphasengleichrichterschaltungen?

Drehstromgleichrichterschaltungen liefern eine Gleichspannung (Mischspannung) mit geringerer Welligkeit als Einphasengleichrichterschaltungen.

Der größere Aufwand für den Drehstromtransformator und die vielen Gleichrichterzellen wird durch die Ersparnis an Glättungseinrichtungen ausgeglichen. Sechspulsige Schaltungen ergeben die geringste Welligkeit.

Erklären Sie den Begriff Transformator-Bauleistungsfaktor!

Der Transformator-Bauleistungsfaktor k ist das Verhältnis der Transformator-Bauleistung zur Gleichstromleistung: $k = P_T/P_d$.

Gleichrichterschaltungen, bei denen der Gleichstrom eine Vormagnetisierung des Transformatorkerns bewirkt, haben einen ungünstigen Bauleistungsfaktoren, z.B. M1-Schaltung: $k = 3{,}1$.

Welche Kennzeichnung tragen Kleingleichrichter?

Kleingleichrichter werden mit der Schaltungsart, der Nennanschlußspannung, der zulässigen Belastungsart und dem Nenngleichstrom gekennzeichnet.

Beispiel:

M1 250 C 130

- 130 – Nenngleichstrom 130 mA
- C – Belastung mit Gegenspannung möglich
- 250 – Nennanschlußspannung 250 V
- M1 – Einpuls-Mittelpunktschaltung

Erklären Sie den Begriff Belastung mit Gegenspannung!

Belastung mit Gegenspannung liegt vor, wenn der Gleichrichter einen Akkumulator oder einen Kondensator (z.B. Ladekondensator) auflädt.
Der Gleichrichter wird dabei mit $U_R = 2\,\hat{u}$ belastet.

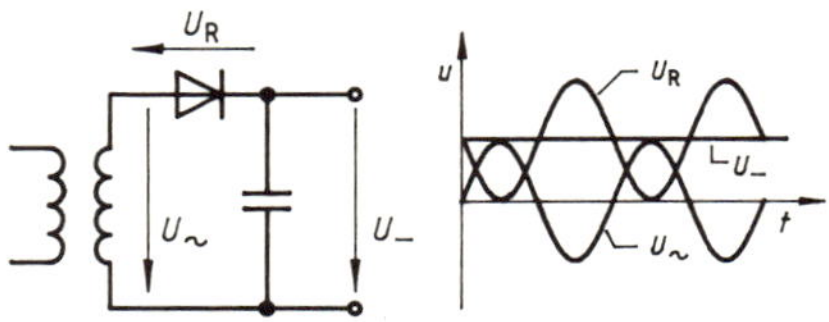

Erklären Sie den Begriff Welligkeit der gleichgerichteten Spannung!

Welligkeit ist das Verhältnis des Effektivwerks der überlagerten Wechselspannung (Brummspannung) zum arithmetischen Mittelwert der Spannung.

Formel: $w = \dfrac{U_{Brumm}}{U_-}$

Beispiele:

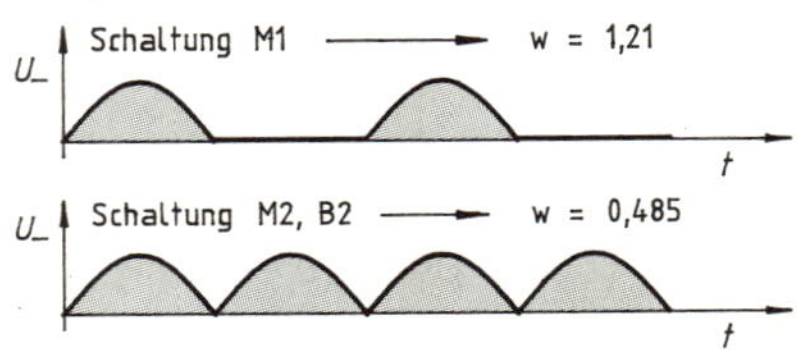

Welche Vor- und Nachteile haben Siliziumgleichrichter gegenüber Selengleichrichtern?

Vorteile des Si-Gleichrichters sind: hohe Sperrspannung, großer Durchlaßstrom, kleiner Durchlaßwiderstand und kleiner Sperrstrom.
Nachteilig ist seine Empfindlichkeit gegenüber auch kurzzeitigen Stromüberlastungen und gegen Spannungsspitzen.

Die Reihen- und Parallelschaltung von Si-Dioden ist ebenfalls sehr problematisch. Selen-Gleichrichterzellen haben einen polykristallinen Aufbau. Ihre Sperrspannung je Zelle beträgt nur 25 V bis 40 V. Nur dort, wo kurzzeitige Strom- und Spannungsüberlastungen zu erwarten sind, werden Se-Gleichrichter noch verwendet.

3

Wie wird der arithmetische Mittelwert der Gleichspannung bestimmt?

Der arithmetische Mittelwert entspricht der Höhe des Rechtecks, das den gleichen Inhalt wie die Fläche unter dem Linienbild der Mischspannung hat.
Der arithmetische Mittelwert wird mit dem Drehspulmeßwerk gemessen, der Effektivwert (quadratischer Mittelwert) mit dem Dreheisenmeßwerk.

Beispiel:

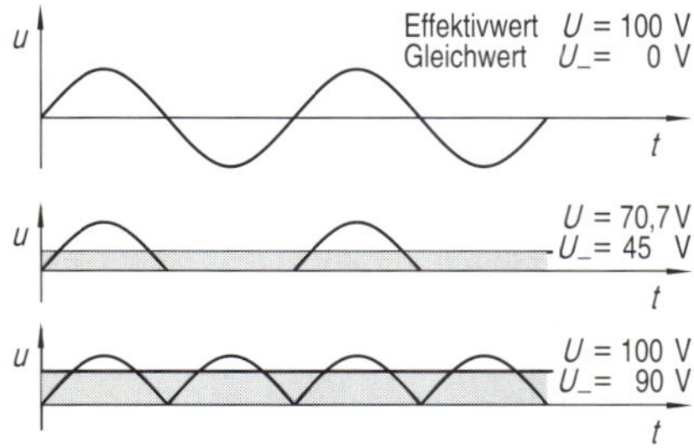

Kann mit einer Si-Diode eine Wechselspannung von 0,5 V gleichgerichtet werden?

Nein, mit Si-Dioden können nur Spannungen über 0,7 V gleichgerichtet werden.

Silizium hat einen Schwellwert von 0,7 V. Mit Backward-Dioden können Spannungen kleiner 0,4 V gleichgerichtet werden.

Wie kann die Mischspannung einer Gleichrichterschaltung geglättet werden?

Die pulsierende Mischspannung kann durch einen Ladekondensator, der parallel zum Verbraucher geschaltet wird, geglättet werden.

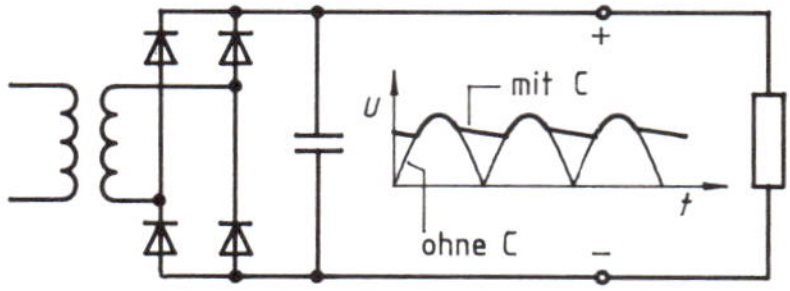

Welche Gefahren entstehen durch den Ladekondensator für die Gleichrichterdioden?

Durch den Ladekondensator werden die Dioden mit dem doppelten Scheitelwert der Wechselspannung als Sperrspannung belastet.
Außerdem müssen die Dioden für den kurzzeitigen und daher hohen Ladestrom ausgelegt sein.

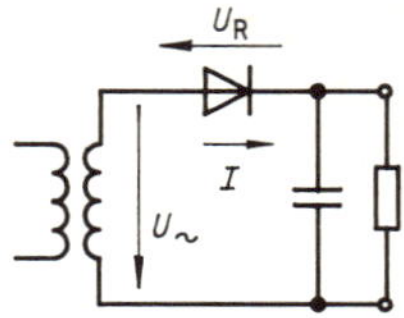

Merke:
Die größte Sperrspannung ist immer am unbelasteten Gleichrichter

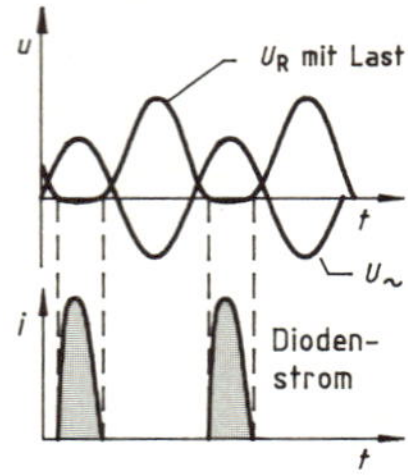

Welche Aufgabe haben Siebschaltungen?

Siebschaltungen sollen die Wechselspannungsanteile der Ausgangsmischspannung einer Gleichrichterschaltung weitgehend aussieben.

Die Gleichspannung soll die Siebschaltung ungehindert passieren, Wechselspannungen werden durch die Siebschaltung kurzgeschlossen bzw. können die Schaltung nicht passieren.
Siebschaltungen sind Tiefpässe.

Beschreiben Sie die Wirkungsweise eines RC-Siebgliedes!

Beim RC-Siebglied werden die Wechselspannungsanteile durch den Kondensator kurzgeschlossen.

Beispiel

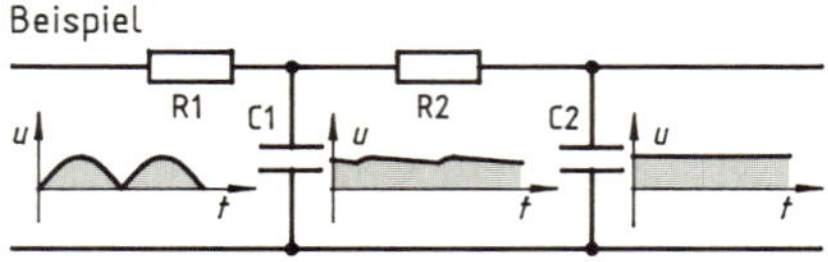

Welche Aufgabe haben Stabilisierungsschaltungen?

Stabilisierungsschaltungen dienen der Konstanthaltung der Ausgangsspannung in bezug auf Netzspannungs- und Belastungsschwankungen.

Man unterscheidet Stabilisierungsschaltungen mit und ohne Energiespeicher (Kondensatoren, Induktivitäten).
In einfachen Stabilisierungen verwendet man eine Z-Diode mit Vorwiderstand.

Welchen Nachteil hat ein RC-Siebglied gegenüber einem LC-Siebglied?

Bei großen Stromstärken entsteht am Widerstand des RC-Siebgliedes ein großer Spannungsfall und somit große Verluste.

Welche Eigenschaften haben Z-Dioden (Begrenzerdioden)?

Z-Dioden sind Si-Dioden, die durch geeignete Dotierung bei einer bestimmten Sperrspannung (Zenerspannung U_Z) einen steilen Sperrstromanstieg aufweisen. Sie werden im Durchbruchbereich betrieben und nutzen den Zenereffekt ($U_Z < 5$ V) oder Lawineneffekt ($U_Z > 7$ V) aus.

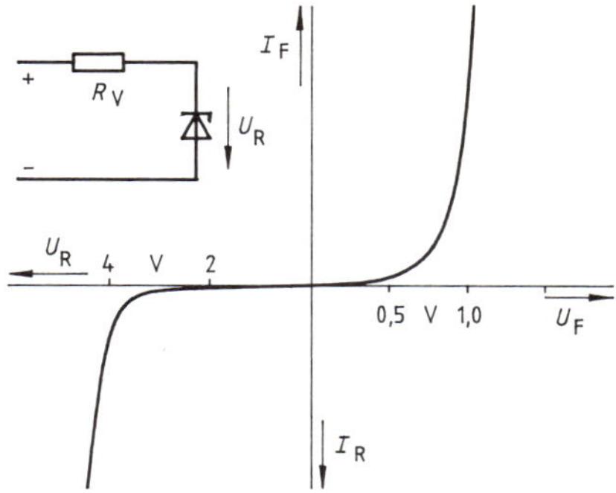

Wie ist eine Stabilisierungsschaltung mit Z-Diode aufgebaut?

Eine Stabilisierungsschaltung mit Z-Diode besteht aus einem Vorwiderstand und der Z-Diode parallel zum Verbraucher.

Spannungsstabilisierung

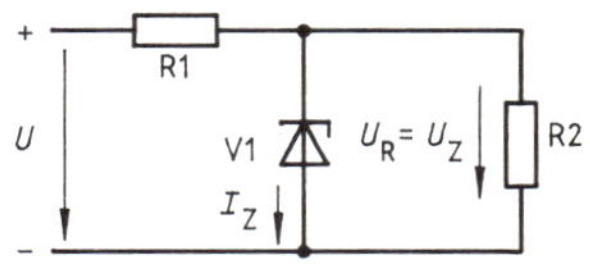

Unter welchen Bedingungen stabilisiert eine Z-Diode die Spannung?

Eine Z-Diode stabilisiert die Spannung, wenn die Eingangsspannung größer als die Zenerspannung bzw. Ausgangsspannung ist und der Vorwiderstand richtig dimensioniert ist.

Der Vorwiderstand muß so bemessen sein, daß bei größtem Laststrom und kleinster Eingangsspannung noch der minimale Zenerstrom fließt und bei kleinstem Laststrom ($I_L = 0$) und größter Eingangsspannung der maximale Zenerstrom nicht überschritten wird.

Nach welcher Formel wird der Vorwiderstand der Z-Diode in einer Stabilisierungsschaltung berechnet?

Der erforderliche Vorwiderstand der Z-Diode liegt zwischen:

$$R_{min} = \frac{U_{1\,max} - U_Z}{I_{Zmax} + I_{L\,min}}$$

und

$$R_{max} = \frac{U_{1\,min} - U_Z}{I_{Zmin} + I_{Lmax}}$$

Beispiel:

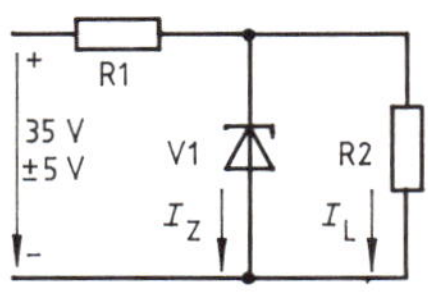

$U_Z = 15$ V, $I_{L\,max} = 15$ mA

$I_{Zmax} = 100$ mA, $I_{Zmin} = 10$ mA

Für den Vorwiderstand R1 gilt:

$$R_{max} = \frac{30\text{ V} - 15\text{ V}}{10\text{ mA} + 15\text{ mA}}$$

$$R_{max} = 600\ \Omega$$

$$R_{min} = \frac{40\text{ V} - 15\text{ V}}{100\text{ mA} + 0\text{ mA}}$$

$$R_{min} = 250\ \Omega$$

Gewählt: $R_1 = 560\ \Omega$

3.3 Grundlagen des Transistors

Beschreiben Sie den Aufbau eines bipolaren Transistors!

Ein bipolarer Transistor ist aus drei unterschiedlich dotierten Halbleiterzonen (meist Si) aufgebaut.
Die Anschlüsse der Zonen tragen die Bezeichnungen Emitter (E), Basis (B) und Kollektor (C).

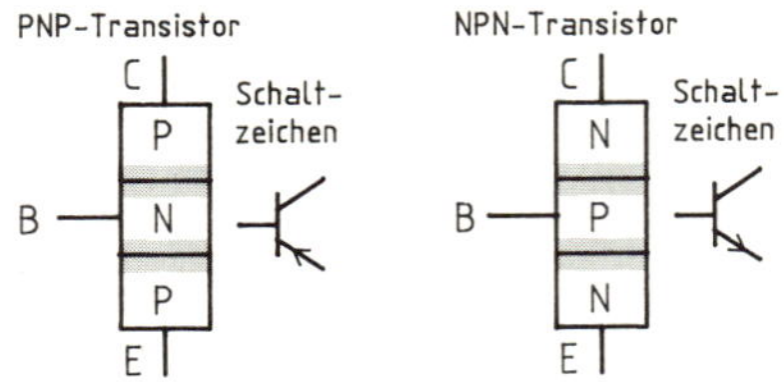

Erklären Sie die Wirkungsweise eines Transistors als Schalter!

Ist der Basisstrom eines Transistors Null, so fließt auch kein Kollektorstrom, der Transistor sperrt. Fließt der kleine Basisstrom, so wird die Emitter-Kollektor-Strecke niederohmig, es fließt ein großer Kollektorstrom.

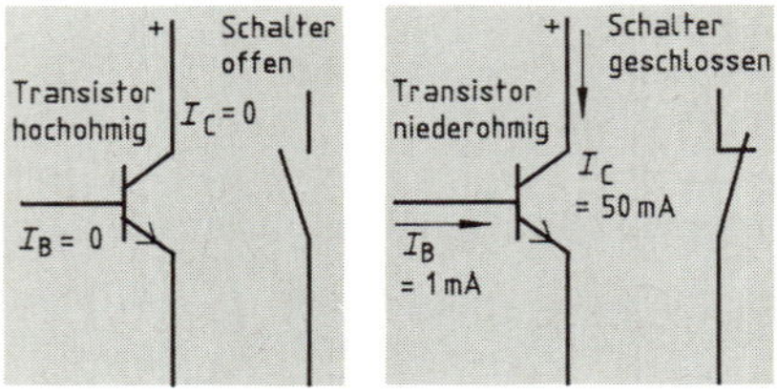

Beschreiben Sie das Prinzip der Verstärkung bei einem Transistor!

Der Transistor ist im Prinzip ein steuerbarer Widerstand. Mit einem kleinen Basisstrom wird der Auf- und Abbau der Basis-Emitter-Sperrschicht gesteuert und damit die Leitfähigkeit der Emitter-Kollektor-Strecke in weiten Grenzen verändert. Dies bewirkt eine Änderung des großen Laststromes.

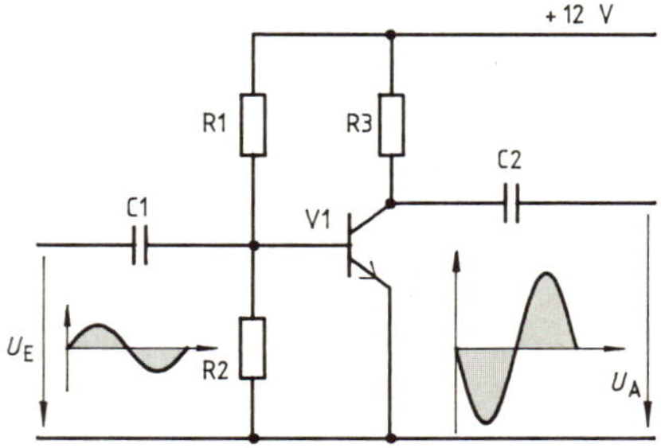

Wie werden beim Transistor Stöme und Spannungen gepfeilt?

Beim Tranistor zeigen alle Strompfeile zum Transistor, die Spannungspfeile von der Basis zum Emitter und vom Kollektor zum Emitter.

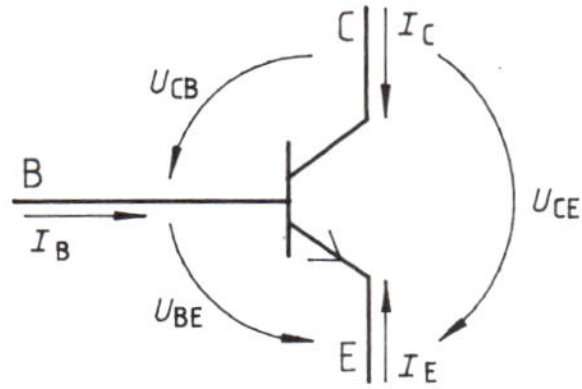

Welchen Zusammenhang beschreibt die Eingangskennlinie des Transistors?

Die Eingangskennlinie beschreibt den Zusammenhang zwischen Basis-Emitter-Spannung und Basisstrom bei einer bestimmten Kollektor-Emitter-Spannung, sie dient der Ermittlung des Eingangswiderstandes.

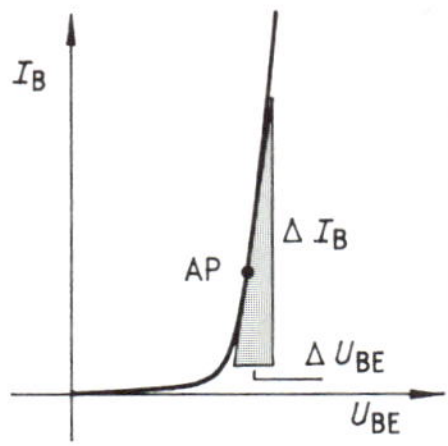

Die Kennlinie entspricht einer Diodenkennlinie

Differentieller Eingangswiderstand

$$r_{BE} = \frac{\Delta U_{BE}}{\Delta I_B}$$

Welchen Zusammenhang beschreibt das Ausgangskennlinienfeld des Transistors?

Das Ausgangskennlinienfeld beschreibt den Zusammenhang zwischen Kollektorstrom I_C und Kollektor-Emitter-Spannung U_{CE} in Abhängigkeit vom Basisstrom.

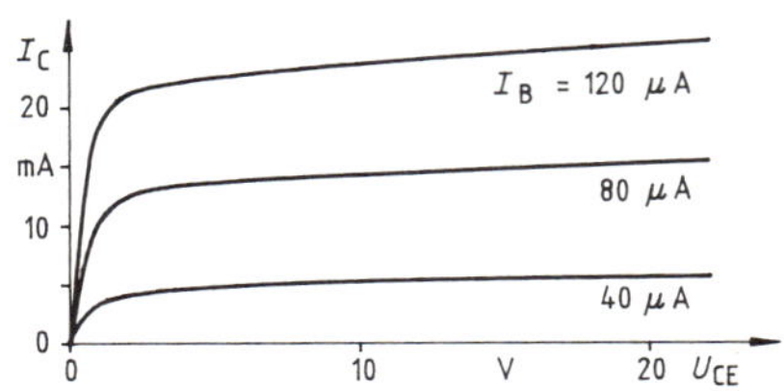

Welchen Zusammenhang beschreibt die Stromsteuerkennlinie des Transistors?

Die Stromsteuerkennlinie beschreibt den Zusammenhang zwischen Kollektorstrom I_C und Basisstrom I_B bei konstanter Kollektor-Emitterspannung U_{CE}.
Der Stromsteuerkennlinie kann man die Gleichstromverstärkung B entnehmen.

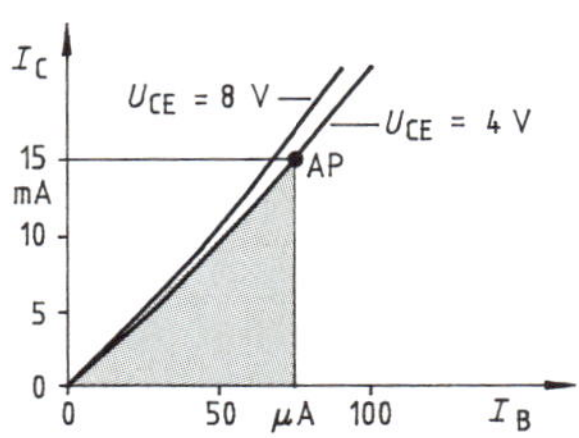

Gleichstromverstärkung im Arbeitspunkt

$$B = \frac{I_C}{I_B}$$

$$B = \frac{15\ \text{mA}}{75\ \mu\text{A}}$$

$$B = 200$$

Nach welchem Prinzip wird beim Feldeffekttransistor (FET) der Laststrom gesteuert?

Beim FET steuert ein elektrisches Feld den Widerstand einer Halbleiterstrecke, Kanal genannt. Die Steuerung erfolgt leistungslos.

FET sind unipolare Si-Transistoren, d. h. der Laststrom besteht nur aus einer Ladungsträgerart und fließt nur über eine Halbleiterstrecke desselben Dotierungstyps (P-Kanal oder N-Kanal FET).

Nennen Sie die FET-Bauformen!

Bauformen des FET sind Sperrschicht-FET (J-FET) und
Isolierschicht-FET (IG-FET).

Beide Typen werden als N- und P-Kanal FET hergestellt; der IG-FET als Anreicherungs- und Verarmungstyp in MOS-FET- und SIPMOS-FET-Technik.

Erklären Sie den Aufbau des selbstsperrenden N-Kanal-MOS-FET!

Der selbstsperrende N-Kanal-MOS-FET (Anreicherungstyp) besteht aus einem P-Substrat in welches zwei N-Zonen, Gate und Source, eindiffundiert sind. Das Gate ist durch eine SiO_2-Schicht vom Substrat isoliert.

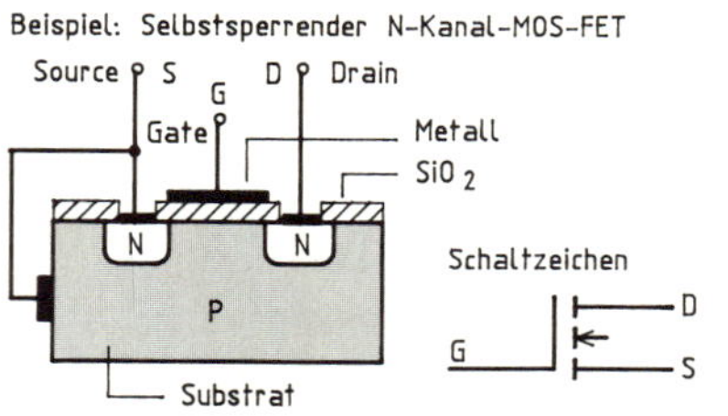

Erklären Sie die grundsätzliche Wirkungsweise des selbstsperrenden N-Kanal-MOS-FET!

Legt man zwischen Gate und Source eine positive Spannung, so entsteht ein elektrisches Feld, welches die Elektronen (Minoritätsträger) des P-Substrats unterhalb die isolierende SiO_2-Schicht zieht. Diese Elektronen sind nun gegenüber den Löchern in der Überzahl und bilden zwischen Drain und Source einen N-leitenden Kanal.

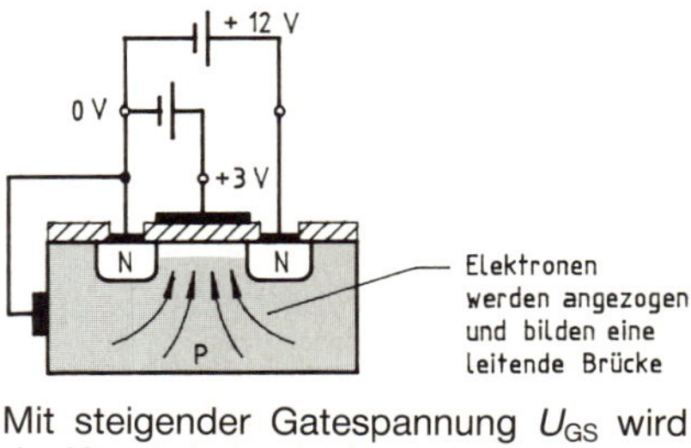

Mit steigender Gatespannung U_{GS} wird der Kanal niederohmiger.
Der Drainstrom I_D wird durch die Gatespannung leistungslos gesteuert.

Erklären Sie die Wirkungsweise des selbstleitenden MOS-FET!

Der selbstleitende FET (Verarmungstyp) enthält einen eindotierten Kanal, d.h. er leitet ohne Hilfe der Gatespannung.
Durch eine entsprechend gepolte Gatespannung verarmt der Kanal an freien Ladungsträgern, der Kanal wird hochohmig.

Beispiel: Selbstleitender N-Kanal-MOS-FET

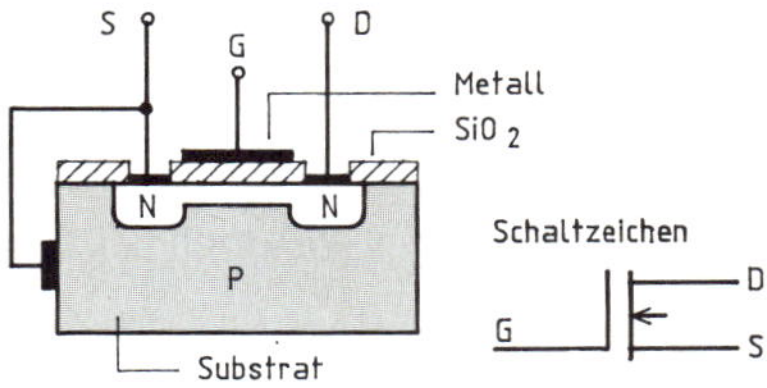

Worauf ist beim Umgang mit FET zu achten?

Bei FET ist das Gate durch Überspannungen sehr gefährdet. Insbesonders bei IG-FET kann durch statische Aufladungen die Isolierschicht zwischen Gate und Substrat durchschlagen werden.

Bei manchen IG-FET sind deshalb Z-Dioden eindiffundiert.
Für Transport und Lagerung wird das Gate mit den anderen Anschlüssen leitend verbunden. Ein Potentialausgleich zwischen Arbeitsunterlage, Lötkolben und Person verhindert gefährliche Aufladungen.

Welche Werte können den Kennlinienfeldern des MOS-FET entnommen werden?

Der Eingangskennlinie des MOS-FET kann man die Steilheit S, die ein Maß für die Verstärkung ist, entnehmen; dem Ausgangskennlinienfeld den differentiellen Ausgangswiderstand r_{DS}.

Beispiel: Selbstsperrender MOS-FET

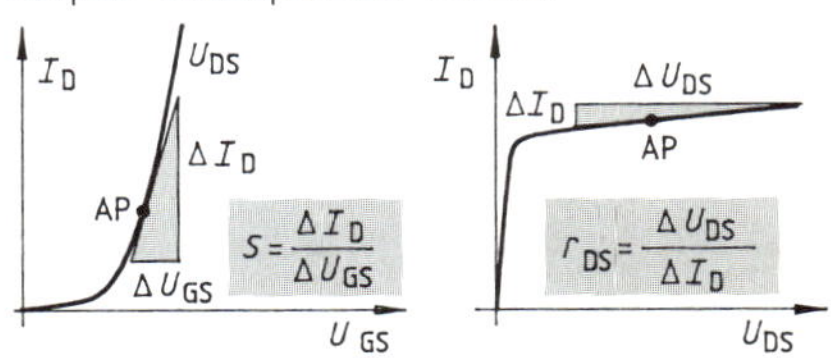

Was sind VMOS-FET?

VMOS-FET sind selbstsperrende N-Kanal-IG-FET. Die Gate-V-Form gibt dem FET den Namen und führt zur Bildung zweier besonders niederohmiger Kanäle bei der Ansteuerung.

VMOS-FET sind für große Leistungen geeignet; als Powerblock erreichen sie Werte bis 1000 V und 50 A bei Innenwiderständen kleiner 30 mΩ.
Ganz ähnliche Eigenschaften haben die TMOS-FET, auch SIPMOS-FET (SIP von Silizium polykristallin) genannt.

Erklären Sie den Begriff Steilheit *S* beim FET!

Die Steilheit ist das Verhältnis von Drainstromänderung zu Gate-Source-Spannungsänderung, sie ist ein Maß für die Verstärkung des FET.

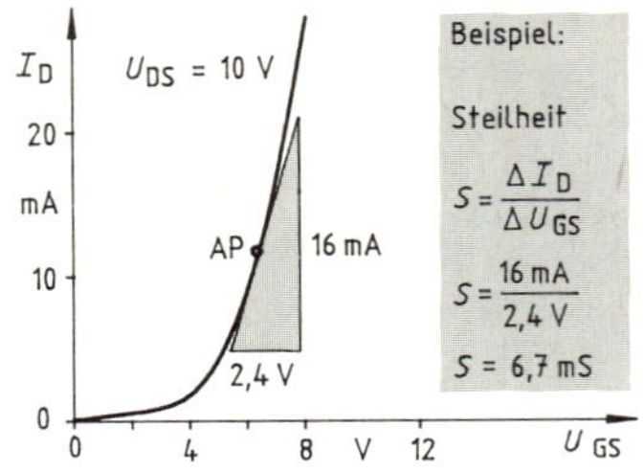

Nennen Sie die Kennwerte eines MOS-FET!

Kennwerte des MOS-FET:
Gate-Reststrom
Drainstrom bei U_{GS}, U_{DS}
Gate-Source-Abschnürspannung bei I_D
D-S-Einschaltwiderstand.

Grenzwerte des FET sind:
Drain-Source-Spannung, Drain-Gate-Spannung, Gate-Source-Spannung, Drainstrom, Gesamtverlustleistung, Wärmewiderstand. Die Kenn- und Grenzwerte werden den Datenblättern der Hersteller entnommen.

Dürfen SIPMOS-FET zur Steuerung größerer Ströme parallel geschaltet werden?

SIPMOS-FET können ohne Zusatzmaßnahmen parallelgeschaltet werden.

Der SIPMOS-Leistungstransistor besteht aus einigen tausend parallelgeschalteten Einzeltransistoren auf einem Chip.

Erklären Sie den Begriff Schwellenspannung beim FET!

Die Schwellenspannung ist die Gatespannung eines selbstsperrenden IG-FET die gerade zur Bildung eines leitenden Kanals ausreicht. Im Datenblatt wird der zugehörige Drainstrom angegeben.

Nennen Sie Einsatzmöglichkeiten für FET!

FET werden als Verstärkerbauelemente mit sehr hohem Eingangswiderstand und leistungsloser Steuerung als Leistungsschalter, in Stromstabilisierung und in Kfz-Lichtmaschinenreglern verwendet. IG-FET lassen sich billig herstellen, benötigen wenig Platz und eignen sich daher besonders gut für integrierte Schaltungen.

In welchen Kennlinienbereichen sollen beim Schalttransistor die Punkte EIN und AUS liegen?

Wird der Transistor als Schalter betrieben, so soll der Arbeitspunkt EIN im Übersteuerungsbereich, der Arbeitspunkt AUS im Sperrbereich liegen. Beide Arbeitspunkte müssen unterhalb der Verlustleistungshyperbel liegen.

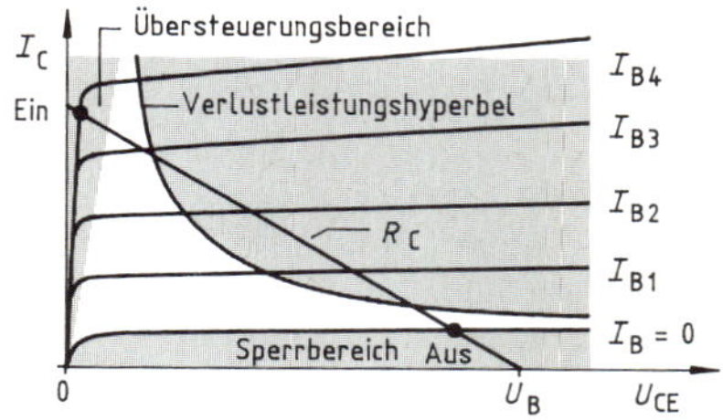

3

Welche Gefahr besteht für den Transistor beim Schalten induktiver Lasten?

Beim Ausschalten induktiver Lasten treten hohe Spannungsspitzen auf, die den Transistor zerstören können. Ein- und Ausschaltvorgang verlaufen auf verschieden Bahnen.

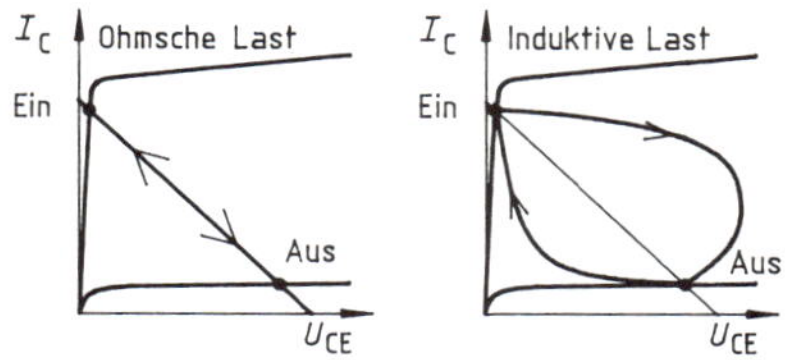

Wie kann der Transistor beim Schalten induktiver Lasten vor Spannungsspitzen geschützt werden?

Der Transistor kann beim Schalten von Induktivitäten mit einer Freilaufdiode (Schutz-, Abfangdiode) vor Spannungsspitzen geschützt werden.
Freilaufdioden gestatten den gefahrlosen Abbau der im Magnetfeld gespeicherten Energie.

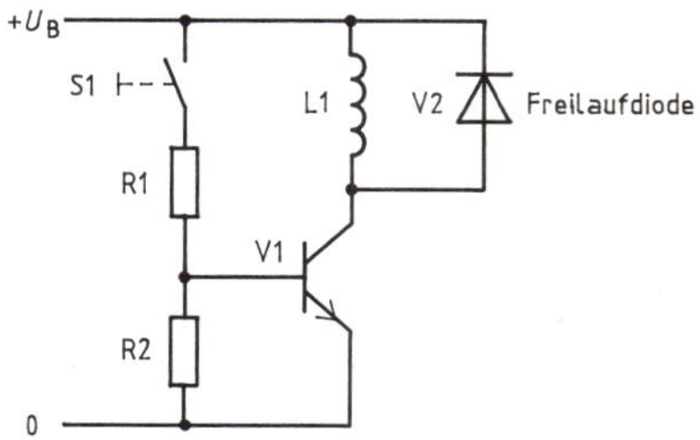

Wie kann ein Transistor beim Schalten von Kapazitäten vor Zerstörung geschützt werden?

Beim Einschalten einer Kapazität fließt ein sehr großer Strom (Stromüberhöhung), der den Transistor zerstören kann. Ein Widerstand in Reihe zur Kapazität begrenzt den Strom und schützt den Transistor.

3.4 Verstärker und Netzgeräte

Welche Eigenschaften haben Verstärker?

Verstärker sind aktive Vierpole. Eingangssignale werden unter Beibehaltung der Signalform mit größerer Wirkleistung am Ausgang abgegeben.

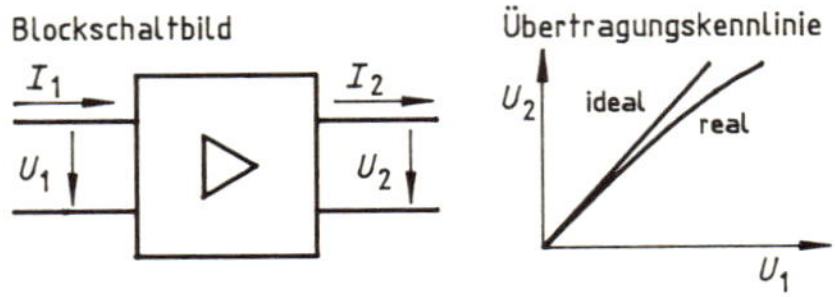

Erklären Sie den Begriff Verstärkungsfaktor!

Der Verstärkungsfaktor V ist das Verhältnis einer Ausgangsgröße zu ihrer Eingangsgröße.
Man unterscheidet:
Stromverstärkung
Spannungsverstärkung
Leistungsverstärkung

Für die Verstärkungsfaktoren gilt:

Stromverstärkung	$V_i = I_2/I_1$
Spannungsverstärkung	$V_u = U_2/U_1$
Leistungsverstärkung	$V_p = P_2/P_1$

Beschreiben Sie den prinzipiellen Aufbau eines Verstärkers!

Verstärker enthalten mindestens ein steuerbares Element mit Verstärkereigenschaften z.B. einen Transistor und werden aus einer zusätzlichen Energiequelle gespeist.

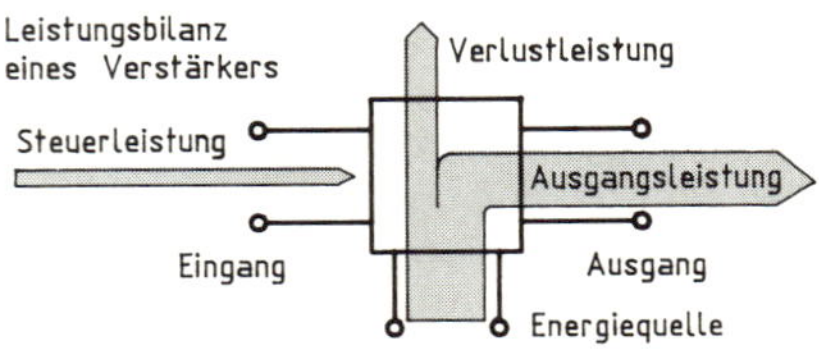

In welchen Grundschaltungen kann der bipolare Transistor als Verstärker betrieben werden?

Die 3 Verstärker-Grundschaltungen des bipolaren Transistors sind:
1. Emitterschaltung
2. Kollektorschaltung
3. Basisschaltung.

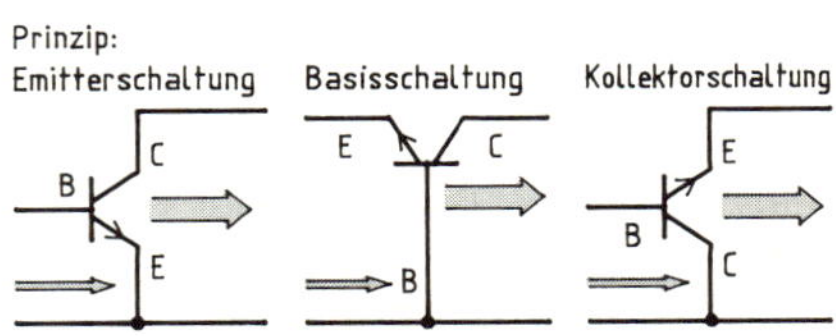

Welche besonderen Eigenschaften hat die Emitterschaltung?

Die Emitterschaltung weist große Verstärkungsfaktoren auf, das Ausgangssignal wird gegenüber dem Eingangssignal um 180° gedreht, der Eingangs- und der Ausgangswiderstand liegen im kΩ-Bereich.

Emitterschaltung: V_u = 30....300
V_i = 20....300
V_p = 600...40 000
r_e = 5 kΩ....10 kΩ
r_a = 10 kΩ..100 kΩ

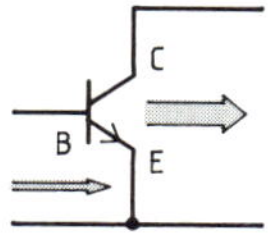

Gemeinsamer Anschluß für Ein- und Ausgangssignal ist der Emitter (Name).

Welche besonderen Eigenschaften hat die Kollektorschaltung?

Die Kollektorschaltung weist einen großen Eingangs- und einen kleinen Ausgangswiderstand auf, die Spannungsverstärkung ist klein, keine Phasenverschiebung zwischen dem Eingangs- und Ausgangssignal.

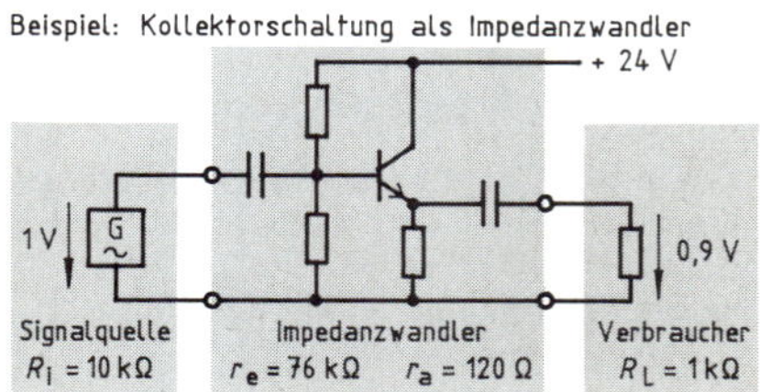

In welchen Grundschaltungen kann der FET als Verstärker betrieben werden?

Die 3 FET-Verstärkergrundschaltungen sind:
1. Sourceschaltung
2. Drainschaltung
3. Gateschaltung

Der gemeinsame Anschluß für Ein- und Ausgang benennt die Grundschaltung.

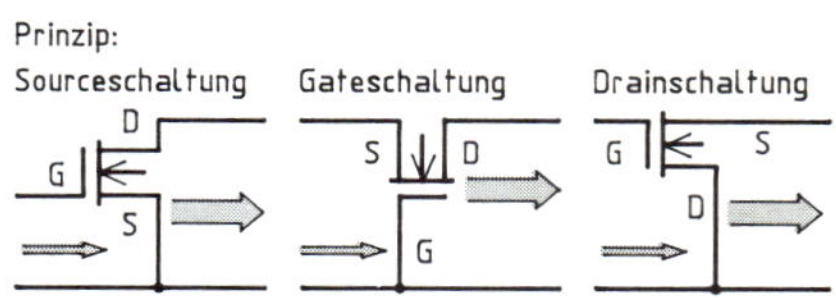

Welche besonderen Eigenschaften hat die Sourceschaltung?

Die Sourceschaltung weist eine hohe Spannungsverstärkung, eine sehr hohe Stromverstärkung, einen großen Eingangswiderstand und einen mittleren Ausgangswiderstand auf.

Sourceschaltung

Verstärkung		Widerstand	
Spannung	Strom	Eingang	Ausgang
groß 50 bis 400	sehr groß → ∞	sehr groß 2 MΩ ... 20 MΩ	mittel 10kΩ ... 40kΩ

Nach welchen Kriterien wird der Arbeitspunkt festgelegt?

Der Arbeitspunkt wird so in den linearen Bereich der Eingangskennlinie gelegt, daß die Aussteuerungen des Eingangssignals im linearen Bereich stattfinden. Weitere Kriterien sind die Verlustleistung und die Gleichstromverstärkung *B*. Die falsche Wahl des Arbeitspunktes kann zu starken Verzerrungen des Ausgangssignals führen.

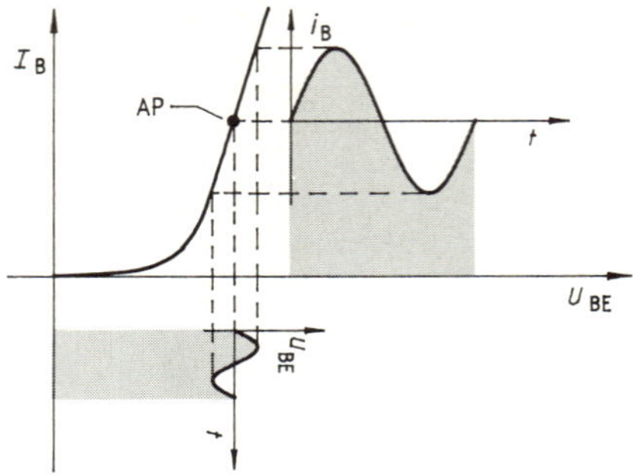

Wie wird der Arbeitspunkt eines Transistors eingestellt?

Der Arbeitspunkt eines Transistors wird durch die Basis-Emitter-Vorspannung U_{BE} eingestellt.
Die Vorspannung erhält man durch den Basisvorwiderstand oder den Basisspannungsteiler.

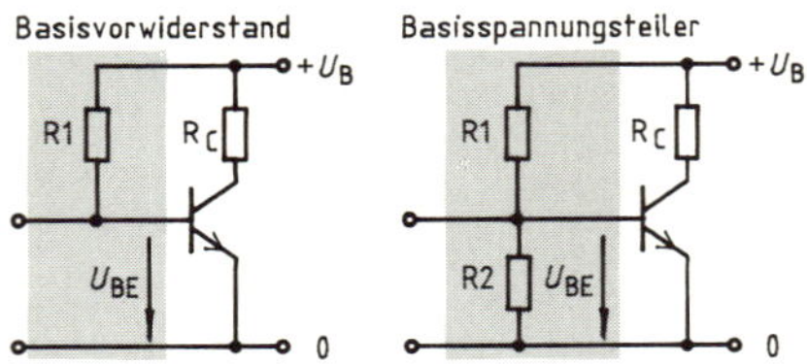

Welche Vorteile hat der Basisvorwiderstand gegenüber dem Basisspannungsteiler?

Der Basisvorwiderstand läßt einen konstanten, temperaturunabhängigen Basisstrom fließen. Die Signal- und Betriebsspannungsquelle wird wenig belastet.

Basisspannungsteiler: Bei kleinen Teilerwiderständen erhält man eine konstante Basisvorspannung, belastet aber stark die Signal- und die Betriebsspannungsquelle. Transistorexemplarstreuungen haben aber weniger Einfluß auf die Arbeitspunkteinstellung.

Warum muß der Arbeitspunkt stabilisiert werden?

Eine Arbeitspunktstabilisierung ist notwendig, weil die Transistorströme temperaturabhängig sind (Eigen- und Fremderwärmung) und die Stromsteuerkennlinie große Exemplarstreuungen aufweist.

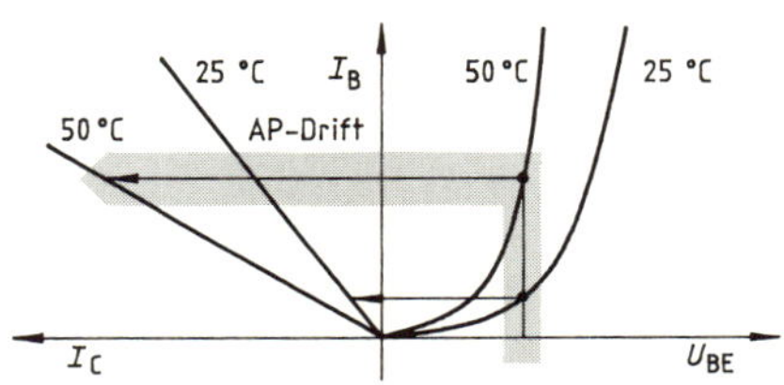

Nennen Sie Möglichkeiten zur Arbeitspunktstabilisierung?

Arbeitspunktstabilisierung erfolgt z.B. durch Gleichstromgegenkopplung, Gleichspannungsgegenkopplung, Stabilisierung mit Dioden und Heißleitern.

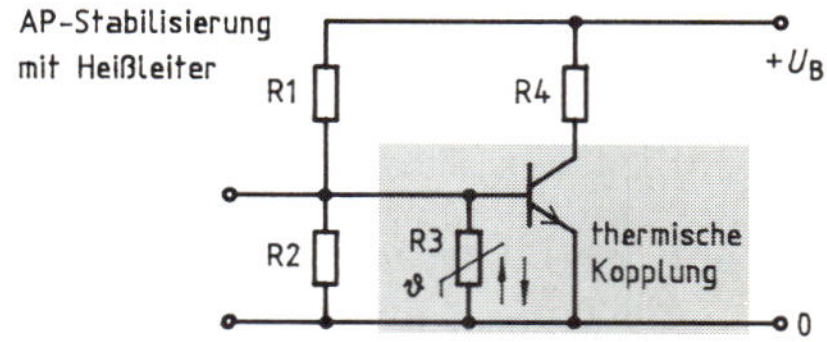

Erklären Sie die Arbeitspunktstabilisierung durch Gleichstromgegenkopplung!

Bei der Arbeitspunktstabilisierung durch Gleichstromgegenkopplung liegt im Emitterpfad der Widerstand R_E. Nimmt der Kollektorstrom I_C zu, so wird der Spannungsfall an R_E größer und dadurch die Basis-Emittersspannung U_{BE} kleiner.

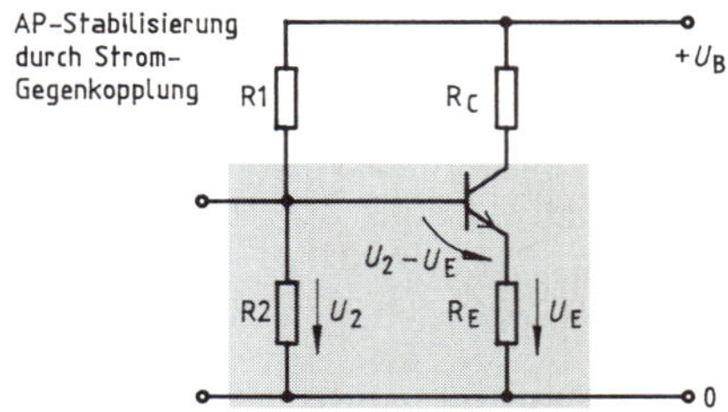

Wodurch wird die Aussteuerung eines Verstärkers begrenzt?

Die Aussteuergrenzen eines Verstärkers ergeben sich aus der Speisespannung und dem linearen Teil der Übertragungskennlinie. Übersteuerungen führen zur Verzerrung des Ausgangssignals.

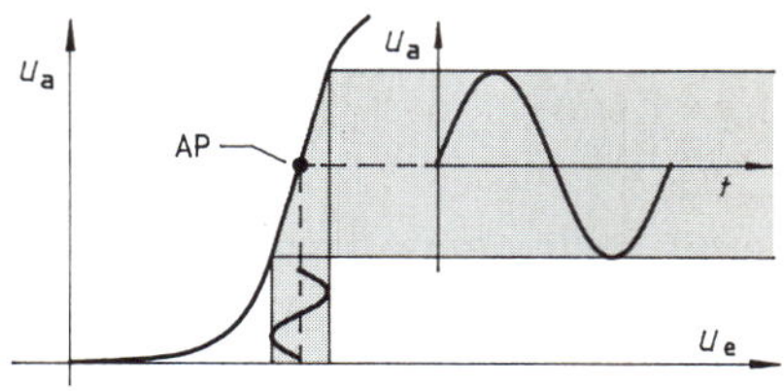

Wie werden die einzelnen Stufen eines mehrstufigen Gleichspannungsverstärkers aneinander gekoppelt?

Bei mehrstufigen Gleichspannungsverstärkern müssen die einzelnen Stufen direkt, d. h. ohne Kondensator miteinander gekoppelt sein (Gleichstromkopplung).

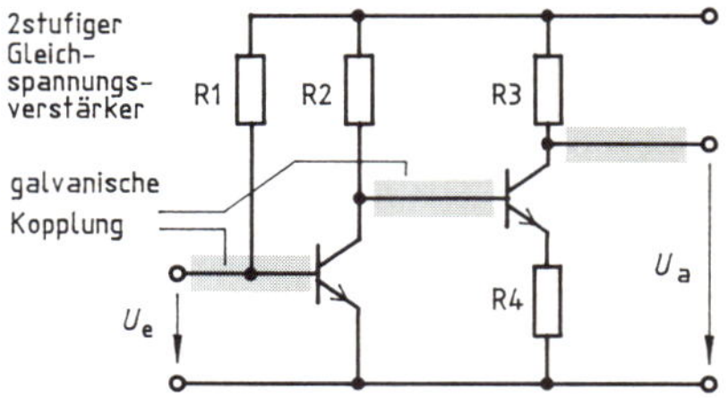

Wie wird ein Wechselspannungssignal einer Verstärkerstufe zugeführt (Signalankopplung)?

Wechselspannungsignale müssen als Mischspannung dem Verstärker zugeführt werden, damit der Arbeitspunkt in der Mitte des Ansteuerungsbereiches liegt. Der Gleichspannungsanteil ist die Basisvorspannung, die Signalwechselspannung wird über einen Koppelkondensator C_1 zugeführt.

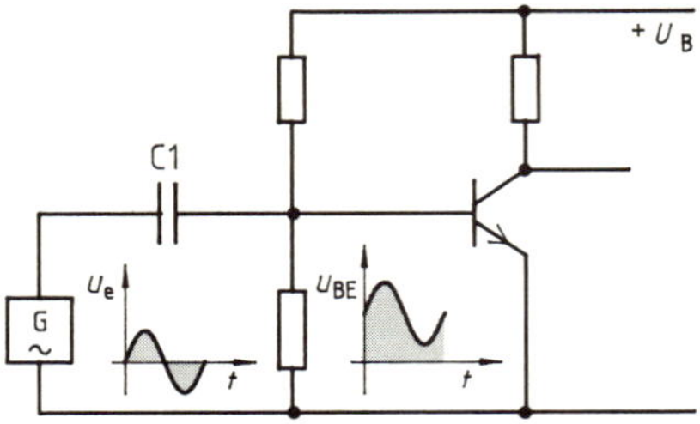

Wie wird ein Wechselspannungssignal ausgekoppelt (Signalauskopplung)?

Die Signalauskopplung eines Wechselspannungssignals erfolgt über den Auskoppelkondensator C_2. Dadurch wird die Gleichspannungskomponente der Signalmischspannung abgetrennt.

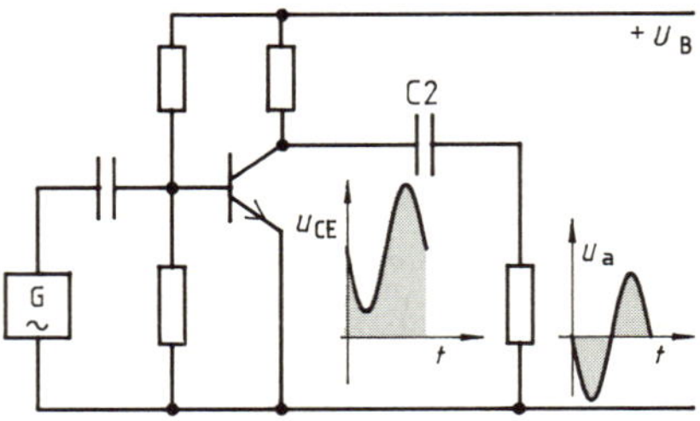

Welche Verzerrungsarten treten bei Verstärkern auf?

Bei Verstärkern treten lineare und nichtlineare Verzerrungen auf.

Lineare Verzerrungen: Dämpfungs- und Phasenverzerrung (Frequenzgang). Nichtlineare Verzerrung: Änderung der Signalform.

Durch welche Maßnahme können nichtlineare Verzerrungen beeinflußt werden?

Die nichtlinearen Verzerrungen können durch Gegenkopplung verringert werden.
Die Gegenkopplung führt aber auch zu Verstärkungsverlusten.

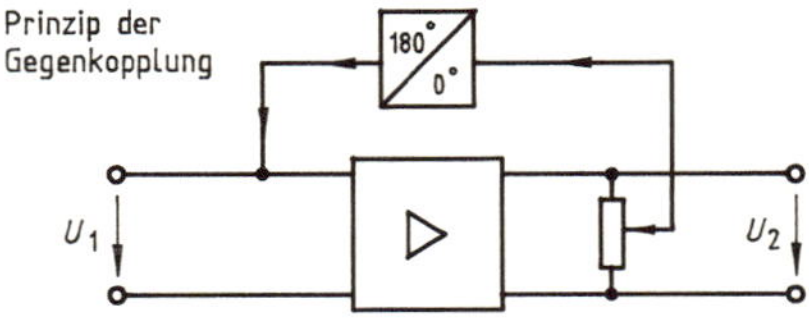

Erklären Sie den Begriff Klirrfaktor!

Der Klirrfaktor k ist ein Maß für die nichtlinearen Verzerrungen eines Verstärkers.

Klirrfaktoren größer 1 % sind hörbar.

$$k = \frac{\text{Effektivwert aller Oberschwingungen}}{\text{Effektivwert der Wechselgröße}}$$

3

Welche Eigenschaften kennzeichnen einen Verstärker!

Verstärkerkennwerte sind: Eingangs- und Ausgangsscheinwiderstand, Verstärkungsfaktor, Eingangsempfindlichkeit, Aussteuerbereich, Frequenzgang, Bandbreite, Phasengang, Klirrfaktor, Impulsverhalten und Rauschen.

Verstärker werden meist als integrierte Schaltungen bezogen. Die je nach Verwendungszweck geforderten Eigenschaften bestimmen die Verstärkerauswahl.
Man unterscheidet:
Gleich- und Wechselspannungsverstärker, Gegentakt-, Differenz- und Operationsverstärker.

Erklären Sie den Begriff Operationsverstärker!

Operationsverstärker (OP, OV) sind mehrstufige integrierte Gleichspannungsverstärker, deren Eigenschaften maßgeblich durch die äußere Beschaltung beeinflußt werden.

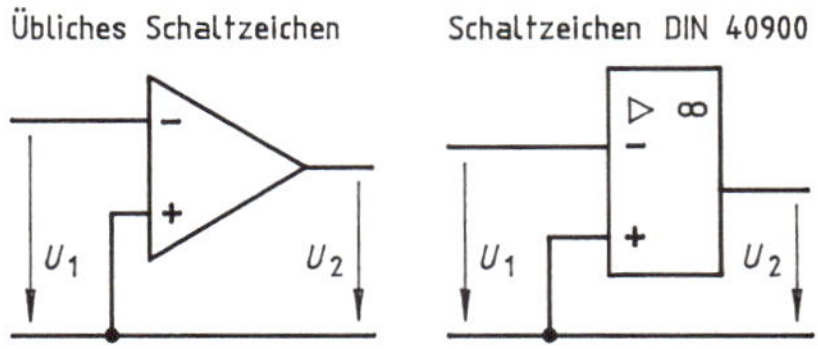

Welche Eigenschaften hat ein idealer Operationsverstärker?

Der ideale OP hat die Eigenschaften:
Unendlich große Spannungsverstärkung, unendlich großer Eingangswiderstand, kein Ausgangswiderstand, untere Grenzfrequenz 0 Hz, obere Grenzfrequenz unendlich.

Kennwerte realer Operationsverstärker:
Spannungsverstärkungfaktor ≈ 1 000 000
Eingangswiderstand 10 MΩ ... 1 000 MΩ
Ausgangswiderstand 5 Ω ... 10 MΩ
untere Grenzfrequenz 0 Hz
obere Grenzfrequenz ≈ 100 MHz
Durch Gegenkopplung (äußere Beschaltung) kann der Spannungsverstärkungsfaktor eingestellt werden.

Welche Betriebsspannungen benötigt der Operationsverstärker?

Der OP benötigt meist zwei gegenüber dem Bezugspol (Masse) symmetrische Betriebsspannungen von ±5 ... ±18 V.

Die Betriebsspannungsversorgung wird in den Verstärkerschaltungen meist nicht dargestellt.
Es gibt auch OP mit nur einer Betriebsspannung.

Welche Übertragungskennlinie hat der Operationsverstärker?

Der Operationsverstärker hat im Aussteuerungsbereich eine lineare Übertragungskennlinie.

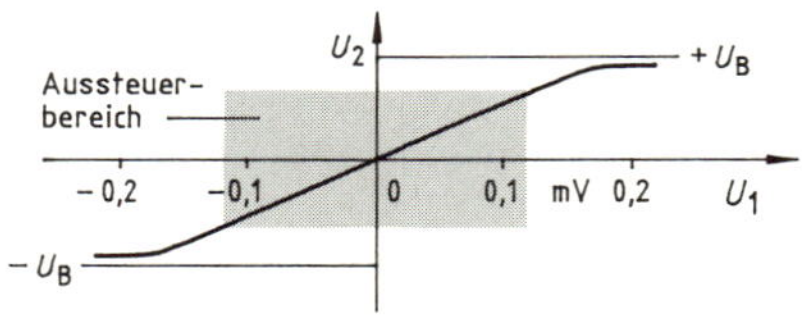

In welchen Grundschaltungen kann der Operationsverstärker betrieben werden?

Der OP kann u.a. als invertierender oder nicht-invertierender Verstärker, Impedanzwandler, Summier- oder Differenzverstärker, Differenzierer, Integrierer, Konstantstromquelle und als aktives Filter betrieben werden.

Beispiel: OP als Wechselspannungsverstärker

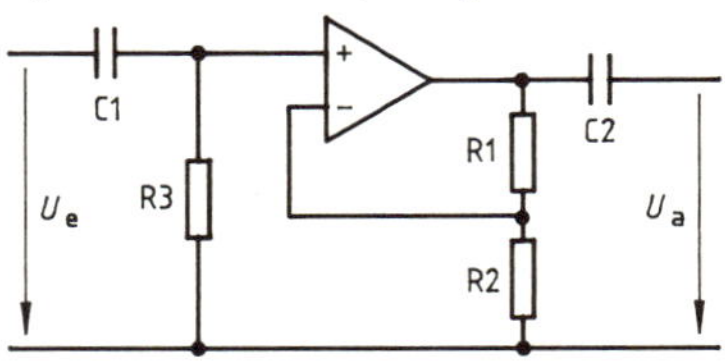

Erklären Sie die Begriffe invertierender und nichtinvertierender Betrieb beim Operationsverstärker!

Der OP hat zwei Eingänge. Legt man ein Signal an den N-Eingang (invertierender Eingang), so erhält man ein zum Eingangssignal invertiertes, d.h. um 180° phasenverschobenes Ausgangssignal. Legt man das Eingangssignal an den P-Eingang (nichtinvertierender Eingang), so erfolgt keine Phasenumkehr.

Operationsverstärker mit Gegenkopplung

Nicht invertierend

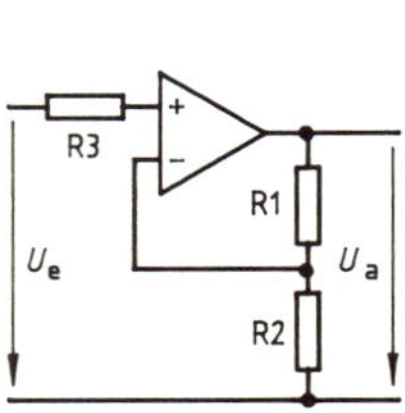

Invertierend

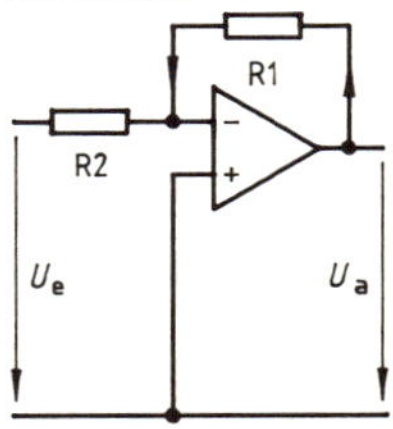

Durch welche Beschaltung kann der Operationsverstärker als Komparator (Schwellwertschalter) betrieben werden?

Ohne Gegenkopplung kann der OP als Spannungskomparator betrieben werden. Der Spannungsschwellwert kann durch eine zusätzliche Spannungsquelle eingestellt werden.

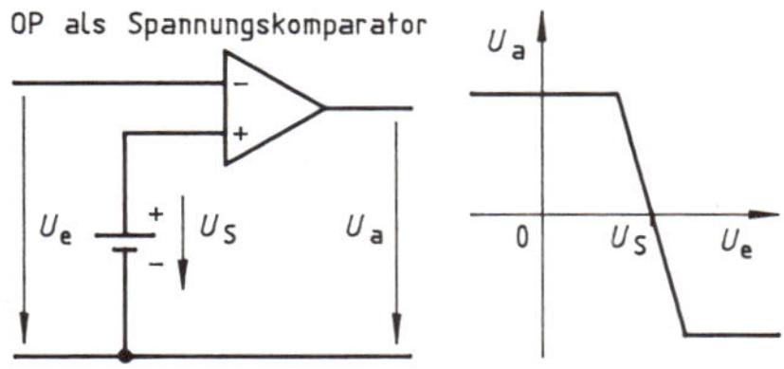

3

Welche Funktion hat der Operationsverstärker als Summierer bzw. Subtrahierer?

Bei der Schaltung als Summierverstärker dient der OP der Addition bzw. Subtraktion und Verstärkung mehrerer Eingangsspannungen.

$$-U_a = \frac{R_1}{R_2} \cdot U_{e1} + \frac{R_1}{R_3} \cdot U_{e2} + \frac{R_1}{R_4} \cdot U_{e3}$$

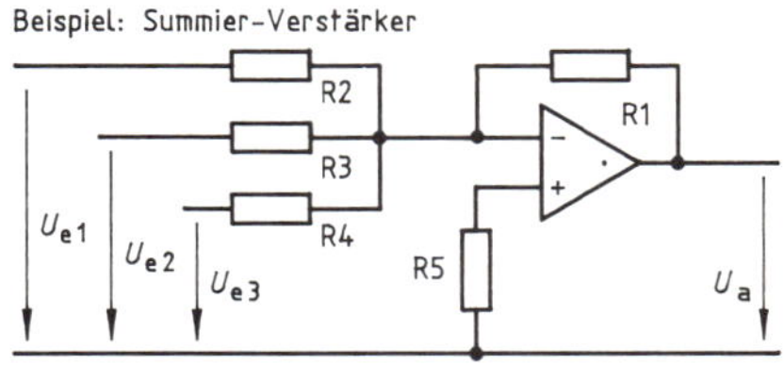

Welche Funktion hat der Operationsverstärker als Integrierer?

Als Integrierverstärker verformt der OP das Eingangssignal derart, daß die Ausgangsspannung, solange die Eingangsspannung konstant bleibt, zeitproportional ansteigt (Tiefpaßverhalten).

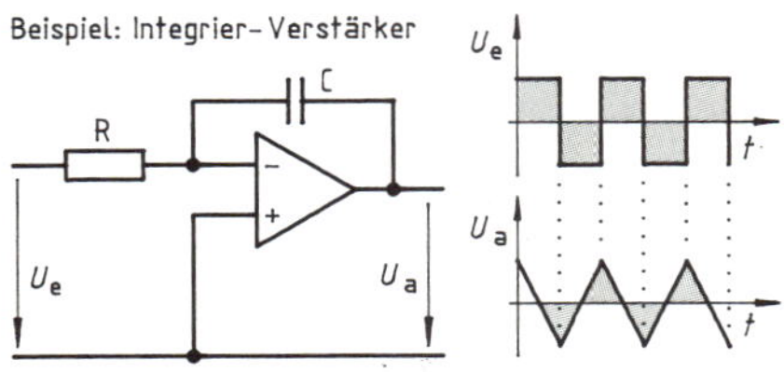

Welche Funktion hat der Operationsverstärker als Differenzierer?

Als Differenzierverstärker verformt der OP das Eingangssignal derart, daß nur bei Änderung der Eingangsspannung am Ausgang ein Signal ansteht (Hochpaßverhalten).

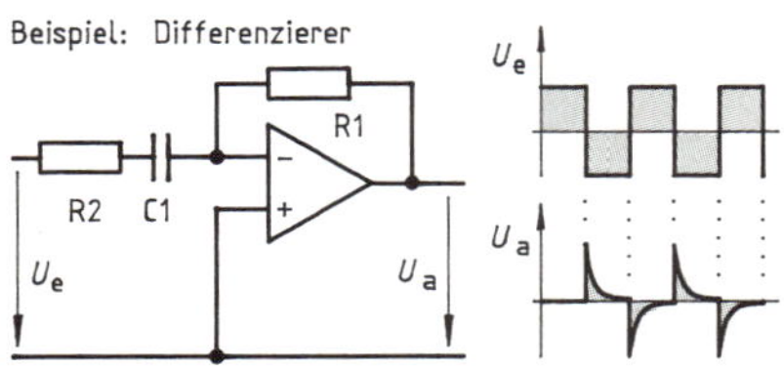

Wozu dienen Netzteile?

Netzteile dienen der Stromversorgung elektronischer Schaltungen aus dem Netz. Meist ist eine galvanische Trennung vom Netz gefordert.

Man unterscheidet unstabilisierte und stabilisierte Stromversorgungen.
In der Regel verlangen elektronische Schaltungen eng tolerierte, gesiebte Gleichspannungen (Spannungsstabilisierung).

Aus welchen Komponenten besteht ein Netzteil?

Netzteile bestehen meist aus den Komponenten:
Überlastungsschutz
Transformator
Gleichrichter
Glättungseinrichtung
Stabilisierung.

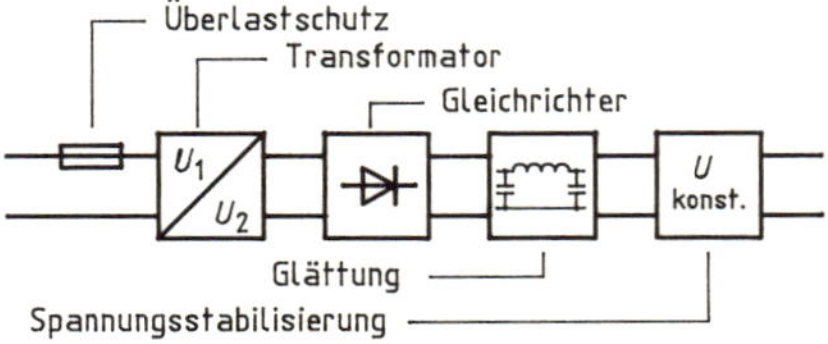

Welche Arten von geregelten Netzteilen unterscheidet man?

Man unterscheidet lineare (stetig geregelte) Netzteile mit Längs- oder Querregelung und Schaltnetzteile (unstetig geregelte Netzteile).

Regelgröße ist die Ausgangsspannung.
Längsregelung wird auch Serienregelung, Querregelung auch Parallelregelung genannt.
Schaltnetzteile arbeiten mit Impulsbreiten- oder Impulsfrequenz-Steuerung.

Wie arbeitet prinzipiell ein längsgeregeltes Netzteil?

In längsgeregelten Netzteilen wird der Widerstand eines Stellglieds, meist ein Transistor, das in Reihe mit der Last liegt, über eine Referenzspannung und einen Vergleicher durch die Ausgangsspannung gesteuert.

Spannungsstabilisierung mit Reihentransistor

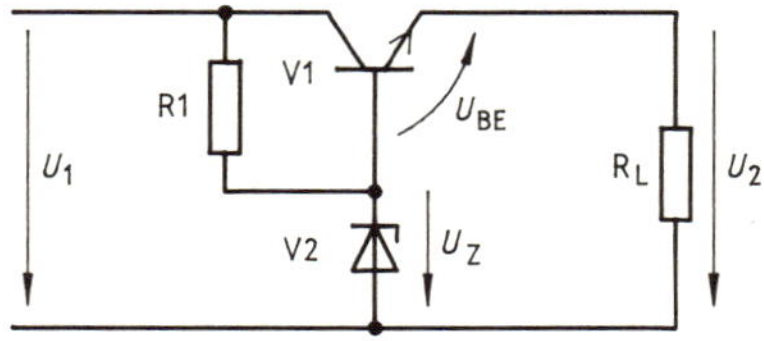

Wie arbeitet prinzipiell ein Schaltnetzteil?

In Schaltnetzteilen wird ein im Lastkreis liegender Transistor als Schalter betrieben. Das Verhältnis von Durchlaß- und Sperrzeit bestimmt die Höhe der Ausgangsspannung.

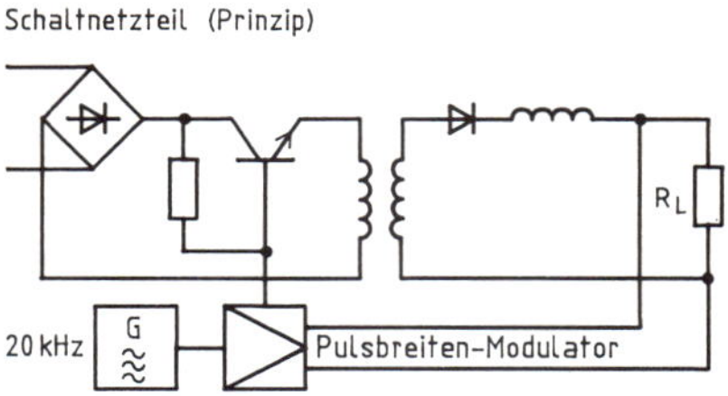

3

Welchen Vorteil haben Schaltnetzteil gegenüber linearen Netzteilen?

Schaltnetzteile haben gegenüber linearen Netzteilen einen besseren Wirkungsgrad, einen größeren Eingangsspannungsbereich, eine kleinere Masse und kleineres Volumen.

Nachteile der Schaltnetzteile: niedrigere Regelgeschwindigkeit bei plötzlicher Laständerung, prinzipielle Restwelligkeit der Ausgangsspannung, zusätzlicher Schaltungsaufwand für Funkentstörung.

Was ist ein integrierter Festspannungsregler?

Integrierte Festspannungsregler sind integrierte Schaltungen (IC) mit 3 Anschlüssen, die alle zur Stabilisierung einer festen Ausgangsspannung nötigen Bauteile enthalten (linearer Regler).

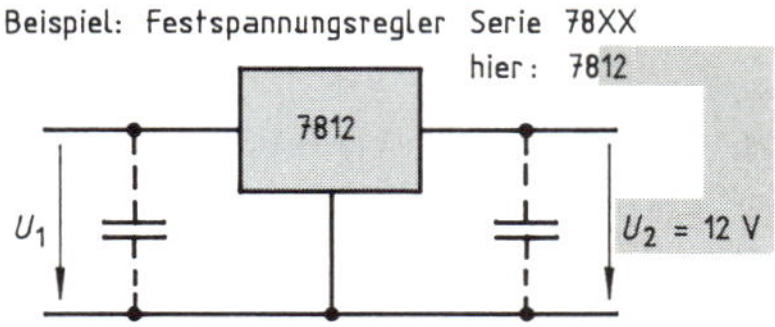

Für die Spannung U_1 gilt: $U_1 \geq U_2 + 2$ V

Welche Aufgabe haben stromgeregelte Netzgeräte?

Stromgeregelte Netzgeräte sollen den Verbraucher unabhängig von der Belastung und der Ausgangsspannung mit einem konstanten Strom versorgen.

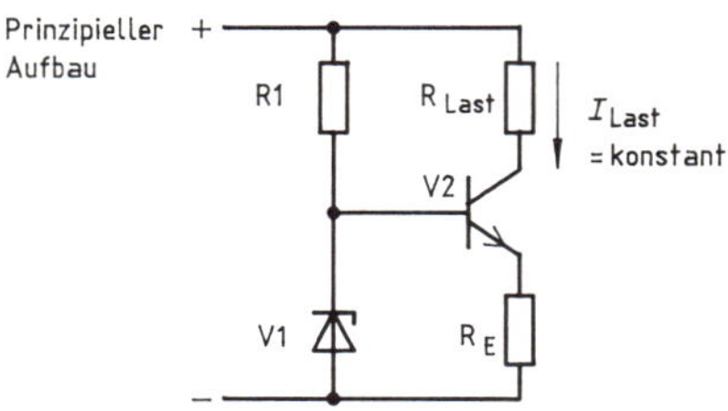

3.5 Leistungselektronik

Nennen Sie Leistungs-Halbleiterbauelemente!

Leistungs-Halbleiterbauelemente sind: Leistungs-Dioden, -Transistoren, Thyristor und Triac.

Forderungen an Leistungs-Halbleiter: hohe Vorwärtsströme, hohe Sperrspannungen, unempfindlich gegen Störungseinflüsse von Induktivitäten.

Was ist ein Thyristor (rückwärtssperrende Thyristortriode)?

Ein Thyristor ist eine steuerbare Silizium-Vierschichtdiode mit sehr hoher Schaltleitung.

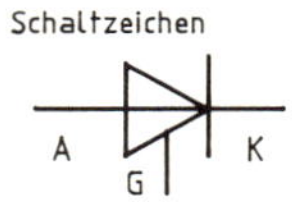

Grenzdaten:
Sperrspannungen bis 3 kV,
Ströme bis 2 kA.

Wie heißen die Anschlüsse des Thyristors?

Die Anschlüsse des Thyristors heißen:
Anode A
Katode K
Gate G

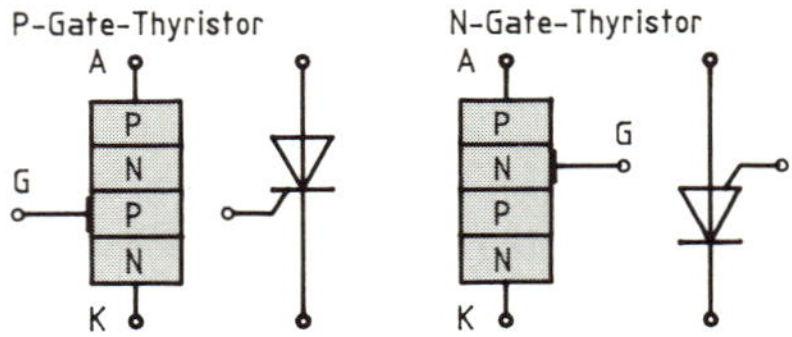

Wie verhält sich ein Thyristor, der an einer Spannung liegt, dessen Gate aber nicht angeschlossen ist?

Ein Thyristor mit offenem Gate sperrt in beiden Richtungen, sofern in der Rückwärtsrichtung die zulässige Sperrspannung U_R und in Vorwärtsrichtung die Nullkippspannung U_{K0} nicht überschritten wird.

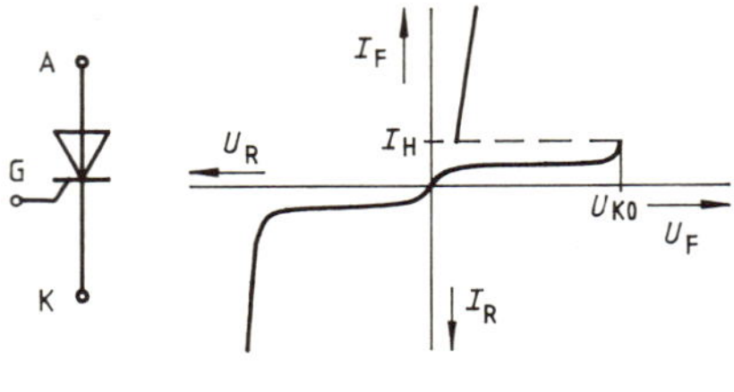

Wie kann ein Thyristor in den niederohmigen Zustand gesteuert werden?

Ein Thyristor, der in Vorwärtsrichtung betrieben wird, kann durch einen Steuerimpuls am Gate in den niederohmigen Zustand gekippt werden.

Der Thyristor wird ebenfalls leitend, wenn die Nullkippspannung oder die kritische Spannungs-Steilheit überschritten wird. Die Selbstzündung durch hohe Spannungs-Steilheit wird auch Überkopfzündung genannt.

Kann ein leitender Thyristor wieder in den Sperrzustand gesteuert werden?

Nein, ein leitender Thyristor bleibt leitend, solange der Haltestrom I_H nicht unterschritten wird. Dies ist beim Nulldurchgang des Wechselstromes der Fall.

Ausnahme:
GTO-Thyristoren und Thyristortetroden können allerdings durch einen richtig dimensionierten und gepolten Steuerimpuls wieder in den hochohmigen Zustand gesteuert werden.

3

Was ist ein GTO-Thyristor?

Ein GTO- (**G**ate-**T**urn-**O**ff, Gate schaltet ab) Thyristor kann über das Gate in die Betriebszustände leitend und gesperrt gesteuert werden.
Grenzwerte: $U_R \leq 1{,}5$ kV; $I_F \leq 1$ kA.

Beispiel:
Steuerung eines GTO-Thyristors mit Hilfe von 2 Spannungsquellen

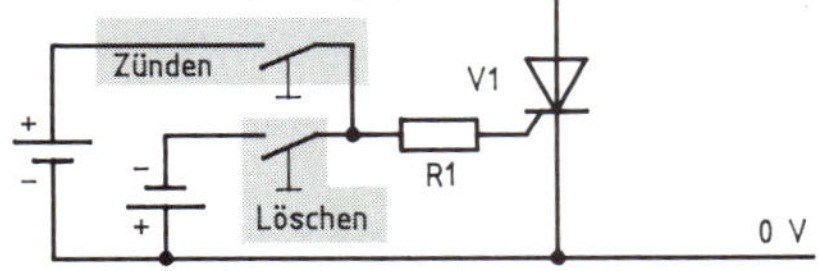

Wie wird die Verlustleistung eines Thyristors ermittelt?

Die Thyristorverluste setzen sich aus den Durchlaß-, Schalt-, Steuer- und Sperrverlusten zusammen.
Hauptverluste sind die vom Durchlaßstrom und dem Stromflußwinkel abhängigen Durchlaßverluste.
Die Verlustwärme muß durch Kühlkörper abgeführt werden.

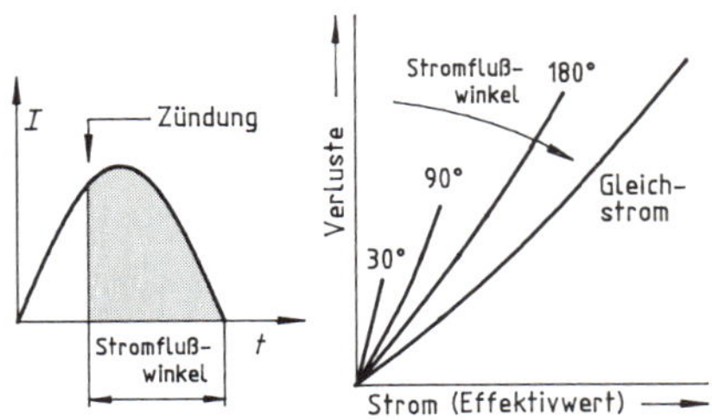

Wie verändern sich die Thyristorkennwerte bei steigender Temperatur?

Mit steigender Thyristortemperatur ändern sich die Kennwerte:
die Nullkippspannung, die Durchbruchspannung und der Haltestrom wird kleiner, die Gefahr der Selbstzündung nimmt zu.

Die Kristalltemperatur kann durch die Eigenerwärmung (Durchlaßstrom) und durch die Umgebungstemperatur ansteigen.
Beim Überschreiten der maximalen Sperrschichttemperatur (siehe Datenblatt) verliert der Thyristor seine Sperrfähigkeit und wird zerstört.

Mit welcher Thyristorschaltung können beide Wechselstromhalbwellen gesteuert werden?

Mit der Antiparallelschaltung von 2 Thyristoren können beide Halbwellen des Wechselstroms gesteuert werden.

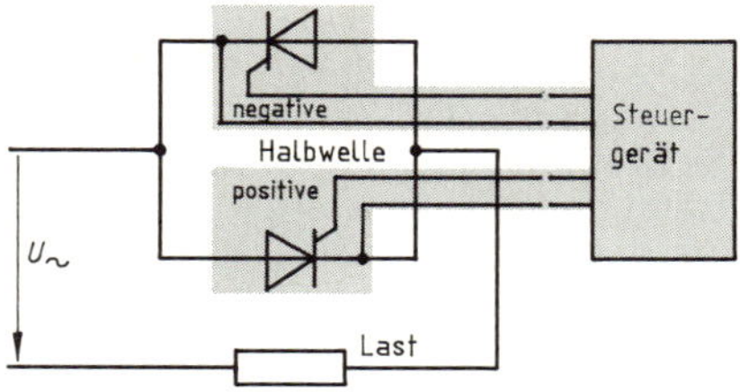

Welche Probleme treten bei der Antiparallelschaltung zweier Thyristoren zur Steuerung beider Wechselspannungshalbwellen auf?

Bei der Antiparallelschaltung zweier Thyristoren haben die Katoden der Thyristoren verschiedene Potentiale. Dadurch sind zwei Steuerkreise und zwei gegeneinander isolierte Kühlkörper notwendig.

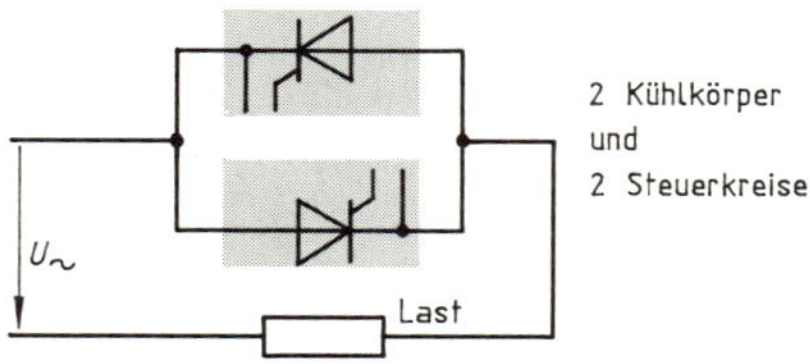

Was ist ein Triac?

Ein Triac ist eine Zweirichtungs-Thyristortriode (Zweiwegthyristor) mit nur einem Gateanschluß.

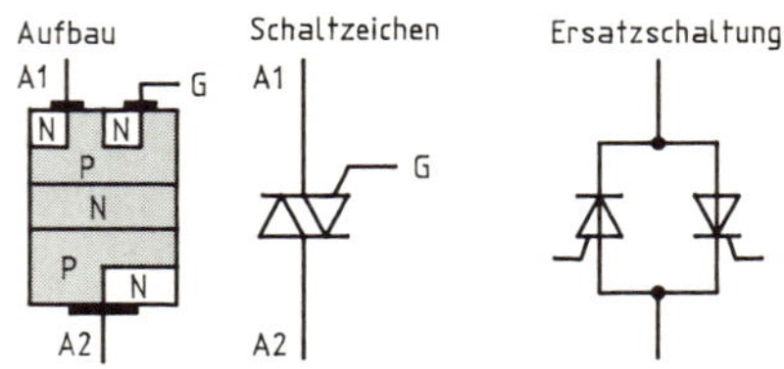

Wie werden Triacs gesteuert?

Triacs können durch positive oder negative Gateimpulse in den niederohmigen Zustand gesteuert werden, ein Sperren durch Gateimpulse ist nicht möglich.

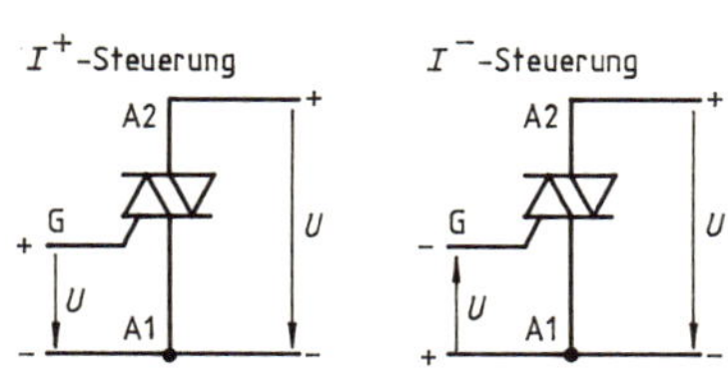

Nennen Sie die prinzipiellen Thyristor-Ansteuerungsverfahren!

Prinzipielle Thyristor-Ansteuerungsverfahren sind:
Horizontalsteuerung
Vertikalsteuerung
Impulssteuerung

Beispiel: Vertikalsteuerung

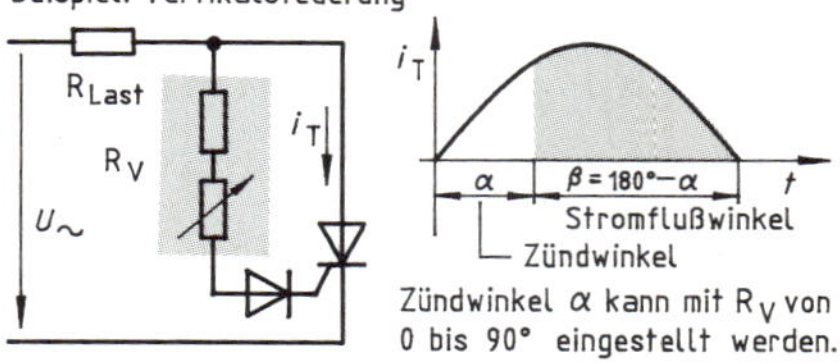

Zündwinkel α kann mit R_V von 0 bis 90° eingestellt werden.

3

Welche Ansteuerungsverfahren lassen Zündwinkel von 0° bis 180° zu?

Zündwinkel von 0° bis etwa 180° können mit der Horizontalsteuerung und mit der Impulssteuerung eingestellt werden.

Die Horizontalsteuerung erfolgt mit einem phasenverschobenen Wechselstrom.
Die Impulssteuerung arbeitet mit steilen, schmalen Impulsen, die zeitlich innerhalb einer Betriebsspannungs-Halbperiode verschoben werden können.

Welche Forderungen werden an Thyristor-Steuerimpulse gestellt?

Ein Thyristor-Steuerimpuls muß richtig gepolt sein und solange anhalten, bis der Thyristor den Haltestrom überschritten hat.

Beim Thyristor mit katodenseitiger (P-Gate) Steuerung muß der Zündimpuls positiv sein.
Der Zündimpuls bringt Ladungsträger in die Sperrschicht und baut diese ab.

Wie sind Schaltungen für die Thyristor-Impulssteuerung mit einstellbarem Zündwinkel grundsätzlich aufgebaut?

Steuerschaltungen für Thyristor-Impulssteuerung enthalten RC-Glieder für die Zündwinkeleinstellung und Trigger-Bauelemente für die Impulsformung (triggern = auslösen).

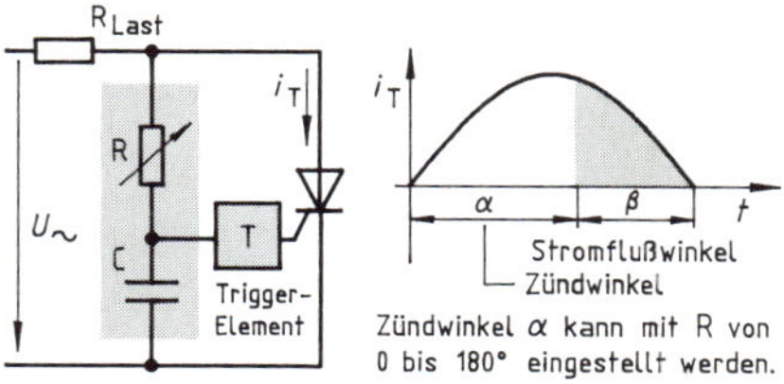

Zündwinkel α kann mit R von 0 bis 180° eingestellt werden.

Mit welchen Bauelementen können Thyristor-Steuerimpulse erzeugt werden (Trigger-Bauelemente)?

Triggerimpulse können erzeugt werden durch: Glimmlampe, Unijunction-Transistor, Diac (Dreischichtdiode), Vierschichtdiode, Fünfschichtdiode und Transistorschaltungen.

Wie ist ein Diac (Triggerdiode) aufgebaut?

Ein Diac ist eine Dreischichtdiode mit der Zonenfolge PNP.

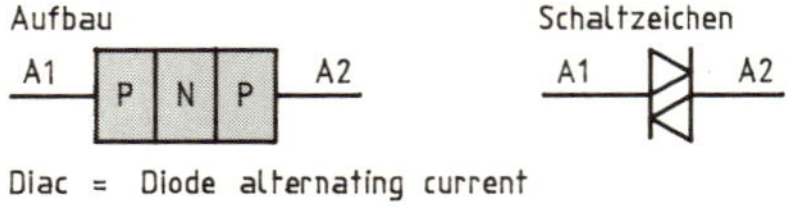

Wie verhält sich ein Diac bei Anschluß an eine Wechselspannung?

Der Diac (die Dreischichtdiode) wird bei Erreichen der Schaltspannung U_S unabhängig von der Richtung der angelegten Spannung niederohmig.

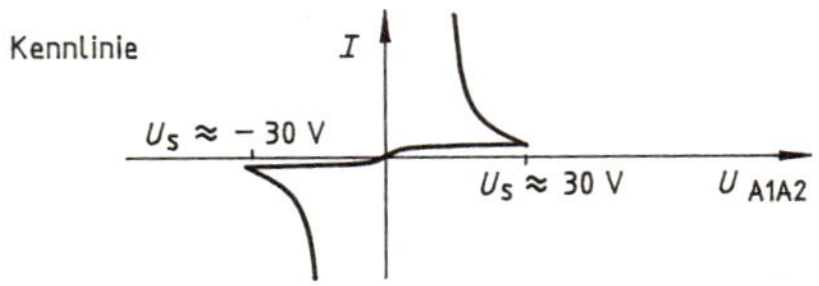

Wozu wird der Diac verwendet?

Der Diac eignet sich zur Impulserzeugung. Er wird hauptsächlich zur Erzeugung von Zündimpulsen (Triggerimpulsen) von Thyristoren und Triacs verwendet.
Außerdem findet er in Impuls-, Kipp- und Zählschaltungen Anwendung.

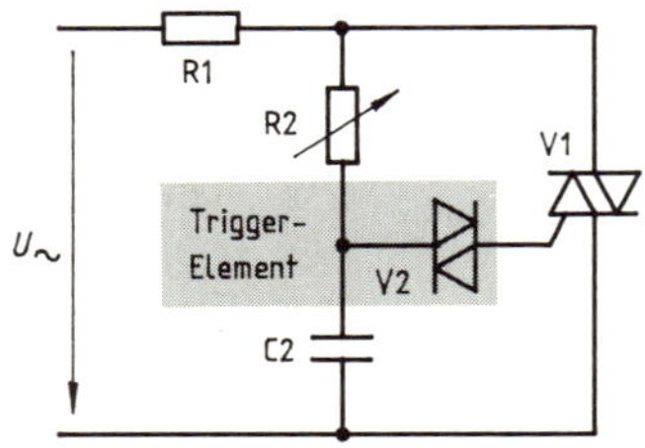

Warum werden Thyristoren mit Schutzbeschaltungen betrieben?

Schutzbeschaltungen schützen Thyristoren vor schädlichen Spannungsspitzen, Kurzschlußströmen, unbeabsichtigtem Durchzünden und somit vor der Zerstörung.

Schutzbeschaltungen sind beim Schalten induktiver Lasten weger der hohen Induktionsspannung notwendig. Gefährliche Spannungsspitzen können aber auch aus dem Netz kommen. Die Kurzschlußströme werden durch superflinke Sicherungen und Schutzdrosseln begrenzt.

Wie wird ein Thyristor vor schädlichen Spannungsspitzen geschützt?

Ein Thyristor wird vor schädlichen Spannungsspitzen durch die Parallelschaltung eines RC-Gliedes geschützt.

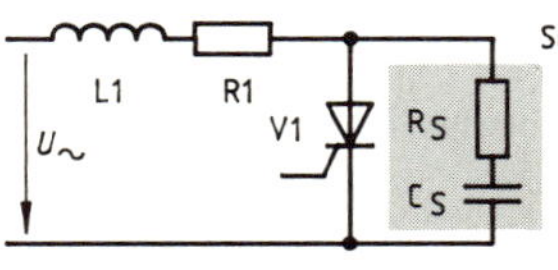

Schutzbeschaltung
z.B.:
$R_S = 47\,\Omega$, 6 W
$C_S = 0{,}47\,\mu F$
640 V ~

Warum darf beim Thyristor die Stromanstiegsgeschwindigkeit (Stromsteilheit) nicht zu groß sein?

Die Stromanstiegsgeschwindigkeit darf den vom Hersteller vorgeschriebenen Wert nicht überschreiten, da sonst durch örtliche Überhitzung der Kristall zerstört wird.

Hohe Stromanstiegsgeschwindigkeiten ergeben sich bei rein ohmschen Lasten mit kurzen Zuleitungen.
Einer Zerstörung kann durch geeignete Thyristoren, kurze energiereiche Zündimpulse oder durch Strombegrenzung mittels Schutzdrossel begegnet werden.

3

Nennen Sie Möglichkeiten zur Leistungssteuerung mit Thyristoren!

Mit Thyristoren kann die Leistung gesteuert werden durch:
Halbwellenunterdrückung, Phasenanschnittsteuerung, Periodengruppensteuerung (Schwingungspaket-, Vollwellen-Steuerung), Pulsbreitensteuerung, Pulsfolgensteuerung.

Mit Thyristoren und Triacs kann die Leistung von Verbrauchern verlustarm gesteuert werden. Dies geschieht bei Gleichstromverbrauchern mittels gesteuerten Gleichrichtern (Gleichstromstellern), bei Wechselstromverbrauchern mittels Wechselstromstellern.
Besonders häufig werden Dimmer-Schaltungen zur Steuerung von Glühlampen verwendet.

Erklären Sie die Wirkungsweise der Phasenanschnittsteuerung!

Bei der Phasenanschnittsteuerung wird die Verbraucherleistung durch die Größe des Zünd- oder Steuerwinkels gesteuert.
Durch die zeitliche Verschiebung des Steuerimpulses gegenüber dem Nulldurchgang des Stromes fließt nicht während der ganzen Halbperiode ein Strom (Phasenanschnitt).

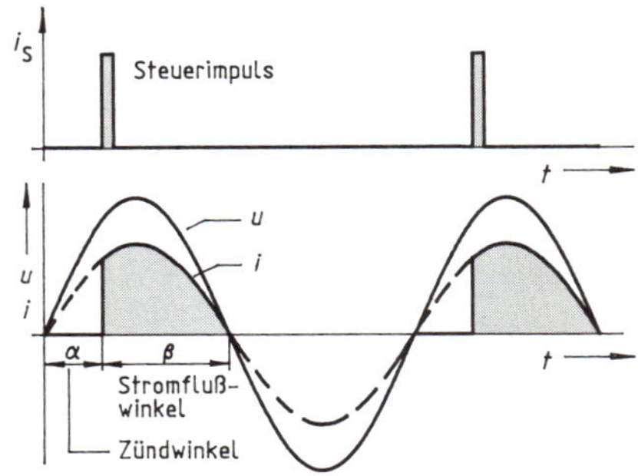

Welche Aufgaben hat die Steuerschaltung einer Phasenanschnittsteuerung?

Die Steuerschaltung hat die Aufgabe den Zündzeitpunkt vom Spannungsnulldurchgang ausgehend zu verzögern und Impulse mit ausreichender Zündleistung zu liefern.
Beide Forderungen können durch ein RC-Glied und ein Trigger-Bauelement erfüllt werden.

Durch den einstellbaren Widerstand wird die Zeitkonstante des RC-Gliedes und somit des Zündwinkel eingestellt. Das Triggerbauelement zündet beim Erreichen seiner Zündspannung durch.

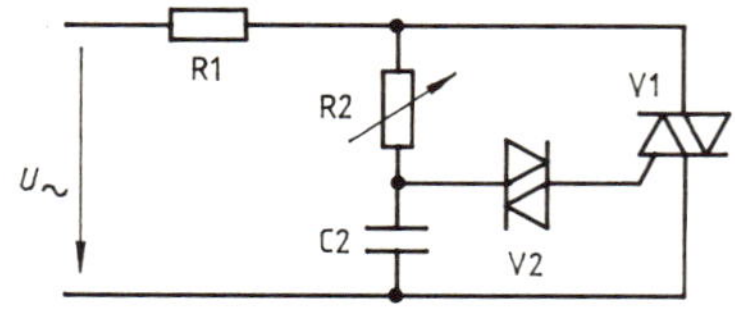

Erklären Sie die Halbwellenunterdrückung zur Leistungssteuerung!

Bei der Halbwellenunterdrückung zur Leistungssteuerung wird nur eine Halbwelle der Wechselstromperiode vom Stellglied durchgelassen.

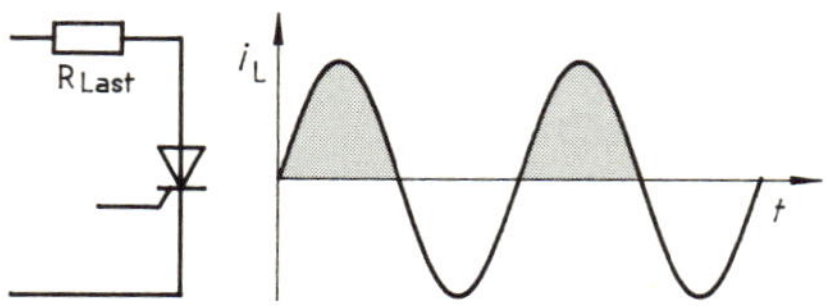

Erklären Sie die Periodengruppensteuerung (Schwingungspaketsteuerung, Vollwellensteuerung)!

Bei der Periodengruppensteuerung wird der Verbraucher für eine bestimmte Anzahl ganzer Perioden ein- bzw. ausgeschaltet. Das Schalten erfolgt im Nulldurchgang.

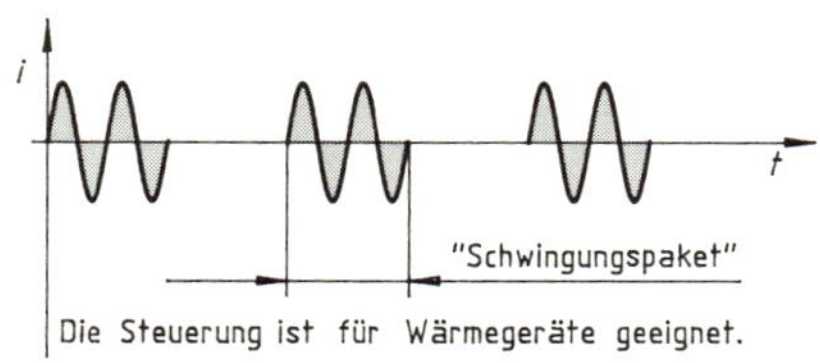

Welche Nachteile hat die Periodengruppensteuerung (Schwingungspaketsteuerung, Vollwellensteuerung)?

Die Periodengruppensteuerung erfordert einen großen Schaltungsaufwand, sie kann daher nur zur Steuerung träger Systeme verwendet werden, Glühlampen flackern.

Vorteile: Durch das Schalten im Nulldurchgang erzeugt sie fast keine Oberschwingungen und Funkstörungen, die Leistung von Wärmegeräten kann sehr feinstufig gesteuert werden.
Die Leistung an öffentlichen Netzen ist durch die TAB begrenzt.

Nach welchem Prinzip steuern Gleichstromsteller die Leistung?

Gleichstromsteller führen dem Verbraucher Gleichstromimpulse zu. Mit der Änderung des Tastgrades (Pulsbreiten- oder Pulsfolgensteuerung) kann der arithmetische Mittelwert der Ausgangsspannung und somit die Leistung des Verbrauchers gesteuert werden.

Als Schaltbauteile werden Transistoren, besonders VMOS-FET, und Thyristoren verwendet.

Prinzip eines Gleichstromstellers

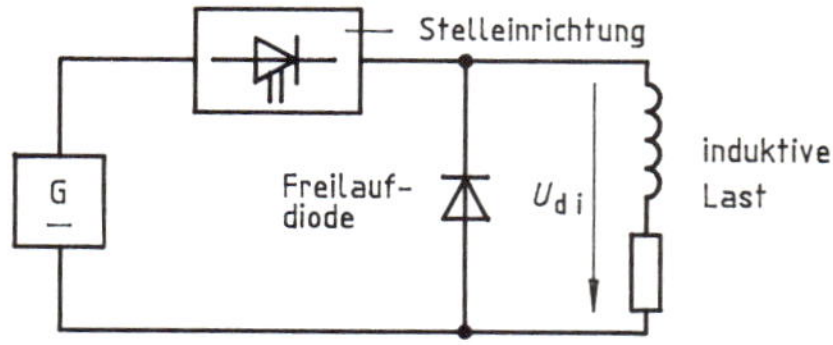

Wie können Thyristoren in Gleichstromstellern wieder gelöscht werden?

Thyristoren in Gleichstromstellern werden durch besondere Löschschaltungen, die einen Löschthyristor und einen Kommutierungskondensator enthalten, durch Unterschreiten des Haltestroms gelöscht.

Prinzip der Löscheinrichtung

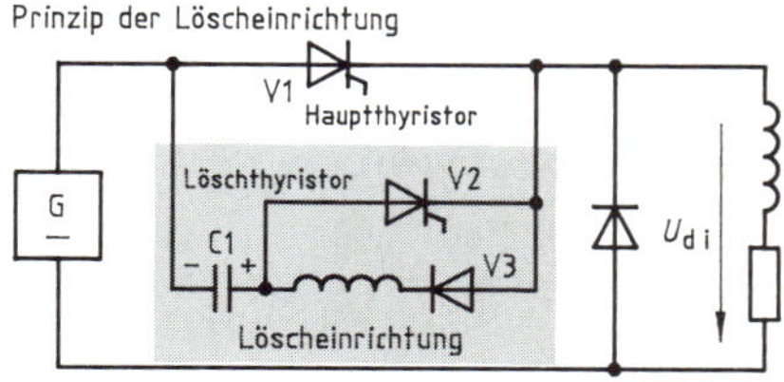

Erklären Sie den Begriff Pulsbreitensteuerung!

Bei der Pulsbreitensteuerung wird die Impulsdauer t_i der Steuerimpulse und somit des Laststromes geändert und die Impulsperiodendauer T konstant gehalten.

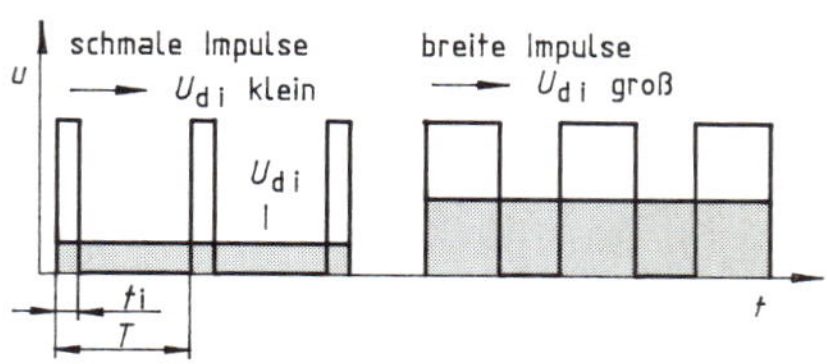

Erklären Sie den Begriff Pulsfolgesteuerung!

Bei der Pulsfolgesteuerung wird die Impulsperiodendauer T der Steuerimpulse und somit des Laststromes geändert und die Impulsdauer t_i konstant gehalten.

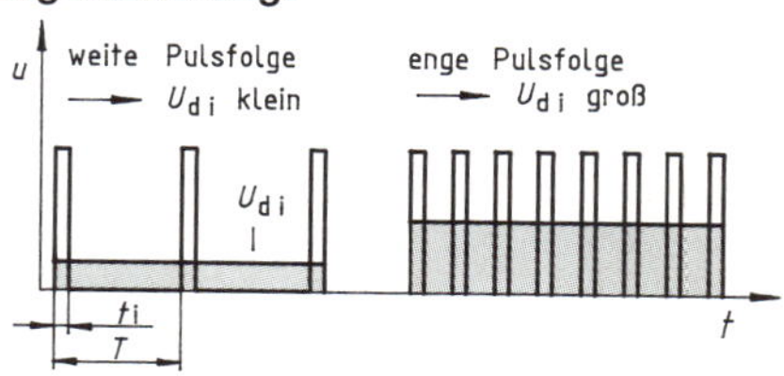

Erklären Sie den Begriff Stromrichter!

Stromrichter ist der Sammelbegriff für Schaltungen, die elektrische Energie umformen, schalten und steuern.

Beispiele für Umformung: Gleichrichter formen Wechselstrom in Gleichstrom um; Wechselrichter formen Gleichstrom in Wechselstrom um; Umrichter ändern die Frequenz und/oder Anzahl der Phasen.

Erklären Sie den Begriff netzgeführter Stromrichter!

Netzgeführte Stromrichter sind Gleichrichterschaltungen, bei denen die Kommutierung von der Leiterspannung des speisenden Drehstromnetzes abhängt. Kommutierung ist der Stromübergang von einem Ventilzweig auf den folgenden.

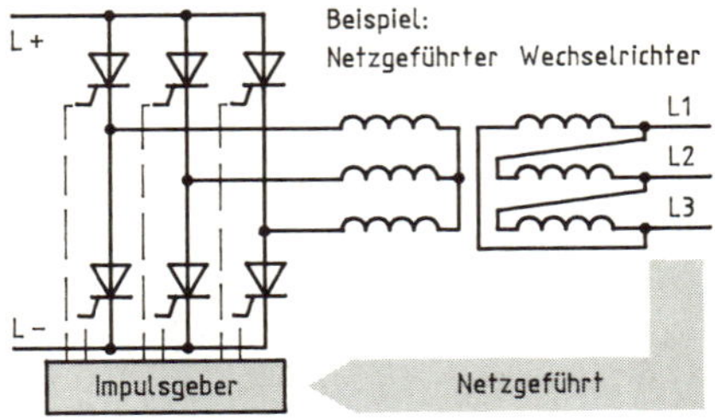

Wozu dienen netzgeführte Wechselrichter?

Mit netzgeführten Wechselrichtern kann Energie aus einem Gleichstromnetz in ein Wechselstromnetz eingespeist werden.

Beispiel:
Energieversorgung entfernter Inseln über Gleichstrom-Einleiterkabel (HGÜ).
Die Impulsgeber arbeiten synchron zur Frequenz des zu speisenden Netzes.

Wozu dienen fremdgeführte Wechselrichter?

Fremdgeführte Wechselrichter sind in der Frequenz frei steuerbar, sie dienen z. B. der Drehzahlstellung von Drehstromasynchronmotoren.

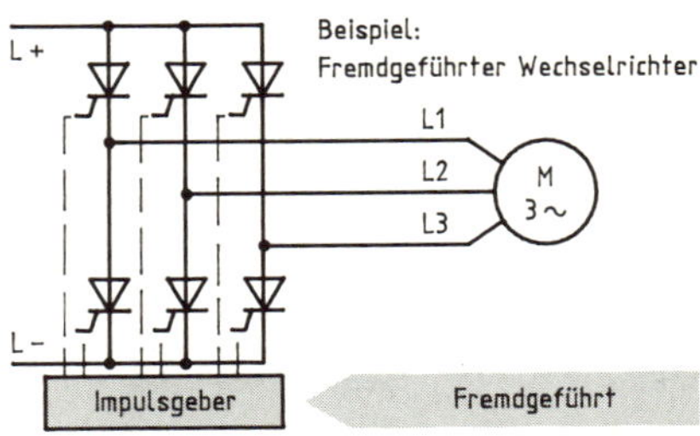

Wozu dienen gesteuerte Gleichrichter?

Mit gesteuerten Gleichrichtern kann die Höhe der erzeugten Gleichspannung eingestellt werden.

Verwendung bei einstellbaren Gleichstromantrieben in z.B. Hebezeugen und Werkzeugmaschinen mit Leistungen bis zu mehreren tausend Kilowatt.

Welche Netzrückwirkungen haben gesteuerte Gleichrichter?

Gesteuerte Gleichrichter erzeugen Oberschwingungen im Netz und nehmen induktive Blindleistung auf.

Wegen der Netzstörungen muß der Einsatz gesteuerter Gleichrichter vom zuständigen Energieversorgungsunternehmen in der Regel genehmigt werden.

Welchen Vorteil hat die vollgesteuerte gegenüber der halbgesteuerten Brückenschaltung?

3

Vollgesteuerte Brückenschaltungen können als Gleichrichter und als Wechselrichter arbeiten.

Beim Abbremsen eines Gleichstromantriebes speist der Wechselrichter Energie in das Netz zurück (netzgeführter Zweirichtungs-Stromrichter).

Wie ist ein Wechselstromsteller (Dimmer) prinzipiell aufgebaut?

Ein Wechselstromsteller besteht je nach Leistung aus zwei antiparallelgeschalteten Thyristoren oder einem Triac und der Steuerschaltung. Da meist die Phasenanschnittsteuerung verwendet wird, besteht diese aus einem RC-Glied mit Diac.

Dimmer für Glühlampen

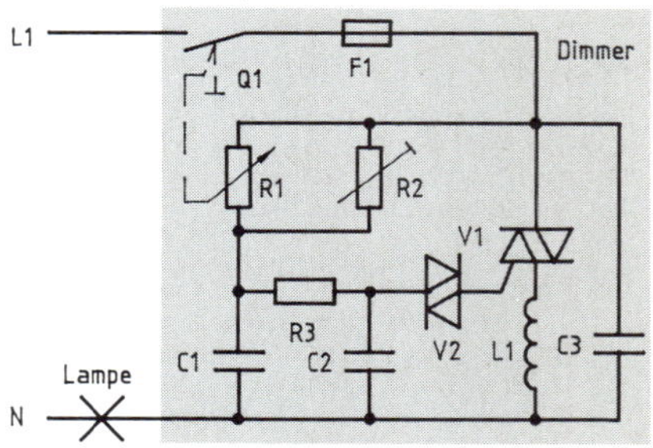

Q1, R1 Einschalten, Steuern der Helligkeit
R2 Einstellen der Grundhelligkeit
R3, C2 Verringern der Schalthysterese
L1, C3 Schutzbeschaltung, Funkentstörung

Welche Vor- und Nachteile hat der Wechselstromsteller mit Phasenanschnittsteuerung?

Mit der Phasenanschnittsteuerung kann ein Wechselstromverbraucher mit kleinen Verlusten von Null bis zur Nennleistung gesteuert werden.
Nachteilig ist, daß durch den Phasenanschnitt der Strom nicht mehr sinusförmig ist und dadurch Oberschwingungen als Störungen in das Netz gelangen. Durch die Phasenverschiebung zwischen der Spannung und den Stromimpulsen wird Blindleistung erzeugt. In den TAB der EVU sind daher die Höchstgrenzen der steuerbaren Leistungen angegeben.

4 Computertechnik

4.1 Computertechnik – Grundlagen

Erläutern Sie die Bezeichnung „E-V-A – Prinzip“ eines Computers!

Die Abkürzung E-V-A steht für die Bezeichnung: **E**ingabe-**V**erarbeitung-**A**usgabe. Dieses Prinzip liegt jedem Computer zugrunde.

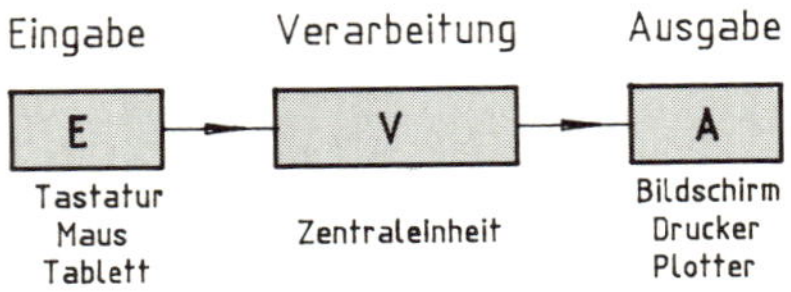

Welche Funktionsblöcke enthält die Zentraleinheit eines Rechners?

Die Funktionsblöcke der Zentraleinheit (CPU) sind:

Steuerwerk
Rechenwerk (Akku)
Arbeitsspeicher.

Das Steuerwerk (Leitwerk) dient der Organisation, z.B. der zeitlichen Reihenfolge der Ablaufschritte. Das Rechenwerk übernimmt die logischen und arithmetischen Funktionen. Im Arbeitsspeicher sind die aktuellen Informationen gespeichert und abrufbar, die zur Bearbeitung notwendig sind.

Erläutern Sie den Begriff Periphere Geräte.

Periphere Geräte sind Anlagenteile des Computers, welche „in der Umgebung“ der Zentraleinheit angeordnet sind.

Beispiele peripherer Geräte:
Eingabegeräte wie Tastatur, Maus, Joystick, Klarschriftleser aber auch Signalgeber technischer Abläufe.
Ausgabegeräte wie Bildschirm, Drucker, Plotter, Lautsprecher aber auch Relais, Optokoppler und Schalttransistoren.

Auf welchem Wege gelangen die Informationen in die einzelnen Baugruppen des Computers?

Die Verbindung aller Bausteine einer DVA-Anlage erfolgt über ein gemeinsames Informationsübertragungssystem, den BUS.

Je nach Art der Übertragung unterscheidet man in Adreß-, Daten- und Steuerbus. Die Busplatine enthält sämmtliche Busleitungen. An ihr können über Steckerleisten die entsprechenden Baugruppen angeschlossen werden.

Wie werden Informationen in einer DVA-Anlage gespeichert?

Informationen werden beim Computer in Speichern festgehalten. Man unterscheidet:

1. Zentralspeicher (auch Arbeitsspeicher), die im Rechner angeordnet sind
2. Externe Speicher, die außerhalb der Zentraleinheit installiert werden.

Der Zentralspeicher ist Bestandteil der CPU (Zentraleinheit). Er besteht aus Halbleiterspeichern. Für fest eingegebene Anweisungen verwendet man den „Nur-Lese-Speicher“ (ROM = Read Only Memory), für andere Daten den „Schreib-Lese-Speicher“ (RAM = Random Access Memory).
Zu den externen Speichern zählt die Festplatte (hard disk) und die Diskette (floppy-disk). Größere Computeranlagen besitzen Magnetbandspeicher, die wie Tonbänder aufgebaut sind und große Datenmengen speichern können.

4

In welche Kategorien wird die Software eingeteilt?

Die Software eines Computers wird eingeteilt in:

1. Systemsoftware
   = Programme, die für die Funktion des Rechners verantwortlich sind,
2. Anwendersoftware
   = Programme, die eine Hilfe bei der Problemlösung bieten.

Systemsoftware wie z.B. die Betriebssysteme DOS, CPM, OS/2, UNIX ist eine Sammlung von Programmen, die für den Umgang mit dem Computer erforderlich sind. Sie enthalten Dienstprogramme (Formatieren, Kopieren, Auflisten usw.) aber auch Programmiersprachen (Basic, Assembler, Fortran u.a.)
Anwendersoftware wie z.B. Textverarbeitungsprogramme, Kalkulations- oder Datenbankprogramme ermöglichen den Einsatz in bestimmten Arbeitsbereichen.

Erläutern Sie den Begriff Compiler!

Mit Compiler (sprich: kompailer) wird ein Übersetzungsprogramm bezeichnet, das Anwenderprogramme in Maschinencode übersetzt.

Da kein Computer Befehle einer höheren Programmiersprache direkt ausführen kann, müssen diese von einem Hilfsprogramm, dem Compiler, übersetzt werden. Der Programmierer schreibt das Quellprogramm, nach dem Übersetzen entsteht das Objectcode-Programm.
Beispiel: Programme in PASCAL.

Was versteht man unter Compilersprachen?

Compilersprachen sind problemorientierte Sprachen. Sie sind so aufgebaut, daß ihre Anweisungen nahe am Problem geschrieben werden können. Compilersprachen sind rechnerunabhängig.

Beispiele: FORTRAN, PASCAL, COBOL. Die Anweisungen sind umgangssprachlich ausgerichtet. Die Quell-Programme werden mit einem Editor (= Textverarbeitungsprogramm) eingegeben und anschließend mit dem *Compiler* in die Maschinensprache übersetzt.

Erläutern Sie den Begriff Interpreter!

Mit Interpreter wird ein Systemprogramm bezeichnet, das Programme direkt, also Befehl für Befehl, in Maschinencode ausführt. Man bezeichnet Interpreter auch als „Dialogsprache".

Im Gegensatz zu den Compilern wird bei Interpretern das eingegebene Programm nicht als Ganzes übersetzt. Das hat zur Folge, daß diese Programme wesentlich langsamer sind. Vorteilhaft ist das leichtere Programmieren und Austesten.
Beispiel: BASIC-Programme.

Welche Vor- und Nachteile besitzen maschinenorientierte Sprachen gegenüber den problemorientierten Sprachen?

Maschinenorientierte Programmiersprachen sind dann von Vorteil, wenn ein Programm sehr schnell ablaufen soll. Nachteilig ist der große Zeitaufwand bei der Erstellung.

Beispiel: ASSEMBLER
Befehle werden über leicht merkbare Abkürzungen z.B. SUB (=Subtrahieren) mit einem Editor erstellt und anschließend mit dem Assembler in die Maschinensprache übersetzt.

Wie wird das Betriebssystem in den Computer eingeladen?

Nach dem Einschalten und dem Selbsttest fordert der Computer auf, die Systemdiskette in das Laufwerk einzustecken und eine Taste zu betätigen.

Der Computer „holt" sich auch die Systemdateien, wenn die Diskette bereits im Ansprechlaufwerk vorhanden ist. Dies ist häufig die Festplatte (Hard-Disk). Nach dem Einladen erscheint das Bereitschaftszeichen („PROMPT"-Zeichen) z. B. *C* >.

Was bedeutet die Bezeichnung Betriebssystem MS-DOS bzw. PC-DOS?

DOS (=Disk Operating System) bedeutet Disketten-Betriebssystem.
Das Hauptbetriebssystem wird hierbei über Diskette eingeladen.

MS ist die Abkürzung der Software-Entwicklungsfirma MICROSOFT (USA).

PC ist die Abkürzung für den von IBM geprägten Begriff Personalcomputer.

Das Betriebssystem MS-DOS 3.3 besitzt über 60 Programmdateien, welche die Befehle über ein Programm umsetzen, z.B. FORMAT, DISKCOPY usw.
Die wichtigsten Dateien sind:

1. IBMBIO.COM (Kommunikation mit Peripheriegeräten)
2. IBMDOS.COM (Datenaustausch mit Laufwerken)
3. COMMAND.COM (Kommandointerpreter für z.B. Fehlerbehandlung und Fehlermeldung)

Die beiden ersten Dateien sind schreibgeschützt und unsichtbar.

4

In welche beiden Gruppen lassen sich die Befehle beim MS-DOS-Betriebssystem einteilen?

Die Befehle im MS-DOS-Betriebssystem lassen sich in
interne (=innere) und
externe (=äußere)
Befehle einteilen.

Interne Befehle (z.B. DIR, TYPE) werden zu Beginn in den Arbeitsspeicher des Computers eingeladen und bleiben dort resident (= dauerhaft).
Externe Befehle (z.B. FORMAT, DISKCOPY) werden erst nach Aufruf von der Diskette in den Speicher eingeladen.

Wie läßt sich das Inhaltsverzeichnis einer Diskette lesen?

Das Inhaltsverzeichnis einer Diskette ist mit dem Befehl: DIR (= Directory) aufrufbar.

DIR/P seitenweise Anzeige
DIR/W verengte Anzeige
DIR B: F*.* zeigt nur Dateien im Laufwerk B an, die mit dem Buchstaben „F" beginnen.

Wie lassen sich Dateien von einer Diskette auf die andere übertragen?

Grundsätzlich unterscheidet man zwei Kopierbefehle:
- *COPY* (für einzelne Dateien)
- *DISKCOPY* (für die direkte 1:1 Kopie der Diskette)

COPY A:.* B:* überträgt alle Dateien des Verzeichnisses der Disk A nach B
DISKCOPY A: B: formatiert die Zieldiskette B und kopiert den Inhalt der gesamten Diskette A nach B.

Wie wird eine Diskette formatiert und welcher wichtige Gesichtspunkt ist hierbei zu beacheten?

Eine Diskette wird im Laufwerk durch den Befehl *FORMAT* in magnetisch abgestufte Kreise (auch Spuren, Zylinder) und in Sektoren (Kreisausschnitte) eingeteilt. Hierbei werden alle Daten auf der Diskette gelöscht!

Varianten des Befehls FORMAT sind:
FORMAT /V (=Diskette kann mit Namen versehen werden)
FORMAT /S (=Diskette wird nach dem Formatieren mit dem Betriebssystem versehen)
Die Formatierung wird verhindert, wenn der mechanische Schreibschutz aktiviert ist.

Welche Bedeutung haben die Endungen .TXT, .DAT, .DOC, .LST bei Dateien?

Dateien mit diesen Endungen sind ASCII-Dateien, die Daten sind als lesbare Zeichen abgespeichert.

Sie werden häufig auch als Textdateien bezeichnet und lassen sich mit dem Befehl **TYPE** *dateiname* auf dem Monitor sichtbar machen.

Eine Textdatei hat den Namen BRIEFTEX.DAT. Sie kennen diesen Namen nicht mehr genau, wissen aber, daß dieser mit „Brief..." beginnt. Sie wollen die Datei von einer Diskette auf die andere spielen, die Datei umbenennen in BRIEF1.TXT und sich anschließend das Inhaltsverzeichnis und schließlich die Textdatei selber anzeigen lassen. Welche Befehlsfolge müssen Sie ausführen?

Disk 1 in Laufwerk A	– Ursprungsdiskette in Laufwerk A
Disk 2 in Laufwerk B	– Zieldiskette in Laufwerk B
Befehlsfolge:	(Jede Zeile mit RETURN abschließen!)
A:	– Laufwerk A wird angesprochen
DIR brief*.*	– Kompletter Dateiname erscheint
COPY a:brieftex.dat b:	– Datei wird nach B kopiert
B:	– Laufwerk B wird angesprochen
DIR	– Inhaltsverzeichnis wird angezeigt
REN brieftex.dat brief1.txt	– Umbenennung
TYPE brief1.txt	– Text der Datei erscheint am Monitor evtl. Durchlauf stoppen mit CTRL-S.

Welche Bedeutung haben die Endungen .COM, .EXE, .BAT bei Dateinamen?

Dateien mit den Endungen (Suffix) COM, EXE, BAT sind Programmdateien, d.h. die Eingabe des Dateinamens wird vom Computer als Befehl ausgeführt. BAT-Dateien (Batch) sind Stapeldateien, welche die Anweisungen Schritt um Schritt nacheinander ausführen.

4.2 Programmieren in BASIC

Welche Bezeichnung steckt hinter dem Begriff BASIC?

Die Abkürzung BASIC (= **B**eginners **A**ll Purpose **S**ymbolic **I**nstruction **C**ode) für eine problemorientierte Programmiersprache.

Diese Programmiersprache ist eine Allzwecksprache für Anfänger.
Sie wurde in den 60er Jahren in USA für Schüler entwickelt und ist sehr leicht zu erlernen.

Wie lauten die Anweisungen für die direkte Programmierung von: a) 9 plus 3 b) 9 mal 3 c) 9 hoch 3 in BASIC?

Die direkte BASIC-Anweisung lautet:
a) PRINT 9 + 3
b) PRINT 9 * 3
c) PRINT 9 ∧ 3

Im Gegensatz zum Taschenrechner muß dem Computer mit dem PRINT-Befehl gesagt werden, daß er das Ergebnis auf dem Bildschirm anzeigen soll.
Der Abschluß der Anweisung muß mit der RETURN-Taste bestätigt werden.

Wie lautet die Anweisung für die Berechnung von $\frac{(9+3)\cdot\sqrt{25}}{3/4}$?

Die Anweisung lautet:
PRINT (9+3)*SQR(25)/3*4
(RETURN-Taste)

Das Ergebnis auf dem Bildschirm ist die Anzeige: 80
OK

Woran erkennt BASIC, ob die Eingabe eine direkte Anweisung oder ein Programm darstellt?

Direkte Anweisungen beginnen mit einem Befehl,
z.B. PRINT 9*PI

Die Anweisungen im Direktmodus werden sofort nach Eingabe der RETURN-Taste überprüft und ausgeführt.

Programmanweisungen werden Nummern vorangestellt,
z.B.
```
10 INPUT A
20 PRINT A
30 END
```

Programmanweisungen erkennt der Computer durch die Zeilennummern.
Sie werden erst durch den Befehl RUN abgearbeitet.

Welche Bedeutung hat die Anweisung LET A = 24?

Die Basic-Anweisung LET bewirkt eine Zuweisung. Der Variablen (hier A) wird der Wert rechts des Gleichheitszeichens (hier konstante Zahl 24) zugewiesen. Die Anweisung stellt keine mathematische Gleichung dar.

Die rechte Seite kann auch ein Rechenausdruck (Term) oder eine Zeichenkette (String) enthalten wie z.B.:
LETA = D∗D∗3.1415/4 (Term)
oder
LET A$ = „Computer" (String)

Häufig wird das Wort LET weggelassen, dies ändert nichts an der Zuweisung.

Welche Bedeutung haben die Befehle NEW, HOME, LIST, SAVE, LOAD?

NEW (Neubeginn)
– Das Basicprogramm im RAM wird gelöscht.

HOME (Cursorgrundstellung)
– Löscht gleichzeitig den Bildschirm.

LIST (Programmliste zeigen)
– Zeigt das im Arbeitsspeicher befindliche Programm.

SAVE (Sichern auf Diskette)
– Speichert das Programm auf Diskette ab.

LOAD (Laden von Diskette)
– Lädt das Programm von der Diskette in den Arbeitsspeicher.

Wie wird der Befehl REM im Computer interpretiert?

Der Befehl REM wird vom Rechner bei der Programmabarbeitung überlesen.

REM = Remark = Bemerkung
Dahinter dürfen beliebige Kommentare zur Programmerläuterung stehen.

Wie erkennt man ein „lineares" Programm?

Ein lineares Programm besteht aus einer Anzahl von Anweisungen, die der Computer in der angegebenen Reihenfolge ausführt.

Beispiel:

```
10 PRINT „Kehrwertprogramm"
20 INPUT A
30 PRINT B = 1/A
40 END
```

Entwickeln Sie unter dem Namen *Programm 1* ein einfaches Programm mit Endlosschleife für folgendes Problem:
Für eine Versuchsreihe soll der Nenn-Strom verschiedener Haushaltsglühlampen (Nennspannung 230 Volt) ermittelt werden.

Programm 1

10 REM**GLÜHLAMPEN-STRÖME**	– Bemerkung, wird vom Rechner ignoriert
20 U = 230	– Wert 230 wird der Variablen U zugewiesen
30 INPUT P	– Zuordnung der Leistungsabfrage zu P
40 I = P/U	– Berechnung des Stromes I
50 PRINT I	– Anzeige von I auf dem Bildschirm
100 GOTO 30	– Wiederholsprung zur nächsten Eingabe

4

Welche Folgen hat das Einfügen folgender Programmzeilen in *Programm 1* a) 15 CLS b) 60 PRINT : PRINT?

Die Anweisung CLS löscht zu Beginn den Bildschirm. Die Anweisung PRINT ohne weitere Angabe gibt auf dem Bildschirm jeweils eine Leerzeile aus.

Der Befehl CLS ist auch mit dem Befehl HOME vergleichbar. Der Cursor ist auf dem gelöschten Bildschirm oben links. Nach dem Doppelpunkt hinter einer Anweisung kann man weitere Anweisungen in die gleiche Zeile schreiben.

Wie kann der Benutzer das *Programm 1* beenden?

Das Programm mit der GOTO-Schleife ohne Verzweigung kann nur durch Abbruch mit CTRL-C beendet werden.

Programme mit der unbedingten Sprunganweisung GOTO sind nicht sehr benutzerfreundlich. Auch sollte die Anweisung GOTO nicht allzuhäufig verwendet werden, da sie zu unübersichtlichen Programmstrukturen führt.

Durch welche Anweisungen lassen sich Programme verzweigen?

Programmverzweigungen lassen sich mit der bedingten Sprunganweisung IF...THEN... vornehmen.

Beispiel:
Wenn die Leistung P negativ ist, soll das Programm beendet werden, wenn nicht, soll das Programm fortgesetzt werden.
Anweisung: IF P < 0 THEN END

Wie müßte das einfache Programm zur Glühlampenstromberechnung (*Programm 1*, Seite 139) verändert werden, damit es anwenderfreundlicher wird?

Anwenderfreundliche Programme enthalten z.B:
- Bildschirmlöschung
- Programmüberschriften
- Name des Autors
- Neue Cursorpositionen
- Anmerkungen zu folgenden Programmzeilen
- Aufforderung zur Eingabe
- Formatierung der Zahlenwerte auf dem Bildschirm
- Rundung der Werte auf vernünftige Angaben
- Anfrage, ob der Benutzer den Rechenvorgang wiederholen will

Beispiel: ***Programm 2***

```
10 CLS
20 PRINT "Programm zur Berechnung von
30 PRINT "Glühlampen-Nennströmen"
40 REM Autor Xaver Bläderle
50 LOCATE 10,10
60 REM Abfrage der Leistung
70 PRINT "Bitte Nennleistung eingeben:"
80 PRINT TAB(55):INPUT P
90 REM: Berechnung
100 U=230 : REM Wert der Nennspannung
110 I=P/U
120 REM Rundung auf 3 gültige Ziffern
130 I=INT(I*1000)/1000
140 REM Ausgabe
150 PRINT TAB(10)"Nennstrom:" TAB(55) I; "A"
160 REM Abfrage auf Wiederholung
170 LOCATE 20,10
180 INPUT "Weitere Berechnungen? J/N";E$
190 IF E$="J" THEN 10 : IF E$="N" THEN END
200 GOTO 180
210 END
```

An welcher Stelle findet im *Programm 2* eine Programmverzweigung statt und weshalb?

Im ***Programm 2*** ist bei Zeile 190 eine WENN...DANN (IF...THEN) Bedingung als Programmverzweigung eingefügt. Sie dient der Abfrage, ob der Rechenvorgang wiederholt werden soll.

Die Abfrage erfolgt in Zeile 180; hier bleibt das Programm stehen. Die Eingabe „J“ (JA) bewirkt den Sprung in die Zeile 10, die Eingabe „N“ (NEIN) den Sprung in Zeile 210. Jede andere Eingabe bewirkt, daß die Abfrage „Weitere Berechnungen?“ wiederholt wird, da keine der vorherigen Bedingungen erfüllt ist.

4.3 Darstellungen von Programmstrukturen

Erläutern Sie den Begriff Algorithmus?

Unter Algorithmus versteht man eine Folge von Anweisungen, die benötigt werden, um eine Aufgabe zu lösen (Lösungsweg).

Beispiele aus dem Alltag sind Kochrezepte, Reparaturanleitungen usw.
Bei rein mathematischen Problemen reduziert sich der Algorithmus häufig auf die Angabe benötigter Formeln.

Wie lassen sich Lösungswege (Algorithmen) anschaulich darstellen?

Lösungswege lassen sich mit Hilfe grafischer Darstellung kurz und anschaulich aufzeigen.

Grafische Programmdarstellungen sind:

- der Programmablaufplan PAP (DIN 66001)
- das Struktogramm STG.
  Struktogramme haben sich weitgehend durchgesetzt.

Skizzieren Sie einen Programmablaufplan und ein Struktogramm für folgendes Problem:
Gustav muß zur Arbeit. Wenn es nicht regnet nimmt er das Fahrrad und holt unterwegs seinen Kollegen Emil ab; wenn es regnet, nimmt er den Bus, ohne Emil abzuholen!

Programmablaufplan

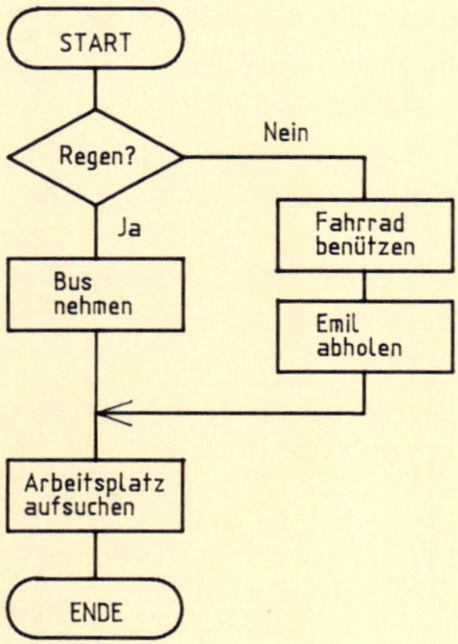

Struktogramm

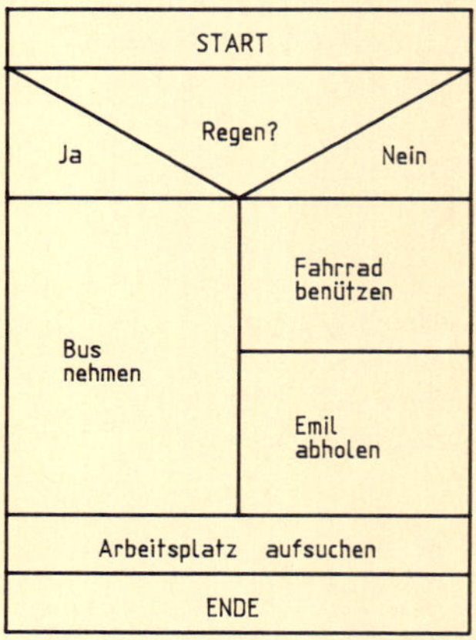

Welche Vorteile haben Struktogramme gegenüber Programmablaufplänen?

Struktogramme haben den Vorteil, daß sich mit drei Grundelementen alle Probleme beschreiben lassen.
Grundelemente sind:
1. der Folgeblock
2. der Verzweigungsblock
3. der Wiederholungsblock.

Die Untergliederung von Teilproblemen im Struktogramm führt zu einer klaren Struktur mit nur wenigen Sprüngen.

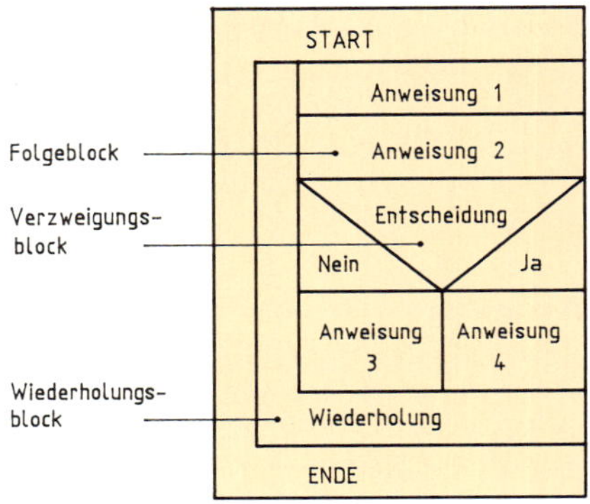

Wie ist vorzugehen, wenn eine gestellte Aufgabe mit Hilfe eines Computers gelöst werden soll?

Soll eine Aufgabe mit Hilfe eines Computers gelöst werden, so ist es meist nicht sinnvoll, gleich bei der Programmierung zu beginnen. Vielmehr sollte man systematisch nach folgenden Schritten vorgehen:

- Problembeschreibung
- Problemanalyse
- Grafische Darstellung des Lösungsweges
- Programmierung
- Programmtest
- Programmdokumentation

Diese systematische Vorgehensweise hat sich besonders bei der Lösung umfangreicher Aufgaben bewährt.

Die Beschreibung des Problems mit einfachen klaren Sätzen ist häufig ein wichtiger Schritt für die Lösungsfindung.

Bei der Problemanalyse müssen folgende Fragen beantwortet werden:

- Welche Daten werden eingegeben?
- Wie müssen diese Daten verarbeitet werden?
- Welche Daten werden ausgegeben?

Die grafische Darstellung des Lösungsweges erhöht die Übersichtlichkeit.

Die Programmdokumentation erleichtert spätere Änderungen und Ergänzungen.

Mit Hilfe des Computers soll der Kreisumfang und die Kreisfläche eines Kupferleiters bestimmt werden. Erstellen Sie für ein einfaches, lineares Programm den grafischen Lösungsweg (PAP und Struktogramm)!

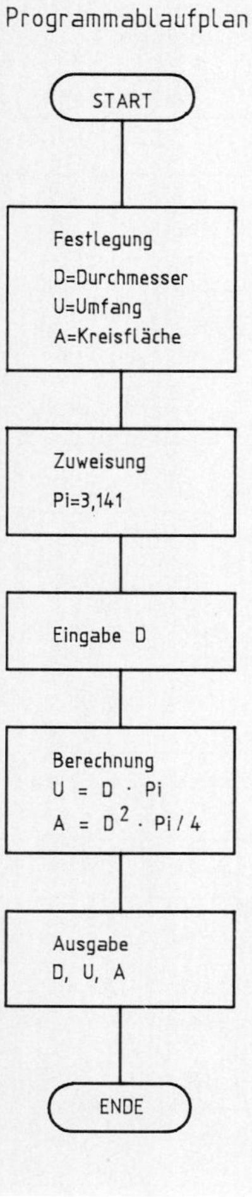

4

Skizzieren Sie den Programmablaufplan und das Struktogramm eines verzweigten Programms zur Berechnung des Kreisumfangs *oder* der Kreisfläche mit Abfrage auf Programmwiederholung und Nachprüfung, ob die eingegebenen Werte zulässig sind!

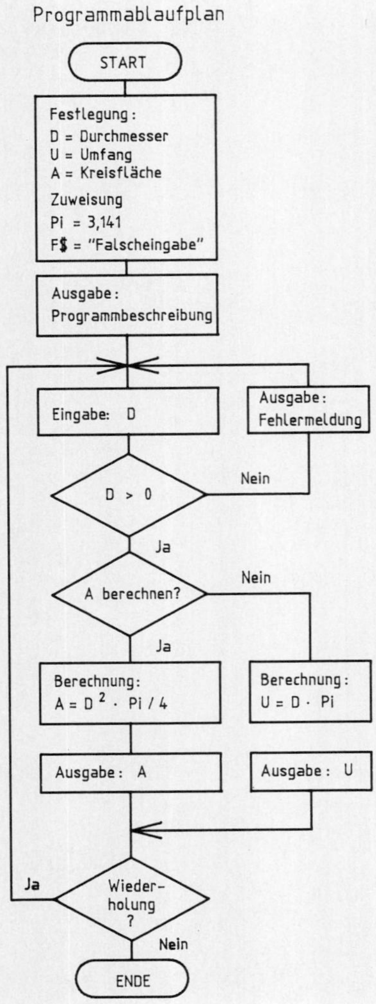

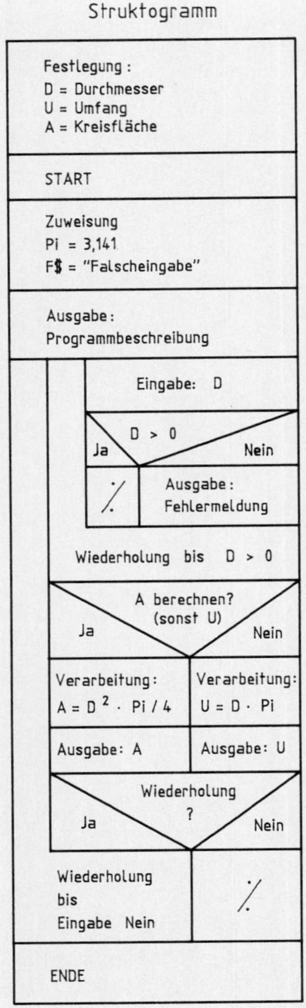

Erläutern Sie den Begriff Programmschleife!

Eine Programmschleife ist eine Folge von Anweisungen, die mehrmals durchlaufen wird.
Solche Programme nennt man auch zyklische Programme.

Man unterscheidet:

1. offene Programmschleifen,
   Anweisungen innerhalb einer Schleife werden wiederholt, ohne daß die Zahl der Wiederholungen bekannt ist;
2. geschlossene Programmschleifen,
   Wiederholungszahl der Anweisungen innerhalb einer Schleife ist bekannt.

Ein Programm soll eine Anweisung z.B. 10 mal durchführen und danach selbsttätig zum Ende springen.
Wie wird das Programm bezeichnet? Wie wird es grafisch dargestellt?

Ein wiederkehrender Vorgang mit bekannter Wiederholzahl wird als geschlossene Programmschleife oder auch als **Zählschleife** bezeichnet.
Die grafische Darstellung erfolgt im Programmablaufplan oder im Struktogramm.

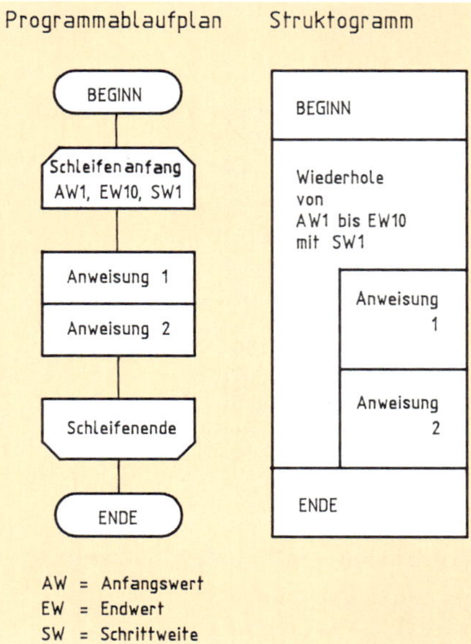

Wie lautet die Anweisung für das Programm einer geschlossenen Programmschleife in BASIC ?

Die spezielle Anweisung in BASIC lautet
FOR....NEXT...
in Verbindung mit einer Laufvariablen, z.B. "I".

Die FOR...NEXT-Schleife wird mit dem angegebenen Schritt z.B. STEP 1 solange durchlaufen, bis die Endbedingung erfüllt ist.

Beispiel: Darstellung der Quadratzahlen von X=1 bis X=10 auf dem Bildschirm

```
           10  X=1
         ┌ 20  FOR I=1 TO 10 STEP 1
Schleife │ 30     PRINT X, X^2;
         │ 40     X=X+1
         └ 50  NEXT I
           60  END
```

Mit jedem Durchlauf wird die Laufvariable "I" durch die Anweisung NEXT um den Schritt 1 erhöht bis der Wert 10 erreicht ist. Danach wird die nächste Anweisung (hier END) ausgeführt.

Worauf müssen Sie achten, wenn Sie ein Programm mit mehreren Schleifen erstellen?

Mehrere Schleifen dürfen sich in einem Programm niemals überschneiden.
Das Einhalten der Bedingung läßt sich einfach nachprüfen, indem man die einzelnen Schleifen mit einer Verbindungsklammer kennzeichnet; die Klammern dürfen sich nicht schneiden.

```
                          10  REM **Sternenrechteck**
Schleife 2 ┌──────────────  20  FOR I=1 TO 20
           │  Schleife 1 ┌  30  FOR K=1 TO 40
           │             │  40  PRINT "*"
           │             └  50  NEXT K
           │                60  PRINT
           └──────────────  70  NEXT I
                            80  END
```

Was ist eine WHILE...WEND Anweisung?

Die Basic-Anweisung WHILE...WEND dient ebenfalls der Programmierung von Schleifen. Vor Beginn der Schleife wird ein Anfangswert festgelegt. Die Schleife wird solange durchlaufen, wie die Anfangsbedingung wahr ist.

Beispiel:

```
10  N=1
20  WHILE  N < 21
30     PRINT N
40     N=N+1
50  WEND
60  END
```

Bei diesem Programm werden die Anweisungen der Zeilen 30 und 40 20mal ausgeführt.

5 Digitaltechnik

5.1 Digitaltechnik-Grundlagen

Wodurch unterscheidet sich die Digitaltechnik von der Analogtechnik?

Die Analogtechnik verarbeitet stetig veränderbare Signale, die Digitaltechnik verarbeitet stufig veränderbare Signale.

Beispiel **Analogtechnik:** Durch einen Schiebewiderstand wird der Strom eines Verbrauchers stetig verändert.
Beispiel **Digitaltechnik:**
Durch einen Stufenwiderstand wird der Strom in Schritten verändert.

Erläutern Sie die Abkürzungen DAU bzw. ADU.

ADU = Analog-Digital-Umsetzer
Er wandelt analoge Signale in digitale Signale um.

DAU = Digital-Analog-Umsetzer
Er wandelt digitale Signale in analoge Signale um.

Anwendung AD-Umsetzer: Häufig werden Meßwerte in analoger Form erzeugt, z.B. durch einen NTC-Meßfühler. Diese wandelt der DAU für die Weiterverarbeitung im Computer in digitale Werte um.
Anwendung DA-Umsetzer: Umgekehrt müssen die abgehenden Signale eines Computers häufig wieder in analoge Signale umgewandelt werden z.B. zur analogen Ansteuerung eines Transistors.

Erklären Sie den Unterschied zwischen Logikpegel und Logikzustand!

Der **Logikpegel** bezieht sich auf die Spannung des Systems.
Hoher Pegel = High (H)
Niedrer Pegel = Low (L)
Der **Logikzustand** enthält nur die Aussage „wahr"=„1"
oder „nicht wahr"=„0".

Bei **positiver** Logik gilt:
H-Pegel = Signal 1
L-Pegel = Signal 0

Bei **negativer** Logik gilt:
H-Pegel = Signal 0
L-Pegel = Signal 1

Den Pegelangaben sind meist keine festen Spannungswerte sondern Spannungsbereiche zugeordnet.
Beispiel 5-Volt TTL-Technik:
+2,4..+5,5 Volt = High (H) = 1
0..+0,8 Volt = Low (L) = 0
(positive Logik)

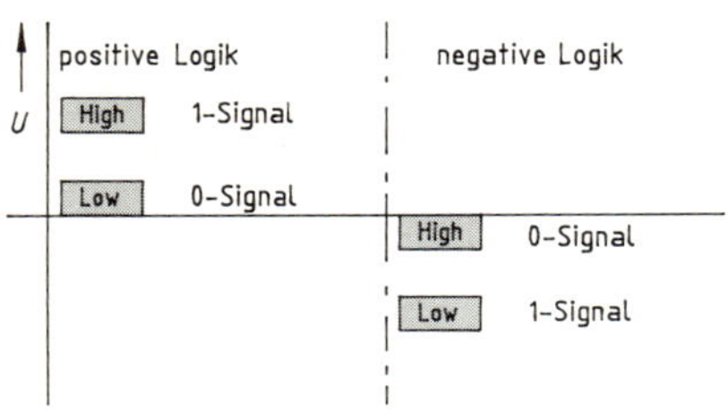

Erklären Sie den Begriff „Binär – Digital“!

Binär bedeutet zweiwertig, digital bedeutet in Ziffern. Die binäre Digitaltechnik ist eine Technik mit zwei Signalzuständen.

Beispiele:

Kontakt	geschlossen	– geöffnet
Signal	vorhanden	– nicht vorhanden
Lampe	leuchtet	– leuchtet nicht.

Wie ist das duale Zahlensystem aufgebaut?

Das Dualsystem enthält nur die Ziffern 0 und 1. Die letzte (rechte) Stelle einer DUAL-Zahl besitzt die Wertigkeit 2^0, daneben 2^1, daneben 2^2 usw.

Beispiel: Dualzahl 10101

1 0 1 0 1

- $1 \cdot 2^0$
- $0 \cdot 2^1$
- $1 \cdot 2^2$
- $0 \cdot 2^3$
- $1 \cdot 2^4$

Somit ist:

$\mathbf{10101} = \mathbf{1} \cdot 2^4 + \mathbf{0} \cdot 2^3 + \mathbf{1} \cdot 2^2 + \mathbf{0} \cdot 2^1 + \mathbf{1} \cdot 2^0 = 21_{DEZ}$

Wie ist das Hexadezimalsystem (auch Sedezimalsystem) aufgebaut?

Das Hexadezimalsystem baut auf der Grundzahl 16 auf. Die einzelnen Ziffern sind: 0,1,2,3,4,5,6,7,8,9,A,B,C, D,E,F. Die Buchstaben werden deshalb verwendet, weil ihre Schreibweise einstellig ist. A besitzt Wert 10, B = 11, C = 12 usw. Zahlen über 15 werden als zweistellige Zahlen dargestellt, Zahlen über 255 als dreistellige usw.

Beispiel: Hexadezimalzahl $F8C_{HEX}$

F 8 C

- $12 \cdot 16^0$
- $8 \cdot 16^1$
- $15 \cdot 16^2$

Somit ist:

$\mathbf{F8C}_{HEX} = \mathbf{15} \cdot 16^2 + \mathbf{8} \cdot 16^1 + \mathbf{12} \cdot 16^0 = 3980_{DEZ}$

Welches sind die drei Grundverknüpfungen der Digitaltechnik?

Die Grundverknüpfungen der Digitaltechnik sind:
UND (AND) (Konjunktion)
ODER (OR) (Disjunktion)
NICHT (NOT) (Negation oder Invertierung)

Schaltzeichen

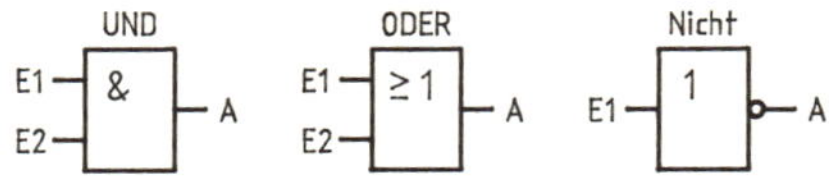

Wie lassen sich logische Verknüpfungen darstellen?

Logische Verknüpfungen, auch als logische Funktionen bezeichnet, können folgendermaßen dargestellt werden:

1. in Worten
2. durch Schaltzeichen oder Schaltsymbole der Digitaltechnik oder in Kontakttechnik
3. in Tabellenform mit der Wahrheitstabelle (auch Funktions- oder Wertetabelle genannt)
4. als Funktionsgleichung oder Ausdruck der Schaltalgebra
5. in der Darstellung des Signal-Zeit-Verlaufs, dem Impulsdiagramm.

Beispiel:
UND-Verknüpfung in verschiedenen Darstellungen

1. In Worten
Lampe H1 darf nur leuchten, wenn Kontakt E1 und Kontakt E2 geschlossen ist.

2. Schaltzeichen

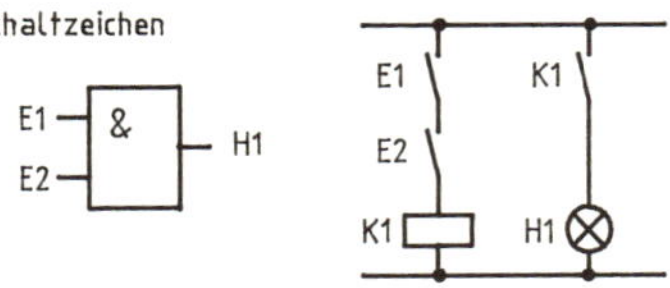

3. Wahrheitstabelle

E2	E1	H1
0	0	0
0	1	0
1	0	0
1	1	1

4. Funktionsgleichung

$$E_1 \wedge E_2 = H_1$$

5. Impulsdiagramm

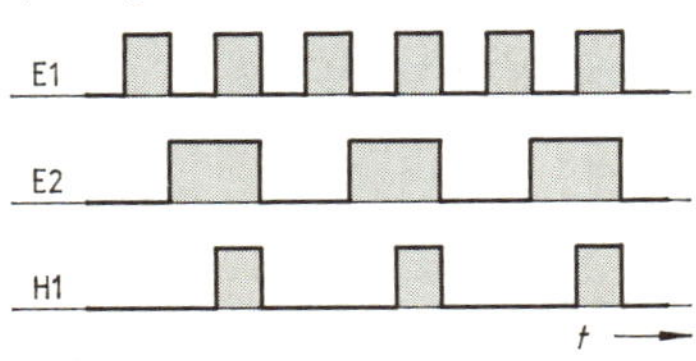

Wie werden logische Verknüpfungen technisch umgesetzt?

Logische Verknüpfungen werden in unterschiedlichen Schaltungen realisiert, z.B. mit
- Kontakten
- Einzelelementen der Elektronik
- integrierten Schaltkreisen
- pneumatischen und hydraulischen Elementen

Die technische Verwirklichung logischer Verknüpfungen in abgeschlossenen Bausteinen nennt man auch Glied, Gatter oder Gate.

Beispiel:
UND-Verknüpfung in unterschiedlichen Ausführungen

Kontakttechnik

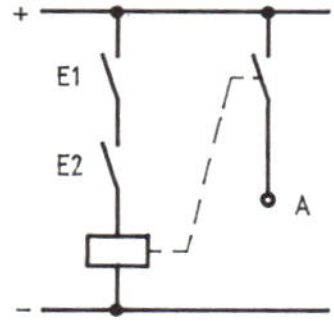

Diodenlogik

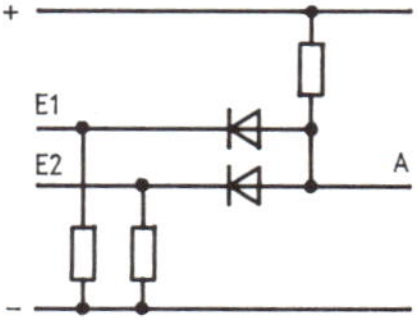

Pneumatik Zweidruckventil

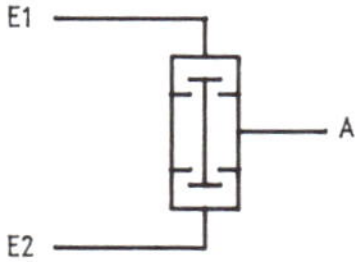

Welche Bedeutung haben folgende Zeichen: ∧, ∨, ‾ ?

Es sind die Verknüpfungszeichen der Schaltalgebra.
∧ bedeutet UND
∨ bedeutet ODER
‾ bedeutet NICHT

Beispiele:

	lies:
$E_1 \wedge E_2 = A_1$	E1 und E2 gleich A1
$E_3 \vee E_4 = A_2$	E3 oder E4 gleich A2
$\overline{E_5} = A_3$	E5 nicht gleich A3

Beschreiben Sie das Impulsdiagramm am Beispiel einer ODER-Funktion!

Das Impulsdiagramm stellt einen Signal-Zeit-Plan dar. Es zeigt den Signalverlauf am Ausgang A, wenn an den Eingängen E1 und E2 beliebige Signalzustände anstehen.

Impulsdiagramm einer ODER-Funktion

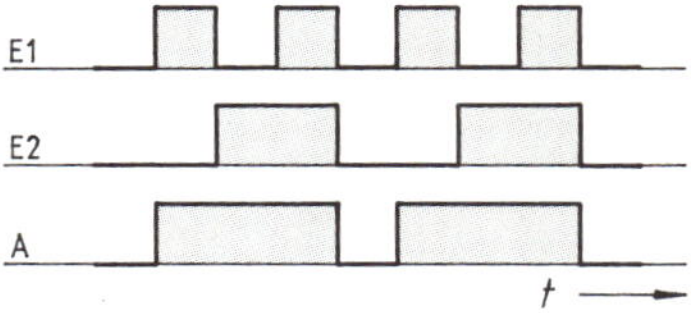

Nach welcher einfachen Regel kann eine UND-Funktion durch ODER-Schaltung gebildet werden und umgekehrt?

Eine UND-Funktion kann durch ein ODER-Glied gebildet werden, indem am ODER-Glied alle Ein- und Ausgänge negiert werden.
Eine ODER-Funktion kann durch ein UND-Glied gebildet werden, indem am UND-Glied alle Ein- und Ausgänge negiert werden.

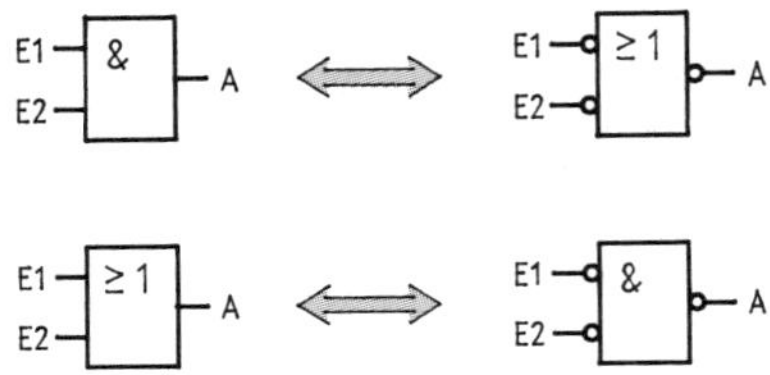

Stellen Sie für die Funktion $A = E_1 \; \bar{E}_2$ die Wahrheitstabelle auf, zeichnen Sie das dazugehörige Schaltsymbol und das Impulsdiagramm!
Realisieren Sie diese Funktion
mit ODER-Glied und NICHT-Glied,
in Kontakttechnik, (die Eingänge E1 und E2 sind Schließer)!

Darstellung

1. Wahrheitstabelle

E2	E1	A
0	0	0
0	1	1
1	0	0
1	1	0

2. Schaltsymbol

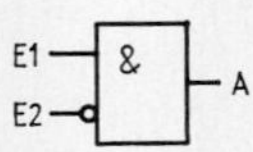

3. Impulsdiagramm

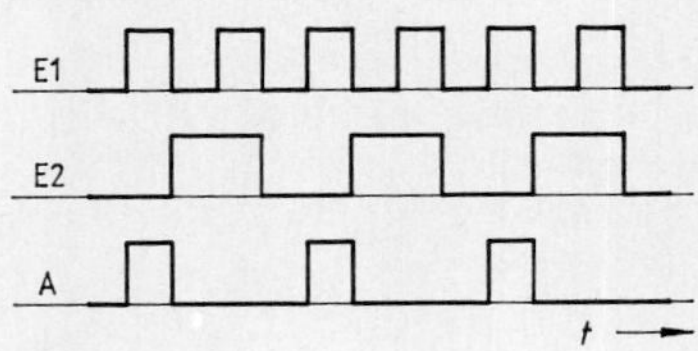

Realisierung

mit ODER und NICHT-Gatter

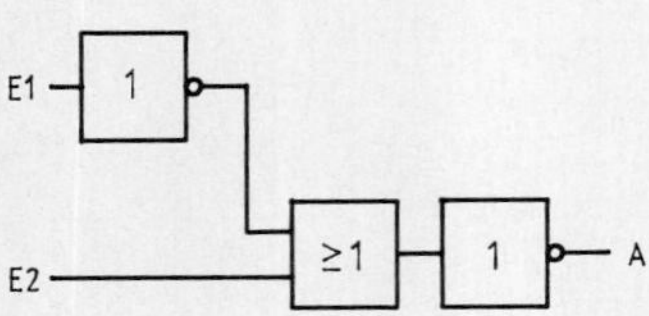

mit Kontakttechnik

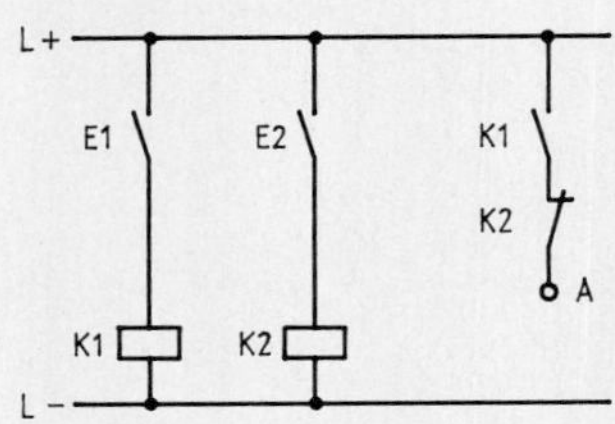

Beschreiben Sie die NAND-Funktion und geben Sie die Funktionsgleichung sowie das Schaltsymbol an!

Die NAND-Funktion ist eine Kombination aus UND-Funktion und NICHT-Funktion (**N**ot-**AND**)

Schaltsymbol

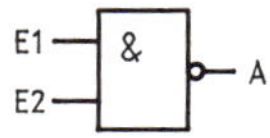

Funktionsgleichung

$$A = \overline{E_1 \wedge E_2}$$

Beschreiben Sie die NOR-Funktion und geben Sie die Funktionsgleichung sowie das Schaltsymbol an!

Die NOR-Funktion ist eine Kombination aus ODER-Funktion und NICHT-Funktion (**N**ot-**OR**)

Schaltsymbol

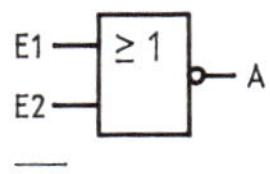

Funktionsgleichung

$$A = \overline{E_1 \vee E_2}$$

Geben Sie die Wahrheitstabellen von NAND- und NOR-Funktionen an und realisieren Sie die Verknüpfung in Kontakttechnik!

Wahrheitstabellen

NAND

E2	E1	A
0	0	1
0	1	1
1	0	1
1	1	0

NOR

E2	E1	A
0	0	1
0	1	0
1	0	0
1	1	0

Kontakttechnik

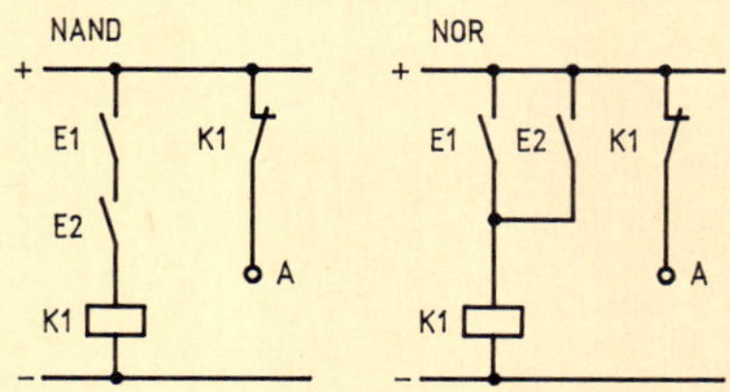

Weshalb werden häufig in Schaltungen nur NAND- oder NOR-Bausteine eingesetzt?

In logischen Schaltnetzen lassen sich durch NAND- oder NOR-Bausteine sämtliche logische Verknüpfungen realisieren.

Besonders bei der praktischen Ausführung von Schaltnetzen wird hiervon häufig Gebrauch gemacht.
Vorteil dieser Technik:
besseres Ausnützen von IC-Chips, auf denen meist mehrere gleiche Standardbausteine enthalten sind. Nachteil: größerer Schaltungsaufwand

Ersetzen Sie die UND-Funktion durch NAND-Glieder!

Die UND-Funktion kann durch 2 NAND-Glieder, die in Reihe geschaltet sind, gebildet werden.

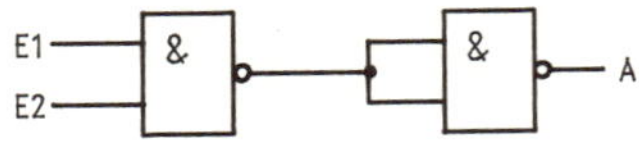

Ersetzen Sie die ODER-Funktion durch NAND-Glieder!

Die ODER-Funktion kann durch drei NAND-Glieder ersetzt werden. Hierbei werden die Eingänge eines NAND-Gliedes unter Zuhilfenahme der beiden anderen negiert.

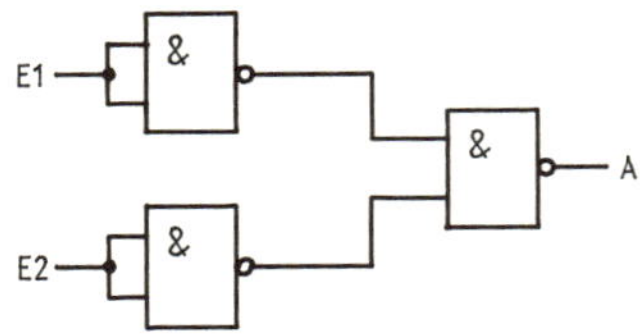

Ersetzen Sie die ODER-Funktion durch NOR-Glieder!

Die ODER-Funktion kann durch 2 NOR-Glieder, die in Reihe geschaltet sind, gebildet werden.

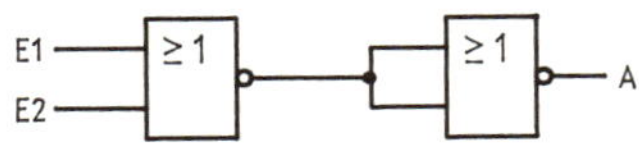

Ersetzen Sie die UND-Funktion durch NOR-Glieder!

Die UND-Funktion kann durch drei NOR-Glieder ersetzt werden. Hierbei werden die Eingänge eines NOR-Gliedes unter Zuhilfenahme der beiden anderen negiert.

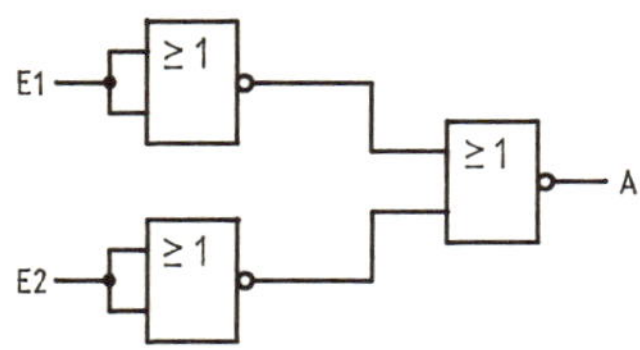

Eine ODER-Funktion wird durch NAND-Glieder gebildet.
Erstellen Sie die Wahrheitstabelle und die Funktionsgleichung!

Wahrheitstabelle:

E2	E1	$\overline{E2}$	$\overline{E1}$	A
0	0	1	1	0
0	1	1	0	1
1	0	0	1	1
1	1	0	1	1

Funktionsgleichung:

nach dem Gesetz von de Morgan ist:

$$\overline{E_1} \wedge \overline{E_2} = \overline{E_1 \vee E_2}$$

Somit ist:

$$A = \overline{\overline{E_1} \wedge \overline{E_2}} = E_1 \vee E_2$$

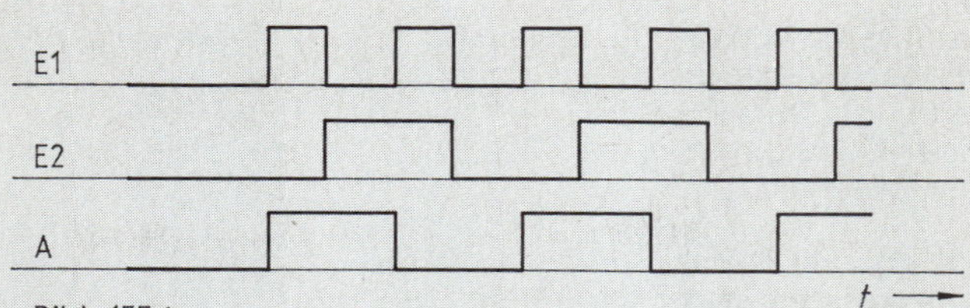

Bild 155.1

Welcher logischen Funktion ist das Impulsdiagramm von Bild 155.1 zuzuordnen?

Das im Bild dargestellte Impulsdiagramm ist der EXKLUSIV-ODER-Funktion zuzuordnen.

Der Ausgang A führt nur dann ein 1-Signal, wenn entweder E1 oder E2 ein 1-Signal führt. Haben beide Eingänge ein 1-Signal, so ist der Ausgang $A = 0$.

Die EXKLUSIV-ODER-Funktion wird auch als EXOR- bzw. XOR-Verknüpfung oder auch als ANTIVALENZ bezeichnet (Gegensätzliche Wertigkeit).

Schaltzeichen

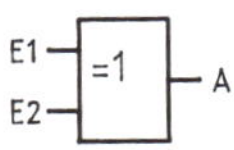

Wahrheitstabelle

E2	E1	A
0	0	0
0	1	1
1	0	1
1	1	0

Funktionsgleichung

$A = E_1 \veebar E_2$

Wie kann die EXOR-Funktion aus den Grundfunktionen gebildet werden?

Für die Nachbildung der EXOR-Funktion gibt es verschiedene Schaltungsvariationen. Sie kann leicht, entsprechend dem schaltalgebraischen Ausdruck $A = (E_1 \wedge \bar{E}_2) \vee (\bar{E}_1 \wedge E_2)$ mit Hilfe zweier UND-Funktionen, zweier Umkehrfunktionen und einer ODER-Funktion gebildet werden.

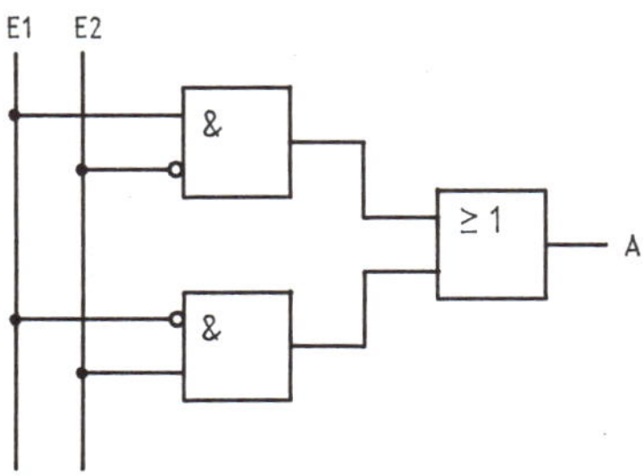

5

Erklären Sie den Begriff ÄQUIVALENZ-Funktion!

Bei der ÄQUIVALENZ-Funktion ist die Ausgangsvariable A nur dann 1, wenn beide Eingänge gleiches (äquivalentes) Signal führen.
Sie stellt eine EXOR-Verknüpfung mit negiertem Ausgang dar.

Schaltsymbol

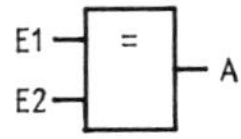

Wahrheitstabelle

E2	E1	A
0	0	1
0	1	0
1	0	0
1	1	1

Zwei Taster mit Schließerkontakten sollen eine EXKLUSIV-ODER-Funktion bilden. Entwerfen Sie den Stromlaufplan in Kontakttechnik!

Durch zwei Schließerkontakte läßt sich nicht direkt eine EXOR-Funktion nachbilden. Für die notwendige Negierung müssen zusätzlich Relaiskontakte verwendet werden.
Die Skizze zeigt eine mögliche Realisierung mit Relaiskontakten.

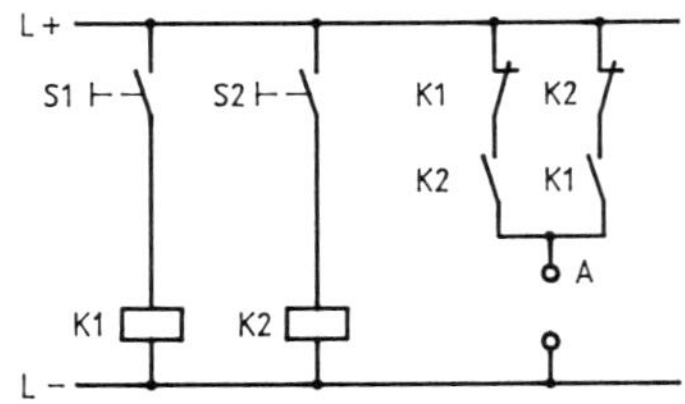

Zwei Eingänge, E1 und E2, sind über eine NAND-Funktion verknüpft, deren Ausgang auf eine NOR-Funktion führt, verknüpft mit einem weiteren Eingang E3. Der NOR-Ausgang steuert eine Meldeleuchte an. Erstellen Sie die Wahrheitstabelle und bilden Sie diese Schaltung in möglichst einfacher Kontakttechnik nach.

Wahrheitstabelle

E2	E1	E3	H1
0	0	0	0
0	1	0	0
1	0	0	0
1	1	0	1
0	0	1	0
0	1	1	0
1	0	1	0
1	1	1	0

Realisierung in Kontakttechnik

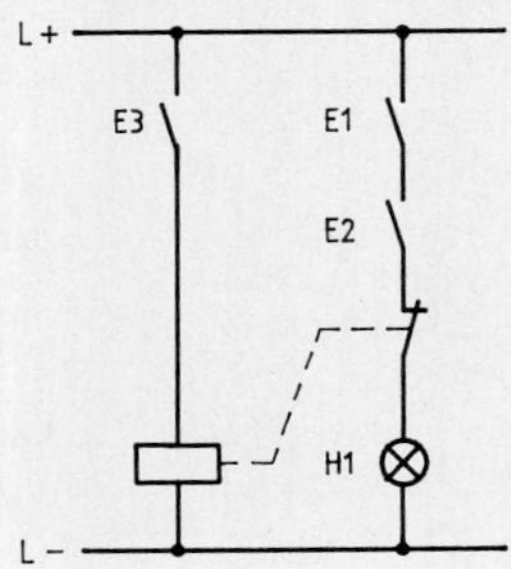

5.2 Logische Schaltnetze

Was versteht man unter Logischen Schaltnetzen?

Unter Logischen Schaltnetzen versteht man das Zusammenwirken von mindestens zwei Grundverknüpfungen. Schaltnetze werden meist im Signalflußplan dargestellt. Hierbei wird die Spannungsversorgung der Gatter nicht angegeben.

Beispiel für ein logisches Schaltnetz

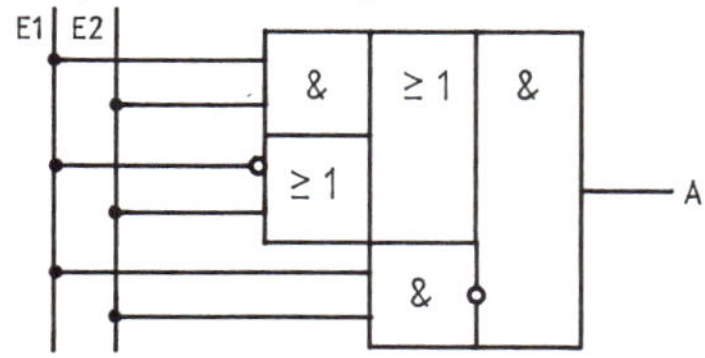

Zur Platzeinsparung können die Bausteine direkt aneinander dargestellt werden.

5

Eine Digitalschaltung muß die Funktionsgleichung $A = (E_1 \wedge E_2) \vee (E_2 \wedge \overline{E}_3)$ erfüllen. Erstellen Sie den Signalflußplan für das Logische Schaltnetz!

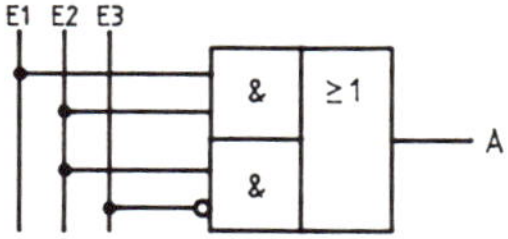

Das Logische Schaltnetz läßt sich meist aus der Funktionsgleichung erstellen, indem man die einzelnen schaltalgebraischen Ausdrücke direkt in Grundfunktionen umsetzt.

Wie läßt sich die Funktion einer schaltalgebraischen Gleichung mit Hilfe einer Wahrheitstabelle ermitteln?

Die Funktion einer schaltalgebraischen Gleichung läßt sich über die Funktions- oder Wahrheitstabelle folgendermaßen ermitteln:

1. Alle Wertkombinationen der Eingänge erfassen (2^n Möglichkeiten)
2. Eingangssignale in Spalten systematisch eintragen
3. Werte der Zwischenfunktionen ermitteln
4. Ausgangswerte ermitteln

Beispiel: $A = (E_1 \wedge E_2) \vee (E_2 \wedge \overline{E_3})$

E3	E2	E1	E1 ∧ E2	E2 ∧ $\overline{E3}$	A
0	0	0	0	0	0
0	0	1	0	0	0
0	1	0	0	1	1
0	1	1	1	1	1
1	0	0	0	0	0
1	0	1	0	0	0
1	1	0	0	0	0
1	1	1	1	0	1

Merke: Bei 3 Eingängen gibt es $2^3 = 8$,
bei n Eingängen gibt es 2^n Kombinationen.

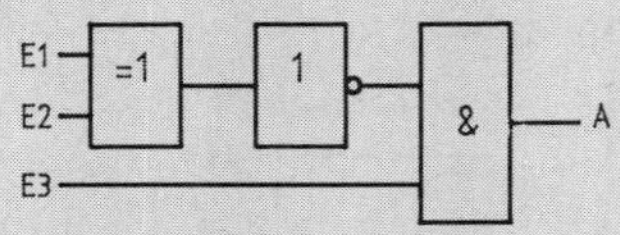

Bild 158.1

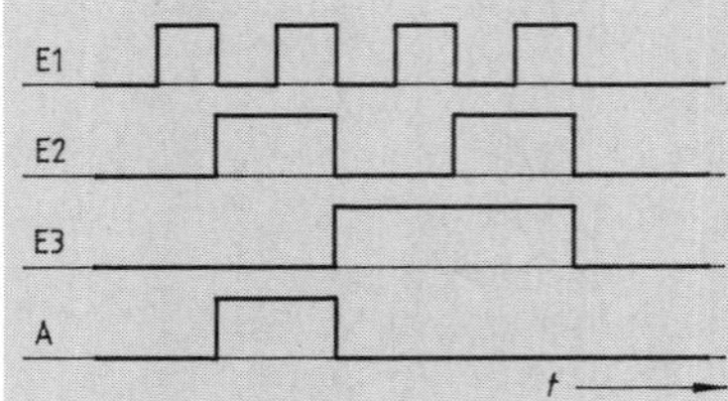

Bild 158.2

Stellen Sie für das Logische Schaltnetz in Bild 158.1 die Funktionsgleichung und die Wahrheitstabelle auf.

Funktionsgleichung

$$A = \overline{(E_1 \wedge \overline{E_2}) \vee (\overline{E_1} \wedge E_2)} \wedge E_3$$

oder

$$A = \overline{(E_1 \veebar E_2)} \wedge E_3$$

↑ Zeichen für EXOR

Wahrheitstabelle

E3	E2	E1	$A1 = E1 \veebar E2$	$\overline{A1}$	A
0	0	0	0	1	0
0	0	1	1	0	0
0	1	0	1	0	0
0	1	1	0	1	0
1	0	0	0	1	1
1	0	1	1	0	0
1	1	0	1	0	0
1	1	1	0	1	1

Stellen Sie für das Impulsdiagramm in Bild 158.2 die Funktionsgleichung und die Wahrheitstabelle auf.

Funktionsgleichung

$$A = (\overline{E_1} \wedge E_2 \wedge \overline{E_3}) \vee (E_1 \wedge E_2 \wedge \overline{E_3})$$

Wahrheitstabelle

E3	E2	E1	A
0	0	0	0
0	0	1	0
0	1	0	1
0	1	1	1
1	0	0	0
1	0	1	0
1	1	0	0
1	1	1	0

Wie kann man aus einer Wahrheitstabelle mit Hilfe der Disjunktiven Normalform (DNF) eine Funktionsgleichung erstellen?

Zur Erstellung einer Funktionsgleichung werden alle waagerechte Zeilen der Wahrheitstabelle erfaßt, die das Ausgangssignal 1 besitzen. Die Eingangsvariablen werden mit UND verknüpft. Diese Zeilen werden als „Minterme" bezeichnet. Alle „Minterme" werden anschließend mit ODER verknüpft.

Beispiel: Ein Motor M1 soll von 2 Bedienstellen mit Rastschaltern Q1 und Q2 geschaltet werden. Wie lautet die Funktionsgleichung?

Lösung:

Q2	Q1	M1	
0	0	0	
0	1	1	$(Q_1 \wedge \overline{Q_2})$ Minterm 1
1	0	1	$(\overline{Q_1} \wedge Q_2)$ Minterm 2
1	1	0	

Funktionsgleichung: $M_1 = (Q_1 \wedge \overline{Q_2}) \vee (\overline{Q_1} \wedge Q_2)$

Geben Sie den Signalflußplan einer Schaltung an, die in der Installationstechnik als Wechselschaltung bekannt ist!

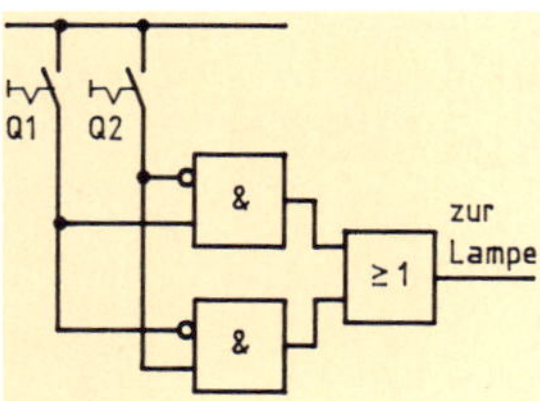

Der Schaltplan einer Wechselschaltung in der Installationstechnik entspricht einer Exklusiv-ODER-Funktion.

Geben Sie die Wahrheitstabelle und den Signalflußplan einer Schaltung an, die in der Installationstechnik als Kreuzschaltung bekannt ist!

Wahrheitstabelle

Q3	Q2	Q1	Lampe
0	0	0	0
0	0	1	1
0	1	0	1
0	1	1	0
1	0	0	1
1	0	1	0
1	1	0	0
1	1	1	1

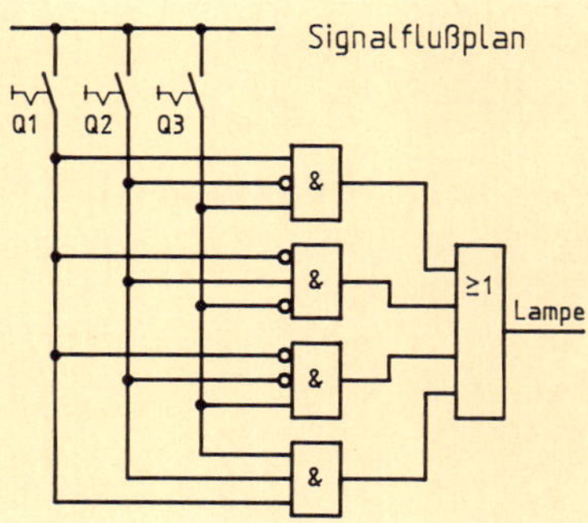

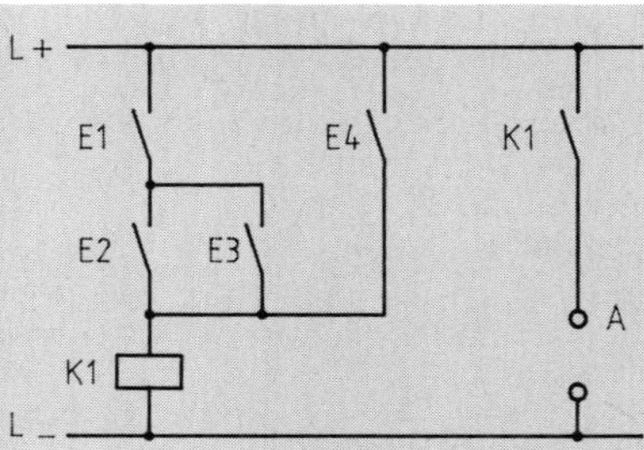

Bild 160.1

Stellen Sie für den Kontakt-Stromlaufplan in Bild 160.1 die Wahrheitstabelle auf und zeichnen Sie den Signalflußplan.

Wahrheitstabelle

E4	E3	E2	E1	A
0	0	0	0	0
0	0	0	1	0
0	0	1	0	0
0	0	1	1	1
0	1	0	0	0
0	1	0	1	1
0	1	1	0	0
0	1	1	1	1
1	0	0	0	1
1	0	0	1	1
1	0	1	0	1
1	0	1	1	1
1	1	0	0	1
1	1	0	1	1
1	1	1	0	1
1	1	1	1	1

Verkürzte Wahrheitstabelle

E4	E3	E2	E1	A
0	0	1	1	1
0	1	0	1	1
0	1	1	1	1
1	X	X	X	1

Alle anderen Eingangskombinationen ergeben den Signalwert A = 0.

Signalflußplan
(abgeleitet aus dem Stromlaufplan)

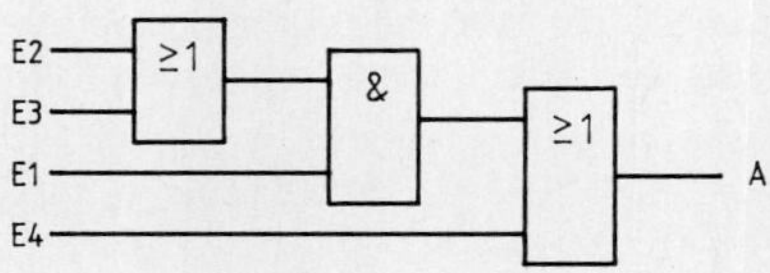

Geben Sie für die Schaltung in Bild 160.1 die Funktionsgleichung an!

Die Funktionsgleichung der Schaltung lautet:

$$A = E_4 \vee [E_1 \wedge (E_2 \vee E_3)]$$

Die Funktionsgleichung läßt sich sehr einfach aus der Kontaktanordnung des Stromlaufplanes ableiten. Die Herleitung der Gleichung über die DNF (Disjunktive Normalform) aus der Wahrheitstabelle ist aufwendig und müßte mit den Mitteln der Optimierung Logischer Schaltnetze vereinfacht werden.

5.3 Vereinfachung Logischer Schaltnetze

Wie lassen sich Logische Schaltnetze vereinfachen?

Logische Schaltnetze lassen sich vereinfachen durch:

1. Betrachtung des Schaltbildes und Reduzierung auf notwendige Bausteine
2. Kürzen und Vereinfachen der Gleichung mit Hilfe der Schaltalgebra
3. Vereinfachen durch **K**arnaugh-**V**eith-Tafeln

zu 1.: Oft lassen sich unmittelbar aus dem Schaltbild überflüssige Logikgatter direkt ersetzen.

zu 2.: Die Vereinfachung von aufwendigen Schaltungen erfordert die Kenntnisse der Schaltalgebra. Der Umgang verlangt jedoch sehr viel Übung und Erfahrung.

zu 3.: Für den Praktiker ist häufig die Minimierung nach dem KV-Diagramm sicherer und schneller.

Nach welchen Regeln der Schaltalgebra können Gleichungen vereinfacht werden?

Die wichtigsten Regeln sind:

1. Regeln für 1 Variable
2. das Kommutative Gesetz
3. das Assoziative Gesetz
4. das Distributive Gesetz
5. das de Morgansche Gesetz

Zu 1.: $E_1 \wedge 0 = 0 \qquad E_1 \wedge 1 = E_1$

$E_1 \wedge \overline{E_1} = 0 \qquad E_1 \vee \overline{E_1} = 1$

Zu 2.: $E_1 \wedge E_2 = E_2 \wedge E_1$

$E_1 \vee E_2 = E_2 \vee E_1$

Zu 3.: $E_1 \wedge E_2 \wedge E_3 = (E_1 \wedge E_2) \wedge E_3$

$E_1 \vee E_2 \vee E_3 = (E_1 \vee E_2) \vee E_3$

Zu 4.: $(E_1 \wedge E_2) \vee (E_1 \wedge E_3) = E_1 \wedge (E_2 \vee E_3)$

$(E_1 \vee E_2) \wedge (E_1 \vee E_3) = E_1 \vee (E_2 \wedge E_3)$

Zu 5.: $\overline{E_1 \wedge E_2} = \overline{E_1} \vee \overline{E_2}\,; \qquad \overline{E_1 \vee E_2} = \overline{E_1} \wedge \overline{E_2}$

Vereinfachen Sie die nebenstehende Schaltung mit Hilfe der Schaltalgebra!

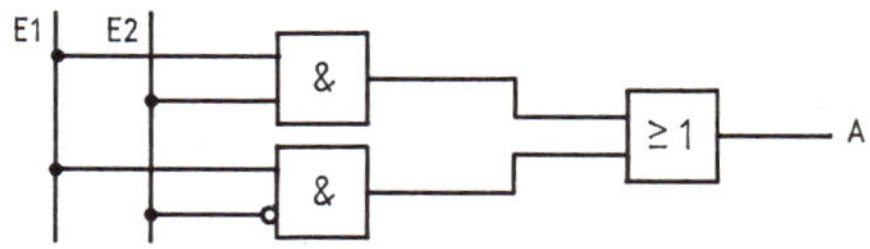

Gleichung der Schaltung:

$A = (E_1 \wedge E_2) \vee (E_1 \wedge \overline{E_2})$

ausklammern von E_1 ergibt:

$A = E_1 \wedge \underbrace{(E_2 \vee \overline{E_2})}_{1}$

vereinfacht: $A = E_1$

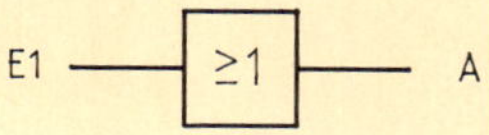

Vereinfachen Sie die nebenstehende Schaltung mit Hilfe der Schaltalgebra!

Die Gleichung lautet
$A = E_1 \wedge (\bar{E}_1 \vee E_2)$

"ausmultipliziert":
$A = \underbrace{(E_1 \wedge \bar{E}_1)}_{E_1 \wedge \bar{E}_1 = 0} \vee (E_1 \wedge E_2)$

somit vereinfacht:
$A = E_1 \wedge E_2$

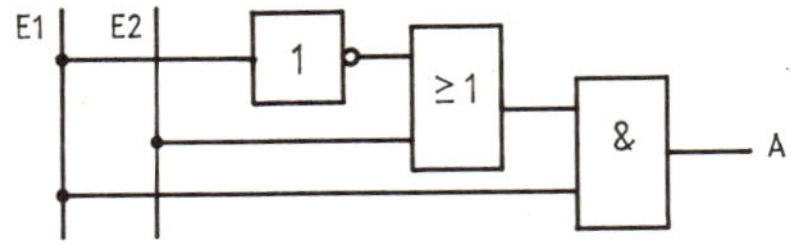

Rechenregel:
$\wedge$ UND entspricht Multiplikation ·
$\vee$ ODER entspricht Addition +
Nach dem Distributiven Gesetz gilt:
$a \cdot (b + c) = a \cdot b + a \cdot c$
$E_1 \cdot (\bar{E}_1 + E_2) = E_1 \cdot \bar{E}_1 + E_1 \cdot E_2$

In welcher Reihenfolge müssen Sie vorgehen, wenn Sie ein Logisches Schaltnetz mit Hilfe von KV-Tafeln vereinfachen möchten?

Die Vereinfachung erfolgt in 5 Schritten:

1. Schritt:
Wahrheitstabelle mit den Variablen E1, E2 bis E_n erstellen.

2. Schritt:
KV-Tafeln bilden, indem jede Zeile der Wahrheitstabelle ein Kästchen mit derselben Signalkombination füllt.

3. Schritt:
Schleifen (Gruppen, Elementarblöcke) aus den Feldern herstellen, die eine benachbarte 1 haben.

4. Schritt:
Schleifengleichung durch UND-Verknüpfung der Variablen aufstellen, die überflüssigen Variablen entfernen.

5. Schritt:
Alle Schleifengleichungen nach ODER verknüpfen und so die vereinfachte Gleichung aufstellen.

Beispiel: $A = (\bar{E}_1 \wedge E_2) \vee (E_1 \wedge E_2) \vee (\bar{E}_1 \wedge \bar{E}_2)$

Zu Schritt 1 und 2:

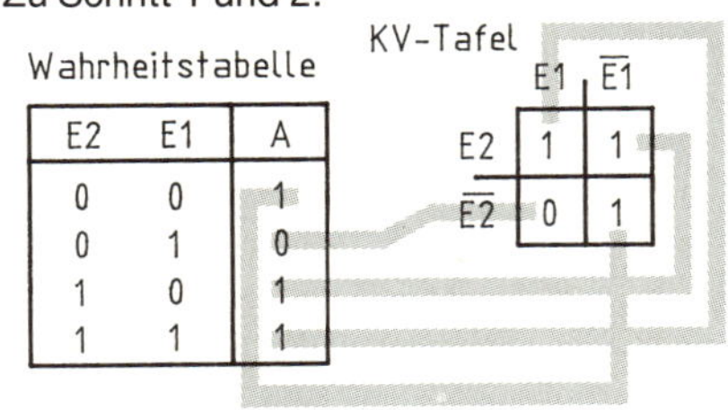

Zu Schritt 3:
Es dürfen jeweils nur Schleifen aus 2, 4 oder 8 benachbarten 1er Feldern gebildet werden!

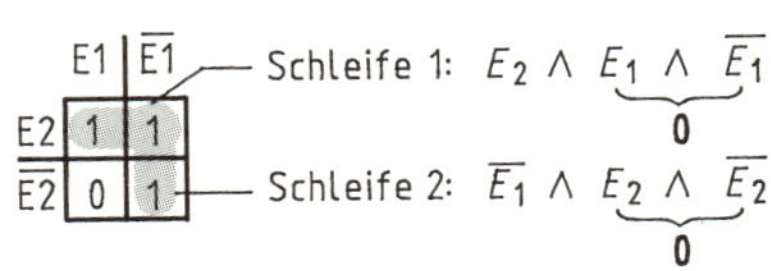

Zu Schritt 4:
Die Variablen innerhalb einer Schleife, die sowohl negiert als auch nicht negiert auftreten, entfallen.

Zu Schritt 5:
A = Schleife 1 Schleife 2 = $\bar{E}_1 \vee E_2$

Bild 163.1

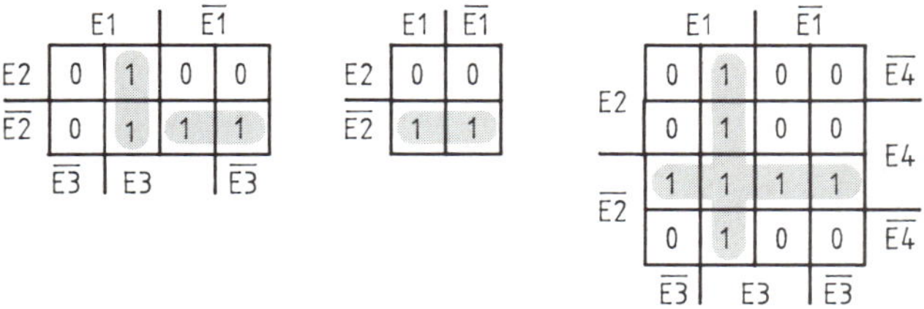

Stellen Sie für jede Funktion der KV-Tafel in Bild 163.1 die minimierte Gleichung auf und zeichnen Sie die jeweiligen Schaltnetze !

Funktion 1

Gleichung

$A = (E_1 \wedge E_3) \vee (\overline{E_1} \wedge \overline{E_2})$

Funktion 2

Gleichung

$A = \overline{E_2}$

Funktion 3

Gleichung

$A = (E_1 \wedge E_3) \vee (\overline{E_2} \wedge E_4)$

Schaltnetz 1

Schaltnetz 2

Schaltnetz 3

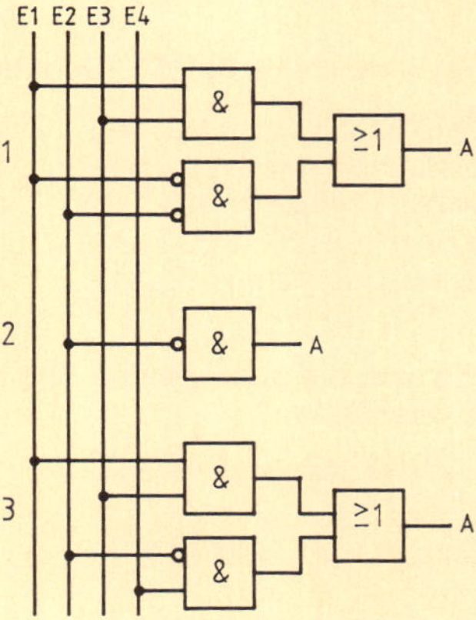

Warum ist es oftmals in der Praxis nicht sinnvoll, ein Schaltnetz bis zur äußersten Minimierung zu vereinfachen?

In der Praxis sind in vielen Fällen Schaltungen, die stark vereinfacht wurden, nicht rasch in ihrer Funktion zu durchschauen.
Dies gilt insbesondere bei Maschinensteuerungen.

Häufig ist die klare Struktur einer Schaltung wertvoller, als das Reduzieren auf ein Minimum an Bausteinen.
Besonders bei Einzelanfertigungen von Schaltungen bringt die Einsparung von Bausteinen keine wesentlichen Kostenvorteile.

5.4 Logische Bausteine in Integrierten Schaltkreisen

Ein integrierter Schaltkreis (IC) hat die Bezeichnung SN 74LS02. Erläutern Sie diesen Code!

Der Code 74... bezeichnet eine logische Schaltung aus der TTL-Familie.
LS steht für Low-Power-Shottky, also für einen Baustein mit niedriger Verlustleistung.
Die Ziffern 02 besagen, daß dieser Baustein 4 NOR-Glieder enthält.
SN ist der Hersteller-Code (Texas Instruments).

TTL heißt Transistor-Transistor-Logik. ICs der Serie 74... gehören zu den am häufigsten verwendeten Logikgattern. Typisches Eingangsschaltglied ist der Multi-Emitter-Transistor. Die Versorgungsspannung beträgt 4,75 V bis 5,25 V.

Beispiele:	74LS00	4 NAND-Gatter
	74LS02	4 NOR-Gatter
	74LS04	6 Inverter
	74LS08	4 UND-Gatter
	74LS123	2 monostabile Kippstufen

Wie wirken sich bei TTL-Schaltkreisen unbeschaltete Eingänge aus?

Bei TTL-Schaltungen sind nicht angeschlossene Eingänge funktionslos; es ist gleichbedeutend als lägen sie auf High-Signal-Pegel.

Unbenutzte Eingänge von logischen Schaltungen der TTL-Serie 74... müssen aber trotz ihrer Funktionslosigkeit immer beschaltet sein, da sonst die Störsicherheit nicht gewährleistet ist.

Wie sind die unbenützten Eingänge eines UND-Gliedes der TTL-Serie zu beschalten?

Unbenutzte Eingänge von UND-Gliedern werden an den Pluspol angeschlossen.
Sie können auch parallel auf einen benutzten Eingang geschaltet werden.

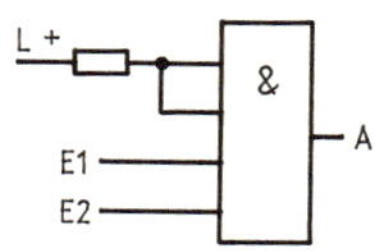

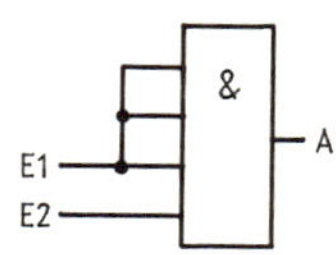

Hinweis: Der Ausgangs-Lastfaktor des vorausgehenden Bauteils muß berücksichtigt werden!

Wie müssen die unbenutzten Eingänge von NAND- und NOR-Gliedern der TTL-Serie beschaltet werden?

Unbenützte Eingänge von NAND- bzw. NOR-Gliedern müssen genauso beschaltet werden wie die von UND- bzw. ODER-Gliedern.

Allgemein gilt:
UND- bzw. NAND-Glieder an 1-Signal (H-Pegel) oder +Pol, legen,
ODER- bzw. NOR-Glieder an 0-Signal (L-Pegel) oder – Pol, legen.

Der statische Störabstand bei den Digitalschaltgliedern der TTL 74xx-Serie beträgt 0,6 Volt. Erläutern Sie diese Angabe!

Der statische Störabstand gibt die höchstzulässige Störspannung an, die an den Eingängen eines Gatters anliegen darf, damit der Schaltzustand nicht verändert wird.

Beispiel: Der Ausgang eines Digitalschaltgliedes hat den Signalzustand = 0. Er ist verbunden mit dem Eingang eines anderen Gatters. Tritt auf dem Übertragungsweg ein Störsignal von mehr als 0,6 Volt auf, so kann dies als 1-Signal am Eingang des 2. Gatters wirken.

Welche Bedeutung hat die Angabe Fan-Out = 20 bei einer Schaltkreisfamilie für Digitalbausteine?

Die Bezeichnung Fan-Out steht für den Ausgangslastfaktor eines Bausteins.

Beträgt z.B. der Eingangsstrom eines TTL-Bausteins 1,6 mA (mit dem Eingangslastfaktor 1) so darf der Ausgang mit $I = 20 \cdot 1{,}6\ \text{mA} = 32\ \text{mA}$ belastet werden.

Erläutern Sie die Bezeichnung CMOS-Schaltkreise!

CMOS-Schaltkreise arbeiten mit MOS-FET (= Feldeffekttransistoren der Art Metal-Oxide-Semiconductor)
Der Buchstabe C (= Complementary) steht für die Schaltung der Ausgangstransistoren. Dabei werden P- und N-MOS Transistoren mit isoliertem Gate (IG-FET) in einer Komplementärschaltung verwendet.
Prinzip: Ein Transistor sperrt, während der andere durchgesteuert ist.

Beispiel: Nicht-Glied in CMOS-Technik

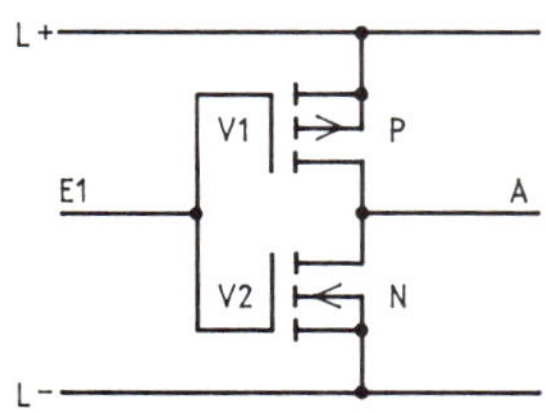

Steht an E1 ein 0-Signal an, so steuert V1 durch und V2 sperrt. Umgekehrt steuert V2 durch und V1 sperrt, wenn an E1 ein 1-Signal anliegt.
Beim Umschalten leiten beide Transistoren kurzzeitig. Nur in der Zeit nehmen sie Leistung auf.

Mit welchen Logikpegeln arbeitet die CMOS-Logik?

Die Signalpegel bei der CMOS-Logik sind von der gewählten Betriebsspannung abhängig und nicht, wie bei der TTL-Logik einheitlich festgelegt.

Beispiel:

		Eingang:	Ausgang:
$U_B = 5\ V$	H-Pegel	3,5...5 V	4,5...5 V
	L-Pegel	0...1,5 V	0...0,5 V
$U_B = 10\ V$	H-Pegel	7...10 V	9...10 V
	L-Pegel	0... 3 V	0...1 V

Welche Vorteile besitzen CMOS-Schaltkreise im Vergleich zu denen der TTL-Schaltkreisfamilie?

Vorteile von CMOS-Schaltkreisen sind:
- preiswerte Herstellung
- sehr hoher Störabstand
- extrem geringe Leistungsaufnahme
- Betriebsspannung zwischen 3...15 Volt.

Leistungsaufnahme ca. 0,5..100 µW, Eingangsstrom 0..100 nA (frequenzabhängig). An einen Ausgang können beliebig viele CMOS-Eingänge angeschlossen werden. Der Fan-Out Faktor entfällt.
Nachteil: Die Signallaufzeit von CMOS Bausteinen ist langsamer als bei der TTL-Serie und erhöht sich mit jedem angeschlossenen Baustein.

Worauf ist beim Umgang mit CMOS-ICs zu achten?

Beim Umgang mit CMOS-Bausteinen ist darauf zu achten, daß elektrostatische Ladungen an den Eingängen ferngehalten werden.

Durch den hohen Eingangswiderstand bauen sich leicht elektrostatische Ladungen auf. Diese können die dünnen Isolierschichten durchschlagen. Daher stets bei offenen Eingängen für Ableitungen sorgen, z.B.: Erden, leitfähige Aufbewahrungsbehältnisse verwenden, Eingänge kurzschließen.

Kann ein CMOS-Baustein eine TTL-Logik ansteuern?

Grundsätzlich können CMOS-Bausteine für die Ansteuerung einer TTL-Logik verwendet werden, da die CMOS-Ausgangspegel innerhalb der Eingangspegel der TTL-Technik liegen.

Problematisch ist die Stromaufnahme des TTL-Bausteins im Low-Signal-Bereich. Der CMOS-Ausgang muß daher einen genügend großen Ausgangsstrom aufweisen.
In der Regel kann ein CMOS-Ausgang nur zwei TTL-Eingänge ansteuern.

Kann ein TTL–Baustein eine CMOS-Logik ansteuern?

Grundsätzlich dürfen TTL–Bausteine nicht für die Ansteuerung von CMOS-Eingängen verwendet werden, da die zulässigen Pegel nicht übereinstimmen.

Der zulässige H-Pegel des TTL-Ausgangs liegt außerhalb des Pegels der CMOS-Technik. Beispiel:

TTL-Ausgang	CMOS-Eingang
H-Pegel 2,4...5 V	3,5...5 V

Durch bestimmte Schaltungen ist aber eine Anpassung möglich.

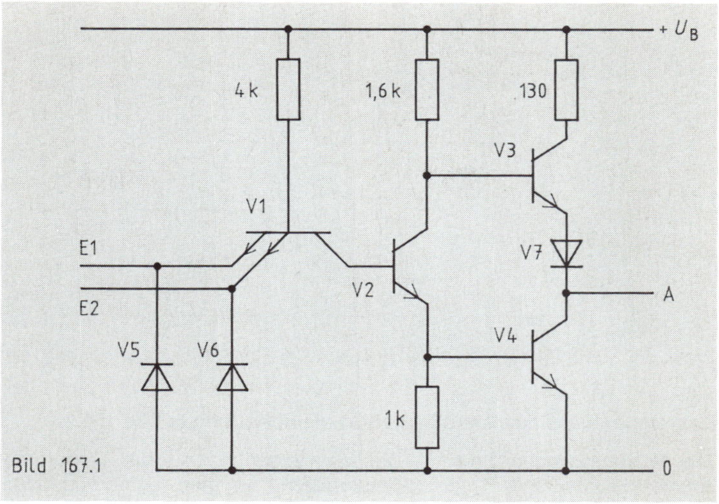

Bild 167.1

5

Zu welcher Schaltkreisfamilie gehört die Schaltung in Bild 167.1?

Die Schaltung in Bild 167.1 ist in TTL-Technik ausgeführt.

Typisches Merkmal der TTL-Technik ist der Multi-Emittertransistor V1, der hier eine UND-Verknüpfung vornimmt.

Welchen Schaltzustand besitzt V2 und V3 in Bild 167.1, wenn an den Eingängen ein 0-Signal ansteht?

Liegt an beiden Eingängen das Signal 0, so wird V2 gesperrt und V3 steuert durch.

Der Transistor V1 bewirkt, daß die Basisspannung an V2 nicht mehr zum Durchsteuern ausreicht. Damit wird auch V4 gesperrt. Am Ausgang Q steht ein 1-Signal durch V3 an.

Welche Logische Funktion bildet die Schaltung in Bild 167.1 nach?

Die Schaltung bildet eine NAND-Funktion.

Nur wenn beide Eingänge eine 1-Signal besitzen, leitet V2 und V4 und der Ausgang wird auf 0 gesetzt, in allen anderen Fällen ist das Ausgangssignal 1.

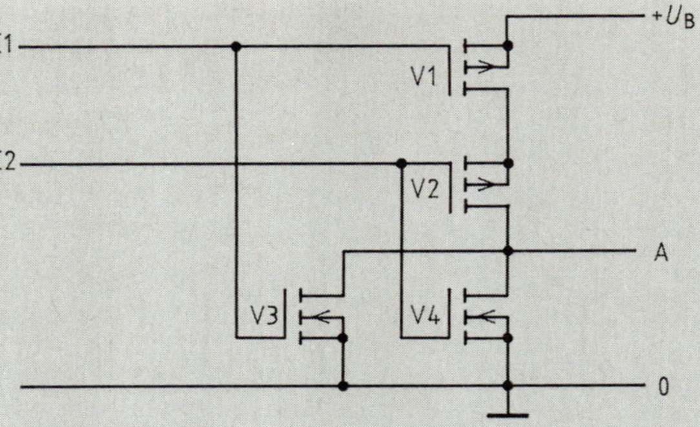

Bild 168.1

Zu welcher Schaltkreisfamilie gehört die Schaltung in Bild 168.1?

Die Schaltung gehört zur Familie der CMOS-Schaltkreise.
Es ist ein Baustein des ICs MC14000.

Die Verwendung von MOS-Feldeffekt-Transistoren ist am entsprechenden Schaltzeichen erkennbar. Aber auch PMOS und NMOS -Schaltkreise verwenden MOS-Feldeffekttransistoren.

Welchen Schaltzustand besitzen die Transistoren V1 bis V4 in Bild 168.1, wenn an den Eingängen E1 und E2 je ein 0-Signal ansteht?

Das 0-Signal an den Eingängen bewirkt, daß die Transistoren V1 und V2 durchsteuern, V3 und V4 sperren.

V1 und V2 sind P-Kanal, V3 und V4 sind N-Kanal MOS-FET (Anreicherungstyp).
V1 und V2 steuern durch, sobald die Spannung zwischen Gate und Source negativ ist. Damit liegt am Ausgang eine Plus-Spannung an. (H-Pegel)

Welche Digitalfunktion bildet die Schaltung in Bild 168.1 nach?

Die Schaltung hat die Funktion eines NOR-Gatters.

Liegt an den Eingängen ein 0-Signal an, so ist der Wert am Ausgang Q = 1.
Ein 1-Signal an einem der beiden Eingänge sperrt V1 bzw V2 und schaltet V3 und V4 durch. Der Ausgang hat 0-Signal.

5.5 Kippstufen (Flipflop)

Welcher Unterschied besteht zwischen der Kombinatorischen Schaltungstechnik und der Sequentiellen Schaltungstechnik?

Kombinatorische oder logische Schaltnetze befassen sich mit Digital-Schaltungen **ohne** Speicherverhalten.
Sequentielle Schaltungen beinhalten neben Logik-Gattern auch Speicherbausteine.

Bei der Logischen Schaltungstechnik ist das entsprechende Ausgangssignal nur so lange vorhanden, wie die logische Kombination am Eingang anliegt. In der Signalverarbeitung ist es aber notwendig, bestimmte Signalzustände über den Signalverlauf hinaus abzuspeichern. (Zeitfolge = Sequenz)

5

Welcher Unterschied besteht zwischen nichtspeichernden und speichernden Bausteinen?

Nichtspeichernde Bausteine verlieren ihren Signalzustand, wenn das Eingangssignal weggenommen wird; dagegen behalten speichernde Bausteine ihren Signalzustand bei.

Nichtspeichernde Bausteine sind z.B. die Verknüpfungsglieder UND, ODER, NICHT, sowie deren Kombinationen.
Speichernde Bausteine sind z.B. bistabile Kippstufen, auch Flipflop genannt.

Wie lassen sich mit Hilfe von Schützen oder Relais speichernde Funktionen bilden und welche Eigenschaften besitzen sie?

Speicherfunktionen lassen sich mit einfachen elektromechanischen Schaltern (Schütze und Relais) durch die „Selbsthaltung" bilden. Sie verlieren jedoch ihre Speicherinformation bei Ausfall der Netzspannung. Auch Stromstoßschalter und gepolte Relais haben speichernde Funktion. Sie verlieren ihre Speicherinformation bei Netzausfall nicht.

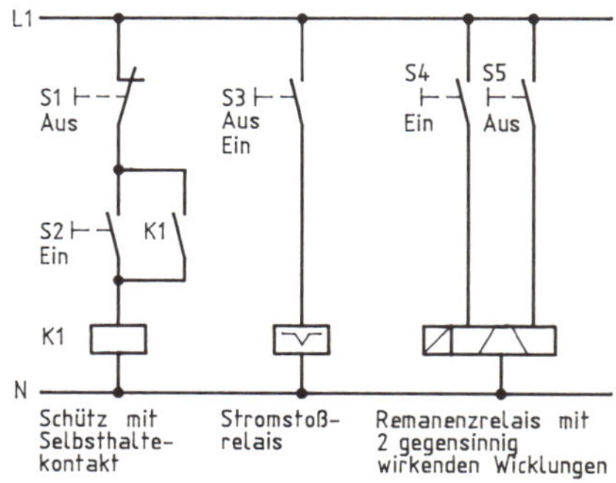

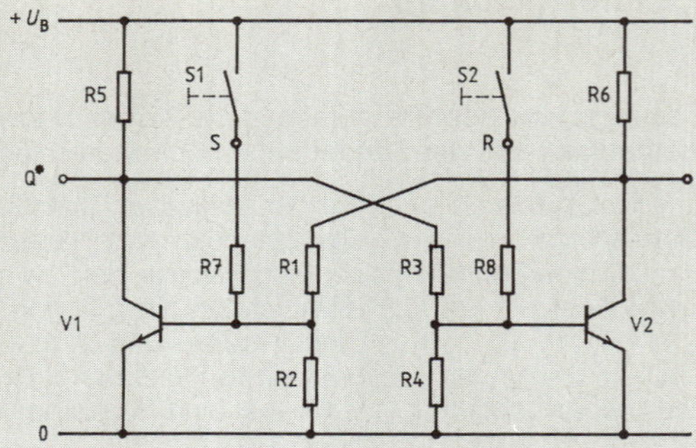

Bild 170.1

Welche Funktion erfüllt die Schaltung in Bild 170.1?

Die Schaltung erfüllt die Funktion einer **bistabilen Kippstufe,** auch **binärer Speicher** oder **RS-Flipflop** genannt. Sie hat zwei stabile Betriebszustände. Die Ausgangssignale Q und Q∗ sind entgegengesetzt wirksam.

Wird Taster S1 kurzeitig geschlossen (1-Signal am S-Eingang), so wird Transistor V1 niederohmig und V2 hochohmig; Ausgang Q wird bleibend gesetzt (1-Signal). Wird Taster S2 geschlossen (1-Signal am R-Eingang), so wird Transistor V2 niederohmig und V1 hochohmig; Ausgang Q wird bleibend zurückgesetzt (0-Signal).

Welcher Ausgangszustand stellt sich bei der Schaltung in Bild 170.1 ein, wenn die Betriebsspannung eingeschaltet wird?

Beim Einschalten der Betriebsspannung stellt sich ein undefinierter Zustand ein. Er ist von den Eigenschaften und Toleranzen der verwendeten Bauteile abhängig.

Beide Transistoren liegen mit ihrer Basis über die Spannungsteiler R1/R2 und R3/R4 sofort an positiver Spannung. Der schnellere der beiden Transistoren (meist der mit der größeren Verstärkung) steuert zuerst durch und setzt den am Kollektor angeschlossenen Ausgang auf 0-Signal.

Wie reagiert die Schaltung in Bild 170.1, wenn beide Taster S1 und S2 gleichzeitig betätigt werden?

Werden in der Schaltung in Bild 170.1 beide Taster gleichzeitig betätigt, führen beide Ausgänge ein 0-Signal. Dies ist ein irregulärer Zustand.

Führen beide Eingänge S und R je ein 1-Signal, steuern bei *dieser* Schaltung auch beide Transistoren durch, (niederohmiger Zustand). Somit sind auch beide Ausgänge auf 0-Signal gesetzt. Dieser Schaltzustand ist zu vermeiden.

Wofür werden bistabile Kippstufen verwendet?

Bistabile Kippstufen sind die Grundbausteine für
z.B. Speicher
Zähler
Schieberegister
Frequenzteiler

Besondere Flipflop (T-Flipflop) besitzen nur einen Eingang; die Schaltung reagiert nur auf Signaländerungen (dynamischer Eingang). Solche Kippschaltungen lassen sich zur Frequenzteilung einsetzen.

Geben Sie das Blocksymbol (Schaltzeichen) und die Funktionstabelle eines R-S-Flipflops an! Beschreiben Sie die Funktion!

Blocksymbol:

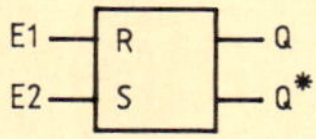

Funktionstabelle:

E2	E1	Q	Q*	Bemerkung
0	0	Q_n	Q_n	Speichern
0	1	1	0	Setzen
1	0	0	1	Rücksetzen
1	1	u	u	Zustand unvorhersehbar

Q_n kennzeichnet den vorherigen Zustand.

Mit einem 1-Signal am S(=set)-Eingang wird der Ausgang Q auf 1-Signal speichernd gesetzt. Mit einem 1-Signal am R(=reset)-Eingang wird der Ausgang Q speichernd zurückgesetzt.
Wird an beiden Eingängen **gleichzeitig** ein 1-Signal angelegt, entsteht ein **unvorhersehbarer Zustand**. Der Schaltzustand ist vom inneren Aufbau der Schaltung abhängig.

Die Kippstufe hat einen zweiten Ausgang Q∗ (sprich. Q-Stern); er führt das invertierte Signal von Q.

Geben Sie das Impulsdiagramm einer normalen R-S-Kippstufe an!

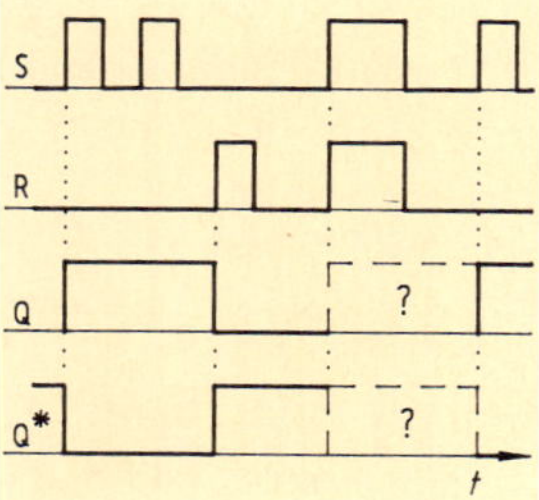

Das Schaltverhalten jeder Kippstufe kann durch ein Impulsdiagramm (Zeitablaufdiagramm) dargestellt werden. Zur Vereinfachung wird nur *eine* Zeitachse angegeben, die auch ganz entfallen kann. Die Darstellung erfogt üblicherweise in positiver Logik. Dies bedeutet:

1 ≙ H-Pegel, höherer Wert, Linie oberhalb der Achse
0 ≙ L-Pegel, niederer Wert, Linie auf der Achse

Bilden Sie ein R-S-Flipflop aus NOR-Bausteinen!

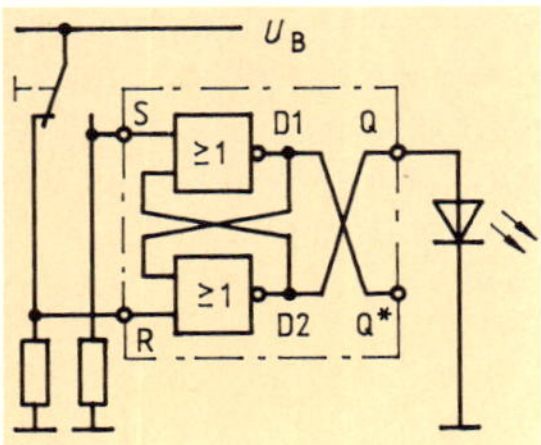

Das R-S-Flipflop kann aus zwei kreuzgekoppelten NOR-Gliedern aufgebaut werden. Die Speicherung erfolgt durch gegenseitige Rückkopplung der Ausgangssignale.
Ein vergleichbarer Aufbau wäre auch mit NAND-Bausteinen möglich, hierbei müßten jedoch beide Eingänge negiert werden.

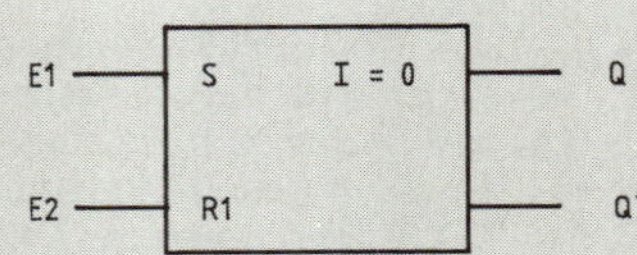

Bild 172.1

Welche Bedeutung hat die Bezeichnung I=0 im Schaltzeichen in Bild 172.1?

Die Bezeichnung I=0 im Schaltzeichen eines R-S-Flipflops besagt, daß direkt beim Einschalten der Betriebsspannung der Speicherzustand = 0 ist, d.h. der Ausgang Q führt ein 0-Signal.

Normale R-S-Speicher haben beim Einschalten einen undefinierten Zustand.
Das ist für viele Schaltungen problematisch. Durch eine entsprechende Innenschaltung geht die Kippstufe in eine vorbestimmte Speicherlage über.

Zeichen für den	I=0 → Q=0
Anfangszustand:	I=1 → Q=1

Welche Bedeutung hat die Bezeichnung "R1" am Rücksetzeingang des Speichers in Bild 172.1?

Die Bezeichnung R1 besagt: wenn beide Eingänge E1 und E2 ein 1-Signal führen (unlogischer Zustand) wird der Speicher vorrangig zurückgesetzt (Rücksetzdominanz).

Die Rücksetzdominanz wird durch eine Torschaltung am Setzeingang erreicht.

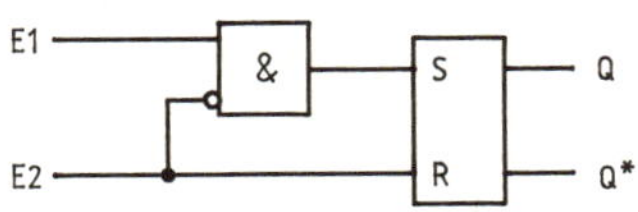

Wie werden rücksetzdominante Speicher wie in Bild 172.1 noch bezeichnet?

Man nennt Speicher mit rücksetzdominantem Verhalten auch **EL-Flipflop.**

Daneben gibt es auch Speicher, welche **vorrangig** setzen. Diese Speicher haben am Set-Eingang die Bezeichnung S1. Man nennt sie auch **SL-Flipflop.**

Geben Sie das Impulsdiagramm des Speichers in Bild 172.1 an!

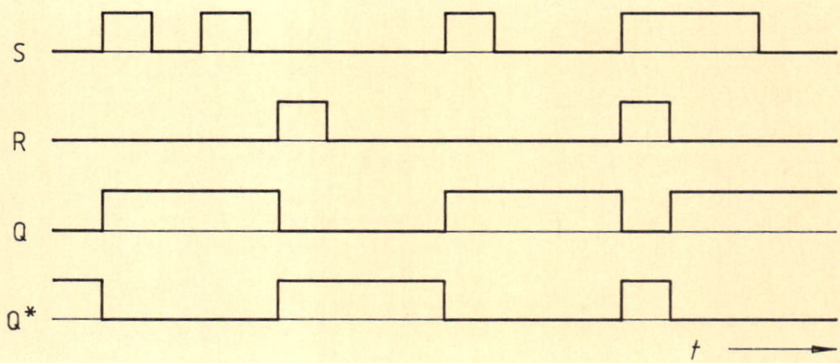

Eine Beleuchtung soll von 2 Bedienstellen mit den Tastern S1 oder S2 eingeschaltet und mit S3 oder S4 ausgeschaltet werden. Geben Sie die verwendeten Bausteine und den Schaltplan an!

Für die Speicherschaltung von 2 Bedienstellen benötigt man zwei ODER-Gatter, ein EL-Flipflop mit I=0, einen Ausgangsverstärker sowie ein Relais oder ein Schütz.

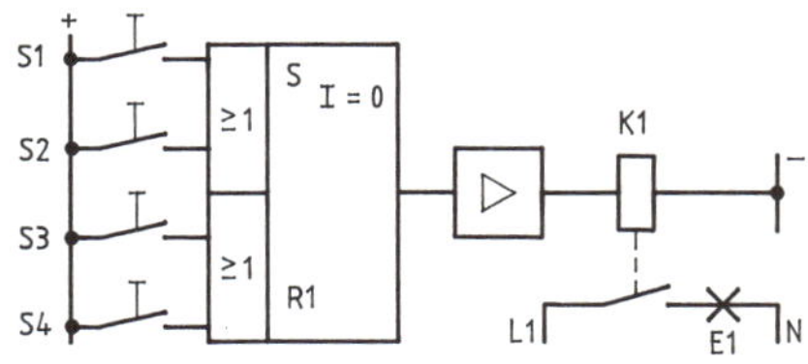

Welchen wesentlichen Nachteil besitzt das einfache R-S-Flipflop?

Die einfache R-S-Kippstufe besitzt den Nachteil, daß die Eingangsinformationen sofort und direkt auf die Ausgänge gegeben werden, nicht erst auf einen zusätzlichen Befehl.

Oft ist es wünschenswert, die Eingangsinformationen an S und R erst zu einem vorgegebenen Zeitpunkt zur Speicherung freizugeben, zum Beispiel durch ein zusätzliches Freigabesignal = Taktsignal.

5

Durch welche Maßnahmen lassen sich die Nachteile des normalen R-S-Flipflops beheben?

Die Nachteile einer einfachen Kippstufe lassen sich durch einen weiteren Eingang, der **taktgesteuert** auf den Speicher einwirkt, beheben.

Wie arbeiten sogenannte taktgesteuerte oder getaktete Kippstufen?

Bei getakteten Kippstufen wird über einen zusätzlichen Steuereingang C (= clock) ein Freigabesignal zugeführt. Erst dann werden die am S- und R-Eingang wartenden Signale freigegeben.
Man unterscheidet:
- Takt**zustand**steuerung (statischer Eingang C1)
- Takt**flanken**steuerung (dynamischer Eingang C1)

Schaltung eines taktzustandgesteuerten RS-Flipflop

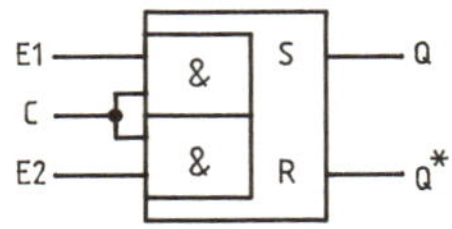

Schaltsymbole getakteter RS-Flipflop

taktzustandgesteuert | taktflankengesteuert

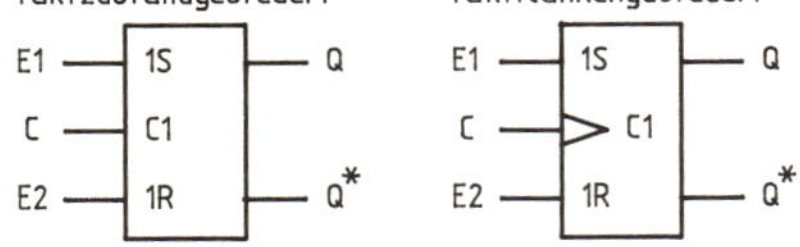

Erläutern Sie die Taktflankensteuerung an einem R-S-Flipflop!

Bei taktflankengesteuerten Speichern wird der an den S-R-Eingängen liegende Signalwert nur während der **ansteigenden** oder **abfallenden** Flanke des Taktimpulses am C-Eingang eingespeichert.
Mit einem sogenannten Laufzeittor aus mehreren Invertiergliedern und einem UND-Glied kann ein kurzer Taktimpuls erzeugt werden. Hierbei wird die Zeitverzögerung der Bausteine ausgenutzt.

Ansteigende Flanke

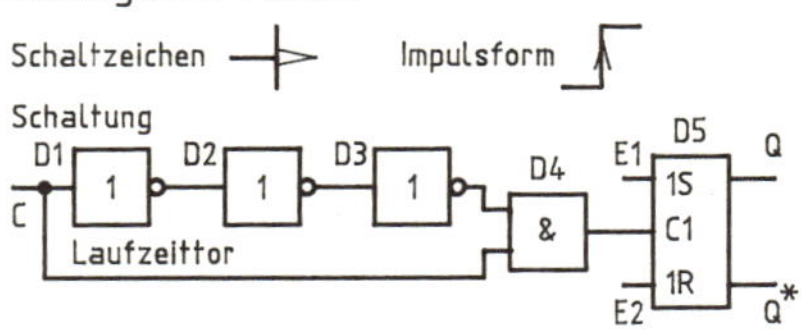

Abfallende Flanke

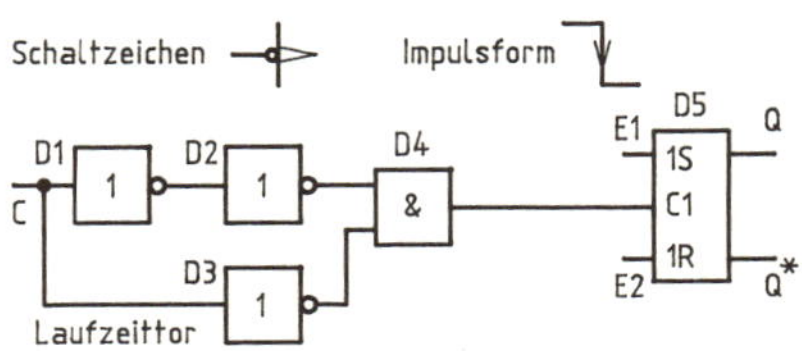

Geben Sie das Schaltzeichen eines D-Flipflops an und beschreiben Sie die Funktion!

Schaltungssymbol des D-Flipflop

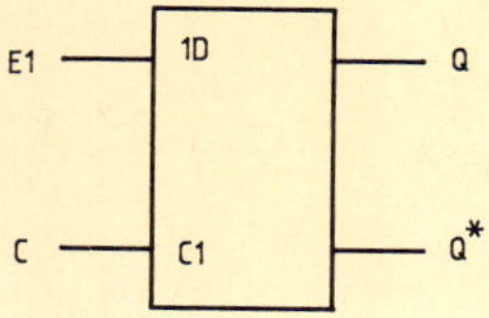

Das D-Flipflop besitzt nur einen Vorbereitungseingang 1D. Durch ein 1-Signal am C1-Eingang wird die Information von E1 übernommen. Liegt an 1D ein 1-Signal, dann wird der Speicherausgang Q = 1 gesetzt, bei einem 0-Signal dagegen wird der Speicherausgang Q = 0 gesetzt.
Vorteil: Am D-Eingang können keine zwei unerlaubte Befehle auftreten (wie z.B. beim RS-FF)

Wie kann aus einer normalen R-S-Kippstufe ein D-Flipflop hergestellt werden?

Aus einer RS-Kippstufe wird durch Vorschalten von UND-Gliedern an den Eingängen der C-Steueranschluß für die Freigabe gebildet (Torsteuerung). Der S- und der R-Eingang ist zusammengefaßt, wobei der R-Eingang negiert wird.

Schaltung

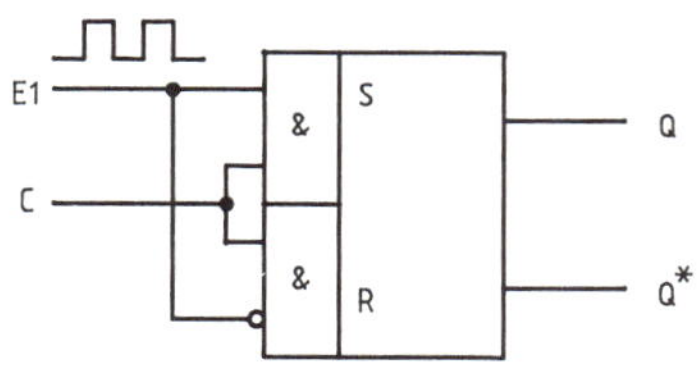

Geben Sie die Wahrheitstabelle und das Impulsdiagramm eines D-Flipflops an!

Wahrheitstabelle

C	E1	Q
0	0	Q_n
0	1	Q_n
1	0	0
1	1	1

Q_n: vorheriger Zustand bleibt erhalten.

Impulsdiagramm

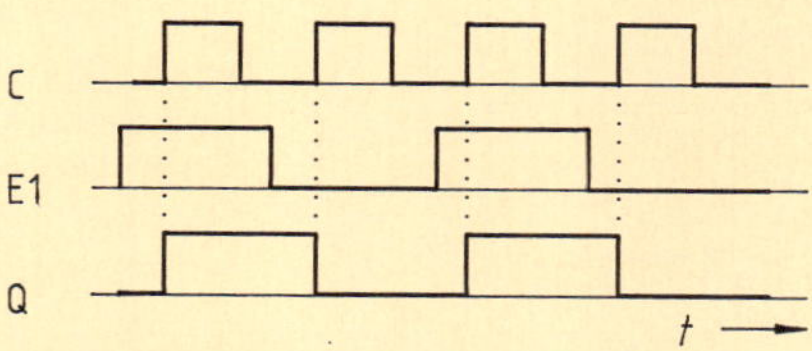

Die Information am Eingang E1 wird erst bei einem Taktflankenanstieg übernommen.

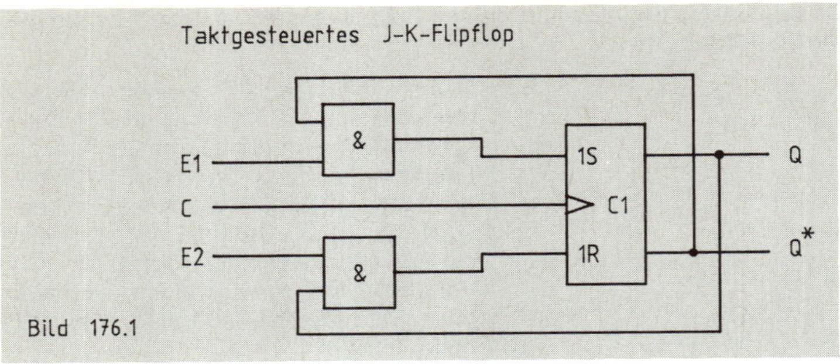

Bild 176.1

Wodurch unterscheidet sich das Verhalten der Schaltung in Bild 176.1 vom Verhalten eines getakteten R-S-Flipflops?

Die Schaltung unterscheidet sich dadurch, daß die S-R-Eingänge mit den Ausgängen über UND verknüpft sind. Wirkt auf J und K gleichzeitig ein 1-Signal, so wird der Signalzustand bei jedem Takt gewechselt.

Durch die Rückführung der Ausgangssignale auf die Eingänge entstehen zusammen mit der Taktflanke keine unvorhersehbaren Schaltzustände, wenn unlogische Eingangssignale auftreten. Diese Schaltung wird als **J-K-Flipflop** bezeichnet. Der J-Eingang (**J**ump) entspricht dem Set-, der K-Eingang (**K**ill) dem Rücksetz-Eingang eines RS-Speichers.

Skizzieren Sie die Schaltsymbole taktflankengesteuerter J-K-Flipflop!

Gesteuert durch ansteigende Flanke

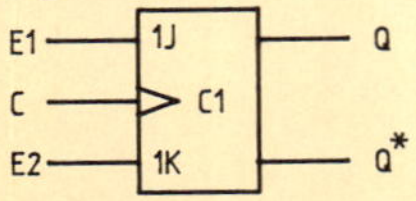

Gesteuert durch abfallende Flanke

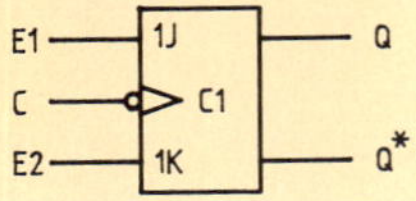

Häufig besitzen J-K-Flipflop weitere Eingänge zum Setzen S und Rücksetzen R. Sie sind von den Signalzuständen an J,K und C unabhängig und dominant.

Beispiel:

JK-Flipflop mit mehreren J- und K-Eingängen

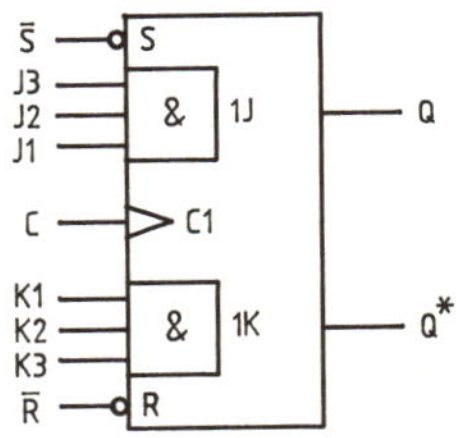

Wie reagiert das taktflankengesteuerte J-K-Flipflop, wenn an beiden Eingängen 1-Signale anstehen?

Stehen beim J-K-FF an beiden Eingängen 1-Signale an, so wirken diese nur vorbereitend. Eine Schaltfunktion entsteht erst, wenn auf den C-Steuereingang eine Signalflanke wirkt. Der Speicher kippt bei jedem Freigabeimpuls in einen anderen Zustand.

Der Freigabeimpuls (Trigger) bewirkt, daß der Speicher "kippt", d.h. seinen Speicherzustand ändert, auch wenn beide Eingänge 1-Signale führen. Der Grund liegt in der Rückführung der Ausgänge auf die Eingänge. Wird z.B. der Speicher über den J-Eingang gesetzt, so gibt der Ausgang Q anschließend nur den K-Eingang frei und sperrt den J-Eingang und umgekehrt.

Geben Sie das Impulsdiagramm eines J-K-Flipflops an?

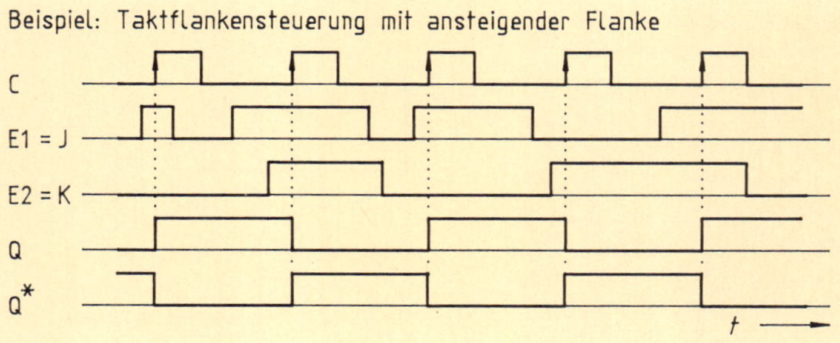

Beschreiben Sie die Funktion des sogenannten Trigger-Flipflops!

Das Trigger-FF ist eine Sonderform des normalen JK-FF. Bei ihm wird gleichzeitig auf beide Eingänge das gleiche Signal gegeben. Mit jedem Eingangssignal wird der Ausgang umgesteuert.

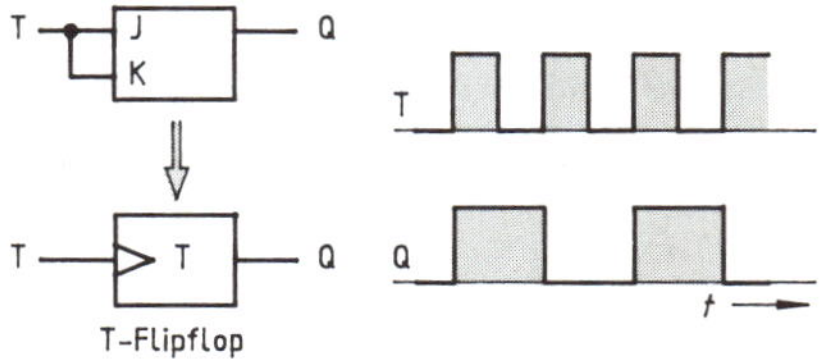

Welches elektromechanische Schaltrelais besitzt das gleiche Schaltverhalten wie das T-Flipflop?

Das T-Flipflop hat das gleiche Schaltverhalten wie ein Stromstoßschalter in der Elektroinstallation.

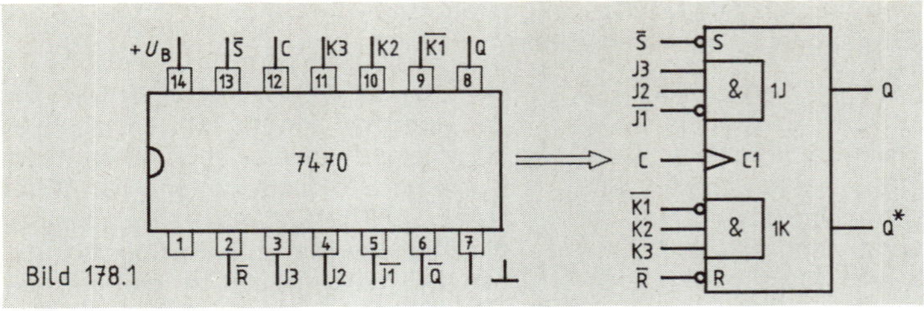

Bild 178.1

Welche Art von Speicher enthält das IC in Bild 178.1?

Das IC enthält ein taktflankengesteuertes JK-Flipflop mit je 3 Setz- und Rücksetz-Eingängen.

Die Anschlüsse $\bar{S}$ (Preset) und $\bar{R}$ (Reset) sind dominierende, nicht vom C-Signal abhängige Eingänge. Im Normalbetrieb müssen diese an $+U_B$ angelegt werden.

Wie müßte das IC 7470 beschaltet werden, um mit ihm eine D-Flipflop-Funktion zu erhalten?

Mit dem Baustein 7470 läßt sich sehr einfach ein D-Flipflop aufbauen, da ein negierter K-Eingang (K1) vorhanden ist. Dieser bildet mit J2 und J3 den Eingang D. Alle anderen Eingänge werden entsprechend mit $+U_B$ und Masse verbunden.
Nicht benützte Eingänge müssen beschaltet sein.

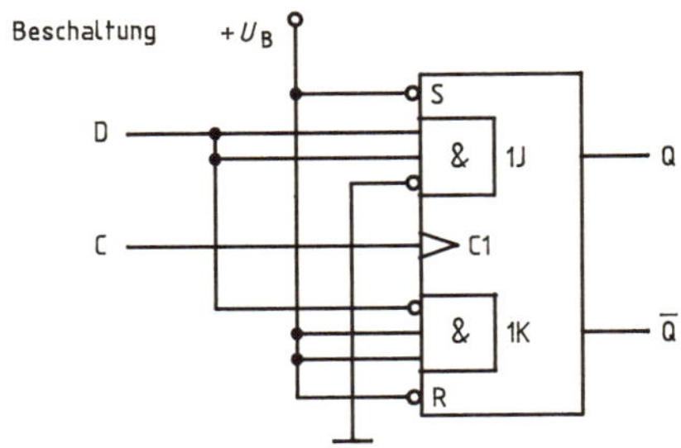

Wie kann mit dem IC 7470 ein Frequenzteiler aufgebaut werden?

Will man das JK-Flipflop als Frequenzteiler nutzen, muß es als T-Flipflop beschaltet werden.
Die J und K-Eingänge werden auf 1-Signal gelegt, $\bar{J}$ und $\bar{K}$ auf 0-Signal.
Am Ausgang Q erscheint eine Rechteckspannung mit halber Frequenz des Eingangstaktes.

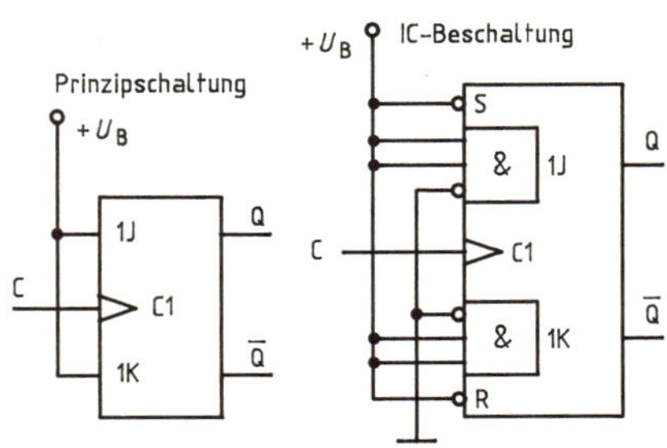

Weshalb benötigt man Master-Slave-Flipflop?

In vielen Digitalschaltungen, wie bei Zählern, Schieberegistern usw. muß zwischen der Signaleingabe und der Signalausgabe ein zeitlicher Unterschied hergestellt sein.
Das JK-MS-Flipflop wird in zunehmendem Maße für Speicherschaltungen bevorzugt, da es universell einsetzbar ist.

Wie läßt sich ein Master-Slave-Flipflop aus JK-Speicherbausteinen herstellen?

Master-Slave-(kurz: MS-FF) Flipflop lassen sich durch die Reihenschaltung von 2 JK-Flipflop herstellen.

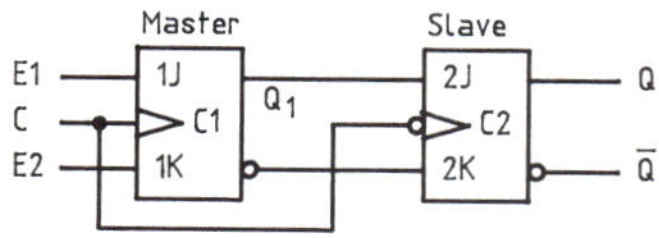

Geben Sie das Schaltzeichen eines Master-Slave-Flipflops an und beschreiben Sie dessen Funktion.

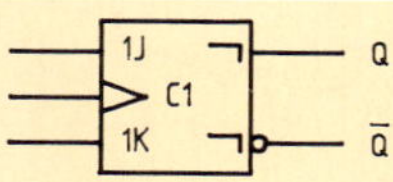

Die Winkel an den Ausgängen symbolisieren die Verzögerung zwischen Ein- und Ausgangssignal.

Das erste Flipflop (Master) übernimmt das Eingangssignal bei ansteigender Taktflanke und speichert es; bei abfallender Taktflanke wird die Information in das zweite Flipflop (Slave) übernommen und ausgeführt. Deshalb wird es auch als zweiflankengesteuertes JK-Flipflop bezeichnet.

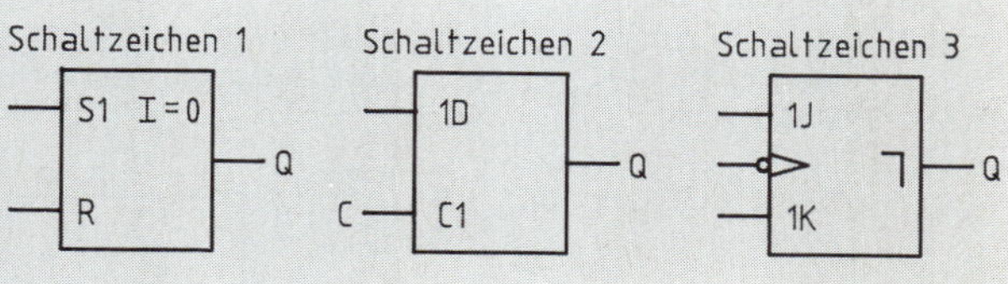

Bild 179.1

Welchen Speicherarten sind den in Bild 179.1 gezeigten Schaltzeichen zuzuordnen?

Die Schaltzeichen stellen dar:
1. SL-Flipflop (eindominantes RS-FF)
2. D-Flipflop (taktzustandgesteuertes RS-FF)
3. MS-Flipflop (taktflankengesteuert mit abfallender Flanke)

Geben Sie die Schaltsymbole monostabiler Kippstufen an:
a) allgemein b) mit dynamischem Eingang c) mit Zeitangabe!

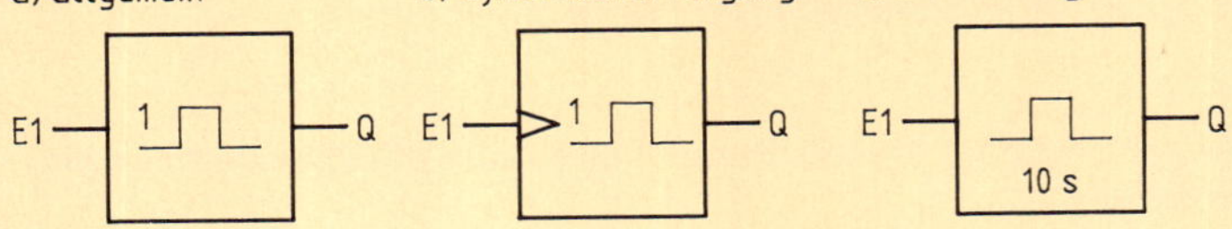

Worin unterscheidet sich die monostabile Kippstufe von der bistabilen Kippstufe?

Die monostabile Kippstufe, auch Monoflop genannt, besitzt nur einen Eingang; wird dieser angesteuert, so erzeugt die Schaltung einen Ausgangsimpuls mit einstellbarer Dauer.

Nach der Impulszeit kippt die Schaltung von selbst wieder in ihre Ausgangslage zurück.
Im Gegensatz dazu muß die bistabile Kippstufe über das Signal am Reset-Eingang zurückgesetzt werden.

Wofür werden monostabile Kippstufen verwendet?

Monostabile Kippstufen werden hauptsächlich als Impulsgeber oder Impulsformer, aber auch zur Ein- und Ausschaltverzögerung eingesetzt.

Beispiel: Impulsformer
Der Ausgangsimpuls ist stets gleich lang, unabhängig von der Dauer des Eingangssignals. Dies wird durch eine monostabile Kippstufe mit dynamischem Eingang erreicht.

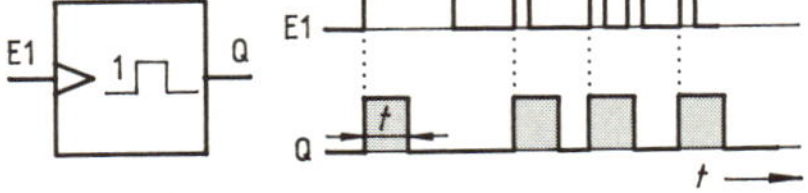

Was sind „nachtriggerbare" monostabile Kippstufen?

Nachtriggerbare Monoflops können während des Arbeitszustandes durch einen weiteren Eingangsimpuls beeinflußt werden, so daß die Dauer des Ausgangssignals durch den letzten Impuls bestimmt wird.

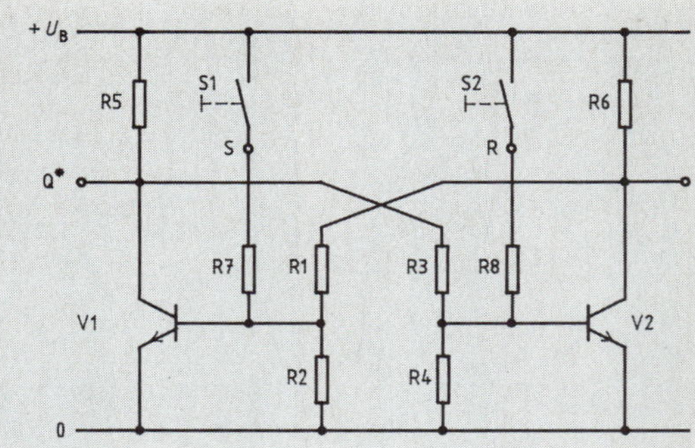

Bild 181.1

Durch welche Schaltungsänderung kann man bei der Flipflop-Schaltung in Bild 181.1 die Funktion einer monostabilen Kippstufe erreichen?

Die Schaltung erhält die Funktion einer monostabilen Kippstufe durch folgende Änderungen:

- S2 kurzschließen,
- R4 entfernen,
- R3 durch einen Kondensator ersetzen.

Im Ruhezustand sperrt Transistor V1, Transistor V2 ist leitend; der Ausgang Q führt ein 0-Signal. Durch Betätigen von S1 wird V1 leitend, dadurch sperrt V2, am Ausgang liegt 1-Signal an. Jetzt lädt sich der Kondensator um; nach Ablauf der Aufladezeit wird die Basis von Transistor V2 wieder positiv, so daß dieser leitend wird; der Ausgang ist wieder auf 0-Signal gesetzt.

Wie läßt sich mit Hilfe einer monostabilen Kippstufe sowie einem UND-Gatter eine Einschaltverzögerung erzeugen?

Schaltung

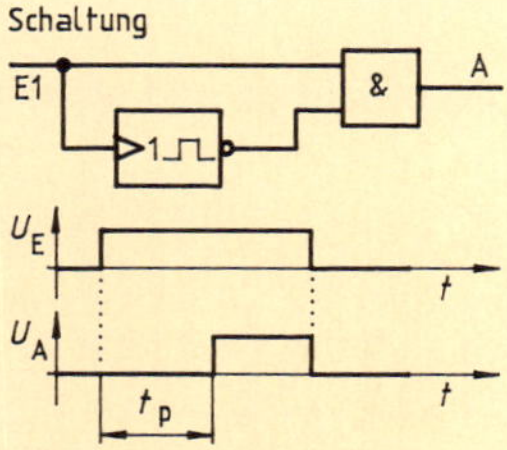

t_p = Einschalt-verzögerung

Mit dem 1-Signal am Eingang wird der Ausgang des Monoflop gesetzt, blockiert aber die UND-Verknüpfung. Das Signal am Ausgang A ist daher Null. Nach der abgelaufenen Impulszeit kippt das Monoflop zurück, die UND-Bedingung ist erfüllt, der Ausgang A führt ein 1-Signal.
Direkt nach dem Start kann am Ausgang ein Nadelimpuls (Spike) entstehen. Grund: Signallaufzeit-Unterschiede.

5

Bild 182.1

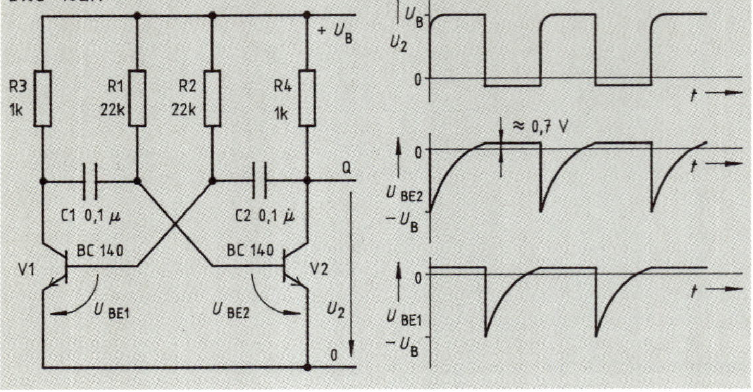

Wie wird die Kippstufe bezeichnet, deren Schaltung in Bild 182.1 dargestellt ist? Welche Eigenschaften besitzt sie?

Die Schaltung stellt eine **astabile Kippstufe,** auch astabiler Multivibrator genannt, dar.
Sie besitzt keine stabile Lage, sondern kippt ständig von einem Zustand in den anderen. Dadurch entsteht am Ausgang eine annähernde Rechteckspannung.

Das Ausgangssignal jeder Stufe wird über einen Kondensator auf den Eingang der anderen Stufe zurückgekoppelt.
Die Einschaltdauer t_i und die Ausschaltdauer t_p werden durch die Kondensator- und Widerstandswerte bestimmt:

$t_i \approx 0{,}7 \cdot R_1 \cdot C_1$, $t_p \approx 0{,}7 \cdot R_2 \cdot C_2$
Hierbei ergibt sich die Frequenz

$$f = \frac{1}{T} = \frac{1}{t_i + t_p}$$

Geben Sie das Schaltsymbol einer astabilen Kippstufe an und stellen Sie das Impulsdiagramm dar!

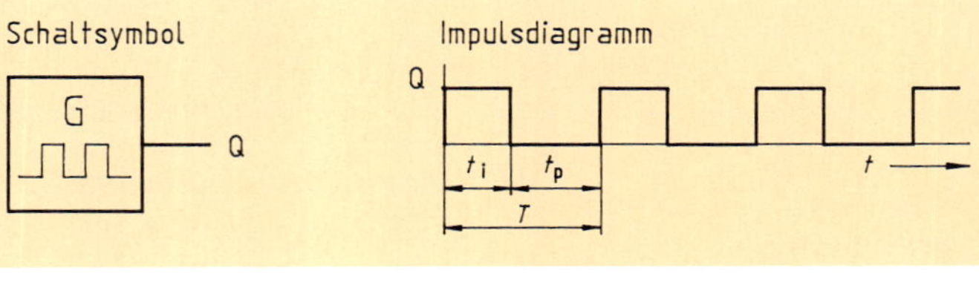

Wie kann mit Hilfe eines Operationsverstärkers eine astabile Kippstufe gebildet werden?

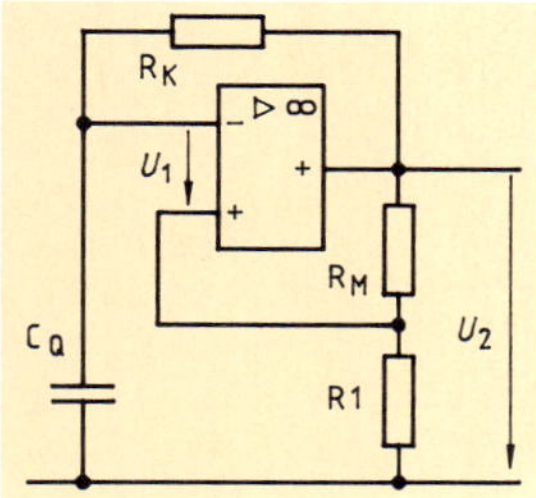

Der Kondensator C_Q lädt sich über den Widerstand R_K durch die Ausgangsspannung U_2 auf. Mit zunehmender Kondensatorspannung wechselt die Polarität der Eingangsspannung U_1 und die Ausgangsspannung "kippt" in die entgegengesetzte Richtung. Jetzt wird der Kondensator umgepolt und bewirkt nach der Aufladung einen erneuten Polaritätswechsel. Dieser Vorgang wiederholt sich ständig.

Erläutern Sie das Prinzip eines Schwellwertschalters!

Der Schwellwertschalter wandelt beliebig geformte Signalverläufe in Rechtecksignale um. Die Impulsdauer hängt von der Eingangsspannung U_E ab. Überschreitet sie den Wert U_{E1}, entsteht am Ausgang des Schalters ein 1-Signal, unterschreitet sie den Wert U_{E2}, wird der Ausgang zu Null

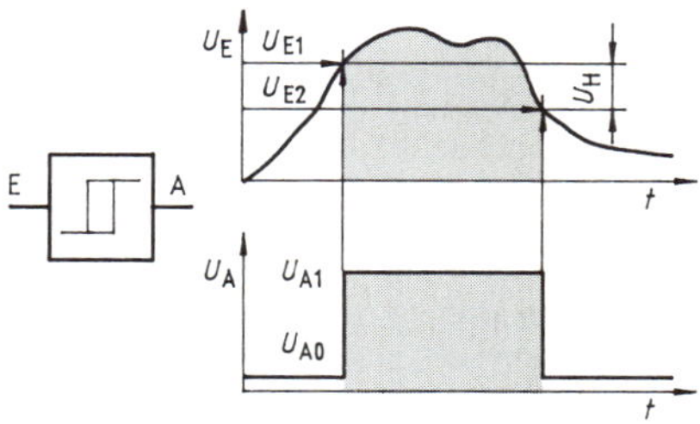

Was versteht man beim Schwellwertschalter unter dem Begriff Schalthysterese?

Unter dem Begriff Schalthysterese versteht man die Differenz der Eingangsspannungen U_{E1} und U_{E2} zwischen dem Ein- und Ausschalten.

$$U_H = U_{E1} - U_{E2}$$

Die Schalthysterese ist charakteristisch für den Schwellwertschalter; sie wird durch die Übertragungskennlinie $U_A = f(U_E)$ verdeutlicht.

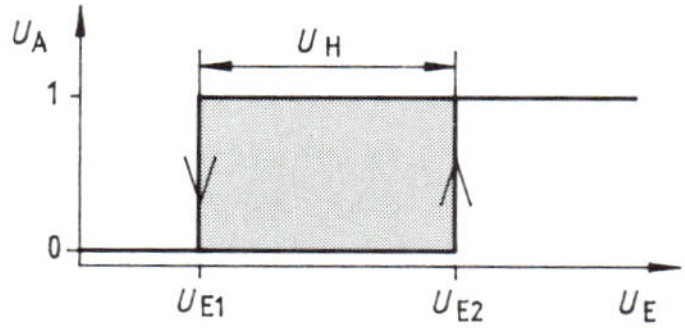

Welches ist die häufigst angewandte Schaltung zur Herstellung eines Schwellwertschalters?

Die am häufigsten angewandte Schaltung ist die des Schmitt-Triggers. Grundlage ist die Schaltung einer bistabilen Kippstufe, der Eingang E ist aber (im Gegensatz zum Flipflop) hier vom Ausgang Q abgekoppelt. Erreicht die Spannung U_E einen bestimmten Wert, so kippt Ausgang Q in den Ein-Zustand und umgekehrt.

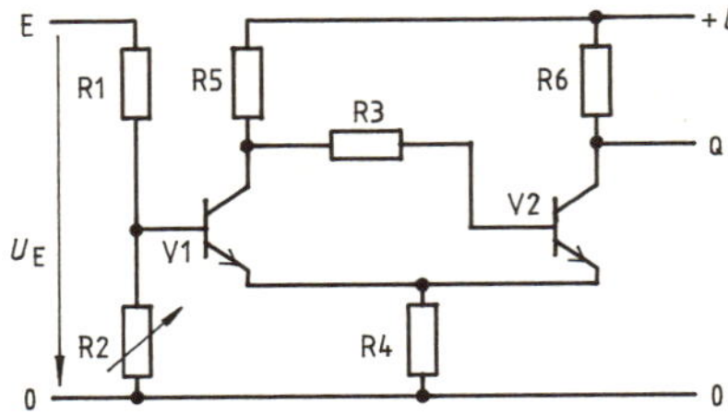

Das Kippverhalten der Schaltung wird vor allem durch den gemeinsamen Emitterwiderstand R4 bestimmt.

Wozu werden Schwellwertschalter benötigt?

Schwellwertschalter werden verwendet
1. zur Impulsaufbereitung
2. zum eindeutigen Schalten von langsam sich ändernden Signalen

zu 1.: Impulse, welche durch viele Stufen verformt sind, müssen oft „erneuert“ werden.
zu 2.: Beispiel Dämmerungsschalter. Das Signal des LDR-Sensors ändert sich mit dem Tageslicht sehr langsam. Die Nachtbeleuchtung soll ab einer gewissen Helligkeit eindeutig ein- und abgeschaltet werden, damit der Kontakt nicht zerstört wird.

Wie läßt sich mit Hilfe eines Operationsverstärkers ein Schwellwertschalter herstellen?

Schwellwertschalter können mit Operationsverstärkern durch Mitkopplung (Ausgangsspannung wirkt auf den Eingang unterstützend) hergestellt werden. Die Mitkopplung geschieht über den Spannungsteiler R1, R2. Mit ihm wird auch die Schalthysterese verändert.

Anschluß am nicht-invertierenden Eingang

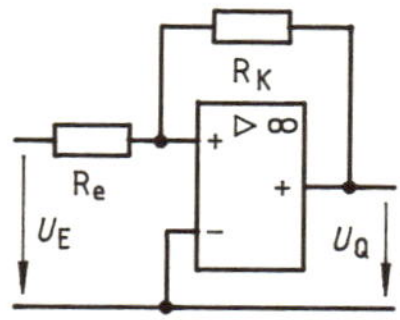

$$\Delta U_E \approx \frac{R_e}{R_K}(U_{b1} - U_{b2})$$

Anschluß am invertierenden Eingang

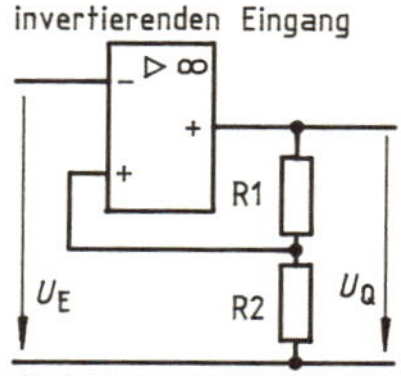

$$\Delta U_E \approx \frac{R_1}{R_1 + R_2}(U_{b1} - U_{b2})$$

Dabei ist $U_{b1} \approx +U_B$ und $U_{b2} \approx -U_B$

Wie kann mit Schwellwertschaltern ein Rechteckgenerator hergestellt werden?

Zur Herstellung eines Rechteckgenerators (astabile Kippstufe) benötigt man 2 Schmitt-Trigger mit invertertiertem Ausgang sowie eine R-C-Kombination.

Schaltung:

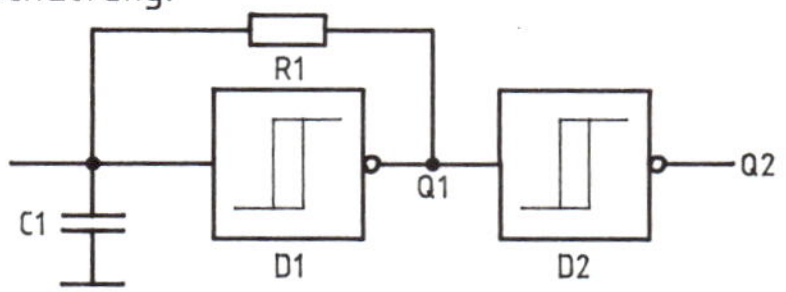

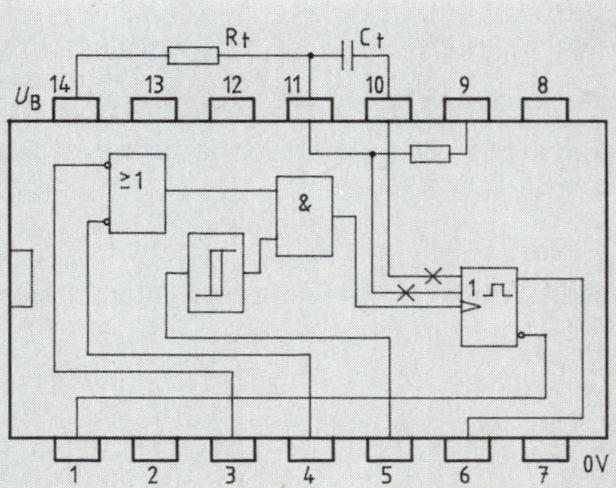

Bild 185.1
IC 74121

Hinweis:
× bedeutet
analoger Eingang

Welche Kippstufen enthält das IC 74121 in Bild 185.1?

Das IC 74121 enthält eine monostabile Kippstufe, und einen Schwellwertschalter. Dieser ist über eine UND-Torschaltung auf den Eingang des Monoflops geführt.

Pin 5 ist der Eingang für langsame Eingangsflanken (ca. 1 V/s), er führt zum Schmitt-Trigger; dieser steuert den Monoflop an. Einmal angesteuert, ist der Ausgangsimpuls an Pin 6 nur eine Funktion der Zeitkomponente R_t und C_t.

5.6 Komplexe digitale Schaltungen

Bild 186.1

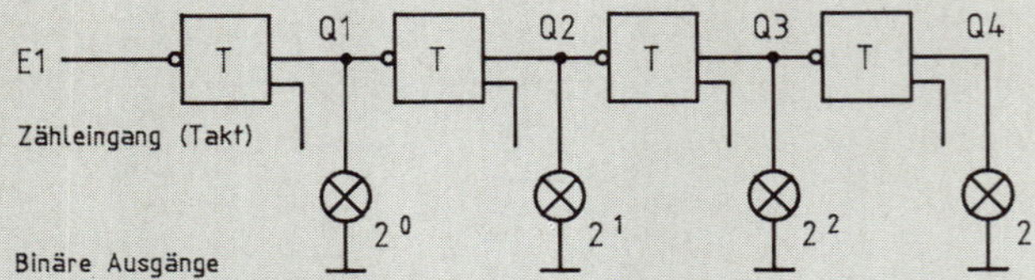

Wie wird die Schaltung in Bild 186.1 bezeichnet?

Die Schaltung in Bild 186.1 stellt einen asynchronen Binär-Vorwärtszähler dar, hier als 4-Bit-Dualzähler.

Erläutern Sie Aufgabe und Funktion der Zählerschaltung in Bild 186.1!

Die gezeigte Zählerschaltung hat die Aufgabe, Impulse, die am Eingang E1 ankommen zu speichern und ihre Anzahl an den vier Ausgängen als Binärwort darzustellen.

Die Schaltung besteht aus vier T (= Trigger) – Flipflops.
Mit jeder abfallenden Taktflanke an E1 wird Q1 abwechselnd gesetzt und rückgesetzt. Ausgang Q2 wird von Q1, Q3 von Q2, Q4 von Q3 jeweils angesteuert. Die Impulse an E1 werden dadurch gezählt und binär angezeigt.

Wieviel Eingangsimpulse kann der Zähler in Bild 186.1 maximal zählen?

Der Zähler kann maximal 16 Eingangsimpulse zählen, aber nur 15 anzeigen. Der 16. Impuls wirkt als Rücksetzimpuls mit dem Wert = 0.

Der Zählwert wird als Dualzahl von 0000 bis 1111 (15_{DEZ}) angezeigt.
Das erste Flipflop mit dem Takteingang E1 bildet auch die erste Stelle (Wert 2^0) der Dualzahl, das nächste die zweite Stelle usw.

Wie viele verschiedene Schaltzustände kann ein Acht-Bit-Zähler dual anzeigen?

Ein Acht-Bit-Zähler kann $2^8 = 256$ Zustände anzeigen.

Welche Ausgänge sind bei dem Zähler in Bild 186.1 nach sieben Eingangsimpulsen gesetzt?

Nach der abfallenden Flanke des 7. Impulses sind die Ausgänge Q1, Q2 und Q3 gesetzt.

Anzeige: Q1 hat den Stellenwert $2^0 = 1$
Q2 hat den Stellenwert $2^1 = 2$
Q3 hat den Stellenwert $2^2 = 4$
$z = 1 + 2 + 4 = 7_{DEZ}$

Wie wird die in Bild 186.1 gezeigte Zählerschaltung mit einem einzigen Schaltzeichen dargestellt?

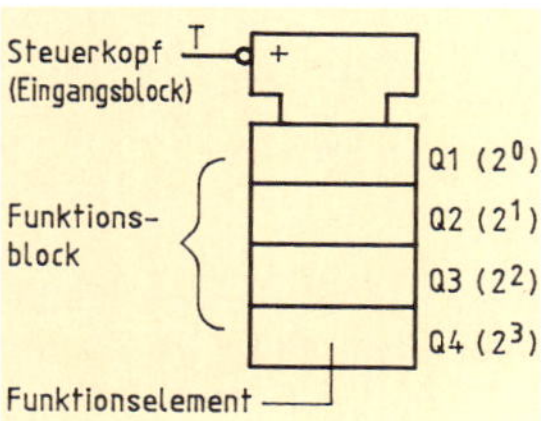

Die normgerechte Darstellung des Zählers zeigt den Eingangsblock (Steuerkopf) und den Funktionsblock. Dieser besteht, entsprechend der Anzahl der Zählstufen, aus vier Funktionselementen.
Der Takteingang ist negiert. Das Plus-Zeichen im Steuerkopf kennzeichnet den **Vorwärts**zähler, ein Minus-Zeichen würde den **Rückwärts**zähler kennzeichnen.

5

Wie kann aus dem Vorwärtszähler in Bild 186.1 ein Binär-Rückwärtszähler gebildet werden?

Aus dem Vorwärtszähler kann ein Rückwärtszähler gebildet werden, indem die nachfolgenden Stufen jeweils am **invertierten** Ausgang $\overline{Q}$ der Vorstufe angeschlossen werden.

In der Grundstellung haben alle Ausgänge $\overline{Q}$ ein 1-Signal (Wert 15_{DEZ}). Der Wert wird mit jedem Taktimpuls um 1 verringert. Mit dem Ausgang ü kann ein Übertrag um eine weitere Zählstufe geleitet werden.

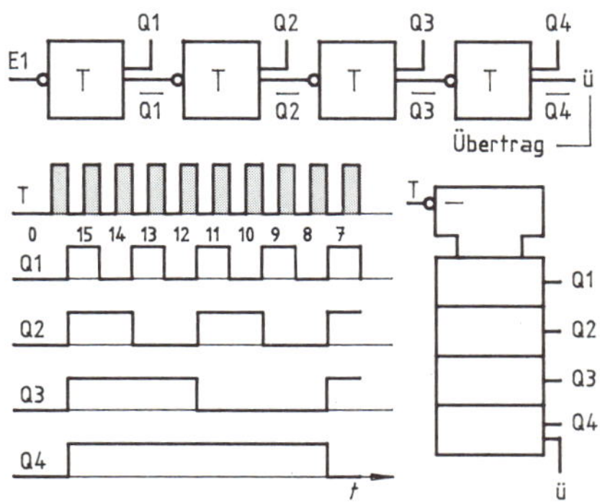

Welche Probleme treten beim Zählen auf, wenn die Impulse durch Schaltkontakte, z.B. durch einen Endtaster erzeugt werden?

Werden Zähler durch elektromechanische Kontakte angesteuert, können Fehlimpulse entstehen. Ursache dafür ist das sogenannte "Prellen" der Kontakte. Die falschen Impulse werden von der Elektronik mitgezählt und angezeigt. Kontakte müssen deshalb elektronisch „entprellt" werden.

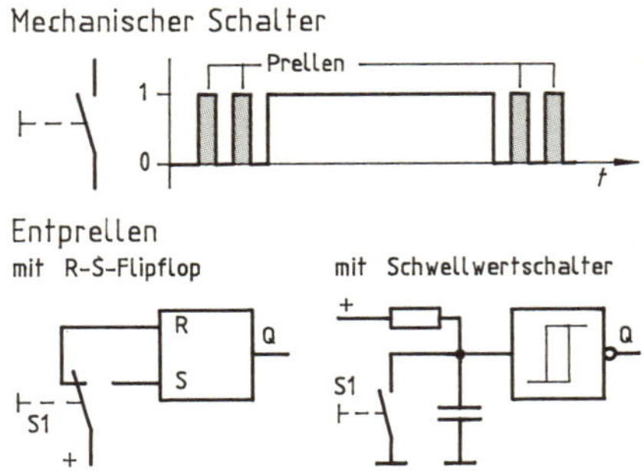

Auf einem Förderband sollen fünf Werkstücke abgezählt werden. Nach dem fünften Werkstück soll eine Weiche umschalten. Sie wird durch einen Impuls des Zählers angesteuert.
Beschreiben Sie die Funktion und geben Sie die Schaltung an!

Die Zählschaltung benötigt 3 T-Flipflop, deren Ausgänge auf eine UND-Verknüpfung führt. Die Zahl 5 hat am Zähler die binäre Ausgangskombination 101. Die UND-Verknüpfung wertet diesen Schaltzustand aus; sie erzeugt am Ausgang ein 1-Signal. Das so erzeugte Signal steuert die Weiche und setzt gleichzeitig auch alle Speicher über den RESET-Eingang zurück. Der Rücksetzimpuls muß aber so lange anstehen, bis alle Speicher zurückgesetzt sind. Dies wird durch eine monostabile Kippstufe erreicht.

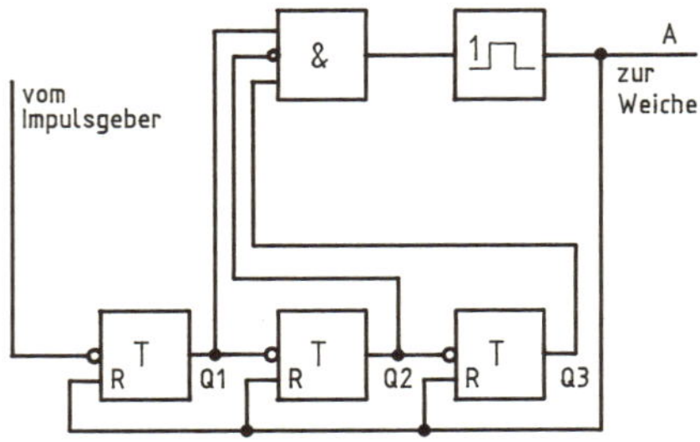

Welche Nachteile besitzen asynchrone Zähler?

Asynchrone Zähler besitzen den Nachteil, daß durch die Reihenschaltung der Takt-Steuerung lange Laufzeiten entstehen.

Jede Folgestufe wird durch ihre Vorstufe geschaltet, deshalb addieren sich die Schaltzeiten zu einer Gesamtlaufzeit. Sie ist umso länger, je mehr Stufen hintereinandergeschaltet sind.

Welcher wesentliche Unterschied besteht zwischen *synchronen* und *asynchronen* Zählern?

Synchrone Zähler unterscheiden sich von asynchronen Zählern durch die Ansteuerung. Beim synchronen Zähler wirkt der Takt *gleichzeitig* (synchron) auf alle Flipflops. Beim asynchronen Zähler ist das Ausgangssignal eines Flipflops jeweils der Taktimpuls des nächsten; die Ansteuerung erfolgt *nacheinander* (nicht synchron).

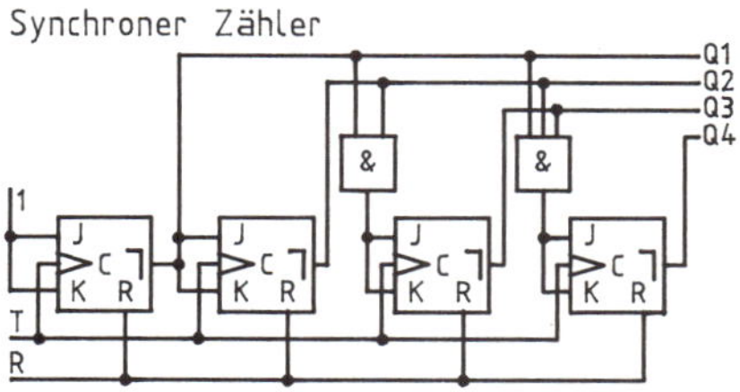

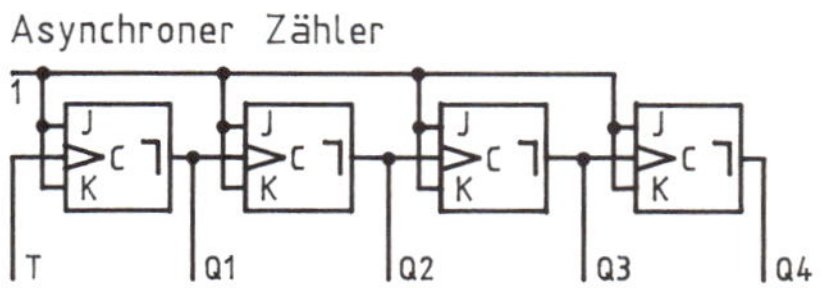

Welche Vorteile besitzen synchrone Zähler gegenüber asynchronen Zählern?

Synchrone Zähler besitzen den Vorteil, daß sie wesentlich schneller als asynchrone Zähler sind.

Durch die Parallelschaltung der einzelnen Kippstufen erfolgen alle Setz- und Rücksetzvorgänge mit gleichem Takt, dadurch entfallen die Durchlaufzeiten.

Wie läßt sich mit einem Zähler vorwärts und rückwärts zählen?

Mit einem Zähler kann vor- und rückwärts gezählt werden, wenn zwischen den Ausgängen Q und $\overline{Q}$ die auf die Eingänge der nachfolgenden Kippglieder wirken, umgeschaltet wird. Die Umschaltung erfolgt elektronisch über UND-Torschaltungen.

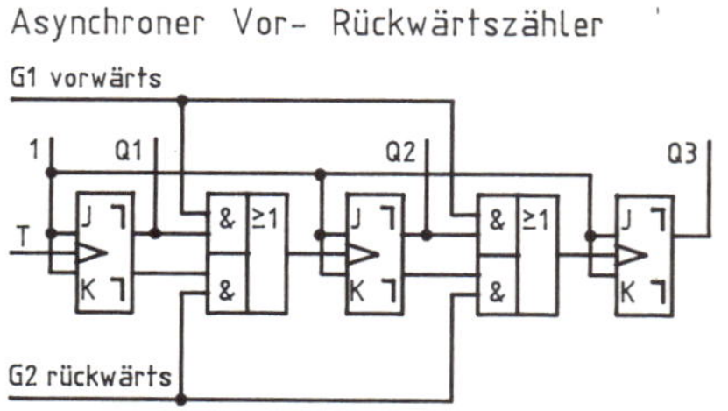

Erläutern Sie den grundsätzlichen Aufbau eines Dezimalzählers!

Der Dezimalzähler besteht grundsätzlich aus einem 4-Bit-Dualzähler und zählt die Impulse 0 bis 9. Nach dem 10. Impuls wird die Zählerdekade durch eine UND-Auswertung zurückgesetzt.

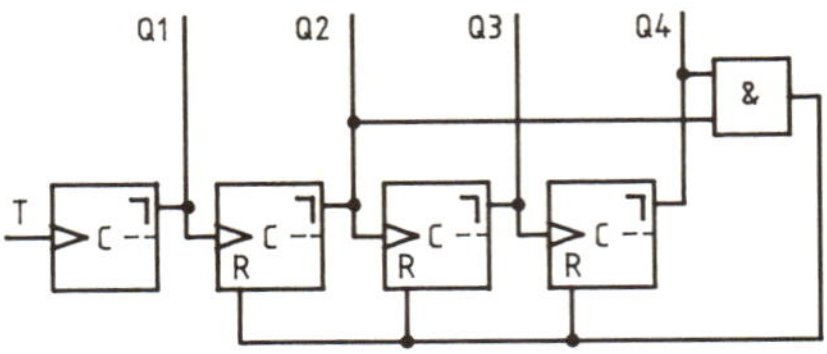

Erläutern Sie den Begriff BCD-Code!

Der Begriff BCD-Code (**Bi**nary-**C**oded-**D**ecimal) ist die Kurzform für das binär codierte Zehnersystem. Hierbei wird jede Ziffer einer Dezimalzahl mit vier Bit dargestellt. Diese vier Bit bezeichnet man auch als **Tetrade**

Eine Tetrade kann 16 Bit darstellen, für eine Ziffer im Dezimalsystem werden aber maximal nur 10 Bit-Kombinationen benötigt (0000 bis 1010); die übrigen Kombinationen entfallen.
Beispiel für die Darstellung der Dezimalzahl 3459 im BCD-Code:

Dezimalzahl	3	4	5	9
BCD-Code	0011	0100	0101	1001

Tetraden

Geben Sie das DIN-Schaltzeichen für einen Dezimalzähler an!

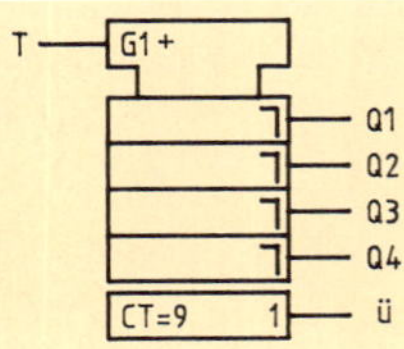

Die Bezeichnung CT = 9 (**C**oun**T**) besagt, daß der Zähler nach 9 Impulsen zurückgesetzt wird; gleichzeitig erscheint am Ausgang ü ein Übertragsignal, das auf eine weitere Zählstufe geleitet werden kann. Dezimalzähler werden auch als BCD-Zähler oder Modulo 10-Zähler bezeichnet.

Ein Dezimalzähler soll drei Dezimalstellen zählen und anzeigen. Wie viele Kippstufen müssen dafür verwendet werden?

Ein Dezimalzähler, der drei Dezimalziffern verarbeiten muß, benötigt drei Tetraden, also 3 mal 4 = 12 Kippstufen.

Wie kann man mit einem Zähler eine Frequenzteilung durchführen?

Mit einem Zähler kann am Ausgang jeder Stufe eine Halbierung der Taktfrequenz erreicht werden. Zum Beispiel entsteht am Ausgang eines 4stufigen Zählers eine Frequenz, die 1/16 der Taktfrequenz ist.

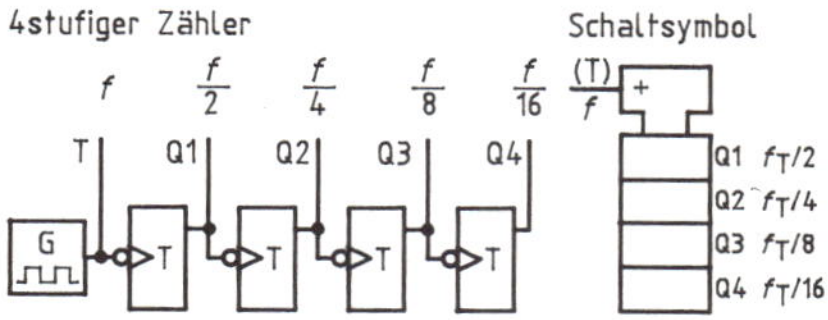

Die Quarzfrequenz einer elektronischen Uhr beträgt 32 768 Hertz. Sie soll auf den Sekundentakt 1 Hertz heruntergeteilt werden. Wie viele vierstufige Zähler sind dafür erforderlich?

Die Quarzfrequenz muß 15 mal geteilt werden, um den Sekundentakt zu liefern. Dafür werden vier 4stufige Zähler benötigt. Der Ausgang wird beim letzten Zähler an der vorletzten Stufe angeschlossen.

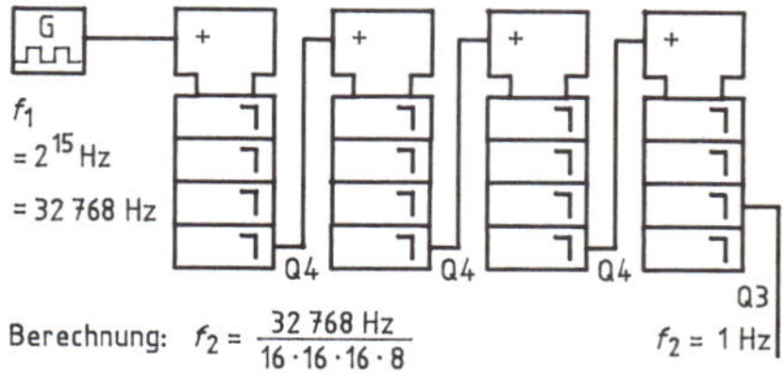

Wie lassen sich unterschiedliche Frequenzteilungen ohne Änderung der Schaltung vornehmen?

Unterschiedliche Frequenzteilungen lassen sie sich ohne Schaltungsänderung durch Vergleicherschaltungen vornehmen. Hierbei wird das Teilerverhältnis im Vergleicher vorprogrammiert. Erreicht der Zähler die gewünschte Zahl, gibt der Vergleicher das 1-Signal für den Ausgang frei.

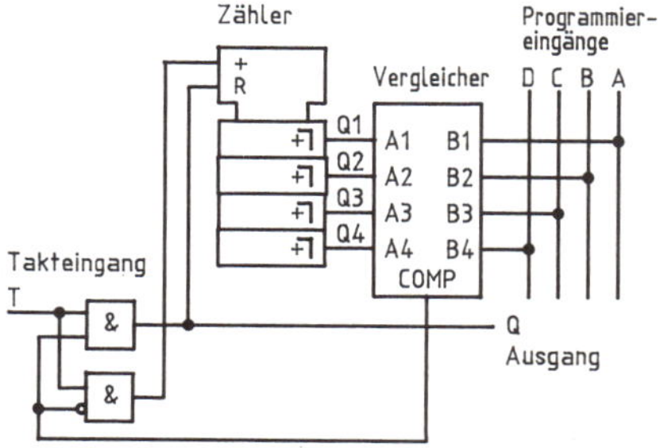

Erläutern Sie das Prinzip eines Schieberegisters!

Schieberegister sind kleine Speicher, deren gespeicherte Signale durch einen Takt verschoben werden können. Sie bestehen häufig aus einer Reihenschaltung von Master-Slave-Flipflop.
Hierbei werden die Signale am Eingang S_I bei jedem Takt um eine Stufe weitergeschoben. Dadurch können aufeinanderfolgende Impulse (serielle Daten) im Schieberegister gespeichert und in gleichzeitig anliegende Impulse (parallele Daten) umgewandelt werden.

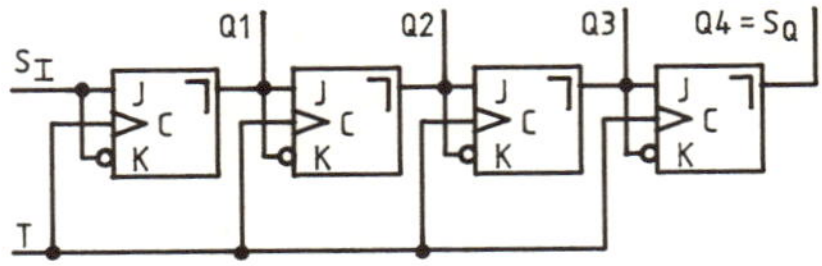

S_I = Serieneingang S_Q = Serienausgang
Q1 ... Q4 = parallele Ausgänge

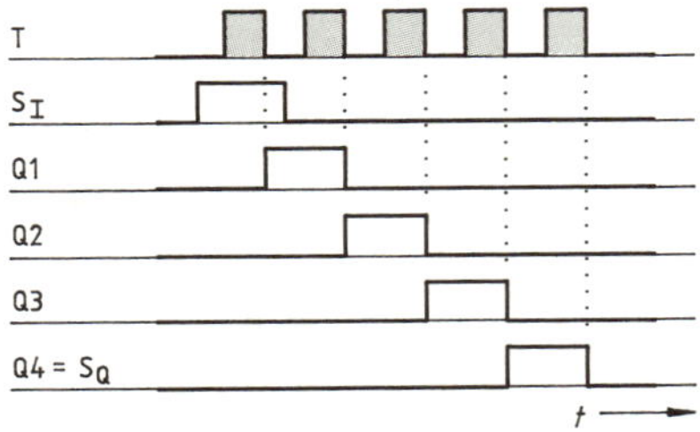

Geben Sie das Norm-Schaltzeichen eines Schieberegisters an!

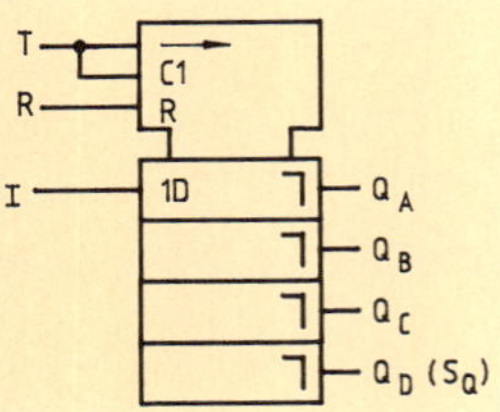

Die zeichnerische Darstellung unterscheidet sich vom Zähler nur in einer Angabe, dem Pfeil anstelle des Vorzeichens. Der Pfeil im Steuerkopf zeigt die Schieberichtung an, hier: vorwärts schieben
S_I = Serieller Eingang
S_Q = Serieller Ausgang
Q_A....Q_D = Parallele Ausgänge

Wofür werden Schieberegister verwendet?

Schieberegister werden meist als Wandler eingesetzt. Hierbei können serielle Daten in parallele Daten umwandelt werden und umgekehrt.

Bitmuster, welche sich fortlaufend wiederholen sollen, können in einem „Ringzähler“ verarbeitet werden.
Hierbei ist der Ausgang S_Q mit dem Eingang S_I verbunden. Das Bitmuster wandert „im Kreis“.

6 Automatisierungstechnik

6.1 Grundbegriffe

Erläutern Sie den Begriff Automatisieren!

Automatisieren heißt: eine technische Einrichtung schaffen, die einen Vorgang oder Ablauf *selbsttätig* verrichtet und überwacht.

Die dafür notwendige technische Einrichtung, der Automat, ist ein künstliches System, das selbsttätig ein eingegebenes Programm befolgt. Der Automat verarbeitet Daten innerhalb eines Prozeßablaufs, indem er Informationen erfaßt, verknüpft und weitergibt.

Welches sind die wesentlichen Funktionsbaugruppen der Automatisierungstechnik?

Die wesentlichen Baugruppen der Automatisierungstechnik sind:

1. *Eingabeglieder*
   Sie stellen die notwendigen Verarbeitungssignale bereit; sie wandeln physikalische Größen in elektrisch verwertbare Größen um
2. *Verarbeitungsteil*
   Er verknüpft die Signale entsprechend der Aufgaben im Programm
3. *Ausgabeglieder*
   Sie steuern die Schaltzustände der Bauteile, die den Prozeß beeinflussen oder geben die Information weiter.

zu 1.: Dazu gehören Befehlselemente, z.B. Schalter, Programmwähler sowie Meßfühler (Sensoren) z.B. Fühler für Temperatur, Kraft, Bewegung.
zu 2.: Hierzu gehören verbindungsprogrammierte oder mikroprozessorgesteuerte Systeme.
zu 3.: Dazu gehören Stellglieder (Aktoren), welche eine physikalische Größe beeinflussen, z.B. Motoren, Kupplungen, Pneumatik- und Hydraulikzylinder, Schütze, Thyristoren, Ventile sowie Melde-, Schreib- und Anzeigegeräte

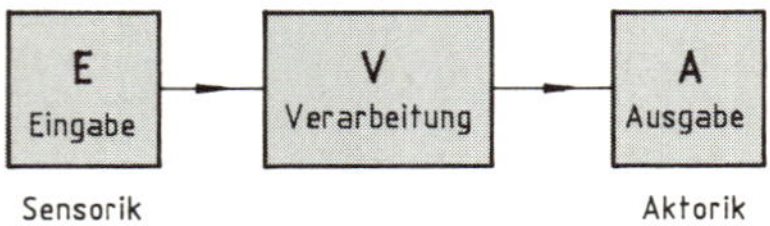

Erläutern Sie den Begriff Prozeß!

Ein Prozeß ist ein technischer Ablauf, um ein bestimmtes Ergebnis zu erreichen.

Bei einem technischen Prozeß kann Materie, Energie oder Information umgeformt oder transportiert werden.

Eine Raum-Beleuchtung darf nur eingeschaltet werden können, wenn der Dämmerungsschalter die Anlage freigibt. Erklären Sie an diesem Beispiel eine Steuerung!

Steuern ist der Vorgang in einem System, in dem Eingangssignale die Ausgangsgrößen beeinflussen. Die Signale der Eingabeglieder (Handschalter, Dämmerungsschalter) werden im Steuerglied, (Relaisschaltung) verknüpft. Eingabeglied und Steuerglied bilden die Steuereinrichtung. Bei einsetzender Dämmerung und Freigabe durch den Hand-Schalter gibt das Steuerglied 1-Signal auf die Steuerstrecke. Diese besteht aus Stellglied (Schütz) und Energiefluß (Beleuchtung).

Signalflußplan Dämerungsschalter:

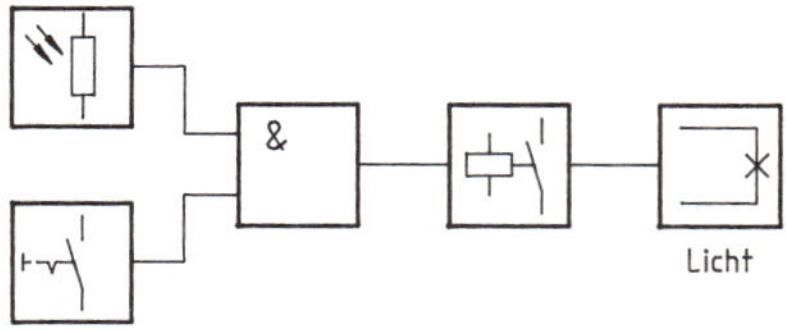

Signalflußplan allgemein:

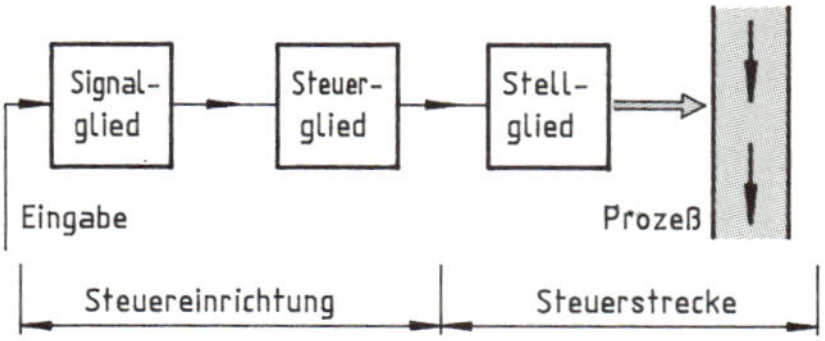

6

Worin besteht der wesentliche Unterschied zwischen einer Steuerung und einer Regelung?

Eine Steuerung arbeitet nach dem Prinzip des **offenen** Wirkungskreises, das heißt, eine selbsttätige Rückwirkung der beeinflußten Werte auf den Eingang erfolgt nicht.

Beispiel Lichtsteuerung:
Die Beleuchtung eines Raumes wird über eine Zeitschaltuhr abends eingeschaltet und am anderen Morgen wieder ausgeschaltet, unabhängig davon, ob genügend Tageslicht vorhanden ist oder nicht.

Eine Regelung arbeitet nach dem Prinzip des **geschlossenen** Wirkungskreises, das heißt, es erfolgt eine ständige Rückwirkung der beeinflußten Werte auf den Eingang.

Beispiel Helligkeitsregelung:
Die Beleuchtungsstärke eines Raumes wird ständig erfaßt und mit einem vorgegebenen Wert verglichen. Bei Dunkelheit wird Licht dazugeschaltet, bei zu viel Tageshelligkeit wird das Licht abgeschaltet und der Raum eventuell über Jalousien verdunkelt.

In welche Arten lassen sich Steuerungen einteilen?

Steuerungen lassen sich unterscheiden nach:

1. *Art der Signalinformation* in stetige und unstetige Steuerungen
2. *Art der Signalverarbeitung* in Verknüpfungssteuerungen und Ablaufsteuerungen
3. *Art der Programmverwirklichung* in verbindungsprogrammierte Steuerungen (VPS) und speicherprogrammierte Steuerungen (SPS)

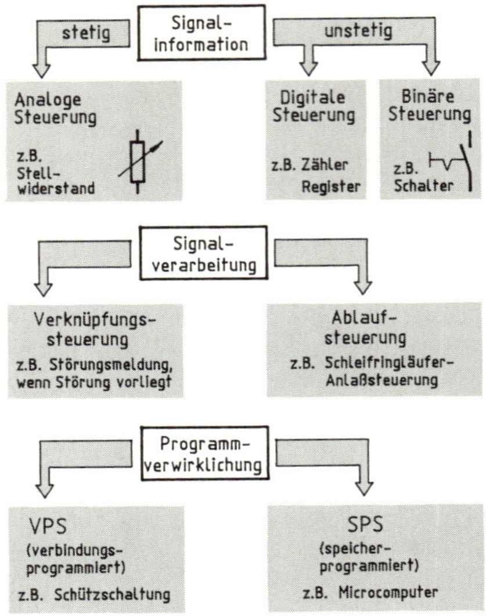

Geben Sie drei Beispiele von analogen Steuerungen an!

Beispiele analoger Steuerungen sind: Helligkeitseinstellung einer Beleuchtung mit Dimmer, Drehzahleinstellung einer Handbohrmaschine mit Stelltransformator, Einstellen einer Wasserdurchflußmenge mit motorgetriebenem Schieber.

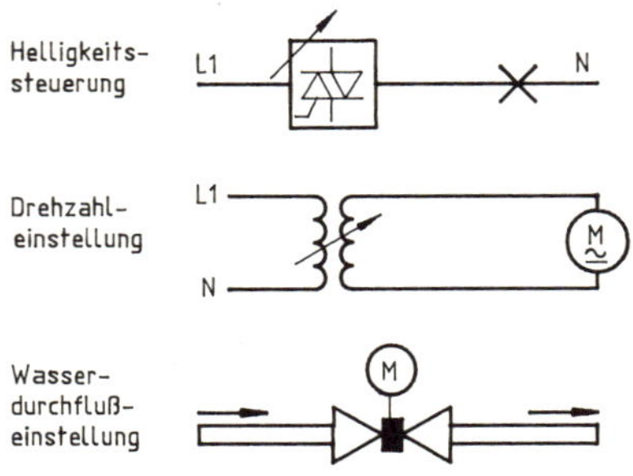

Welche Größen dienen bei analogen Steuerungen als Signale?

Bei analogen Steuerungen dient meist die Amplitude als Steuersignal.

Höherwertige Steuerungen nützen auch die Pulsbreite, die Phasenlage oder die Frequenz als analoges Steuersignal.

Welcher Unterschied besteht zwischen einer *binären* und einer *digitalen* Steuerung?

Binäre Steuerungen arbeiten mit zweiwertigen Zuständen, z.B. mit „Ein" und „Aus".

Beispiel: Beleuchtungsanlage wird über Schalter ein- und ausgeschaltet, Pneumatikzylinder wird über Steuerventil aus- und eingefahren.

Digitale Steuerungen arbeiten mit codierten Signalen. Hierbei werden mehrere binäre Signale zusammengefaßt und zugeordnet (codiert), so daß eine Zahl entsteht.

Beispiel: Abfüllstation für Einzelteile. Die an einer Abfülleinrichtung vorbeikommenden Teile werden gezählt, die Information wird als Binärcode an einen Mikroprozessor weitergeleitet. Bei Erreichen der vorbestimmten Stückzahl wird der Abfüllvorgang beendet.

Welcher Unterschied besteht zwischen einer *verbindungsprogrammierten* Steuerung (VPS) und einer *speicherprogrammierten* Steuerung (SPS)?

Bei der VPS sind Steuerlogik und Programmablauf durch die Verdrahtung der Bauteile vorgegeben.

Zu den VPS zählen elektromechanische Schütz- und Relaissteuerungen sowie Digitalschaltungen, die fest verdrahtet oder über Steckfelder bzw. Wahlschalter programmierbar sind.

Bei der SPS wird der Programmablauf durch ein jederzeit änderbares Softwareprogramm bestimmt.

Zu den SPS zählen alle freiprogrammierbaren Steuerungen (Programmierung über Tastatur) und austauschprogrammierbaren Steuerungen (Programmierung über Speicher, z.B. EPROM)

Nennen Sie Beispiele von Steuerungen, die nicht mit elektrischer Hilfsenergie arbeiten!

Steuerungen, die nicht mit elektrischer Energie arbeiten sind z.B.
pneumatische,
hydraulische
und
mechanische
Steuerungen.

Mechanische Steuerungen sind z.B. Kupplungen, Steuergetriebe, Nockensteuerungen, Steuerungen mit Lochbändern usw. Sie haben heutzutage an Bedeutung verloren und werden nur dort noch eingesetzt, wo schnelle, kräftige Bewegungsabläufe notwendig sind z.B. Ventilsteuerung über Nockenwelle.

Welche Eigenschaften besitzen pneumatische Steuerungen?

Pneumatische Steuerungen lassen sich einfach aufbauen. Sie sind umweltfreundlich, stoßunempfindlich, explosionssicher und können schnelle Vorschubbewegungen erzeugen. Der Umgang mit der Pneumatik ist weitgehend ungefährlich; das Arbeiten an solchen Steuerungen erfordert nicht, wie bei elektrischen Anlagen, spezielle Fachkräfte.
Nachteilig ist das vergleichsweise langsame Arbeiten und die Einschränkung, daß die Logikbausteine nur 2 Eingänge besitzen.

Beispiel einer pneumatischen Steuerung

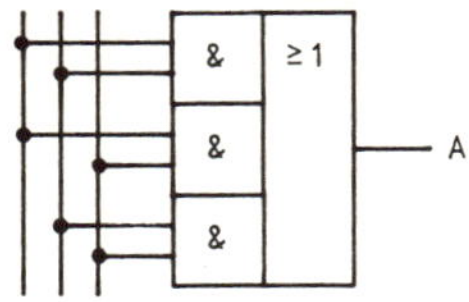

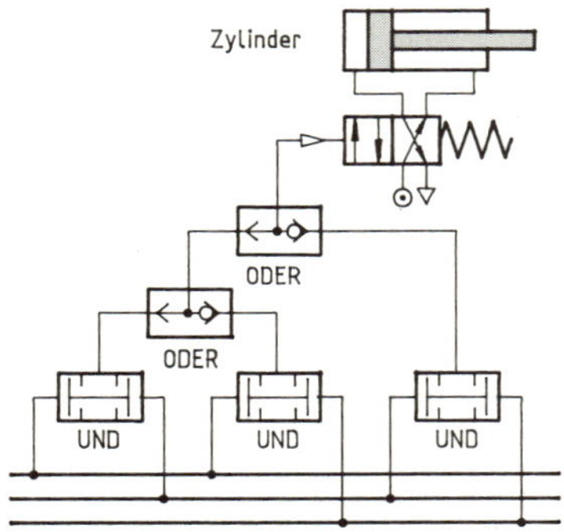

Welche Merkmale besitzen Ablaufsteuerungen?

Ablaufsteuerungen arbeiten im Gegensatz zu Verknüpfungssteuerungen in einzelnen Schritten, die nach einer vorgegebenen Folge ablaufen.

Man unterscheidet

1. zeitabhängige Ablaufsteuerungen: der Programmablauf wird über Zeitrelais, Uhrwerke oder Taktgeber geführt

2. prozeßabhängige Ablaufsteuerungen: der Programmablauf wird vom Zustand eines Prozesses geführt.

Bei Ablaufsteuerungen wird jeder Schritt durch den vorherigen Schritt freigegeben, wenn die Weiterschaltbedingung erfüllt ist.

zu 1.
Zeitabhängige Ablaufsteuerungen sind z.B. Steuerungen für Trockenöfen, Stern-Dreieck- Anlaßschaltung mit Zeitrelais, Steuerung einfacher Verkehrsampeln.

zu 2.
Prozeßabhängige Ablaufsteuerungen sind nicht so starr an einen Zeitpunkt gekoppelt, sondern abhängig vom Zustand der Eingangswerte wie z.B. bei der Steuerung einer Waschmaschine, eines Personenaufzuges, eines Fertigungsautomaten oder einer rechnergesteuerten Ampelanlage mit Sensoren.

6.2 Sensoren und Aktoren

Erläutern Sie den Begriff Sensoren!

Sensoren sind Signalgeber, die physikalische Größen der Umwelt erfassen, z.B. Temperaturen, Drücke, Kräfte, Drehzahlen und in elektrische Signale umwandeln.

Sie stellen die elektrischen Signale für Steuerungen und Regelungen bereit. Diese Signalgeber werden auch Fühler, Aufnehmer, Sonden, Detektoren genannt. Geber, die nur für Meßzwecke (z.B. Längenmessung) eingesetzt werden bezeichnet man als *Meßwertgeber*.

In welche Hauptgruppen werden Sensoren nach ihrer Wirkungsweise eingeteilt?

Nach ihrer Wirkungsweise unterscheidet man
1. *aktive Sensoren*
Sie formen z.B. mechanische, thermische, chemische Energie in elektrische Energie um. Sie sind Spannungserzeuger und erzeugen das Meßsignal selbst;
2. *passive Sensoren*
Sie sind prinzipiell elektrische Widerstände, die durch eine nichtelektrische Größe, z.B. Wärme, Licht, Kraft verändert werden. Sie benötigen Hilfsenergie.

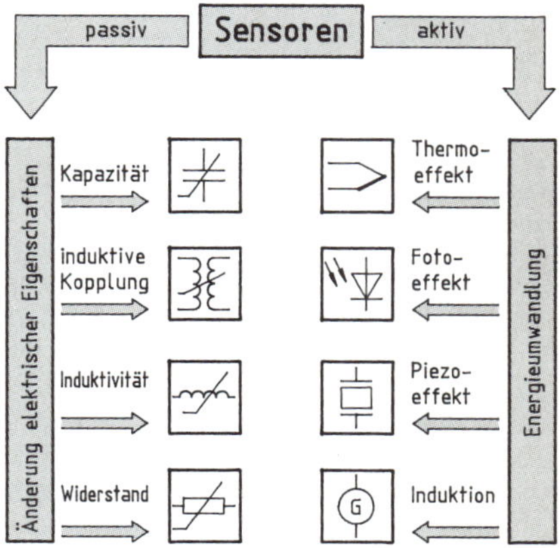

Wie unterscheidet man Sensoren hinsichtlich ihrer Arbeitsweise?

Hinsichtlich ihrer Arbeitsweise unterscheidet man *berührende* Sensoren und *berührungslos arbeitende* Sensoren

Beispiele für berührende Sensoren:
Taster, Grenztaster, Kraft- und Drehmomentaufnehmer;
Beispiele für berührungslose Sensoren:
Näherungsgeber (induktiv, kapazitiv) Lichtschranken, Magnetsensoren

Welcher Unterschied besteht zwischen analogen und digitalen Sensoren?

Analoge Sensoren ermöglichen die Messung von stetig veränderbaren Größen. Das Signal kann im Meßbereich jeden beliebigen Wert annehmen.

Digitale Sensoren arbeiten mit schrittweise veränderbaren Signalen.

Binäre Sensoren kennen nur zwei Schaltzustände.

Beispiel analoger Sensor:
Schiebepotentiometer für die Wegmessung; jeder Position ist ein bestimmter Spannungswert zugeordnet.
Beispiel digitaler Sensor:
Optoelektronischer Wegmesser; ein Strichmaßstab wird über Lichtschranke abgetastet
Beispiel binärer Sensor:
Grenztaster; ein magnetischer Sensor mit Reedkontakt wird durch Magnetfeld geschaltet, bei Annäherung wird der Kontakt geschlossen.

Wie müssen die Signale der Sensoren zur Weiterverarbeitung aufbereitet werden?

Das Signal einfacher Sensoren, z.B. das eines Grenztasters, kann meist direkt weiterverarbeitet werden.
In vielen Fällen muß das Gebersignal aufbereitet z.B. verstärkt, angepaßt, codiert, gefiltert und auf eine einheitliche Größe gebracht werden. Dazu sind Anpaß- oder Übertragungsglieder notwendig.

Schaltsensoren benötigen häufig einen Schwellwertschalter (Trigger) mit Hysterese.
Einheitssensoren besitzen Anpaßschaltungen für normierte Ausgangssignale z.B. −10V bis +10 V, 1V bis 5V, 1mA bis 5 mA, 4 mA bis 20 mA.
Intelligente Sensoren enthalten meist OP-Verstärker oder integrierte Mikroprozessoren. Sie bereiten die gemessenen Signale auf, sind störsicher, temperaturkompensiert und können Berechnungen vor Ort durchführen.

Welchen Einflüssen sind Sensoren ausgesetzt?

Sensoren sind je nach Einsatzort harten Betriebsbedingungen ausgesetzt wie Feuchtigkeit, Schmutz, Witterung, Schock, Stoß, Störimpulsen.

Störungen an Steuerungs- und Regelungsanlagen treten häufig im Bereich der Sensoren wegen ihrer starken Beanspruchung auf. Berührungslos arbeitende Geber sind daher häufig vorteilhafter als berührende Sensoren.

Welche Eigenschaften besitzen mechanische Sensoren?

Mechanische Sensoren z.B. Endtaster sind einfach aufgebaut, robust und leicht zu reparieren.

Nachteile:
mechanischer Verschleiß, Massen müssen bewegt werden, Schaltkräfte erforderlich.

Mit welchen aktiven Sensoren lassen sich Temperaturen erfassen?

Als aktive Temperatursensoren sind Thermoelemente geeignet.
Sie bestehen im Prinzip aus zwei verschiedenen Metalldrähten, die an einer Stelle verbunden, ein Thermopaar bilden.
Das Thermopaar erzeugt bei Temperaturunterschied eine Spannung, welche von der Temperatur und vom Material abhängig ist.

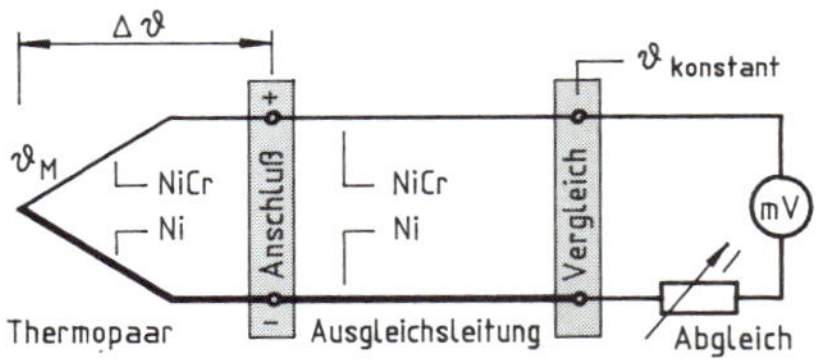

Thermopaar	Empfindlichkeit	Einsatzbereich	Farbe
Cu-Konst	5 mV/100 K	-200 °C... 600°C	Braun
Fe-Konst	5,6 mV/100 K	-200 °C... 900°C	Blau
NiCr-Ni	4,1 mV/100 K	-200 °C...1200°C	Grün
PtRh-Pt	1,2 mV/100 K	-200 °C...1600°C	Weiß

6

Mit welchen passiven Sensoren lassen sich Temperaturen erfassen?

Passive Sensoren, welche Temperaturen erfassen können sind:

1. *Widerstandsthermometer*
   Sie bestehen aus Platin- oder Nickeldraht.
2. *Halbleiterfühler*
   Sie enthalten NTC Widerstände aus dotierten Halbleitern oder PTC Widerstände aus Bariumtitanat.

zu 1. Widerstandsthermometer aus Platin oder Nickel haben bei 0 °C einen Widerstandswert von 100 Ohm. Dies führt zu der Bezeichnung **Pt100** bzw. **Ni100**. Platingeber eignen sich für Temperaturen von −250..+800 °C (Meßfehler 1 %); ihre Kennlinien sind nahezu linear.
zu 2. Halbleiterfühler eignen sich für Temperaturen von −50 ...+180 °C. Sie sind klein und reagieren schnell; außerdem haben sie gegenüber Metallfühlern eine 20fach höhere Empfindlichkeit. Ihre Kennlinien sind aber nicht linear.

Geben Sie Meßverfahren zur Bestimmung des Durchflusses an!

Flüssigkeitsströmungen lassen sich erfassen mit

1. **thermischen Durchflußgebern:** hierbei befindet sich der Sensor in Form eines Heizwiderstandes im Strömungskanal. Je schneller die Flüssigkeit vorbeiströmt, desto mehr kühlt sich der Widerstand ab, wobei sich sein Widerstandswert ändert.
2. **induktiven Durchflußgebern:** hierbei durchströmt die Flüssigkeit ein Magnetfeld. Dabei werden Ladungsträger abgelenkt, die als Spannung abgenommen werden.

Thermischer Durchflußgeber

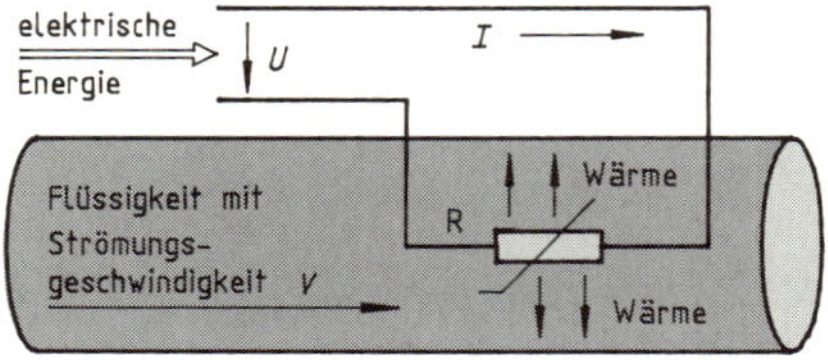

Prinzip: Die zugeführte elektrische Energie ist ein Maß für die abgegebene Wärme und damit für die Strömungsgeschwindigkeit. Der Sensor wird mit einer Konstantstromquelle über eine Brückenschaltung betrieben.

Induktiver Durchflußgeber

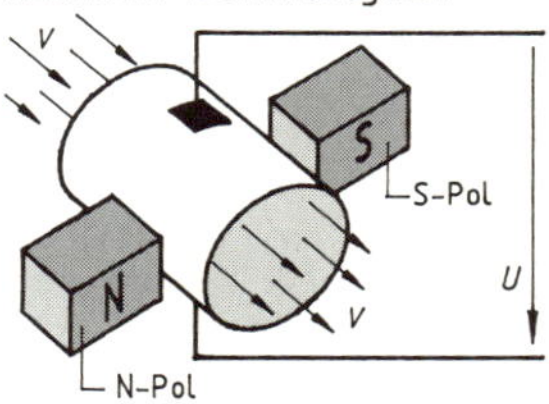

Prinzip: Die abgenommene Spannung ist proportional zur Fließgeschwindigkeit.

Welches sind die Sensoren zur klassischen Drehzahlerfassung?

Die klassische Drehzahlerfassung arbeitet mit Tachogeneratoren, die wie Generatoren mit Dauermagneterregung aufgebaut sind. Man unterscheidet:

1. **Gleichspannungstachogeneratoren:** sie liefern eine Spannung proportional zur Drehzahl.
2. **Wechselspannungstachogeneratoren:** sie liefern eine Spannung mit einer drehzahlproportionalen Frequenz.

Tachogeneratoren gehören zu den aktiven Sensoren. Sind meist mechanisch mit dem Meßobjekt verbunden oder direkt auf die Welle aufgezogen.
Mit Gleichstrom-Tachogeneratoren läßt sich sehr einfach auch eine Drehrichtungsumkehr erkennen. Sie sind aber im Gegensatz zu Wechselspannungs-TGs nicht wartungsfrei (Kommutator, Bürsten).

Beispiel: Gleichspannungs-Tachogenerator KTD60

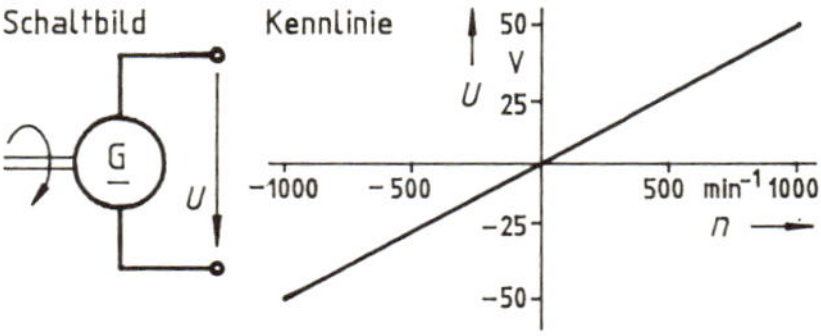

Mit welchen Sensoren werden Drehzahlen berührungslos erfaßt?

Berührungslos arbeitende Drehzahlgeber sind:

1. Induktive und kapazitive Näherungsgeber
2. Optische Drehzahlgeber
3. Feldplatten-Sensoren

Diese Sensoren (auch Inkrement-Drehzahlgeber genannt) erzeugen je Umdrehung eine Anzahl von Impulsen (je mehr, desto genauer wird die Erfassung). Die Auswertung der Impulse erfolgt entweder

a) durch Auszählen pro Zeiteinheit
b) durch Aufsummieren der Impulse, so daß der arithmetische Mittelwert proportional zur Drehzahl ist.

zu 1.: Sie lösen jeweils einen Impuls aus, wenn ein auf der rotierenden Welle angebrachtes Metallstück (beim kapazitiven Geber auch Kunststoffstück) sich dem Geber annähert.

zu 2.: Sie arbeiten mit Lichtschrankenabtastung und lösen proportional zur Drehzahl Impulse aus, wenn helle oder reflektierende Streifen auf der Welle angebracht sind.

zu 3.: Sie reagieren mit Widerstandsänderung auf das Magnetfeld, das durch einen Dauermagneten erzeugt und von der Umdrehung der Welle verändert wird.

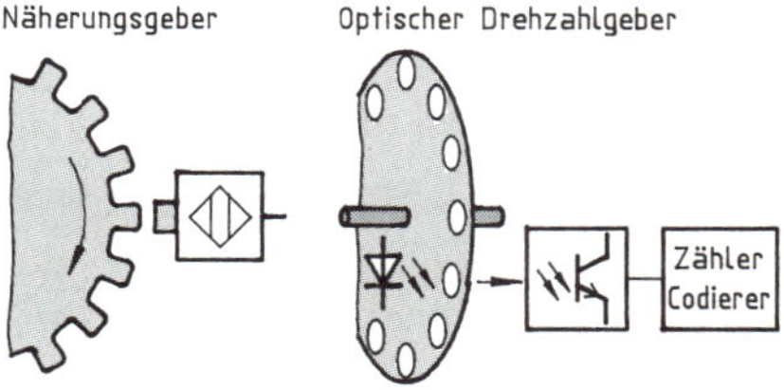

6

Nennen Sie Sensoren, die Kräfte, Drücke und Drehmomente erfassen!

Grundsätzlich lassen sich Kräfte durch die Längenänderungen (Dehnen oder Stauchen) eines Körpers erfassen. Dies erfolgt in

1. Sensoren mit Dehnungsmeßstreifen (DMS)
2. Silizium-Drucksensoren
3. Quarzkristall-Kraftsensoren

Sensoren für Druck- und Drehmomenterfassung arbeiten wie Kraftsensoren nach ähnlichem Prinzip.

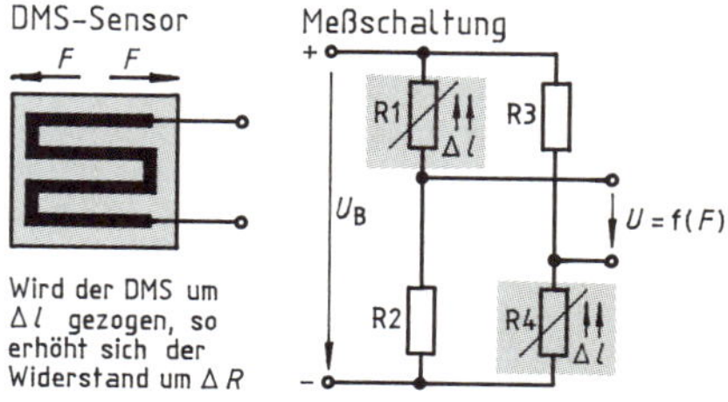

zu 3.:
Quarzkristallsensoren arbeiten nach dem "piezoelektrischen Effekt" und erzeugen eine elektrische Spannung bei Zug- und Druckkräften. Sie sind besonders für schnelle Druckänderungen geeignet.

Beschreiben Sie Aufbau und Funktion eines Sensors mit DMS!

Dehnungsmeßstreifen enthalten einen dünnen Draht z.B. aus Konstantan oder Halbleitermaterial, der auf eine Kunststoffolie aufgeklebt ist. Eine Dehnung verursacht eine Längenänderung und eine Querschnittsverminderung. Dadurch ändert sich proportional auch der Widerstand des Leiters. Diese Widerstandsänderung wird als Gebersignal genutzt.

Im Sensor sind Folien-DMS auf einen Federkörper oder eine Membrane aufgeklebt. Die auftretenden Widerstandsänderungen sind klein, deshalb wird stets eine Brückenschaltung mit nachgeschaltetem Verstärker verwendet.

Aufbau eines Folien-DMS

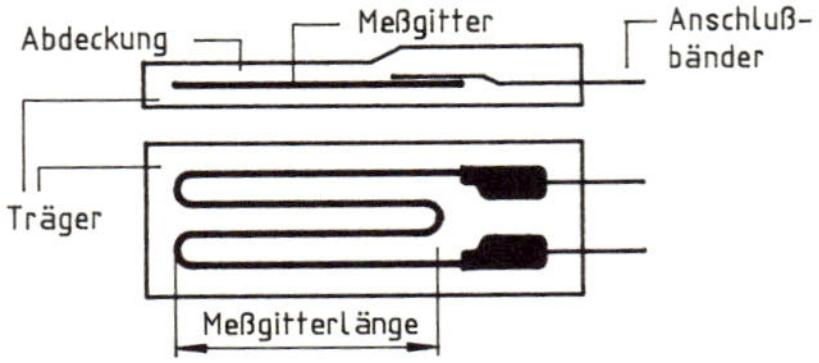

Beschreiben Sie Aufbau und Funktion induktiver Näherungsgeber!

Induktive Näherungsgeber enthalten einen Oszillator, der über einen Verstärker eine hochfrequente Wechselspannung (ca. 100 kHz) erzeugt. Nähert sich der Spule ein Metall, so entstehen darin Wirbelströme. Diese entziehen dem Schwingkreis soviel Energie (Dämpfung), daß dieser zu Schwingen aufhört. Die Ausgangsspannung sinkt sprunghaft auf Null.

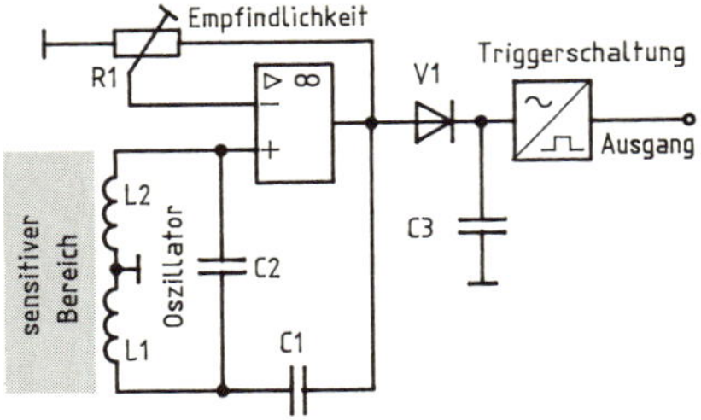

Die hochfrequente Wechselspannung des Oszillators wird anschließend gleichgerichtet, geglättet und mit einer Triggerschaltung in einen Impuls umgewandelt.

Auf welche Werkstoffe reagieren induktive Näherungsgeber?

Induktive Näherungsgeber reagieren nur auf Metalle. Sie müssen aber nicht ferromagnetisch sein, da in jedem Metall Wirbelströme induziert werden können.

Der Schaltabstand ist von der *Metallart* abhängig; er hängt ferner ab von der Körperfläche des Werkstücks, der Spulenfläche des Sensors, der Temperatur und der Einbauart. Die Schaltwechselfrequenz liegt bei maximal 25 Hz.

Welcher Unterschied besteht zwischen induktiven und kapazitiven Näherungsgebern?

Grundsätzlich haben induktive und kapazitive Näherungsgeber dasselbe Schaltungsprinzip (Oszillator).
Bei *induktiven Gebern* enthält der Sensorkopf die Spule des Schwingkreises; dort wird das Magnetfeld durch Metalle verändert.
Bei *kapazitiven Gebern* enthält der Sensorkopf eine Elektrode des Kondensators. Das elektrische Feld wird durch Metalle und Nichtmetalle verändert.

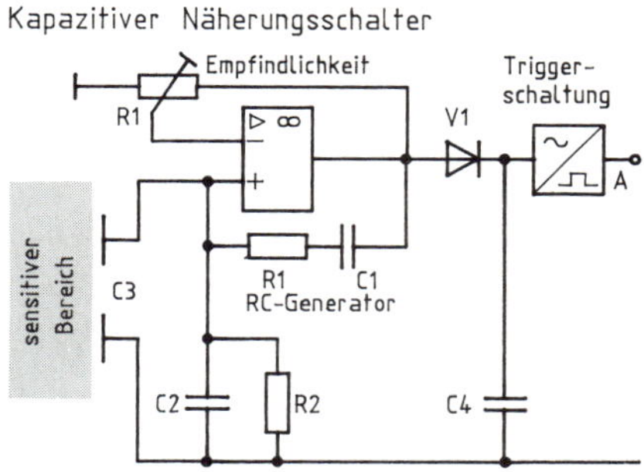

Kapazitive Näherungsgeber reagieren daher sowohl auf Metalle als auch auf Nichtmetalle wie z.B. Kunststoff, Holz, Glas, Pulver, Saft, Milch, Öl.

Geben Sie die Schaltsymbole für Näherungsgeber an!

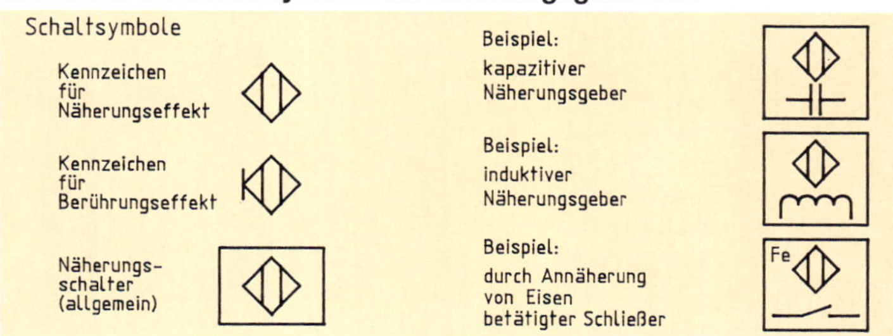

6

Wie sind induktive und kapazitive Näherungsgeber anzuschließen?

Bei den Anschlußleitungen unterscheidet man
Zweileitersysteme: Der Geber wird in Reihe zum Verbraucher R_L geschaltet.
Dreileitersysteme: Der Geber besitzt eine gesonderte Spannungszuführung und eine Signalleitung. Bei unbedämpften Sensor ist der Ausgangstransistor gesperrt, das Relais ist abgefallen.

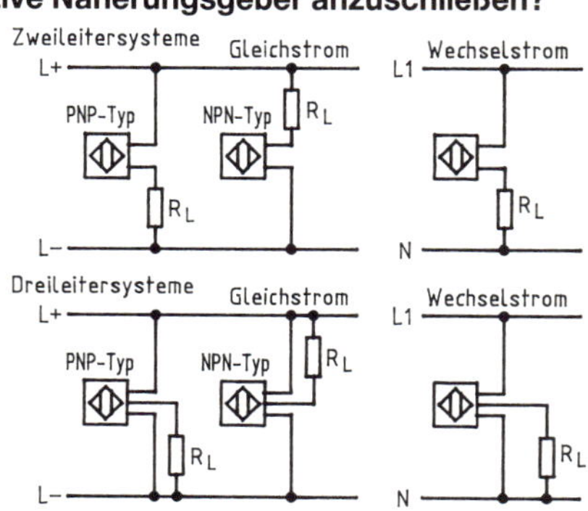

Wie arbeiten Reflexions-Lichtschranken?

Sender und Empfänger sind bei Reflexionslichtschranken in einem Gehäuse untergebracht. Zum Betrieb benötigt man einen Reflektor. Das ausgesendete Licht wird durch den Reflektor zurückgeworfen.
Die meisten Lichtschranken arbeiten mit gepulstem Infrarotlicht um Fehlschaltungen durch Fremdlicht auszuschließen.

Reflexions-Lichtschranken sind einfach zu installieren, ihr Einsatz ist aber bei Schnee, Regen, Staub und bei glänzenden Objekten problematisch.

Prinzip einer Reflexions-Lichtschranke

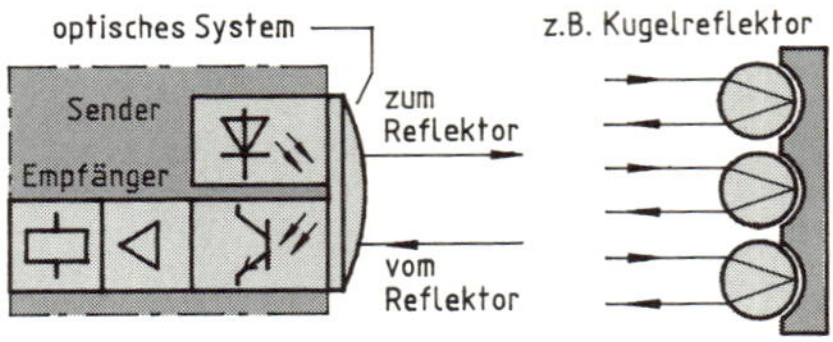

Welche Aufgabe haben Stellglieder?

Stellglieder sind Einrichtungen, die *Massenströme* (Gegenstände, Flüssigkeiten, Gase) oder *Energieströme* (Wärme, Licht, elektrische Energie) vergrößern oder verkleinern können.
Stellglieder müssen häufig mit einem *Stellantrieb* versehen sein. Stellantrieb und Stellglied bilden das Stellgerät.

Prinzip eines Stellgerätes

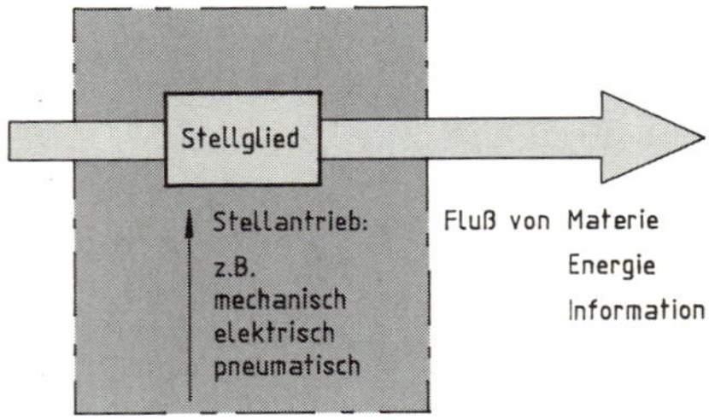

Nennen Sie Stellglieder für Massenströme!

Stellglieder für Massenströme wie z.B. Dampf, Gas, Wasser sind hauptsächlich Ventile, Schieber und Klappen.

Diese Stellglieder benötigen für ihre Funktion einen Stellantrieb, z.B. Elektromotoren, Pneumatik- oder Hydraulikzylinder und elektromagnetische Antriebe.

Erläutern Sie den Begriff Aktoren!

Der Begriff Aktoren ist eine Sammelbezeichnung für alle Ausgabenaktivitäten von Steuerungen und Regelungen. Eine andere Bezeichnung nach DIN ist „Stellglieder“.

Nennen Sie Beispiele für Stellglieder, die auf den elektrischen Energiefluß einwirken!

Stellglieder für elektrische Energie sind z.B.:
Schalter, Schütze, Relais, Thyristoren und Triacs, sie arbeiten *unstetig*;
Stellwiderstände, Stelltransformatoren, Transistoren, sie arbeiten *stetig*.

Stellglieder für elektrische Energie benötigen im allgemeinen keinen gesonderten Stellantrieb (Ausnahme: Stellwiderstand und Stelltransformator).
In der Steuerungstechnik haben sich Schütze, Thyristoren und Leistungstransistoren, insbesondere VMOS-FET, als Stellglieder durchgesetzt.

Welche Antriebe sind für lineare Bewegungen geeignet?

Für lineare Bewegungen eignen sich
- pneumatische und hydraulische Zylinder
- Linearmotoren
- Hubmagnete
- Elektromotoren mit Umlenkgetriebe

Grundsätzlich sind für lineare Bewegungen pneumatische und hydraulische Zylinder besonders günstig (einfacher Aufbau, schnell, hohe Kräfte).
Linearmotoren sind präzise, wartungsfrei und geräuscharm, aber teuer.
Bei Hubmagneten sind die Betätigungswege sehr gering und nichtlinear.

6

Welche Elektromotoren werden als Stellantriebe häufig verwendet?

Häufig verwendete Stellantriebe sind:
- Gleichstrommotoren, besonders der Scheibenläufermotor, der Elektronikmotor und der Glockenankermotor
- Wechselstrommotoren, insbesondere Einphasen-Kondensatormotoren für kleine Kräfte und Drehstrommotoren für größere Kräfte
- Schrittmotoren

Elektromotoren, die als Stellantrieb dienen, werden auch als *Servomotoren* bezeichnet. Wegen der oft schnellen Umsteuerung müssen die Läufer eine geringe Masse haben. Dem Anlaufverhalten kommt daher große Bedeutung zu. Typischer Kennwert ist die mechanische Zeitkonstante τ_{mech}.
(τ_{mech}=Zeit, nach der 63% der gewünschten Drehzahl erreicht ist).
Beispiele für 2,5 kW-Motoren:

normaler Gleichstrommotor	$\tau_{mech} \approx$	100 ms
Scheibenläufermotor	$\tau_{mech} \approx$	7 ms
Drehstrom-Servomotor	$\tau_{mech} \approx$	2 ms

6.3 SPS – Aufbau, Funktion, Programmierung

Was bedeutet die Abkürzung SPS?

Die Abkürzung SPS steht für **S**peicher **p**rogrammierte **S**teuerung.

Diese Bezeichnung ist genormt, in DIN 19 239. Häufig wird in der Praxis auch die Bezeichnung *speicherprogrammierbare* Steuerungen verwendet.

Welche Eigenschaften besitzen speicherprogrammierte Steuerungen im Vergleich zu verbindungsprogrammierten Steuerungen?

Die Vorteile der SPS im Vergleich zu VPS sind:

- Verwendung standardisierter Geräte möglich,
- Schaltungsänderungen erfordern keine Verdrahtungsänderungen, sondern nur ein anderes Programm,
- bestehende Programme lassen sich leicht kopieren und auf andere Steuerungen übertragen,
- Kosten- und Zeitersparnis bei der Projektierung, Erweiterung und Montage einer Anlage.

Außerdem ist das Austesten von Programmen einfach und kann auf dem Display angezeigt werden, Schaltpläne lassen sich über das Programmiergerät und einen Drucker ausdrucken, SPS-Zentraleinheiten können auch digitale Informationen (z.B. codierte Zahlen) verarbeiten und ausgeben, SPS-Anlagen lassen sich mit übergeordneten Leitrechnern koppeln.
Anders als bei der VPS ergibt sich bei der SPS ein serieller Ablauf; Steuerbefehle werden nicht gleichzeitig sondern nacheinander abgearbeitet, dies kann bei großen Programmen zu einer längeren Reaktionszeit führen als bei VPS-Anlagen.

Beschreiben Sie das Grundprinzip einer SPS!

Das Grundprinzip einer SPS besteht darin, daß der Steuerungsablauf durch das *Automatisierungsgerät* (auch Steuergerät oder Zentralgerät) und dem dort hinterlegten Programm bestimmt wird.

Das Automatisierungsgerät ist eine Datenverarbeitungsanlage mit der prinzipiellen Struktur eines Mikrocomputers. Die äußere Beschaltung und die Programmiersprache sind jedoch auf die Besonderheiten der Steuerungstechnik ausgerichtet. Dadurch läßt sich sehr einfach eine Steuerung realisieren.

Geben Sie die Funktionsblöcke einer SPS an!

Die Funktionsblöcke einer SPS sind:

1. Zentraleinheit mit Steuerwerk und Programmspeicher,
2. Eingabegruppe
3. Ausgabegruppe
4. Bussystem
5. Stromversorgung

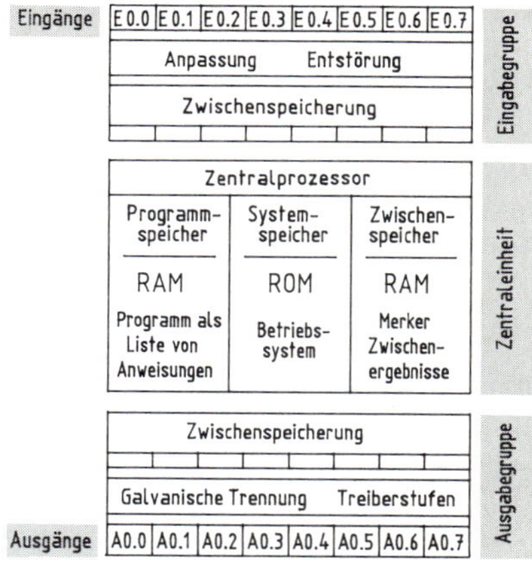

Welche Aufgabe besitzt die Zentraleinheit einer SPS?

Die Zentraleinheit besitzt die Aufgabe, die an den Eingängen anliegenden Signale nach Anweisung aus dem Programm zu verarbeiten (z.B. logisch verknüpfen, vergleichen, addieren, subtrahieren). Die so bearbeiteten Signale werden an die Ausgänge weitergeleitet.

Die Zentraleinheit (CPU = Central Processing Unit) ist das Kernstück der SPS. Die Befehle für die grundsätzliche Arbeitsweise sind im *Systemspeicher* enthalten (meist als ROM oder EPROM).
Die Anweisungen für den steuerungstechnischen Ablauf sind im *Programmspeicher* hinterlegt.
Merkerfunktionen und Verknüpfungsergebnisse werden im *Zwischenspeicher* festgehalten.

Bearbeitet die SPS binäre oder digitale Größen?

Der häufigste Anwendungsfall ist die Verarbeitung binärer Schaltsignale, die durch Eingabeglieder wie Taster, Näherungsgeber, Füllstandswächter u.a. entstehen.

Viele SPS-Geräte können außer binärer Schaltsignale auch digitale Größen, z.B. Zahlenwerte, verarbeiten. Hierzu gibt es Operationen zum Zählen, Rechnen und Vergleichen. Zusätzlich können moderne Geräte durch entsprechende Ein-/Ausgabebaugruppen auch analoge Signale bearbeiten.

Mit welcher Programmiersprache arbeitet die SPS?

Die SPS arbeitet mit einer einfachen, anwenderorientierten Programmiersprache. Die erstellten Programme werden anschließend in Maschinensprache compiliert (=übersetzt).

Die Programmiersprachen unterscheiden sich von Hersteller zu Hersteller. Die Darstellungsarten der Programme sind aber weitgehend einheitlich und in DIN 19 239 festgelegt. Man unterscheidet folgende Darstellungsarten:
- Funktionsplan (FUP)
- Kontaktplan (KOP)
- Anweisungsliste (AWL)

Welche Eigenschaften besitzt die Darstellungsart Funktionsplan (FUP)?

Die Darstellungsart FUP lehnt sich mit ihren Symbolen an die grafischen Symbole der Digitaltechnik an; die Verbindungsleitungen sind auf ein Minimum reduziert.
Wegen der guten Übersicht ist der FUP bei der Planung, Fehlersuche und Dokumentation sehr hilfreich.

Programmierung und Anzeige erfordern ein Programmiergerät mit Bildschirm. Dieses übersetzt den FUP in die AWL. Nicht alle Programmschritte lassen sich als FUP darstellen.

Beispiel der Darstellungsart FUP

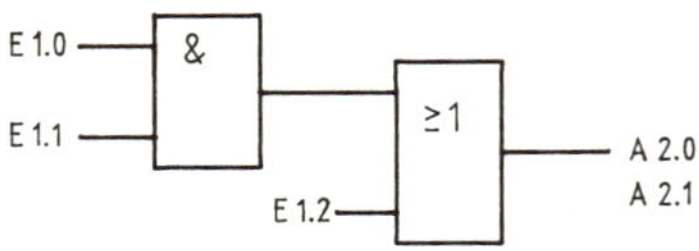

Welche Eigenschaften besitzt die Darstellungsart Kontaktplan (KOP)?

Die Darstellungsart KOP lehnt sich mit ihren waagerechten Strompfaden und ihren Symbolen den amerikanischen Stromlaufplänen an. Die Symbole stellen nicht die angeschlossenen Schalter dar, sie geben vielmehr die interne Signalverarbeitung an.
Enthält ein Programm Speicher, Zähler und Zeitfunktionen, ist die Darstellung im KOP nicht sinnvoll.

Programmierung und Anzeige erfordern ein Programmiergerät mit Bildschirm. Dieses übersetzt den KOP in die AWL. Nicht alle Programmschritte lassen sich als KOP darstellen.

Beispiel der Darstellungsart KOP

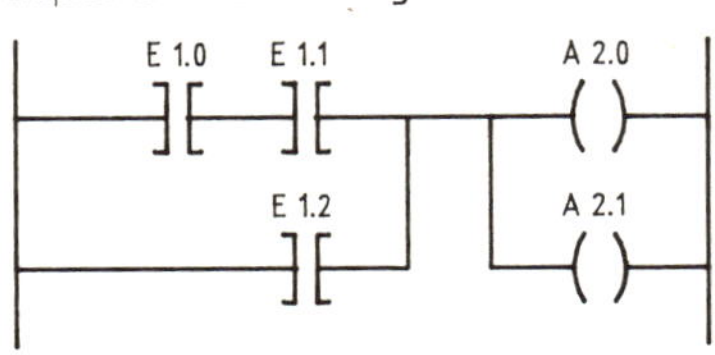

Welche Eigenschaften besitzt die Darstellungsart Anweisungsliste (AWL)?

Die Darstellungsart AWL besteht aus mnemotechnisch (=gut merkbar) aufgebauten Einzelanweisungen. Jede Anweisung entspricht genau der **Steueranweisung,** die als Maschinensprache in der SPS hinterlegt wird. Sie ist daher die **universellste der drei Darstellungsarten.** Weniger gut ist die Übersichtlichkeit, Fehlersuche und Programmdokumentation.

Zur Programmierung können kleine Handprogrammiergeräte mit Ein-Zeilen-Display verwendet werden.

Beispiel:

U	E	1.0
U	E	1.1
O	E	1.2
=	A	2.0
=	A	2.1

Hinweis:
Die erste Anweisung ist eine "LADE"-Anweisung.
Sie wird je nach SPS-Hersteller unterschiedlich geschrieben
z.B.: L (Lade) E 1.0 oder
U (Und) E 1.0 oder
O (Oder) E 1.0 oder
! (Lade) E 1.0

Was ist eine Steueranweisung?

Eine Steueranweisung ist die kleinste, selbständige Einheit eines Steuerprogramms. Sie bildet die Arbeitsvorschrift für die Zentraleinheit.
Jedes SPS-Programm besteht aus einer Folge von Steueranweisungen.
Jede Steueranweisung wird einer Adresse im Speicher zugeordnet. Eine normale Anweisung belegt 2 Byte.

Eine Steueranweisung besteht aus:
- Operationsteil (Was wird gemacht?)
- Operandenteil (Mit wem?)

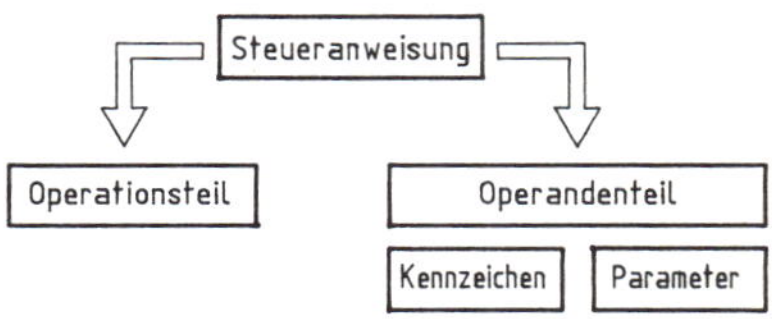

Beispiel:

Operationsteil		Kennzeichen	Parameter
U	(UND)	E (Eingang)	1.0
UN	(UND-NICHT)	E (Eingang)	1.1
=	(Zuordnung)	A (Ausgang)	2.0

Stellen Sie die Verknüpfung $A = \overline{E1}$ UND E2 ODER $\overline{E3}$ als SPS-Programm dar.

Beispiel: Siemens-SPS

Anweisungsliste AWL

Adresse	Operation	Operand
0000	UN	E 1.1
0002	U	E 1.2
0004	ON	E 1.3
0006	=	A 2.0

Funktionsplan FUP

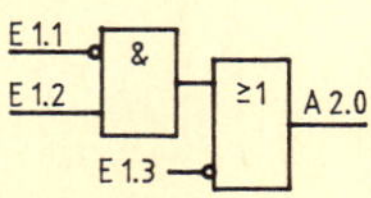

Kontaktplan KOP

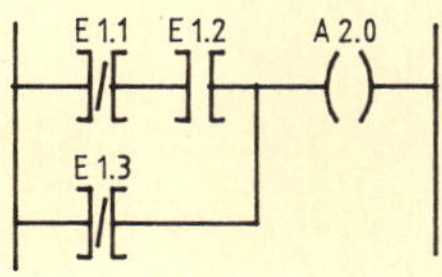

6

Wie wird das Programm in der SPS abgearbeitet?

Das im Speicher enthaltene Programm aus einzelnen Steueranweisungen wird in der Reihenfolge der Adressen Schritt für Schritt angewählt und in das Steuerwerk übertragen. Dort wird jede Anweisung bearbeitet (Signalzustand der Eingänge wird abgefragt, mit anderen Signalen im Rechenwerk verknüpft und dem Ausgang zugeordnet).

Am Programmende beginnt die Programmbearbeitung wieder von vorne.

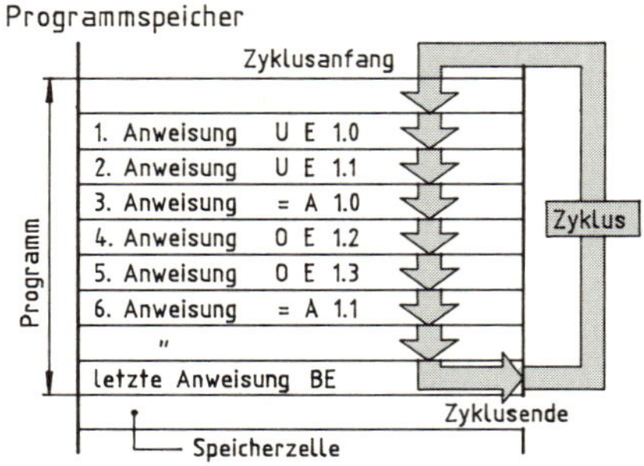

Die Arbeitsweise der SPS ist

seriell ⟹ Anweisungen werden nacheinander abgearbeitet

und

zyklisch ⟹ Programmablauf wiederholt sich regelmäßig

Was versteht man unter der Zykluszeit?

Die Zykluszeit ist die Zeit für eine **einmalige** Bearbeitung aller Anweisungen des Programms.

Die Zykluszeit ist ein wesentliches Leistungsmerkmal einer SPS und wird meist für 1k (1024) Anweisungen angegeben.

Wie setzt sich die Zykluszeit zusammen?

Die Zykluszeit setzt sich zusammen aus:

1. Bearbeitungszeit eines Befehls
2. Anzahl der Programmanweisungen

Beispiel: Beim Siemens AG 101U beträgt die mittlere Bearbeitungszeit ca. 70 Mikrosekunden. Bei einer Programmlänge von 1k (1024) Anweisungen beträgt die Zykluszeit
$t_z = 1024 \cdot 0{,}07\ \text{ms} = 71{,}7\ \text{ms}$.
Schnelle Steuerungen arbeiten mit Zykluszeiten von weniger als 1 ms je 1k Anweisungen.

Wie setzt sich die Reaktionszeit einer SPS zusammen?

Die Reaktionszeit setzt sich zusammen aus der **Zykluszeit** und der **Verzögerungszeit** der Ein- und Ausgänge. Sie ist die Zeit zwischen Eingangssignalsprung und Ausgangsreaktion.

Die Eingangsgruppen vieler SPS-Geräte bewirken eine *künstliche Signalverzögerung.* Durch diese Maßnahme werden Störimpulse und Impulse prellender Kontakte ferngehalten.
Die Signalverzögerung kann zwischen 3 ms (bei DC) und 15 ms (bei AC 50 Hz) betragen.

Weshalb wird die Zykluszeit überwacht?

Die Zykluszeit wird überwacht um auf Störfälle im Ablauf zu reagieren.

Ein Zykluswächter kontrolliert die Zykluszeit. Bei Überschreiten eines Maximalwertes (Zyklusüberwachungszeit z.B. 350 ms beim AG 101U von Siemens) geht die Steuerung in den STOP-Zustand.

Welche Aufgaben hat die Eingabebaugruppe einer SPS?

Die Eingabegruppe hat die Aufgabe, die ankommenden Signale an die Zentraleinheit anzupassen. Dazu wird der Geberstromkreis (meist 24 V) vom Stromkreis der Innenschaltung (5 V) getrennt, um Spannungsverschleppung in die CPU zu verhindern.
Diese galvanische Trennung erfolgt z.B. durch Optokoppler.

Beispiel einer Eingangsbeschaltung

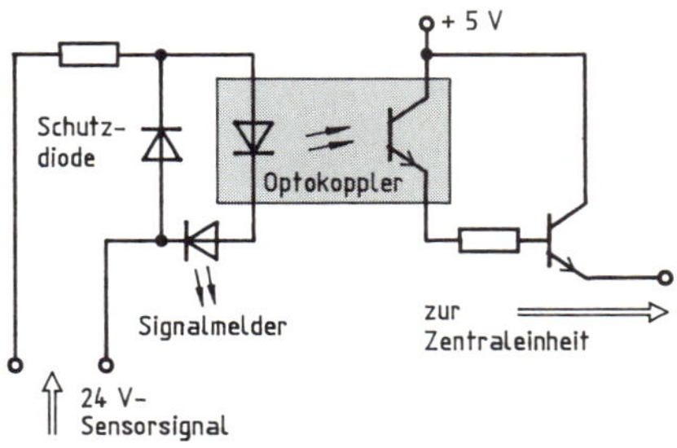

In welcher Form werden die Signale bei SPS-Geräten ausgegeben.

Ausgangssignale können bei der SPS je nach Anwenderwunsch über
- Relais-Ausgänge
- Transistoren-Ausgänge
- Triac-Ausgänge

geführt sein.

Die Relaisausgänge sind potentialfrei aber relativ langsam.
Transistorausgänge sind durch Optokoppler getrennt; sie sind sehr schnell, arbeiten aber nur mit Gleichspannung.
TRIAC-Ausgänge schalten z.B. 230 V AC, besitzen aber im Auszustand keine Potentialtrennung.

6

Was ist ein Prozeßabbild?

Prozeßabbilder sind Zustände von Eingangs- oder Ausgangssignalen, die im Zwischenspeicher einer SPS zu Beginn eines Programmdurchlaufs festgehalten werden.

Eingangssignale werden demnach nicht direkt an den Eingängen, sondern vom Prozeßabbild abgefragt. Ausgangssignale werden nicht direkt an die Ausgänge geführt, sondern in das Prozeßabbild der Ausgänge geschrieben und bei Zyklusende ausgegeben.

Welche Vorteile haben SPS, die mit Prozeßabbildern arbeiten?

Das Arbeiten mit Prozeßabbildern ist sicher, da ein Wechsel der Eingangssignale *während des Programmdurchlaufs* nicht berücksichtigt wird.

Auch ist das Arbeiten mit dem Prozeßabbild der Ausgänge sicher und schneller, da innerhalb eines Programmdurchlaufs der Signalzustand geändert werden kann, ohne daß der Ausgang geschaltet wird.

Welche Programmierfehler kommen häufig vor?

Häufig vorkommende Programmierfehler sind:

1. falsche Negierung der Eingänge,
2. Vertauschen von Parametern
3. mehrfache Zuweisung eines Ausgangs oder Merkers.

zu 1.: Öffner von Befehlsgebern werden fälschlicherweise negiert,
zu 2.: Adressen werden verwechselt z.B. E 1.2 statt E 2.1
zu 3.: Merker und Ausgänge dürfen nur **ein** Mal innerhalb des Programms gesetzt oder zugewiesen werden. Mehrfaches Ansprechen eines Ausgangs ist nur über eine ODER-Verknüpfung **vor** der Zuweisung möglich.

Wie werden Programme gesichert?

Neu erstellte Programme sollten zuerst auf Diskette gespeichert und dann erst zum Zentralgerät (AG) überspielt werden.
Danach kann der Programmtest durchgeführt werden.

Ausgetestete Programme können endgültig gesichert werden

- auf Diskette
- auf EEPROM (bei häufiger Änderung)
- auf EPROM (wenn selten geändert wird)
- durch Ausdrucken des Programms.

EPROM und EEPROM-Halbleiterspeicher sind nicht besonders zuverlässig.

Welcher Unterschied besteht zwischen einer linearen Programmierung und einer strukturierten Programmierung?

Bei der *linearen* Programmierung werden alle Anweisungen nacheinander geschrieben und auch bearbeitet. Dies führt bei großen Programmen zur Unübersichtlichkeit.

Bei der *strukturierten* Programmierung werden einzelne Programmabschnitte in verschiedene Bausteine aufgeteilt. Dadurch entsteht eine übersichtliche Struktur. Sie trägt wesentlich zur systematischen Lösungsfindung und Fehlersuche bei.

Struktur des Anwenderprogramms
(Beispiel: Siemens-SPS)

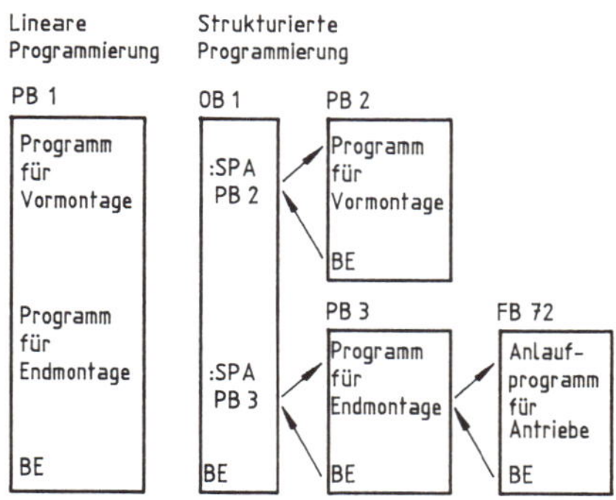

Was versteht man unter absoluter und symbolischer Adressierung?

Der Operand einer Steueranweisung kann *absolut*, d.h. direkt mit den Adressen der SPS z.B. „E 2.1“, oder *symbolisch*, d.h. mit Bezeichnern z.B. „ -Taster S3“ adressiert werden.

Beispiele verschiedener Adressierungen

absolute	symbolische
U E1.0	U -Taster S3
U E1.1	U -Endtast S4
O T2	O -Timer AUF
= A4.5	= -Schütz K1

Symbolische Adressierungen erleichtern den Programmüberblick wesentlich.

Wie kann bei einer SPS symbolisch programmiert werden?

Symbolische Adressierung ist nur unter Verwendung einer Zuordnungsliste möglich.

Die Zuordnungsliste wird je nach System in eine spezielle Datei oder in einen Datenbaustein abgelegt. Symbolische Adressierung ist nicht bei allen SPS möglich.

6.4 SPS – Schaltnetze und Schaltwerke

Erläutern Sie den Begriff Schaltnetze!

Schaltnetze sind Verknüpfungssteuerungen **ohne** Speicherverhalten.

Sie beruhen auf der Kombination logischer Grundverknüpfungen. Die Ausgangssignale sind nur von den Signalzuständen der Eingangssignale abhängig.

Erläutern Sie den Begriff Schaltwerke!

Schaltwerke sind Verknüpfungssteuerungen **mit** Speicherverhalten.

Eine Speicherfunktion liegt dann vor, wenn ein kurzzeitig auftretender Signalzustand festgehalten, also gespeichert wird. Steuerungen mit Speicherverhalten nennt man auch *sequentielle Steuerungen*.

Wofür werden Merker verwendet?

Merker werden für die Bildung von Zwischenergebnissen verwendet, die außerhalb der SPS nicht benötigt werden.

Sie haben die gleiche Funktion wie Hilfsschütze bei Schützsteuerungen. Merker können wie Ausgänge zugewiesen oder als RS-Speicher verwendet werden. Sie werden in die Speicherzellen des RAM-Speichers geschrieben.

Welcher Unterschied besteht zwischen remanenten und nichtremanenten Merkern?

Bei Ausfall der Betriebsspannung oder einem RUN-STOP der SPS geht der logische Zustand von nichtremanenten Merkern verloren, der von remanenten Merkern bleibt erhalten.

Remanente Merker werden auch als *Haftmerker* bezeichnet. Bei ihnen wird der logische Zustand durch eine Pufferbatterie aufrechterhalten, so daß wichtige Prozeßdaten (Füllstände, Stückzahlen, Positionen) nach dem Spannungsausfall wieder zur Verfügung stehen.
Die remanente Fähigkeit von Haft-Merkern ist besonders bei **Speicherschaltungen** von Bedeutung.

Schreiben Sie das Programm für eine UND-vor-ODER-Verknüpfung!

Das Programm für die UND-vor-ODER-Verknüpfung lautet
als Anweisungsliste

mit Klammer	mit Merker
U E 0.1	U E 0.1
U E 0.2	U E 0.2
O	= M 1.0
U E 0.3	U E 0.3
U E 0.4	U E 0.4
= A 1.0	= M 2.0
	O M 1.0
	O M 2.0
	= A 1.0

als Funktionsplan

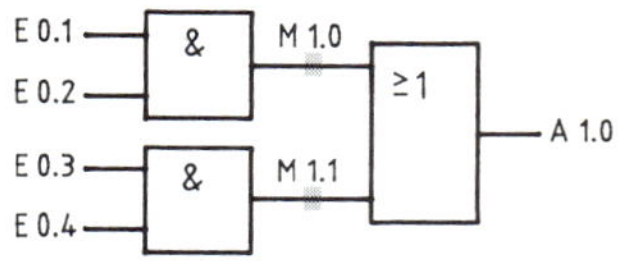

als Kontaktplan

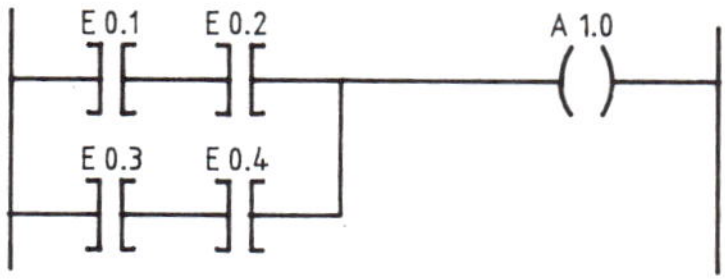

Schreiben Sie das Programm für eine ODER-vor-UND-Verknüpfung!

Das Programm für die ODER-vor-UND-Verknüpfung lautet
als Anweisungsliste

mit Klammer	mit Merker
U (	O E 0.1
O E 0.1	O E 0.2
O E 0.2	= M 1.0
)	O E 0.3
U (	O E 0.4
O E 0.3	= M 2.0
O E 0.4	U M 1.0
)	U M 2.0
= A 1.0	= A 1.0

als Funktionsplan

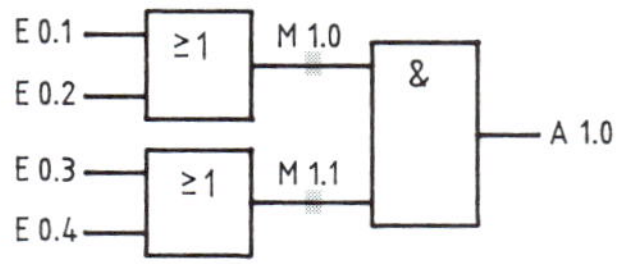

als Kontaktplan

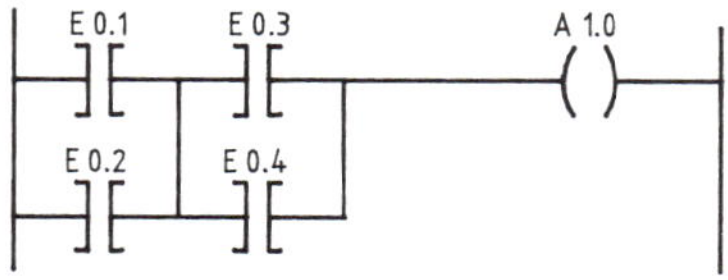

6

Nach welcher Regel müssen in einem Steuerprogramm Klammern gesetzt werden?

Klammerfunktionen in AWL-Programmen erzwingen vorrangige Behandlung. Sie sind nach der schaltalgebraischen Schreibregel einzusetzen.

Der Klammerausdruck wird zuerst bearbeitet und zwischengespeichert. Klammerebenen erfüllen Merkerfunktionen; jede Klammer belegt einen Speicherplatz.

Beispiel:

$A1 = E1 \wedge (E2 \vee E3)$

AWL

```
U E 0.1
U (
O E 0.2
O E 0.3
)
= A 1.0
```

Ist es besser in SPS-Programmen Klammern oder Merker zu verwenden?

Die Verwendung von Klammern bietet sich an, wenn die Lösung in Form einer schaltalgebraischen Gleichung oder als Funktionsplan vorliegt.
Die Verwendung von Merkern macht ein Programm oftmals übersichtlicher.

Professionelle Programme enthalten vorzugsweise Merkerfunktionen, da die Bearbeitungszeit einer Merkeranweisung bei manchen Geräten auch wesentlich kürzer ist, als die einer Klammerfunktion.

Allgemein gilt: Ein sinnvoller Einsatz von Merkern und Klammern vereinfacht die Anweisungsliste.

Schreiben Sie das SPS Programm für eine Exklusiv-Oder-Steuerung!

FUP

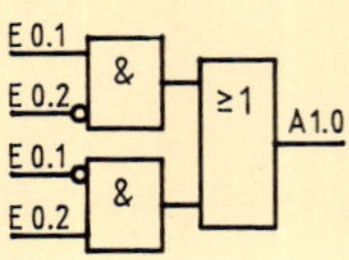

AWL

```
U  E 0.1
UN E 0.2
O
UN E 0.1
U  E 0.2
=  A 1.0
```

Der Ausgang einer Exklusiv-Oder-Steuerung darf nur gesetzt werden, wenn entweder E1 oder E2 nicht aber beide ein 1-Signal führen.

Können einer logischen Verknüpfung auch mehrere Ausgänge zugewiesen werden?

Einer logischen Verknüpfung können mehrere Ausgänge und Merker gleichzeitig zugewiesen werden.

Parallele Zuweisung

z.B.:

```
U E 0.1
U E 0.2
= A 1.0
= A 1.1
```

Abfragezuweisung

z.B.:

```
U E 0.1
U E 0.2
= A 1.0
U A 1.0
= A 1.1
```

Bild 219.1

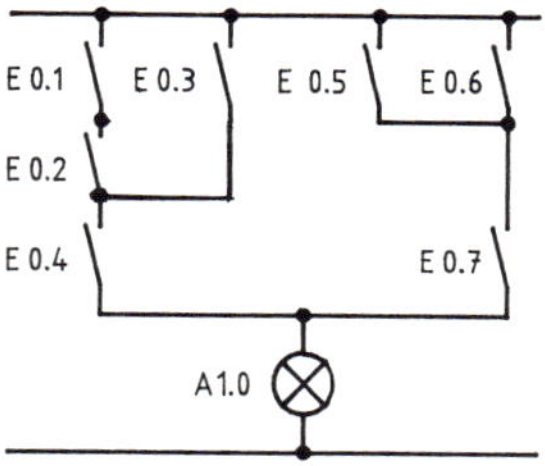

Bild 219.2

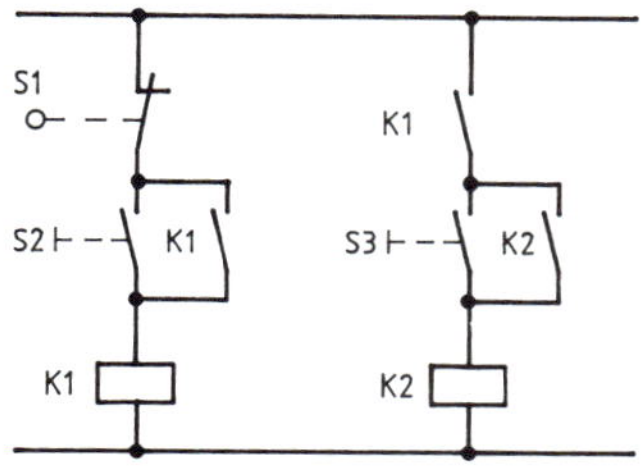

Erstellen Sie aus dem Stromlaufplan in Bild 219.1 das SPS-Programm!

FUP

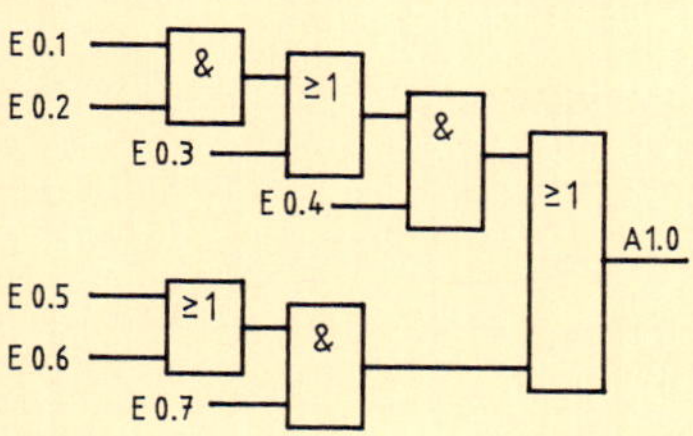

AWL

(1. Lösung)	(2. Lösung)
U (	U E 0.1
U E 0.1	U E 0.2
U E 0.2	O E 0.3
O E 0.3	U E 0.4
)	= M 1.0
U E 0.4	O E 0.5
O	O E 0.6
U (	U E 0.7
O E 0.5	= M 1.1
O E 0.6	O M 1.0
)	O M 1.1
U E 0.7	= A 1.0
= A1.0	

Wie werden die Signale der außerhalb angeschlossenen Schließer- und Öffnerkontakte in der SPS verarbeitet?

Die Signale von Gebern werden nur entsprechend **dem Signalzustand** 0 oder 1 in der SPS abgefragt und verarbeitet.
Die SPS kann nicht erkennen, ob das Signal von einem Öffner oder einem Schließer kommt.

1-Signale können erzeugt werden von einem *betätigten* Schließer und von einem *unbetätigten* Öffner.

Beispiel:
Stromlaufplan

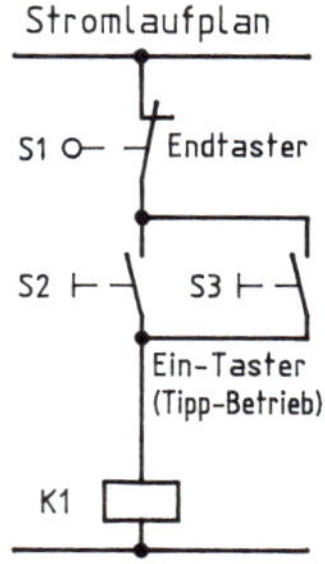

FUP

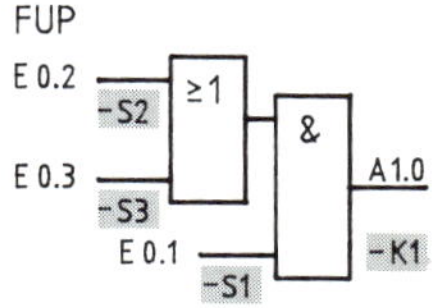

AWL
```
U E 0.1
U (
O E 0.2
O E 0.3
)
= A1.0
```

Regel: Abschaltfunktionen mit Öffnerkontakten, z.B. Aus-Taster, Endtaster, Überstromauslöser, werden wie Schließer auf 1-Signal abgefragt.

Erstellen Sie aus dem Stromlaufplan in Bild 219.2 das SPS-Programm!

FUP

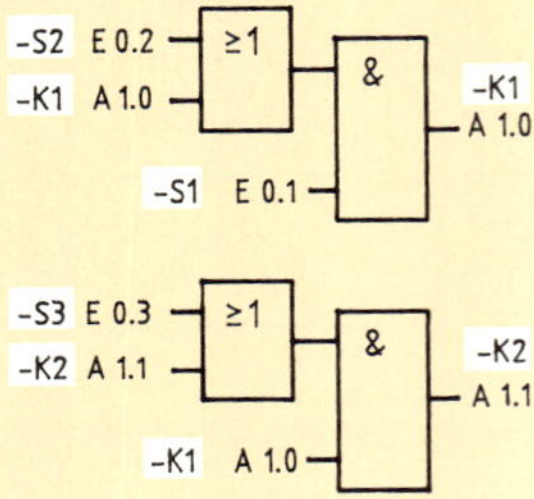

AWL

```
U E 0.1      U A 1.0
U (          U (
O E 0.2      O E 0.3
O A 1.0      O A 1.1
)            )
= A 1.0      = A 1.1
             -Ende-
```

KOP

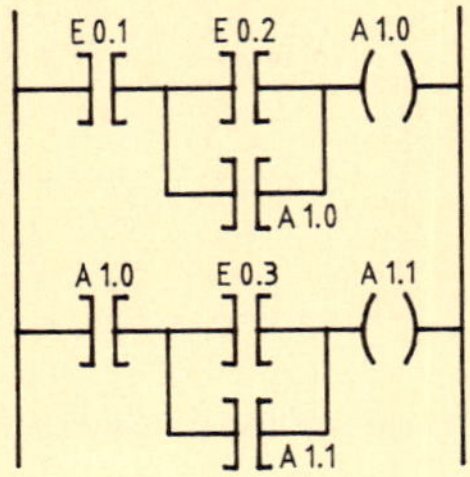

Wie kann grundsätzlich Speicherverhalten in SPS-Steuerungen erreicht werden?

Speicherverhalten kann erreicht werden durch

1. Programmieren von Verknüpfungen in *Selbsthaltung*
2. Programmieren durch Verwendung der *Operation RS-Speicher.*

Beispiel: Selbsthaltung

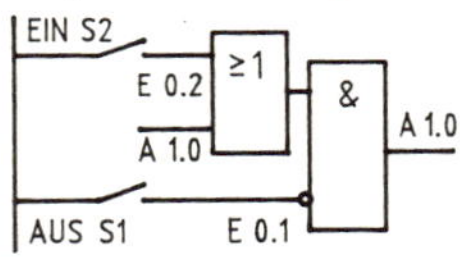


```
AWL:  UN  E 0.1
      U   (
      O   E 0.2
      O   A 1.0
      )
      =   A 1.0
```

Beispiel: RS-Speicher

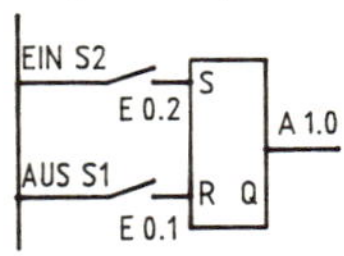


```
AWL:
U E 0.2  EIN-Taster
S A 1.0  Setze Ausgang
U E 0.1  AUS-Taster
R A 1.0  Rücksetze
                Ausgang
```

Wie reagieren Speicherschaltungen, wenn Setz-und Rücksetzeingänge gleichzeitig 1-Signale führen?

Speicherschaltungen reagieren auf gleichzeitige 1-Signale je nach Programmierung unterschiedlich, entweder

1. AUS-dominant (der Ausgang wird vorrangig auf 0-Signal gesetzt)
2. EIN-dominant (der Ausgang wird vorrangig auf 1-Signal gesetzt)

Beispiel: AUS-Dominanz mit Selbsthaltung

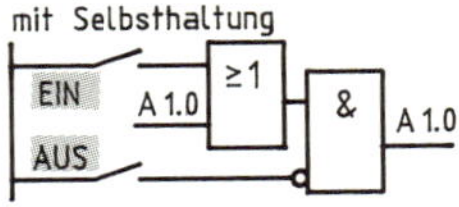

mit RS-Speicher

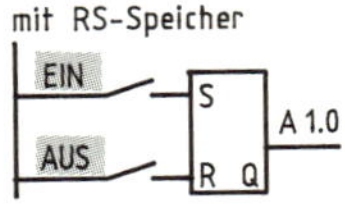

Beispiel: EIN-Dominanz mit Selbsthaltung

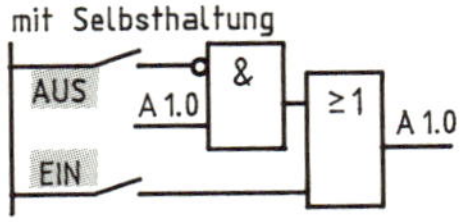

mit RS-Speicher

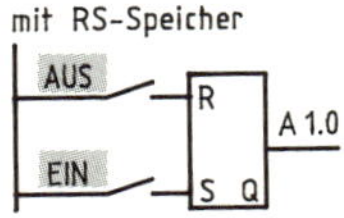

Wie kann man RS-Speicher mit Vorrangverhalten programmieren?

Bei der SPS ergibt sich automatisch ein Vorrang durch die serielle Abarbeitung. Hierbei gilt folgende Regel:
Die *zuletzt* gegebene Anweisung im Programm hat Vorrang!

Programmierung in AWL:

1. AUS-Dominanz

```
U   E 0.2   EIN-Funktion
S   A 1.0   Setze Ausgang
U   E 0.1   AUS-Funktion
R   A 1.0   Rücksetze Ausgang   ← Letzte Anweisung
    -ENDE-
```

2. EIN-Dominanz

```
U   E 0.1   AUS-Funktion
R   A 1.0   Rücksetze Ausgang
U   E 0.2   EIN-Funktion
S   A 1.0   Setze Ausgang   ← Letzte Anweisung
    -ENDE-
```

Ein Motor soll durch Betätigen der Schließer Taster S2 oder S3 eingeschaltet und durch Betätigen der Öffner S1 oder F2 (Überstromauslöser) ausgeschaltet werden. Bedingung: AUS – Vorrang! Entwerfen Sie das Programm!

AWL-Darstellung

```
O    E 0.2
O    E 0.3
S    A 1.0
ON   E 0.1
ON   E 0.0
R    A 1.0
  -ENDE-
```

FUP-Darstellung

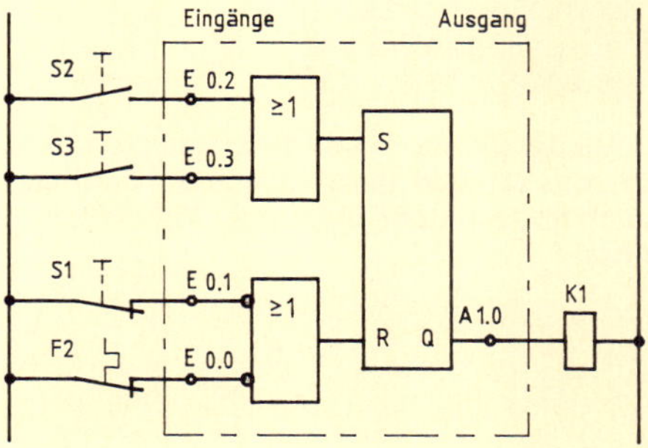

Welche Programmierart ist günstiger: Selbsthaltung oder RS-Speicher?

Im allgemeinen gilt: Das Benützen der Operation RS-Speicher ist für die Programmübersicht vorteilhafter.

Anweisungen von Speichern sind im AWL und FUP leichter erkennbar, als die von Selbsthaltungen.

Was sind Wischfunktionen?

Wischfunktionen sind Schaltungen, die aus einem Dauersignal einen **Impuls** bilden. Sie entsprechen der Funktion eines Relais mit Wischkontakt.

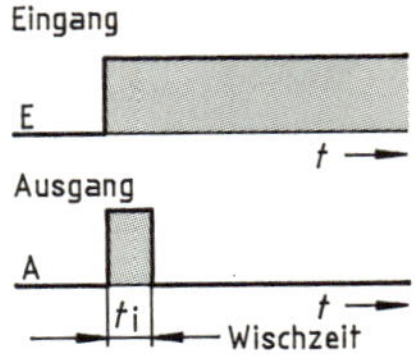

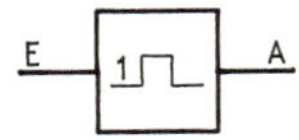

Wie werden Wischfunktionen gebildet?

Wischfunktionen können gebildet werden
- durch die Ausnutzung der Zykluszeit; ein Merker wird nur **einen** Zyklus lang gesetzt und anschließend wieder rückgesetzt
- durch Zeitglieder (Impulsfunktion bzw. Monoflop)

Mit Hilfe der Wischfunktionen können z.B. ansteigende oder abfallende Flanken ausgewertet werden.

Beispiel: Wischfunktion für das Erkennen einer ansteigenden Flanke durch Ausnützen der Zykluszeit

1. Lösung

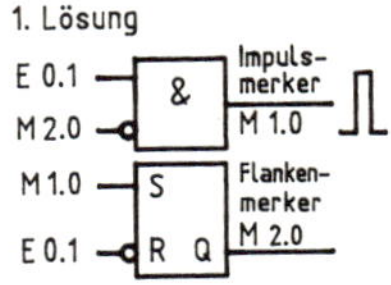


```
AWL: U  E 0.1
     UN M 2.0
     =  M 1.0
     U  M 1.0
     S  M 2.0
     UN E 0.1
     R  M 2.0
     -ENDE-
```

2. Lösung

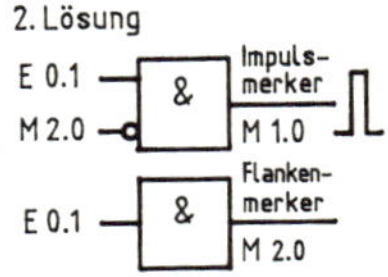


```
AWL: U  E 0.1
     UN M 2.0
     =  M 1.0
     U  E 0.1
     =  M 2.0
     -ENDE-
```

Eine Meldeleuchte H1 soll durch kurzzeitiges Betätigen des Tasters S1 eingeschaltet und durch erneutes Betätigen von S1 ausgeschaltet werden (Stromstoßschaltung). Entwickeln Sie dazu das SPS-Programm!

```
AWL: U  E 0.1      U  M 1.0
     UN M 2.0      UN A 1.0
     =  M 1.0      S  A 1.0
        ***        U  M 1.0
     U  M 1.0      U  A 1.0
     S  M 2.0      R  M 3.0
     UN E 0.1         ***
     R  M 2.0      U  M 3.0
        ***        =  A 1.0
                   -ENDE-
```

Diese Art von Schaltungen ist wegen der seriellen Abarbeitung nur mit SPS und nicht mit normalen Digitalschaltkreisen realisierbar.

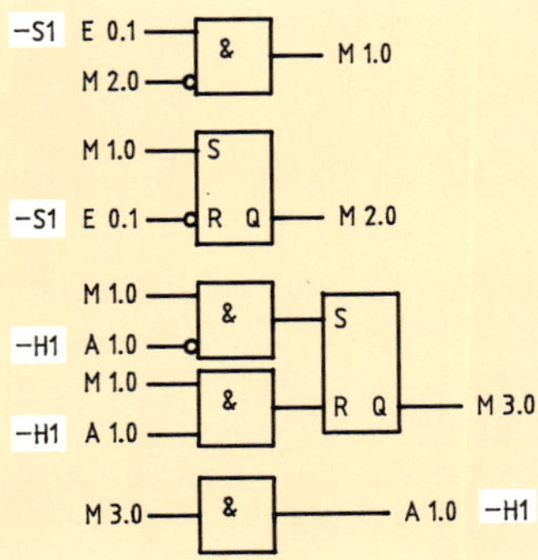

Wie werden bei der SPS Zeitfunktionen gebildet?

Für die Zeitbildung wird der quarzgesteuerte Takt des Mikroprozessors und ein Zähler benützt.

Der Zähler wird auf die gewünschte Anfangsstellung eingestellt. Nach dem Start zählt dieser die Impulse des Taktes rückwärts bis zum Stand Null.

Welches sind die wichtigsten Zeitfunktionen?

Die wichtigsten Zeitfunktionen sind
1. Impuls
2. Einschaltverzögerung
3. Ausschaltverzögerung

Der Vorrat an Zeitfunktionen ist von Hersteller zu Hersteller verschieden.

Blocksymbole nach DIN 19239

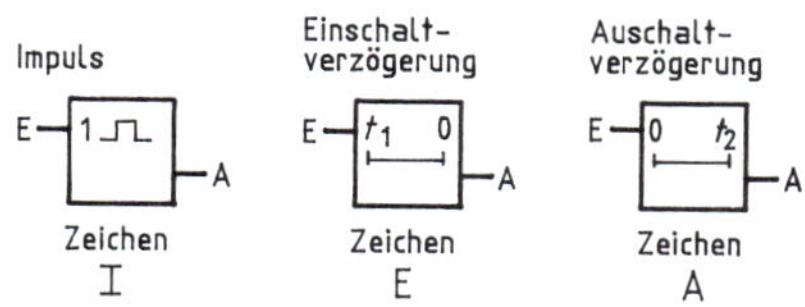

Wie reagiert die Impuls-Zeitfunktion auf ein 1-Signal am Eingang?

Bei einem Signalwechsel von 0 nach 1 (positive Flanke) wird das Zeitglied gestartet, gleichzeitig führt der Ausgang sofort ein 1-Signal. Nach Ablauf der programmierten Zeit wird der Ausgang zurückgesetzt.

Beispiel für Siemens S5

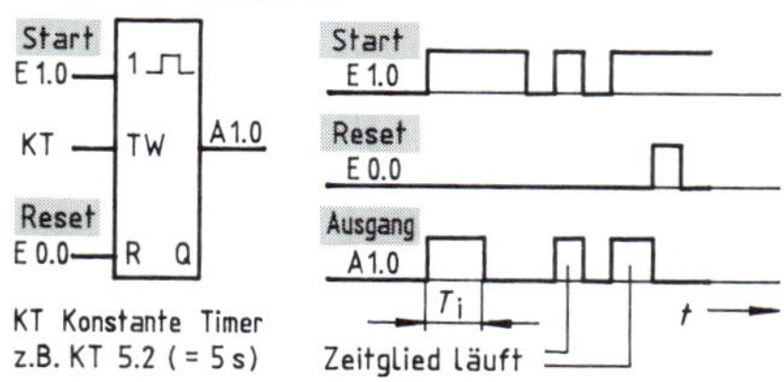

KT Konstante Timer
z.B. KT 5.2 (= 5 s)

Eine Schaltung soll bei jeder Spannungswiederkehr selbstständig einen Impuls am Ausgang von 1 Sekunde Dauer abgeben. Entwickeln Sie dazu ein Programm!

AWL

```
UN  M 1.0
L   KT 1.2
SI  T1
U   T1
=   A 1.0
ON  T1
O   M 1.0
=   M 1.0
  -ENDE-
```

FUP

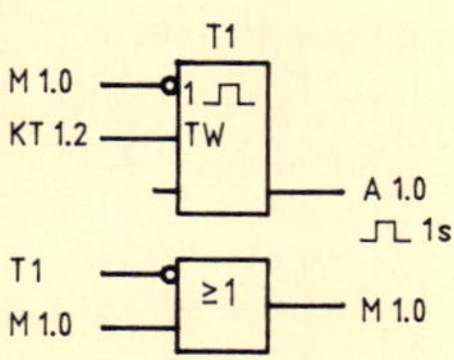

Nach dem Einschalten der SPS läuft die Zeitstufe ab. Merker M1 wird in Selbsthaltung gesetzt und blockiert ein erneutes Ablaufen der Zeitstufe. Der Merker muß nichtremanent sein!

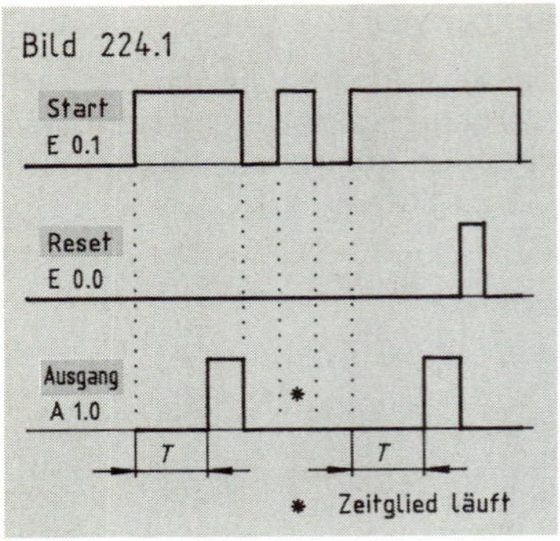

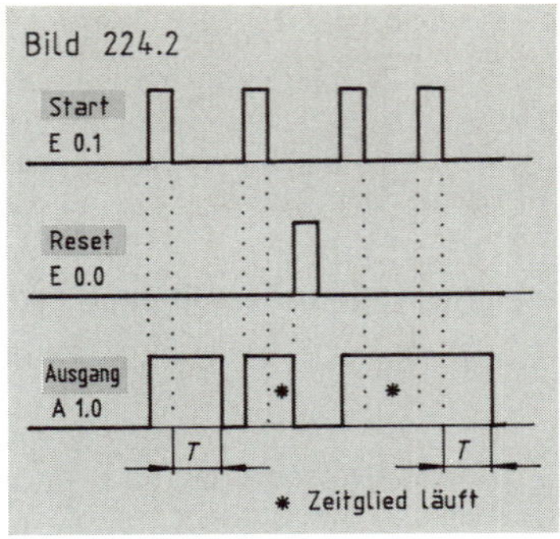

Welcher Zeitfunktion ist das Zeitdiagramm in Bild 224.1 zuzuordnen?

Das Zeitdiagramm stellt die Zeitfunktion „Einschaltverzögerung" dar.

Der Ausgang führt nach dem Starten erst dann das 1-Signal, wenn die programmierte Zeit abgelaufen ist *und* das Eingangssignal noch ansteht.

Bilden Sie aus der Zeitfunktion „Impuls" eine Einschaltverzögerung!

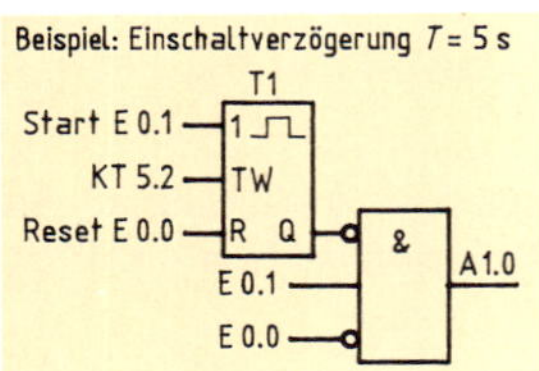

Das 1-Signal an E 0.1 startet das Zeitglied, dessen Ausgang Q hat 1-Signal, die UND-Bedingung ist nicht erfüllt.
Erst nach Ablauf der Zeit gibt das 0-Signal des Zeitglieds die UND-Bedingung frei, der Ausgang A 1.0 wird gesetzt.
Eingang E 0.0 hat RESET-Funktion.

Welcher Zeitfunktion ist das Zeitdiagramm in Bild 224.2 zuzuordnen?

Das Zeitdiagramm stellt die Zeitfunktion „Ausschaltverzögerung" dar.

Der Ausgang führt nach dem Starten sofort das 1-Signal. Wird der Starteingang ausgeschaltet, liefert der Ausgang noch so lange Signal 1 bis die programmierte Zeit T abgelaufen ist.

Bilden Sie aus der Zeitfunktion „Impuls“ eine Ausschaltverzögerung!

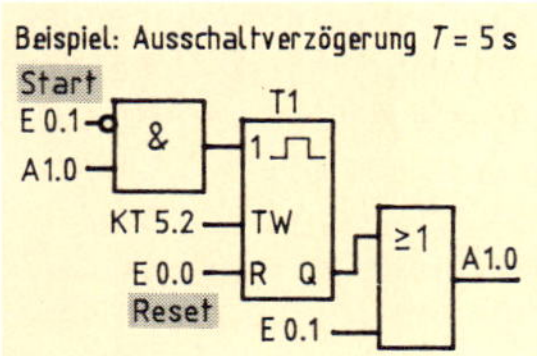

Ein 1-Signal an E0.1 gibt den Ausgang A1.0 sofort frei und blockiert das Zeitglied. Wird das Signal an E0.1 zu Null, startet das Zeitglied, der Ausgang A1 bleibt so lange gesetzt, bis die Zeit abgelaufen ist. Eingang E0.0 hat RESET-Funktion.

Erstellen Sie das Programm für einen synchronen Taktgenerator mit der Blinkfrequenz 2 Hz!

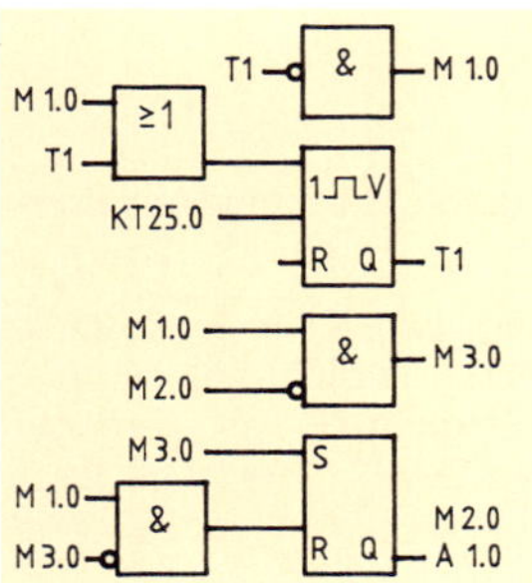

Verwendet wird die Zeitfunktion SV (verzögerter Impuls)

Die Ein- und Ausschaltzeiten sind gleich. Das Zeitglied T1 schaltet doppelt so schnell wie der Ausgang. Für eine Frequenz von 2 Hz muß daher die Vorgabezeit T = 0,25 s eingestellt werden.

$$T = \frac{1}{2 \cdot f} = \frac{1}{2 \cdot 2}\ \text{s} = 0{,}25\ \text{s}$$

Impuls-diagramm

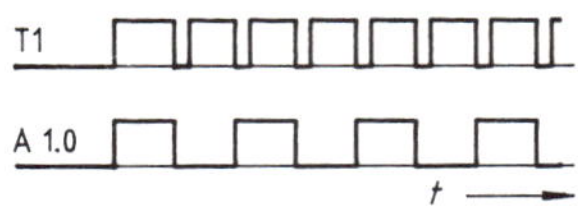

6

Erstellen Sie das Programm für einen Taktgenerator, bei dem sich das Tastverhältnis beliebig programmieren läßt!

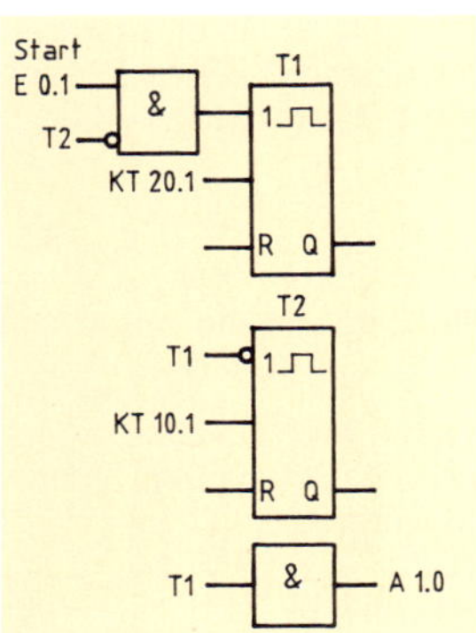

Ein Taktgeber mit variablem Tastverhältnis muß mit 2 Zeitstufen aufgebaut werden. Der Ausgang A1.0 blinkt 2s ein, 1s aus, sobald das Signal an E0.1 ansteht.

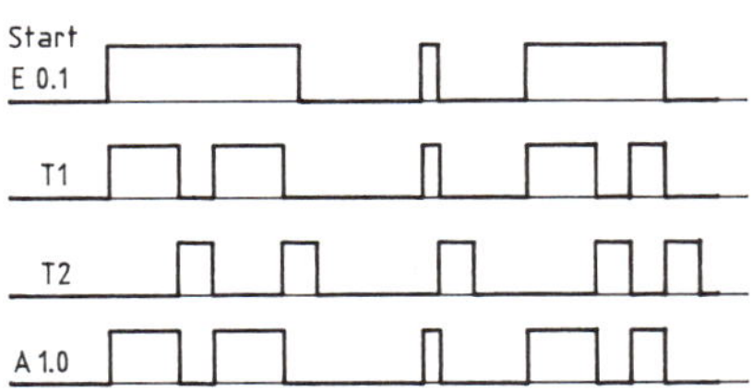

Wozu werden bei SPS-Steuerungen Zählfunktionen benötigt?

Zähler werden benötigt für

1. Erfassen von Stückzahlen
2. Positionserfassung bei Wegmessung
3. Steuerungen mit Wiederholungsphasen
4. Zeitschleifen mit langen Zeiten.

zu 1.: z.B. Abzählen einer Menge, Vergleichen einer Sollmenge mit der tatsächlichen Menge, Ausgeben einer Mengendifferenz; hierbei wird der digitale Ausgang des Zählers benützt.
zu 2.: z.B. Schrittgeber; er gibt proportional zur Weglänge Impulse ab, die im Zähler aufsummiert werden, der Zahlenwert des Zählers entspricht der momentanen Position.
zu 3.: z.B. Ampelsteuerung-Einzelschrittsteuerung; die Impulse eines Taktgebers werden im Zähler aufsummiert, der als Steuerwerk dient.

Geben Sie das Symbol eines Vor-Rückwärtszählers an und beschreiben Sie dessen Funktion!

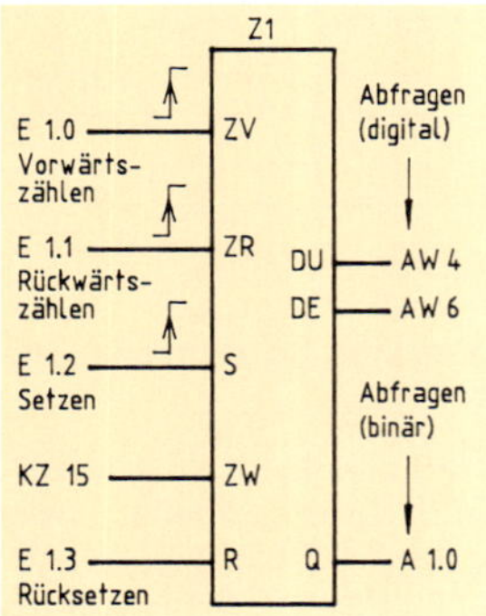

Der Zählerstand wird durch eine Flanke am Eingang ZV um 1 erhöht und durch eine Flanke am Eingang ZR um 1 verringert (Obere Grenze z.B. 999, untere Grenze 0). Soll ein Zählvorgang bei einem Zahlenwert, z.B. 15 beginnen, wird dieser Wert als ZW-Konstante eingeladen und durch eine Flanke an S gesetzt. Der Zähler kann durch ein 1-Signal am R-Eingang auf 0 gesetzt und blockiert werden.
Der Steuerausgang Q ist ein binärer Ausgang, der immer dann 1-Signal abgibt, wenn der Zählerstand größer als Wert 0 ist.

Wie kann bei einer Zählfunktion der aktuelle Zählerstand abgefragt werden?

Der momentane Zahlenwert kann – abhängig vom Hersteller – z.B. über einen LADE-Befehl als Dual- oder Dezimalzahl (BCD-codiert) abgefragt werden.

Diese Abfrage kann auch auf die Ausgänge der SPS und von dort auf eine Ziffernanzeige geführt werden.
Beispiel in AWL:
L Z1 (Lade Wert von Z1)
T AW 1 (Transferiere zu A 0.0 bis A 1.7)

In einem Pufferspeicher befinden sich Werkstücke. Sie werden am Eingang mit Lichtschranke B1 und am Ausgang mit Lichtschranke B2 gezählt. Steigt der Bestand auf den oberen Grenzwert 25, soll die Lampe H1 leuchten, unterschreitet der Vorrat den unteren Grenzwert 12, soll Lampe H2 leuchten. Ist der Speicher leer, soll die Hupe H3 Alarm abgeben. (Schalter S1 = Anlage EIN, Taster S2 = Reset und Eichen). Entwerfen Sie das SPS Programm!

Technologieschema

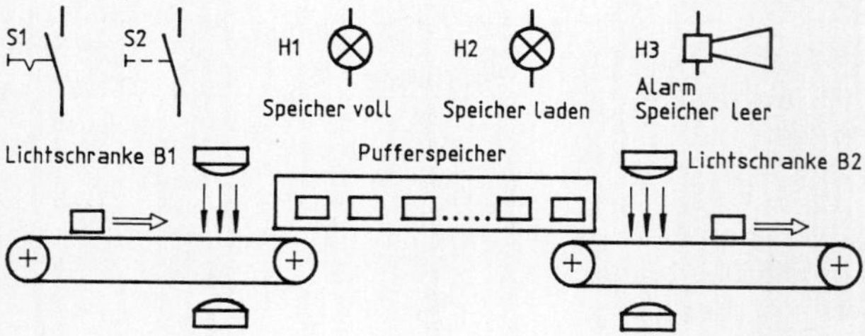

FUP

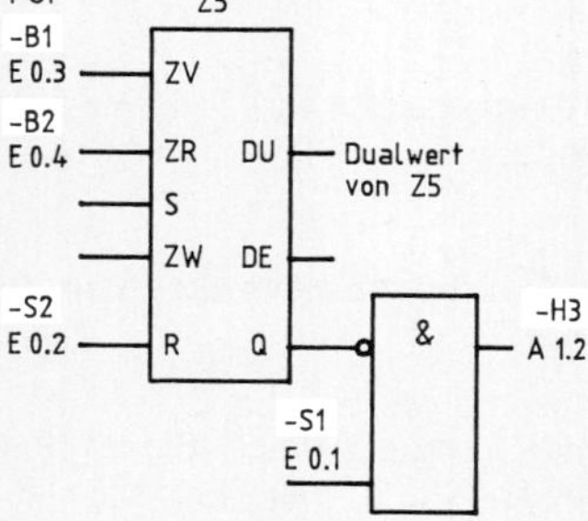

Belegungsplan

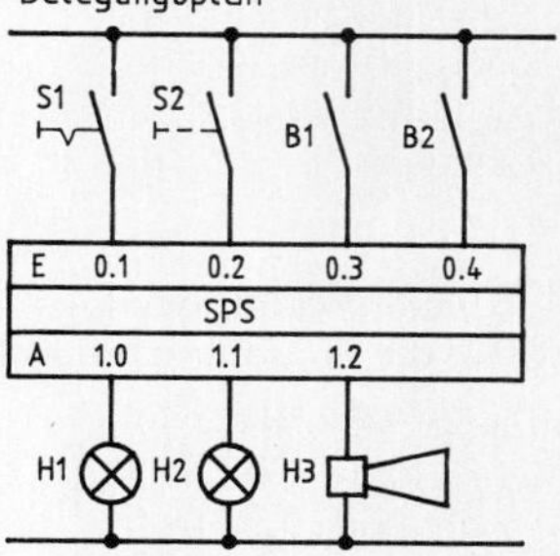

Vergleich auf größer 24

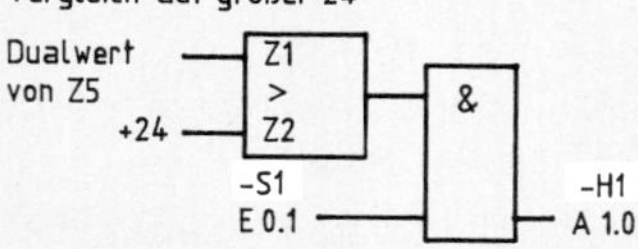

Vergleich auf kleiner 12

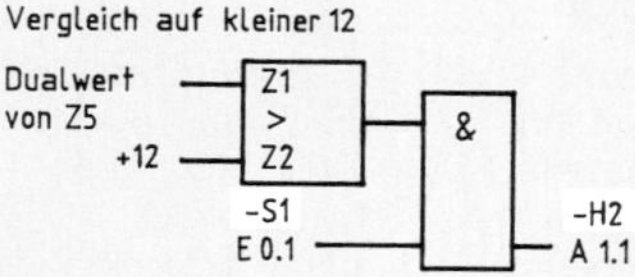

AWL

```
Zähler Z5
U   E 0.3
ZV  Z5
U   E 0.4
ZR  Z5
U   E 0.2
R   Z5
UN  Z5
U   E 0.1
=   A 1.2
***
```

```
Vergleicher > 24
L  Z5
L  KF + 24
>  F
U  E 0.1
=  A 1.0
***
Vergleicher < 12
L  Z5
L  KF + 12
<  F
U  E 0.1
=  A 1.1
   -Ende-
```

6.5 SPS – Systematische Lösungsansätze

Wie kann die Funktion eines Steuerungs-Schaltnetzes beschrieben werden?

Schaltnetze können eindeutig mit Hilfe von Wahrheits- oder *Funktionstabellen* beschrieben werden.

Es empfiehlt sich folgende Vorgehensweise:
1. Eingänge von rechts nach links steigend numerieren
2. Schaltzustände systematisch im Binärcode von oben nach unten durchnumerieren
3. Schaltzustand des Ausgangs entsprechend der Aufgabenstellung eintragen.

Tabelle 228.1

Funktionstabelle einer Lampenschaltung mit 3 Betätigungsstellen (Kreuzschaltung):

	Eingänge			Ausgang
Binärnummer	S3	S2	S1	Lampe
000	0	0	0	0
001	0	0	1	1
010	0	1	0	1
011	0	1	1	0
100	1	0	0	1
101	1	0	1	0
110	1	1	0	0
111	1	1	1	1

Merke:
Für 3 Eingänge gibt es $2^n = 2^3 = 8$ Schaltzustände.

Nach welcher Methode kann aus der Funktionstabelle ein Lösungsansatz für die Steuerung gefunden werden?

Aus der Funktionstabelle ergibt sich eine direkte Verknüpfung nach der
1. *Disjunktiven Normalform* (DNF) oder auch UND-vor-ODER-Normalform
2. *Konjunktiven Normalform* (KNF) oder auch ODER-vor-UND-Normalform

zu 1: Hierbei werden alle Zeilen , bei denen der Ausgang das 1-Signal besitzt, ausgewählt und die Eingangssignale nach UND verknüpft. Beispiel aus Tabelle 228.1, Zeile 001:
(Minterm 1) $A = S1 \wedge \overline{S2} \wedge \overline{S3}$
Alle so entstandenen *Minterme* werden mit ODER verknüpft.

zu 2: Hierbei werden alle Zeilen , bei denen der Ausgang das 0-Signal besitzt, ausgewählt und die *negativen* Eingangssignale nach ODER verknüpft. Beispiel aus Tabelle 228.1, Zeile 110:
(Maxterm 3) $A = S1 \vee \overline{S2} \vee \overline{S3}$
Alle so entstandenen *Maxterme* werden mit UND verknüpft.

Entwickeln Sie für das Beispiel "Kreuzschaltung" die schaltalgebraische Gleichung direkt aus der Funktionstabelle!

Funktionstabelle ⟹ Schaltalgebraische Gleichung nach DNF

S3	S2	S1	Lampe	Minterme
0	0	0	0	
0	0	1	1	$\overline{S3} \wedge \overline{S2} \wedge S1$
0	1	0	1	$\overline{S3} \wedge S2 \wedge \overline{S1}$
0	1	1	0	
1	0	0	1	$S3 \wedge \overline{S2} \wedge \overline{S1}$
1	0	1	0	
1	1	0	0	
1	1	1	1	$S3 \wedge S2 \wedge S1$

$$\begin{aligned} H1 = {} & (S1 \wedge \overline{S2} \wedge \overline{S3}) \\ \vee {} & (\overline{S1} \wedge S2 \wedge \overline{S3}) \\ \vee {} & (\overline{S1} \wedge \overline{S2} \wedge S3) \\ \vee {} & (S1 \wedge S2 \wedge S3) \end{aligned}$$

Allgemeiner Lösungsansatz: H1 = (Term 1) ∨ (Term 2) ∨ (Term 3) ∨ (Term 4)

Wie kann der gefundene Lösungsansatz mit einer SPS realisiert werden?

Soll der aus der Funktionstabelle gefundene Lösungsansatz mit einer SPS realisiert werden, ist folgendermaßen vorzugehen:

1. Zuordnungsliste erstellen
2. Belegungsplan zeichnen
3. Funktionsplan (FUP) erstellen
4. Anweisungsliste (AWL) schreiben
5. Programm eingeben, entweder als AWL oder wenn die Möglichkeit besteht als FUP

Anmerkung:
Bei vielen, vor allem kleineren Aufgaben, kann auch auf die Zuordnungsliste verzichtet werden, wenn der Belegungsplan korrekt erstellt wurde.

Beispiel: Kreuzschaltung

1. Zuordnungsliste

E 0.1	S1	Schalter 1
E 0.2	S1	Schalter 2
E 0.3	S2	Schalter 3
A 1.0	H1	Lampe

2. Belegungsplan

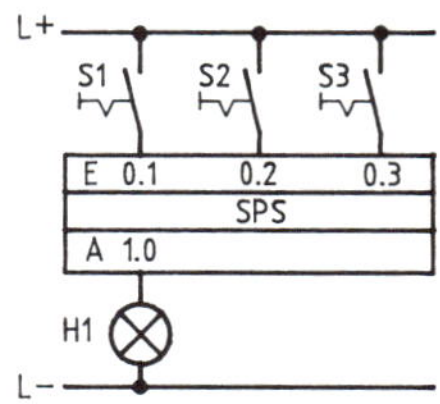

3. Funktionsplan (FUP)

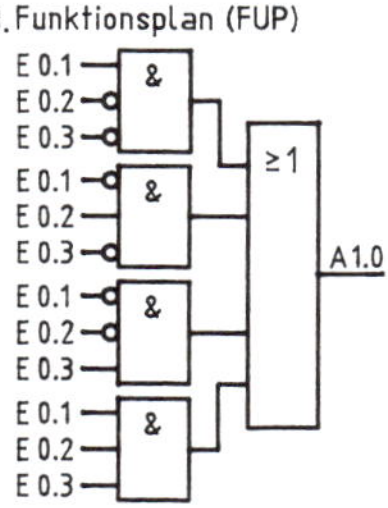

4. Anweisungsliste

```
U  E 0.1     UN E 0.1
UN E 0.2     UN E 0.2
UN E 0.3     U  E 0.3
O            O
UN E 0.1     U  E 0.1
U  E 0.2     U  E 0.2
UN E 0.3     U  E 0.3
O            =  A 1.0
             -ENDE-
```

Wie lassen sich komplizierte Verknüpfungsstrukturen vereinfachen und übersichtlich darstellen?

Komplizierte Verknüpfungsstrukturen lassen sich häufig durch *Einführung von Merkern* vereinfachen und übersichtlicher darstellen.

Schaltnetze können auch nach den in der Digitaltechnik üblichen Methoden vereinfacht werden, z.B. durch
- *algebraische Verfahren* (Anwenden der Regeln der Schaltalgebra)
- *grafische Verfahren* (Karnaugh-Veit-Diagramm)

Beispiel für den sinnvollen Einsatz von Merkern:

$$A = [E1 \wedge E2 \vee (E2 \vee E4) \wedge E3] \wedge E5 \vee (E2 \vee E3) \wedge E1$$

1. FUP ohne Verwendung von Merkern

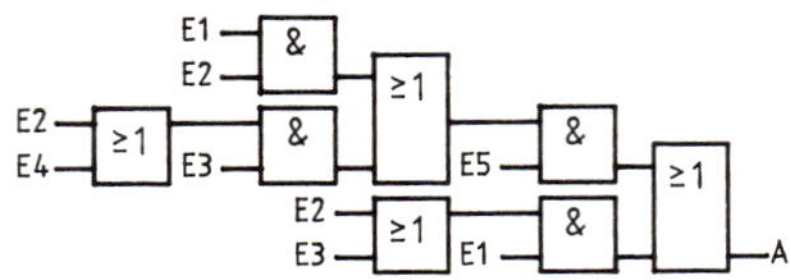

1. FUP mit Verwendung von Merkern

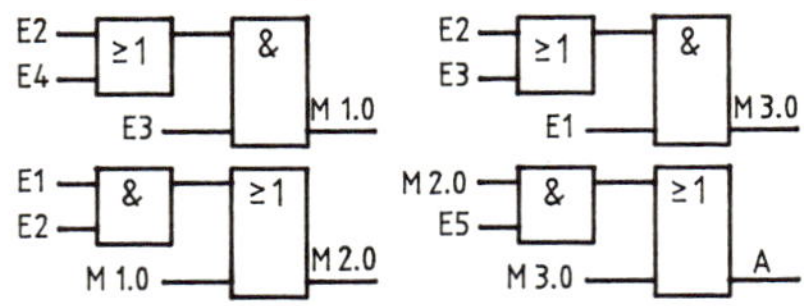

Erläutern Sie, wie man Steuerungsaufgaben mit Speicherverhalten übersichtlich programmieren kann!

Steuerungsaufgaben lassen sich meist in einzelne *Zustände* bzw. Schritte aufteilen, die nacheinander ablaufen.
Lösungsansatz:
Es werden soviele Speicher verwendet, wie Zustände vorhanden sind.
Solche Steuerprogramme sind zwar oftmals umfangreicher als „ausgeknobelte" Lösungen, sind aber übersichtlicher und leichter nachvollziehbar.

Beispiel: Bohren eines Werkstücks

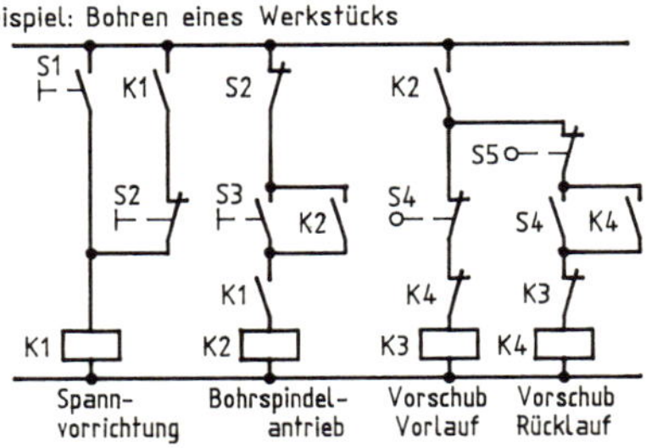

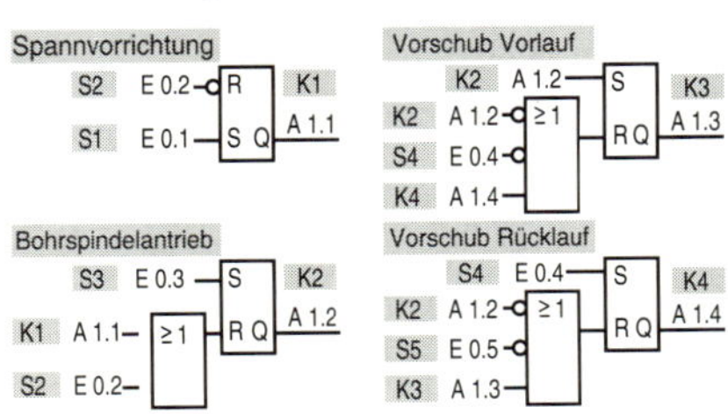

6.6 SPS – Anwenderschaltungen

Wie müssen Sie vorgehen, wenn Sie eine Steuerungsaufgabe in SPS lösen wollen?

Die Aufgabe liegt z.B. als verbale Beschreibung vor.

1. Schritt:
Aufnotieren einer Kurzbeschreibung, festhalten der Speicherzustände.

2. Schritt:
Erstellen eines Belegungsplans und der Zuordnungsliste (Die Zuordnungsliste kann bei einfachen Steuerungen auch entfallen, wenn der Belegungsplan vollständig ist)

3. Schritt:
Entwicklung des Funktionsplans (Empfehlung: symbolische Bezeichnungen wählen)

4. Schritt:
Schreiben der Anweisungsliste (Empfehlung: absolute Adressen wählen)

Bei der Lösung der Aufgabe empfiehlt es sich **nicht**, zuerst den Stromlaufplan der Schützschaltung zu erstellen um anschließend daraus das SPS-Programm abzuleiten.

Beispiel: Der Motor M1 wird mit Taster S3 (Schließer) eingeschaltet. Der Motor M2 wird über Taster S4 (Schließer) eingeschaltet, darf aber nur einschaltbar sein, wenn M1 eingeschaltet ist. Beide Motoren werden über die AUS-Taster S1 oder S2 (Öffner) abgeschaltet.

1. Schritt: Kurzbeschreibung

EIN	M1:	S3 ↑ ==> K1 ↑
EIN	M2:	S4 ↑ UND K1 ↑ ==> K2 ↑
AUS	M1, M2:	S1 ↑ ODER S2 ↑ ==> K1 ↓, K2 ↓

Pfeil bedeutet: ↑ betätigt, ↓ nicht betätigt.

2. Schritt: Zuordnungsliste und Belegungsplan

E 0.1	S1	AUS-Öffner
E 0.2	S2	AUS-Öffner
E 0.3	S3	EIN-Schließer
E 0.4	S4	EIN-Schließer
A 1.0	K1	Motorschütz M1
A 1.1	K2	Motorschütz M2

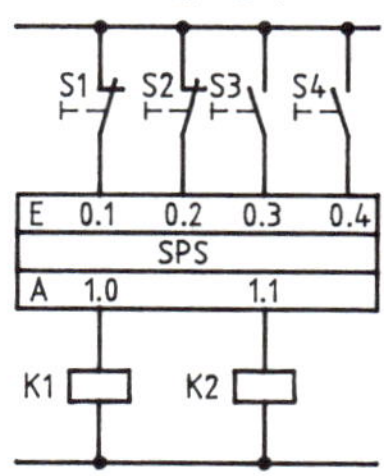

3. Schritt:
FUP (symbolisch)

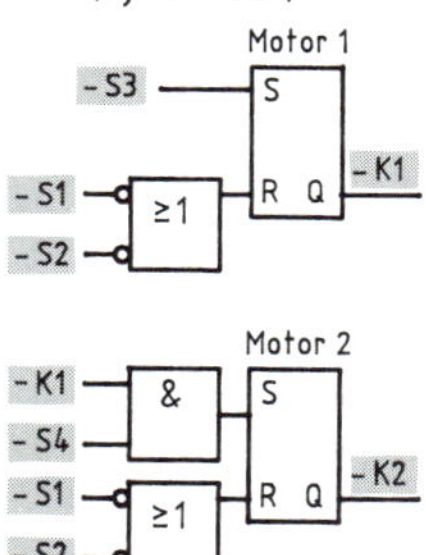

4. Schritt:
AWL (absolut)

```
U  E 0.3
S  A 1.0
ON E 0.1
ON E 0.2
R  A 1.0
  ***
U  A 1.0
U  E 0.4
S  A 1.1
ON E 0.1
ON E 0.2
R  A 1.1
 -ENDE-
```

Welche wichtigen Sicherheitsaspekte müssen bei Steuerungen beachtet werden?

Steuerungen dürfen keine gefährlichen Zustände hervorrufen, durch die Personen gefährdet oder Material beschädigt werden kann. Dies gilt besonders bei Auftreten von Fehlern.

Gefährliche Fehler sind z.B.: Antrieb wird durch Fehler unbeabsichtigt eingeschaltet, Spannvorrichtung wird durch Fehler entspannt, eingeschalteter Antrieb wird wegen Fehler nicht mehr abgeschaltet, vorhandene Gefahr wird durch Fehler nicht angezeigt.

Erläutern Sie die „Drahtbruchsicherheit" einer Steuerung!

Drahtbruchsicherheit bei Steuerungen bedeutet:

- Einschalten von Steuerungen nur über Schließkontakte (Arbeitsstromprinzip)
- Ausschalten von Steuerungen nur über Öffnerkontakte (Ruhestromprinzip)

Ist zwischen Geber und Zentralgerät die Leitung unterbrochen, liegt am Eingang stets ein 0-Signal an. Dieses 0-Signal darf keine gefählichen Zustände hervorrufen.

Beispiel: Drahtbruchsichere Motorsteuerung

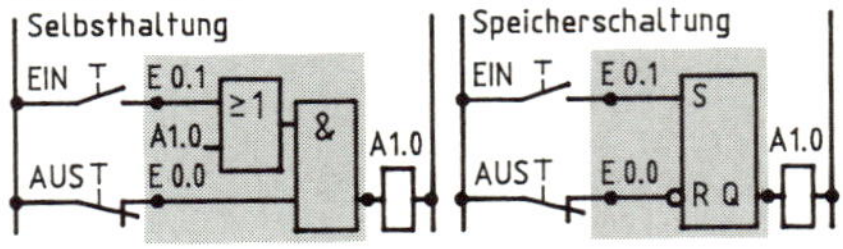

Darf man eine NOT-AUS Einrichtung über die SPS führen?

NOT-AUS Einrichtungen müssen elektromechanisch (möglichst mit selbstkontrollierender Sicherheitskombination) aufgebaut sein und dürfen nicht nur durch die SPS programmiert werden.

NOT-AUS-Schalter setzen nur die Ausgangsstromkreise von Anlagen still, von denen eine Gefahr ausgeht, nicht aber wichtige Versorgungsstromkreise.

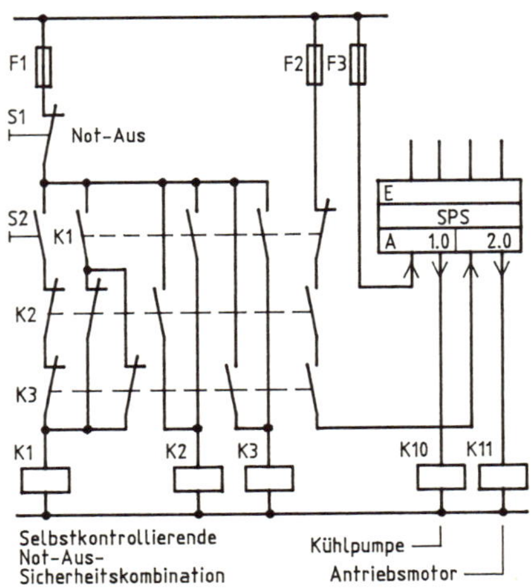

Welche Verriegelungen müssen bei einer Motor-Wendesteuerung mit SPS vorgenommen werden?

Bei einer Wendesteuerung muß sowohl im Programm als auch auf der Geräteseite eine gegenseitige Verriegelung vorgenommen werden.
Auf die hardwaremäßige Schützverriegelung darf grundsätzlich nicht verzichtet werden; würde sie fehlen, könnte es zum Kurzschluß im Leistungsteil kommen, da die Umschaltezeiten der SPS kürzer sind als die der Schütze.

Die Abfrage der Schaltzustände über Schützkontakte, die auf Eingänge der SPS führen, macht die Verriegelung besonders sicher (Response Control RC).

Belegungsplan

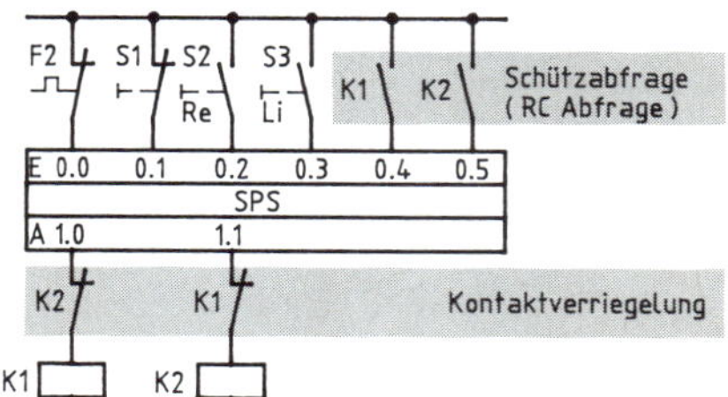

Bild 233.1

Erstellen Sie zu dem Belegungsplan in Bild 233.1 das SPS-Programm für eine Wendeschaltung mit Nullzwang (Wenden über AUS)!

FUP

1. Ausmerker

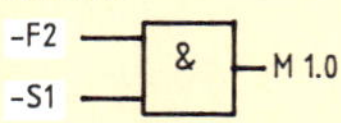

2. Abfragemerker (RC)

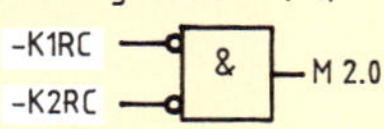

3. Speicher "Rechtslauf"

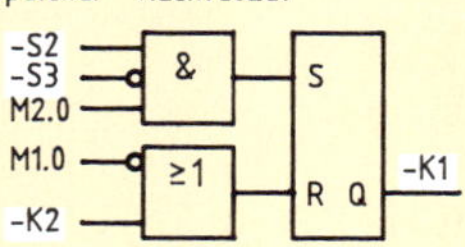

4. Speicher "Linkslauf"

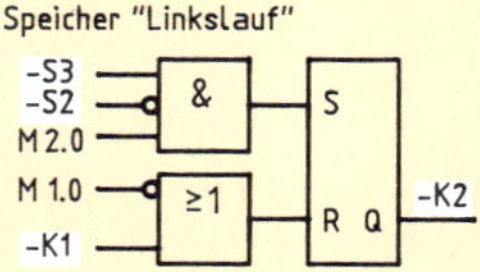

AWL		Kommentar
U	E 0.0	Überlastschutz
U	E 0.1	AUS-Taster
=	M 1.0	AUS-Merker
***		
UN	E 0.4	Abfrage K1 (RC)
UN	E 0.5	Abfrage K2 (RC)
=	M2.0	Abfrage-Merker
***		
U	E 0.2	EIN-Taster RL
UN	E 0.3	EIN-Taster LL
U	M2.0	Abfrage-Merker
S	A 1.0	SET-Speicher
ON	M 1.0	AUS-Merker
O	A 1.1	Ausgang LL (K2)
R	A 1.0	RESET-Speicher
***		
U	E 0.3	EIN-Taster LL
UN	E 0.2	EIN-Taster RL
U	M2.0	Abfrage-Merker
S	A 1.1	SET-Speicher
ON	M 1.0	AUS-Merker
O	A 1.0	Ausgang RL (K1)
R	A 1.1	RESET-Speicher
-ENDE-		

Erstellen Sie das SPS-Programm für eine automatische Stern-Dreieck-Anlaßschaltung!

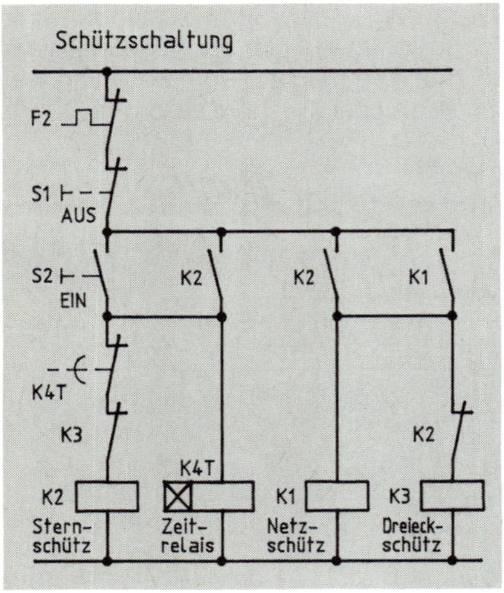

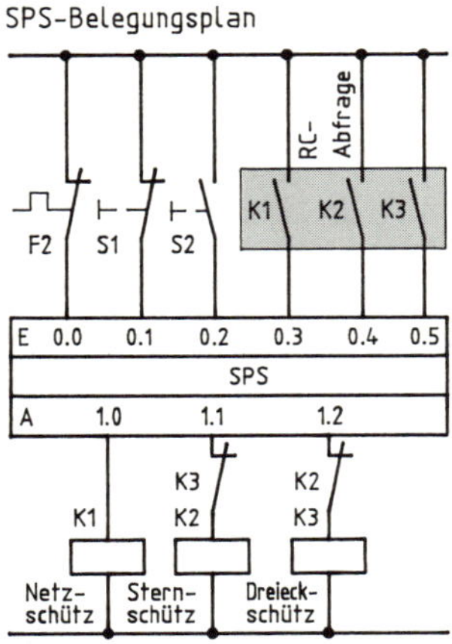

Der Stromlaufplan der Schützschaltung läßt sich direkt in ein SPS-Programm umsetzen. Die Steuerung arbeitet einwandfrei, wenn alle Betriebsmittel in Ordnung sind. Ist jedoch das Sternschütz defekt und zieht nicht an, so schaltet die Steuerung trotzdem nach 5 s in die Dreieckstufe. Dies muß durch Abfrage (RC Response Control) verhindert werden.

SPS-Programm mit Speicher und Abfrage

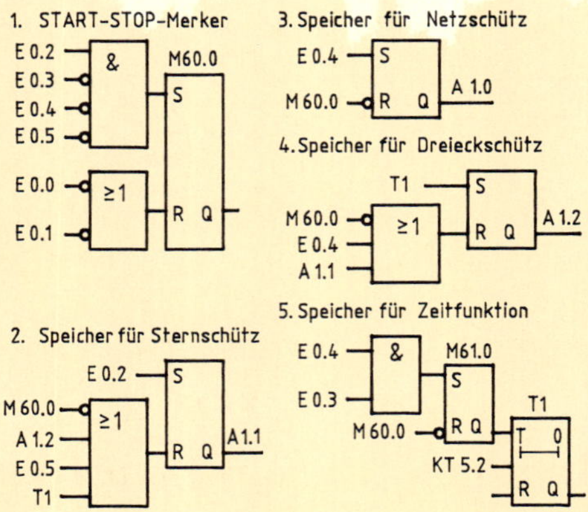

Anweisungsliste

```
U  E 0.2
UN E 0.3
UN E 0.4
UN E 0.5
S  M60.0
ON E 0.0
ON E 0.1
R  M60.0
***
U  E 0.2
S  A 1.1
ON M60.0
O  E 0.5
O  T 1
O  A 1.2
R  A 1.1
***
U  E 0.4
S  A 1.0
ON M60.0
R  A 1.0
***
U  T1
S  A 1.2
ON M60.0
O  E 0.4
O  A 1.1
R  A 1.2
***
U  E 0.4
U  E 0.3
S  M61.0
ON M60.0
R  M61.0
U  M61.0
L  KT 5.2
SE T1
 -ENDE-
```

Erstellen Sie das SPS-Programm für eine zweistufige, automatische Anlaßsteuerung eines Schleifringläufermotors mit Anlaufüberwachung!

Funktionsplan

1. Netzschütz K1

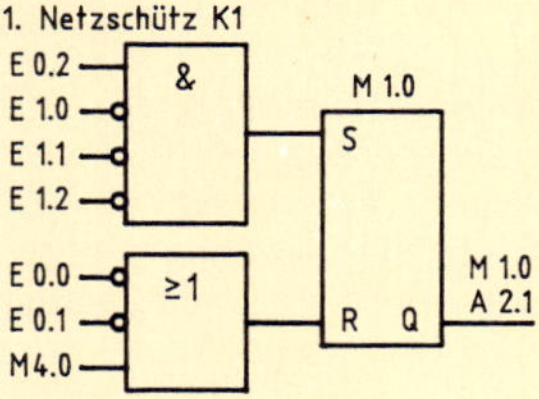

2. Stufenschütz K3

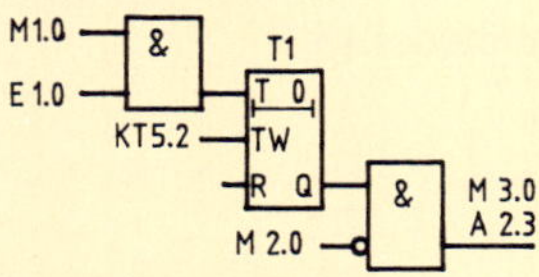

3. Stufenschütz K2

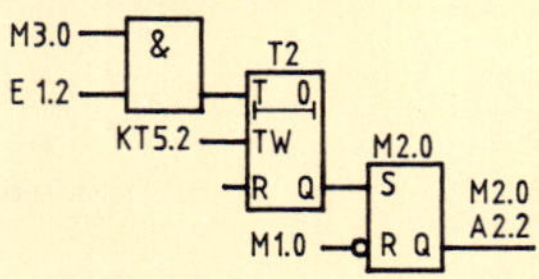

4. Anlaßüberwachung

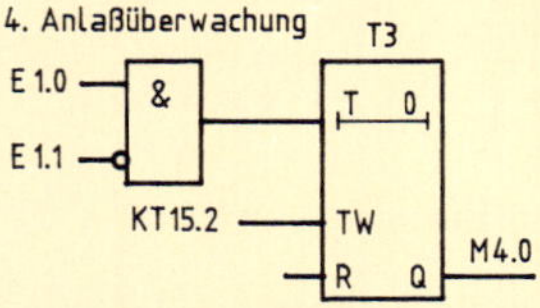

Die Merker müssen nichtremanente Eigenschaften besitzen.

AWL

```
U  E 0.2
UN E 1.0
UN E 1.1
UN E 1.2
S  M 1.0
ON E 0.0
ON E 0.1
O  M 4.0
R  M 1.0
U  M 1.0
=  A 2.1
***
U  M 1.0
U  E 1.0
L  KT 5.2
SE T1
U  T1
UN M 2.0
=  M 3.0
=  A 2.3
***
U  M 3.0
U  E 1.2
L  KT5.2
SE T2
U  T2
S  M2.0
UN M 1.0
R  M2.0
U  M2.0
=  A2.2
***
U  E 1.0
UN E 1.1
L  KT 15.2
SE T3
U  T3
=  M 4.0
-ENDE-
```

Belegungsplan

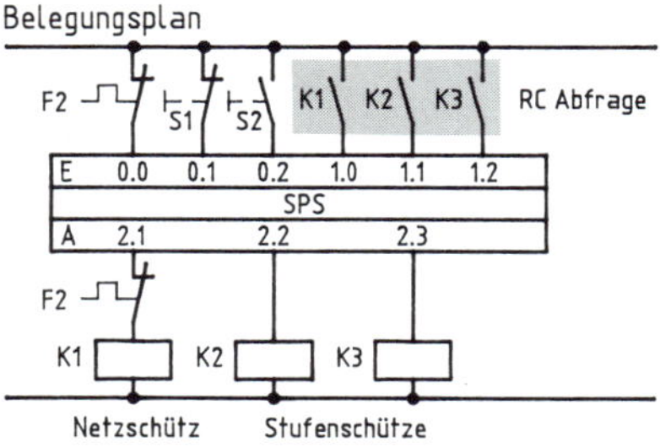

Hauptstromkreis

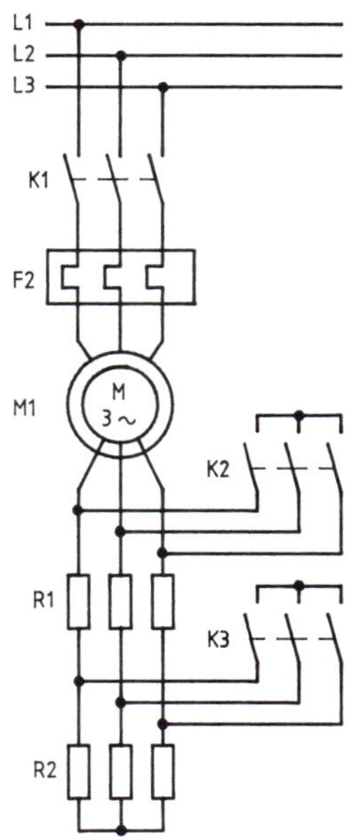

Die Öffnerkontakte des thermischen Überstromauslösers sollen möglichst in den Spulenstromkreis des Motorschützes **und** auf den Eingang der SPS geführt werden.

Abfragekontakte

Die Abfrage der Schützkontakte ist notwendig, da bei einer Störung, z.B. Kontaktkleben, der Motor nicht eingeschaltet werden darf und z.B. bei Spulenunterbrechung das SPS-Programm nicht weiterschalten soll.
Ist der Anlaufvorgang nach 15 s nicht abgeschlossen, schaltet der Überwachungsmerker M 4.0 die Anlage ab.

6.7 SPS – Ablaufsteuerungen

Welche Vorteile haben Ablaufsteuerungen gegenüber Verknüpfungssteuerungen?

Ablaufsteuerungen haben gegenüber Verknüpfungssteuerungen folgende Vorteile: Übersichtlicher Programmaufbau und Programmablauf (jeder Einzelschritt ist nur einer Funktion zugeordnet), leichte Änderbarkeit des Ablaufprogramms, schnelles Erkennen der Fehlerursache bei Störungsstopp, verschiedene Betriebsarten (z.B. Einzelschrittbetrieb, Automatikbetrieb) möglich.

Beschreiben Sie das Kernstück einer Ablaufsteuerung?

Kernstück der Ablaufsteuerung ist die Schrittkette (Ablaufkette). Sie besteht aus mehreren Einzelschritten. Diese entsprechen der Reihenfolge des Prozeßablaufs.

Die Dartellung erfolgt im Funktionsplan nach DIN 40 719. Die Darstellung nach IEC 65A soll zukünftig eingeführt werden.

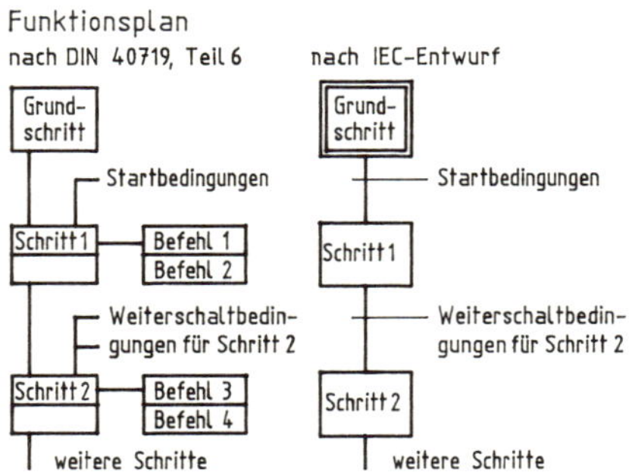

Erläutern Sie die Wirkungsweise einer Schrittkette!

Die Schrittkette hat folgende Wirkungsweise:

1. Die Kette wird Schritt für Schritt durchlaufen
2. Es wird immer nur ein Schritt gesetzt, er gibt Befehle an die Aktoren
3. Der folgende Schritt wird nur gesetzt, wenn der vorausgehende Schritt aktiv ist
4. Wird ein Schritt gesetzt, wird der davorliegende Schritt gelöscht.

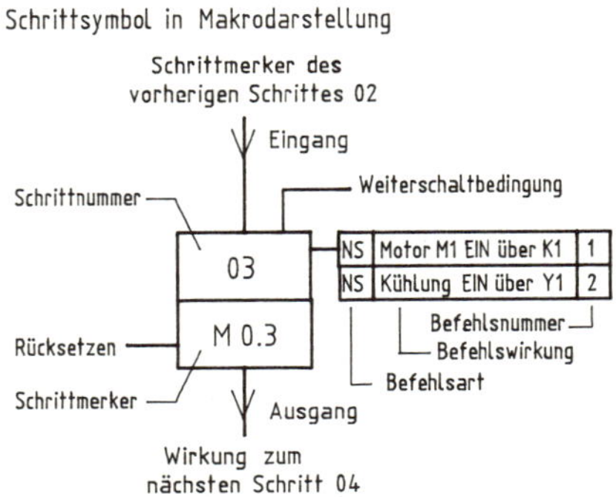

Erläutern Sie die Angaben der Befehlsarten!

Befehle in SPS-Ablaufsteuerungen

Befehlsart	Erklärung
NS nicht gespeichert (Not Stored)	Nichtspeichernde Befehle werden als direkter Signalfluß vom Ausgang des zugehörigen Schrittspeichers dargestellt. Soll der Befehl länger als einen Schritt dauern, so muß er bei jedem Schritt erneuert werden.
S gespeichert (Stored)	Speichernde Befehle werden durch digitale Speicher ausgeführt. Das Setzen des Befehls erfolgt durch den aktuellen, das Rücksetzen durch den zugehörigen späteren Schrittbefehl.
SH gespeichert auch bei Energieausfall	Der Befehl muß auf einen Haftmerker (remenent) wirken.
T zeitlich begrenzt (Timed) ST gespeichert u. zeitl. begrenzt	Impulsfunktion z.B. mit Wischer.
D verzögert (Delayed) SD gespeichert und verzögert	Verzögerung z.B. mit Einschalt- oder Auschaltverzögerungsgliedern.

Wie kann aus der Schrittkette das zugehörige SPS-Programm erstellt werden?

Schrittsymbole lassen sich nicht direkt für eine Programmierung verwenden. Sie müssen zuvor in einen Funktionsplan umgesetzt werden. Jeder Schritt wird einem Speicher (Schrittmerker) zugeordnet, der durch logische Verknüpfungen angesteuert wird.

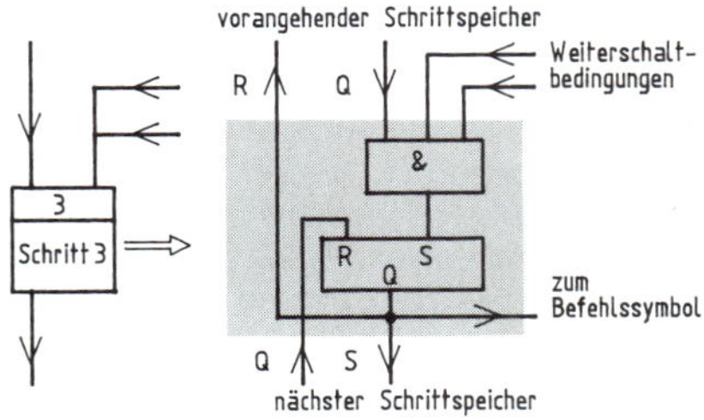

Erläutern Sie den „Betriebsartenteil" einer Ablaufsteuerung!

Eine vollständige Ablaufsteuerung besteht neben der Ablaufkette aus dem Betriebsartenteil und einer Befehlsausgabe. Im Betriebsartenteil können unterschiedliche Betriebszustände angewählt werden z.B. Automatikbetrieb, Einrichtbetrieb, Einzelschrittbetrieb.

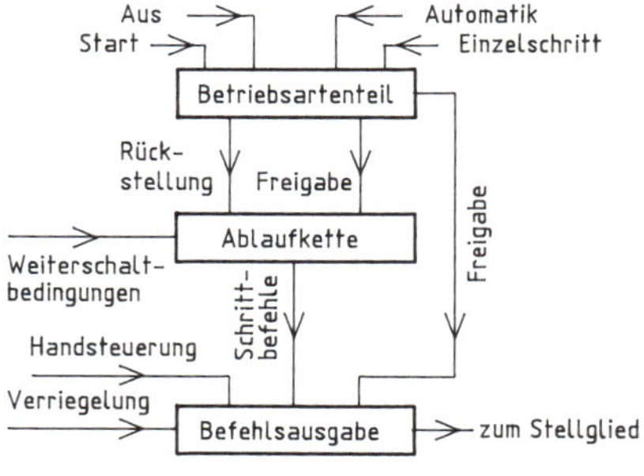

6

Erstellen Sie eine einfache Schrittkette mit 4 Schritten, wobei mit den Tastern S1, S2, S3, S4 die einzelnen Schritte nacheinander gesetzt und durch die Leuchtdioden der SPS-Ausgänge angezeigt werden!

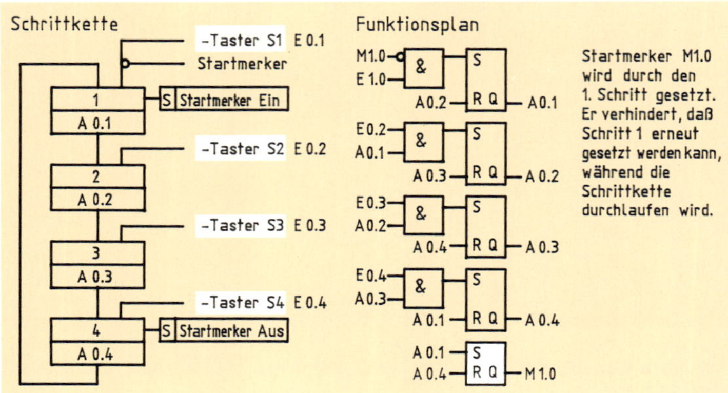

Erstellen Sie die Schrittkette für den folgenden Bohrvorgang:

Die Bohrspindel befindet sich in der oberen Ausgangslage, die Anlage ist betriebsbereit. Nach dem Startbefehl schaltet der Bohrspindelantrieb und der Schnellvorschub ein. Bei Erreichen des Werkstücks (Endschalter S2) wird der Vorschub verlangsamt und die Schmiermittelpumpe eingeschaltet, der Bohrvorgang beginnt. Nach Erreichen der unteren Endlage (S3) schaltet die Schmiermittelpumpe ab und die Bohrspindel fährt im Eilgang zurück bis zur oberen Endlage (S1). Der Bohrspindelantrieb wird abgeschaltet.

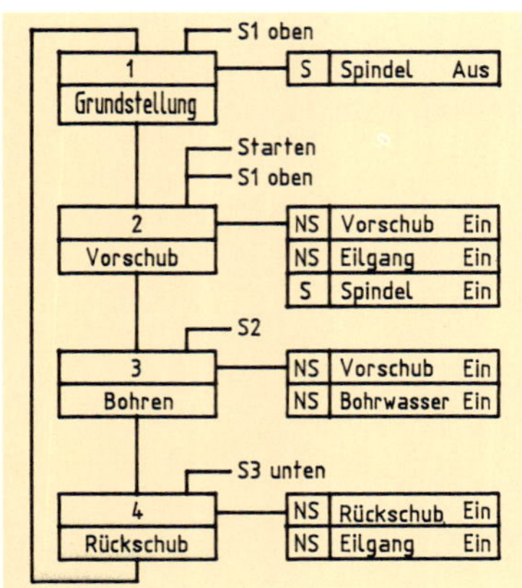

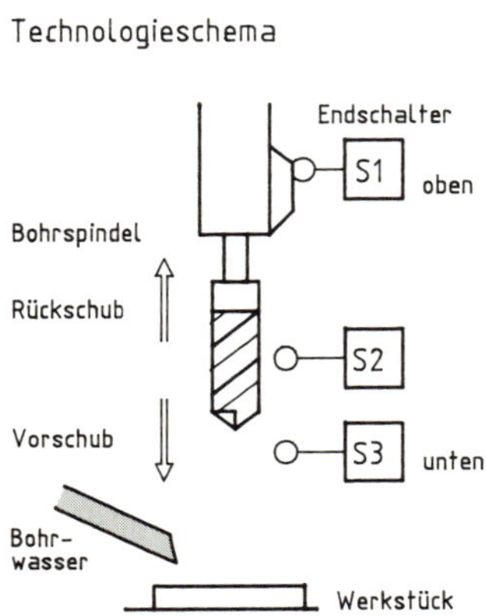

6.8 Regelungstechnik – Begriffe und Größen

Erläutern Sie den Begriff Regeln!

Das Regeln ist ein Vorgang, bei dem eine Größe (Regelgröße = IST-Wert) ständig erfaßt und mit einer anderen Größe (Führungsgröße ≙ SOLL-Wert) verglichen wird. Treten Abweichungen auf, wird der Prozeß so beeinflußt, daß der IST-Wert dem SOLL-Wert angeglichen wird.
Kennzeichen einer Regelung ist der *geschlossene* Wirkungsablauf.

Die Vorgänge laufen in einem geschlossenen Regelkreis ab. Das Regeln umfaßt drei Vorgänge:

1. Meßvorgang: Die Regelgröße wird als IST-Wert erfaßt.

2. Vergleichsvorgang: IST-Wert und SOLL-Wert werden verglichen und die Sollwertabweichung wird festgestellt.

3. Steuervorgang: Liegt eine SOLL-Wert-Abweichung vor, wird über ein Stellglied die Regelgröße beeinflußt; somit erfolgt eine selbsttätige Rückwirkung vom Ausgang zum Eingang; Störgrößen werden so gut wie möglich ausgeglichen.

6

Erläutern Sie die wichtigsten Größen eines Regelkreises!

Die wichtigsten Größen, die in einem Regelkreis auftreten, sind:

1. die Regelgröße x
2. der IST-Wert x_i
3. die Rückführgröße r, x_r
4. der SOLL-Wert x_s
5. die Führungsgröße w, x_w
6. die Regeldifferenz e, x_d
7. die Stellgröße y
8. die Störgrößen z

Beispiel Drehzahlregelung eines Motors

1. Drehzahl ist die Regelgröße x,
2. die gemessene Drehzahl ist x_i.
3. Wird x_i umgewandelt (z.B. als Spannung) entsteht die Rückführgröße r.
4. Die angestrebte Sollwert-Drehzahl ist x_s.
5. Wird x_s umgewandelt (z.B. als Spannung), ensteht die Führungsgröße w.
6. Weicht die tatsächliche Drehzahl von der angestrebten Drehzahl ab, entsteht die Regeldifferenz $e = w - r$.
7. Durch die Regeldifferenz tritt der Regler in Funktion und gibt die Stellgröße y an das Stellglied aus; dieses beeinflußt über den Motor die Regelgröße x.
8. Auf den Motor und die Drehzahl wirken die Störgrößen z ein, z.B. Belastung des Motors, Spannungsschwankungen.

Beschreiben Sie die Baugruppen eines Regelkreises am Beispiel der Drehzahlregelung eines Elektromotors!

Regelstrecke: Sie besteht aus dem Elektromotor, dem Stellglied, z.B. einem Thyristorsteller und dem Meßumformer, z.B. einem elektronischen Drehzahl-Sensor.
Regeleinrichtung: Sie besteht aus dem *Vergleichsglied,* das die Regeldifferenz bildet z.B. durch eine Brückenschaltung und dem *Regler-glied,* z.B. einem Operationsverstärker. Sein Ausgangssignal wird im Steller aufbereitet und führt auf das Stellglied in der Regelstrecke.

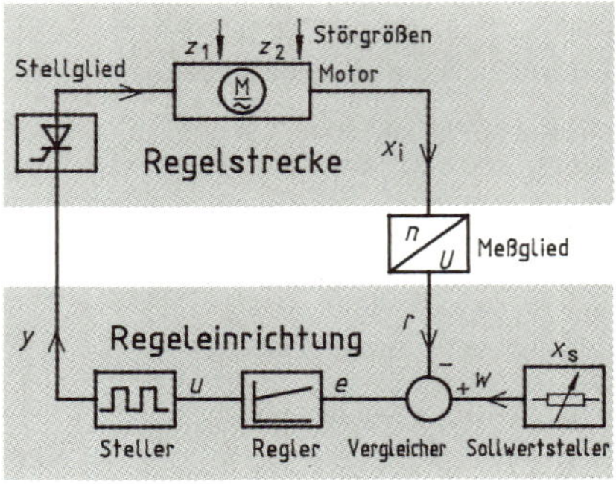

Das Stellglied beeinflußt durch sein Verhalten (z. B. Trägheit) den Regelkreis; es wird deshalb in die Regelstrecke einbezogen. Zusätzlich muß noch die Eigenart des Meßgliedes berücksichtigt werden.

Nennen Sie Beispiele von Störgrößen, die bei der Drehzahlregelung auftreten können!

Bei der Drehzahlregelung auftretende Störgrößen: Belastung des Motors durch die Arbeitsmaschine, Spannungsschwankungen im Netz, Auswirkungen der Temperatur auf Motor, Meßumformer und Elektronikschaltung.

Störgrößen wirken von außen auf den Regelkreis, also auf Regelstrecke und Regeleinrichtung ein.

Nicht zu den Störgrößen zählen:
Spannungsausfall, Kurzschluß im Motor, Unterbrechung der Fühlerleitung, durchlegierter Thyristor.
Diese Fehler sind Systemfehler.

Mit welcher technischen Einrichtung kann der Sollwert gebildet werden?

Der Sollwert wird der Regeleinrichtung von außen zugeführt, z.B. von Hand über ein Potentiometer, ein mechanisches Handrad oder über einen Digitalwert, der über Zifferntaster eingegeben wird.

6.9 Regelstrecken

Nennen Sie einige Beispiele von Regelstrecken!

Beispiele von Regelstrecken sind: die Heizung eines Raumes, Behälter mit zu- und abfließender Flüssigkeit, stromdurchflossener Transistor, fahrendes Kraftfahrzeug, Benzineinspritzung, Beleuchtung eines Raumes.

Welche Eingangsgröße und welche Ausgangsgröße hat eine Regelstrecke?

Die Eingangsgröße der Regelstrecke ist die Stellgröße *y*, die Ausgangsgröße ist die Regelgröße *x*.

Wie werden die Eigenschaften einer Regelstrecke bestimmt?

Das Verhalten der Regelstrecke wird nach der *Sprungantwort* beurteilt. Sie ist die Reaktion auf einen Sprung (Sprungfunktion) am Eingang. Wird die Änderung des Ausgangssignals auf den Eingang bezogen, so entsteht die *Übergangsfunktion.*

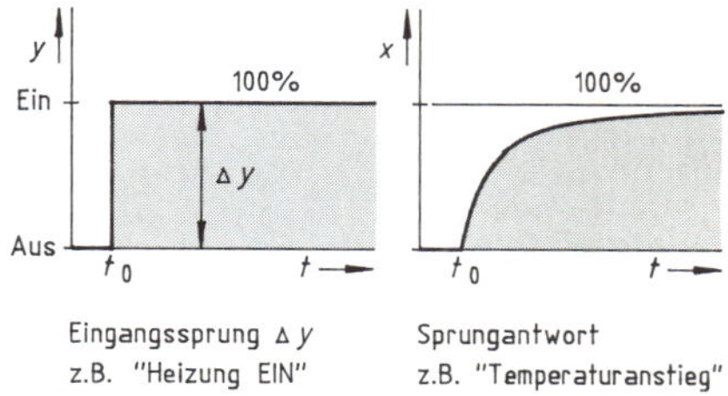

Welche Unterschiede bestehen zwischen einer Regelstrecke ohne Ausgleich und einer Regelstrecke mit Ausgleich?

Bei sprungartiger Änderung der Eingangsgröße y reagieren Regelstrecken *ohne Ausgleich* zeitabhängig und nehmen keinen stabilen Endzustand an; Regelstrecken *mit Ausgleich* nehmen stabile Endzustände ein.

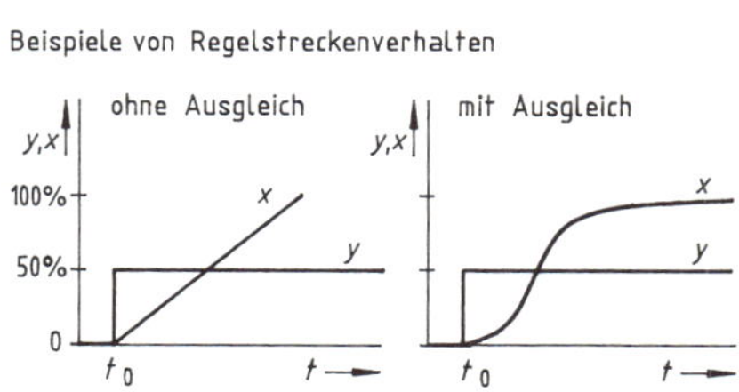

Was sind verzögerungsarme Regelstrecken ?

Bei verzögerungsarmen Regelstrecken folgt das Ausgangssignal unmittelbar dem Eingangssignal. Zu ihnen gehören alle Strecken, die keine Speicher (mechanische, elektrische, thermische) enthalten, z.B. Transistoren, Widerstände, Operationsverstärker, Getriebe.

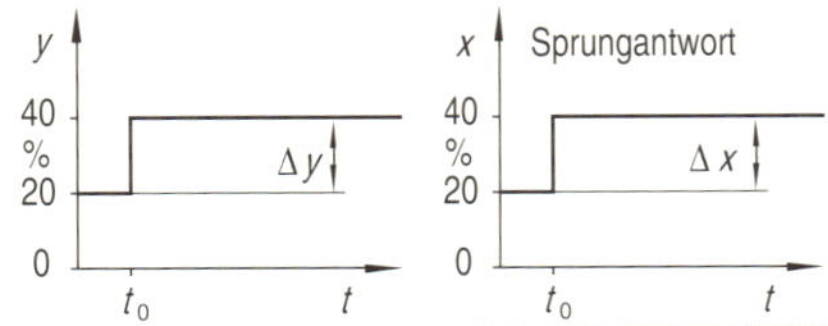

Kennwert der Regelstrecke ist der Proportionalbeiwert

Es gilt: $K_{PS} = \frac{\Delta x}{\Delta y}$

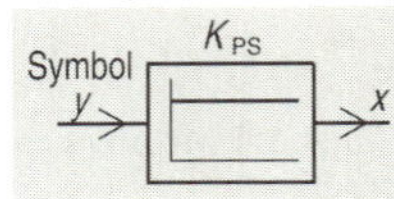

Welches Verhalten hat eine Elektroheizung als Regelstrecke?

Wird die Spannung an einer Elektroheizung sprungartig eingeschaltet, so steigt die Temperatur nach einer e-Funktion an, bis ein stabiler Endwert erreicht ist.
Es ist eine Regelstrecke mit Verzögerung 1. Ordnung (PT_1-Strecke).

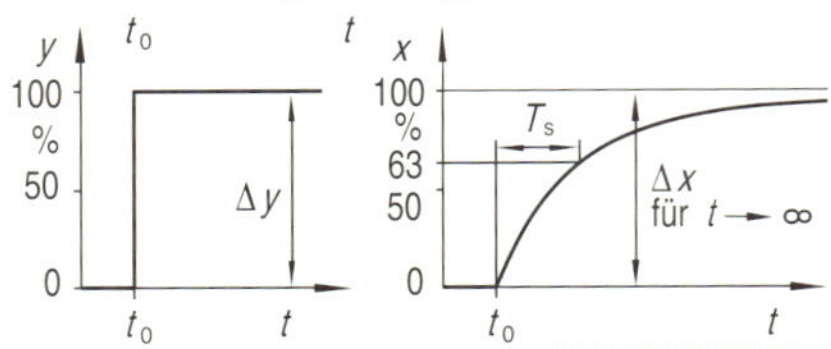

Kennwerte der Regelstrecke 1. Ordnung sind der Proportionalbeiwert $K_{PS} = \Delta x / \Delta y$ und die Zeitkonstante T_s.

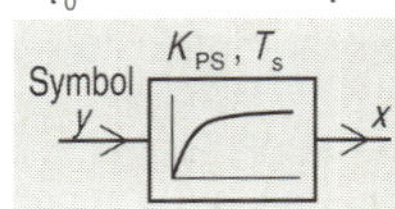

Welche Eigenschaften haben Regelstrecken 1. Ordnung wenn sie hintereinandergeschaltet sind?

Sind mehrere Regelstrecken 1. Ordnung (PT_1-Glieder) in Reihe geschaltet, entsteht ein Regelstreckenverhalten höherer Ordnung (PT_n-Glied). So lassen sich z. B. 4 PT_1-Glieder zu einem PT_4-Glied zusammenfassen. Kennzeichen von Regelstrecken höherer Ordnung sind neben dem K_P-Wert die Verzugszeit T_u und die Ausgleichszeit T_g.

Beispiel: Zentralheizung als Regelstrecke

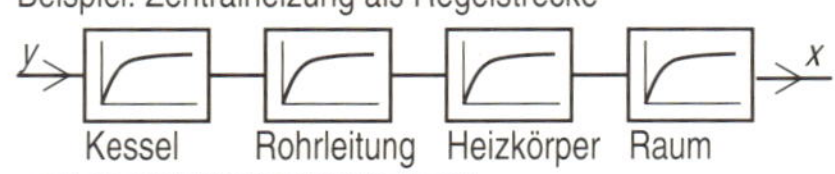

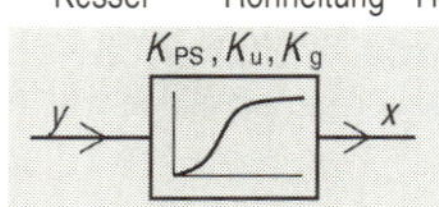

$K_{PS\,ges.} = \frac{\Delta x}{\Delta y}$

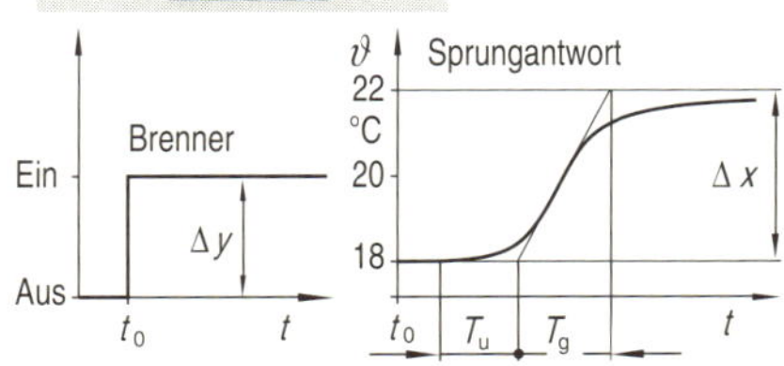

6.10 Unstetige Regeleinrichtungen

Welches Merkmal besitzt ein Regelkreis mit unstetigem Regler?

Unstetige Regler bewirken eine schwankende Regelgröße x; sie wird verursacht durch das stufige Schalten des Reglers am Ausgang.

Unstetige Regler sind z.B. Zweipunktregler. Sie bekommen ein stetiges Signal vom Vergleicher und geben ein unstetiges Signal mit den Schaltzuständen EIN und AUS an das Stellglied ab.

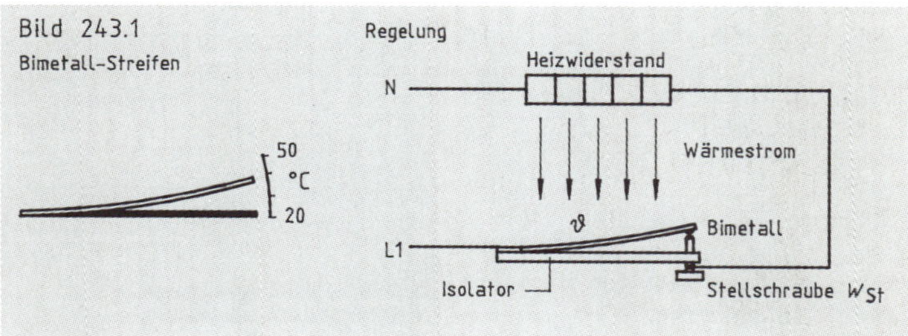

Wie wird die Regeleinrichtung in Bild 243.1 bezeichnet?

Es handelt sich um einen Thermostaten (Bimetall-Temperaturregeleinrichtung).

Hierbei wirkt der Bimetallstreifen als Fühler, Vergleicher und Stellglied zugleich. Die Stellschraube w_{St} erzeugt die Führungsgröße.

Beschreiben Sie die Funktion des Thermostaten in Bild 243.1!

Erreicht die Temperatur (Regelgröße *x*) einen bestimmten oberen Wert x_o, so wird der Heizkörper (Regelstrecke) ausgeschaltet. Kühlt die Temperatur auf einen bestimmten unteren Wert x_u ab, so schaltet der Regler den Heizkörper wieder ein. Die eingestellte Temperatur (Sollwert) liegt zwischen x_o und x_u. Es entsteht eine ständige Temperaturschwankung.

Die Differenz zwischen dem oberen Ansprechwert x_o und dem unteren Ansprechwert x_u nennt man Schaltdifferenz oder **Hysterese**.

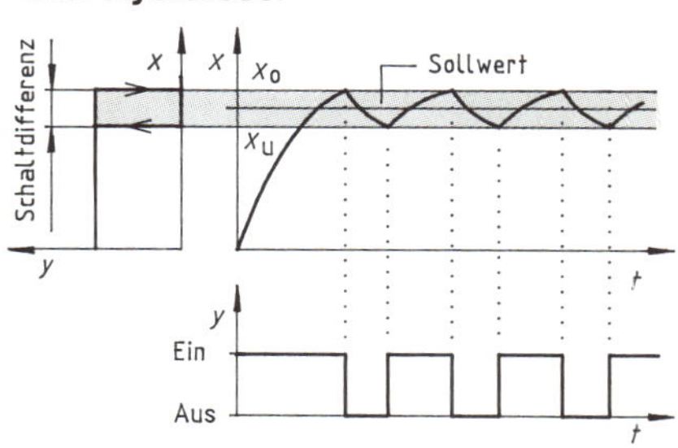

Wie kommt bei der Temperaturregelung die Verzugszeit T_u zustande?

Bei Heizungen als Regelstrecken höherer Ordnung breitet sich die Wärme oft langsam aus, so daß die Temperatur dem Schaltvorgang nicht unmittelbar folgt.

Die Temperatur steigt nach dem Abschalten der Heizung noch weiter an und geht nach dem Wiedereinschalten weiter zurück. Diese Verzugszeit vergrößert das Schwanken der Regelgröße und verringert die Schalthäufigkeit.

Erläutern Sie den Begriff Schwankungsbreite!

Die Schwankungsbreite ist die Differenz zwischen Maximalwert und Minimalwert der Temperatur. Sie setzt sich zusammen aus der Hysterese des Reglers und der durch die Verzugszeit bei Regelstrecken 2. und höherer Ordnung entstehenden Temperaturschwankungen.

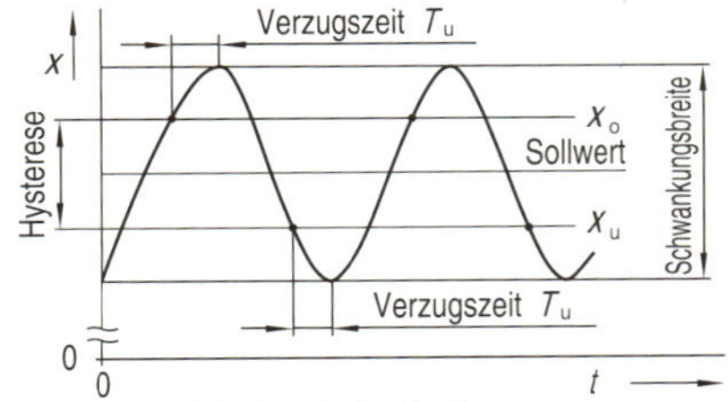

x_o oberer Schaltpunkt des Reglers
x_u unterer Schaltpunkt des Reglers

Welche Folgen hat eine große Hysterese beim Zweipunktregler?

Je größer die Schaltdifferenz des Reglers ist, desto größer ist die Schwankungsbreite der Regelgröße und desto kleiner ist die Schalthäufigkeit.

Die Hysterese läßt sich beeinflussen durch Sprungkontakte (Klixon-Effekt) oder Magnete bei mechanischen Schaltern bzw. durch den Grad der Mitkopplung bei elektronischen Reglern.

Zeichnen Sie die Schaltsymbole des Zweipunkt- und Dreipunktreglers!

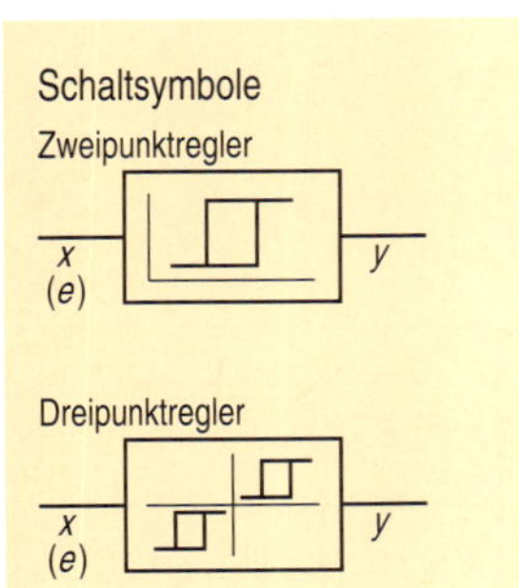

Die Schaltsymbole tragen die Kennlinie $y = f(x)$ der Regler

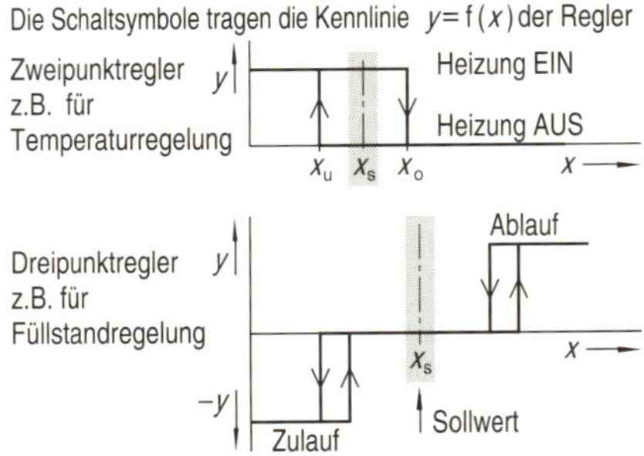

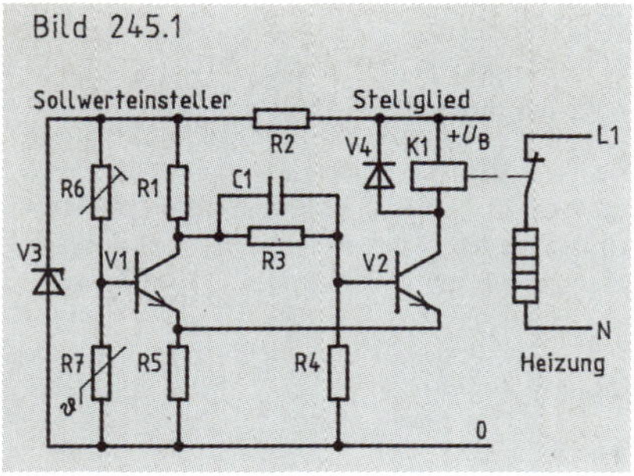

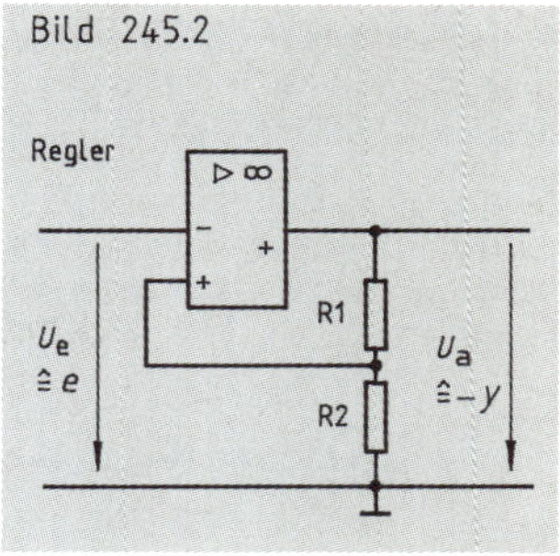

Welche Art von temperaturabhängigem Widerstand muß der R7 in der Transistor-Zweipunktreglerschaltung im Bild 245.1 sein?

Das Bauteil R7 muß ein NTC-Widerstand sein. Bei Temperaturanstieg wird sein Widerstand kleiner, dadurch wird V1 nichtleitend und V2 wird leitend. Das Relais K1 zieht an und unterbricht den Stromkreis.

Welcher digitalen Grundschaltung gleicht der Regler in Bild 245.2?

Der dargestellte Regler gleicht einem von der Digitalschaltung her bekannten Schmitt-Trigger. Es ist ein Zweipunktregler.

Dem Operationsverstärker wird ein Teil der Ausgangsspannung phasengleich zur Eingangsspannung rückgekoppelt (Mitkopplung). Die Hysterese läßt sich über die Werte von R_1 und R_2 einstellen.

6

Wo werden Zweipunktregler verwendet?

Zweipunktregler werden dort verwendet, wo die Schwankung der Regelgröße in gewissen Grenzen keine große Rolle spielt.

Häufigster Anwendungsfall ist die Temperaturregelung in Verbindung mit dem Thermostat. Dieser ist unkompliziert, betriebssicher und wirtschaftlich, da er ohne Hilfsenergie auskommt.

Beschreiben Sie das Prinzip einer bipolaren Dreipunktregelung!

Bei einer Dreipunktregeleinrichtung nimmt die Stellgröße *y* drei verschiedene Werte an z.B. bei einer Raumklimaanlage:
1 (Heizen) – 0 – 2 (Kühlen).

Mit Hilfe eines Dreipunktreglers läßt sich auch eine **Schrittregelung** herstellen. Der Regler schaltet z.B. einen Motor mit Stellgetriebe in die Zustände: Vor – Aus – Zurück. Damit kann über ein Ventil ein Energiefluß (z.B. Wasser) stetig eingestellt werden.

6.11 Stetige Regeleinrichtungen

Erläutern Sie den Begriff „stetige Regeleinrichtung“!

Eine stetige Regeleinrichtung paßt sich der Änderung der Regelgröße stufenlos an.

Die Stellgröße y verändert sich stetig und verursacht somit keine Schaltschwankungen, wie sie z.B. bei der unstetigen Regeleinrichtung auftreten.

Wie werden stetige Regler eingeteilt?

Stetige Regler werden nach ihrer Sprungantwort beurteilt und eingeteilt.
Aus ihr ist das Symbol abgeleitet.
Man unterscheidet:
P-Verhalten (proportional)
I-Verhalten (integral)
D-Verhalten (differential)

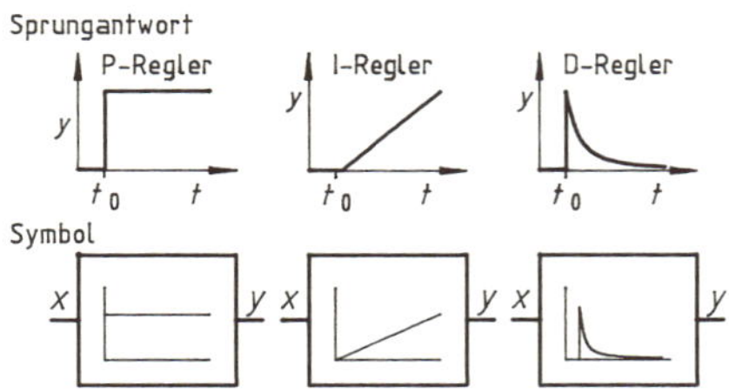

Welche Eigenschaften besitzen P-Regler?

P-Regler verändern ihr Ausgangssignal *y* verhältnisgleich zur Regeldifferenz *e* am Eingang. Sie reagieren unverzögert.
Nachteilig ist ihre bleibende Regeldifferenz.

Das Proportionalverhalten wird verstärkt oder abgeschwächt durch die Einstellung des Beiwerts $K_P = \Delta y / \Delta e$.
Je größer der Wert K_P ist, desto kleiner wird die bleibende Regeldifferenz; jedoch wird bei zu großem Wert K_p der Regelkreis instabil.

Nennen Sie Beispiele von P-Reglern in der Praxis.

Beispiele von P-Reglern:
- mechanische Regler zur Füllstandsregelung
- Festspannungsregler mit Operationsverstärker
- pneumatischer Kreuzbalgenregler
- hydraulischer Prallplattenregler
- Fliehkraftregler einer Dampfmaschine

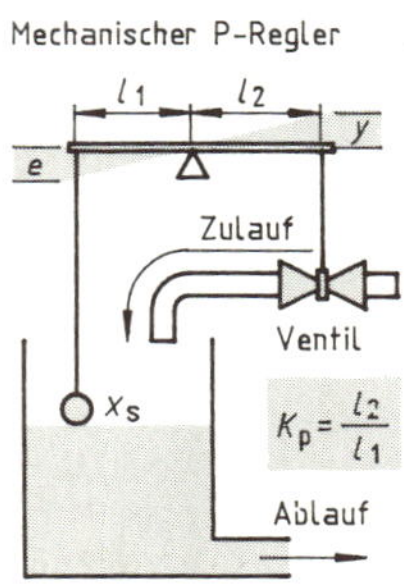

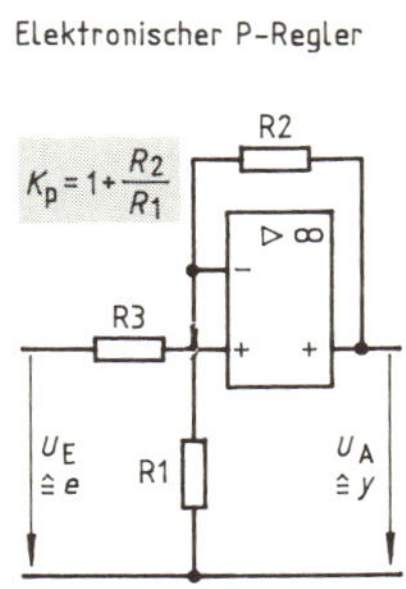

Welche Eigenschaften besitzten I-Regler?

I-Regler besitzen die Eigenschaft, daß sie bei sprungartiger Änderung der Regelgröße verzögert reagieren. Das Ausgangssignal steigt von Null bis zum Endwert geradlinig an.

Dieses Ansteigen nennt man integrierendes Verhalten des Signalwertes zur Zeit. Es kann durch den Beiwert K_I eingestellt werden.
Herausragender Vorteil: der Regler arbeitet so lange, bis die Regeldifferenz e zu Null geworden ist.

Beschreiben Sie das Verhalten eines PI-Reglers!

Ein PI-Regler ist ein P-Regler mit zusätzlichem I-Verhalten. Auf einen Sprung der Eingangsgröße reagiert der PI-Regler sofort (P-Verhalten) und anschließend mit stetiger Änderung (I-Verhalten).

Das I-Verhalten beseitigt die bleibende Regeldifferenz des P-Reglers, das P-Verhalten verringert die langsame Reaktion des I-Reglers. Wichtige Kenngrößen sind:

1. der zeitunabhängige Proportionalbeiwert K_p
2. der zeitabhängige Kennwert, die Nachstellzeit T_n.

Je größer K_p und je kleiner T_n ist, desto schneller ist die Regelung.

6

Welche Eigenschaften besitzen D-Regler?

D-Regler reagieren auf eine *Änderung* der Regelgröße sprunghaft. Je schneller die Änderung auftritt, umso größer ist die Reaktion, umso höher das Ausgangssignal y.

Die Kenngröße K_D des D-Reglers ist das Verhältnis von Stellgröße y zur Änderungsgeschwindigkeit e/t der Regeldifferenz. Der Einsatz von D-Reglern allein ist nicht sinnvoll, da bei konstanter Regelabweichung keine Regelung möglich ist. Sie finden nur Anwendung im Zusammenhang mit P- oder PI-Reglern.

Welche Kennwerte besitzt ein PID-Regler?

PID-Regler haben als Kennwerte:

1. den Proportionalbeiwert K_P
2. die Nachstellzeit T_n
3. die Vorhaltezeit T_v

Kennwert K_P bestimmt den P-Anteil, er gilt als zeitunabhängig; je größer der Wert, desto schneller ist die Regelung.
Kennwert T_n bestimmt den I-Anteil, er ist zeitabhängig; je kleiner der Wert, desto schneller ist die Regelung.
Kennwert T_v bestimmt den D-Anteil, er ist zeitabhängig; mit steigendem Wert wird die Regelung reaktionsschneller.

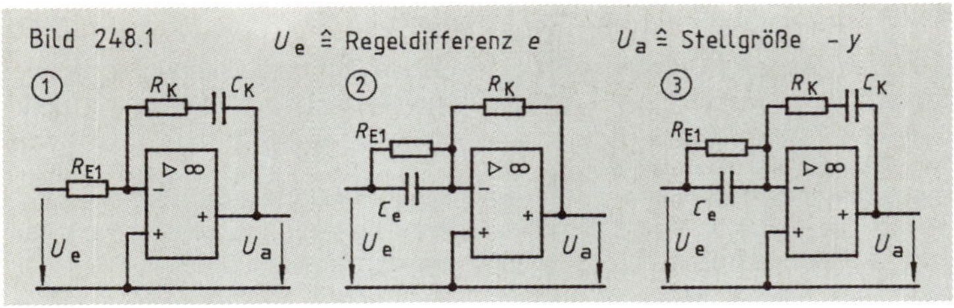

Welche Reglerarten werden durch die elektronischen Schaltungen in Bild 248.1 nachgebildet?

Die Schaltungen bilden folgende Reglerarten nach:
1. PI – Regler
2. PD – Regler
3. PID – Regler

Das Reglerverhalten wird durch die Rückkopplung beeinflußt.

Der Widerstand R_K (Rückkopplungswiderstand) bewirkt P-Verhalten. Der Kondensator C_K (Rückkopplungskondensator) bewirkt I-Verhalten. Der Eingangskondensator C_E bewirkt D-Verhalten. Kombinationen von P-, I-, D-Verhalten erreicht man auch durch Parallelschalten der einzelnen Regler.

Erläutern Sie das Prinzip einer Kaskadenregelung!

Kaskadenregelungen bestehen aus mindestens zwei Regelkreisen, die zusammenwirken. Hierbei ist die Ausgangsgröße des einen Reglers (Führungsregler) die Führungsgröße des untergeordneten (unterlagerten) zweiten Regelkreises (Folgeregler).

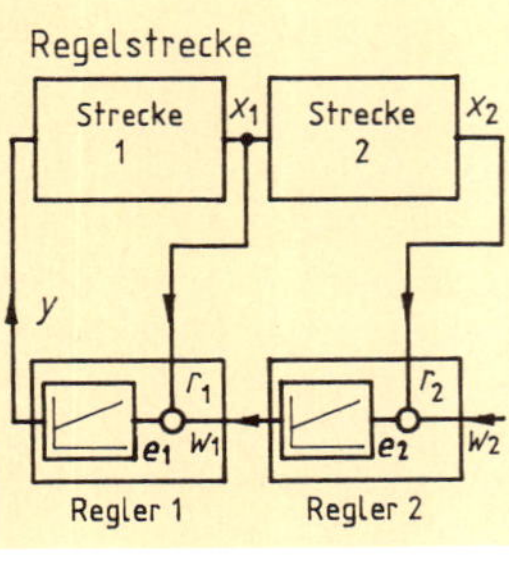

Beispiel: Regelung eines Gleichstrommotors

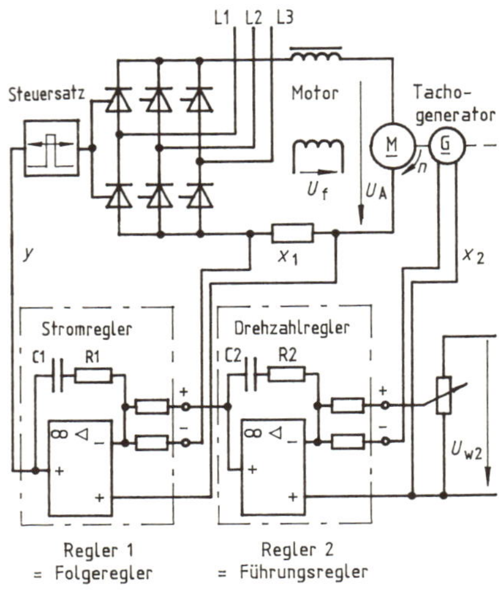

6.12 Verhalten von Regelkreisen

Wie werden Regler für Regelstrecken ausgewählt?

In der Praxis muß meist das Verhalten der Regelstrecke durch eine Sprungantwort ausfindig gemacht werden, ehe der Regler ausgewählt wird.

Hierbei sind technisch nur ganz bestimmte Reglertypen für die jeweilige Regelstrecke geeignet. Auch der Kostenaufwand und der Aufwand an Einstellarbeit spielt eine entscheidende Rolle.

Welcher Reglertyp eignet sich für fast alle Regelstrecken?

Als Regler für fast alle Anwendungsfälle ist der PID-Regler geeignet.
(Ausnahme: Regelstrecken mit reiner Totzeit)

PID-Regler sind jedoch teuer und sehr schwierig einzustellen, da der Proportionalbeiwert K_P, die Nachstellzeit T_n und die Vorhaltezeit T_v ausfindig gemacht und eingestellt werden müssen.

Welche Aussage macht die Regelgüte über das Regelkreisverhalten?

Die Regelgüte ist ein Maß für das Regelverhalten eines Regelkreises, wenn eine Führungs- oder Störgrößenänderung auftritt.

Die Regelgüte ist umso größer, je kleiner
die Anregelzeit T_{AN}, die Ausregelzeit T_{AUS} und
die Überschwingweite ist.

6

Welches Einschwingverhalten sollte ein Regelkreis aufweisen?

Ein Regelkreis sollte gedämpftes oder aperiodisches Einschwingverhalten besitzen. Er darf nicht zum Überschwingen neigen.

Welche Reglerarten und welche Regler sind nicht füreinander geeignet?

Problematische Regelstrecken sind solche mit reiner *Totzeit.* Für sie sind P-Regler, PD-Regler, PID-Regler und Zweipunktregler nicht geeignet.
Für Regelstrecken *ohne* Ausgleich sind I-Regler nicht geeignet.
Derartige Regelkreise sind instabil und ihre Regelgröße würde sich zu einer Schwingung aufschaukeln.

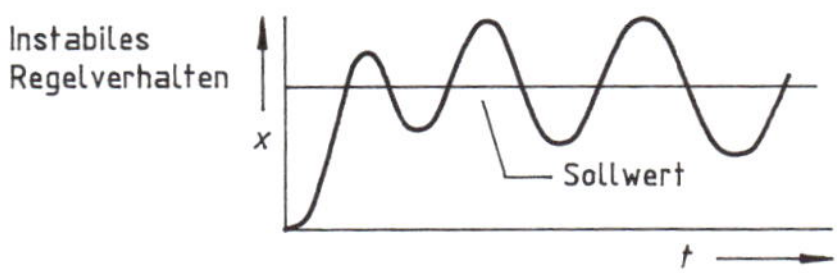

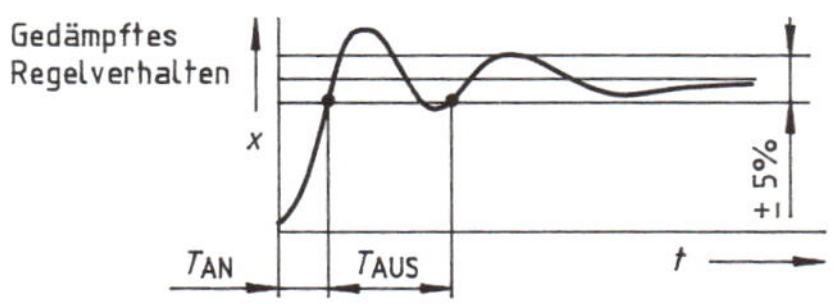

Bild 250.1

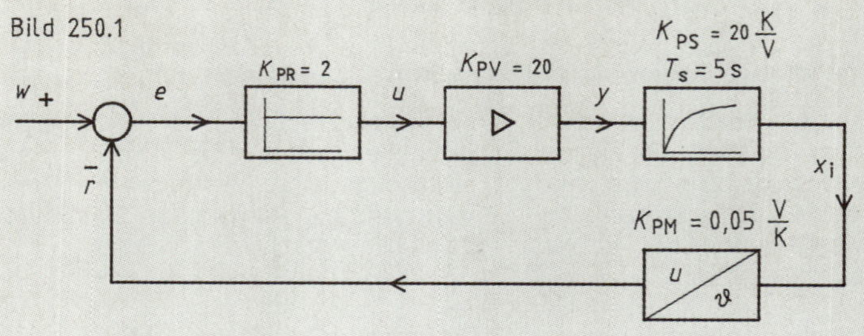

In Bild 250.1 ist der Wirkungsplan eines Regelkreises in der Darstellung nach der neuen DIN 19 226, Teil 5 gegeben. Beschreiben Sie den Wirkzusammenhang dieses Regelkreises!

Die Temperatur einer Heizung (Regelstrecke) wird über einen Temperaturfühler (Meßwertaufnehmer) erfaßt und mit dem Sollwert verglichen. Die Regeldifferenz am Ausgang des Vergleichers führt auf einen Regler mit proportionalem Verhalten (P-Regler). Am Ausgang dieses Reglers ist eine Verstärkerstufe (Steller) angeschlossen, welche die Heizleistung einstellt.

Die Heizung als Regelstrecke erkennt man am K_{PS}-Wert und an der Streckenzeitkonstanten T_s. Diese beiden Werte kennzeichnen das Verhalten der Regelstrecke. So würde die Regelstrecke allein bei einem Eingangssprung von $U = 24$ V nach der Zeit

$$t = 5\ T_s = 5 \cdot 5\text{s} = 25\text{s}$$

folgende Temperaturänderung erzeugen:

$$\Delta\vartheta = \Delta x = K_{PS} \cdot \Delta y = 20\ \frac{\text{K}}{\text{V}} \cdot 24\text{V} = 480\text{K}$$

Diese Regelgröße erzeugt im Meßwertaufnehmer das elektrische Signal
$U = r = 0{,}05$ V/K·480 K = 24 V.

Der Sollwert im Regelkreis Bild 250.1 wird auf 200 °C eingestellt. Welche tatsächliche Temperatur x_i ist am Ausgang der Regelstrecke vorhanden?

Die Temperatur läßt sich nach folgender Formel bestimmen:

$$v_o = K_{PS} \cdot K_{PM} \cdot K_{PR} \cdot K_{PV}$$
$$= 20 \cdot 0{,}05 \cdot 2 \cdot 20 = 40$$

$$\vartheta = x_i = \frac{v_o}{1 + v_o} \cdot w$$

$$\vartheta = x_i = \frac{40}{1+40} \cdot 200°\text{C} = 195°\text{C}$$

Der P-Regler hat bekanntlich eine bleibende Regeldifferenz (bleibende Sollwertabweichung). Sie ist umso geringer, je größer die Verstärkung im Kreis (Kreisverstärkung v_0) ist. In diesem Beispiel weicht die tatsächliche Temperatur um etwa 5 Kelvin vom Sollwert ab.

$$x_b = w_b - x_i = 200\ °\text{C} - 195\ °\text{C} = 5\ \text{K}$$

7 Elektrische Maschinen

7.1 Transformatoren

Erklären Sie den prinzipiellen Aufbau eines Transformators!

Transformatoren bestehen aus einer Eingangs- und einer Ausgangswicklung. Beide Wicklungen sind durch einen geblechten Eisenkern magnetisch miteinander gekoppelt.

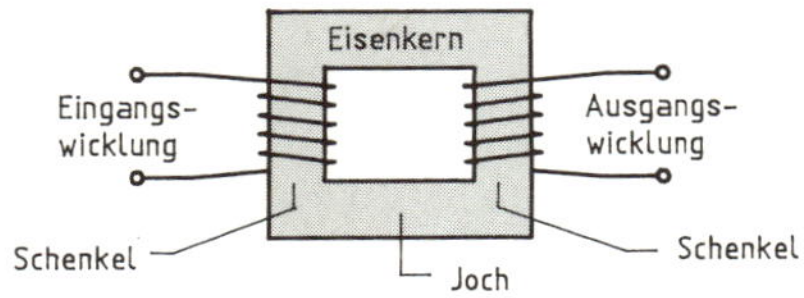

Erklären Sie die prinzipielle Wirkungsweise eines Transformators!

Transformatoren arbeiten nach dem Induktionsgesetz:
Die eingangs angelegte Wechselspannung erzeugt einen elektrischen Strom, dieser erzeugt einen magnetischen Wechselfluß.
Der Wechselfluß induziert in der Eingangswicklung: gemäß Transformatorenhauptgleichung die Spannung

$$U_1 = 4{,}44 \cdot f \cdot \Phi \cdot N_1$$

in der Ausgangswicklung die Spannung

$$U_2 = 4{,}44 \cdot f \cdot \Phi \cdot N_2$$

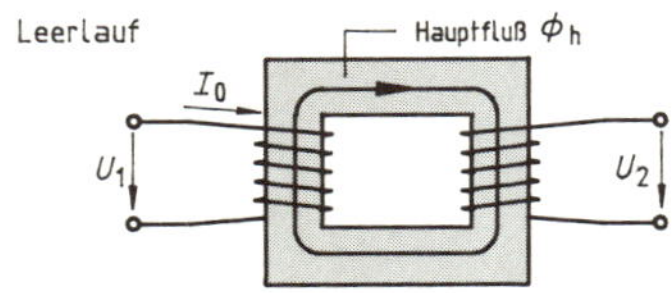

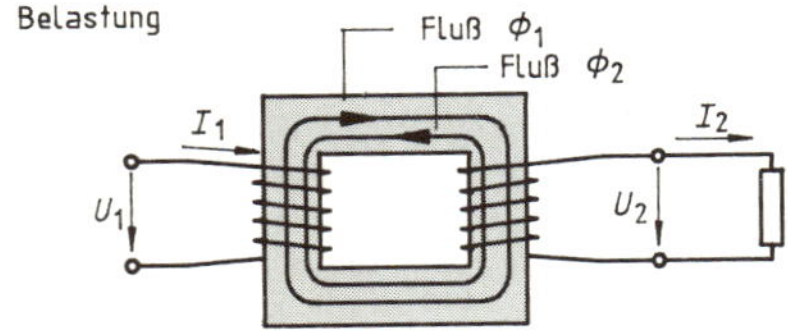

Wie heißen die Gesetze für Spannungs- und Stromübersetzung beim idealen Transformator?

Spannungsübersetzung

$$\ddot{u} = \frac{U_1}{U_2} = \frac{N_1}{N_2}$$

Stromübersetzung

$$\frac{I_1}{I_2} = \frac{N_2}{N_1}$$

Aus der Transformatorenhauptgleichung folgt: $\frac{U_1}{U_2} = \frac{4{,}44 \cdot f \cdot \Phi \cdot N_1}{4{,}44 \cdot f \cdot \Phi \cdot N_2} = \frac{N_1}{N_2}$

Wenn keine Verluste auftreten gilt:

$$U_1 \cdot I_1 = U_2 \cdot I_2 \rightarrow \frac{I_1}{I_2} = \frac{U_2}{U_1} = \frac{N_2}{N_1}$$

Wie heißt das Gesetz für die Widerstandstransformation?

Widerstandsübersetzung

$$\frac{R_1}{R_2} = \left(\frac{N_1}{N_2}\right)^2; \quad \frac{Z_1}{Z_2} = \left(\frac{N_1}{N_2}\right)^2$$

Die Transformation von Widerständen (Impedanzen) wird z.B. in der Nachrichtentechnik ausgenützt, um Innenwiderstände von Mikrofonen und Lautsprechern an die Verstärker anzupassen.

Welche Daten enthält das Leistungsschild eines Kleintransformators?

Auf dem Leistungsschild werden angegeben:
Eingangsspannung
Ausgangsspannung
(bei Nennlast)
Nennleistung (Abgabe)
Nennfrequenz
Isolationsklasse
Schutzklasse

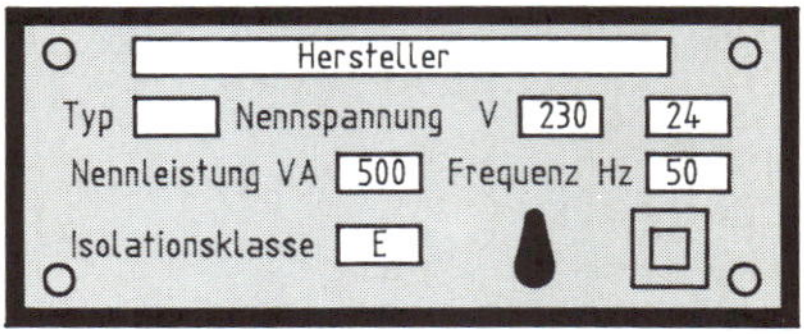

Was versteht man unter Streufeldlinien?

Streufeldlinien sind magnetische Feldlinien, die nur eine der beiden Wicklungen durchsetzen.
Sie treten vor allem bei Belastung auf.

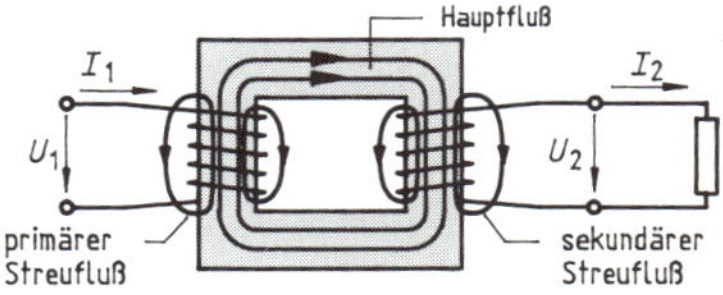

Welchen Einfluß haben die Streufeldlinien auf das Betriebsverhalten eines Transformators?

Streufeldlinien bestimmen maßgeblich den Innenwiderstand eines Transformators. Große Streuung ergibt auch einen großen Innenwiderstand.
Der Innenwiderstand des Transformators entscheidet, ob er *spannungssteif* oder *spannungsweich* ist.

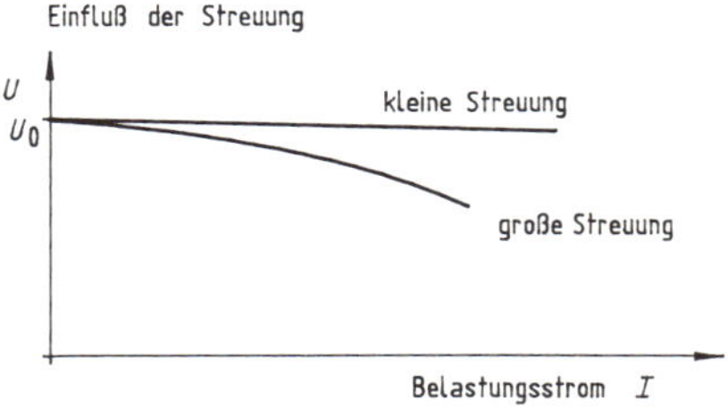

7

Wie wird die Streuung eines Transformators durch die geometrische Anordnung der Wicklungen beeinflußt?

Die Streuung eines Transformators wird vor allem dadurch beeinflußt, wie eng Eingangs- und Ausgangswicklung miteinander gekoppelt sind.
Enge Kopplung ergibt kleine, lockere Kopplung ergibt große Streuung.
Durch Streujoche erhält man eine besonders große Streuung.

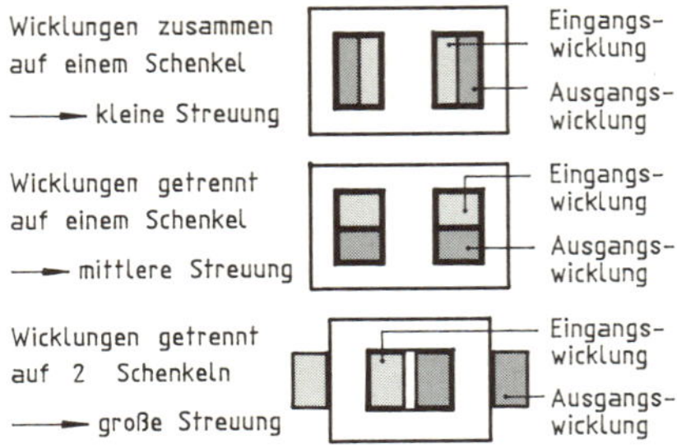

Was versteht man unter der Kurzschlußspannung eines Transformators?

Die Kurzschlußspannung U_k ist die Spannung, die man eingangsseitig anlegen muß, damit bei kurzgeschlossener Ausgangswicklung Nennstrom fließt.
Auf dem Leistungsschild wird die prozentuale Kurzschlußspannung u_k angegeben.

Es ist: $u_k = \frac{U_k}{U_N} \cdot 100\%$

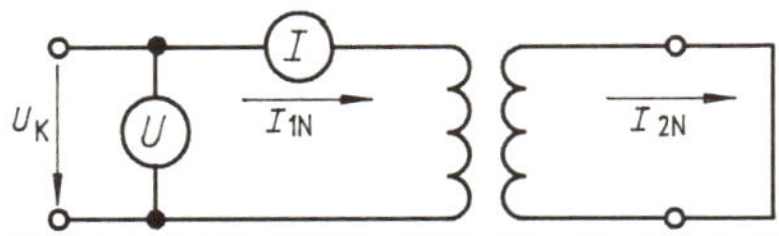

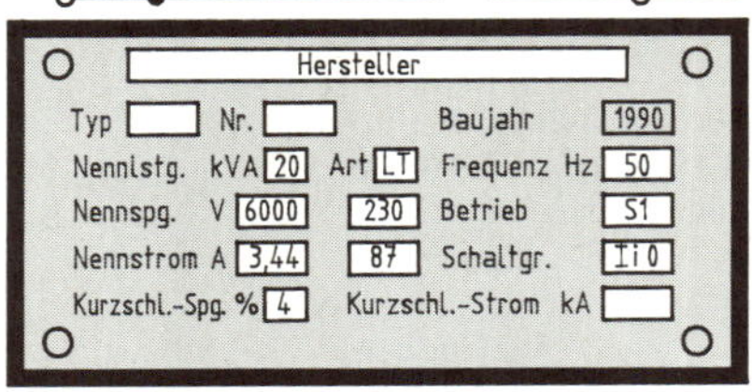

Wie beeinflußt die Kurzschlußspannung eines Transformators sein Betriebsverhalten?

Transformatoren mit kleiner Kurzschlußspannung sind spannungssteif, Transformatoren mit großer Kurzschlußspannung sind spannungsweich.

Transformatoren sollen je nach Verwendungszweck eine kleine oder große Kurzschlußspannung u_k haben, z.B.:

Versorgungstransformatoren	≈4 bis 10%
Klingeltransformatoren	≈40%
Zündtransformatoren	≈100%

Wie werden die Eisen-Verluste eines Transformators bestimmt?

Die Eisen-Verluste werden im Leerlauf bei Nennspannung gemessen.
Da bei dieser Messung nur der relativ kleine Leerlaufstrom fließt, sind die Kupfer-Verluste vernachlässigbar klein.

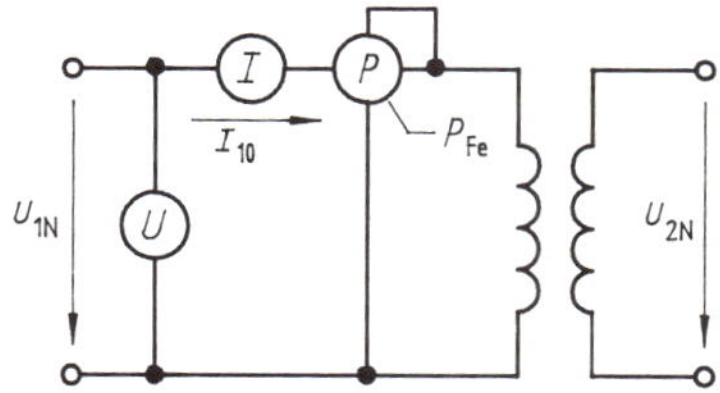

Durch welche Maßnahmen werden die Eisen-Verluste eines Transformators klein gehalten.

Kleine Eisen-Verluste erreicht man durch:
1. Blechen des Kerns
2. Legieren der Bleche mit 3% – 4% Silizium.

Durch Blechen und Legieren mit Si können die Wirbelstrom-Verluste stark vermindert werden.
Die Fe-Verluste üblicher Transformatorbleche liegen zwischen 1 und 7 W/kg.

Wie werden die Kupfer-Verluste eines Transformators bestimmt?

Die Kupfer-Verluste mißt man im Kurzschluß bei Nennstrom.
Da bei dieser Messung nur die relativ kleine Kurzschlußspannung anliegt, sind die Eisen-Verluste vernachlässigbar klein.

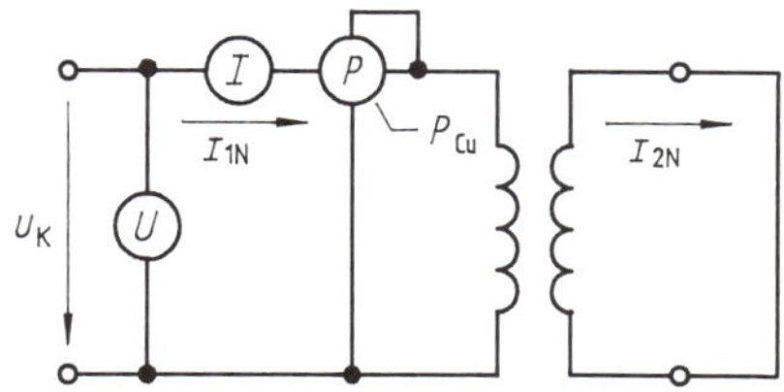

7

Wie hängt der Wirkungsgrad eines Transformators von Größe und Leistungsfaktor der angeschlossenen Last ab?

Der Wirkungsgrad ist im Leerlauf Null; er steigt mit zunehmender Last, erreicht ein Maximum und wird dann wieder kleiner.
Der Wirkungsgrad steigt mit zunehmendem cos φ.

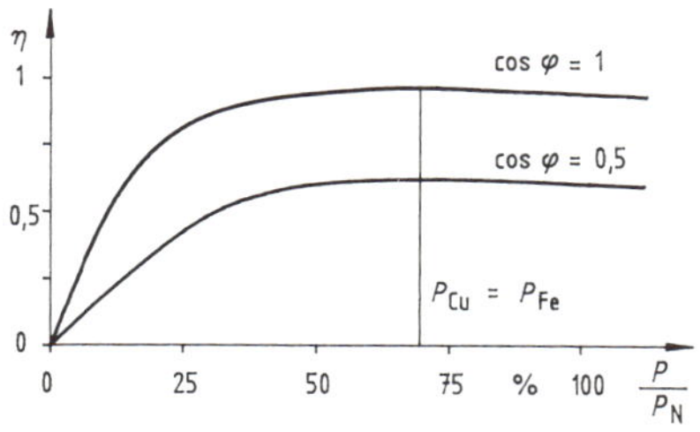

Erklären Sie den Aufbau eines Spartransformators!

Beim Spartransformator ist die Unterspannungswicklung ein Teil der Oberspannungswicklung.
Die Wicklungen, und damit die beiden Stromkreise, sind nicht galvanisch getrennt.

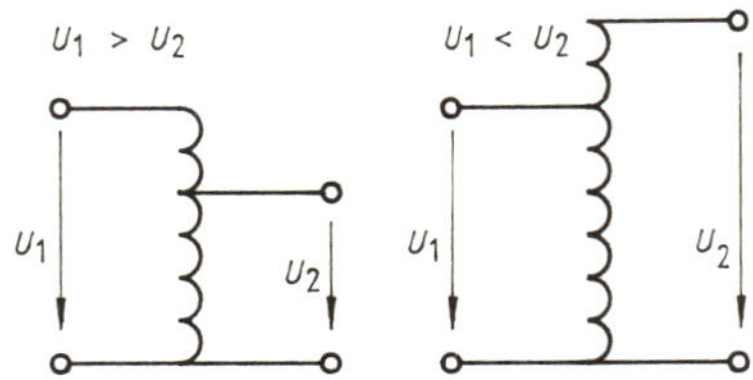

Welche beiden Leistungen unterscheidet man beim Spartransformator?

Beim Spartransformator unterscheidet man Bauleistung S_B und Durchgangsleistung S_D.
Die Durchgangsleistung ist die insgesamt zu übertragende Leistung,
die Bauleistung ist der Anteil, der magnetisch übertragen wird.

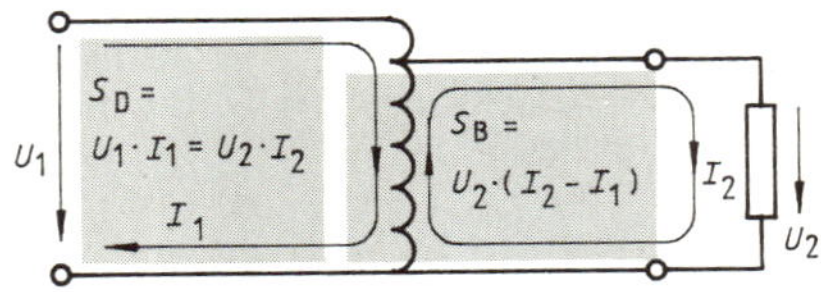

Für die Bauleistung gilt: $S_B = \frac{U_1 - U_2}{U_1} \cdot S_D$

Warum dürfen Spartransformatoren nicht als Sicherheitstransformatoren verwendet werden?

Sicherheitstransformatoren müssen zwischen Ein- und Ausgangswicklung eine sichere galvanische Trennung haben.
Da die Niederspannungsseite des Spartransformators eine direkte Verbindung zum Netz hat, besteht Lebensgefahr.

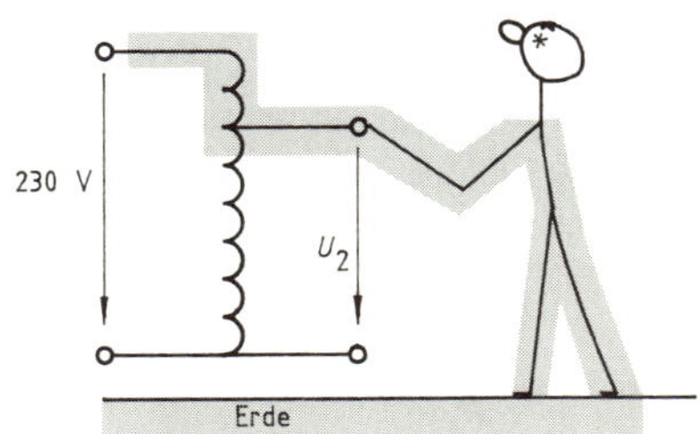

Was versteht man unter Meßwandlern?

Meßwandler sind Transformatoren, die große Spannungen bzw. Ströme in gut meßbare Größen wandeln.
Spannungswandler transformieren auf $U_N = 100$ V, *Stromwandler* transformieren auf $I_N = 5$ A bzw. 1 A.

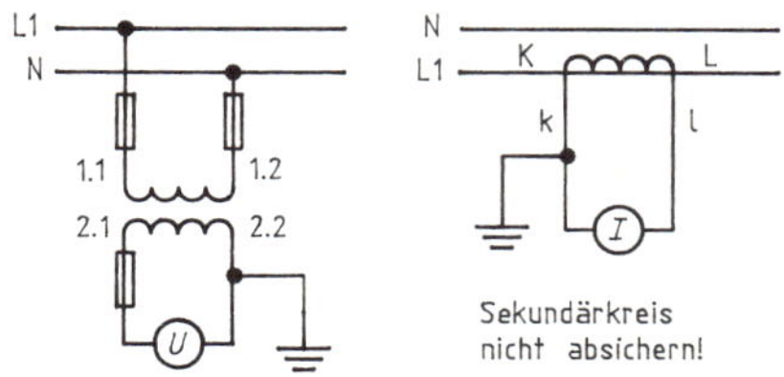

Warum werden Meßwandler ausgangsseitig geerdet?

Durch das ausgangsseitige Erden der Meßwandler werden Durchschläge zwischen Hoch- und Niederspannungsseite zu Erdschlüssen umgewandelt. Dadurch wird vermieden, daß im Fehlerfall lebensgefährliche Hochspannung an der Ausgangsseite anliegt.

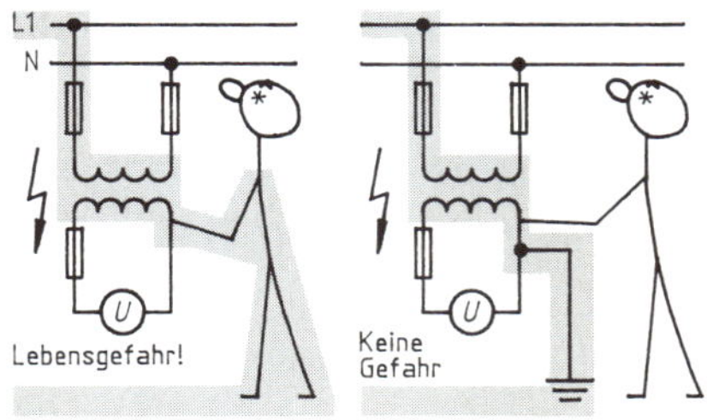

Warum dürfen Stromwandler nicht im Leerlauf betrieben werden?

Leerlaufende Stromwandler arbeiten weit in der magnetischen Sättigung, weil die Eingangswicklung vom Netzstrom durchflossen wird, die Ausgangswicklung aber keine entsprechende Gegendurchflutung erzeugt. Mögliche Folgen sind:

1. Überhitzung des Kerns
2. Durchschlag der Isolation durch hohe Spannungsspitzen.

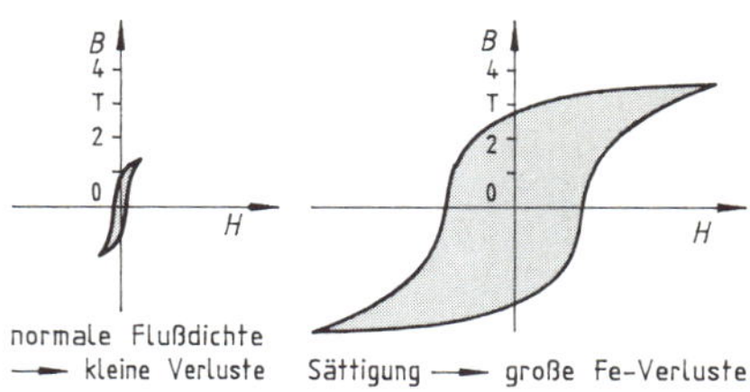

Soll der an einem Stromwandler angeschlossene Strommesser abgeklemmt werden, müssen vorher die Ausgangsklemmen des Wandlers kurzgeschlossen werden.

Beschreiben Sie den Aufbau eines Drehstromtransformators!

Drehstromtransformatoren besitzen meist einen Dreischenkel-Kern. Auf den 3 Schenkeln befinden sich die 3 Ober- und Unterspannungswicklungen.
Um die Verlustwärme abzuführen, werden große Transformatoren mit Öl gekühlt. Transformatoren bis etwa 20 MW Nennleistung können auch gießharzgekapselt sein.

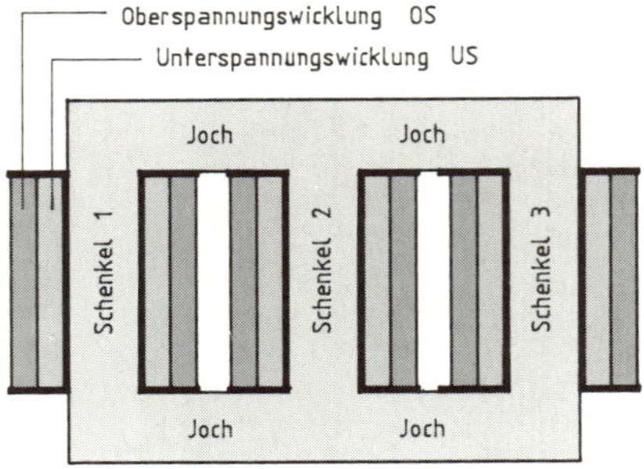

Welche Angaben enthält die Schaltgruppenbezeichnung?

Die Schaltgruppe gibt an:

1. Schaltung der Oberspannungsseite
2. Schaltung der Unterspannungsseite
3. Phasenverschiebung zwischen Ober- und Unterspannung.

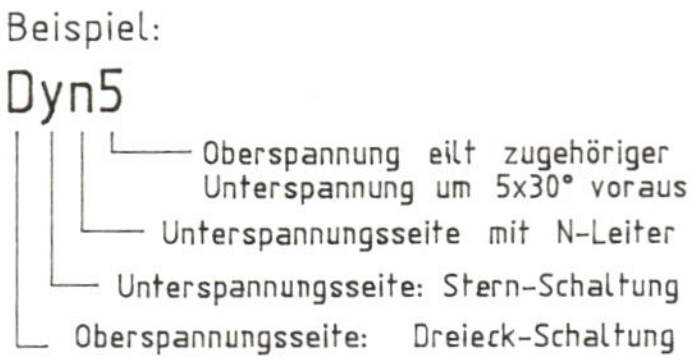

Erklären Sie Aufgabe und Wirkungsweise des Buchholz-Relais!

Das Buchholz-Relais zeigt Kurzschlüsse, Windungsschlüsse und Ölmangel bei ölgekühlten Transformatoren an, bzw. schaltet den Transformator bei akuter Gefahr ab.
Das Relais ist zwischen Kessel und Ausdehnungsgefäß montiert und reagiert auf Ölstand sowie Öl- und Gasströmungen.

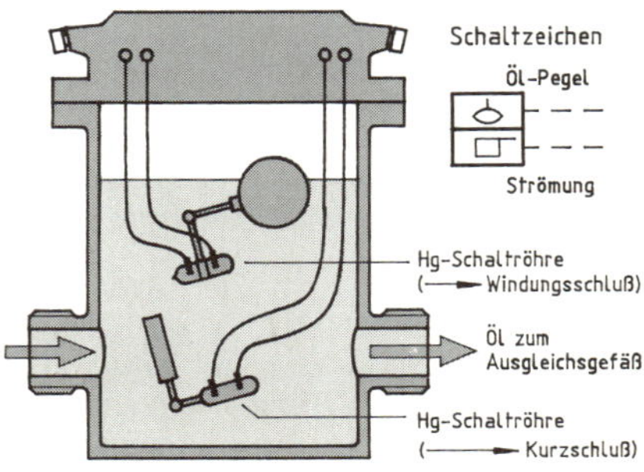

7.2 Drehfeldmotoren am Drehstrom-Netz

Erklären Sie den Aufbau einer 2poligen Drehstromwicklung!

Zweipolige Drehstromwicklungen bestehen aus 3 Spulen, die in einem Ständer jeweils um 120° verschoben angeordnet sind. Die 3 Spulen haben die Klemmenbezeichnungen U1-U2, V1-V2 und W1-W2. Sie können auf 6 oder mehr Ständernuten verteilt werden.

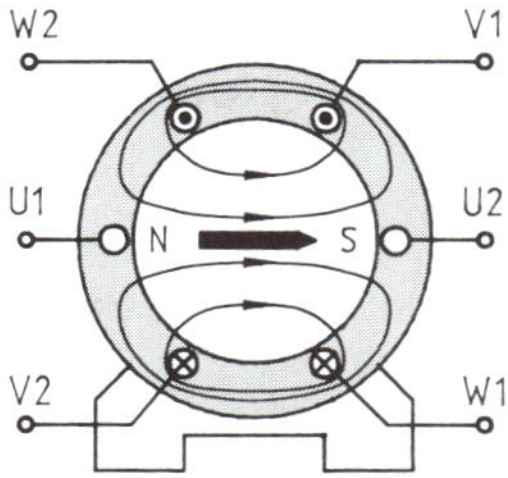

Erklären Sie die Enstehung eines 2poligen Drehfeldes!

Ein 2poliges Drehfeld entsteht, wenn eine 2polige Drehstromwicklung mit 3phasigem Wechselstrom (Drehstrom) gespeist wird.
Die Skizze zeigt das Drehfeld zu den 3 Zeitpunkten t_1, t_2 und t_3.

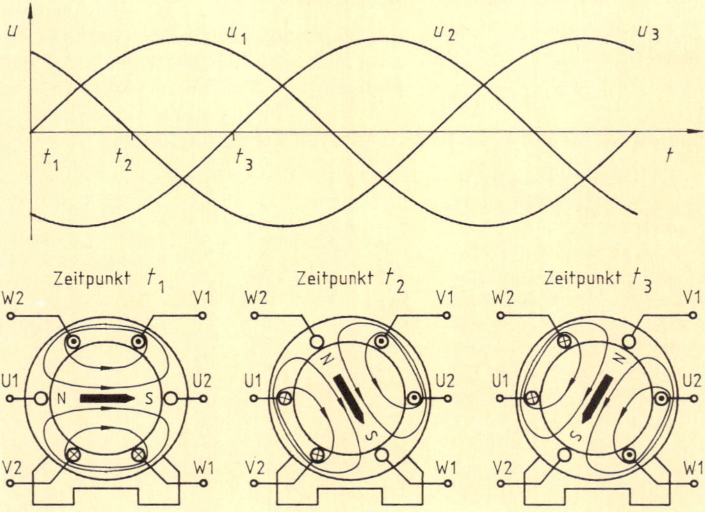

7

Was versteht man unter einem DASM?

DASM ist die Abkürzung für **D**rehstrom-**As**ynchron-**M**otor.

Der Drehstrom-Asynchron-Motor ist wegen seines einfachen Aufbaus der wichtigste Antriebsmotor. Er wird im Leistungsbereich Watt bis Megawatt eingesetzt.

Erklären Sie den prinzipiellen Aufbau eines DASM!

DASM bestehen aus einem Ständer (Stator) mit Drehstromwicklung und einem Läufer (Rotor), der meist als Kurzschlußläufer, in Ausnahmefällen als Schleifringläufer ausgeführt ist.
Die 6 Spulenanschlüsse der Ständerwicklung sind auf ein Klemmbrett geführt. Je nach Lage der Brücken erhält man die Y- oder Δ-Schaltung.

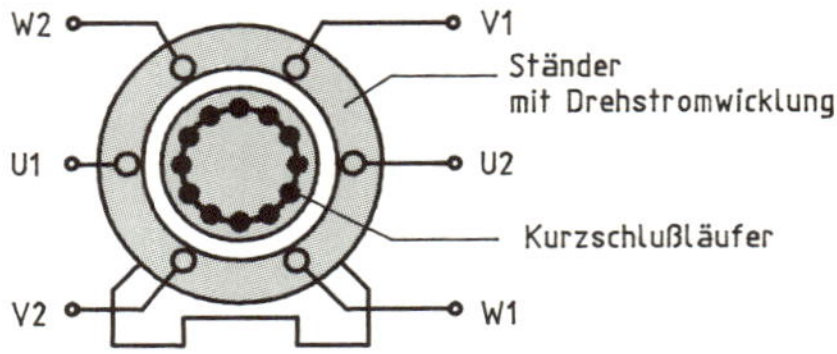

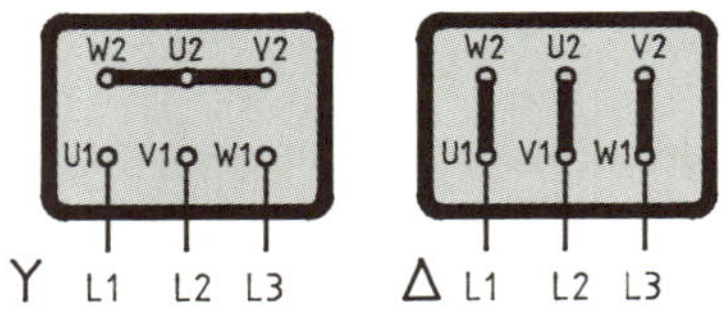

Wie berechnet man die Drehfelddrehzahl?

Formel $n_s = \frac{f}{p}$

Die Drehfelddrehzahl n_s (synchrone Drehzahl) ist von der Netzfrequenz f und der Polpaarzahl p des Ständers abhängig.

Erklären Sie die Funktion eines DASM mit Kurzschlußläufer!

DASM sind Drehfeldmotoren; sie arbeiten nach dem Induktionsprinzip.
Im Ständer wird durch die 3phasige Wechselspannung ein Drehfeld der Drehzahl n_s erzeugt. Das rotierende Magnetfeld erzeugt in den Läuferstäben Ströme und damit ein Magnetfeld.
Das Ständerdrehfeld zieht das Läuferfeld mit sich; der Läufer dreht sich mit der Drehzahl n.

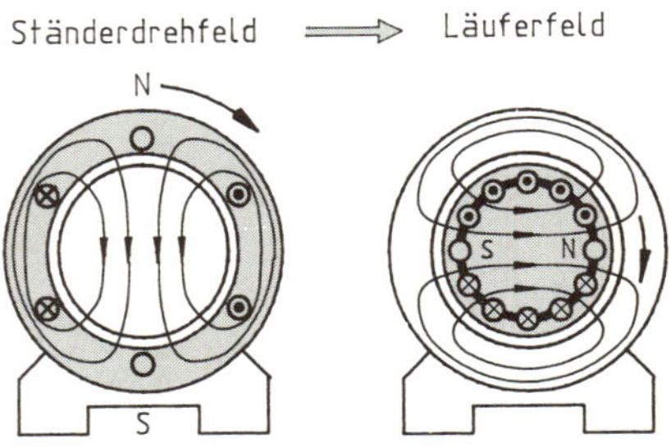

Der Läufer dreht sich langsamer als das Ständerdrehfeld: er läuft *asynchron*.
DASM haben einen Schlupf $s = \frac{n_s - n}{n_s} \cdot 100\%$

Welches Betriebsverhalten $M = f(n)$ und $I = f(n)$ haben DASM?

Bei DASM sind Drehmoment und Stromaufnahme stark drehzahlabhängig.
Die Drehmomentenkennlinie ist bestimmt durch:
Anlaufmoment M_A
Sattelmoment M_S
Kippmoment M_K und
Nennmoment M_N
Die Stromkennlinie hat im Stillstand ihr Maximum; es beträgt $I_A = 4 \ldots 8 \cdot I_N$.

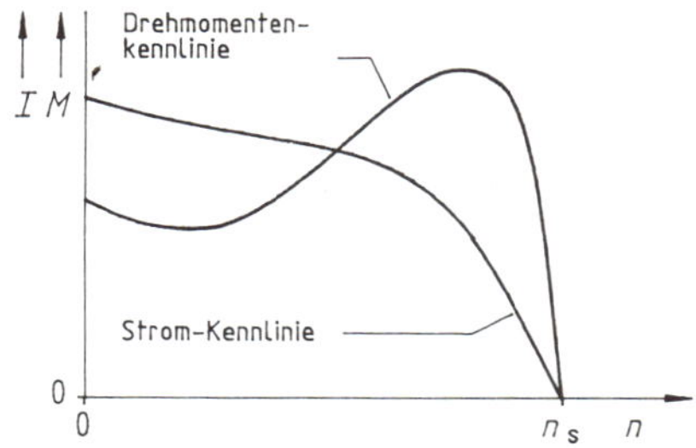

Was ist beim Einschalten von DASM über 4 kW Nennleistung zu beachten?

Am öffentlichen 230/400 V-Netz darf gemäß TAB der Einschaltstrom von Motoren 60 A nicht überschreiten.
Motoren über 4 KW müssen deshalb über ein strombegrenzendes Anlaßverfahren eingeschaltet werden.
Kurzschlußläufer-Motoren werden meist mit kleiner Spannung angelassen.

Beim Anlassen mit verringerter Spannung sinkt der Anlaufstrom ($I \sim U$), das Anlaufmoment sinkt aber ebenfalls ($M \sim U^2$).

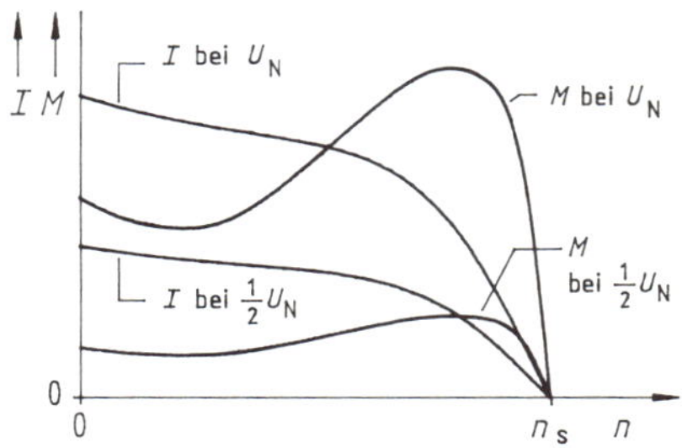

Beschreiben Sie das Prinzip des Stern-Dreieck-Anlaufs!

Beim Stern-Dreieck-Anlauf wird der Motor in Stern-Schaltung eingeschaltet und nach dem Hochlauf auf Dreieckschaltung umgeschaltet. Anlaufstrom und Anlaufmoment werden auf 1/3 der Dreieck-Werte gesenkt.

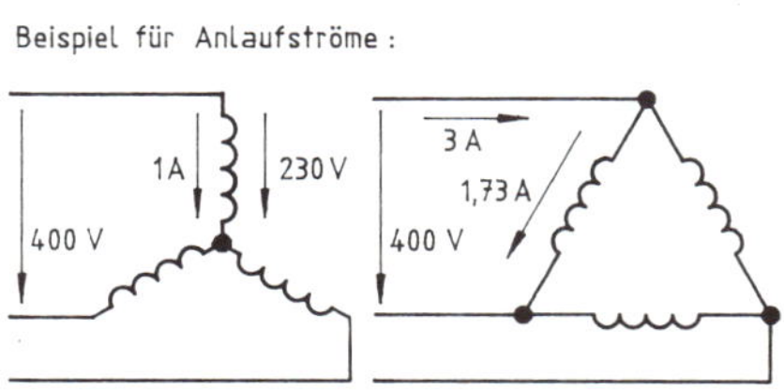

7

Welche Vor- und Nachteile haben Schleifringläufermotoren im Vergleich zu DASM mit Kurzschlußläufer?

Schleifringläufermotoren bieten über Widerstände im Läuferkreis die Möglichkeit, den Motor mit kleinem Anlaufstrom und trotzdem hohem Anlaufmoment anzulassen. Eine gewisse Drehzahlsteuerung ist ebenfalls möglich. Nachteilig ist der höhere Preis und die notwendige Wartung von Schleifringen und Kohlebürsten.

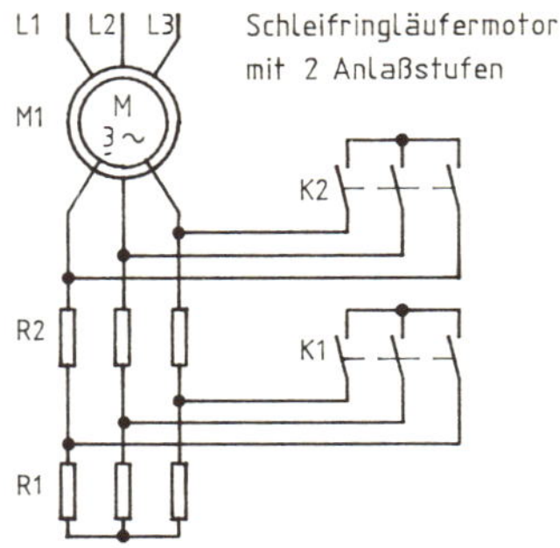

Wozu dienen polumschaltbare DASM?

Mit polumschaltbaren DASM läßt sich die Drehzahl des Drehfeldes und damit des Läufers steuern. Üblich sind Motoren mit 2 voneinander unabhängigen Wicklungen für 2 Drehzahlen; es sind aber auch mehr Drehzahlen möglich.

Gemäß Formel $n_s = f : p$ lassen sich bei 50 Hz folgende Drehzahlen realisieren:

Polpaarzahl p	1	2	3	4
n_s in 1/min	3000	1500	1000	750

Drehzahlen unter 500/min werden meist nicht durch höhere Polzahlen, sondern durch Getriebemotoren verwirklicht.

Erklären Sie das Prinzip der Dahlander-Schaltung!

Eine Drehstromwicklung in Dahlander-Schaltung ist so gestaltet, daß sich mit *einer* Wicklung durch Umschalten der Wicklungsteile *zwei* Polzahlen und damit *zwei* Drehzahlen realisieren lassen.
Die Drehzahlen stehen immer im Verhältnis 2:1.

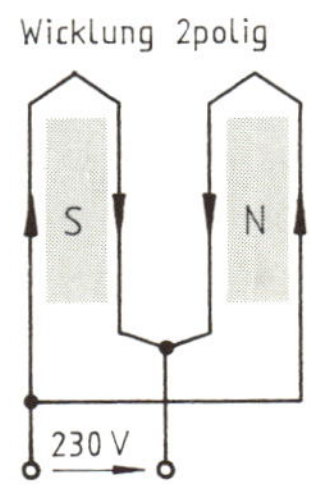

Wie kann die Drehzahl eines DASM stufenlos gesteuert werden?

Stufenlose Drehzahlsteuerung eines DASM ist möglich, wenn eine 3phasige Wechselspannung mit variabler Frequenz und Spannung zur Verfügung steht.
Spannungen mit Frequenzen von 0-1500 Hz können mit Thyristor-Umrichtern realisiert werden; Umrichter mit Transistoren ermöglichen Frequenzen von 0 bis 6000 Hz.

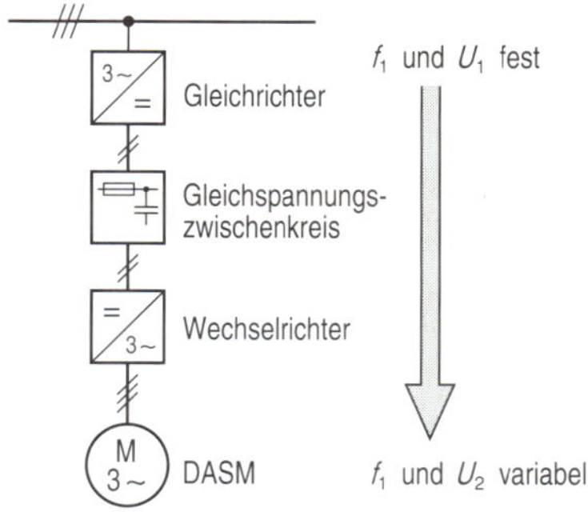

Erklären Sie das Prinzip der Gleichstrombremsung bei einem DASM!

Bei der Gleichstrombremsung wird an den Ständer des abgeschalteten aber noch rotierenden Motors eine Gleichspannung angelegt. Das Magnetfeld des Gleichstroms induziert in den Läuferstäben Spannungen bzw. Ströme, die nach der Lenzschen Regel eine Bremswirkung haben.

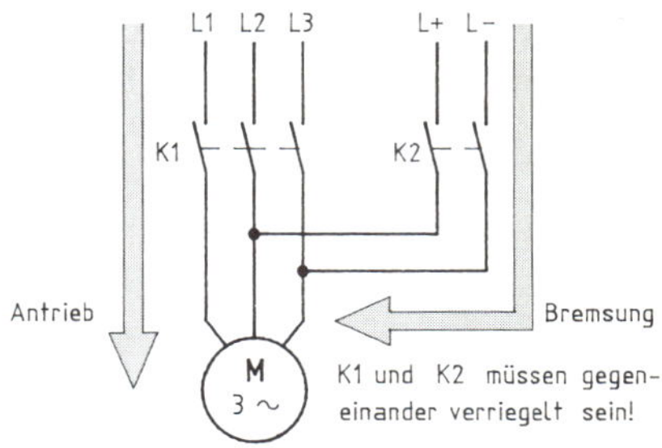

7

Erklären Sie das Prinzip der Gegenstrombremsung bei einem DASM!

Bei der Gegenstrombremsung (Reversieren) werden durch Umschalten 2 Zuleitungen vertauscht. Das gegenläufige Drehfeld bremst den Motor ab.
Der Strom beim Umpolen ist etwa 10 % bis 30 % höher als der Anlaufstrom.

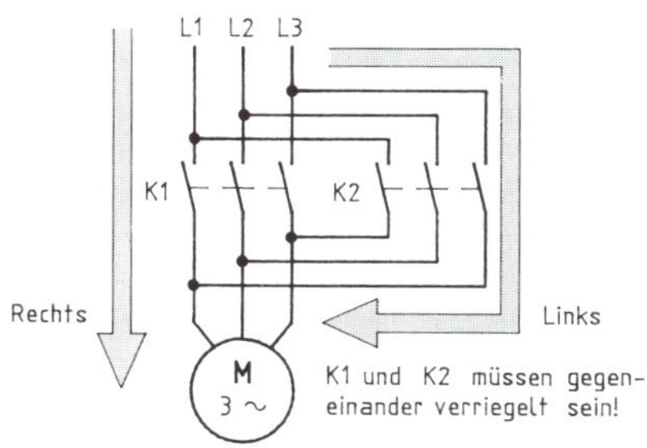

Erklären Sie den Aufbau einer Drehstrom-Synchronmaschine in Innenpol-Bauweise!

Bei der Drehstrom-Synchronmaschine in Innenpol-Bauweise ist der Ständer geblecht und trägt eine Drehstrom-Wicklung. Der Läufer (Polrad) besteht meist aus einem Elektromagneten mit Gleichstromerregung. Bei Maschinen bis etwa 20 KW kann der Läufer aus einem Dauermagneten bestehen.

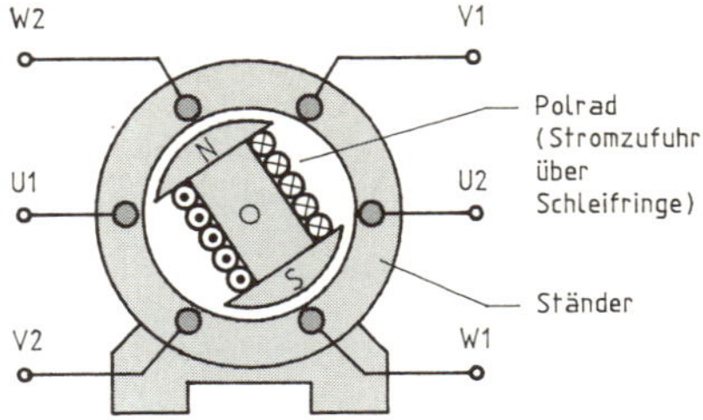

Warum werden Synchrongeneratoren meist in Innenpol-Bauweise ausgeführt?

Bei Innenpol-Generatoren kann die induzierte Drehstromleistung direkt an der Ständerwicklung abgegriffen werden; nur die relativ kleine Erregerleistung muß dem Polrad über 2 Schleifringe zugeführt werden.
Bei Außenpol-Generatoren wird die gesamte im Läufer induzierte Drehstromleistung über 3 Schleifringe abgegriffen. Für große Leistungen sind sie deshalb nicht geeignet.

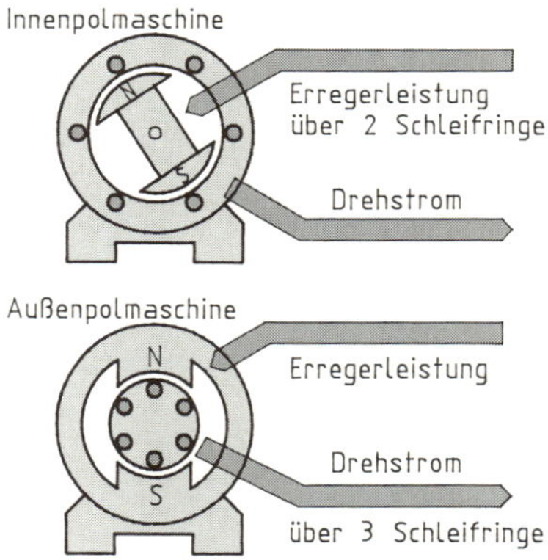

Welcher Zusammenhang besteht bei einem Synchrongenerator zwischen Frequenz, Polpaarzahl und Drehzahl?

Die von einem Synchrongenerator erzeugte Spannung hat die Frequenz

$$f = n \cdot p$$

Dabei ist:

n Drehzahl des Polrades
p Polpaarzahl von Läufer bzw. Drehstromwicklung

Im Verbundbetrieb ist die Frequenz der Generatorspannung durch das Netz vorgegeben. Die Drehzahl und damit die Polpaarzahl des Generators wird durch die antreibende Turbine bestimmt:
Dampfturbinen, Peltonturbinen
z.B.: $n = 3000\ \text{min}^{-1}$, $p = 1$
Francisturbinen
z.B.: $n = 500\ \text{min}^{-1}$, $p = 6$

Ein Synchrongenerator speist in das Verbundnetz ein. Welche Folgen sind zu erwarten, wenn der Generator über- oder untererregt wird?

Wird ein am Netz arbeitender Synchrongenerator über- oder untererregt, so speist er Blindleistung in das Netz; er wirkt als *Phasenschieber.*

Übererregung bewirkt, daß der Generator induktive Blindleistung in das Netz liefert; er wirkt wie ein Kondensator.
Untererregung bewirkt, daß der Generator kapazitive Blindleistung in das Netz liefert; er wirkt wie eine Spule.

Ein Synchrongenerator speist in das Verbundnetz? Welche Folgen sind zu erwarten, wenn die Antriebsturbine ausfällt?

Fällt bei einem im Verbund arbeitenden Synchrongenerator die Turbine aus, so läuft die Maschine als Motor weiter.

Elektrische Maschinen können im Prinzip als Motor oder Generator arbeiten. In Pumpspeicherkraftwerken läuft die Maschine nachts als Motor (Pumpbetrieb), zur Spitzenlastzeit als Generator.

Ein Synchrongenerator soll an das Verbundnetz zugeschaltet werden. Welche Bedingungen müssen vorher erfüllt sein?

Vor dem Zuschalten müssen Netz und Generator übereinstimmen in:
1. Spannung
2. Frequenz
3. Phasenfolge
4. Phasenlage.

Das Anpassen des Generators an das Netz heißt *Synchronisieren.* Man benötigt dazu Spannungs- und Frequenzmesser, Drehfeldrichtungsanzeiger, Lampen in Hell- und Dunkelschaltung.
In Kraftwerken erfolgt das Synchronisieren meist automatisch.

7

Warum benötigen Synchronmotoren eine Anlaufhilfe?

Synchronmotoren können nicht selbständig anlaufen, weil der stillstehende Läufer infolge seiner Trägheit nicht sofort auf synchrone Drehzahl beschleunigt werden kann.
Der Rotor wird deshalb vom Drehfeld abwechselnd angetrieben und abgebremst.

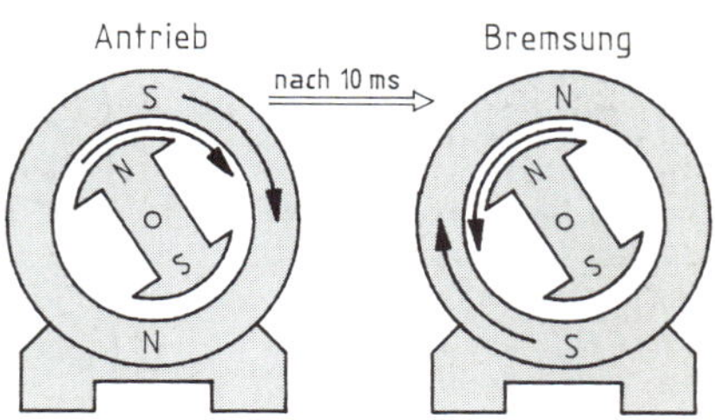

7.3 Drehfeldmotoren am Wechselstrom-Netz

Entwerfen Sie eine Schaltung, mit der ein DASM am einphasigen Wechselstrom-Netz betrieben werden kann!

DASM können mit Hilfe der Steinmetz-Schaltung am einphasigen Wechselstrom-Netz betrieben werden. Dabei wird mit Hilfe eines Kondensators eine Hilfsphase erzeugt. Die Kapazität des Kondensators beträgt etwa 70 μF pro kW Motorleistung bei 230 V Netzspannung.

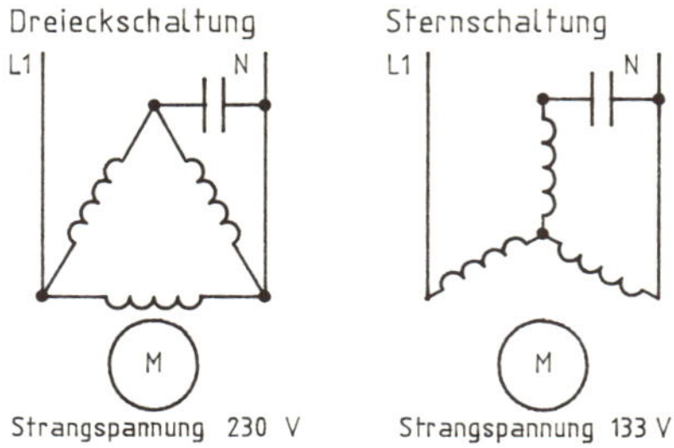

Erklären Sie den Aufbau eines Anwurfmotors!

Der Anwurfmotor hat wie der DASM als Rotor einen Kurzschlußläufer. Der Ständer trägt aber nur eine Wicklung zum Anschluß an Wechselstrom.

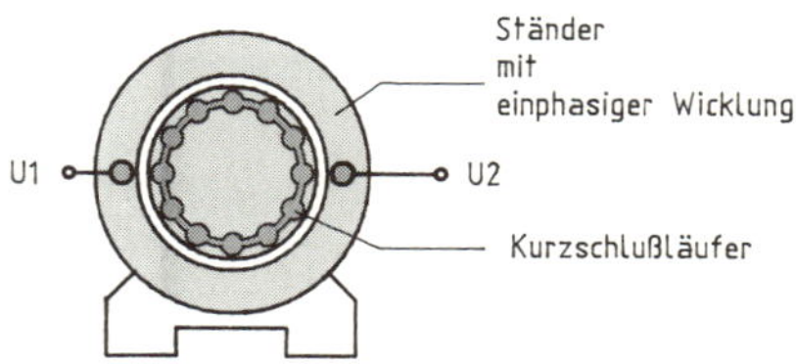

Erklären Sie die Wirkungsweise des Anwurfmotors!

Die Wirkungsweise des Anwurfmotors beruht darauf, daß sich ein magnetisches Wechselfeld in 2 gleiche, aber gegenläufige Drehfelder aufspalten läßt. Beide Drehfelder erzeugen gegensinnige Drehmomente, die sich bei Motorstillstand aufheben. Wird der Motor angeworfen, so überwiegt das Moment in der Anwurfrichtung und treibt den Motor an.

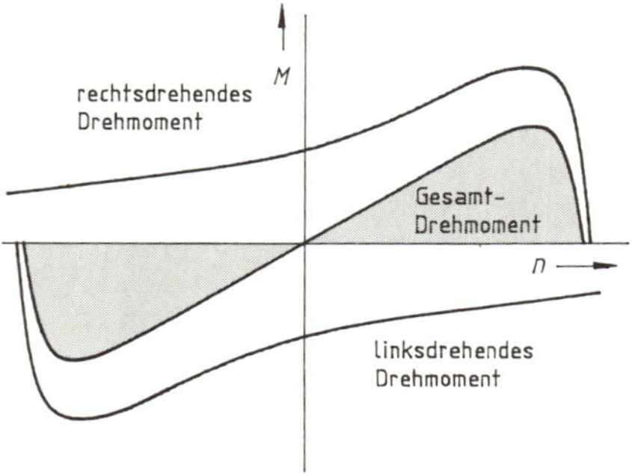

Erklären Sie den Aufbau eines Kondensatormotors!

Der Kondensatormotor hat im geblechten Ständer eine Hauptwicklung (U1-U2) und eine Hilfswicklung (Z1-Z2). Die Hauptwicklung füllt meist 2/3, die Hilfswicklung 1/3 der Ständernuten. Beide Wicklungen sind bei einer 2poligen Maschine um 90° räumlich versetzt. In Reihe zur Hilfswicklung liegt ein Kondensator.
Der Läufer ist wie beim DASM ein Kurzschlußläufer mit Käfigwicklung.

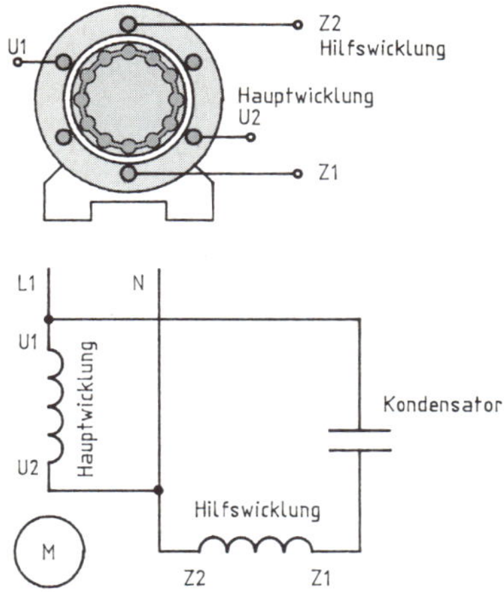

Erklären Sie die Entstehung eines Drehfeldes beim Kondensatormotor!

Beim Kondensatormotor fließen in Haupt- und Hilfswicklung zeitlich gegeneinander verschobene Ströme; der Strom der Hilfsphase eilt wegen des Kondensators dem Hauptstrom voraus.
Die Magnetfelder beider Ströme sind sowohl räumlich als auch zeitlich gegeneinander versetzt.
Sie addieren sich zu einem Drehfeld.
Das Drehfeld hat nicht zu jedem Zeitpunkt den gleichen Betrag; es ist ein elliptisches Drehfeld.

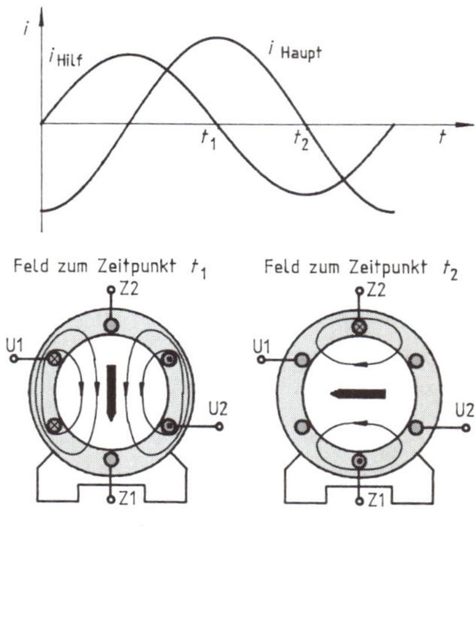

7

Wie kann bei einem Kondensatormotor das Anlaufmoment erhöht werden?

Das Anlaufmoment eines Kondensatormotors kann durch Zuschalten eines zusätzlichen Kondensators erhöht werden.
Der *Anlaufkondensator* wird nach dem Hochlauf durch einen Fliehkraftschalter oder ein Stromrelais abgeschaltet, da sonst die Hilfswicklung überlastet ist.

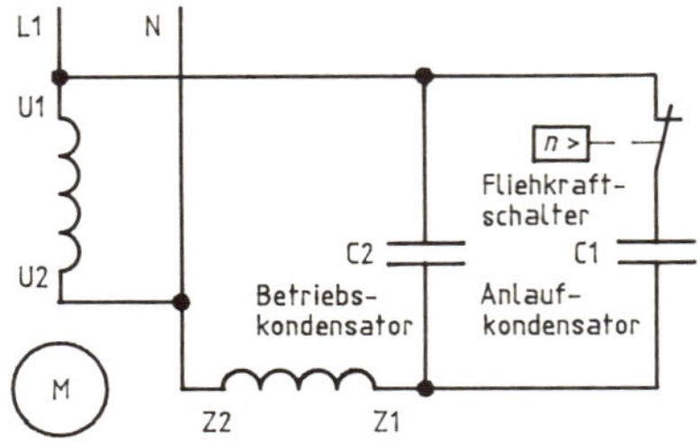

Wie kann bei einem Kondensatormotor die Drehrichtung geändert werden?

Die Drehrichtung eines Kondensatormotors wird geändert, indem die Drehrichtung des Drehfeldes geändert wird.
Man erreicht dies, indem man die Stromrichtung in der Hilfswicklung durch Vertauschen der Anschlüsse umpolt.

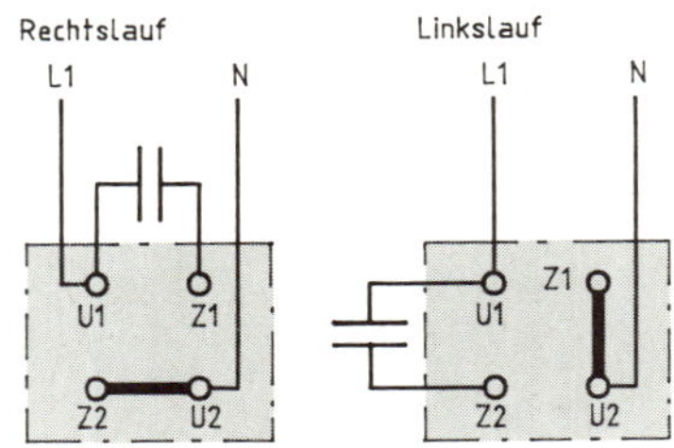

Nennen Sie Anwendungsgebiete für den Kondensatormotor!

Kondensatormotoren werden für Nennleistungen bis maximal 2 kW eingesetzt, z.B. zum Antrieb von Baumaschinen (Betonmischer), Werkzeugmaschinen (Kreissägen), Haushaltmaschinen (Waschmaschinen), Lüftern und Pumpen.

Kondensatormotoren werden eingesetzt, wenn die Vorteile des DASM ausgenutzt werden sollen (preisgünstig, robust, wartungsarm), aber kein Drehstrom-Netz zur Verfügung steht.
Kondensatormotoren sind ungeeignet, wenn ein hohes Anlaufmoment, gute Drehzahlsteuerung oder Drehzahlen über 3000 /min verlangt werden. In diesem Fall werden Universalmotoren bevorzugt.

Welche Kapazität und welche Spannungsfestigkeit müssen Betriebs- und Anlaufkondensator eines Kondensatormotors besitzen?

Betriebskondensatoren von Kondensatormotoren haben bei 230 V eine Kapazität von etwa 40 µF/kW; der Anlaufkondensator hat ungefähr den 3fachen Wert.
Die Spannungsfestigkeit beider Kondensatoren muß etwa 400 V betragen.

Die genauen Werte für Kapazität und Spannungsfestigkeit hängen von der Bauart des Motors ab und müssen bei Bedarf dem Datenblatt des Herstellers entnommen werden.
Kondensator und Wicklung bilden einen Reihenschwingkreis; die am Kondensator auftretende Spannung kann deshalb die Netzspannung wesentlich überschreiten.

Wodurch entsteht das Drehfeld eines Spaltpolmotors?

Spaltpolmotoren haben einen Haupt- und einen davon abgesetzten Nebenpol (Spaltpol) mit Kurzschlußring. Im Kurzschlußring werden hohe Ströme induziert, die ein zum magnetischen Hauptfluß zeitlich verschobenes Magnetfeld erzeugen.
Haupt- und Spaltpolfeld erzeugen gemeinsam ein elliptisches Drehfeld.

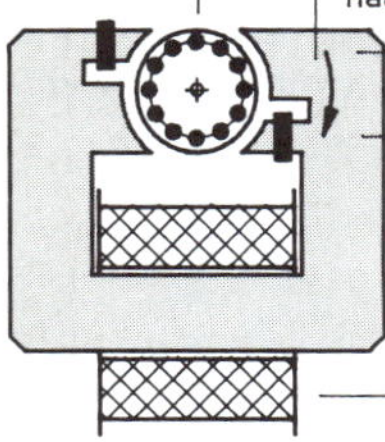

7

Nennen Sie Anwendungsgebiete für Spaltpolmotoren!

Spaltpolmotoren dienen zum Antrieb von:
Ventilatoren, Heizlüftern, kleinen Wasser- und Laugenpumpen (z.B. in Waschmaschinen), billigen Plattenspielern und Tonbandgeräten.

Spaltpolmotoren sind billig, robust und wartungsarm; mit Dauermagnetläufer sind sie als Synchronmotor verwendbar.
Der Wirkungsgrad ist jedoch sehr gering (ca. 30%), so daß sie nur für Leistungen bis etwa 300 W eingesetzt werden.
Für Antriebe mit Drehrichtungsumkehr sind sie nicht geeignet.

7.4 Stromwendermaschinen

Erklären Sie die Begriffe Schleifring und Stromwender!

Schleifringe sind geschlossene Metallringe.
Jeder Schleifring ist mit einem Spulenende verbunden; die Stromzufuhr erfolgt über Kohlebürsten.
Stromwender sind in mehrere Lamellen aufgeteilte Schleifringe. Sie werden auch Kollektor oder Kommutator genannt.

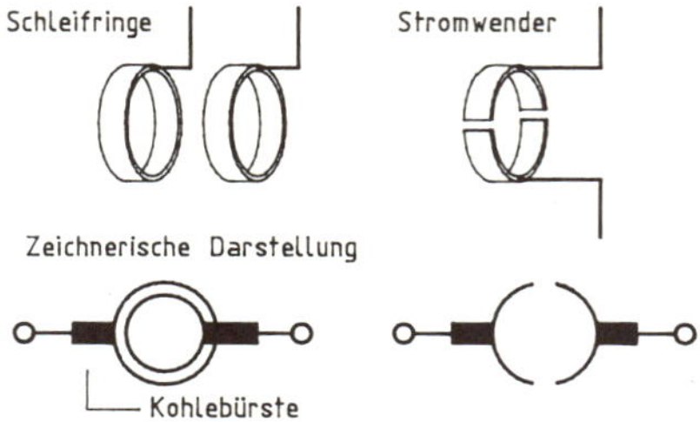

Eine Leiterschleife dreht sich mit konstanter Geschwindigkeit in einem homogenen Magnetfeld. Welche Spannungsart wird mit Schleifringen bzw. mit einem Stromwender abgegriffen?

In der Leiterschleife wird sinusförmige Wechselspannung induziert.
Mit Schleifringen wird diese sinusförmige Wechselspannung abgegriffen.
Durch den Stromwender wird die Spannung gleichgerichtet; es entsteht pulsierende Gleichspannung.

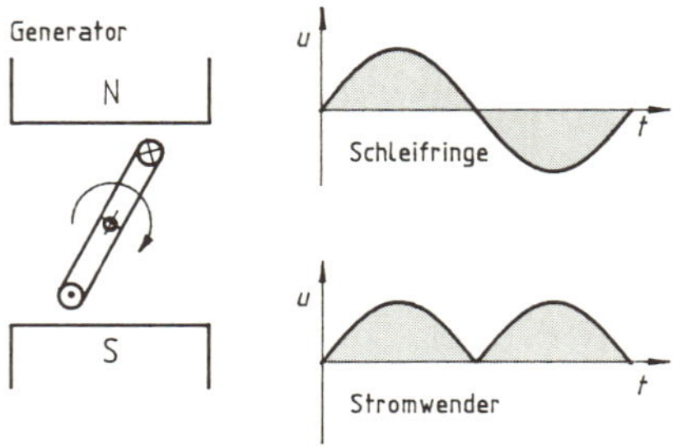

Erklären Sie die Wirkungsweise eines Gleichstrommotors!

In einem Magnetfeld ist eine Leiterschleife drehbar gelagert. Wird die Schleife von Strom durchflossen, so wird sie im Magnetfeld abgelenkt. Der Stromwender erzwingt die jeweils richtige Stromrichtung in der Schleife.

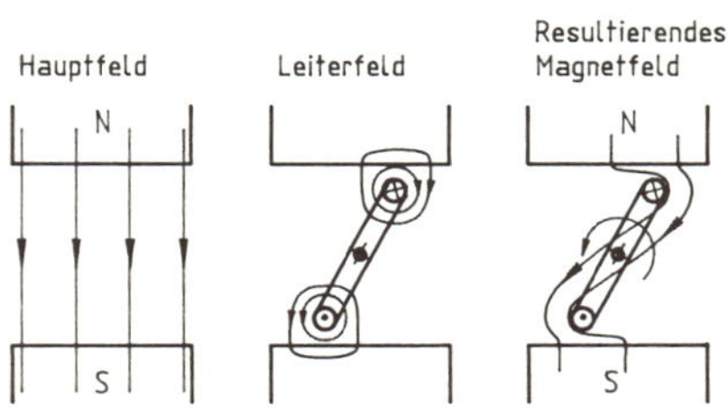

Nennen Sie die wesentlichen Teile einer Gleichstrommaschine!

Gleichstrommaschinen bestehen im wesentlichen aus:
1. Ständer mit Jochring und ausgeprägten Polen
2. Erregerwicklung (Hauptwicklung)
3. Läufer (Anker) mit Wicklung
4. Stromwender (Kollektor,Kommutator)
5. Bürstenhalter mit Kohlebürsten
6. Wendepole mit Wendepolwicklung.

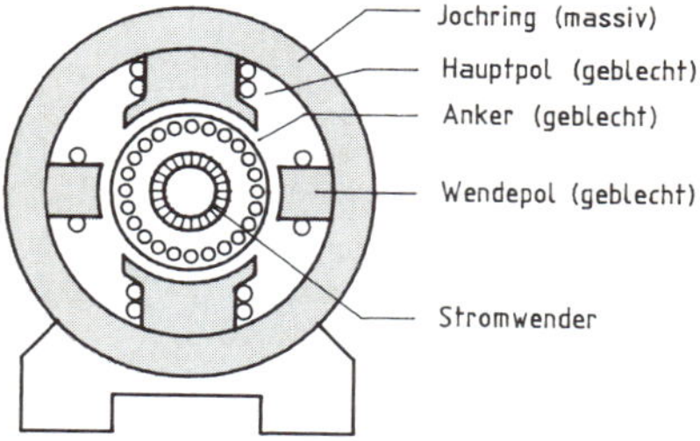

Große Maschinen können zusätzlich eine Kompensationswicklung besitzen. Sie liegt in den Nuten der Hauptpole.

Nennen Sie die genormten Anschlußbezeichnungen von Anker-, Feld- und Hilfswicklungen bei Gleichstrommaschinen!

Gleichstrommotoren und Generatoren haben die Klemmenbezeichnungen:

Ankerwicklung	A1-A2
Wendepolwicklung	B1-B2
Kompensationsw.	C1-C2
Reihenschlußw.	D1-D2
Nebenschlußw.	E1-E2
Fremderregte Feldwicklung	F1-F2

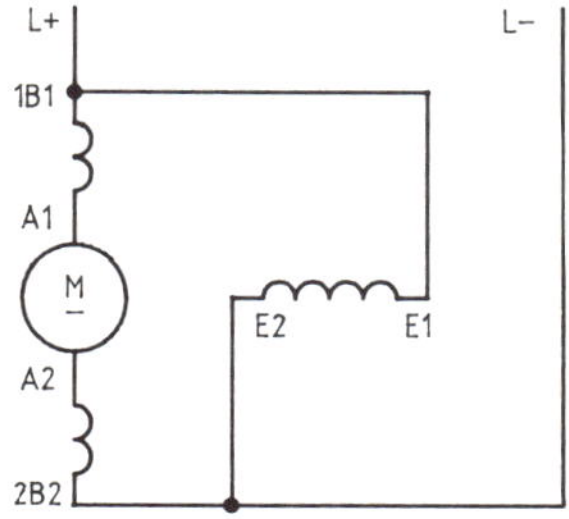

Welche nachteilige Wirkung hat das Ankerquerfeld von belasteten Gleichstrommaschinen?

Durch das Ankerquerfeld wird das Hauptfeld verzerrt; die neutrale Zone wird verschoben. Die Folgen sind starkes Bürstenfeuer und die mögliche Zerstörung von Bürsten und Stromwender.

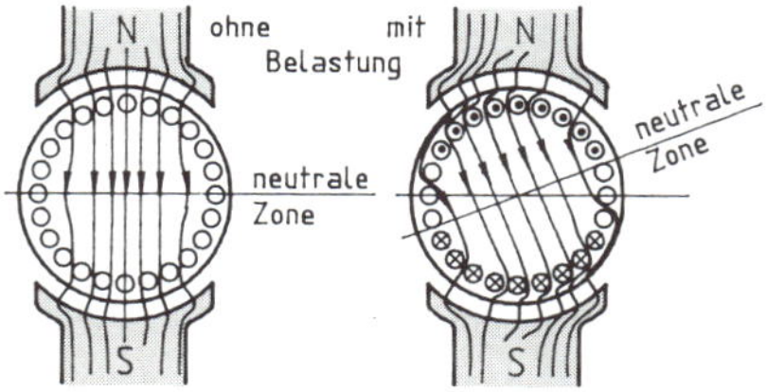

Welche Möglichkeiten werden in der Praxis genutzt, um die negativen Wirkungen des Ankerquerfeldes (Ankerrückwirkung) bei Gleichstrommaschinen zu vermeiden?

Bei *kleinen* Maschinen werden die Bürsten so verstellt, daß sie in der durch die Last bedingten neutralen Zone liegen.
Größere Maschinen haben Wendepole. Sie sind vom Ankerstrom durchflossen und bewirken, daß das Ankerquerfeld in der neutralen Zone aufgehoben wird. Die neutrale Zone ändert auch bei wechselnder Last ihre Lage nicht.

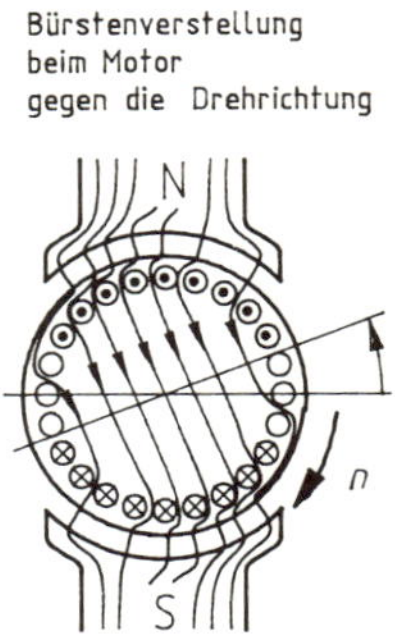

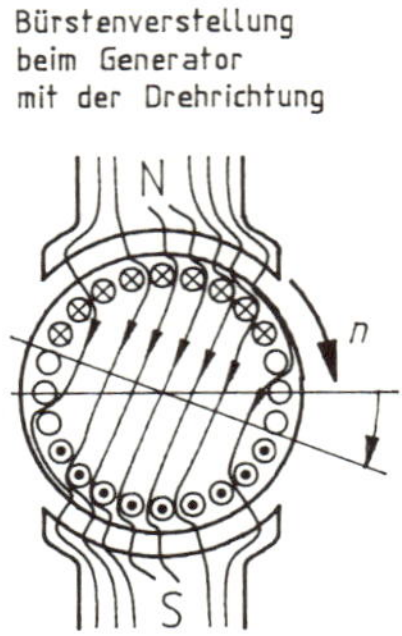

Wie ist die Erregerwicklung einer Doppelschluß-Maschine aufgebaut?

Bei der Doppelschluß-Maschine ist ein Teil der Erregerwicklung in Reihe, ein anderer Teil parallel zum Anker geschaltet.
Doppelschluß-Maschinen heißen auch Compound-Maschinen.

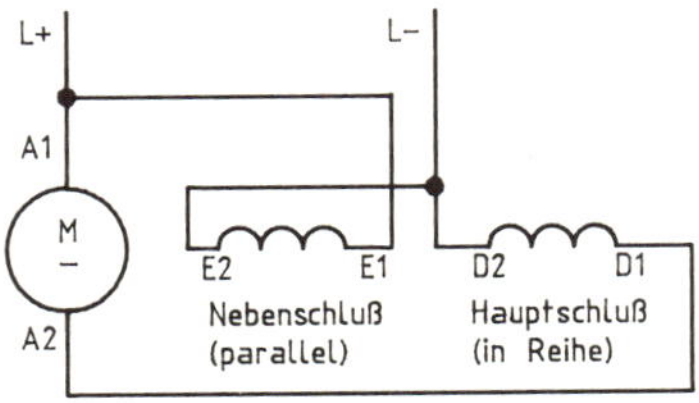

Wie ändert sich die Drehzahl mit zunehmender Belastung bei einem Reihenschluß- und bei einem Nebenschlußmotor?

Reihenschlußmotor
Die Drehzahl sinkt stark mit der Belastung. Im Leerlauf kann der Motor „durchgehen".

Nebenschlußmotor
Die Drehzahl sinkt mit zunehmender Last nur geringfügig ab.

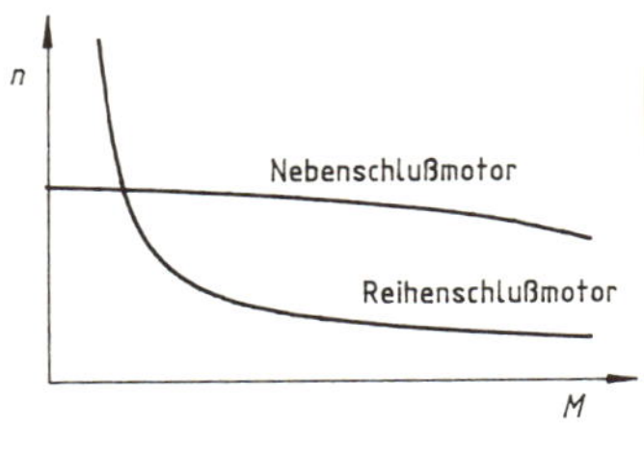

Wie kann bei einem Gleichstrommotor die Drehrichtung geändert werden?

Zur Drehrichtungsänderung kann *entweder* das Anker- *oder* das Erregerfeld umgepolt werden. Um eine Unterbrechung des Erregerfeldes während des Betriebs zu vermeiden, wird nach VDE 0530 vorzugsweise das Ankerfeld umgepolt.

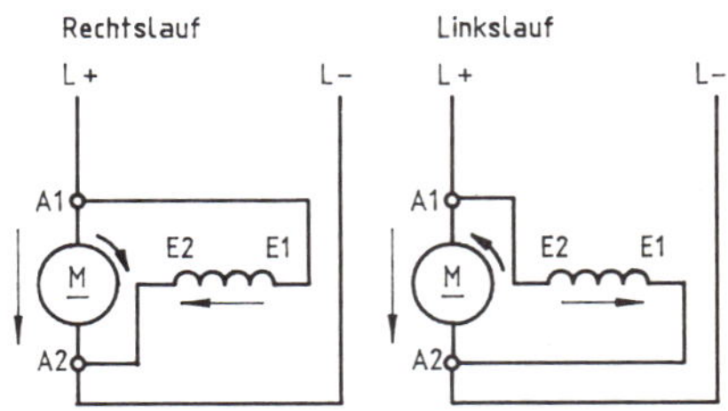

Warum werden größere Gleichstrommotoren über Anlasser eingeschaltet?

Beim Einschalten an Netzspannung würden wegen des kleinen Ankerwiderstandes hohe Anlaufströme fließen. Der Anlasser ist ein stellbarer Widerstand im Ankerkreis; er begrenzt den Anlaufstrom.

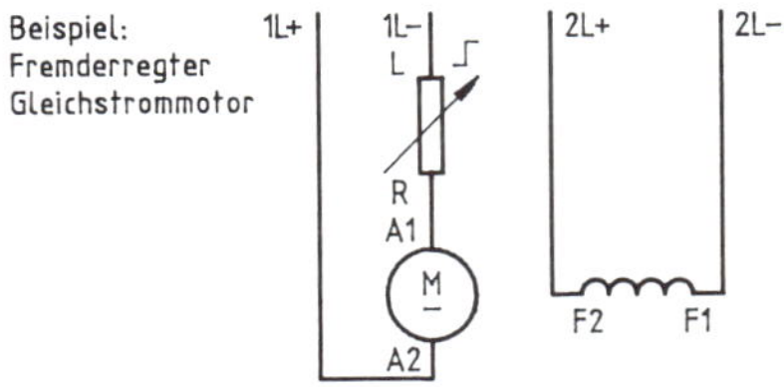

Womit kann die Drehzahl von Neben- und Doppelschlußmotoren in weiten Bereichen gesteuert werden?

Die Drehzahl von Neben- und Doppelschlußmotoren kann mit einem Anlaß-Feldsteller gesteuert werden:

1. Durch Verringern des Ankerstroms mit dem Anlaßsteller wird die Drehzahl verringert.
2. Durch Verringern des Erregerstroms mit dem Feldsteller wird die Drehzahl erhöht.

Anlaß-Feldsteller zur Drehzahlstellung müssen für Dauerbetrieb ausgelegt sein.

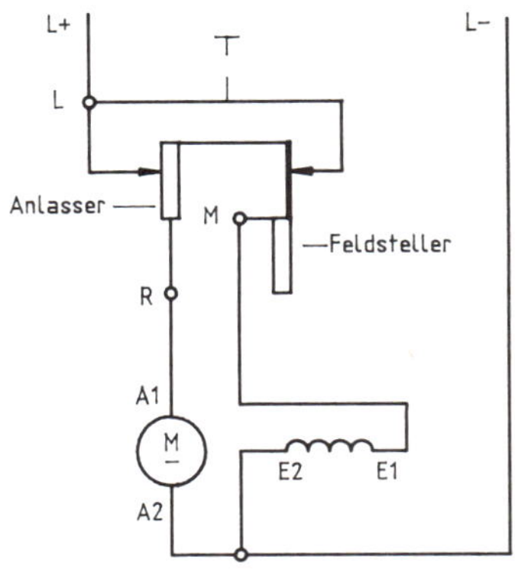

7

Erklären Sie den Aufbau eines Universalmotors!

Universalmotoren sind im Prinzip Gleichstrom-Reihenschlußmotoren. Der Ständer ist aber zur Vermeidung von Wirbelstromverlusten geblecht. Die Erregerwicklung hat zum wechselweisen Betrieb an Gleich- und Wechselspannung verschiedene Anzapfungen.

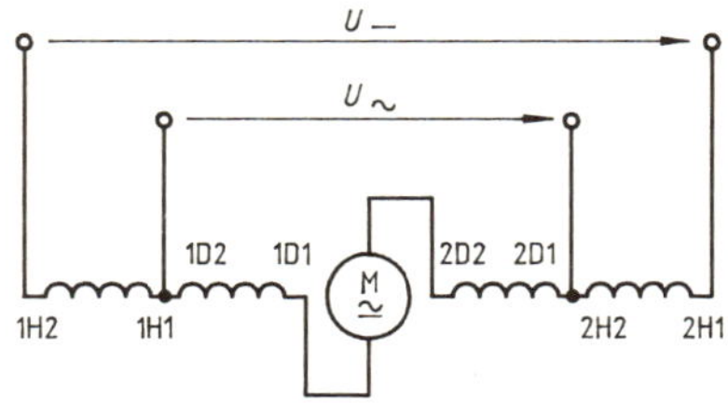

Welche Vorteile haben Universalmotoren im Vergleich zu einphasigen Induktionsmotoren?

Die Vorteile sind:
1. höheres Anlaufmoment
2. höhere Drehzahl (etwa bis 30 000 min^{-1})
3. kleineres Gewicht bei gleicher Leistung
4. bessere Drehzahlsteuerung
5. verwendbar für Gleich- und Wechselspannung.

Die Nachteile sind:
1. Universalmotoren sind wegen des Stromwenders und der Kohlebürsten störanfälliger und lauter.
   Die Bürsten müssen ausgewechselt, der Stromwender überdreht werden.
2. Durch Bürstenfeuer treten Störungen im Funk- und Fernsehempfang auf. Die Motoren müssen entstört werden.
3. Die Drehzahl ist stark lastabhängig.

Wie kann die Drehzahl von Universalmotoren gesteuert werden?

Soll der Motor an Gleich- und Wechselspannung betrieben werden, so eignet sich die Barkhausen-Schaltung zur Drehzahlsteuerung. Dabei wird der Ankerstrom über einen Widerstand gesteuert.
Ist nur Betrieb an Wechselspannung erforderlich, so eignet sich eine Phasenanschnittsteuerung.

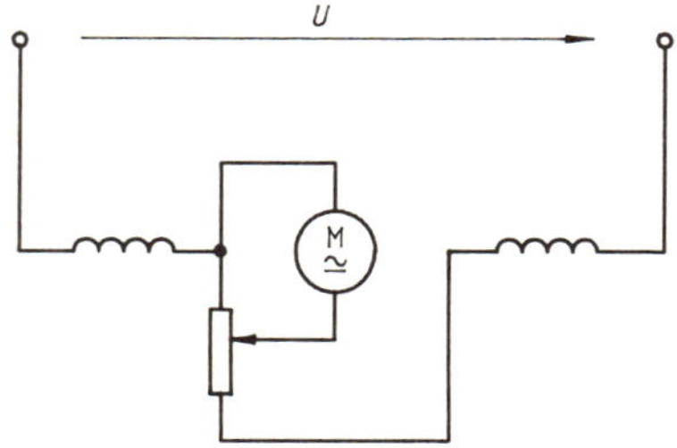

7.5 Servomotoren

Was versteht man unter Servomotoren?

Servomotoren (Stellmotoren) sind Motoren, die nicht eine Arbeitsmaschine, sondern nur ein Hilfsaggregat davon antreiben. Insbesondere dienen sie zur Positionierung von NC-Maschinen, sowie zum Antrieb von verschiedenen Regeleinrichtungen.

Servomotoren werden mit Leistungen von einigen W bis etwa 5 kW hergestellt.
Geforderte Eigenschaften:
Großes Drehmoment, kurzzeitig überlastbar, hohe Drehzahlsteifigkeit, Drehzahl gut steuerbar, kleines Trägheitsmoment, Anbaumöglichkeit eines Tachogenerators.

Hinweis: lateinisch servus = Diener.

Erklären Sie Aufbau und Wirkungsweise eines Scheibenläufermotors!

Scheibenläufermotoren sind Gleichstrommotoren. Das Erregerfeld wird von Dauermagneten erzeugt; es schließt sich über ein Weicheisenjoch.
Die Läuferwicklung ist auf eine Kunststoffscheibe aufgeklebt. Die Stromzufuhr erfolgt über Kohlebürsten direkt auf die Leiterbahnen.
Die stromdurchflossenen Leiterbahnen werden im Magnetfeld abgelenkt und erzeugen ein starkes Drehmoment.

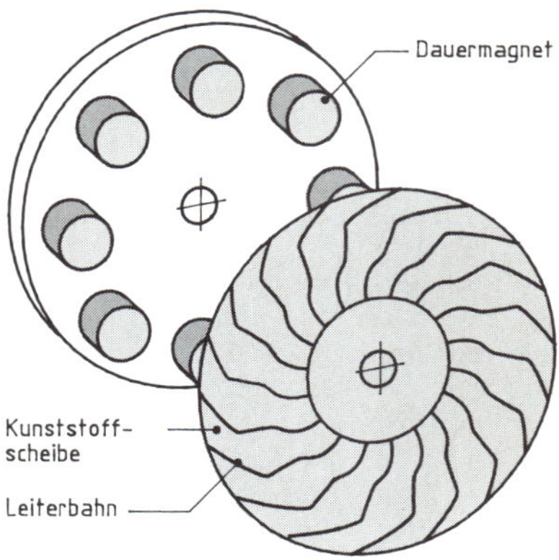

Nennen Sie die Betriebseigenschaften von Scheibenläufermotoren!

Scheibenläufermotoren haben eine geringe Läufermasse und können deshalb in wenigen Millisekunden auf die gewünschte Drehzahl beschleunigt, abgebremst oder umgesteuert werden.

Wegen des homogenen Dauermagnetfeldes erzeugen Scheibenläufermotoren auch bei kleinen Drehzahlen einen ruhigen Lauf mit konstantem Drehmoment.
Scheibenläufermotoren eignen sich als Servomotoren, insbesondere zum schnellen und genauen Positionieren von Werkzeugmaschinen.

Erklären Sie Aufbau und Wirkungsweise eines Elektronikmotors!

Elektronikmotoren tragen im Ständer 3 oder mehr gleichmäßig verteilte Spulen. Als Läufer dient meist ein Dauermagnet.
Werden die Ständerspulen nacheinander mit Gleichstrom gespeist, so entsteht ein Drehfeld, das den Läufer antreibt. Die Steuerung des Ständerstroms (Stromwendung, Kommutierung) erfolgt über eine elektronische Schaltung, also bürstenlos.
In der Praxis unterscheidet man selbstgesteuerte und fremdgesteuerte Elektronikmotoren.

Beispiel: selbstgesteuerter Elektronikmotor

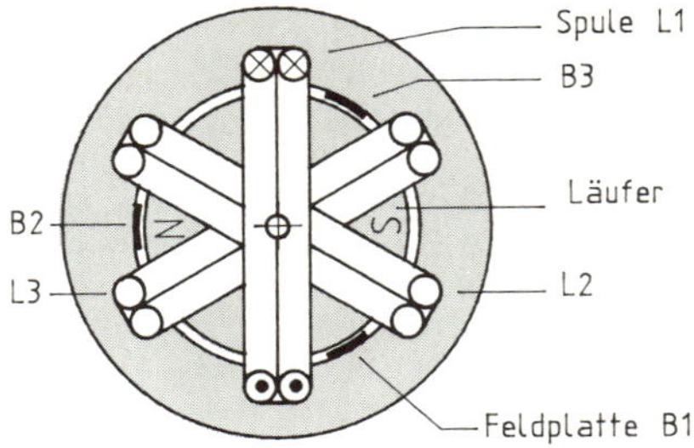

Erklären Sie das Prinzip eines Schrittmotors!

Schrittmotoren sind Motoren, bei denen sich die Läuferdrehung aus einer Folge von Einzelschritten zusammensetzt.
Je nach Anzahl der Erregerspulen lassen sich kleine oder große Schrittwinkel (7,5°, 15°, 30° usw.) realisieren.
Die Ansteuerung der Erregerspulen erfolgt durch eine Steuerelektronik.
Je nach Ansteuerung erzielt man eine schrittweise Drehbewegung (z.B. zum Positionieren) oder eine „quasi-kontinuierliche".
Schrittmotoren sind fremdgesteuerte Elektronikmotoren.

Aufbau (Prinzip)

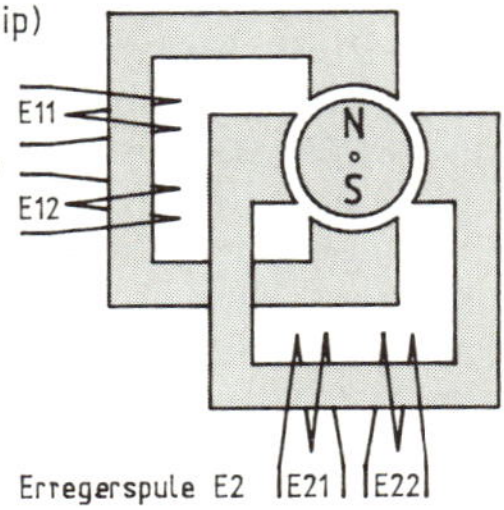

Steuerung (Prinzip)

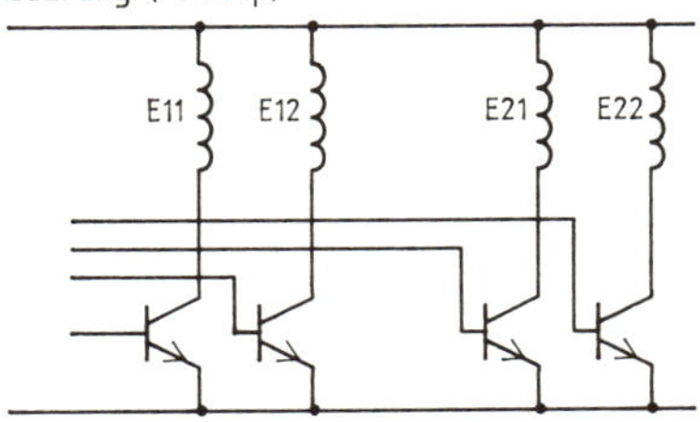

7.6 Motorschutz

Welche Aufgabe haben Motorschutzschalter?

Motorschutzschalter schützen die Motorwicklungen gegen zu große Ströme und damit vor unzulässiger Erwärmung.
Zu große Betriebsströme können durch Nichtanlauf, Überlastung, Absinken der Spannung, oder Ausfall einer Phase verursacht werden.
Das allpolige Abschalten erfolgt über Bimetalle und ein Schaltschloß.

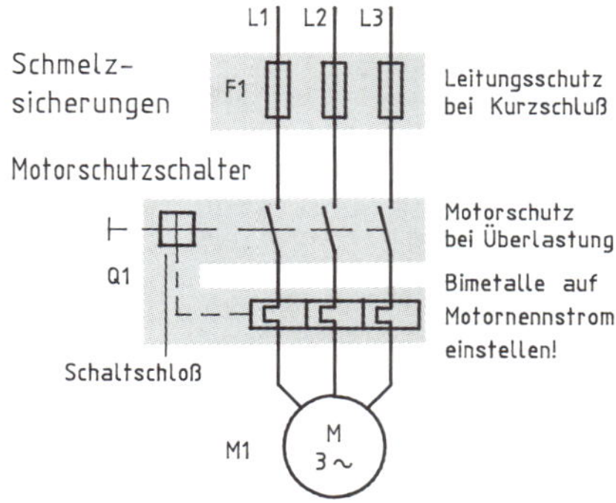

Warum haben Motorschutzschalter außer einem Bimetallauslöser meist noch eine elektromagnetische Auslösung?

Die elektromagnetische Auslösung bewirkt im Kurzschlußfall ein unverzögertes Abschalten. Dadurch werden die Leitungen und Bimetalle im Kurzschlußfall geschützt.

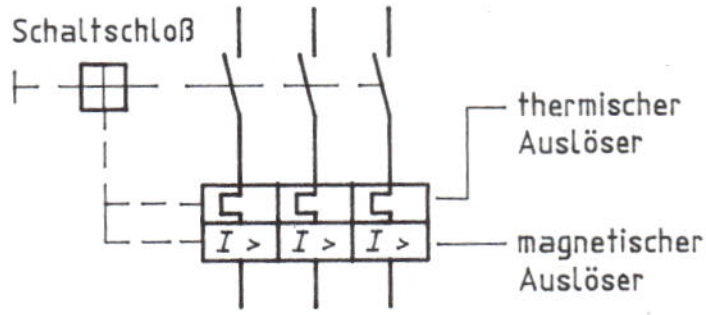

7

Was sind eigenfeste Motorschutzschalter?

Motorschutzschalter mit elektromagnetischer Auslösung sind eigenfest, wenn sie den an der Einbaustelle maximal auftretenden Kurzschlußstrom sicher abschalten können.
Eigenfeste Motorschutzschalter können gefahrlos ohne Vorsicherung betrieben werden.

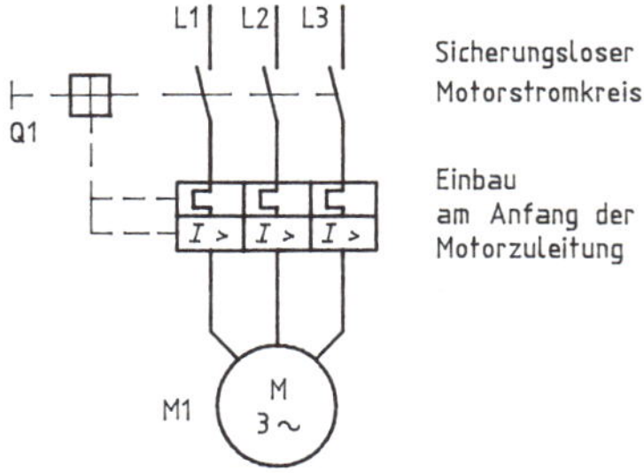

Welche Aufgabe hat die Freiauslösung eines Motorschutzschalters?

Die Freiauslösung bewirkt, daß die Auslöser auch arbeiten, wenn der Schalter in Ein-Stellung festgehalten wird.

Eine Freiauslösung ist bei allen Schutzschaltern (z.B. LS-Schaltern, FI-Schutzschaltern, Motorschutzschaltern) vorgeschrieben. Sie arbeitet mit mechanischen Schaltgliedern.

Erklären Sie den Motorschutz durch Bimetall-Relais bei schützgesteuerten Motoren!

Bei schützgesteuerten Motoren wird das Bimetallrelais in den Hauptstromkreis geschaltet, der zugehörige Öffner-Kontakt (95-96) in den Steuerstromkreis.
Wird der Nennstrom im Hauptstromkreis längere Zeit überschritten, so wird der Steuerstromkreis unterbrochen.

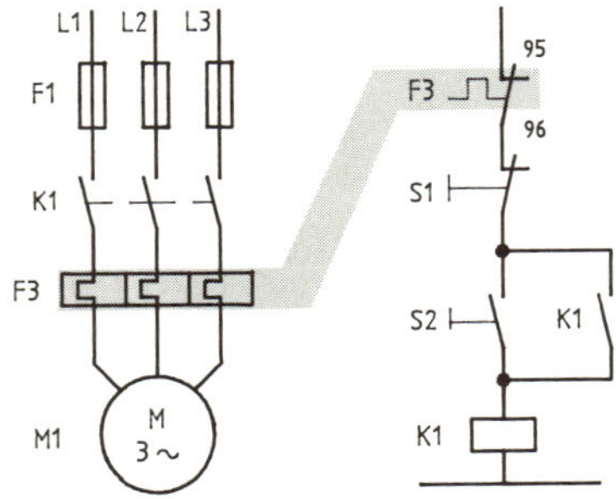

Erklären Sie den Motorvollschutz mit PTC-Widerständen!

Beim Motorvollschutz wird die Temperatur aller Wicklungen durch eingebaute PTC-Widerstände ermittelt. Alle Widerstände sind in Reihe geschaltet.
Wird die zulässige Temperatur in einer Wicklung überschritten, so steigt der Widerstand sprungartig an und unterbricht über ein elektronisches Auslösegerät den Steuerstromkreis.

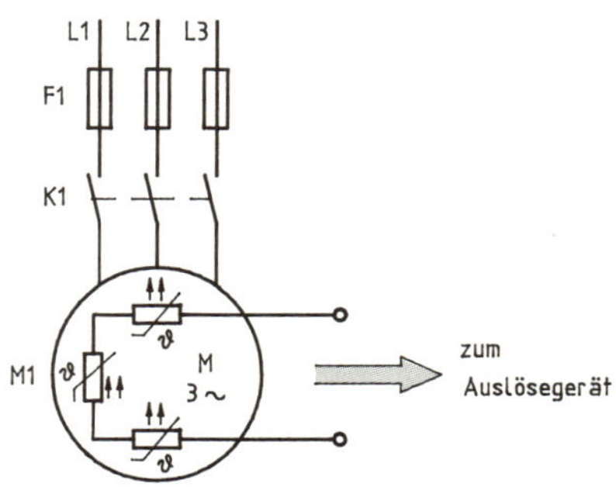

7.7 Betrieb elektrischer Maschinen

Welches sind die wichtigsten Angaben auf dem Leistungsschild einer elektrischen Maschine?

Die wichtigsten Angaben auf dem Leistungsschild einer Maschine sind:

1. Stromart
2. Nennspannung
3. Nennstrom
4. Nennleistung
5. Schaltung
6. Nennbetriebsart
7. Nenndrehzahl
8. Nennfrequenz
9. Leistungsfaktor

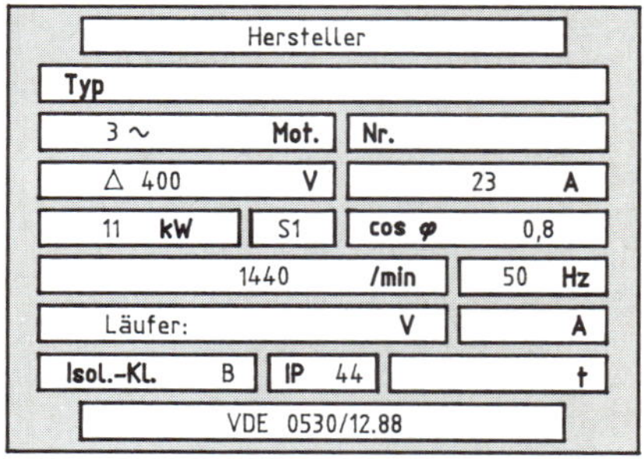

Was versteht man bei Elektromotoren unter der Nennleistung!

Die Nennleistung eines Elektromotors ist die Leistung, die er in der Nennbetriebsart maximal an der Welle abgeben kann.
Die Nennleistung wird auf dem Leistungsschild angegeben.

Für die meisten Motoren ist Dauerbetrieb (S1) die Nennbetriebsart. Andere Nennbetriebsarten (S2, S3 usw.) müssen auf dem Leistungsschild angegeben sein.
Wird der Motor stärker belastet, so erwärmt er sich unzulässig. Kurzzeitige Überlastung ist erlaubt, wenn die Wicklungstemperatur überwacht wird.

Wie ist bei Motoren Rechts- bzw. Linkslauf festgelegt?

Nach VDE 0530 gilt:
Blickt man auf die Antriebseite des Motors (z.B. Riemenscheibe), so dreht sich die Welle bei Rechtslauf im Uhrzeigersinn,
bei Linkslauf im Gegenuhrzeigersinn.

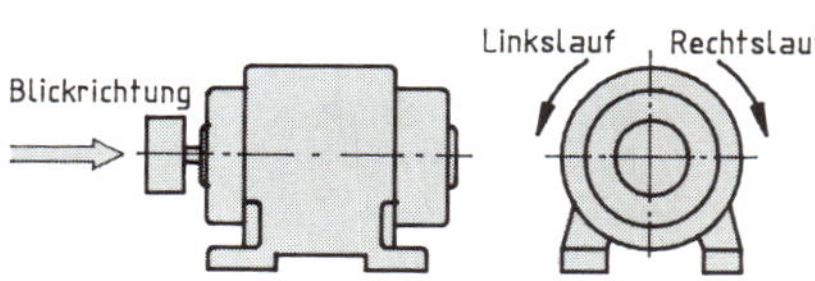

Welche Betriebsarten unterscheidet man nach VDE 0530 beim Betrieb von Elektromotoren?

Nach VDE 0530 ist:

S1 Dauerbetrieb
S2 Kurzzeitbetrieb

Die Betriebsperioden sind meist 10 min, 30 min, 60 min oder 90 min (z.B. S2 30 min). In der Pause kühlt der Motor vollständig ab.

S3 Aussetzbetrieb
Betriebsdauer und Pausen sind kurz. Die Spieldauer ist, falls nichts anderes angegeben, 10 min, davon beträgt die Einschaltdauer 15%, 25%, 40% oder 60%. (z.B. S3 40%).

S4, **S5** ist Aussetzbetrieb, bei dem Anlauf und Bremsung berücksichtigt sind.

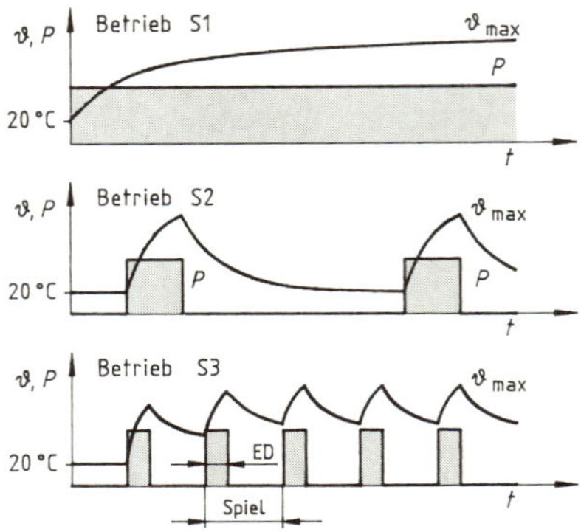

Weiterhin gibt es Dauerbetrieb mit Aussetzbelastung (S6), Anlauf und Bremsung (S7) und mit Drehzahländerung (S8).

Was bedeuten die Code-Bezeichnungen IM B 3 und IM B 5?

Der Code IM B X kenzeichnet die Bauform von Normmotoren gemäß DIN IEC 34.

IM B 3
Motor mit 2 Schildlagern und 1 freien Wellenende; Befestigungsfüße für stehende Befestigung.

IM B 5
Motor mit 2 Schildlagern und 1 freien Wellenende; ohne Füße, Befestigung an Befestigungsflansch.

Bauform IM B 3

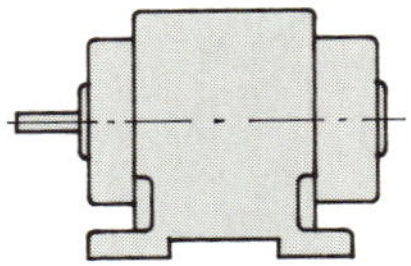

Bauform IM B 5

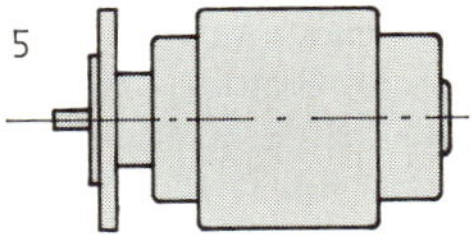

8 Elektrische Anlagen und Geräte

8.1 Kraftwerke

Welchen Zusammenhang zeigt die Tagesbelastungskurve?

Die Tagesbelastungskurve zeigt die Leistung eines EVU in Abhängigkeit von der Tageszeit. Die Kurve hat gegen 3 Uhr ein absolutes Minimum (Nachttal), gegen 12 Uhr ein absolutes Maximum (Kochspitze). Dazwischen liegen kleinere Täler und Spitzen.

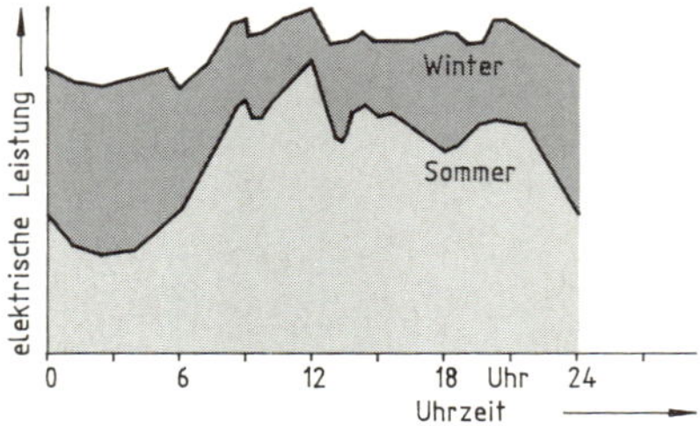

Nennen Sie die wichtigsten Primärenergieträger und ihre ungefähren prozentualen Anteile an der elektrischen Energiegewinnung!

Wichtige Primärenergieträger und ihr Anteil an der elektrischen Energiegewinnung:

Kernenergie	~ 35%
Steinkohle	~ 30%
Braunkohle	~ 20%
Wasser	~ 5%
Erdgas	~ 5%
Erdöl	~ 2%

Brutto-Stromerzeugung in der Bundesrepublik 1987

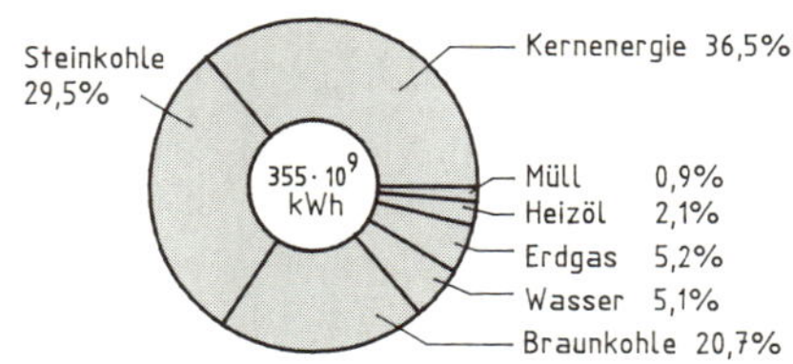

Erklären Sie die Begriffe Grund-, Mittel- und Spitzenlast und nennen Sie die Kraftwerke, mit denen diese Lasten gedeckt werden!

Grundlast ist die Leistung, die ganztägig bereitgestellt werden muß. (Kern-, Braunkohle- und Laufwasserkraftwerke).

Mittellast muß etwa über 12 Stunden bereitgestellt werden. (Steinkohle-, Gas- und Heizölkraftwerke).

Spitzenlast wird nur für wenige Stunden bzw. Minuten bereitgestellt. (Speicher, Pumpspeicher und Gasturbinen).

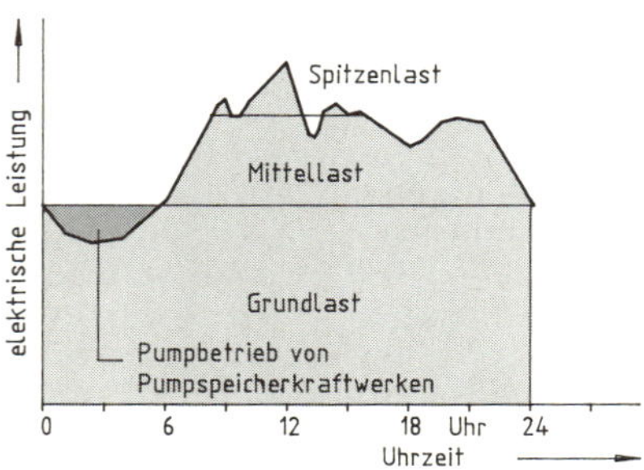

Erklären Sie die prinzipielle Wirkungsweise eines Wärmekraftwerkes!

In Wärmekraftwerken wird Wasser auf etwa 530 °C erhitzt und verdampft.
Der Heißdampf strömt über eine meist 3stufige Turbine, welche einen Drehstromgenerator antreibt.
In einem wassergekühlten Kondensator wird der entspannte Dampf abgekühlt und zu Wasser kondensiert. Die Speisewasserpumpe pumpt das Wasser zurück in den Kessel.

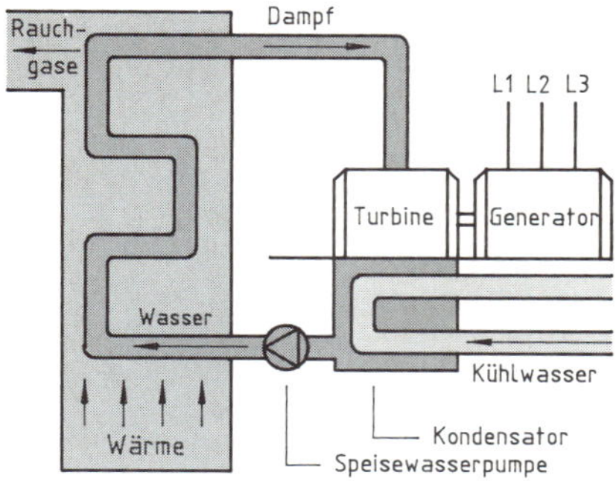

Erklären Sie den prinzipiellen Unterschied zwischen einem Kernkraftwerk und einem konventionellen Wärmekraftwerk!

Beim Kernkraftwerk wird die Wärme zur Erzeugung des Heißdampfes durch die Spaltung von Uran erzeugt. Beim konventionellen Wärmekraftwerk entsteht die Wärme durch Verbrennen von Kohle, Öl oder Gas.
Der elektrische Teil beider Kraftwerkstypen ist im Prinzip gleich.

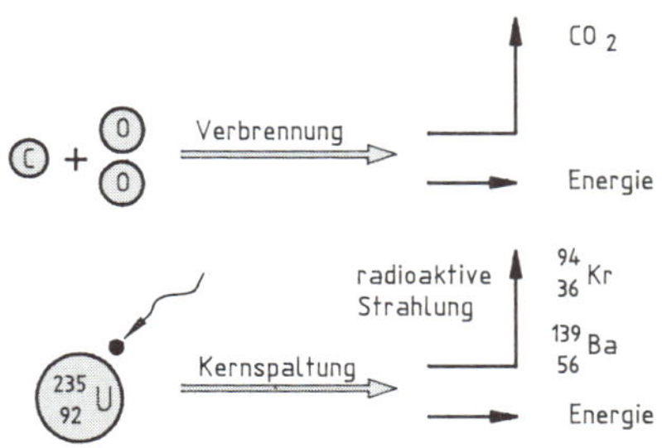

8

Warum werden Gasturbinen nur zur Deckung der Spitzenlast eingesetzt?

Gasturbinen eignen sich zur Deckung kurzer Lastspitzen, weil sie in 1 bis 2 Minuten auf volle Leistung gefahren werden können. Für Mittel- und Grundlastbetrieb sind sie wegen des kleinen Wirkungsgrades ungeeignet.

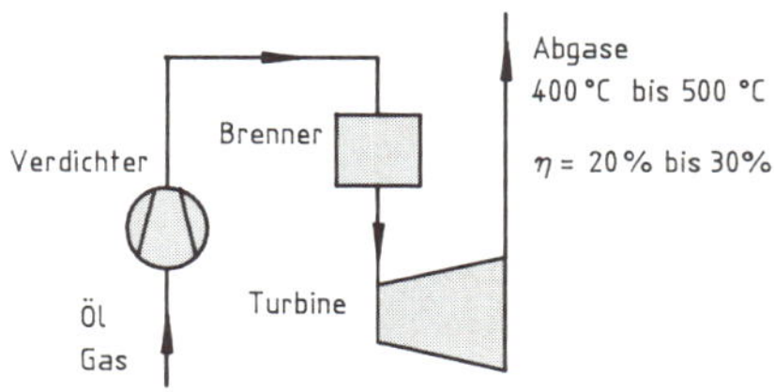

Nennen Sie die grundsätzlichen Gefahren und Umweltbelastungen, die von konventionellen Wärmekraftwerken bzw. Kernkraftwerken ausgehen!

Konventionelle Wärmekraftwerke geben mit dem Rauch große Mengen CO_2, SO_2, NO_x und andere Giftstoffe an die Umwelt.
Kernkraftwerke können im Fehlerfall radioaktive Strahlung abgeben. Auch die ausgebrauchten Brennstäbe können die Umwelt radioaktiv verseuchen.
Beide Kraftwerksarten geben große Wärmemengen an die Umwelt ab.

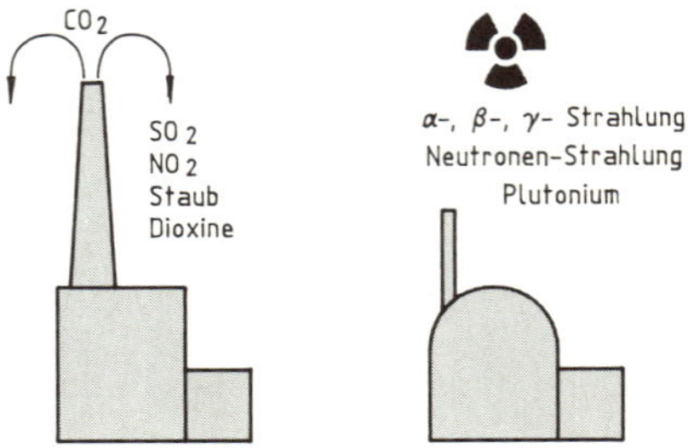

Nennen Sie die 3 Reinigungsstufen eines modernen Kohlekraftwerkes!

Moderne Kohlekraftwerke haben eine De-NOx-, eine Entstaubungs-, und eine Entschwefelungs-Anlage. *(REA).*
De-NOx: über Katalysatoren werden die Stickoxide NO und NO_2 entzogen.
Entstaubung: über mechanische und elektrische Filter wird die Flugasche entfernt.
REA: über ein Naßwaschverfahren wird der Schwefel entfernt.

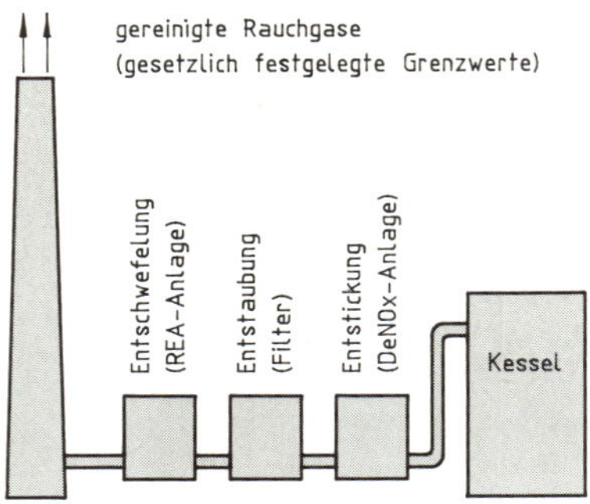

Erklären Sie das Prinzip der Kraft-Wärme-Kopplung!

Bei der Kraft-Wärme-Kopplung wird ein Teil des Dampfes für Heizzwecke ausgekoppelt. Dadurch sinkt der Wirkungsgrad der Stromerzeugung, der Gesamtwirkungsgrad steigt aber auf 60% bis 70%.

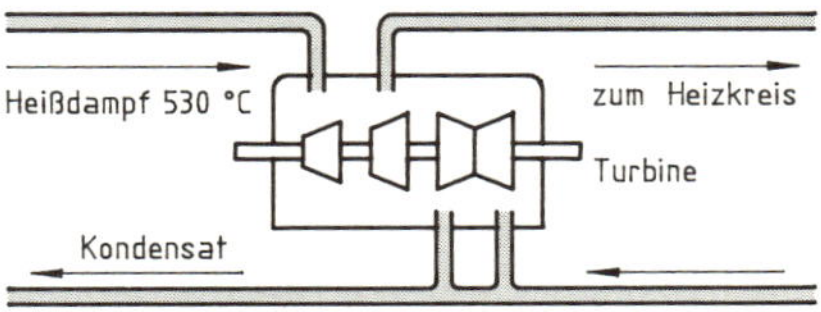

Nennen Sie Einsatzgebiete von Freistrahl-, Radial- und Rohrturbinen!

Freistrahlturbinen (Pelton-Turbinen) werden im Hochgebirge bei großen Fallhöhen eingesetzt.

Radialturbinen (Francis-Turbinen) werden in Mittelgebirgen und großen Staudämmen bei mittleren Fallhöhen eingesetzt.

Rohrturbinen (Kaplan-Turbinen) werden in kleinen Staudämmen und Flußkraftwerken bei kleinen Fallhöhen eingesetzt.

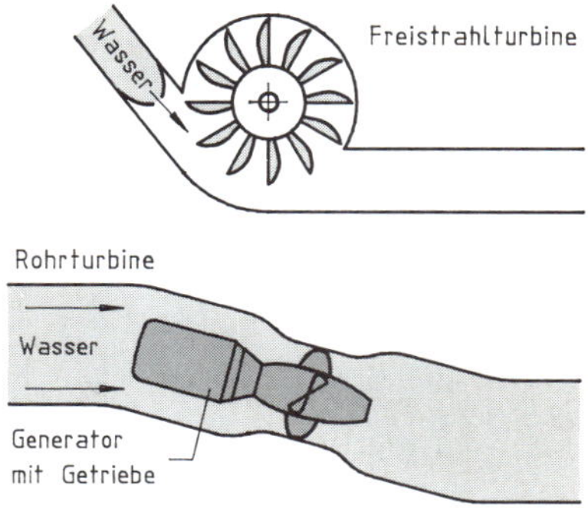

Erläutern Sie das Prinzip der Wasserstoffgewinnung mit Solarzellen!

Wasserstoff wird mittels Elektrolyse aus Wasser gewonnen. Die dazu nötige elektrische Energie wird Solarzellen entnommen. Solarzellen haben nach derzeitigem Stand der Technik einen Wirkungsgrad von 5% bis 15%.

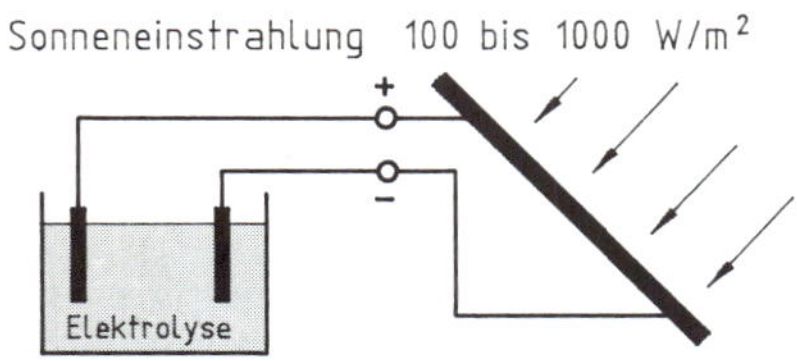

Warum ist die Verbrennung von Wasserstoff prinzipiell umweltfreundlicher als die Verbrennung von Kohle oder Öl?

Bei der Verbrennung von Kohle und Öl entsteht als Endprodukt immer CO_2. Es sammelt sich in der Atmosphäre und kann zum *Treibhauseffekt* führen.
Bei der Verbrennung von Wasserstoff entsteht praktisch nur Wasser, das in den natürlichen Kreislauf zurückgeführt wird.

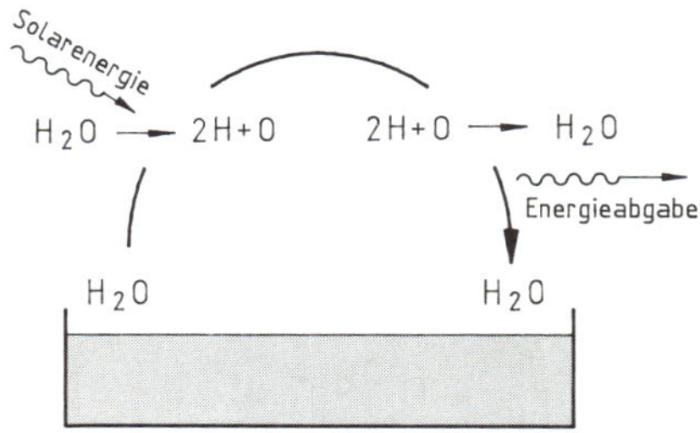

8

8.2 Übertragung und Verteilung elektrischer Energie

Nennen Sie die 4 Spannungsebenen und ihre Einsatzbereiche!

In Europa werden folgende Spannungsebenen benützt:

Höchstspannung
230 kV, 400 kV: Leitungen für den Energieverbund

Hochspannung
115 kV: Einspeisung durch kleinere Kraftwerke, Versorgung der Großindustrie

Mittelspannung
11 bis 35 kV: Versorgung der Ortsnetze und der Verbraucher mit eigenem Transformator

Niederspannung
0,4 kV: Versorgung der Haushalte.

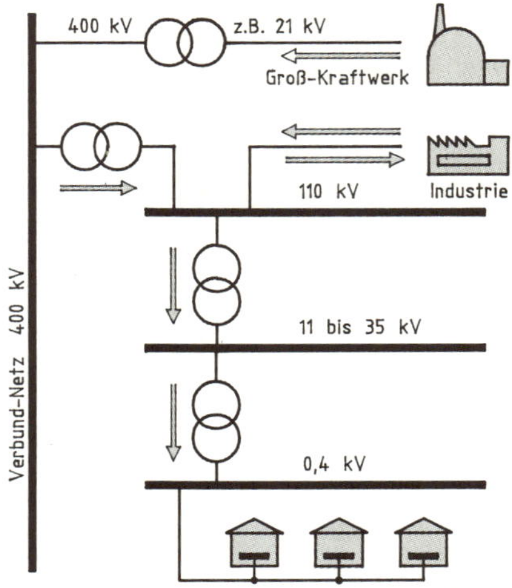

Warum wird elektrische Energie vom Kraftwerk zum Verbraucher mit Hilfe von Hochspannung übertragen?

Die Hochspannungs-Übertragung erfolgt aus wirtschaftlichen Gründen.
Bei Energieübertragung mit hoher Spannung fließen nur kleine Ströme; damit genügen kleine Leitungsquerschnitte.
Bei kleinen Spannungen mit entsprechend großen Strömen müßten wesentlich größere Querschnitte verlegt werden, um die Übertragungsverluste klein zu halten.

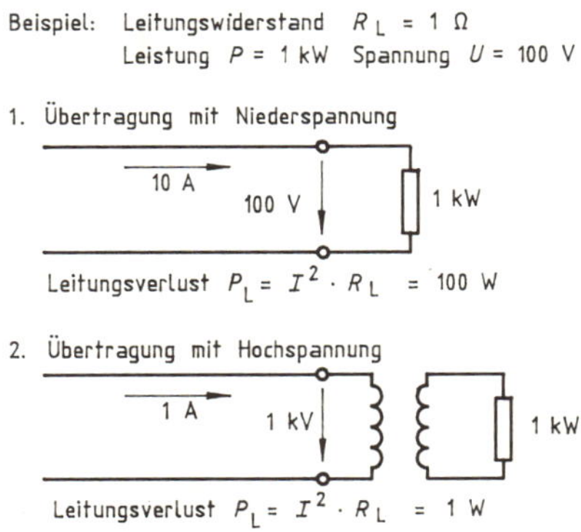

Erklären Sie die Begriffe HDÜ und HGÜ und nennen Sie die jeweiligen Einsatzgebiete!

HDÜ bedeutet Hochspannungs-Drehstrom-Übertragung. Sie wird bei den meisten Übertragungen angewandt.

HGÜ bedeutet Hochspannungs-Gleichstrom-Übertragung. Sie wird bei Freileitungen über 600 km und bei Kabeln über 30 km Länge eingesetzt.

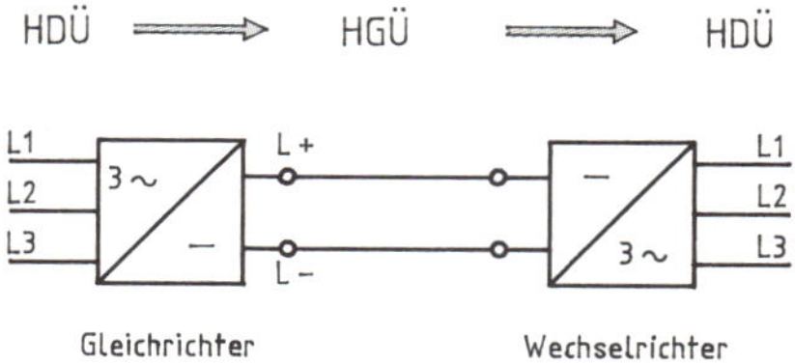

Warum erfolgt die Energieübertragung bei langen Kabeln und sehr langen Freileitungen mit Hilfe von Gleichstrom (HGÜ)?

In langen Kabeln und Freileitungen fließen bei Drehstromübertragung wegen der Leitungskapazitäten große Blindströme.
Die HDÜ wird mit zunehmender Übertragungslänge wegen dieser Blindströme unwirtschaftlich und technisch schwierig.
Bei der Gleichstromübertragung (HGÜ) hingegen wirken nur die Ohmschen Widerstände der Leitung.

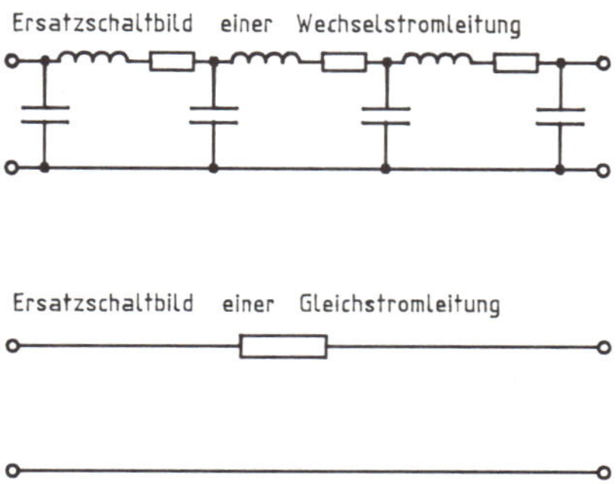

Warum werden Höchstspannungs-Freileitungen als Bündelleiter verlegt?

An Leitungen, die mit hohen Spannungen betrieben werden, entstehen hohe elektrische Feldstärken, welche Brummgeräusche und Verluste mit sich bringen.
Mit „Bündeln" aus 2, 3 oder 4 Leitern werden die Feldstärken beträchtlich gesenkt.

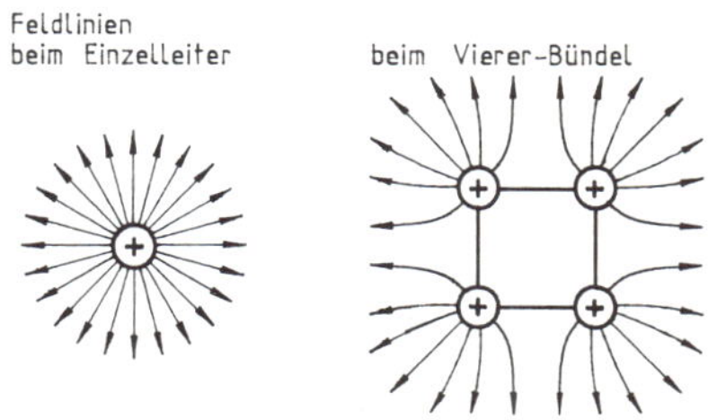

8

Warum treten bei Hochspannungsleitungen vor allem bei Regenwetter Brummgeräusche auf?

Bei Regenwetter hängen Tropfen an den Leitungen, die das Radialfeld stören. Durch die „Spitzenwirkung“ der Tropfen entstehen hohe elektrische Feldstärken, die zu Entladungen und Brummgeräuschen führen.

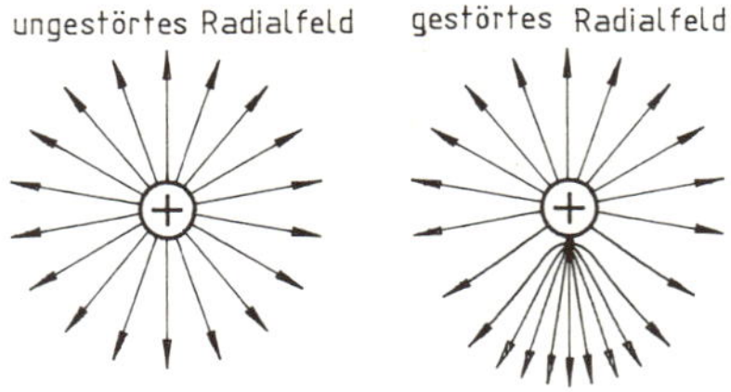

Erklären Sie den Aufbau von Strahlen-, Ring- und Maschennetzen!

Strahlennetze sind einseitig gespeiste Netze, d.h. jeder Verbraucher erhält die Energie direkt vom Speisepunkt.

Ringnetze sind zweiseitig gespeiste Netze, d.h jeder Verbraucher kann die Energie von 2 Seiten her beziehen. Sie werden von einem oder von mehreren Transformatoren gespeist.

Maschennetze sind wie Ringnetze zweiseitig gespeiste Netze. Zwischen den einzelnen Netzpunkten bestehen aber zusätzliche Querverbindungen. Die Netzteile sind über Trennstellen verbunden und können bei Bedarf getrennt werden.

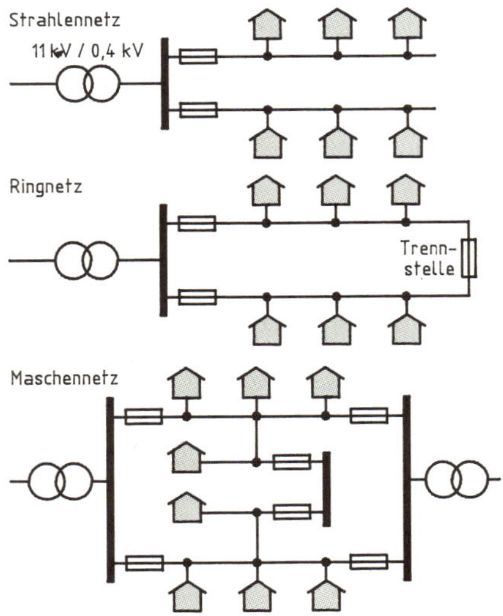

Welche Vorteile haben stark vermaschte Netze?

In stark vermaschten Netzen werden die Verbraucher über viele Wege gespeist. Die Spannungsfälle und Netzverluste sind klein, die Versorgungssicherheit ist groß.

Nachteilig in stark vermaschten Netzen sind die höheren Kosten für Planung und Berechnung sowie die notwendigen erhöhten Sicherheitsmaßnahmen.
Im Fehlerfall können hohe Kurzschlußströme auftreten. Das Wiedereinschalten kann Probleme bereiten.

8.3 Schaltanlagen, Schaltgeräte

Was versteht man unter Schaltanlagen?

Schaltanlagen sind die Knotenpunkte in elektrischen Energieverteilungsnetzen. Sie enthalten insbesondere Leistungs- und Trennschalter, Meßwandler- und Meßgeräte, Sammelschienen und Schutzeinrichtungen wie Schutzrelais und Überspannungsableiter.
Anlagen mit Transformatoren zwischen verschiedenen Spannungsebenen heißen Umspannanlagen oder Umspannstationen.

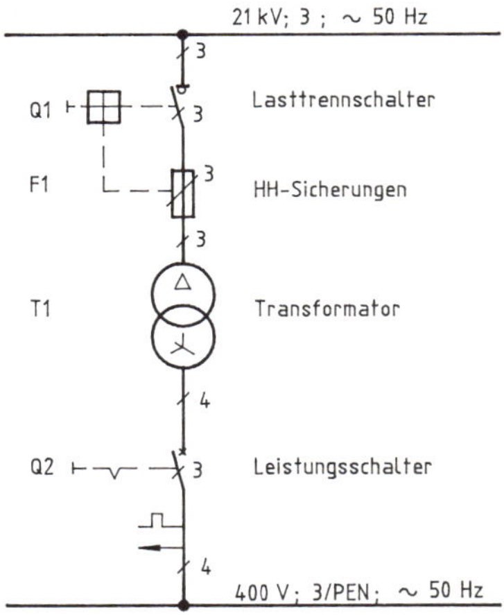

Welche Bauform wird üblicherweise für Hochspannungs- bzw. für Mittelspannungs-Umspannanlagen verwendet?

Hoch- bzw. Höchstspannungsanlagen werden meist als Freiluftanlagen, Mittelspannungsanlagen werden meist als Innenraumanlagen ausgeführt.

Freiluftanlagen benötigen viel Platz, der in den Städten meist nicht zur Verfügung steht. Deshalb werden Neuanlagen auch im Hochspannungsbereich oft als Innenraumanlage mit gekapselten, SF_6-isolierten Betriebsmitteln, ausgeführt.

8

Erklären Sie die Schaltaufgabe eines Leerschalters!

Leerschalter (Trennschalter) dienen zum Herstellen einer sichtbaren Trennstelle. Da sie keine Lichtbogenlöscheinrichtung haben, dürfen sie nur im stromlosen Zustand geschaltet werden.

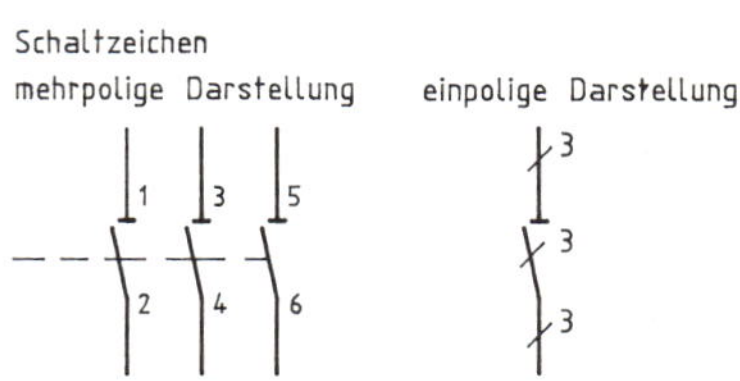

Erklären Sie die Schaltaufgabe von Lastschaltern, Lasttrennschaltern und Leistungsschaltern!

Lastschalter müssen einen Stromkreis unter Nennstrom sicher schalten. Lasttrennschalter müssen unter Nennstrom sicher schalten und eine sichtbare Trennstrecke haben. Leistungsschalter müssen auch im Kurzschlußfall sicher abschalten.

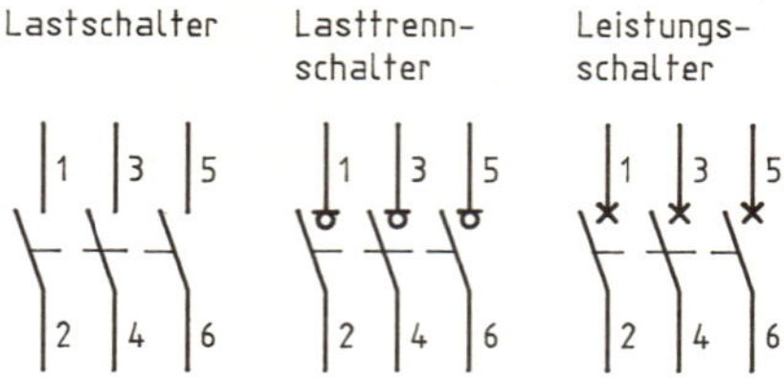

Warum müssen Leistungsschalter eine Lichtbogenlöscheinrichtung haben?

Beim Unterbrechen starker Ströme entsteht immer ein Lichtbogen, insbesondere, wenn der Stromkreis Induktivitäten enthält. Wird der Lichtbogen nicht innerhalb weniger ms gelöscht, so verbrennen die Schalterkontakte.

Zum Löschen des Lichtbogens benutzt man bei

Hochspannung:	Druckluft, Schwefelhexafluorid
Mittelspannung:	Öl, „Hartgas", Vakuum
Niederspannung:	Schnelles Öffnen der Kontakte, Magnetblasspulen, Löschbleche.

Erklären Sie die Wirkungsweise von Löschblechen!

Löschbleche unterteilen den Lichtbogen in mehrere Teillichtbögen. Dabei benötigt der Bogen an jeder Übergangsstelle etwa 5 V bis 10 V (Anoden- und Katodenfall). Ist die Anzahl der Löschbleche groß genug, so wird der Spannungsbedarf des Lichtbogens größer als die zur Verfügung stehende Netzspannung; der Lichtbogen erlischt zwangsläufig.

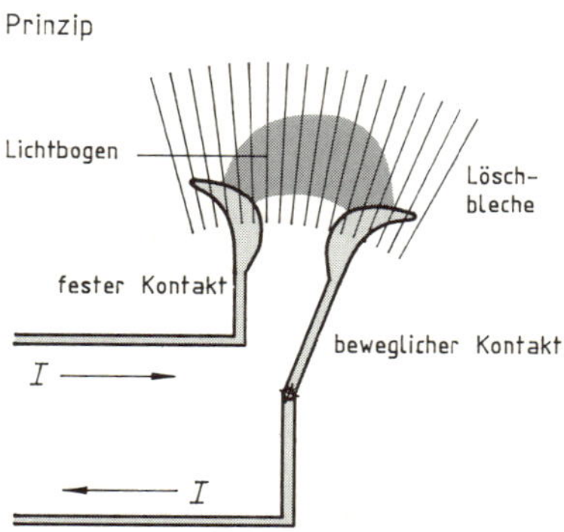

8.4 Kosten der elektrischen Arbeit

Wie setzen sich die elektrischen Energiekosten bei den üblichen Haushaltstarifen zusammen?

Die Kosten der bezogenen Energie werden aus 3 Einzelwerten berechnet:

1. Meßkosten
   für die Benutzung von Zähler und Tarifschaltanlage
2. Bereitstellungskosten
   nach Anzahl der Tarif-Räume
3. Arbeitskosten
   nach Anzahl der bezogenen kWh.

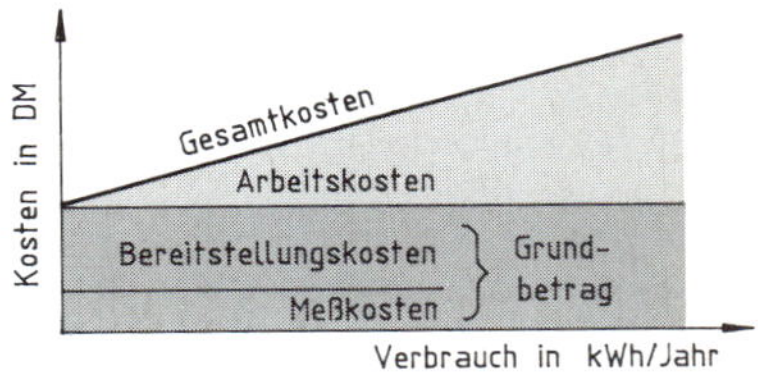

Meß- und Bereitstellungskosten ergeben den „Grundpreis"; diese Tarifart wird deshalb auch Grundpreis-Tarif genannt.

Welchen Nachteil haben die sogenannten Grundpreis-Tarife?

Bei Grundpreis-Tarifen muß immer ein Grundbetrag bezahlt werden, auch wenn gar keine Energie bezogen wird.
Andererseits steigen die Kosten bei großem Energiebezug nicht proportional an, so daß sparsamer Energieeinsatz nicht finanziell belohnt wird.

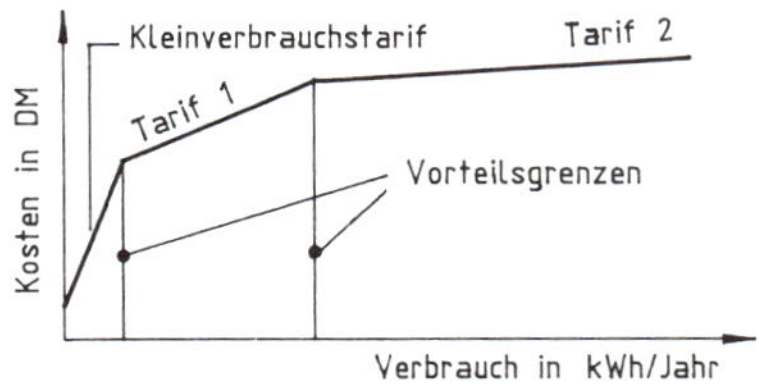

Hinweis: Seit Anfang 1992 erfolgt bei vielen EVU eine Umstellung auf Tarife, die stärker verbrauchsbezogen sind.

8

Warum enthalten Stromlieferungsverträge für Großkunden üblicherweise eine Blindstromklausel?

Generatoren, Transformatoren und Leitungen müssen nach dem Gesamtstrom (Wirk- und Blindstrom) bemessen werden. Der Bezug von Blindleistung erhöht die Anlagekosten und erzeugt zusätzliche Wärmeverluste.

Die Blindarbeit wird mit Blindarbeitszählern gemessen. Das Versorgungsunternehmen (EVU) gewährt dem Kunden üblicherweise eine gewisse Freimenge an Blindarbeit, z.B. 30% der Wirkarbeit.
Darüber hinausgehende „Blind-kWh" müssen bezahlt werden. Aus wirtschaftlichen Gründen wird deshalb meist eine Kompensationsanlage eingebaut.

Beschreiben Sie den Anschluß eines Drehstromzählers!

Die 3 Strompfade des Zählers werden in Reihe, die Spannungspfade werden parallel zum Verbraucher geschaltet.
Bei großen Strömen bzw. Spannungen müssen Meßwandler eingebaut werden.
Hinweis: Zähler für Verrechnungszwecke müssen verplombt sein.

Bestimmung des Maximumtarifs

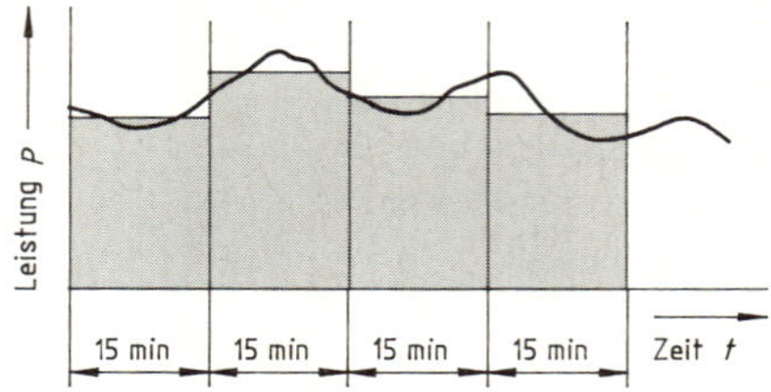

Welche Aufgabe haben Maximumzählwerke?

Mit Maximumzählwerken wird die beim Verbraucher auftretende Höchstbelastung erfaßt. Dabei wird nicht der Augenblickswert, sondern der in einer Meßperiode von z.B. 15 Minuten auftretende Mittelwert gemessen.
Wird die vertraglich festgelegte Leistung überschritten, berechnet das EVU höhere kWh-Preise.

Schaltung 4000

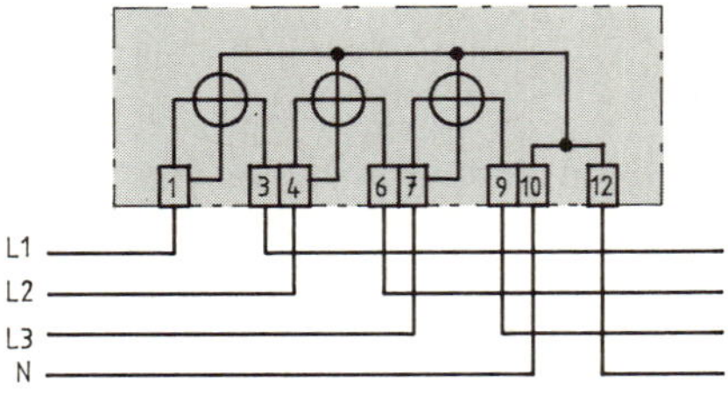

Welche Aufgabe haben Tarifsteuergeräte?

Tarifsteuergeräte sollen helfen, die Tagesbelastungskurve zu glätten.
Dazu wird während der Nachtstunden Strom z.B. für Heizzwecke zu einem niedrigen Tarif (NT), während der übrigen Zeit zu einem höheren Tarif (HT) bereitgestellt. Während der Spitzenbelastungszeiten wird die Energiezufuhr für Heizzwecke meist ganz gesperrt.

Beispiel

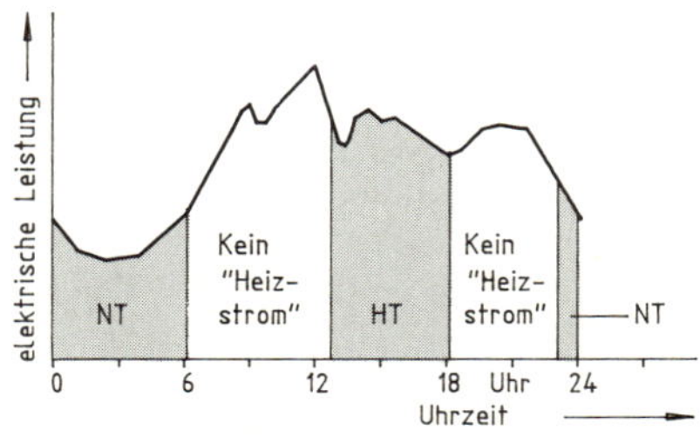

8.5 Kompensation

Erklären Sie das Prinzip der Blindleistungs-Kompensation!

Bei der Blindleistungskompensation wird die vom Verbraucher benötigte induktive Blindleistung von Kondensatoren oder übererregten Synchronmaschinen geliefert. Das Netz wird dadurch von Blindstrom entlastet.
Die Kompensation erfolgt als Einzel- Gruppen- oder Zentralkompensation.

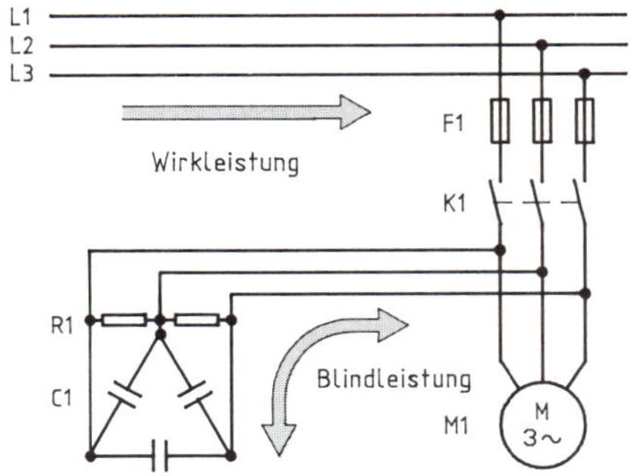

Welche Schaltung wird für die Kondensatoren bei der Kompensation von Drehstromnetzen verwendet?

Kompensations-Kondensatoren in Drehstromnetzen sind in Dreieck geschaltet. In Dreieck-Schaltung müssen die Kondensatoren zwar für volle Netzspannung ausgelegt sein, sie benötigen aber nur ein Drittel der Kapazität wie in Stern-Schaltung.

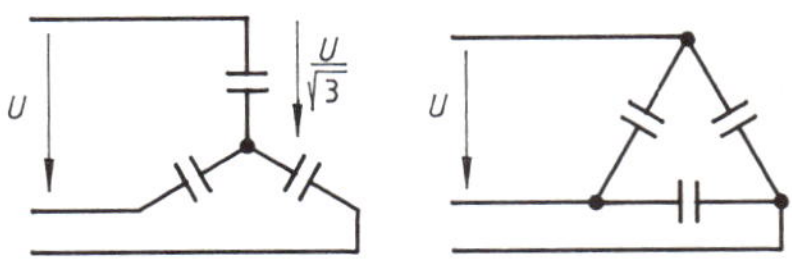

$Q_C = U^2 \cdot \omega \cdot C$

$Q_C = 3 \cdot U^2 \cdot \omega \cdot C$

Hohe Spannungsfestigkeit ist billiger zu erreichen als große Kapazität.

Wie wird die Kapazität der Kompensationskondensatoren bei Drehstrom bestimmt?

Die Berechnung erfolgt in 3 Schritten:

1. Gesamtblindleistung
   $Q_C = P(\tan\varphi_1 - \tan\varphi_2)$
2. Gesamtkapazität
   $C_{ges} = \frac{Q}{\omega \cdot U^2}$
3. Einzelkapazität
   $C = \frac{1}{3} \cdot C_{ges}$

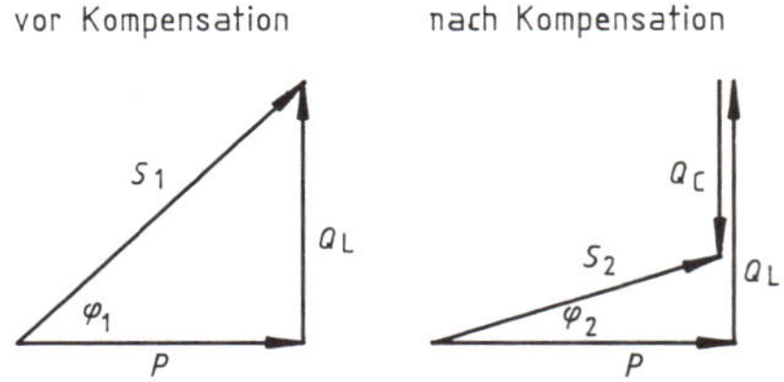

Die Zeiger stellen jeweils die Gesamtleistung dar.

8

Erklären Sie das Prinzip der Gruppen- und der Zentralkompensation!

Bei der Gruppenkompensation werden mehrere Verbraucher durch eine gemeinsame Kondensatorbatterie kompensiert.
Bei der Zentralkompensation wird eine Anlage mit einer zentralen Kondensatorbatterie kompensiert.
Mit einem Regler werden nach Bedarf Kondensatoren zu- bzw. abgeschaltet.

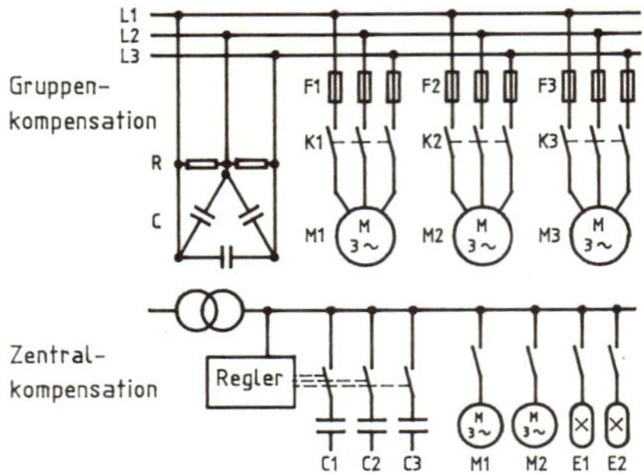

Wie wird verhindert, daß die Steuerimpulse von Rundsteueranlagen durch Kompensationskondensatoren kurzgeschlossen werden?

Um das Kurzschließen der Rundsteuerimpulse zu verhindern, werden in die Zuleitungen der Kompensationskondensatoren Tonfrequenzsperren eingebaut.
Die Resonanzfrequenz der Sperre muß auf die Tonfrequenz des jeweiligen EVU abgestimmt sein.

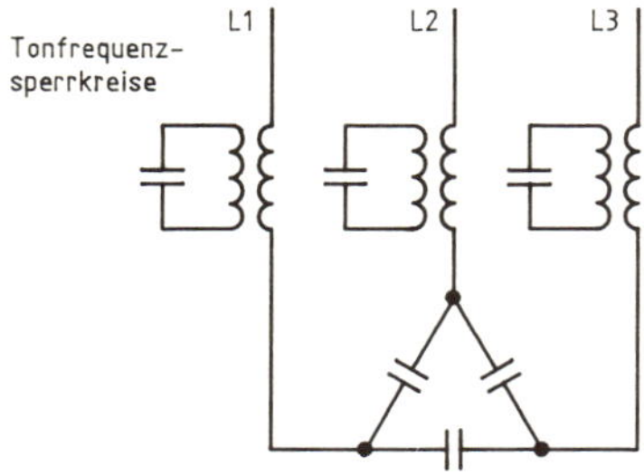

Erklären Sie das Prinzip der Duo-Schaltung von Leuchtstofflampen!

Bei der Duo-Schaltung sind 2 gleiche Leuchtstofflampen parallel geschaltet. Dabei ist der eine Zweig unkompensiert, also induktiv. Der andere Zweig ist durch einen Reihenkondensator überkompensiert. Der Leistungsfaktor der Gesamtschaltung ist $\cos\varphi = 1$. Rundsteueranlagen werden nicht beeinflußt.

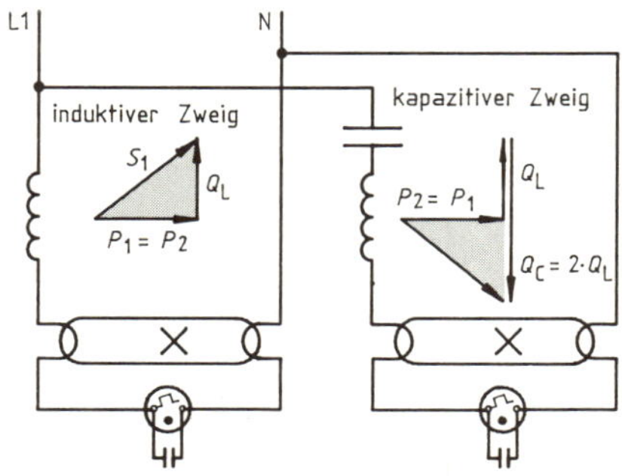

8.6 Isolierte Leitungen und Kabel

Worin besteht der Unterschied zwischen isolierten Leitungen und Kabeln?

Isolierte Leitungen dienen der Energieverteilung im Niederspannungsbereich. Sie können in trockenen, zum Teil auch in nassen und feuchten Räumen eingesetzt werden.
Kabel dienen der Energieübertragung und Verteilung auf allen Spannungsebenen. Sie können je nach Aufbau in Innenräumen, im Erdreich oder im Wasser verlegt werden.

Isolierte Starkstromleitungen können je nach Bauart gemäß DIN VDE 0250 verschieden eingesetzt werden, z.B.:
Stegleitung: in trockenen Räumen, fest verlegt in oder unter Putz
Mantelleitung: in feuchten Räumen, fest verlegt in, unter, auf oder über Putz
Leichte Gummischlauchleitung: zum Anschluß leichter Handgeräte und Elektrowärmegeräte in trockenen Räumen.
Kabel haben höhere mechanische und elektrische Festigkeit als isolierte Leitungen. Sie werden vor allem im Spannungsbereich 0,4 kV bis 30 kV eingesetzt.

Erklären Sie den Aufbau des Typenkennzeichens für harmonisierte Starkstromleitungen!

Das Typenkurzzeichen für harmonisierte Starkstromleitungen ist mit Zahlen und Buchstaben nach folgendem Schema aufgebaut:

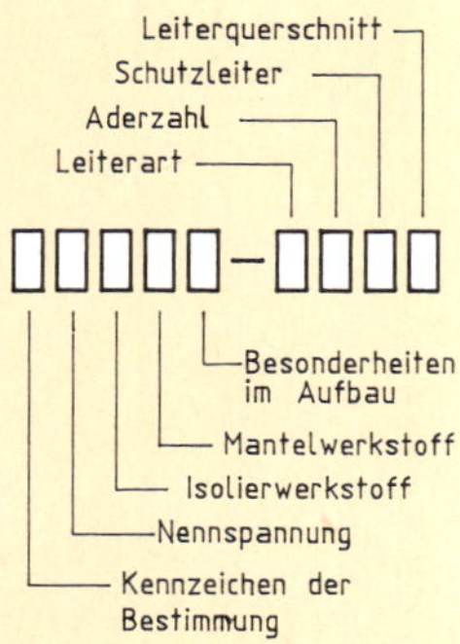

Das Kurzzeichen kann folgende Informationen enthalten:

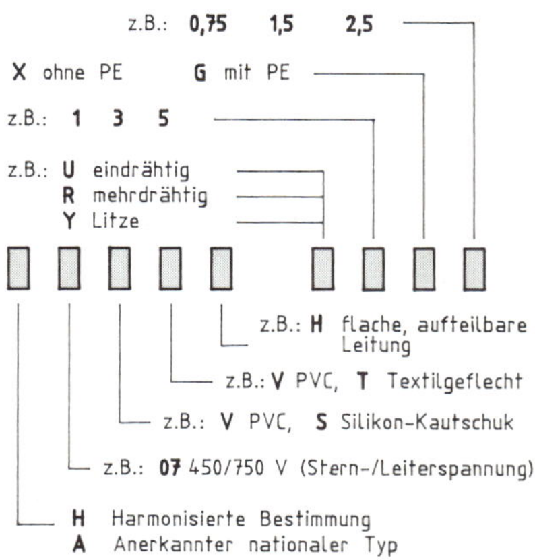

Entschlüsseln Sie die harmonisierten Typenkurzzeichen H 07 V-R 25, H 07 R N-F 3 G 1,5 und A 05 V V-F 7 G 1,5!

H 07 V-R 25

- Leiterquerschnitt 25 mm²
- mehrdrähtig
- Aderisolierung aus PVC
- Nennspannung 450 V gegen Erde, 750 V Ader gegen Ader
- Harmonisierte Bestimmung

H 07 R N-F 3 G 1,5

- Leiterquerschnitt 1,5 mm²
- enthält grüngelbe Ader
- 3 Adern
- feindrähtiger Leiter für flexible Verlegung
- Mantel aus Polychloroprenkautschuk
- Aderisolierung aus Naturkautschuk oder Styrolbutadienkautschuk

A 05 V V-F 7 G 1,5

- Leiterquerschnitt 1,5 mm²
- enthält grüngelbe Ader
- 7 Adern
- feindrähtiger Leiter für flexible Verlegung
- Mantel aus PVC
- Aderisolierung aus PVC
- Nennspannung 300 V gegen Erde, 500 V Ader gegen Ader
- Anerkannter nationaler Typ

Entschlüsseln Sie die Typenkennzeichen NYIF-J 3×1,5 und NYM-J 5×2,5!

NYIF-J 3×1,5 (nichtharmonisiert)

- 3 Adern mit 1,5 mm² Leiterquerschnitt
- enthält grüngelbe Ader
- **N** Norm, **Y** Kunststoffisolierung, **I** Imputz (Stegleitung) **F** Flachleitung

NYM-J 5×2,5 (nichtharmonisiert)

- 5 Adern mit 2,5 mm² Leiterquerschnitt
- enthält grüngelbe Ader
- **N** Norm, **Y** Kunststoffisolierung, **M** Mantelleitung

8.7 Überstromschutzorgane

Nennen Sie die beiden Schraubsicherungssysteme und beschreiben Sie den prinzipiellen Aufbau beider Systeme!

Bei Schraubsicherungen unterscheidet man:
DIAZED (D-System)
NEOZED (DO-System).
Beide Systeme bestehen im wesentlichen aus:
Sicherungssockel
Berührungsschutz
Paßeinsatz
Schmelzeinsatz
Schraubkappe
Beide Systeme unterscheiden sich vor allem durch ihre Abmessungen.

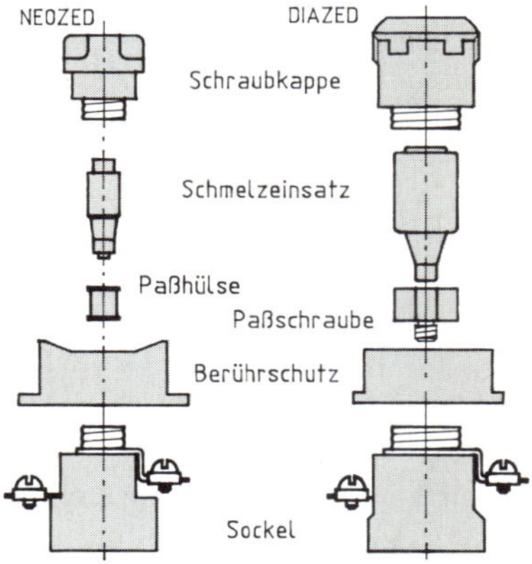

Beschreiben Sie den Aufbau eines Schmelzeinsatzes von Schraubsicherungen!

Schmelzeinsätze bestehen aus einem Porzellankörper mit einem in Quarzsand gebetteten Schmelzleiter.
Ein durch eine Feder angetriebener Kennmelder zeigt an, wenn der Schmelzleiter unterbrochen ist.

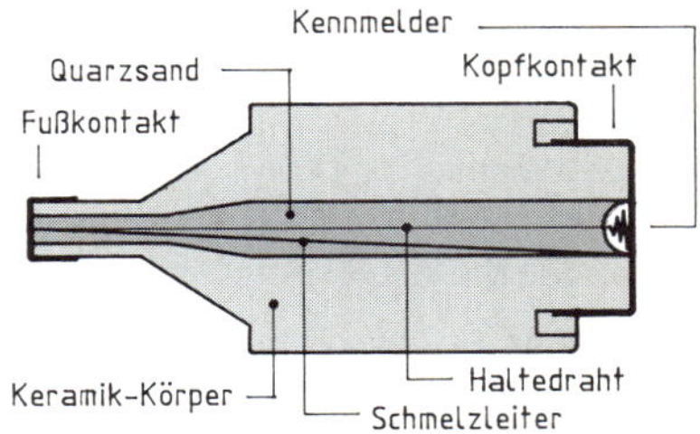

Wie läßt sich die Nennstromstärke einer eingeschraubten Schmelzsicherung erkennen?

Die Nennstromstärke von Schmelzsicherungen läßt sich an der Farbe des Kennmelders erkennen. Beispiel: grau – 16 A.

Genormte Schmelzsicherungen:

2 A rosa	16 A grau	50 A weiß
4 A braun	20 A blau	63 A kupfer
6 A grün	25 A gelb	80 A silber
10 A rot	35 A schwarz	100 A rot

Bestimmen Sie aus den Kennlinien die maximale Ausschaltzeit einer 16 A-Schmelzicherung bei Kurzschlußströmen von 50 A, 200 A, 500 A!

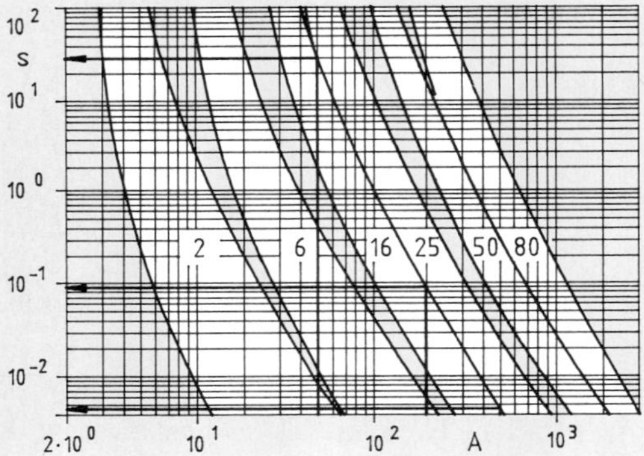

Aus den Kennlinien lassen sich die Auslösezeiten ablesen:

50 A → t_A = 25 s
200 A → t_A = 90 ms
500 A → t_A = 4 ms

Für das Auslösen ist die obere Begrenzung des Auslösebandes maßgebend.

Erklären Sie die Einteilung von Sicherungen nach Betriebsklassen!

Die Betriebsklasse teilt Sicherungen nach Funktion und Einsatzbereich ein.
Die Kennzeichnung erfolgt durch 2 Buchstaben.

1. Buchstabe: Funktionsklasse
2. Buchstabe: Einsatzbereich

Funktionsklasse
g Schutz bei Überlast und Kurzschluß
a Teilbereichsschutz nur bei Kurzschluß

Einsatzbereich
L Leitungs- und Kabel-Schutz
M Schaltgeräte-Schutz
R Halbleiter-Schutz
B Anlagen-Schutz im Bergbau
Tr Transformatoren-Schutz

Nennen Sie die Auslösemechanismen von LS-Schaltern!

LS-Schalter haben einen thermischen und einen magnetischen Auslöser.
Der thermische Auslöser schaltet bei Überlast mit Verzögerung, der magnetische Auslöser schaltet bei Kurzschluß praktisch unverzögert ab.
Bei sehr hohen Kurzschlußströmen unterbricht ein Schlaganker den Stromkreis in etwa 1 ms.

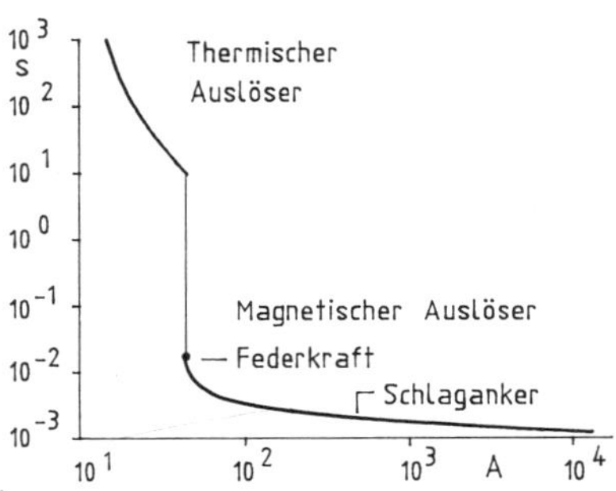

Wodurch unterscheiden sich LS-Schalter der Charakteristik L, G und K?

Die LS-Schalter mit L-, G- und K-Charakteristik unterscheiden sich vor allem durch ihr magnetisches Abschaltverhalten.

Die Schnellauslösung spricht bei folgenden Kurzschlußströmen an:

L-Typ: 3,5... 5 · I_n
G-Typ: 6... 9 · I_n
K-Typ: 8...14 · I_n

Im Zuge der EG-weiten Harmonisierung sollen Schalter vom B- und C-Typ eingeführt werden.

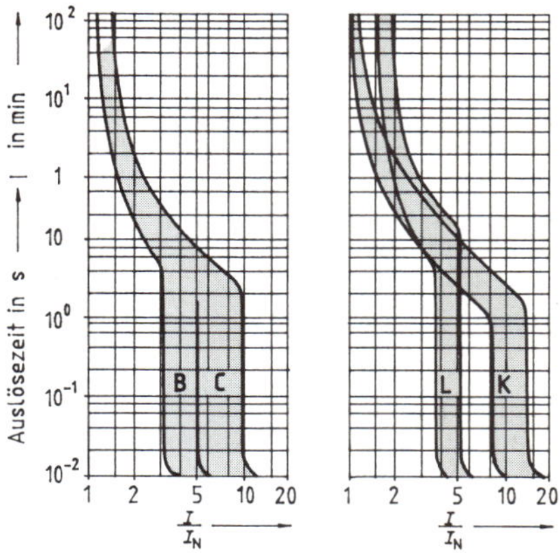

Was versteht man bei Überstromschutzorganen unter Strombegrenzung?

Strombegrenzung heißt: bei sehr großen prospektiven Kurzschlußströmen wird der Stromkreis so schnell unterbrochen, daß der Strom seinen Scheitelwert nicht erreichen kann. Der prospektive Kurzschlußstrom ist der zu erwartende, unbeeinflußte Kurzschlußstrom.

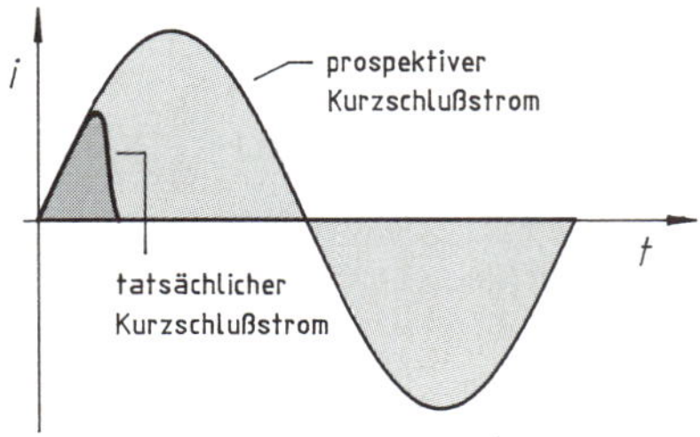

Erklären Sie den Begriff Selektivität!

Selektivität bedeutet Auswahlfähigkeit, d.h. im Fehlerfall wird nur der fehlerhafte Stromkreis abgeschaltet. Alle davor oder daneben liegenden Stromkreise bleiben unbeeinflußt.

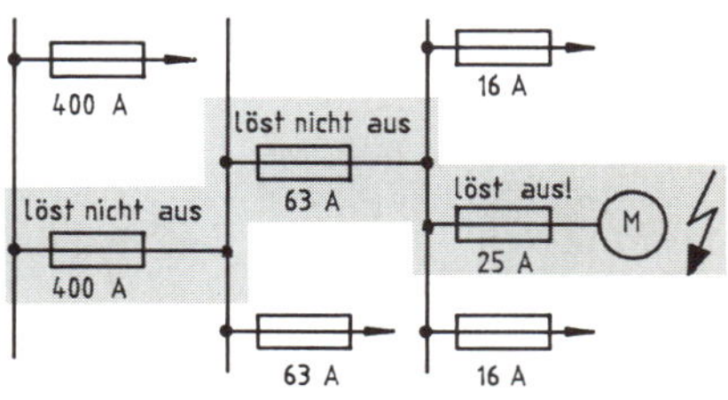

8

Wie kann mit Schmelzsicherungen Selektivität gewährleistet werden?

Hintereinander geschaltete Schmelzsicherungen sind zueinander selektiv, wenn sie sich mindestens um 2 Nennstrom-Stufen unterscheiden.
Beispiel:
16 A und 25 A-Sicherungen sind zueinander selektiv, 16 A und 20 A-Sicherungen sind nicht selektiv.

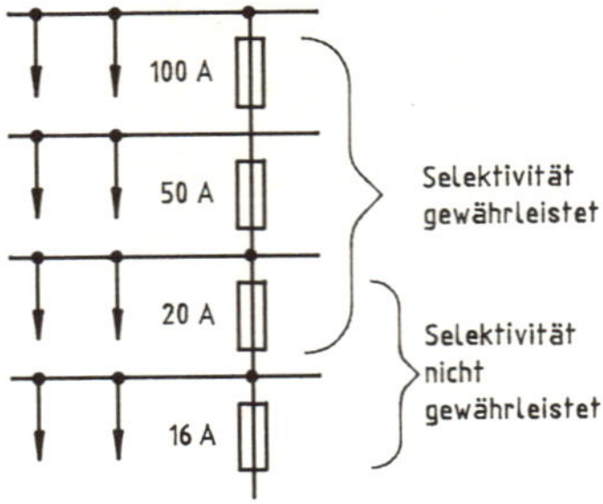

Wie kann mit hintereinandergeschalteten LS-Schaltern bzw. mit Leistungsschaltern Selektivität erreicht werden?

Mit normalen, hintereinander geschalteten LS-Schaltern läßt sich üblicherweise keine Selektivität erreichen.
Selektivität ist aber dann zu erreichen, wenn die Schalter mit einer Staffelung zeitlich verzögert abschalten.
Spezielle LS-Schalter bzw. Leistungsschalter bieten diese Möglichkeit.

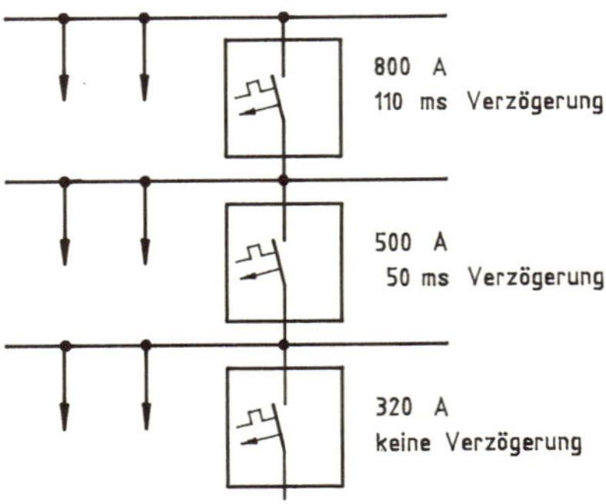

Erklären Sie das Bildzeichen 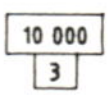 **!**

Das Bildzeichen

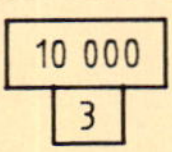

gibt bei LS-Schaltern das Schaltvermögen (10 000 A) und die Selektivitätsklasse (3) an. Die Selektivitätsklasse wird auch Strombegrenzungsklasse genannt.

Das Schaltvermögen berücksichtigt den „unbeeinflußten" (prospektiven) Kurzschlußstrom. Wegen der strombegrenzenden Eigenschaften von LS-Schaltern wird dieser Stromwert aber nicht erreicht. LS-Schalter sind mit dem Schaltvermögen 6 kA, 10 kA und 15 kA erhältlich.
Die Strombegrenzungsklasse gibt an, bei welchem Wert $I^2 \cdot t$ der Schalter ausschaltet. In Neuanlagen werden ausschließlich LS-Schalter der Klasse 3 verwendet.

Was versteht man bei LS-Schaltern unter einem Back-up-Schutz?

Der Back-up-Schutz ist der Schutz des LS-Schalters durch eine vorgeschaltete Überstromschutzeinrichtung (z.B. Schmelzsicherung NHgL) mit maximal 100 A Nennstrom. Der Schutz ist notwendig, wenn der prospektive Kurzschlußstrom nicht bekannt ist und möglicherweise das Schaltvermögen des LS-Schalters überschreitet.
Schaltgeräte, die keinen Back-up-Schutz benötigen, heißen "eigenfest".

Was versteht man unter dem prospektiven Kurzschlußstrom?

Der prospektive Kurzschlußstrom ist der „zu erwartende", unbeeinflußte Kurzschlußstrom; er läßt sich aus der Netzspannung und der Schleifenimpedanz berechnen.
Da sowohl Schmelzsicherungen als auch LS-Schalter wegen ihrer kurzen Abschaltzeit strombegrenzend wirken, ist der tatsächlich fließende Kurzschlußstrom meist wesentlich kleiner als der prospektive.

Warum müssen in Wohn- und Geschäftshäusern die LS-Schalter der Selektivitätsklasse 3 angehören?

In modernen Anlagen können wegen der kleinen Schleifenimpedanzen große prospektive Kurzschlußströme fließen. Durch LS-Schalter der Klasse 3 wird sichergestellt, daß im Kurzschlußfall nur der LS-Schalter und nicht die vorgeschaltete Schmelzsicherung anspricht.

Wie unterscheiden sich Schmelzsicherungen und LS-Schalter hinsichtlich ihres Abschaltvermögens?

Nach VDE 0636 müssen Schmelzsicherungen mindestens 50 kA Abschaltvermögen besitzen.
LS-Schalter haben ein Abschaltvermögen von maximal 15 kA Wechselstrom.

8

Wie unterscheiden sich Schmelzsicherungen und LS-Schalter hinsichtlich ihrer Fähigkeit zur Strombegrenzung?

Schmelzsicherungen und LS-Schalter sind beide strombegrenzend. LS-Schalter sind den Schmelzsicherungen aber unterlegen, da ihr Schaltmechanismus eine Mindestzeit zum Öffnen benötigt.

Welche Sicherungen werden verwendet, um Geräte gegen Überlast und Kurzschluß zu schützen?

Zum Schutz von Geräten dienen spezielle Gerätesicherungen (G-Sicherungen, Feinsicherungen). Sie sind mit verschiedenen Charakteristiken erhältlich, wie z. B. superflink (FF), flink (F), mittelträge (M), träge (T), superträge (TT).

8.8 Hausanschluß

Welche Aufgabe hat der Hausanschlußkasten und wo ist er anzubringen?

Der Hausanschlußkasten (HAK) ist die Schnittstelle zwischen EVU-Verteilungsnetz und Kundenanlage; er wird nach Absprache mit dem EVU an einer jederzeit zugänglichen Stelle angebracht.
Bei Freileitungsnetzen geschieht dies meist direkt am Dachständer, bei Kabelnetzen meist in einem speziellen Hausanschlußraum.
Bei 1- und 2- Familienhäusern verlangen manche EVU, daß der HAK außerhalb des Hauses installiert ist.

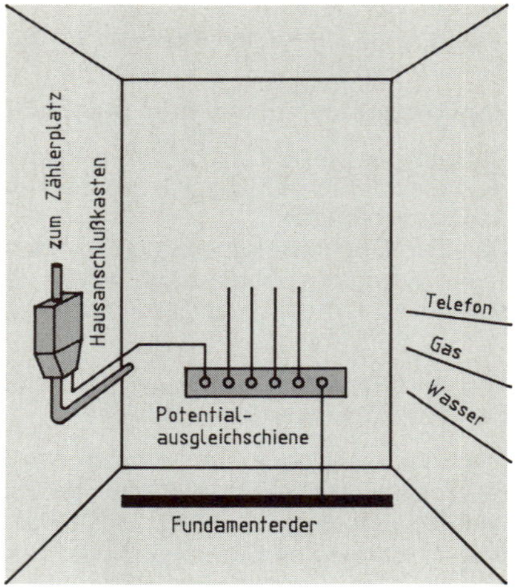

Erklären Sie den prinzipiellen Aufbau eines Zählerschrankes!

Zählerschränke enthalten Montageplätze für Meßeinrichtungen (Zähler), Tarifsteuergeräte (Rundsteueranlagen),
sowie einen oberen und unteren Anschlußraum.
Bei Bedarf kann ein Zählerschrank auch Stromkreisverteiler enthalten.
Im Einzelfall sind die Technischen Anschlußbedingungen des zuständigen EVU zu beachten.

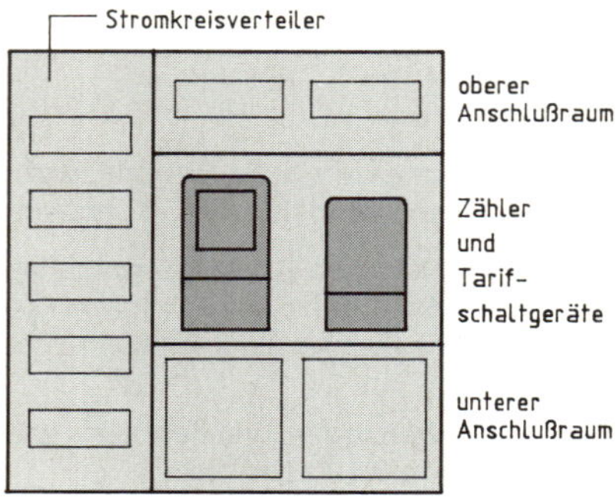

Was versteht man unter einer „zukunftssicheren“ Elektroinstallation?

„Zukunftssicher“ ist eine Installation, wenn sie so bemessen ist, daß alle in überschaubarer Zukunft benötigten Elektrogeräte betrieben werden können. Dazu ist eine ausreichende Hauptleitung und eine Mindestanzahl von Steckdosen- und Gerätestromkreisen nötig.

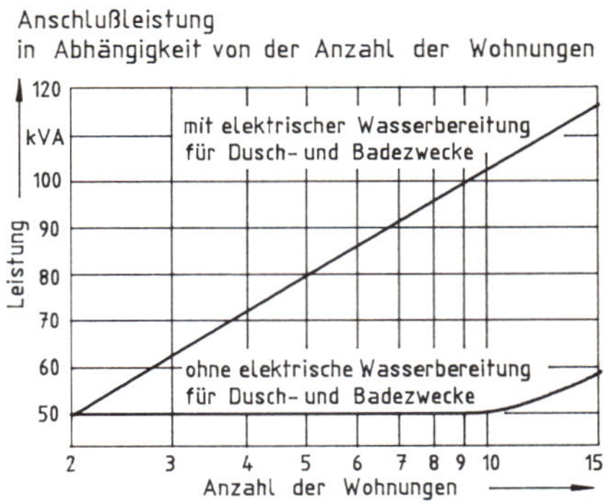

Was versteht man unter einer Stern-Elektroinstallation?

Die Sterne-Installation ist eine Einteilung der Installationen nach Ausstattungsqualität.

Man unterscheidet:

★ Mindestausstattung (Ausstattungswert 1)

★★ Normalausstattung (Ausstattungswert 2)

★★★ Gehobene Ausstattung. (Ausstattungswert 3)

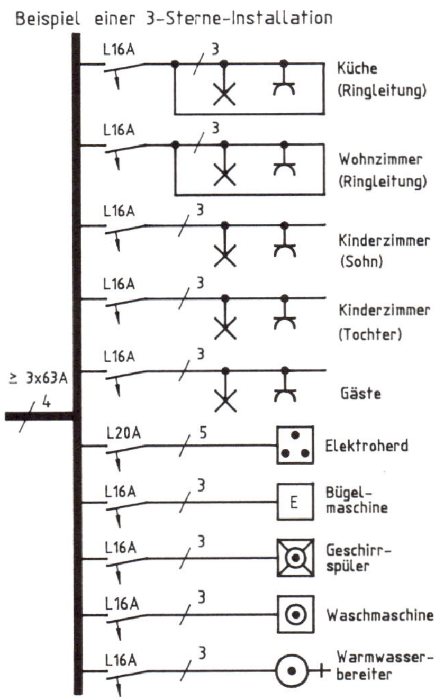

8.9 Wärmegeräte

Erklären Sie den prinzipiellen Aufbau von Rohrheizkörpern!

Rohrheizkörper bestehen aus einer Heizleiterwendel, die mit einer Isoliermasse umpreßt ist.
Die Isoliermasse ist von einem Rohr aus Kupfer oder rostfreiem Stahl umhüllt.

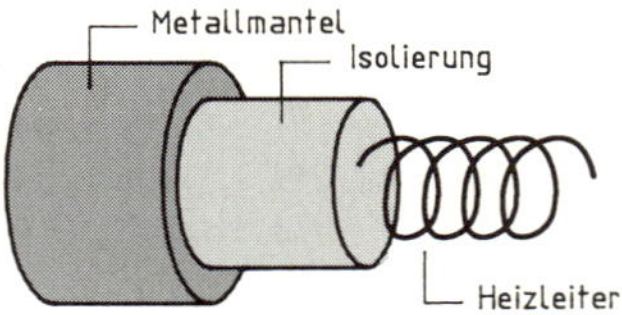

Warum haben Elektrowärmegeräte meist einen hohen Ableitstrom?

Elektrowärmegeräte haben meist einen Heizkörper mit isolierter Heizwendel. Um den Wärmefluß möglichst wenig zu behindern, muß diese Isolierschicht dünn sein; dadurch sind Ableitströme unvermeidlich.

Die maximal zulässigen Ableitströme sind in VDE 0720 festgelegt:

Haushaltherde	10 mA
Großküchenherde	1 mA/kW
Grillgeräte	5 mA
Tauchsieder	1 mA
Dauerwellengeräte	0,5 mA
Kinderspielzeug	0,5 mA

Beschreiben Sie Aufbau und Temperatursteuerung einer Standard-Kochplatte mit 7-Takt-Schalter!

Die Standard-Kochplatte enthält 3 isolierte Heizwendeln mit z.B. 350, 300 und 850 Watt Leistung.
Durch die verschiedenen Schaltkombinationen mit Hilfe eines 7-Takt-Nokkenschalters lassen sich 6 verschiedene Heizleistungen zwischen z.B. 135 W bei Reihenschaltung und 1500 W bei Parallelschaltung sowie eine Aus-Stellung realisieren.

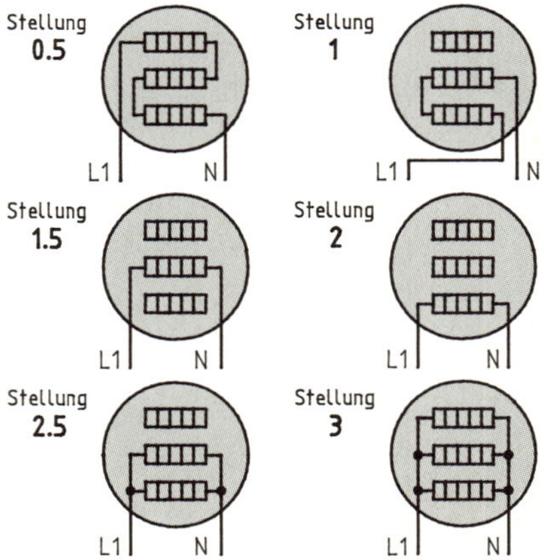

Erklären Sie den Unterschied zwischen Standard- und Blitzkochplatte (Schnellkochplatte) hinsichtlich Aufbau und Wirkungsweise!

Standard- und Blitzkochplatten enthalten jeweils 3 Heizwendeln. Bei der Blitzkochplatte ist aber die Heizleistung der höchsten Stufe um 500 W erhöht.
Um die Blitzkochplatte vor Überhitzung zu schützen, wird die Heizwendel mit der erhöhten Leistung durch ein Bimetall abgeschaltet, wenn die Platte die Temperatur 500 °C erreicht hat. Blitzkochplatten sind durch einen roten Punkt gekennzeichnet.

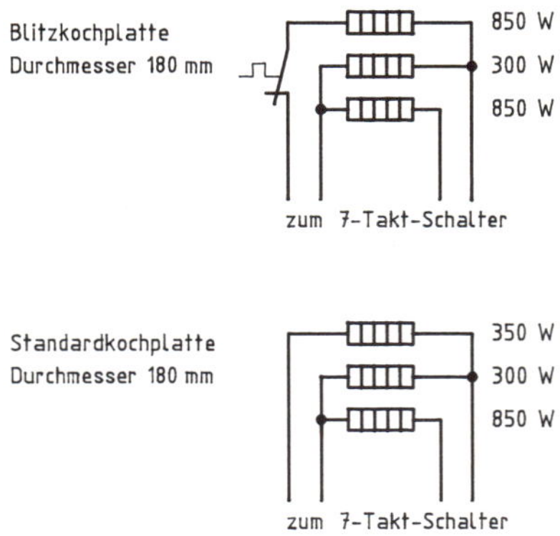

Erklären Sie Aufbau und Temperaturregelung der Automatik-Kochplatte!

Automatik-Kochplatten enthalten 2 Heizwendeln mit z. B. je 1000 W.
Die Temperaturregelung erfolgt über einen Temperaturfühler:
Zuerst sind beide Wendeln an Spannung und heizen die Platte schnell auf.
Nach Erreichen der Aufheiztemperatur schaltet Heizwendel 1 ab.
Nach Erreichen der Endtemperatur schaltet auch Heizwendel 2 ab.
Sinkt die Temperatur unter den eingestellten Wert, schaltet Heizwendel 2 wieder ein. Die Temperatur des Kochgutes folgt der Energiezufuhr mit zeitlicher Verzögerung.

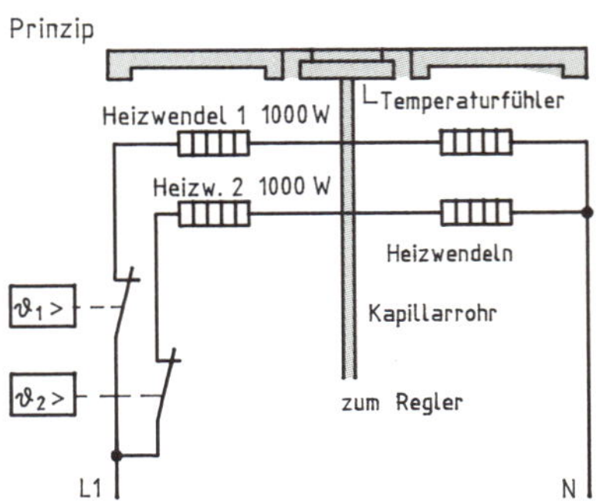

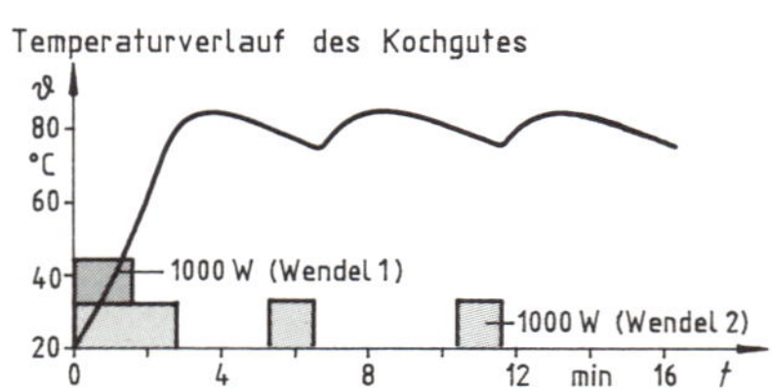

Erklären Sie den prinzipiellen Aufbau des Mikrowellenherdes!

Der Mikrowellenherd enthält als wichtigstes Bauteil ein Magnetron. Dies ist eine Elektronenröhre, die eine elektromagnetische Strahlung der Frequenz 2450 MHz mit einer Leistung von 500 bis 700 Watt erzeugt.
Die Strahlungsenergie gelangt über einen Hohlleiter und einen drehbaren Reflektor in den Garraum.

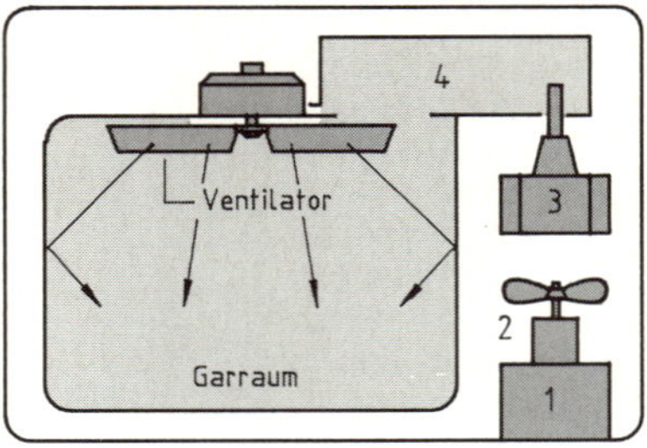

1 Steuerelektronik
2 Ventilator
3 Magnetron
4 Hohlleiter, Einkopplung

Erklären Sie die prinzipielle Wirkungsweise des Mikrowellenherdes!

Beim Mikrowellenherd wird die zum Kochen notwendige Temperatur durch ein hochfrequentes Wechselfeld erzeugt.
Durch dieses Wechselfeld werden die Dipole des Wassers in den Lebensmitteln ständig gedreht und erzeugen somit Reibungswärme.

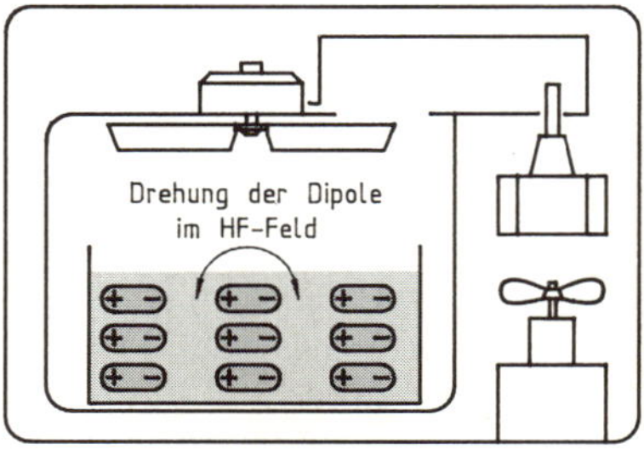

Welche Sicherheitsvorrichtungen zum Schutz des Menschen gegen elektromagnetische Strahlung besitzen Mikrowellenherde?

Mikrowellenherde besitzen mehrere voneinander unabhängige Schalter, die beim Öffnen der Garraumtür das Magnetron abschalten und den Austritt der Strahlung verhindern.

Da Mikrowellen für Lebewesen sehr gefährlich sind, ist die zulässige Leckstrahlung auf 5 mW/cm^2 begrenzt. Die durchsichtige Garraumtür ist deshalb mit einem Lochblech bedeckt.
Die Reparatur der Geräte darf nur im lizensierten Fachbetrieb erfolgen.

Nennen Sie die wesentlichen Merkmale von Boilern, Speichern und Durchlauferhitzern!

Boiler sind meist offene Wassererwärmer mit 15 l bis 80 l Inhalt. Sie sind nicht wärmeisoliert und werden nur bei Bedarf erwärmt.
Speicher sind offene oder geschlossene Wassererwärmer mit 5l bis 2000l Inhalt. Sie haben eine gute Wärmedämmung; die Aufheizung erfolgt automatisch.
Durchlauferhitzer sind geschlossene Geräte, die das Wasser während des Durchlaufs erwärmen. Der Anschluß der Geräte ist wegen der großen Anschlußleistung von 18 kW, 21 kW oder 24 kW genehmigungsplichtig.

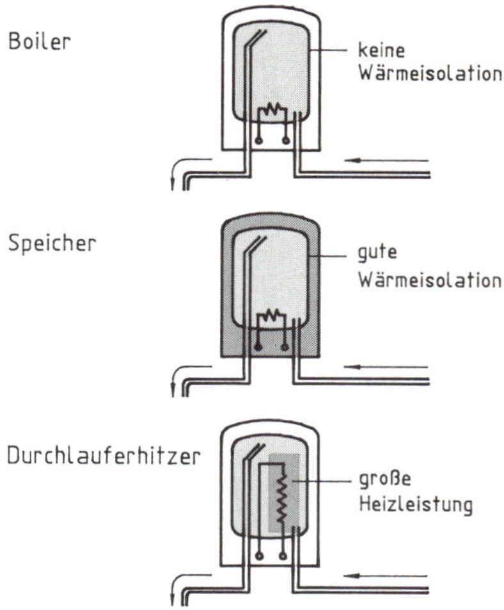

Erklären Sie den Unterschied zwischen offenen und geschlossenen Heißwassergeräten!

Offene Heißwassergeräte (Überlaufgeräte) arbeiten drucklos. Die Steuerung der Warmwasserentnahme erfogt über das Kaltwasserventil. Beim Öffnen des Ventils fließt das Warmwasser über das Überlaufrohr zur Zapfstelle.

Geschlossene Geräte stehen unter dem vollen Netzleitungs-Wasserdruck.
Die Zapfventile liegen in der Heißwasserleitung. In die Wasserzuleitung sind zum Schutz der Anlage Sicherheitsarmaturen gemäß DIN 1988 einzubauen.

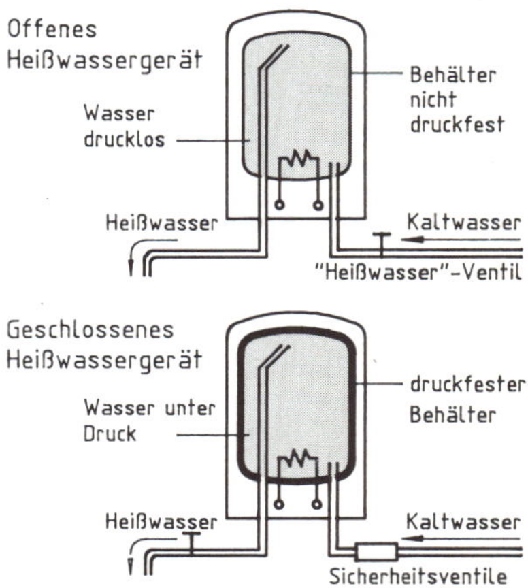

8.10 Kühlgeräte

Beschreiben Sie den prinzipiellen Aufbau von Kompressor-Kühlgeräten!

Kompressor-Kühlgeräte haben einen Kältemittel-Kreislauf mit folgenden Hauptkomponenten:
Kompressor
Verflüssiger
Drosselstrecke
Verdampfer.
Der Wärmetransport erfolgt mit Kältemitteln, z.B. R12 (CCl_2F_2).
Diese Stoffe sind sehr umweltschädlich und müssen deshalb sorgfältig entsorgt werden.

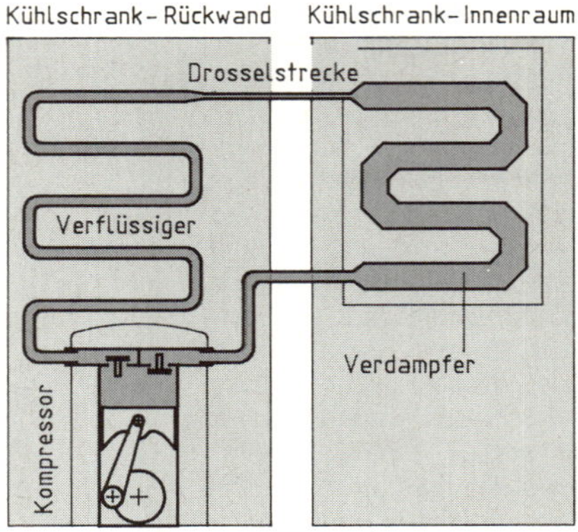

Beschreiben Sie die Wirkungsweise von Kompressor-Kühlgeräten!

Beim Kompressor-Kühlgerät wird dem Kühlraum mit Hilfe von Kältemitteln Wärme entzogen:
Der Kompressor saugt das Kältemittel aus dem Verdampfer und erzeugt dort einen Unterdruck.
Im Verflüssiger gibt das komprimierte Kältemittel die Wärme ab.
Über die Drosselstrecke gelangt das Kältemittel in den Verdampfer. Dabei expandiert es, kühlt ab und entzieht dem Kühlraum Wärme.

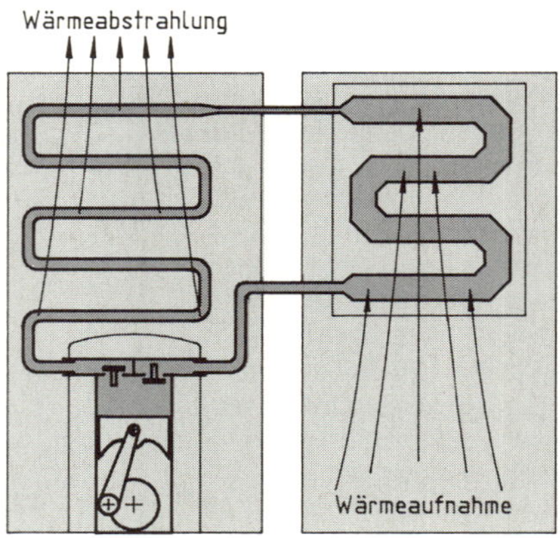

8.11 Elektrische Heizung

Erklären Sie den Unterschied zwischen der Konvektions- und der Strahlungsheizung!

Bei der Konvektionsheizung wird die Wärme durch strömende Luft übertragen. Je nach Art des Heizkörpers handelt es sich um natürliche oder erzwungene Konvektion.
Bei der Strahlungsheizung wird die Wärme direkt durch Infrarot-Strahlen übertragen.

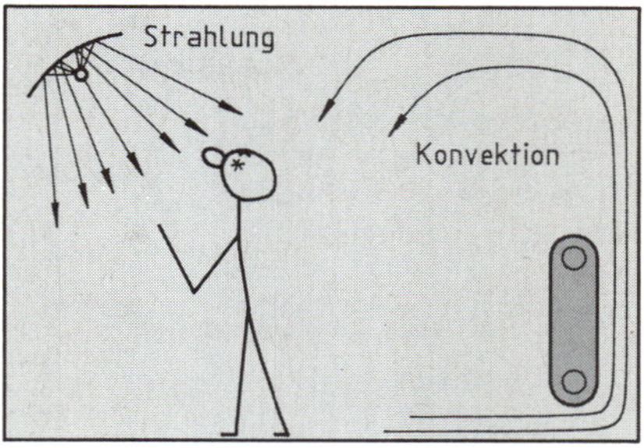

Beschreiben Sie den prinzipiellen Aufbau und die Wirkungsweise eines elektrischen Speichergeräts der Bauart III!

Speichergeräte der Bauart III bestehen aus einem Magnesit-Speicherkern, der mit Hilfe von Niedertarif-Strom auf bis zu 600 °C aufgeheizt wird. Verschiedene Regeleinrichtungen berücksichtigen die Außentemperatur sowie die noch vorhandene Restwärme und verhindern ein Überhitzen des Gerätes. Soll Wärme entnommen werden, wird mit Hilfe eines Lüfters Kaltluft über die erhitzten Steine geblasen.
Die Temperatur kann über eine durch ein Bimetall verstellbare Bypaß-Klappe gesteuert werden.

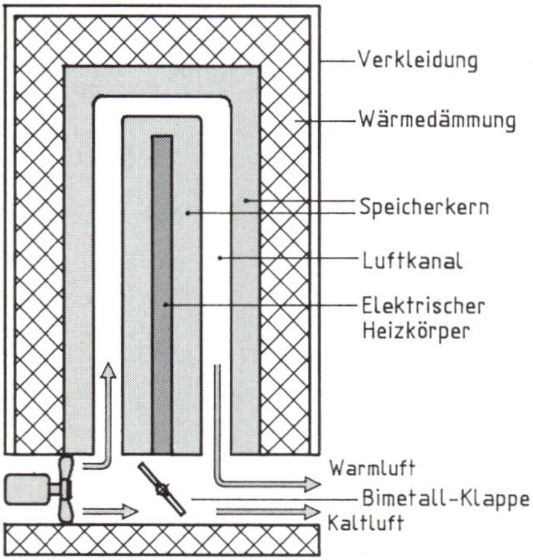

8

Erklären Sie den prinzipiellen Unterschied zwischen einer Elektroheizung und einer Heizung mit elektrischer Wärmepumpe!

Bei der Elektroheizung wird die gesamte Heizleistung aus „hochwertiger" elektrischer Energie gewonnen.
Bei der Heizung mit Wärmepumpe wird ein Teil der Heizleistung aus elektrischer Energie, der andere Teil aus „niederwertiger" Wärmeenergie der Umwelt gewonnen. Das Verhältnis

$$\varepsilon = \frac{\text{Heizleistung}}{\text{elektrische Leistung}}$$

heißt Leistungszahl.
In der Praxis ist $\varepsilon = 2$ bis 4.

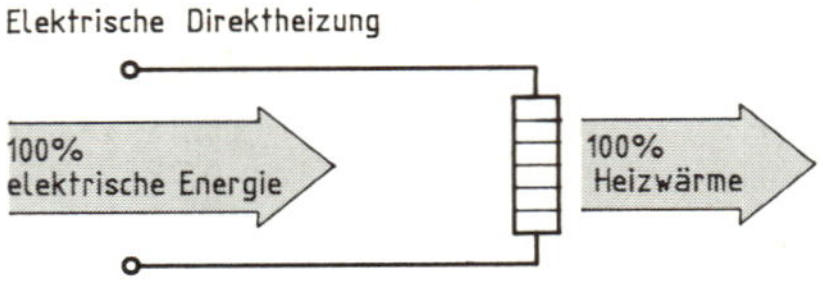

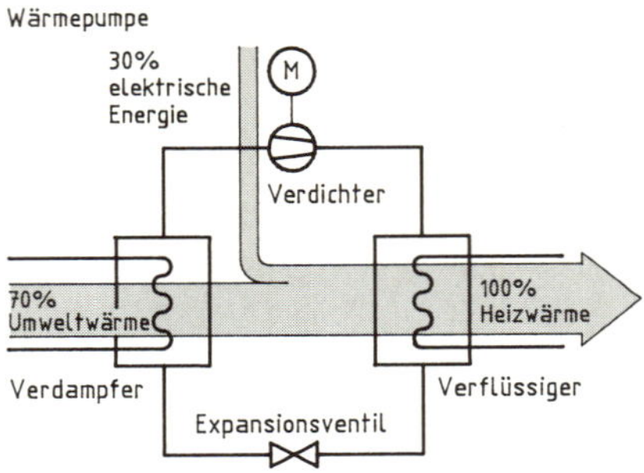

Was versteht man unter monovalentem bzw. bivalentem Betrieb einer Wärmepumpe?

Bei *monovalentem* Betrieb arbeitet die Wärmepumpe ganzjährig als alleinige Heizung.
Wenn dies bei tiefen Temperaturen nicht ausreicht, wird die Wärmepumpe durch ein anderes Heizungssystem ersetzt *(bivalent-alternativ)* oder ergänzt *(bivalent-parallel)*.
Da bei Außentemperaturen unter +3°C die Leistungszahl stark abnimmt, bevorzugt man in der Praxis den bivalenten Betrieb.

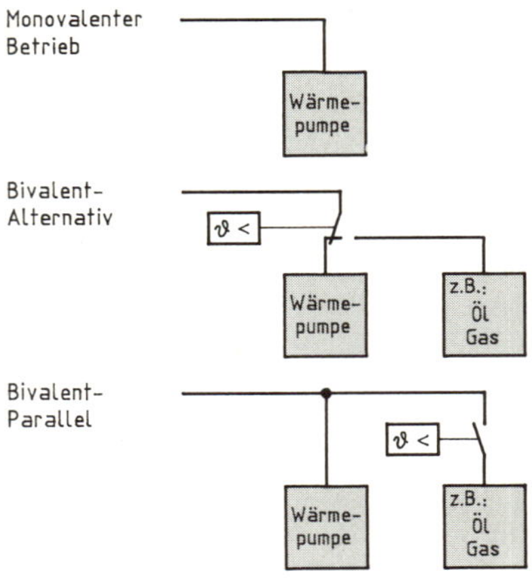

8.12 Licht und Beleuchtung

Was versteht man unter Licht?

Licht ist eine elektromagnetische Schwingung. Außer sichtbarem Licht gibt es eine Vielzahl unsichtbarer elektromagnetischer Schwingungen.

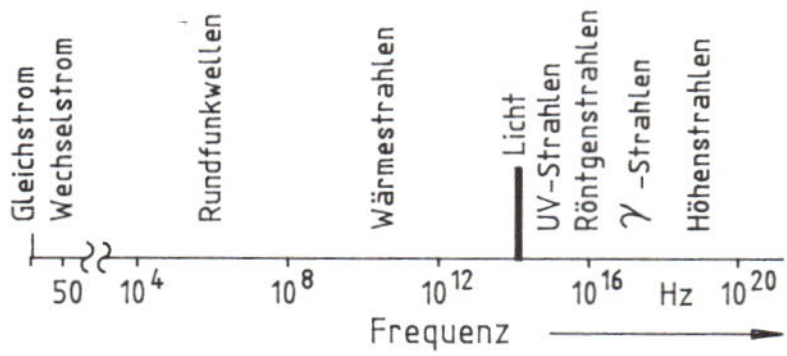

Wovon hängt die Farbe des sichtbaren Lichtes ab?

Die verschiedenen Farben des Lichts sind von der Frequenz *f* bzw. der Wellenlänge λ der elektromagnetischen Schwingungen abhängig.

Formel: $f = \frac{c}{\lambda}$

Mit $c = 300\,000$ km/s

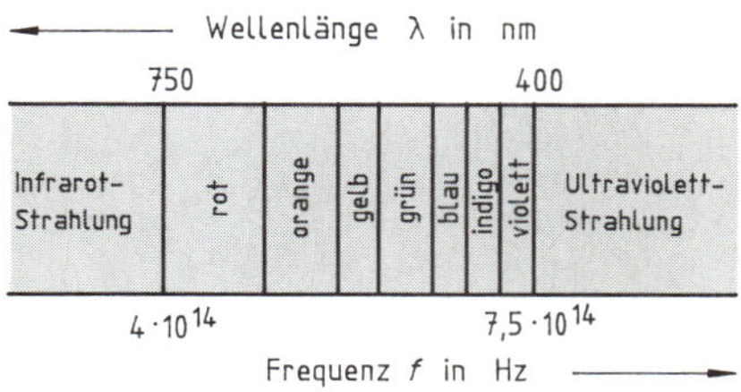

Was versteht man unter dem Lichtstrom einer Lichtquelle?

Der Lichtstrom ist die von der Lichtquelle insgesamt abgestrahlte Lichtleistung.

Formelzeichen: Φ
Einheit: Lumen (lm)

Beispiele:

40 W-Glühlampe:	430 lm
100 W-Glühlampe:	1380 lm
58 W-Leuchtstofflampe:	5400 lm
90 W-Natriumdampflampe (Niederdruck):	13500 lm

8

Was versteht man unter der Lichtausbeute einer Lichtquelle?

Die Lichtausbeute ist das Verhältnis von Lichtstrom zu elektrischer Leistung.

Formel: $\eta = \frac{\Phi}{P}$

Einheit: Lumen/Watt (lm/W)

Beispiele:

40 W-Glühlampe:	10,75 lm/W
100 W-Glühlampe:	13,8 lm/W
58 W-Leuchtstofflampe:	78 lm/W
90 W-Natriumdampflampe (Niederdruck):	150 lm/W

Was versteht man unter der Beleuchtungsstärke?

Die Beleuchtungsstärke ist das Verhältnis von Lichtstrom zu beleuchteter Fläche.

Formel: $E = \frac{\Phi}{A}$

Einheit: Lux (lx)
Dabei ist: $1\ \mathrm{lx} = 1\ \mathrm{lm/m^2}$

Empfehlungen für günstige Beleuchtungsstärken nach DIN 5035:

Gehwege:	50 lx
Allgemeine Räume:	100 lx bis 500 lx
Büroräume:	300 lx bis 1000 lx
Montageplätze:	300 lx bis 1500 lx

Außer auf eine ausreichende Beleuchtungsstärke ist auf Blendfreiheit und eine angenehme Lichtfarbe zu achten.

Nennen Sie 3 Arten der Lichtverteilung!

Wichtige Arten der Lichtverteilung sind:
1. Direkte Lichtverteilung
2. Gleichförmige Lichtverteilung
3. Indirekte Lichtverteilung.

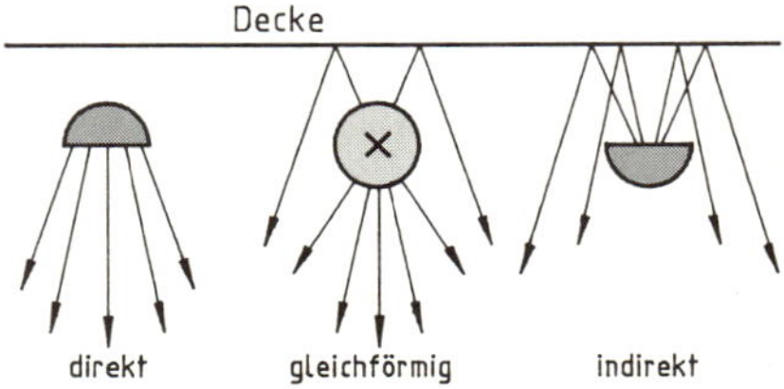

Beschreiben Sie den Aufbau einer Glühlampe!

Glühlampen bestehen im wesentlichen aus:
1. Glühwendel aus Wolfram
2. Glaskolben
3. Gasfüllung aus Stickstoff oder Edelgas
4. Lampensockel

Manche Lampen enthalten eine Schmelzsicherung, damit der beim Durchbrennen der Wendel entstehende Lichtbogen nicht zum Auslösen der Leitungssicherung führt.

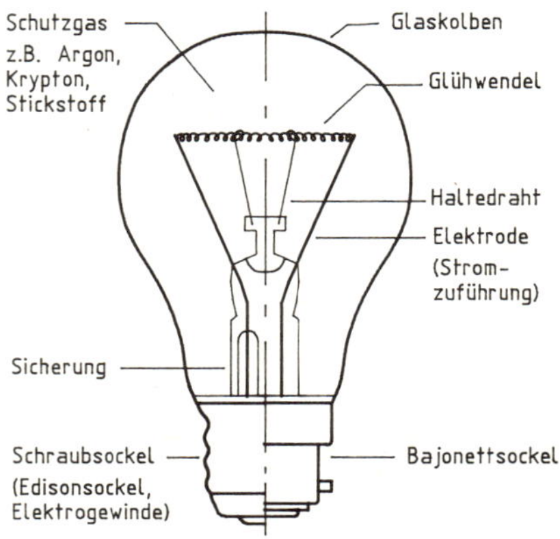

Welche Nachteile haben Glühlampen?

Die wichtigsten Nachteile von Glühlampen sind:
1. Geringer Wirkungsgrad
2. Sinkende Lichtausbeute mit zunehmendem Alter
3. Geringe Lebensdauer
4. Große Empfindlichkeit gegenüber Spannungsschwankungen

Zu 1: Der Wirkungsgrad bei Temperaturstrahlern beträgt 5%-10%, die Lichtausbeute 10 lm/W-20 lm/W.
Zu 2: Teile der Wendel verdampfen und setzen sich auf dem Glaskolben ab
Zu 3: Bei Haushaltslampen etwa 1000 h.
Zu 4: Bei Spannungserhöhung um 5% sinkt die Lebenserwartung um 50%, die Lichtausbeute steigt um 20%.

Welche Vorteile haben Halogen-Lampen im Vergleich zu normalen Glühlampen?

Halogen-Lampen haben folgende Vorteile:
1. Höhere Lichtausbeute
2. Höhere Lebensdauer
3. Kleinere Baugröße
4. Gleichmäßige Lichtausbeute während der gesamten Lebensdauer.

Die verbesserten Eigenschaften werden durch den Halogen-Wolfram-Kreislauf erzielt.

Kreisprozeß in der Halogenglühlampe

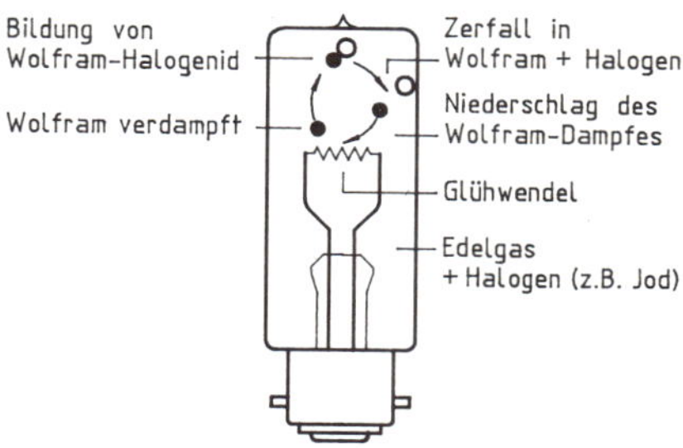

Was ist beim Einsetzen von Halogen-Lampen besonders zu beachten?

Halogen-Lampen dürfen niemals direkt angefaßt werden. Beim Einsetzen muß die Lampe in der mitgelieferten Schutzhülle bleiben. Verunreinigungen müssen entfernt werden!

Beim Berühren des Lampenkolbens bleiben geringe Mengen von Fett und Handschweiß zurück. Diese Verunreinigungen werden durch die sehr hohen Glastemperaturen eingebrannt. Die Licht- und Wärmedurchlässigkeit sinkt; der Glaskolben wird durch Überhitzung zerstört.

8

Nennen Sie 3 wichtige Gasentladungs-Lampen!

Wichtige Gasentladungslampen sind:
1. Glimmlampe
2. Leuchtstofflampe
3. Quecksilberdampf-Hochdrucklampe.

Weitere Gasentladungslampen sind:
Leuchtröhre
Natriumdampflampe
Halogen-Metalldampflampe
Mischlichtlampe
Xenon-Hochdrucklampe

Welches sind die wichtigsten Vorteile der Gasentladungslampen gegenüber den Glühlampen?

Die wichtigsten Vorteile sind:
1. Geringere Wärmeentwicklung (Kaltstrahler)
2. Höhere Lichtausbeute
3. Längere Lebensdauer
4. Beeinflußbarkeit der Lichtfarbe durch Füllgas und Leuchtstoff
5. Unempfindlich gegen kleine Schwankungen der Spannung.

Den Vorteilen stehen folgende Nachteile gegenüber:
1. Alle Gasentladungslampen benötigen ein Vorschaltgerät zur Strombegrenzung; meist wird eine Drosselspule oder eine elektronische Schaltung verwendet.
2. Bei vielen Gasentladungslampen verringert häufiges Ein- und Ausschalten die Lebensdauer der Lampe.
3. Manche Gasentladungslampen benötigen eine Anlaufzeit und können im warmen Zustand nicht gezündet werden.

Erklären Sie den Zündvorgang bei Leuchtstofflampen!

Ablauf des Zündvorgangs bei Leuchtstofflampen:
1. Der Stromkreis wird über den Starter geschlossen.
2. Die Elektroden werden aufgeheizt.
3. Der Starter öffnet und der Stromkreis wird unterbrochen.
4. Die Drosselspule induziert eine Spannung von etwa 1000 V;
   die Lampe zündet.

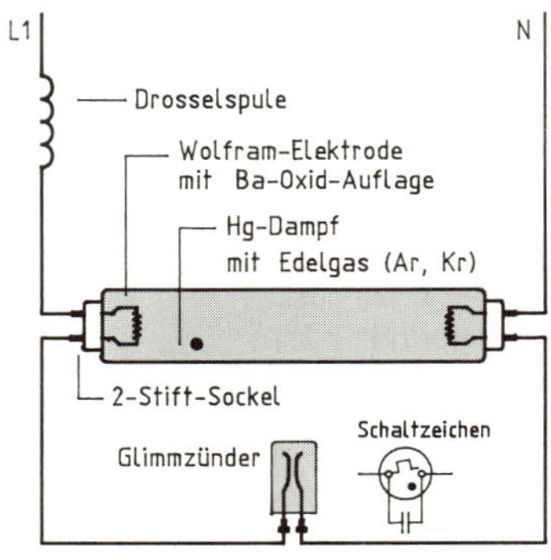

Durch welche Art von Ladungsträgern kommt der Stromfluß in Gasentladungslampen zustande?

Die Stromleitung in Gasen erfolgt durch Elektronen und Ionen. Die Elektronen treten aus der geheizten Elektrode aus, werden durch die Lampenspannung beschleunigt und prallen auf die Gasatome. Beim Aufprall können die Atome ionisiert werden (Stoßionisation).

Stromfluß in der Leuchtstofflampe während der positiven Halbwelle

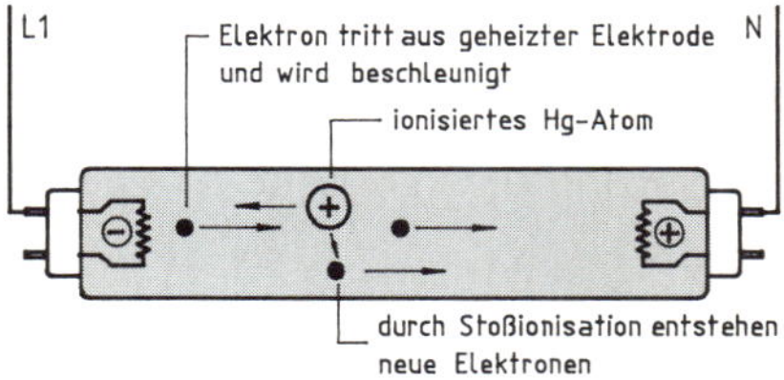

Erklären Sie die Entstehung des Lichts bei Gasentladungslampen!

Das Licht in Gasentladungslampen entsteht dadurch, daß Elektronen von einer höher liegenden Elektronenbahn auf eine tiefer liegende zurückfallen. Der Abstand der Bahnen entscheidet über die Lichtfarbe.

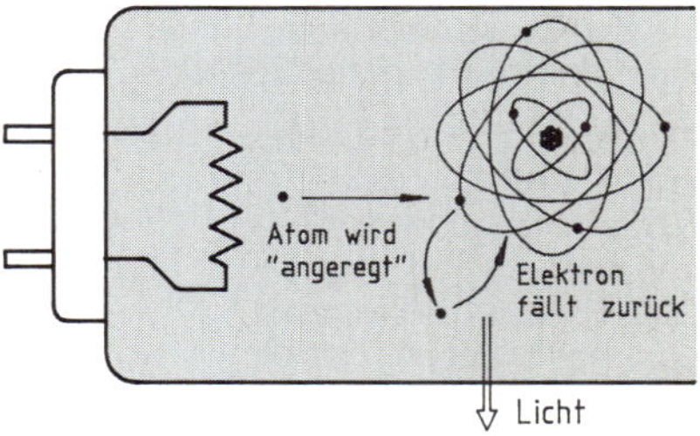

Welche Aufgabe hat der Leuchtstoff einer Leuchtstoff-Lampe?

In Leuchtstoff-Lampen wird durch Anregung von Quecksilber-Atomen ultraviolettes Licht erzeugt. Das unsichtbare UV-Licht wird durch den Leuchtstoff in sichtbares Licht umgewandelt.

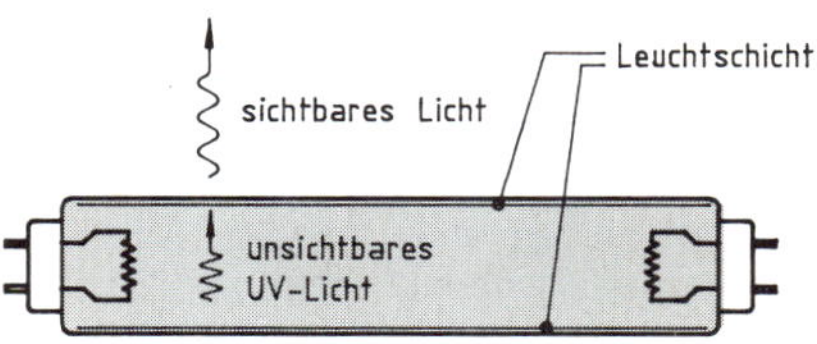

Worauf ist beim Entsorgen von Leuchtstofflampen zu achten?

Leuchtstofflampen enthalten Quecksilber und Leuchtstoff. Beide Stoffe sind hochgiftig und müssen als Sondermüll entsorgt werden. Getrenntes Sammeln ist hierfür Voraussetzung.

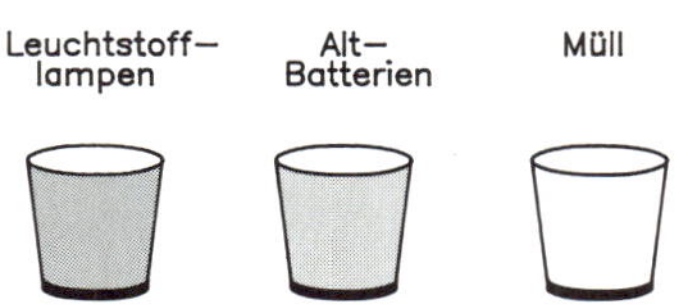

8

8.13 Antennen

Was versteht man unter elektromagnetischen Wellen?

Elektromagnetische Wellen sind eine Kombination von elektrischen und magnetischen Feldern, die sich von einem festen Leiter gelöst haben.
Sie breiten sich im Raum mit ungefähr 300 000 km/s (Lichtgeschwindigkeit) aus.

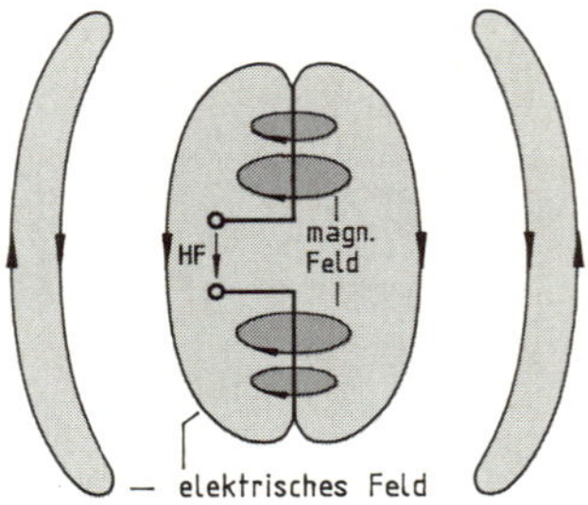

Welcher Zusammenhang besteht zwischen Frequenz und Wellenlänge einer elektromagnetischen Welle?

Frequenz f und Wellenlänge λ sind zueinander umgekehrt proportional.
Es gilt: $f \sim 1/\lambda$
Das Produkt von Frequenz und Wellenlänge ist gleich der Ausbreitungsgeschwindigkeit: $c = f \cdot \lambda$.

Beispiel:

Frequenz $f = 94{,}7$ MHz
Lichtgeschwindigkeit $c = 300\,000$ km/s

$$\text{Wellenlänge } \lambda = \frac{c}{f} = \frac{300\,000 \text{ km/s}}{94{,}7\ 10^6\text{/s}}$$

$$\lambda = 3{,}17 \text{ m}$$

Erklären Sie den Aufbau einer Dipol-Antenne!

Dipol-Antennen (Zweipol-Antennen) bestehen aus einem metallischen Leiter mit 2 Anschlüssen.
In der Antennentechnik unterscheidet man *gestreckte* und *gefaltete* Dipole.
Der beste Empfang wird erreicht, wenn die Antennen-Länge gleich der halben Wellenlänge ist.

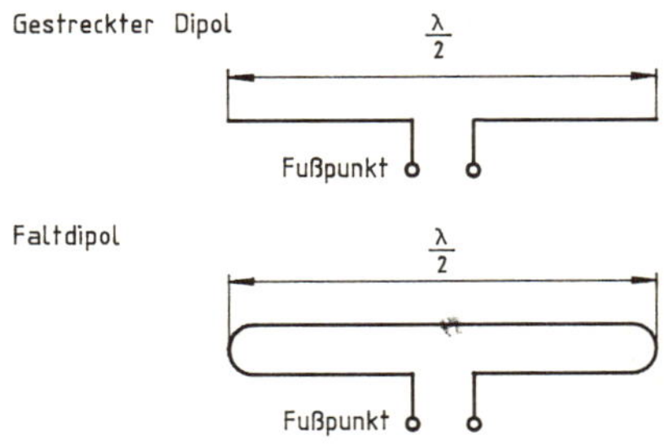

Erklären Sie, wie man elektromagnetische Wellen empfangen kann!

Der Empfang elektromagnetischer Wellen erfolgt mit Dipol-Antennen. Im Dipol wird eine Spannung erzeugt, die an den Fußpunkten abgenommen wird.
Der Dipol wirkt wie ein Generator mit dem Innenwiderstand 75 Ω bzw. 300 Ω.

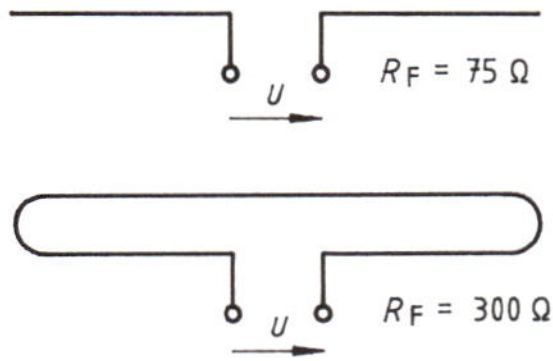

Die Antennenspannung liegt je nach Sender und Antennengröße bei etwa 1 mV.

In welcher Einheit werden die Spannungen in einer Antennenanlage angegeben?

Die Spannungen in Antennenanlagen werden in dBμV (lies: dB über 1 μV) angegeben.
Die Einheit dBμV bezeichnet den Pegel über der willkürlich gewählten Grundspannung 1μV.
Der Spannungspegel L_u kann berechnet werden:

$$L_u = 20 \cdot \lg \frac{U}{1\ \mu V}\ \text{dB}\mu\text{V}$$

Beispiele von Spannungen und zugehörigen Pegeln

Spannung	Pegel in dBμV
1 μV	0
2 μV	6
10 μV	20
20 μV	26
100 μV	40
200 μV	46
1 mV	60
2 mV	66
10 mV	80
20 mV	86
100 mV	100
200 mV	106
1 V	120

Was versteht man unter einer abgestimmten Antenne?

Eine Antenne ist abgestimmt, wenn ihre Resonanzfrequenz gleich der Frequenz der zu empfangenden Wellen ist.
Dies ist erreicht, wenn die Dipol-Länge gleich der halben Wellenlänge ist.
Abgestimmte Antennen ergeben den bestmöglichen Empfang.

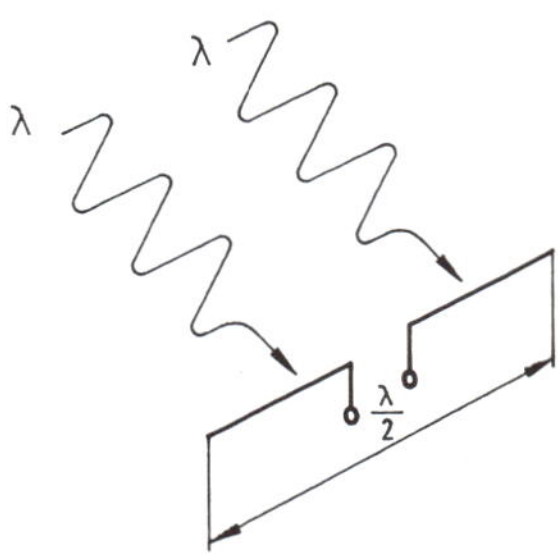

8

Welche Richtcharakteristik haben Dipol-Antennen?

Dipol-Antennen haben den besten Empfang senkrecht zur Antennenrichtung; in Richtung der Dipolstäbe ist kein Empfang möglich.
Einfache Dipole haben nur eine geringe Richtwirkung

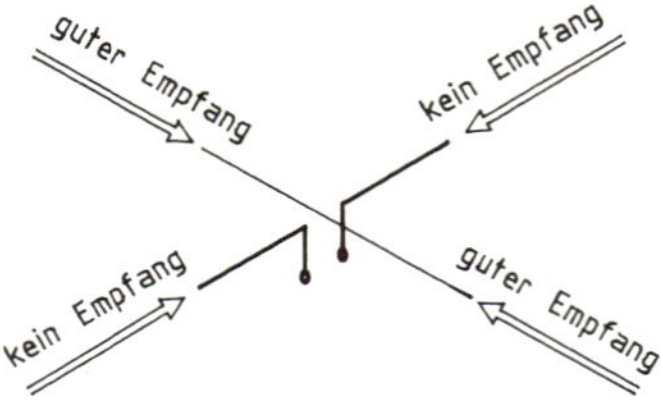

Erklären Sie Aufbau und Charakteristik einer Yagi-Antenne!

Yagi-Antennen besitzen mehrere Einzel-Dipole.
Sie bestehen aus einem Empfangs-Dipol, sowie mehreren Direktor- und Reflektor-Dipolen. Die Dipole sind elektrisch nicht verbunden.
Yagi-Antennen sind Richtantennen, d.h. die Wellen aus der Hauptrichtung werden gut, die aus anderen Richtungen sehr schlecht empfangen.
Yagi: japanischer Physiker

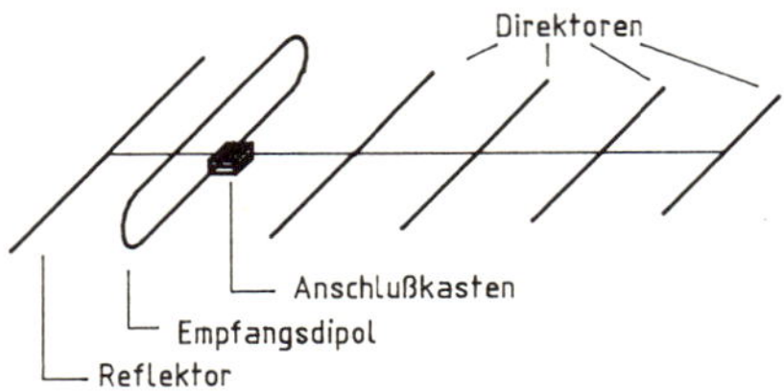

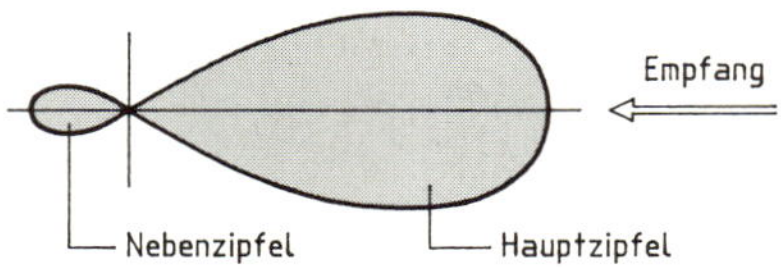

Was versteht man unter dem Antennengewinn?

Der Antennengewinn einer Richtantenne ist das Verhältnis ihrer Empfangsspannung zur Spannung eines einfachen Dipols.
Der Gewinn wird in dB angegeben.

Es ist $G = 20 \cdot \lg \frac{U_{\text{Richt}}}{U_{\text{Dipol}}}$ dB

Beispiel:

Dipol

gemessen: $U = 1$ mV

Richtantenne

gemessen: $U = 3$ mV

Antennengewinn: $G = 20 \cdot \lg \frac{3\ \text{mV}}{1\ \text{mV}} = 9{,}5$ dB

Was versteht man in einer Antennenanlage unter Dämpfung?

Unter Dämpfung versteht man den Spannungs- bzw. Leistungsverlust, den die Antennenleistung an verschiedenen Bauteilen wie Kabeln, Weichen, Verteilern erfährt.
Dämpfung ist eine negative Verstärkung (a = −v).

Dämpfung an einer Koaxialleitung

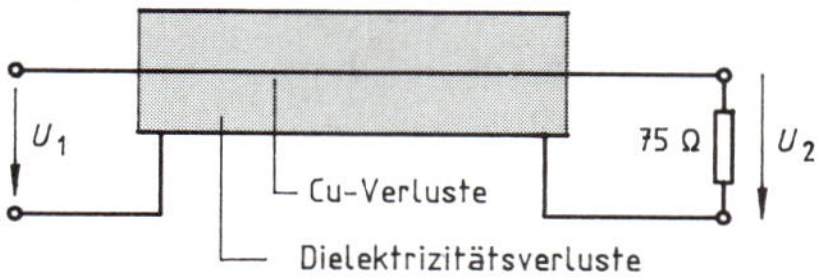

Für die Dämpfung gilt: $a = 20 \cdot \lg \frac{U_1}{U_2}$ dB

Aus welchen Einzeldämpfungen setzt sich die Gesamtdämpfung einer Antennenanlage zusammen?

Die Gesamtdämpfung ist die Summe folgender Einzeldämpfungen:

1. Kabeldämpfung a_K
   −16 bis −25 dB/100 m
2. Weichendämpfung
   $a_W \approx -2$ dB
3. Verteilerdämpfung
   $a_V \approx -8$ dB
   bei 3 Stämmen
4. Durchgangsdämpfung
   $a_D \approx -2$ dB
5. Anschlußdämpfung
   $a_A \approx -12$ dB

Die genauen Werte sind den Hersteller-Listen zu entnehmen.

Beispiel:

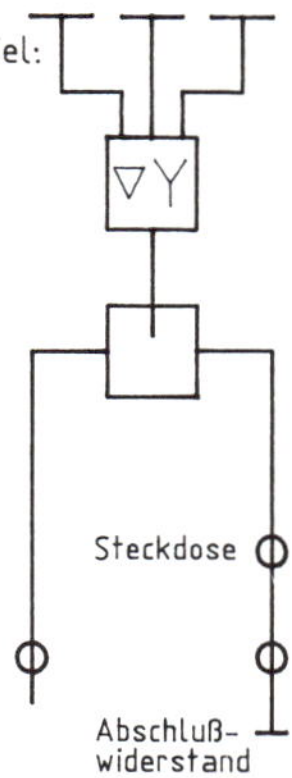

Antennenpegel	62 dBµV
Weiche	− 1 dB
Verstärker	+ 20 dB
Verteiler	− 6 dB
20 m Koaxialleitung	− 4 dB
Durchgangsdämpfung	− 2 dB
Anschlußdämpfung	− 13 dB
Pegel am Empfänger	56 dBµV

Welchen Vorteil bieten offset gespeiste Parabolantennen im Vergleich zu zentral gespeisten?

Bei offset gespeisten Parabolantennen ist der Empfangskopf so montiert, daß er keinen „Empfangsschatten" auf die Antennenfläche wirft. Dadurch steigt der Flächenwirkungsgrad der Antenne und der Empfang wird verbessert.

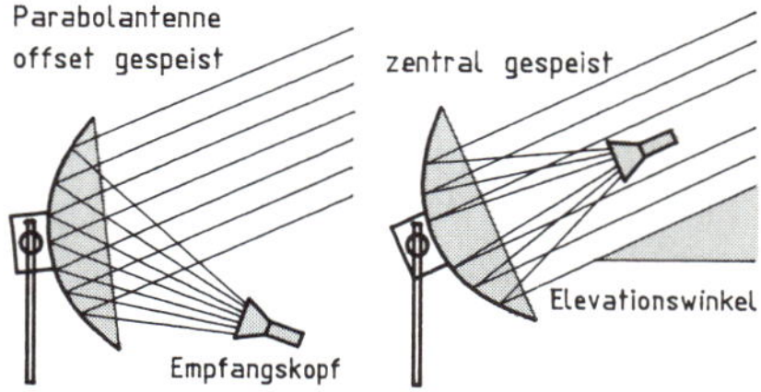

Der Elevationswinkel (Strahleneinfallswinkel) beträgt in Deutschland etwa 25° im Norden und 35° im Süden.

Welche Antennen sind in einer Antennenanlage zu installieren?

Die Auswahl der Antennen hängt von den zu empfangenden Sendern und den Empfangsbedingungen ab. Im Normalfall genügen 4 Antennen:

1. Stabantenne für LW, MW, KW
2. Kreuz-Dipol oder Yagi für UKW
3. Yagi-Bereichsantenne für Band IV
4. Yagi-Bereichsantenne für Band III

Für Satellitenempfang ist zusätzlich eine Parabolantenne zu installieren.

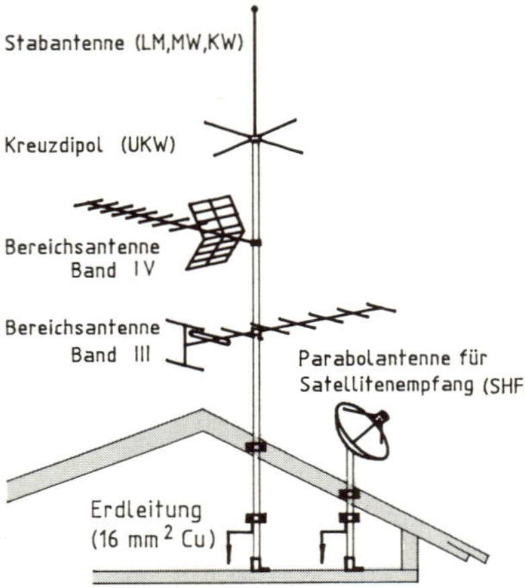

Wie ist eine Antenne zu befestigen, damit die mechanische Festigkeit gewährleistet ist?

Als Regeln für die Antennenmontage gelten:

1. Das Standrohr ist an tragenden Bauteilen mit korrosionsfesten Schellen und Schrauben (≥ 8 mm ∅) zu befestigen.
   Kunststoffdübel und Gips sind nicht erlaubt.
2. Das zulässige Biegemoment durch Windlast darf nicht überschritten werden; eine Berechnung ist durchzuführen.
3. Die Einspannlänge des Antennenrohres muß mindestens 1/6 der gesamten Standrohrlänge sein.

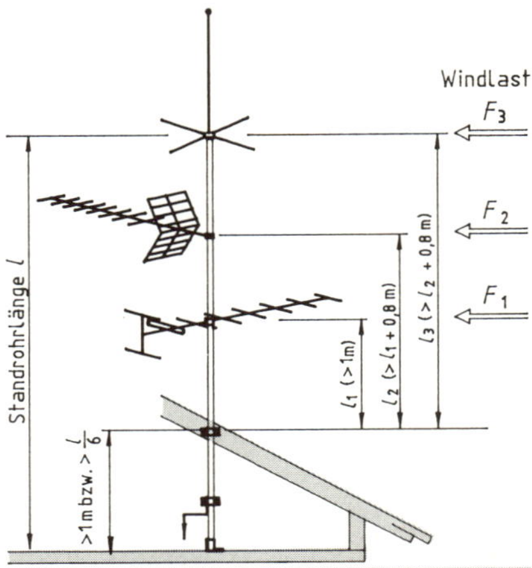

Für das zulässige Biegemoment (Windlastmoment) des Standrohres muß gelten:

$$M_{zul} > F_1 \cdot l_1 + F_2 \cdot l_2 + F_3 \cdot l_3$$

8.14 Blitzschutzanlagen

Was versteht man unter einem Blitz?

Ein Blitz ist eine elektrische Entladung zwischen zwei Wolken oder zwischen Wolke und Erde.
Der Strom steigt dabei in einigen µs auf Werte bis etwa 100 kA an. Die auftretenden Spannungen liegen im Bereich von 100 MV.
Bei den Wolke-Erde-Blitzen unterscheidet man Aufwärts- und Abwärtsblitze.

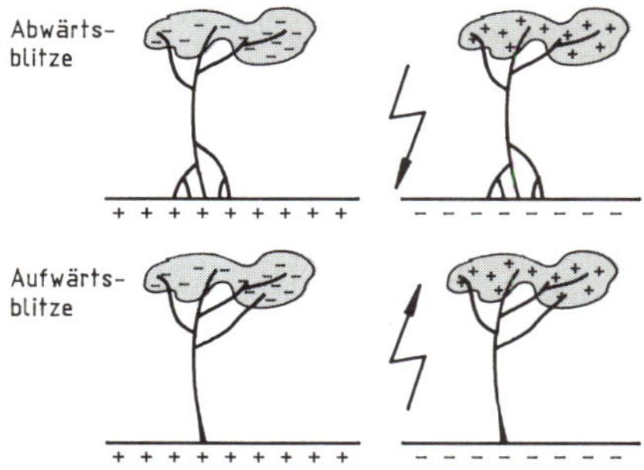

Worin besteht der wesentliche Unterschied zwischen technischen Strömen und Blitzentladungen?

Bei Blitzentladungen steigt der Strom in der ungewöhnlich kurzen Zeit von einigen µs auf den Maximalwert an.
Für den Spannungsfall auf Blitzableitern ist nicht der ohmsche Widerstand, sondern der Wellenwiderstand maßgebend. Dies ist beim Blitzableiterbau zu berücksichtigen.

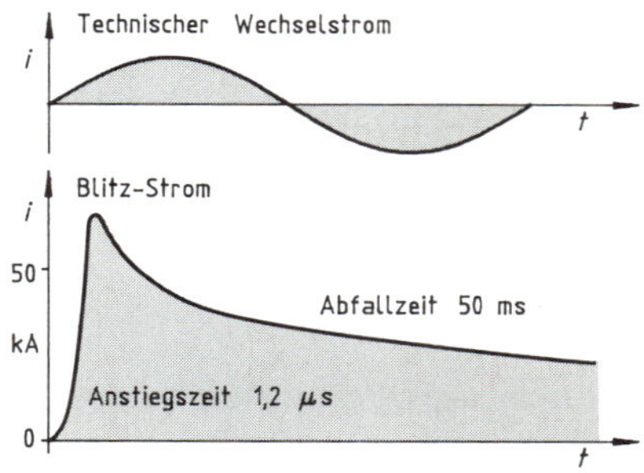

Aus welchen Teilen besteht eine Blitzschutzanlage?

Die Blitzschutzanlage besteht aus einem äußeren und einem inneren Teil.

Äußerer Blitzschutz:
Fangeinrichtungen
Ableitung
Erdung

Innerer Blitzschutz:
Potentialausgleich
Überspannungsableiter

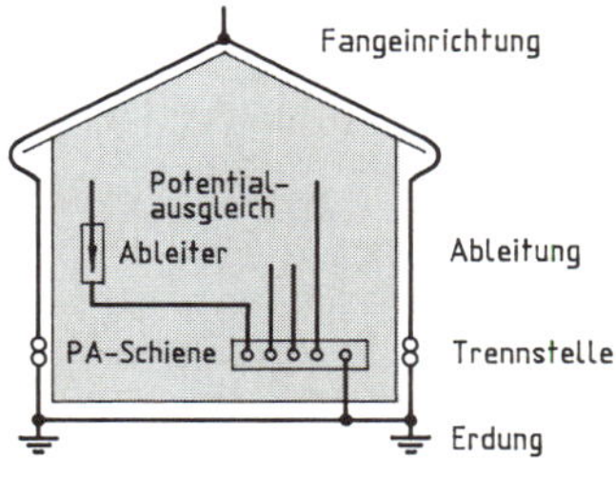

8

Wieviel Fangeinrichtungen bzw. Ableitungen sollen in einer Blitzschutzanlage installiert sein?

Als Regel gilt:
Kein Punkt des Daches soll mehr als 5 m von einer Fangeinrichtung entfernt sein.
Je 20 m Dachaußenkante soll eine Ableitung installiert sein.

Sind auf dem zu schützenden Gebäude ausreichend viele Fangeinrichtungen und Ableitungen installiert, so wirkt das Leiternetz als Faradayscher Käfig.
Blitzeinschläge in das Gebäude sind dann praktisch ausgeschlossen.
Errichten und Betreiben von Blitzschutzanlagen sind in DIN VDE 185 geregelt.

Welche Arten der „Näherung“ können in einer Blitzschutzanlage bestehen? Welche Gefahr besteht durch Näherungen?

In Blitzschutzanlagen unterscheidet man die Eigennäherung und die Fremdnäherung.
Durch Näherungen besteht die Gefahr, daß der Blitz „abspringt“.
Durchschlägt der Blitz dabei brennbares Material, so besteht Brandgefahr.

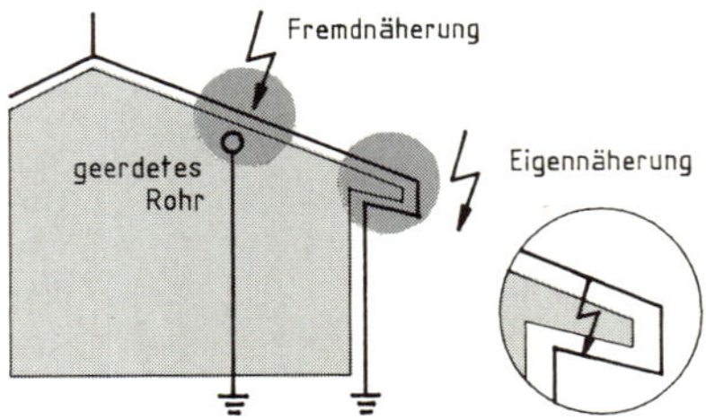

Wie müssen Außenantennen gegen Blitzschlag geschützt werden?

Hat das Haus eine Blitzschutzanlage, so wird das Antennenstandrohr an diese Anlage angeschlossen.
Hat das Haus keine Blitzschutzanlage, so wird das Antennenstandrohr über 16 mm^2 Cu mit dem Fundamenterder verbunden.
Ist kein Fundamenterder vorhanden, so muß die Antenne an einen anderen geeigneten Erder angeschlossen werden.

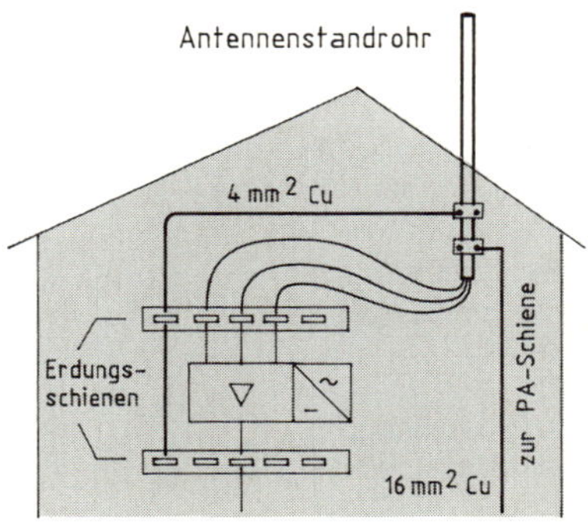

9 Schutzmaßnahmen

9.1 Grundlagen

Welche Aufgaben haben die VDE-Bestimmungen?

Die VDE-Bestimmungen regeln das ordnungsgemäße Errichten und Betreiben von elektrischen Anlagen und Betriebsmitteln. Dadurch sollen Personen, Tiere und Sachen auf bestmögliche Weise geschützt werden.

Sicherheitsvorschriften der Elektrotechnik wurden erstmals 1883 veröffentlicht. Sie werden seither ständig dem neuesten Stand der Technik angepaßt.
Die VDE-Bestimmungen gelten als anerkannte Regeln der Elektrotechnik. Sie werden auch in Gerichtsverfahren, z.B bei Unfällen, verwendet.
VDE Verband Deutscher Elektrotechniker

Nennen Sie einige VDE-Bestimmungen, die für den Elektrofachmann besonders wichtig sind!

Besonders wichtig sind:

VDE 0100	Errichten von Starkstromanlagen bis 1000 V
sowie	
VDE 0105	Betrieb von Starkstromanlagen
VDE 0132	Merkblatt zur Bekämpfung von Bränden in elektrischen Anlagen
VDE 0185	Blitzschutzanlagen
VDE 0701	Instandsetzung elektrischer Geräte
VDE 0855	Errichten von Antennenanlagen

Welche Normen und Vorschriften sind außer den VDE-Bestimmungen für den Elektrofachmann von Bedeutung?

Außer den VDE-Bestimmungen sind wichtig:
1. DIN-Normen
2. TAB Technische Anschlußbedingungen
3. VBG Vorschriften der Berufsgenossenschaften
4. UVV Unfallverhütungsvorschriften

Die DIN (Deutsche Industrie-Norm) regelt das gesamte deutsche Normenwesen.
Die VDE-Bestimmungen sind Bestandteil der DIN, z.B. VDE 0100 = DIN VDE 0100.

Die Technischen Anschlußbedingungen werden von der Vereinigung Deutscher Elektrizitätswerke (VDEW) erstellt.
Die Vorschriften der Berufsgenossenschaften befassen sich vor allem mit der Unfallverhütung.

Skizzieren und erklären Sie die wichtigsten VDE-Prüfzeichen!

VDE-Prüfzeichen nach VDE 0024:

Prüfzeichen für
elektrotechnische Erzeugnisse

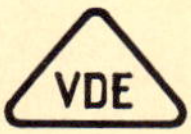

Prüfzeichen für
elektronische Erzeugnisse

◁ VDE ▷

VDE-Kabelkennzeichen

◁ HAR ▷

Kennzeichen harmonisierter Kabel

Gerät entspricht den VDE-Bestimmungen sowie den Bestimmungen des Gerätesicherheitsgesetze (GS Geprüfte Sicherheit)

Funkschutzzeichen
folgende ergänzende Angaben sind möglich:

O funkstörfrei	N Normalstörgrad
K Kleinstörgrad	G Grobstörgrad

Skizzieren und erklären Sie die wichtigsten internationalen Prüfzeichen!

CEE-Prüfzeichen für Geräte und Installationsmaterial
(CEE Europäische Kommission für Regeln zur Begutachtung elektrotechnischer Erzeugnisse)

CEEC-Prüfzeichen für elektronische Erzeugnisse
(CEEC Europäisches Komitee für elektronische Bauelemente)

9.2 Gefahren des elektrischen Stromes

Warum können elektrische Ströme, die durch den menschlichen Körper fließen, lebensgefährlich sein?

Durch elektrische Fremdströme werden die körpereigenen Steuerströme überlagert und in ihrer Funktion beeinträchtigt.
Dadurch wird vor allem die Herzfunktion gestört, was im schlimmsten Fall zum Herzkammerflimmern führen kann.
Herzkammerflimmern ist ohne sofortige ärztliche Hilfe immer tödlich.
Fließen große Ströme (>1A) durch den Körper, so kann es auch zu lebensgefährlichen Verbrennungen kommen.

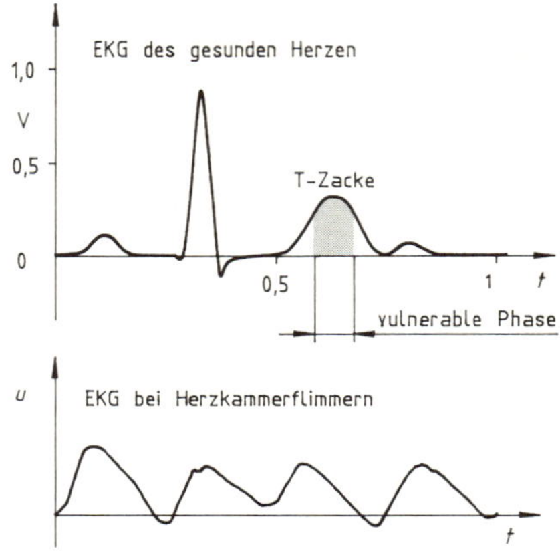

Nennen Sie die wichtigsten Wirkungen des elektrischen Stromes auf den menschlichen Körper!

Die Stromwirkungen auf den menschlichen Körper sind je nach Stromstärke und Einwirkzeit:
Muskelkrämpfe
Atemlähmung
Herzstillstand
Herzkammerflimmern
Verbrennungen

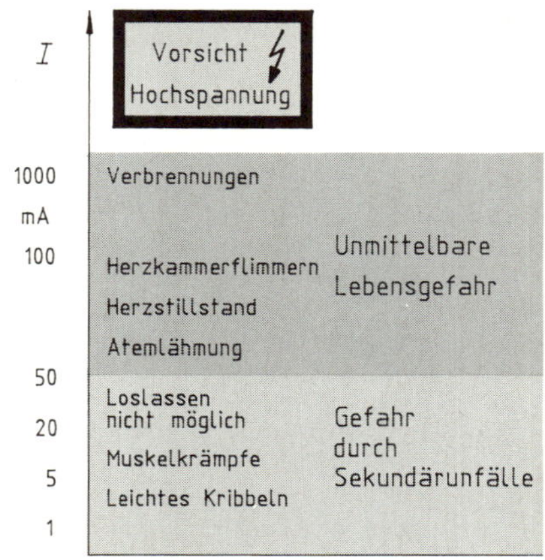

Beschreiben Sie die nach IEC festgelegten Stromwirkungsbereiche und skizzieren Sie die Bereiche in einem Diagramm $I = f(t)$!

Die IEC-Norm unterscheidet 4 Stromwirkungsbereiche in Abhängigkeit von Stärke und Einwirkzeit des Fremdstromes:

1 Nicht wahrnehmbar, keine Gefahr
2 Keine lebensgefährliche Wirkung
3 Tod durch Herzkammerflimmern möglich
4 Tod durch Kammerflimmern wahrscheinlich.

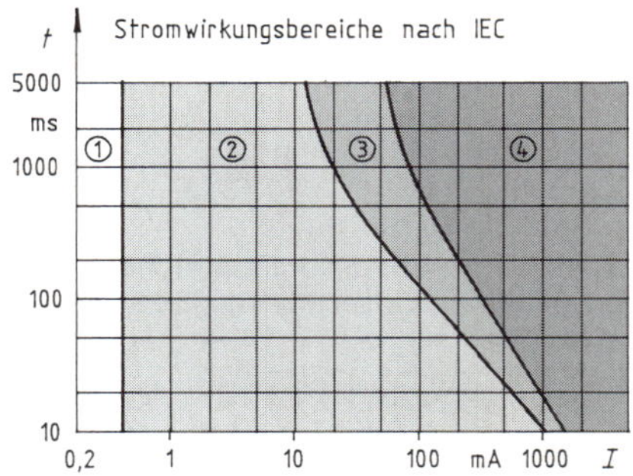

Wovon hängt der Strom ab, der bei einem elektrischen Unfall durch den menschlichen Körper fließt?

Der über den menschlichen Körper fließende Strom folgt dem Ohmschen Gesetz. Er ist also abhängig von der anliegenden Spannung und den im Stromkreis wirksamen Widerständen.
Die Übergangswiderstände hängen dabei z.B. vom Schuhwerk und dem Fußboden ab.
Der Hautwiderstand ist etwa 10 kΩ bis 100 kΩ; bei Spannungen über 100 V kann er aber durchschlagen werden und ist dann praktisch Null.
Der Körperwiderstand setzt sich aus den Widerständen von Blut, Gewebe und Knochen zusammen. Er beträgt etwa 1 kΩ.

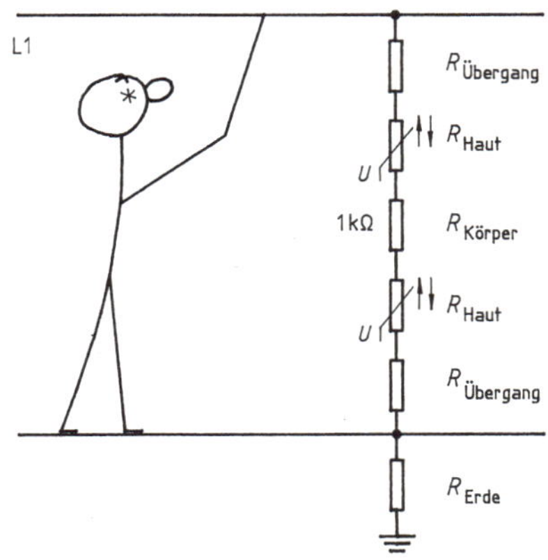

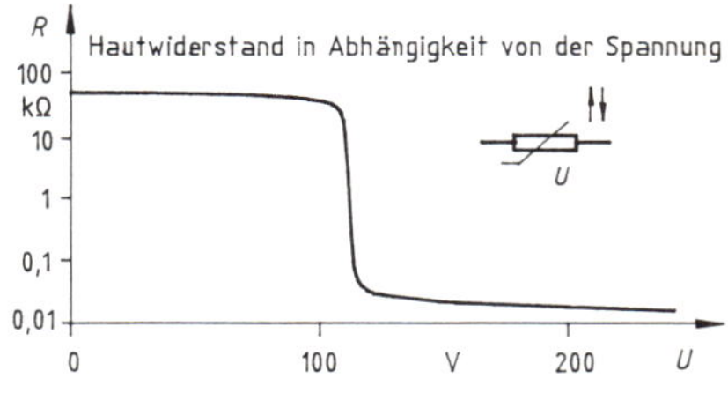

9

Ab welcher Stromstärke müssen Körperströme bei 50 Hz Wechselstrom als lebensgefährlich betrachtet werden?

Nach VDE 0100 gelten Körperströme über 50 mA als lebensgefährlich.

Körperströme über 50 mA können zu Bewußtlosigkeit, Atemlähmung und Tod durch Herzkammerflimmern führen.

Welche Gefahr ist durch Gleichstrom bzw. hochfrequenten Wechselstrom zu erwarten im Vergleich zu technischem Wechselstrom mit 50 Hz?

Gleichstrom bzw. hochfrequenter Wechselstrom ist für den Menschen weniger gefährlich als ein gleichgroßer Wechselstrom mit der Frequenz 50 Hz.

Gleichstrom führt üblicherweise nicht zu Herzkammerflimmern.
Hochfrequenter Wechselstrom fließt an der Oberfläche des menschlichen Körpers (Skineffekt) und beeinflußt deshalb die Herzströme weniger als 50 Hz-Strom.

Welche Werte für die zulässige Berührungsspannung gelten nach VDE 0100?

Nach VDE 0100 ist bei 50 Hz-Wechselspannung die höchstzulässige Berührspannung $U_L = 50$ V.
In Sonderfällen, z.B. bei Kinderspielzeug und in der Tierhaltung, ist die maximal zulässige Berührspannung $U_L = 25$ V.
Für Gleichspannung gilt $U_L = 120$ V bzw. $U_L = 60$ V.

Die zulässige Berührspannung U_L* läßt sich nach dem Ohmschen Gesetz bestimmen.
Annahme:

Körperwiderstand	$R_K = 1\ \text{k}\Omega$
Zulässiger Körperstrom	$I_L = 50\ \text{mA}$

$$U_L = R_K \cdot I_L = 1\ \text{k}\Omega \cdot 50\ \text{mA} = 50\ \text{V}$$

* L: limit, Grenze

Welche unterschiedlichen Wirkungen haben kleine Ströme (50 mA bis 500 mA) und große Ströme (5 A bis 50 A) auf den menschlichen Körper?

Kleine Ströme (50 mA bis 500 mA) erzeugen Herzversagen und Atemlähmungen. Große Ströme (5 A bis 50 A) erzeugen schwere innere und äußere Verbrennungen. In beiden Fällen besteht jedoch Lebensgefahr.

9.3 Schutzarten für elektrische Geräte

Skizzieren Sie die Bildzeichen für die 3 Schutzklassen und erklären Sie ihre Bedeutung!

Nach VDE 0720 wird eingeteilt:

Schutzklasse I
mit PE-Leiter

Geräte mit einfacher Betriebsisolierung und Schutzleiteranschluß.
Über den Schutzleiter fließt bei Körperschluß ein Fehlerstrom, der das Abschalten der Anlage bewirkt.

Schutzklasse II
Schutzisolierung

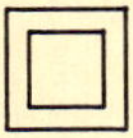

Geräte mit Schutzisolierung aber ohne Schutzleiteranschluß.
Die Schutzisolierung wird zusätzlich zur Betriebsisolierung angebracht und gewährt auch dann noch Schutz , wenn die Betriebsisolierung schadhaft ist.

Schutzklasse III
Schutz-
kleinspannung

Geräte zum Anschluß an Schutzkleinspannung, also zum Anschluß an maximal 50 V Wechselspannung bzw. 120 V Gleichspannung.
Schutzkleinspannung bietet Schutz bei indirektem und bei direktem Berühren.

Erklären Sie die Kennzeichnung der Schutzarten elektrischer Betriebsmittel durch Buchstaben und Ziffern!

Nach DIN 40 050 und IEC-Norm werden die Schutzarten elektrischer Betriebsmittel durch die Kennbuchstaben IP und durch 2 Ziffern gekennzeichnet:

IP X X

- 2. X: Schutz gegen Wasser
- 1. X: Schutz gegen Staub bzw. Berührung
- IP: International Protection

Beispiel: Motor mit Schutzart IP 54

IP 54

- 4: Schutz gegen Spritzwasser aus allen Richtungen
- 5: Schutz gegen Berühren mit Hilfsmitteln jeder Art sowie schädliche Staubablagerungen

Die Kennziffern für den Berührungsschutz reichen von 0 (kein Schutz) bis 6 (staubdicht, völliger Berührschutz).
Die Kennziffern für den Wasserschutz reichen von 0 bis 8 (Schutz gegen Wasser bei dauerndem Untertauchen).

Erklären Sie die Kennzeichnung der Schutzarten elektrischer Betriebsmittel durch Bildzeichen!

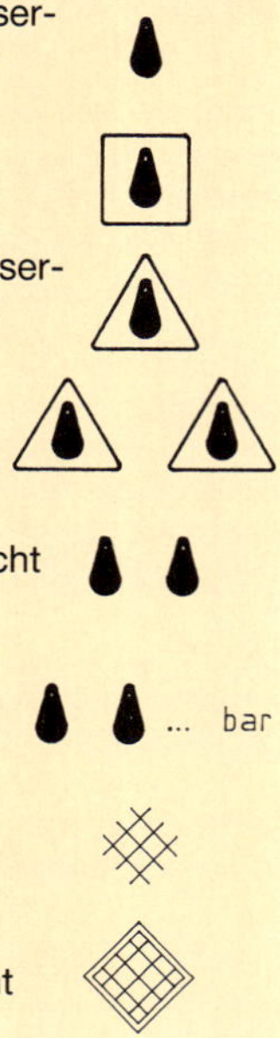

Tropfwasser-geschützt	Schutz gegen senkrecht fallende Wassertropfen (entspricht IP 31)
Regen-geschützt	Schutz gegen Wassertropfen bis 30° gegen die Waagrechte (IP 33)
Spritzwasser-geschützt	Schutz gegen Wassertropfen aus allen Richtungen (IP 54)
Strahl-wasser-geschützt	Schutz gegen Wasserstrahlen aus allen Richtungen (IP 55)
Wasserdicht	Schutz gegen Eindringen von Wasser ohne Druck (IP 67)
Druck-wasser-dicht	Schutz gegen Eindringen von Wasser unter angegebenem Druck (IP 68)
Staub-geschützt	Schutz gegen Eindringen von Staub ohne Druck (IP 5X)
Staubdicht	Schutz gegen Eindringen von Staub unter Druck (IP 6X)

Erklären Sie die Kennzeichnung explosionsgeschützter Betriebsmittel!

Explosionsgeschützte Betriebsmittel können durch das Bildzeichen

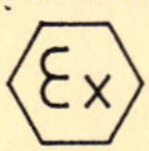

gekennzeichnet sein.
Nach Euro-Norm besteht die Kennzeichnung aus einer Zahlen-Buchstaben-Kombination.
Sie enthält die Buchstaben EEx sowie Angaben über die Zündschutzart, die Explosionsschutzgruppe und die Zündtemperatur.

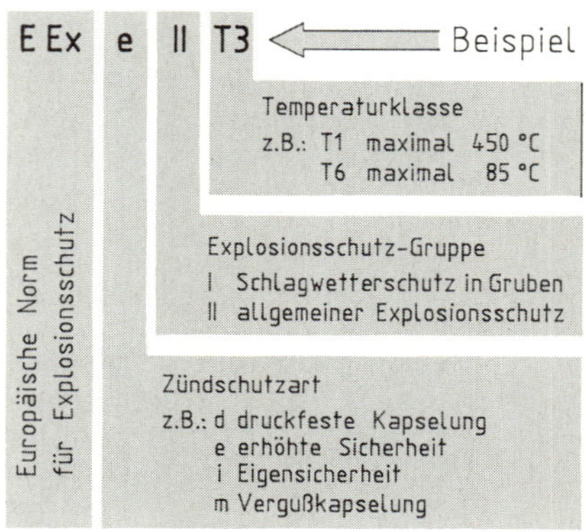

9.4 Netzformen

Nennen und erklären Sie die 5 Netzformen nach VDE 0100!

In VDE 0100, Teil 310 werden unterschieden:
TN-Netze
als TN-S-Netze
TN-C-Netze
TN-C-S-Netze
TT-Netze
IT-Netze
Bedeutung der Buchstaben:
T Terre = Erde
I isolé = isoliert
N neutre = neutral
C combiné = vereint

Erster Buchstabe:
T Sternpunkt der Spannungsquelle ist direkt geerdet (Betriebserder)
I Der Sternpunkt der Spannungsquelle ist isoliert oder über eine Erdschlußkompensationsspule geerdet
Zweiter Buchstabe:
T Die Körper der Betriebsmittel sind direkt geerdet
N Die Körper der Betriebsmittel sind mit der Betriebserde verbunden
S N- und PE-Leiter sind getrennt
C N- und PE-Leiter sind vereint (PEN)

Erklären Sie den Aufbau eines TN-S-Netzes!

Beim TN-S-Netz ist der Sternpunkt des Transformators direkt geerdet. Die Körper der Betriebsmittel sind über den PE mit der Betriebserde verbunden. PE- und N-Leiter sind 2 separate Leiter.

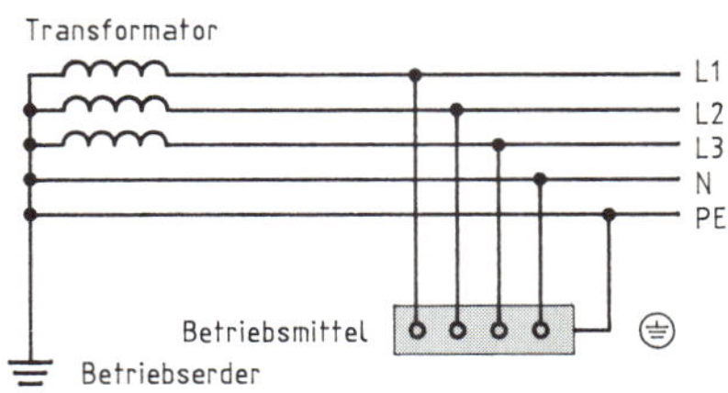

Erklären Sie den Aufbau eines TN-C-Netzes!

Beim TN-C-Netz ist der Sternpunkt des Transformators direkt geerdet. Die Körper der Betriebsmittel sind über PE und PEN-Leiter mit der Betriebserde verbunden. PE- und N-Leiter sind als gemeinsamer Leiter verlegt.

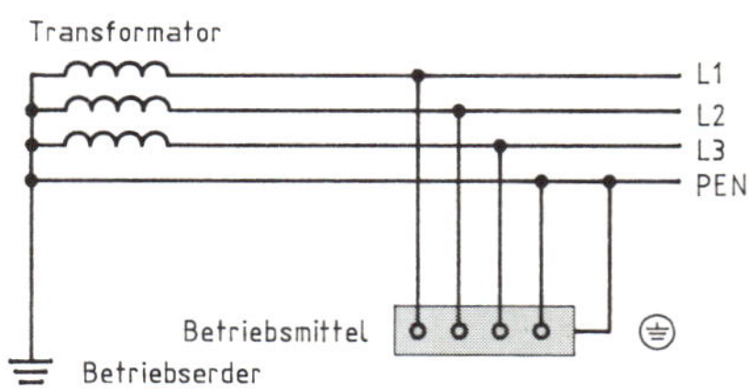

9

Erklären Sie den Aufbau eines TN-C-S-Netzes!

Das TN-C-S-Netz entspricht im wesentlichen einem TN-C-Netz.
Bei Leitungsquerschnitten unter 10 mm^2 Kupfer wird der PEN-Leiter in 2 separate Leiter (PE und N) aufgeteilt.
Die Aufteilung erfolgt meist am Zählerplatz.

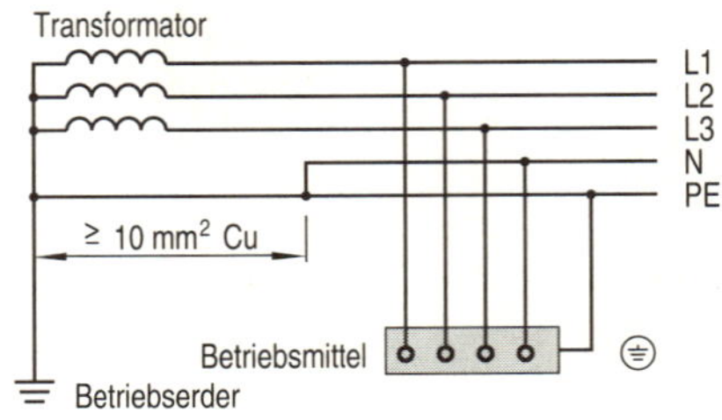

Erklären Sie den Aufbau eines TT-Netzes!

Beim TT-Netz ist der Sternpunkt des Transformators direkt geerdet (Betriebserde).
Die Körper der Betriebsmittel sind ebenfalls direkt geerdet (Schutzerde). Die Körper haben somit keine Verbindung zu aktiven Teilen des Netzes.

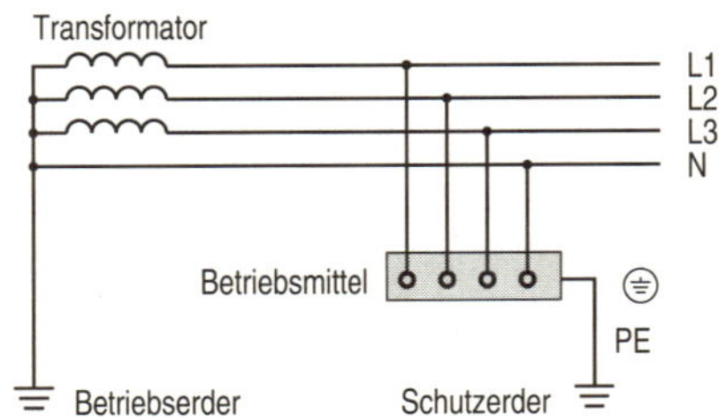

Erklären Sie den Aufbau eines IT-Netzes!

Beim IT-Netz ist der Sternpunkt des Transformators meist isoliert.
In besonderen Fällen, z.B. in Mittelspannungsnetzen, ist der Sternpunkt über eine Erdschlußkompensationsspule (Petersen-Spule) geerdet.
Die Körper der Betriebsmittel sind direkt geerdet.

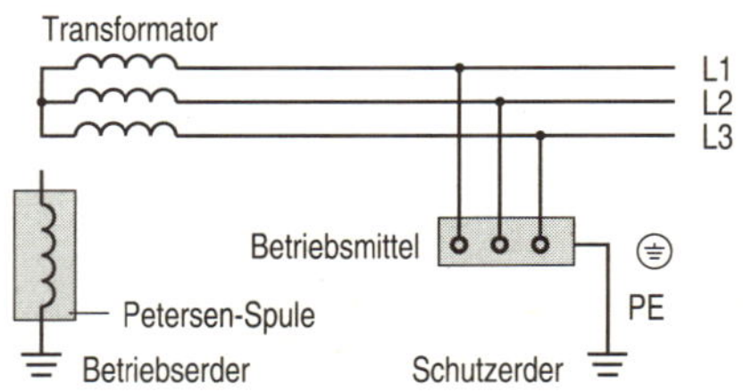

Im IT-Netz wird üblicherweise kein N-Leiter mitgeführt

9.5 Schutzmaßnahmen gegen gefährliche Körperströme

Nennen Sie Schutzmaßnahmen für den „Schutz gegen direktes Berühren" gemäß VDE 0100!

Schutz gegen direktes Berühren wird erreicht durch: Isolierung, Abdeckung und Umhüllung aktiver Anlageteile sowie durch Aufbau von Hindernissen und Einhalten von Sicherheitsabständen.

Schutz gegen direktes Berühren verhindert, daß betriebsmäßig unter Spannung stehende Anlageteile berührt werden können.
Der Schutz kann durch zusätzlichen Einbau eines FI-Schutzschalters mit $I_{\Delta n}$ = 30 mA ergänzt werden; als alleiniger Schutz ist er aber nicht ausreichend.

Nennen Sie Schutzmaßnahmen für den „Schutz bei indirektem Berühren" gemäß VDE 0100!

Schutz bei indirektem Berühren wird erreicht durch:
Abschalten oder Meldung
Schutzisolierung
Nichtleitende Räume
Erdfreien, örtlichen Potentialausgleich
Schutztrennung

Der Schutz bei indirektem Berühren bewirkt, daß auch beim Berühren von fehlerhaften Betriebsmitteln (Körperschluß) keine Gefahr für Mensch und Tiere besteht.
Die häufigste und wichtigste Schutzmaßnahme ist das Abschalten im Fehlerfall, z.B. durch Schmelzsicherungen, LS-Schalter und FI-Schutzschalter.

Nennen Sie Schutzmaßnahmen, die sowohl Schutz bei direktem als auch Schutz bei indirektem Berühren gewährleisten!

Schutz bei direktem und indirektem Berühren wird erreicht durch:
Schutzkleinspannung
Funktionskleinspannung
Begrenzung der Entladeenergie

Der Schutz gegen gefährliche Körperströme gilt als sichergestellt, wenn die Nennspannung 50 V Wechsel-, bzw. 120 V Gleichspannung nicht überschreitet (in Sonderfällen 25 V~ bzw. 60 V –).
Der Schutz ist auch sichergestellt, wenn die Entladeenergie kleiner als 350 mJ ist.

9.6 Schutzmaßnahmen im TN- und TT-Netz

Welche Schutzmaßnahme gegen gefährliche Körperströme bei indirektem Berühren wird in der Praxis am häufigsten verwendet?

Die häufigste Schutzmaßnahme ist der Schutz durch Abschalten oder Meldung gemäß VDE 0100 Teil 410.

In TN- und TT-Netzen erfolgt das Abschalten durch Überstrom- oder Fehlerstrom-Schutzeinrichtungen. In IT-Netzen ist es nicht nötig, daß beim ersten Fehler abgeschaltet wird; der Fehler muß aber gemeldet werden.

Erklären Sie die Wirkungsweise von Überstrom-Schutzeinrichtungen im TN-C-S-Netz im Falle eines Körperschlusses!

Im Falle eines Körperschlusses fließt über den Schutzleiter ein so großer Fehlerstrom, daß die Überstrom-Schutzeinrichtung innerhalb 0,2 s sicher abschaltet.
In manchen Fällen genügt eine Abschaltzeit von 5 s.

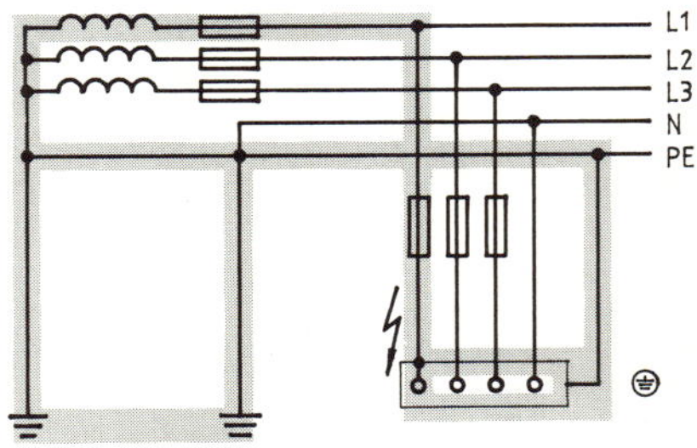

Wie kann der Abschaltstrom einer Schmelzsicherung ermittelt werden?

Der Abschaltstrom einer Schmelzsicherung wird aus ihrer Auslösekennlinie ermittelt.
Näherungsweise gilt bei Schmelzsicherungen für den Leitungsschutz (Betriebsklasse gL) die Regel: Die Sicherung schaltet beim 10fachen Nennstrom innerhalb 0,2 s sicher ab.

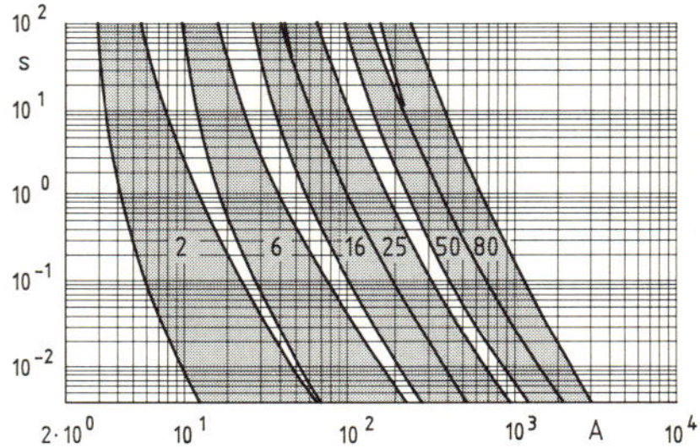

Wie kann der Abschaltstrom eines LS-Schalters ermittelt werden?

Der Abschaltstrom eines Leitungsschutz-Schalters wird aus seiner Auslösekennlinie ermittelt.
Näherungsweise gilt die Regel:
LS-Schalter vom Typ L schalten beim 5fachen, LS-Schalter vom Typ G schalten beim 10fachen und Schalter von Typ K schalten beim 15fachen Nennstrom innerhalb 0,2 s sicher ab.

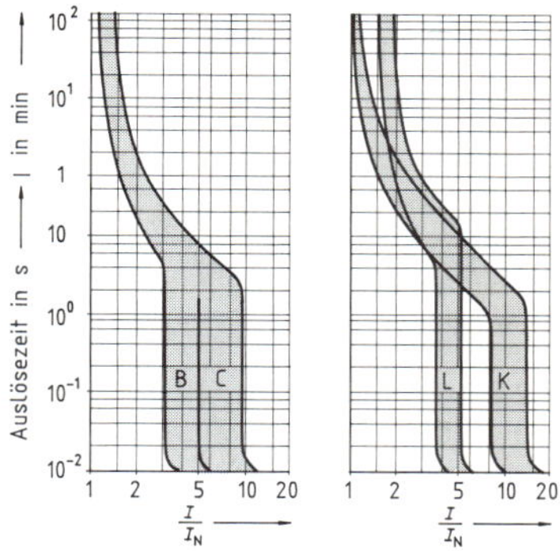

Wie kann sichergestellt werden, daß bei einem Körperschluß im TN-C-S-Netz die Überstrom-Schutzeinrichtung innerhalb 0,2 s abschaltet (Abschaltbedingung)?

Die Überstrom-Schutzeinrichtung schaltet in 0,2 s ab, wenn die Impedanz der Fehlerschleife so klein ist, daß der nötige Abschaltstrom fließt.

Es muß sein: $Z_S \leq \frac{U_0}{I_a}$

Z_S Schleifenimpedanz
U_0 Nennspannung gegen geerdeten Leiter
I_a Abschaltstrom von Schmelzsicherung bzw. LS-Schalter

Die Schleifenimpedanz ist vor allem von Länge, Querschnitt und Material der verlegten Leitung abhängig.
Die Impedanz des Transformators sowie Leitungsinduktivitäten sind meist vernachlässigbar.

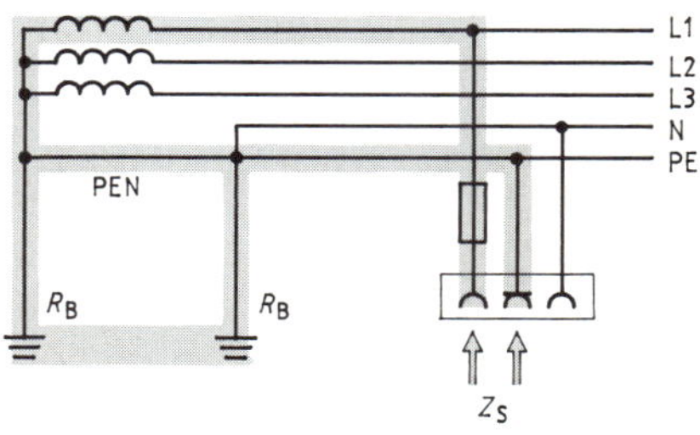

9

Erklären Sie den Aufbau eines FI-Schutzschalters!

Der FI-Schutzschalter besteht im wesentlichen aus einem Summenstromwandler.
Alle stromführenden Leiter, einschließlich N-Leiter, werden durch den Wandler geführt; sie bilden die Eingangswicklung.
Die Ausgangswicklung besteht aus mehreren Windungen und speist einen elektromagnetischen Auslöser.

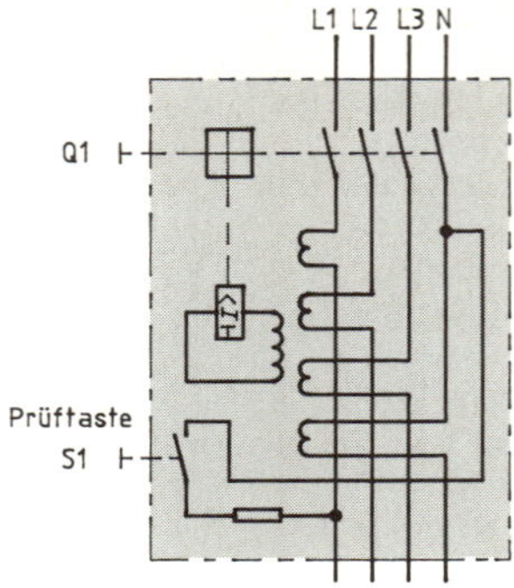

Erklären Sie die prinzipielle Wirkungsweise eines FI-Schutzschalters!

Hat das angeschlossene Betriebsmittel einen Körperschluß, so fließt ein Fehlerstrom. Da die Summe der Ströme ungleich Null ist, fließt im Ringkern ein magnetischer Wechselfluß. Die dadurch in der Ausgangsspule induzierte Spannung löst über ein Relais das Schaltschloß aus, der Schalter schaltet allpolig ab.

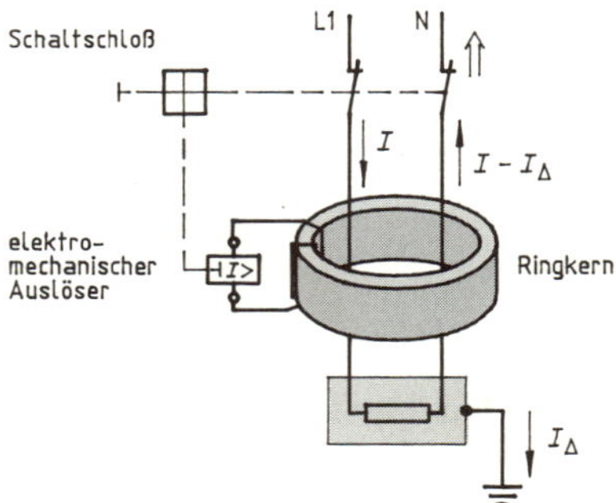

Erklären Sie die Wirkungsweise eines FI-Schutzschalters im TT-Netz!

Hat ein angeschlossenes Gerät einen Fehler (Körperschluß), so fließt über den PE-Leiter und den Schutzerder R_A ein Fehlerstrom.
Der FI-Schutzschalter schaltet infolge der induzierten Spannung innerhalb 0,2 s allpolig ab.

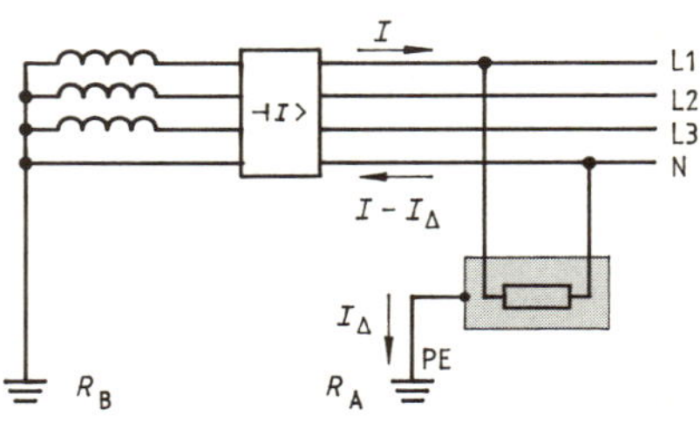

Erklären Sie die Wirkungsweise eines FI-Schutzschalters im TN-C-S-Netz!

Hat ein angeschlossenes Gerät einen Fehler (Körperschluß), so fließt über den PE- und den PEN-Leiter ein Fehlerstrom. Der FI-Schutzschalter schaltet innerhalb 0,2 s allpolig ab.
Bei sehr kleiner Schleifenimpedanz kann zusätzlich auch der LS-Schalter auslösen.

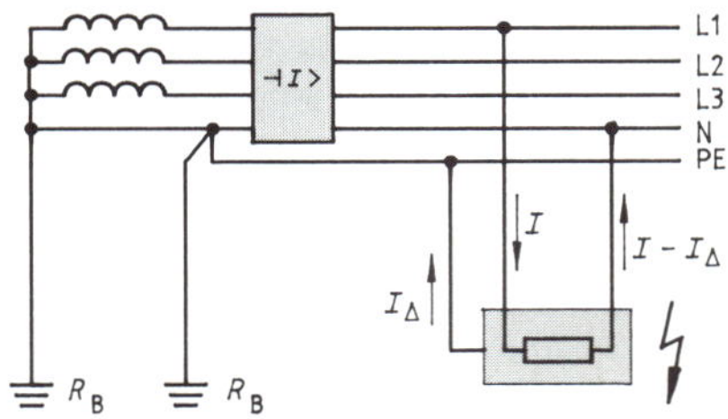

Welche Abschaltbedingung muß für einen FI-Schutzschalter bei Verwendung im TN-C-S-Netz bzw. im TT-Netz erfüllt sein?

Im TN-C-S-Netz muß die Schleifenimpedanz so klein sein, daß im Fehlerfall mindestens der Nennfehlerstrom des FI-Schutzschalters fließt.

$$Z_S \leq \frac{U_0}{I_{\Delta n}}$$

Im TT-Netz muß der Widerstand des Schutzerders so klein sein, daß die im Fehlerfall auftretende Fehlerspannung 50 V bzw. 25 V nicht überschreitet.

$$R_A \leq \frac{U_L}{I_{\Delta n}}$$

Beispiel für FI-Schutzschalter mit Nennfehlerstrom $I_{\Delta n} = 30$ mA

Im TN-C-S-Netz

$$Z_S \leq \frac{U_0}{I_{\Delta n}} = \frac{230\ \text{V}}{30\ \text{mA}} = 7{,}67\ \text{k}\Omega$$

Diese Bedingung ist immer erfüllt.

Im TT-Netz

$$R_A \leq \frac{U_L}{I_{\Delta n}} = \frac{50\ \text{V}}{30\ \text{mA}} = 1{,}67\ \text{k}\Omega$$

Diese Bedingung läßt sich mit allen üblichen Erdern, wie Stab-, Band- oder Fundamenterdern leicht erfüllen.

9.7 Schutzmaßnahmen ohne Schutzleiter

Welche Spannungsquellen dürfen zur Erzeugung von Schutzkleinspannung verwendet werden?

Schutzkleinspannung darf erzeugt werden durch:

Akkumulatoren
Galvanische Elemente
Motor-Generatoren
Elektronische Geräte
gemäß VDE 0160

Die Spannung ist maximal 50 V~ bzw. 120 V–, in Sonderfällen 25 V~ bzw. 60 V–. Bildzeichen auf Verbrauchsmitteln

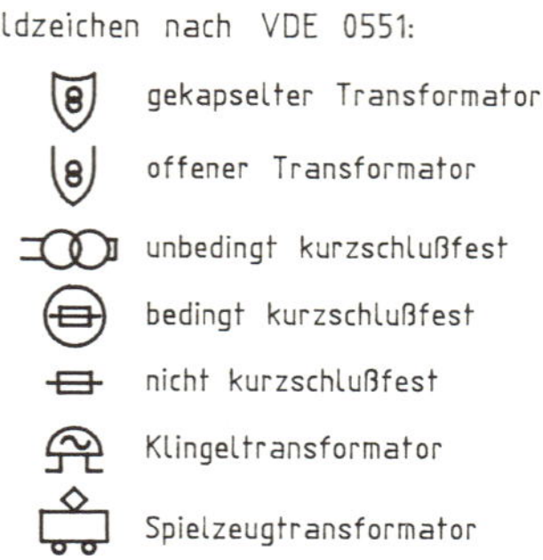

Erklären Sie die Schutzmaßnahme „Funktionskleinspannung"!

Funktionskleinspannung ist eine Schutzmaßnahme, die wie die Schutzkleinspannung mit maximal 50 V~ bzw. 120 V– arbeitet, aber:

1. ein Punkt der Kleinspannung kann geerdet sein,
2. der Transformator muß kein Sicherheitstransformator sein.

Durch Funktionskleinspannung wird wie durch Schutzkleinspannung Schutz bei indirektem und direktem Berühren gewährleistet.
Funktionskleinspannung wird insbesondere für Steuer- und Hilfsstromkreise eingesetzt. Steuertransformatoren müssen bezüglich der Isolation nicht die strengen Anforderungen nach VDE 0551 erfüllen wie Sicherheitstransformatoren.
Sie tragen das Bildzeichen:

Erklären Sie die Schutzmaßnahme „Schutzisolierung"!

Bei der Schutzisolierung (Schutzklasse II) wird das Auftreten von unzulässigen Berührspannungen dadurch verhindert, daß alle aktiven Teile des Betriebsmittels zusätzlich zur Basisisolierung eine Schutzisolierung erhalten.
Bildzeichen auf Betriebsmitteln ⧈

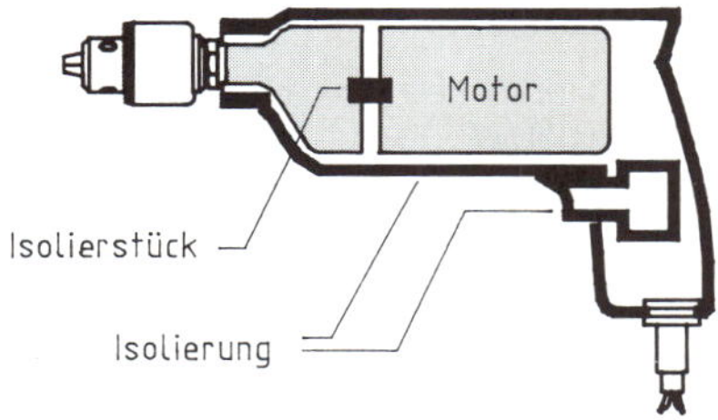

Erklären Sie die Schutzmaßnahme „Schutztrennung"!

Bei der Schutztrennung erfolgt eine galvanische Trennung zwischen Gerätestromkreis und speisendem Netz.
Der Gerätestromkreis ist erdfrei; dadurch tritt auch bei defektem Gerät keine Spannung zwischen dem Körper des Betriebsmittels und der Erde auf.

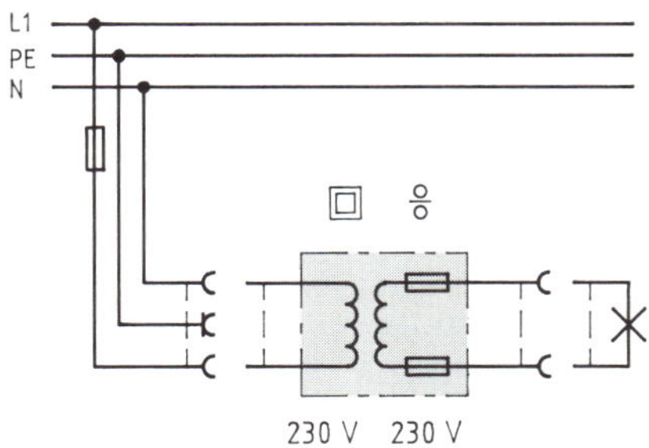

Welche Spannungsquellen dürfen für die Schutzmaßnahme Schutztrennung verwendet werden?

Für die Schutztrennung müssen Trenntransformatoren gemäß VDE 0550 verwendet werden.
Bildzeichen für Trenntransformatoren $\frac{\circ}{\circ}$

Trenntransformatoren nach VDE 0550 haben eine besonders hochwertige Isolation zwischen Primär- und Sekundärwicklung mit größeren Kriechstromstrecken und höherer Durchschlagfestigkeit als bei Normaltransformatoren üblich.

9

Welche Gefahr kann entstehen, wenn bei der Schutzmaßnahme Schutztrennung 2 Verbraucher an den Trenntransformator angeschlossen sind?

Werden an einen Trenntransformator 2 Geräte angeschlossen, so kann zwischen den Körpern beider Geräte eine unzulässig hohe Fehlerspannung auftreten, falls beide Geräte defekt sind.

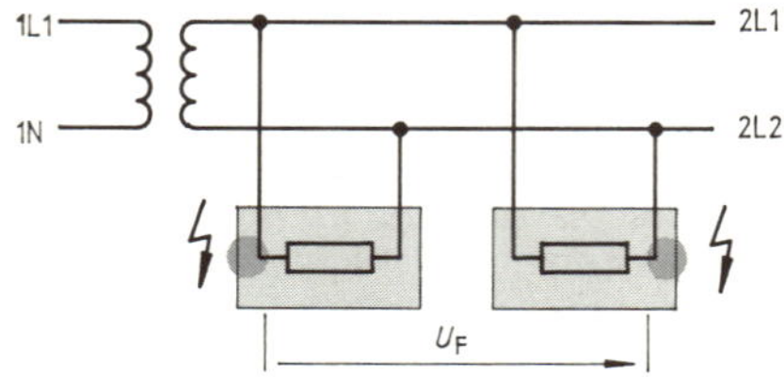

Unter welcher Bedingung dürfen an einen Trenntransformator mehrere Betriebsmittel angeschlossen werden?

Sollen an einen Trenntransformator mehrere Verbraucher angeschlossen werden, so müssen ihre Körper durch einen erdfreien Potentialausgleich miteinander verbunden sein. Dazu müssen die Verbraucher einen Schutzleiter haben.
Die Schutzkontakte der Steckdosen müssen miteinander verbunden sein.
Ausnahme:
schutzisolierte Geräte.

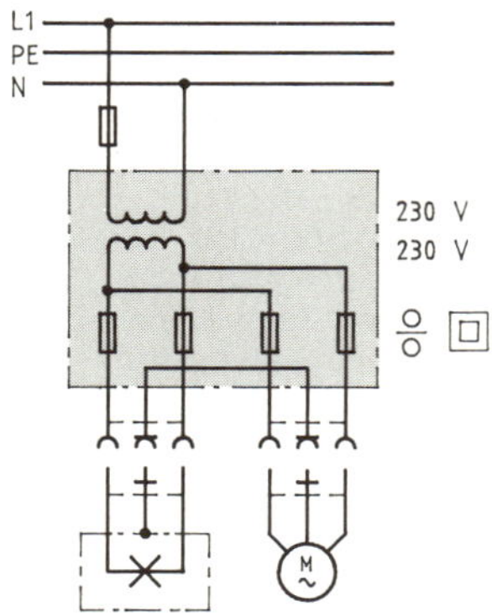

9.8 Erdung und Potentialausgleich

Wozu werden in Niederspannungsnetzen Erdungsanlagen benötigt?

Erdungsanlagen sind notwendig für:
1. Schutzmaßnahmen bei indirektem Berühren
2. Blitzschutzmaßnahmen

Erdungsanlagen müssen wegen ihrer besonderen Bedeutung für die Sicherheit sehr sorgfältig verlegt und geprüft werden. Vor allem muß die Korrosion von Metallteilen zuverlässig verhindert werden.

Welche Arten von Erdern werden in der Praxis häufig verwendet?

Je nach örtlichen Gegebenheiten verwendet man
- Fundamenterder
- Oberflächenerder
- Tiefenerder

Bei Neubauten ist ein Fundamenterder zwingend vorgeschrieben.

Fundamenterder bestehen aus verzinktem Bandstahl, der in das Fundament eingegossen ist.
Oberflächenerder bestehen aus Bandstahl, der unterhalb der Frostgrenze (0,7 bis 1m) in das Erdreich gelegt ist.
Tiefenerder bestehen aus Rohren oder Profilstäben, die bis zum Grundwasser in den Boden gerammt sind.

Was versteht man unter dem Hauptpotentialausgleich?

Der Hauptpotentialausgleich ist der elektrische Zusammenschluß von:

Hauptschutzleiter
Haupterdungsleitung
Hauptwasserrohren
Hauptgasrohren
Blitzschutzerder
Metallkonstruktionen

Er ist nach VDE 0100 zwingend vorgeschrieben.

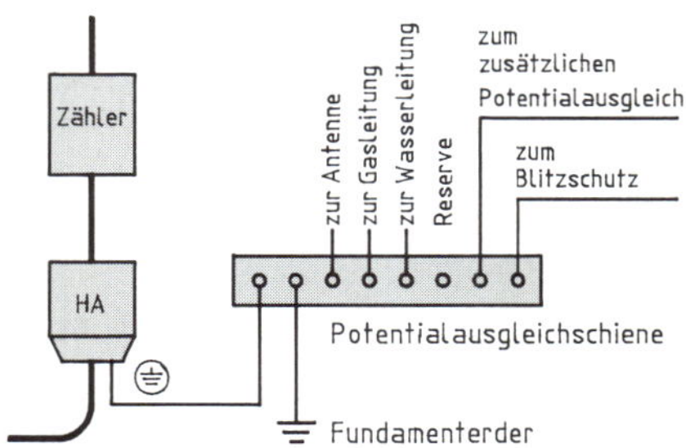

9

Was versteht man unter dem zusätzlichen Potentialausgleich?

Der zusätzliche Potentialausgleich ist eine Schutzmaßnahme, bei der die Körper aller ortsfesten Betriebsmittel sowie alle leitfähigen Teile miteinander verbunden sind.
Er ist insbesonders in Badezimmern und in Duschen zwingend vorgeschrieben.

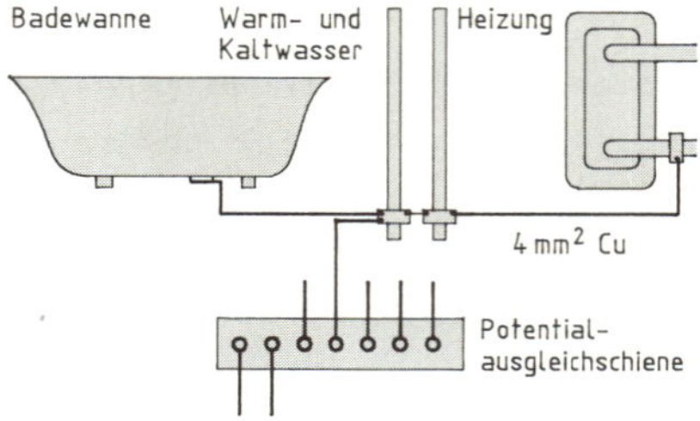

Welchen Zweck verfolgt der Potentialausgleich grundsätzlich?

Der Potentialausgleich beseitigt elektrische Spannungen (Potentialunterschiede) zwischen den Körpern von Betriebsmitteln, leitfähigen Rohren, leitfähigen Gebäudeteilen und dergleichen.

Welche Querschnitte sind bei Cu-Leitungen für den Hauptpotentialausgleich und den zusätzlichen Potentialausgleich zu verlegen?

Leitungen für den Hauptpotentialausgleich haben in Abhängigkeit von der Hauptleitung folgende Querschnitte:

Außenleiter der Hauptleitung in mm^2	10	16	25	35	50	70
Potentialausgleichsleitung in mm^2	6	10	10	10	16	25

Für den zusätzlichen Potentialausgleich in Bädern genügt Cu 4 mm^2, bei geschützter Verlegung genügt Cu 2,5 mm^2.

An welcher Stelle des Hauses soll die Potentialausgleichsschiene angebracht sein?

Die Potentialausgleichsschiene soll im Keller, möglichst in der Nähe des Hausanschlußkastens angebracht sein. Sie darf nicht wesentlich über dem Niveau der Erdoberfläche liegen.

Welcher Erdungswiderstand läßt sich mit Fundamenterdern realisieren?

Mit Fundamenterdern lassen sich verhältnismäßig kleine Erdungswiderstände realisieren.
Je nach Größe der Anlage liegen sie im Bereich von 1 Ω bis 15 Ω.

9.9 Arbeiten und Prüfungen an elektrischen Anlagen

Nennen Sie die 5 Sicherheitsregeln nach VDE 0105!

Die 5 Sicherheitsregeln:
1. Freischalten
2. Gegen Wiedereinschalten sichern
3. Spannungsfreiheit feststellen
4. Erden und kurzschließen
5. Benachbarte, unter Spannung stehende Teile abdecken oder abschranken

Zu 1: Arbeiten unter Spannung sind bis auf wenige Ausnahmen verboten. In diesem Fall sind besondere Vorsichtsmaßnahmen zu ergreifen (z.B. spezielle Schutzkleidung)

Zu 2: Schalter verriegeln, Warnschilder aufstellen, Schmelzsicherungen und Schraubkappen mitnehmen

Zu 3: Nur zugelassene Spannungsprüfer mit VDE-Prüfzeichen verwenden

Zu 4: In Innenanlagen unter 1000 V nicht vorgeschrieben aber ratsam

Was wird durch die „Besichtigung" eines Betriebsmittels geprüft?

Bei der Besichtigung wird das Betriebsmittel auf äußerlich erkennbare Fehler und Mängel geprüft.

1. Richtiger Querschnitt aller Leiter
2. Einwandfreie Verlegung und zuverlässiger Anschluß aller Leiter
3. Einwandfreie Schutzkontakte
4. Richtige Auswahl von FI-Schutzschalter, LS-Schalter und Sicherungen

FI-Schutzschalter enthalten eine Prüftaste. Was kann damit geprüft werden?

Mit der Prüftaste des FI-Schutzschalters kann nur geprüft werden, ob der Schaltmechanismus einwandfrei arbeitet.
Der richtige Anschluß und der Widerstandswert des Schutzerders können nicht überprüft werden.

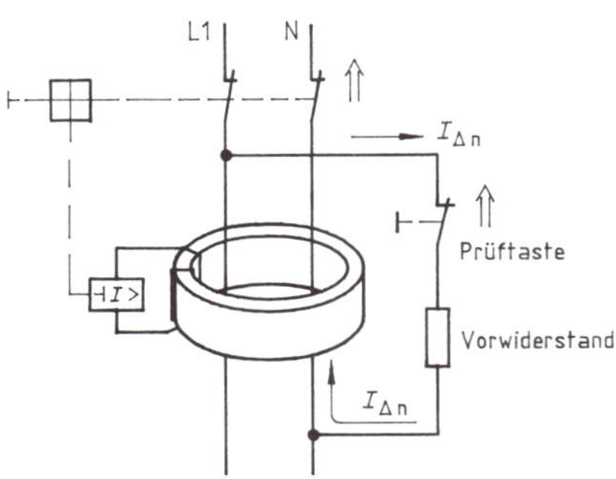

9

Wie wird in TN-Netzen mit Schutz durch Überstromschutzorgane geprüft, ob im Falle eines Körperschlusses der notwendige Abschaltstrom fließt?

Die Prüfung erfolgt indirekt durch Messung der Schleifenimpedanz, weil eine direkte Messung des Kurzschlußstromes meist nicht möglich ist und auch zu gefährlich wäre.
Die Schleifenimpedanz kann aus der Messung von Strom und Spannung im Leerlauf und bei Belastung bestimmt werden.
In der Praxis benutzt man meist spezielle Impedanzmeßgeräte.

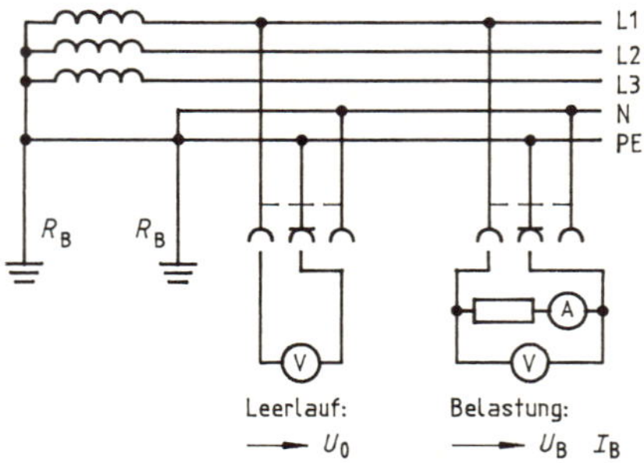

Schleifenimpedanz: $Z_S = \frac{U_0 - U_B}{I_B} = \frac{\Delta U}{\Delta I}$

Wie wird in einem TT-Netz mit Schutz durch FI-Schutzschalter geprüft, ob der Schutzwiderstand R_A hinreichend klein ist?

Bei der Prüfung des Schutzwiderstands wird ein Fehler simuliert.
Dann wird gemessen, ob der FI-Schutzschalter abschaltet, bevor die zulässige Berührspannung von 25 V bzw. 50 V erreicht ist.
Die Messung erfolgt meist mit automatischen Meßgeräten.

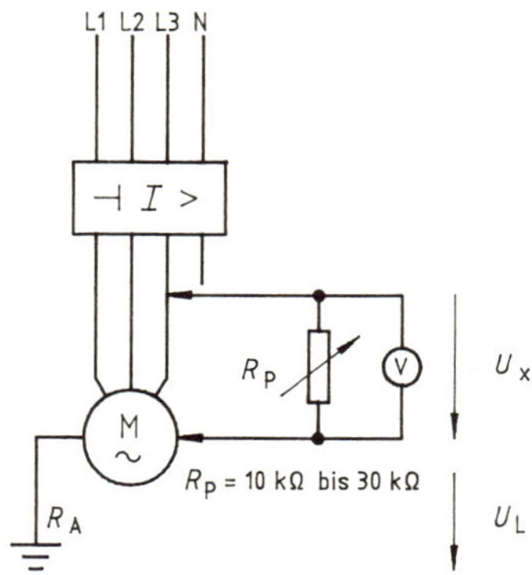

Der Prüfwiderstand R_P wird solange verkleinert, bis der Schalter auslöst.
Bei zulässiger Spannung U_L = 50 V muß die gemessene Spannung U_x größer als 180 V sein.

Es gilt: $U_x > U_0 - U_L = 230\ V - 50\ V = 180\ V$

Was versteht man unter dem Erdungswiderstand eines Erders?

Der Erdungswiderstand setzt sich zusammen aus dem Erdleitungswiderstand und dem Erdausbreitungswiderstand (kurz: Erdwiderstand).
Den Erdwiderstand kann man sich aus vielen einzelnen Widerstandsschichten mit abnehmendem Widerstandswert vorstellen.

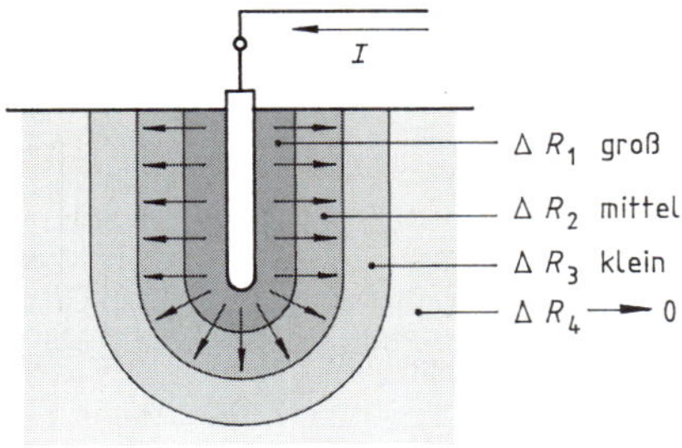

Wie kann der Erwiderstand eines Erders mit Strom- und Spannungsmesser bestimmt werden?

Der Erdwiderstand eines Erders kann mit Hilfe der Netzspannung und einer Meßsonde bestimmt werden.
Dazu muß der Erderstrom und die Erderspannung gemessen werden, wobei die Sonde mindestens 20 m vom Erder entfernt ist.
Für den Erderwiderstand gilt: $R_E = \frac{U_E}{I_E}$

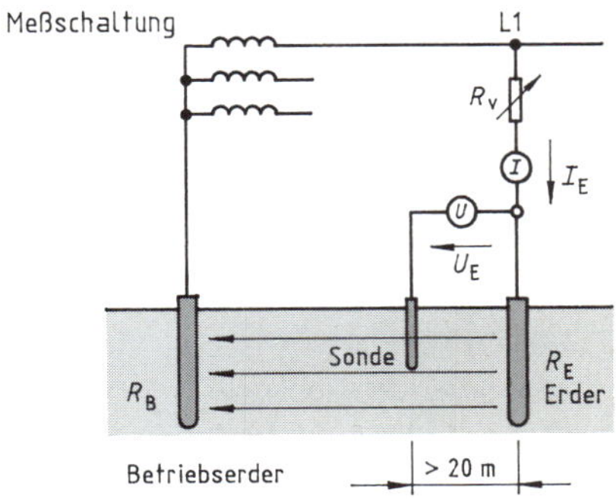

Welche Vorteile bietet die Messung des Erdwiderstandes mit Hilfe einer Erdungsmeßbrücke im Vergleich zur Strom-Spannungs-Methode?

Die Vorteile sind:
Keine Gefahr durch hohe Spannungen
Erdwiderstand kann direkt abgelesen werden
Die Brücke arbeitet mit $f > 50$ Hz (z.B. 130 Hz); Ströme anderer Erder stören die Messung nicht.

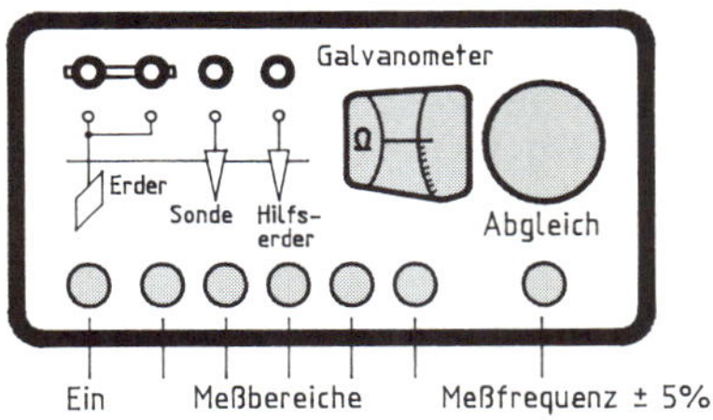

Welche Prüfungen bzw. Messungen müssen an instandgesetzten oder geänderten Geräten durchgeführt werden?

Vorgeschrieben sind:
1. Optische Kontrolle
2. Messung des Schutzleiterwiderstandes
3. Messung des Isolationswiderstandes
4. Funktionsprüfung

Elektrische Geräte müssen nach Instandsetzung oder Änderung nach DIN VDE 0701 darauf überprüft werden, ob keine Gefahr für Benutzer und Umgebung besteht.
Die Messungen müssen mit VDE-gerechten Geräten durchgeführt werden.
Ein Meßprotokoll ist anzufertigen.

Welchen Widerstandswert darf der Schutzleiter einer Geräteanschlußleitung haben?

Der Widerstand des Schutzleiters von Geräteanschlußleitungen darf 0,3 Ω nicht überschreiten.
Der Widerstandswert muß gemessen werden.

Der Widerstand wird durch eine Messung von Strom und Spannung bestimmt;
der Prüfstrom beträgt z.B. 2 A, bei handgeführten Elektrowerkzeugen mindestens 10 A.
Die Leitung wird dabei bewegt.

Welche Isolationswiderstände müssen Geräte der 3 Schutzklassen mindestens aufweisen?

Geräte der 3 Schutzklassen müssen mindestens folgende Isolationswiderstände haben:
Schutzklasse I 0,5 MΩ
Schutzklasse II 2,0 MΩ
Schutzklasse III 1000 Ω/V

Der Isolationswiderstand von instandgesetzten oder geänderten Geräten ist mit Meßgeräten nach DIN VDE 0413 zu messen. Sie liefern bei Belastung mit 0,5 MΩ mindestens 500 V Gleichspannung.
In besonderen Fällen wird statt des Widerstandes der Ableitstrom gemessen.

Welche VDE-Vorschriften fordern die Überprüfung von Schutzmaßnahmen?

VDE 0100 fordert nach Fertigstellung einer elektrischen Anlage die Überprüfung der Schutzmaßnahmen gegen direktes und bei indirektem Berühren.
VDE 0701 fordert diese Überprüfung nach Instandsetzung und Änderung von Verbrauchsmitteln.

9.10 Anlagen und Räume besonderer Art

Nennen Sie 8 Raumarten und Betriebsstätten nach DIN VDE 0100!

DIN VDE 0100 nennt:
1. Elektrische Betriebsstätten
2. Abgeschlossene el. Betriebsstätten
3. Trockene Räume
4. Feuchte und nasse Räume
5. Räume mit Badewanne oder Dusche
6. Elektrische Anlagen auf Baustellen
7. Landwirtschaftliche Betriebsstätten
8. Feuergefährdete Betriebsstätten

Die verschiedenen Raumarten und Betriebsstätten stellen an die Elektroinstallation verschieden hohe Sicherheitsansprüche. Der Betrieb von elektrischen Geräten in Räumen mit Badewanne z.B. ist sicher problematischer als in trockenen Räumen. Bei der Errichtung elektrischer Anlagen sind die VDE-Vorschriften sorgfältig zu beachten.
Außer den genannten Raumarten und Vorschriften werden unterschieden: Medizinisch genutzte Räume, explosionsgefährdete Bereiche, Anlagen im Freien, überdachte Schwimmbecken und Schwimmanlagen im Freien, elektrische Anlagen auf Campingplätzen und andere.

Was versteht man unter elektrischen Betriebsstätten?

Elektrische Betriebsstätten sind Räume oder Orte, die im wesentlichen zum Betrieb elektrischer Anlagen dienen, z.B. Prüffelder, Schaltwarten, Maschinenräume.
Die Einrichtungen sollen nur von unterwiesenem Personal bedient werden.

Abgeschlossene elektrische Betriebsräume dienen ausschließlich zum Betrieb elektrischer Anlagen, z.B. Transformatorzellen, abgeschlossene Schalt- und Verteilungsanlagen.
Die Räume müssen sorgfältig verschlossen sein; der Verschluß dieser Räume darf nur von beauftragten Personen geöffnet werden, der Zutritt ist nur unterwiesenen Personen erlaubt.

Was sind trockene Räume nach DIN VDE 0100?

Trockene Räume sind Räume und Orte in denen normalerweise kein Kondenswasser auftritt, bzw. die Luft nicht mit Feuchtigkeit gesättigt ist.

Zu den trockenen Räumen zählen Wohnräume, Treppenhäuser, Dachböden, Verkaufsräume und Büros, sowie Küchen und Baderäume in Wohnungen und Hotels. Keller gelten als trockene Räume, wenn sie beheizt und belüftet sind.

Erklären Sie die Einteilung der Gefahrenbereiche in Räumen mit Badewanne oder Dusche!

Räume mit Badewanne oder Dusche werden in die Bereiche 0, 1, 2 und 3 eingeteilt.

Bereich 0
umfaßt das Innere der Bade- oder Duschwanne.

Bereich 1
wird durch die Wände der Wanne begrenzt.

Bereich 2
schließt mit einer Breite von 0,6 m an Bereich 1 an.

Bereich 3
schließt mit einer Breite von 2,4 m an Bereich 2 an.

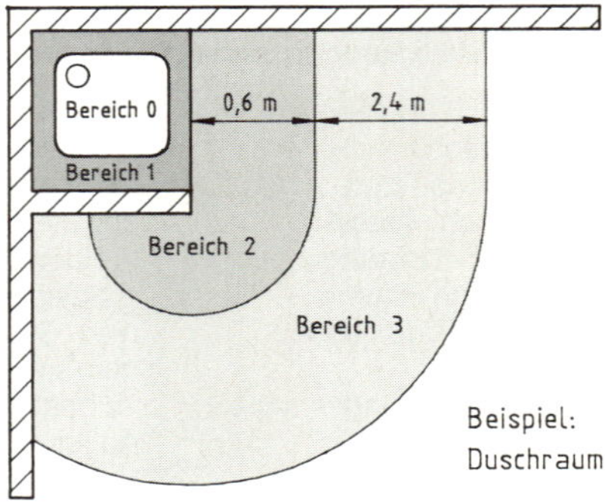

Welche elektrische Betriebsmittel dürfen in den 4 Bereichen von Räumen mit Badewanne oder Dusche verwendet werden?

Bereich 0
Keine Elektrogeräte außer speziell zugelassenen mit höchstens 12 V Spannung.

Bereich 1
Fest montierte Wassererwärmer und Abluftgeräte.

Bereich 2
Wie Bereich 1, zusätzlich jedoch Leuchten und Sprechanlagen.

Bereich 3
Wie Bereich 2, zusätzlich jedoch Steckdosen über Schutzkleinspannung, Trenntransformator oder FI-Schutzschalter mit $I_{\Delta n} = 30$ mA.

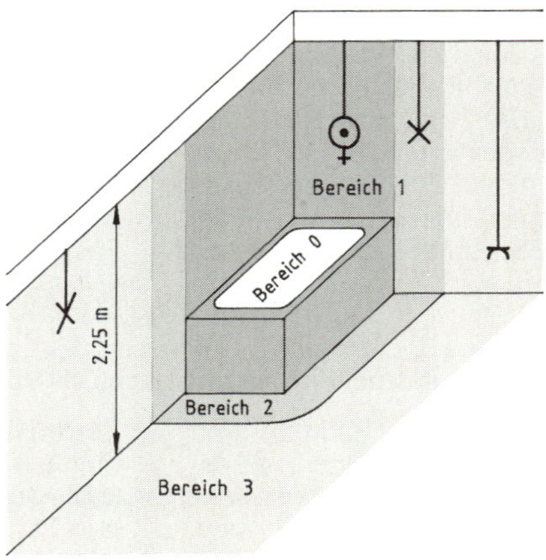

Welche Vorschriften sind bei der Verlegung elektrischer Leitungen in Räumen mit Badewanne oder Dusche zu beachten?

Durch Bade- und Duschräume dürfen keine Leitungen oder Kabel verlegt werden, die zur Versorgung anderer Räume dienen.
Zur eigenen Versorgung sind erlaubt:
Kunststoffkabel NYY
Mantelleitungen NYM und
Aderleitungen H07V-U in
Kunststoffrohren.

In den besonders gefährlichen Bereichen 0, 1 und 2 dürfen keine Leitungen im oder unter Putz oder hinter Wandverkleidungen verlegt werden. Ausgenommen ist die Stromversorgung für fest installierte Warmwasserbereiter oder Abluftgeräte. Die Leitungen hierfür müssen senkrecht verlegt und direkt von hinten in das Betriebsmittel eingeführt werden.
In Bereich 3 dürfen außer NYY, NYM und Aderleitungen in Kunststoffrohren auch Stegleitungen NYIF verlegt werden.

Welche Vorschriften gelten für den Potentialausgleich in Räumen mit Badewanne oder Dusche?

In den Bereichen 1, 2 und 3 von Räumen mit Badewanne oder Dusche muß nach DIN VDE 0100 ein zusätzlicher Potentialausgleich hergestellt werden.
Er besteht aus mindestens 4 mm^2 Kupfer und muß mit dem Schutzleiter verbunden sein.

Der Potentialausgleich verhindert das Auftreten von gefährlichen Spannungen zwischen leitfähigen Anlageteilen.
In den Potentialausgleich werden alle Rohrsysteme, leitfähige Wannen und Ablaufstutzen einbezogen.
Die Verbindung zum Hauptpotentialausgleich erfolgt an einem Unterverteiler oder direkt an der Potentialausgleichsschiene.

Worauf ist bei der Installation von Sauna-Anlagen besonders zu achten?

In Sauna-Anlagen müssen wärmebeständige Leitungen verlegt werden.
Ein Temperaturbegrenzer muß die Heizung ausschalten, bevor die Kabine an der heißesten Stelle die Temperatur 165 °C hat.

In Sauna-Anlagen sind an den Wänden etwa 60 °C, an der Decke bis zu 140 °C üblich; als Leitungen werden dafür z.B. Silikon-Schlauchleitungen verwendet.
Der Steuerkreis der Temperatur-Regelung muß mit einem Sicherheits-Temperaturbegrenzer oder einer Temperatur-Sicherung ausgerüstet sein (Brandgefahr).

Welche Vorschrift gilt nach DIN VDE 0100 Teil 704 für die elektrische Energieversorgung von Baustellen?

Auf Baustellen sind alle Betriebsmittel von besonderen Speisepunkten aus zu versorgen. Dies sind z.B.: Baustromverteiler, Ersatzstromerzeuger, Abzweige von ortsfesten Verteilungen

Besondere Bedeutung hat die Versorgung über Baustromverteiler. Sie enthalten Hauptsicherungen, Hauptschalter, Meßeinrichtung, FI-Schutzschalter, Stromkreissicherungen und Steckvorrichtungen. Baustellen dürfen nicht über Steckvorrichtungen von Hausinstallationen versorgt werden.

Welche Schutzmaßnahmen dürfen auf Baustellen angewandt werden?

Auf Baustellen ist ein TT-Netz mit FI-Schutzschalter erforderlich.
Außerdem sind Schutzisolierung, Schutztrennung und Schutzkleinspannung erlaubt.

Der Nennfehlerstrom des FI-Schutzschalters darf in Steckdosenkreisen bis 16 A höchstens 30 mA, bei allen anderen Betriebsmitteln höchstens 0,5 A betragen.
Die Funktion des Schalters ist täglich vor Arbeitsbeginn mit Hilfe der Prüftaste zu überprüfen.

Im Stallbereich von landwirtschaftlichen Betriebsstätten muß eine Potentialsteuerung eingebaut werden. Wozu dient diese Potentialsteuerung und wie kann sie realisiert werden?

Die Potentialsteuerung verhindert gefährliche Schrittspannungen.
Sie wird dadurch realisiert, daß im Standbereich der Nutztiere Baustahlmatten in den Boden eingelegt und mit dem Potentialausgleich verbunden werden. Der Potentialausgleich darf nicht mit dem PEN-Leiter eines eventuell vorhandenen TN-Netzes verbunden werden.

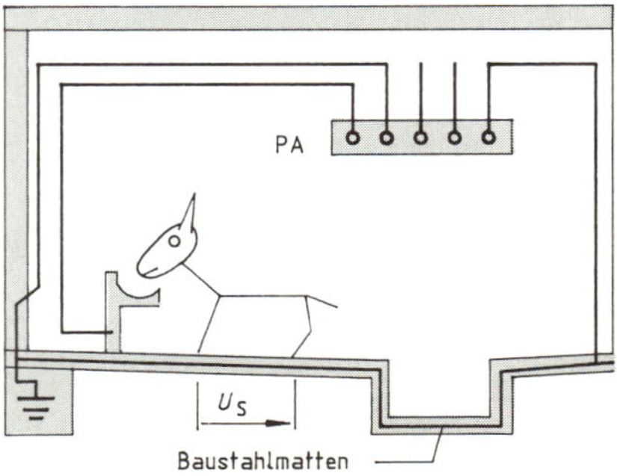

9.11 Elektrische Ausrüstung von Industriemaschinen

Erklären Sie den wesentlichen Inhalt der DIN VDE 0113!

DIN VDE 0113 enthält Vorschriften für die elektrische Ausrüstung von Bearbeitungs- und Verarbeitungsmaschinen.
Sie sollen sicherstellen, daß von der Maschine keine Gefahr für Personen, Anlagen und Produktionsgütern ausgehen.

Die Vorschriften der DIN VDE 0113 beziehen sich vor allem auf
Hauptschalter
Not-Aus-Einrichtungen
Befehlsgeber
Meldeleuchten
Leitungen und Verdrahtungen
von Werkzeugmaschinen, Gießmaschinen, Walzen, Pressen, Scheren und ähnlichen Industriemaschinen.

Warum müssen Maschinen einen Hauptschalter mit Trennereigenschaften haben?

Der Hauptschalter ist notwendig, um die gesamte Anlage bei Reinigungs-, Wartungs- und Reparaturarbeiten abschalten zu können.
Zur Erkennung des Schaltzustandes muß der Schalter eine sichtbare Trennstelle oder eine Schaltstellungsanzeige haben.

Der Hauptschalter soll die gesamte Anlage allpolig freischalten; Steckdosen und Lichtstromkreise, die zur Wartung der Maschine dienen, sind davon nicht betroffen.
Der Hauptschalter muß mindestens die Summe aller Nennströme abschalten können (Lastschalter), fernbetätigte Hauptschalter müssen Leistungsschalter sein. Schütze dürfen nicht als Hauptschalter dienen.

Unter welcher Bedingung wird bei Maschinensteuerungen der Einbau eines Steuertransformators empfohlen?

Der Einbau eines Steuertransformators wird empfohlen, wenn die Steuerung mehr als 5 Schütze, Relais oder Magnetventile enthält.

Der Steuertransformator wird nach dem Hauptschalter, vorzugsweise an 2 Außenleiter (400 V) angeschlossen. Die Spannung der Sekundärseite darf höchstens 230 V betragen; häufig wird aus Sicherheitsgründen Kleinspannung verwendet.

Wie kann verhindert werden, daß Erdschlüsse in Steuerstromkreisen zum unbeabsichtigten Start von Maschinen führen können!

Der unbeabsichtigte Start von Maschinen durch Erdschlüsse im Steuerstromkreis wird verhindert durch:

einseitige Erdung des Steuerstromkreises

oder

Einbau einer Einrichtung zur Isolationsüberwachung.

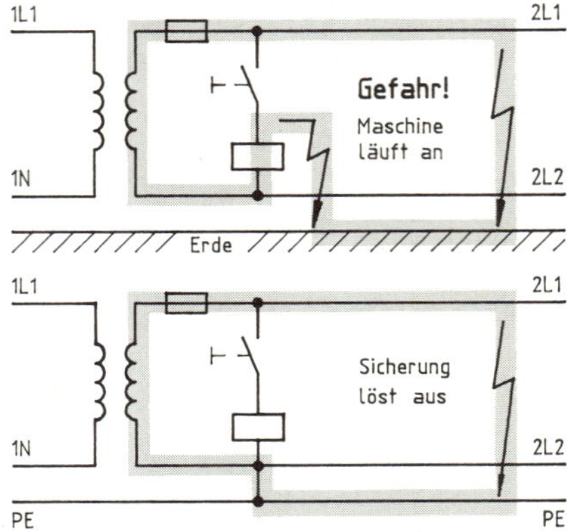

Welche Bedeutung haben nach DIN VDE 0113 die Farben Rot, Grün, Schwarz, Gelb und Weiß bei Befehlsgebern?

Die festgelegten Bedeutungen für Farben der Befehlsgeber sind:

Rot:	Halt, Not-Aus
Grün oder Schwarz:	Start, Ein
Gelb:	Start Rücklauf
Weiß:	Alle anderen Funktionen

Rot darf bei Befehlsgeräten (Tastern) nur für die Aus-Funktion verwendet werden. Bei Not-Aus-Tastern soll die Fläche unter dem Taster die Kontrastfarbe Gelb haben. Außer durch Farbe werden Befehlsgeräte durch Schrift oder Symbole markiert.

Für Aus-Taster ist das Symbol **0**, für Ein-Taster das Symbol I vorgeschrieben.

Welche Bedeutung haben nach DIN VDE 0113 die Farben Rot, Grün, Gelb, Weiß und Blau bei Meldeleuchten zum Anzeigen von Betriebszuständen?

Die Farben der Meldeleuchten bedeuten nach DIN VDE 0113:

Rot:	Gefahr!
Grün:	Startbereit
Gelb:	Vorsicht!
Weiß:	Normaler Betrieb
Blau:	Sonstiger Zustand

Rot zeigt einen anomalen, meist gefährlichen Betriebszustand an und fordert zum Abschalten der Maschine auf.
Gelb zeigt eine mögliche Gefahr an, z.B. daß sich die Wicklungs-Temperatur dem zulässigen Grenzwert nähert.
Blau zeigt z.B. Kontroll- und Wartungsarbeiten oder Probeläufe an.

9.12 Erste Hilfe, Brandbekämpfung

Welche Sofortmaßnahmen müssen bei einem elektrischen Unfall getroffen werden?

Sofortmaßnahmen sind:
1. Abschalten
2. Wenn nötig Wiederbelebung durchführen
3. Notarzt und eventuell Polizei rufen

Eine eventuell notwendige Beatmung muß sofort eingeleitet werden, da die Gehirnzellen bereits nach wenigen Minuten absterben. Die Beatmung muß bis zu Eintreffen des Arztes fortgesetzt werden.
Jeder sollte einen Kurs in Erster Hilfe besucht haben.

Wie kann man Hilfe leisten, wenn bei einem elektrischen Unfall der betreffende Stromkreis nicht abgeschaltet werden kann?

Kann der Stromkreis nicht abgeschaltet werden, so muß der Verunglückte mit Hilfe von isolierenden Teilen (Kleider, Holzlatten) von den spannungführenden Teilen weggezogen werden.

Das Wegziehen des Verunglückten muß mit größter Vorsicht geschehen; es ist nur in Anlagen bis 1000 Volt möglich.
In Hochspannungsanlagen über 1000 V muß von Fachleuten abgeschaltet werden, da sich Laienhelfer selbst in Lebensgefahr bringen können. Dabei ist auch auf Schrittspannungen zu achten.

Welche Maßnahmen muß ein Unternehmer treffen, damit im Ernstfall sofort Erste Hilfe geleistet werden kann?

Jeder Unternehmer muß dafür sorgen, daß in seinem Betrieb die notwendigen Einrichtungen, Hilfsmittel und Ersthelfer zur Verfügung stehen.

Die VBG 109 schreibt vor:
Bei bis zu 20 Beschäftigten muß mindestens 1 Ersthelfer einsatzbereit sein.
In größeren Betrieben müssen mindestens 10% der Arbeitskräfte als Ersthelfer ausgebildet sein.

Welche Maßnahmen müssen nach jedem Unfall durch elektrischen Strom getroffen werden?

Nach jedem Unfall muß der Verunglückte von einem Arzt untersucht werden. Der Unfall ist der Berufsgenossenschaft zu melden.

Der Arzt kann durch ein EKG eventuelle Herzschäden erkennen und behandeln.
Alle Erste-Hilfe-Leistungen sind aufzuzeichnen; die Protokolle müssen 5 Jahre aufbewahrt werden.

Was versteht man unter den Brandklassen A, B, C und D?

Die Brandklasse gibt an, welches Material brennt:
Klasse A: Feste Stoffe
Klasse B: Flüssigkeiten
Klasse C: Gase
Klasse D: Metalle
Die Brandklasse bestimmt, welche Löschmittel bei der Brandbekämpfung eingesetzt werden können.

Brandklasse A: Brände von festen Stoffen wie Holz, Papier, Textilien, Kohle und Kunststoffen.
Brandklasse B: Brände von flüssigen und flüssig werdenden Stoffen wie Benzin, Teer, Öle und Fette.
Brandklasse C: Brände von Gasen wie Propan, Acetylen und Wasserstoff.
Brandklasse D: Metallbrände, insbesondere von Aluminium und Magnesium.

Darf Wasser zum Löschen von Bränden in elektrischen Anlagen verwendet werden?

Wasser ist ein geeignetes Löschmittel für Brände der Klasse A.
Beim Löschen sind Mindestabstände gemäß VDE 0132 einzuhalten.

Mindestabstände nach VDE 0132

Spannung	1 kV	30 kV	115 kV	230 kV	400 kV
Sprühstrahl	1 m	3 m	3 m	4 m	5 m
Vollstrahl	5 m	5 m	6 m	7 m	8 m

Muß eine elektrische Anlage im Brandfall abgeschaltet werden?

Brennende Anlageteile müssen abgeschaltet werden, die Abschaltung soll sich aber auf das nötige Mindestmaß beschränken.

Insbesondere soll die Beleuchtung eingeschaltet und die Wasserversorgung funktionsfähig bleiben. Auch die Stromversorgung für Aufzüge, Fernmeldeanlage u.dgl. soll nicht unterbrochen werden.

Welche Sofortmaßnahmen sind bei Verbrennungen durchzuführen?

Verbrannte Körperteile werden zu Linderung der Schmerzen sofort in kaltes Wasser getaucht.
Die Wunden werden dann mit keimfreien Verbandtüchern abgedeckt.

Der Verletzte wird dann mit Decken zugedeckt; die Decken dürfen die Wunden aber nicht berühren.
Brandwunden dürfen nie mit Öl, Puder oder Salben behandelt werden.
Dem Verletzten darf kein Alkohol verabreicht werden.

10 Werkstoffe

10.1 Physikalische und chemische Grundlagen

Was versteht man unter physikalischen Vorgängen?

Physikalische Vorgänge sind solche Vorgänge, bei denen die chemische Zusammensetzung der beteiligten Stoffe erhalten bleibt. Ändern können sich aber Form, Lage, Bewegungszustand, Temperatur, Aggregatzustand.

Beispiele: Metalle schmieden, sägen, schweißen, legieren; Wasser erwärmen, verdampfen, gefrieren; Autos beschleunigen oder abbremsen.

Was versteht man unter chemischen Vorgängen?

Chemische Vorgänge sind solche Vorgänge, bei denen sich die chemische Zusammensetzung der beteiligten Stoffe ändert.

Beispiele: Verbrennen (Oxidieren) von Holz, Kohle, Öl; Reduzieren von Metalloxiden zu Metall; Herstellen von Kunststoffen aus Kohlenstoff, Wasserstoff, Chlor usw.

Was versteht man unter Kohäsion, was unter Adhäsion?

Die Kohäsion (Zusammenhangskraft) ist die Anziehungskraft der Atome, bzw. Moleküle oder Kristalle eines Stoffes untereinander.
Die Adhäsion (Anhangskraft) ist die Anziehungskraft zwischen verschiedenen Stoffen.

Welche Stoffeigenschaften beruhen auf der Kohäsion?

Die Kohäsion ist maßgebend für Festigkeit, Zähigkeit, Elastizität, Sprödigkeit und Härte eines Stoffes.
Feste Stoffe haben eine große, flüssige Stoffe eine kleine und gasförmige Stoffe eine sehr kleine Kohäsion.

Nennen Sie Beispiele, bei denen die Adhäsion von Bedeutung ist!

Die Adhäsion ist z.B. wichtig beim Zusammenkleben zweier Stoffe (Adhäsionskleber) oder beim Lackieren von Werkstücken. Die Farbe haftet auf dem Werkstück, weil die Adhäsion zwischen Farbe und Werkstück größer ist, als die Kohäsion der Farbe.

Welches sind die Aggregatzustände eines Stoffes?

Die Aggregatzustände (Zustandsformen) sind: fest, füssig, gasförmig.
Als vierter Aggregatzustand wird häufig der Plasmazustand eines Stoffes bezeichnet. Unter Plasma versteht man dabei ein ionisiertes, also elektrisch leitfähiges Gas.

Nennen Sie 6 mechanische Belastungsarten eines Werkstückes!

Werkstücke können belastet werden durch:
Zug (z.B. Kette, Seil, Treibriemen),
Druck (z.B. Lager, Fundament),
Biegung (z.B. Träger, Welle),
Abscherung (z.B. Nieten, Schrauben),
Knickung (z.B. dünne Stäbe) und
Verdrehung (z.B. Wellen).

Was versteht man unter Temperatur?

Die Temperatur eines Stoffes ist ein Maß für seinen Wärmezustand.
Bei hohen Temperaturen bewegen sich die Atome bzw. Moleküle des Stoffes schnell, bei tiefer Temperatur bewegen sie sich langsam.
Die Temperatur wird in Kelvin (K) bzw. in Grad Celsius (°C) gemessen.

Welche Stoffeigenschaften werden durch die Temperatur beeinflußt?

Fast alle Eigenschaften eines Stoffes werden durch die Temperatur mehr oder weniger stark beeinflußt, insbesondere: Aggregatzustand, Dichte, mechanische Festigkeit, elektrische Leitfähigkeit.

Wie unterscheiden sich plastische und elastische Stoffe?

Plastische Stoffe können durch äußere Kräfte bleibend verformt werden, z.B. Blei, Zinn, erwärmte thermoplastische Kunststoffe.

Elastische Stoffe nehmen nach der Verformung wieder ihre ursprüngliche Form an, wenn die äußere Kraft nicht mehr wirkt, z.B. Gummi, Federstahl, Federbronze, luftgefüllte Reifen und Bälle.

Manche Stoffe können plastisch und elastisch verformt werden. Wird z.B. Stahlblech nur wenig gebogen, so geht die Verformung nach Aufhören der Biegekraft zurück (elastische Verformung), wird das Blech stark verformt, so ist die Verformung bleibend (plastische Verformung).

Wodurch unterscheiden sich Masse und Gewicht eines Körpers?

Die Masse eines Körpers ist an jeder Stelle des Universums gleich, sein Gewicht ist jedoch von der Anziehungskraft des Standorts abhängig.
Beispiel: Die Masse 1 kg wiegt auf der Erde etwa 9,81 N (Newton), auf dem Mond aber nur etwa 1,6 N.

10.2 Chemische Elemente und Verbindungen

Was versteht man unter chemischen Elementen?

Chemische Elemente sind Grundstoffe, die durch kein chemisches Verfahren in einfachere Stoffe zerlegt werden können. Die kleinsten Einheiten der Elemente sind die Atome. Es gibt 92 natürliche Elemente und derzeit 11 künstlich erzeugte (Transurane).

Nennen Sie 10 metallische Elemente!

Reine Metalle sind z.B.: Kupfer (Cu), Aluminium (Al), Eisen (Fe), Blei (Pb), Zink (Zn), Zinn (Sn), Gold (Au), Silber (Ag), Platin (Pt) und Wolfram (W).

Nennen Sie 6 gasförmige Elemente!

Gasförmige Elemente (bei 20 °C und Normaldruck) sind z.B.: Sauerstoff (O), Wasserstoff (H), Stickstoff (N), Chlor (Cl), Argon (Ar), Neon (Ne).

Welche besonderen Eigenschaften haben Edelgase?

Edelgase sind Gase, die mit anderen Stoffen praktisch keine chemischen Verbindungen eingehen.
Bei Edelgasen ist die äußere Elektronenhülle mit 8 Elektronen besetzt (Ausnahme: Helium hat 2 Elektronen). Diese Elektronenanordnung (Edelgaskonfiguration) ist chemisch besonders stabil.

Nennen Sie die 6 Edelgase und einen Verwendungszweck!

Die 6 Edelgase sind: Helium (He), Neon (Ne), Argon (Ar), Krypton (Kr), Xenon (Xe) und Radon (Ra).
Edelgase werden z.B. als Füllung bei Gasentladungslampen verwendet.

Nennen Sie wichtige Halbleiterelemente!

Für die Technik besonders wichtige Halbleiterelemente sind Silizium (Si) und Germanium (Ge).
Weitere Halbleiterelemente sind Selen (Se) und Tellur (Te); auch Kohlenstoff (C) kann zu den Halbleitern gezählt werden.

Welches sind die Bestandteile der Luft?

Reine Luft ist ein Gemenge aus etwa 21% Sauerstoff (O_2), 78% Stickstoff (N_2), 1% Edelgase und 0,03% Kohlendioxid (CO_2). Außerdem enthält Luft stets Wasserdampf.
Vor allem wegen der Industrie- und Auto-Abgase enthält Luft meist zusätzliche Schadstoffe wie Schwefeldioxid, Stickoxide und Ozon.

Nennen Sie die wichtigsten Eigenschaften von Sauerstoff!

Sauerstoff ist ein farb-, geruch- und geschmackloses Gas. Es unterhält die Verbrennung, brennt aber selber nicht. Bei −183 °C wird Sauerstoff flüssig, bei −218,9 °C fest. Sauerstoff ist das häufigste Element in der Erdrinde.

Was versteht man unter einem Oxid?

Ein Oxid ist die Verbindung eines Elementes mit Sauerstoff, z.B. Aluminiumoxid (Al_2O_3), Kohlendioxid (CO_2), Wasser (H_2O).
Der Vorgang der Oxidbildung heißt Oxidation.

Was ist Ozon und wie entsteht es?

Ozon ist eine chemische Verbindung aus 3 Sauerstoffatomen (O_3).
Es kann durch elektrische Entladungen (z.B. Gewitter, Lichtbogenschweißen) und durch energiereiche Strahlung (natürliches UV-Licht, Höhensonne) entstehen.

Welche Eigenschaften hat Ozon?

Ozon ist ein hellblaues Gas mit intensivem Geruch. Es ist giftig.
Gummiisolationen werden unter Einwirkung von Ozon brüchig.
In der Atmosphäre bildet Ozon eine Schutzschicht gegen energiereiche Strahlen (UV-Strahlen, Höhenstrahlen).

Was versteht man unter Reduktion?

Reduktion ist der Entzug von Sauerstoff aus einer chemischen Verbindung.
Beispiel: Eisenoxid (Fe_2O_3) wird im Hochofen zu Eisen (Fe) reduziert.

Wie wird reiner Sauerstoff aufbewahrt?

Reiner Sauerstoff wird in blauen Stahlflaschen unter einem Druck von etwa 15 MPa (150 bar) aufbewahrt.

Warum dürfen die Armaturen von Sauerstoff-Flaschen niemals eingefettet werden?

Es besteht Explosionsgefahr! Öl und Fett können unter Einwirkung von reinem Sauerstoff explosionsartig verbrennen.

Wie wird reiner Sauerstoff technisch gewonnen?

Sauerstoff wird aus bei tiefen Temperaturen verflüssigter Luft gewonnen. Die flüssige Luft wird erwärmt, dabei entweicht bei −196 °C der Stickstoff (fraktionierte Destillation). Der zurückbleibende Sauerstoff wird in Stahlflaschen gefüllt.
Reiner Sauerstoff kann auch durch Elektrolyse von Wasser gewonnen werden; dieses Verfahren ist aber energiezehrend und teuer.

Welches sind die wichtigsten Eigenschaften von Wasserstoff?

Wasserstoff ist das leichteste aller Gase. Es ist farb-, geruch- und geschmacklos und verbrennt mit sehr heißer Flamme.
Bei der Verbrennung entsteht Wasser; schädliche Verbrennungsrückstände wie sie bei der Verbrennung von Kohle, Öl, Holz usw. entstehen, lassen sich praktisch ausschließen. Der Wasserstoff hat deswegen für die künftige Energieversorgung sehr große Bedeutung.

Wie wird reiner Wasserstoff aufbewahrt?

Reiner Wasserstoff wird in roten Stahlflaschen unter einem Druck von etwa 15 MPa (150 bar) aufbewahrt.
In wasserstoffgetriebenen Fahrzeugen wird der Wasserstoff an Metalle angelagert.

In welchen 2 Arten (Modifikationen) kommt Kohlenstoff vor?

Kohlenstoff kommt in den Modifikationen Graphit und Diamant vor.

Wie unterscheiden sich Graphit und Diamant?

Graphit und Diamant unterscheiden sich durch ihre Kristallstruktur.
Graphit ist reiner Kohlenstoff, bei dem die Kohlenstoffatome 6eckige Kristalle (ähnlich Bienenwaben) bilden. Er ist schwarz, weich und hat gute Schmiereigenschaften.
Diamant ist reiner Kohlenstoff, bei dem die Atome würfelförmige Kristalle bilden. Diamant ist der härteste bekannte Stoff.

Nennen Sie technische Anwendungen für Graphit und Diamanten!

Graphit wird für Elektroden, Kohlebürsten, Stromabnehmer, Bleistiftminen und als Schmiermittel verwendet.
Diamanten werden wegen ihrer Härte für Bohrer, Glasschneider, Drahtzieh-Ösen, als Schleifmittel, als Abtastspitzen für Tonabnehmer und für Lager bei Präzisionsmeßgeräten und Uhren verwendet.

Nennen Sie Eigenschaften von Kohlenmonoxid und Kohlendioxid!

Kohlenmonoxid (CO) ist ein farb- und geruchloses Gas; es verbrennt mit blauer Flamme. CO ist ein sehr starkes Gift, das bereits in kleinen Mengen tödlich wirken kann.
Kohlendioxid (CO_2) ist ein farb-, geruch- und geschmackloses Gas; es ist nicht brennbar. CO_2 ist zwar nicht giftig, durch Sauerstoffmangel besteht jedoch Erstickungsgefahr. Die Anreicherung von CO_2 in der Atmosphäre führt möglicherweise zu einer weltweiten Temperaturerhöhung (Treibhauseffekt). Kohlendioxid für technische Zwecke ist in grauen Stahlflaschen im Handel.

Nennen Sie wichtige anorganische Säuren und ihre Eigenschaften!

Wichtige anorganische Säuren sind z.B. Salzsäure (HCl), Schwefelsäure (H_2SO_4) und Salpetersäure (HNO_3).
Säuren wirken ätzend, lösen unedle Metalle und färben Lackmus rot.
Verdünnte Säuren sind Elektrolyte; sie leiten den elektrischen Strom.

Nennen Sie wichtige Laugen und ihre Eigenschaften!

Wichtige Laugen sind Natronlauge (NaOH) und Kalilauge (KOH).
Laugen wirken ätzend, fühlen sich seifig an und färben Lackmus blau.
Sie sind Elektrolyte und leiten den elektrischen Strom.

Worauf beruht die elektrische Leitfähigkeit von Laugen und verdünnten Säuren?

Laugen und verdünnte Säuren enthalten frei bewegliche Ionen. Durch Anlegen von elektrischer Spannung wandern die positiven Ionen zum negativen Pol, die negativen Ionen zum positiven Pol.
Hinweis: Metalle (Elektronenleitung) nennt man auch Leiter erster Art, Elektrolyte (Ionenleitung) nennt man Leiter zweiter Art.

10.3 Eisen und Stahl

Welches sind die wichtigsten Stufen bei der Gewinnung von Metallen?

Die Gewinnung der Metalle geschieht in 3 Stufen:
1. Aufbereitung (Reinigung, Zerkleinern) des Erzes
2. Reduktion des Erzes
3. Reinigung (Raffination) des Rohmetalls.

Meist werden die reinen Metalle noch mit anderen Metallen legiert.

Welche Aufgabe hat der Hochofen bei der Stahlgewinnung?

Im Hochofen wird das Eisenerz (Fe_2O_3, Fe_3O_4) zu Roheisen reduziert. Roheisen ist stark mit C, Si, Mn, P, S verunreinigtes Eisen. Es ist hart, spröde, von geringer Zugfestigkeit und deshalb in dieser Form für technische Zwecke nicht verwendbar.

Wie wird aus Roheisen technisch verwendbarer Stahl gewonnen?

Die Stahlgewinnung erfolgt prinzipiell durch Verbrennen der unerwünschten Eisenbegleiter (C, Si, Mn, S, P) im Roheisen. Insbesondere muß der Kohlenstoffgehalt auf maximal 1,7% gesenkt werden.
Das Verbrennen der Eisenbegleiter erfolgt z.B. durch das Sauerstoff-Blasverfahren. Dabei wird in einem gekühlten Rohr Sauerstoff auf die Schmelze geblasen. Nach etwa 15 Minuten ist der Blasvorgang beendet.

Definieren Sie den Begriff Stahl!

Stahl ist nach DIN jedes ohne Nachbehandlung schmiedbare Eisen.
Vom Gußeisen unterscheidet sich Stahl vor allem durch seinen Kohlenstoff-Gehalt (Stahl 0,05% bis 1,7%, Gußeisen 2,4% bis 4%).

Nennen Sie den Unterschied zwischen Werkzeugstahl und Baustahl!

Werkzeugstahl ist Stahl mit einem C-Gehalt von 0,5% bis 1,7%; durch den Kohlenstoff wird der Stahl härtbar und als Werkzeug verwendbar.

Baustahl hat einen Kohlenstoffgehalt unter 0,5% und kann deshalb nicht gehärtet werden; durch Legieren mit anderen Metallen (z.B. Cr, Ni, Mo) können aber Festigkeit, Rostbeständigkeit und andere Eigenschaften wesentlich verbessert werden.

Warum werden Stähle üblicherweise legiert?

Mit dem Legieren von Stählen kann man verschiedene Eigenschaften des Stahles verbessern, z.B.:
Chrom erhöht Festigkeit, Härte, Korrosionsfestigkeit,
Vanadium erhöht Zähigkeit, Festigkeit, Härte.

Wie können Werkzeugstähle gehärtet werden?

Stähle mit mehr als 0,5% Kohlenstoff-Gehalt können durch eine Wärmebehandlung gehärtet werden. Das Härten erfolgt in 3 Stufen:

1. Erwärmen auf 750 °C bis 900 °C, je nach Stahlsorte
2. Abschrecken (schnelles Abkühlen) mit Wasser, Öl oder in Luft
3. Anlassen (kurzzeitiges Erwärmen) auf 250 °C bis 300 °C.

Welche Eigenschaften haben oberflächengehärtete Stähle?

Oberflächengehärtete Stähle haben eine harte, verschleißfeste Oberfläche, aber einen relativ weichen, zähen Kern.
Das Oberflächenhärten wird z.B. bei Wellen, Kurbelwellen, Zahnrädern, Nockenwellen angewendet.

Erklären Sie die genormten Stahlbezeichnungen St 42 und Fe 360!

Nach DIN 17006
bezeichnet St 42 einen Baustahl mit etwa 420 N/mm^2 Zugfestigkeit.

Nach EURONORM
bezeichnet Fe 360 einen Baustahl mit etwa 360 N/mm^2 Zugfestigkeit.

Welche Elemente haben die Multiplikation 4, 10, 100?

Multiplikator 4: Cr, Ni, Co, W, Mn, Si
Multiplikator 10: Al, Cu, Mo, Ta, Ti, V, (Merkwort: Alcumotativ).
Multiplikator 100: C, N, P, S (Merkwort: PS).

Erklären Sie die Bezeichnungen X 10 CrAl 7 und X 120 WCrV 7 4!

Die Bezeichnungen bestimmen einen hochlegierten Stahl. Das vorangestellte X besagt: die Multiplikatoren für alle Legierungsbestandteile sind 1, mit Ausnahme von C, das den Multiplikator 100 hat.

X 10 CrAl 7 bedeutet: Hochlegierter Baustahl mit 0,1% Kohlenstoff, 7% Chrom und geringen Mengen Aluminium.

X 120 WCrV 7 4 bedeutet:
Hochlegierter Werkzeugstahl mit 1,2% Kohlenstoff, 7% Wolfram, 4% Chrom und geringen Mengen Vanadium.

10.4 Leiter- und Widerstandswerkstoffe

Nennen Sie die beiden wichtigsten elektrischen Leiterwerkstoffe und ihre wesentlichen Eigenschaften!

Die beiden wichtigsten Leiterwerkstoffe sind Kupfer und Aluminium.

	Leitfähigkeit	Dichte	Schmelzpunkt	Preis
Kupfer	$56 \frac{m}{\Omega \cdot mm^2}$	8,9 g/cm^3	1085 °C	ca. 4 DM/kg
Aluminium	$36 \frac{m}{\Omega \cdot mm^2}$	2,7 g/cm^3	658 °C	ca. 3 DM/kg

Nennen Sie die Einsatzgebiete von Kupfer und Aluminium in der Elektrotechnik!

Kupfer wird eingesetzt, wenn hohe Leitfähigkeit bei guter mechanischer Festigkeit verlangt wird und das Gewicht von untergeordneter Bedeutung ist, z.B. bei Wicklungen für Relais, Motoren, Transformatoren sowie für Leitungen und Kabel mit kleinem Querschnitt.
Aluminium wird eingesetzt, wenn gute Leitfähigkeit und möglichst geringes Gewicht verlangt wird, z.B. im Freileitungsbau.
In den Fällen, in denen Kupfer und Aluminium gleich gut geeignet ist, z.B. bei Erdkabeln, entscheidet der Preis.

Was erreicht man durch Legieren eines Metalls?

Durch Legieren lassen sich verschiedene Eigenschaften des Grundmetalls verbessern, z.B. Zugfestigkeit, Härte, Abriebfestigkeit und Korrosionsfestigkeit; die elektrische Leitfähigkeit nimmt aber ab.

Was sind *niedriglegierte* Cu-Legierungen und wofür werden sie eingesetzt?

Niedriglegierte Kupferlegierungen enthalten höchstens 5% Legierungsbestandteile, z.B. Silber, Kadmium, Tellur, Kobalt und Beryllium.
Sie haben ähnlich hohe elektrische Leitfähigkeit wie reines Kupfer, aber bessere mechanische Eigenschaften.
Diese Legierungen werden z.B. für stromführende Kontakte und Federn, Stromwenderlamellen und Oberleitungen elektrischer Bahnen eingesetzt.

Welche allgemeinen Anforderungen müssen Widerstandswerkstoffe erfüllen?

Widerstandswerkstoffe sollen einen hohen spezifischen Widerstand, einen kleinen Temperaturbeiwert α, einen hohen Schmelzpunkt, gute chemische Beständigkeit und eine geringe Längenausdehnung bei Erwärmung haben. Sie sollen sich gut löten, schweißen und mechanisch bearbeiten lassen. Für Präzisionswiderstände wird außerdem geringe Alterung (hohe Zeitkonstanz) und eine möglichst kleine Thermospannung gegen Kupfer gefordert.

Nennen Sie häufig verwendete Widerstandslegierungen!

Widerstandslegierungen bestehen meist aus Kupfer, Nickel und Mangan.
Besonders bekannt sind:
CuNi 44 (Kupfer 56%, Nickel 44%, Handelsname: Konstantan)
CuNi 20 Mn 10 (Cu 70%, Ni 20%, Mn 10%, Handelsname: Isabellin)
CuNi 30 Mn (Cu etwa 70%, Ni 30%, wenig Mn, Handelsname: Nickelin).

Welchen spezifischen Widerstand haben CuNi-Widerstandslegierungen?

Die üblichen CuNi-Widerstandslegierungen haben einen spezifischen Widerstand von 0,4 Ω mm^2/m bis 0,5 Ω mm^2/m.
Der spezifische Widerstand dieser Werkstoffe ist damit etwa 25 mal größer als der spezifische Widerstand von reinem Kupfer.

Welche besonderen Eigenschaften müssen Heizleiter besitzen?

Heizleiter müssen einen hohen spezifischen Widerstand besitzen und auch bei Temperaturen über 1000 °C gute mechanische Festigkeit haben.

Woraus bestehen die üblichen Heizleiter?

Übliche Heizleiter bestehen aus Eisen-Nickel-Chrom-Legierungen, z.B.: NiCr 60 15 (60% Nickel, 15% Chrom, Rest Eisen).

Was sind Silitstäbe und wofür werden sie verwendet?

Silitstäbe sind Heizleiter aus Siliziumkarbid (SiC). Sie haben einen relativ hohen spezifischen Widerstand. Die Heizstäbe lassen sich deshalb mit großem Querschnitt und geringer Baulänge herstellen.
Silitstäbe lassen sich gut für Heizstäbe mit Temperaturen bis 1500 °C einsetzen.

10.5 Kontaktwerkstoffe, Thermobimetalle

Welche allgemeinen Forderungen müssen Kontaktwerkstoffe erfüllen?

Von Kontaktwerkstoffen wird gefordert:
Gute elektrische Leitfähigkeit, geringer Übergangswiderstand (keine Oxidationsschicht), gute mechanische Eigenschaften (Härte, Zähigkeit), gute Wärmeleitfähigkeit, geringe Neigung zu Materialwanderung und Abbrand im Lichtbogen sowie geringe Neigung zum Kleben und Zusammenschweißen (hoher Schmelzpunkt).

Welche 3 Kontaktarten gibt es in der Elektrotechnik?

Man unterscheidet:
Ruhende Kontakte, z.B. Stecker-Buchse, Draht-Klemme
Schleifende Kontakte, z.B. Stromabnehmer-Fahrdraht
Druck-Kontakte, z.B. Schließer und Öffner von Relais und Schützen.

Welche reinen Metalle eignen sich als Kontaktwerkstoffe?

Als Kontaktwerkstoffe eignen sich alle Edelmetalle (Silber, Gold, Platin, Palladium) sowie Quecksilber, Wolfram und Molybdän.
Da Edelmetalle sehr teuer sind, wird das Grundmetall (z.B. Kupfer) meist nur mit einer dünnen Edelmetallschicht überzogen.

Nennen Sie die wichtigsten Eigenschaften von Silber!

Silber hat von allen Stoffen die höchste elektrische Leitfähigkeit; sie beträgt etwa $\gamma = 62\ \text{m}/\Omega\ \text{mm}^2$). Es ist sehr weich, kann gut mechanisch bearbeitet und gelötet werden.
An Luft bildet sich eine elektrisch leitende Oxidschicht, Schwefel erzeugt einen schwarzen, nichtleitenden Silbersulfid-Überzug.

Nennen Sie Verwendungsbeispiele für Wolfram!

Wolfram wird wegen seines hohen Schmelzpunktes (etwa 3400 °C) für abbrandfeste Kontakte in Leistungsschaltern verwendet. Weiterhin dient es für Glühlampenwendeln, Elektroden in Lichtbogenöfen, Leuchtstofflampen und Röntgenröhren sowie als Legierungszusatz für wärmebeständige Stähle.

Nennen Sie wichtige Eigenschaften und Anwendungsbeispiele von Quecksilber!

Quecksilber ist das einzige Metall, das bei Normaltemperatur (20 °C) flüssig ist (Schmelzpunkt −39 °C). Es bildet mit vielen Metallen, auch mit Edelmetallen, eine Legierung, das sogenannte Amalgam. Quecksilber hat eine große Dichte ($\varrho = 13{,}6\ g/cm^3$), die Leitfähigkeit beträgt $1{,}04\ m/\Omega mm^2$.
Quecksilber wird als Kontaktwerkstoff in Schaltwippen und Subminiaturschaltern eingesetzt; weiterhin ist es in Leuchtstofflampen, Hg-Hochdrucklampen, Knopfzellen und Thermometern enthalten.
Quecksilberdämpfe sind sehr giftig. Betriebsmittel, die Quecksilber enthalten, müssen deshalb umweltschonend entsorgt werden.

Nennen Sie wichtige Eigenschaften von Kohle (Graphit)!

Kohle hat einen spezifischen Widerstand von 6 bis 30 $\Omega mm^2/m$, je nach Zusammensetztung; der Temperaturbeiwert ist negativ (NTC-Widerstand). Sie ist spröde, hat aber gute Schmier- und Gleiteigenschaften. Kohle hat von allen Elementen den höchsten Schmelzpunkt (ca. 3700 °C), geht aber bei niedrigem Druck direkt in die Dampfform über (Sublimation).

Nennen Sie elektrotechnische Anwendungsbeispiele von Kohle!

Kohle wird vor allem für Schleifkontakte bei elektrischen Maschinen, Stromabnehmer für Elektrofahrzeuge und für verschiedene Elektroden verwendet. Als Bürsten für Stromwendermotoren werden auch metallhaltige Kohlen (Graphit + Silber, Kupfer, Bronze) eingesetzt.
Kohle dient weiterhin als Widerstandsmaterial bei Schichtwiderständen und in Form von Kohlekörnern als druckabhängiger Widerstand in Kohlemikrofonen.

Beschreiben Sie Aufbau und Wirkungsweise von Thermobimetallen!

Thermobimetalle bestehen meist aus 2 aufeinandergewalzten (plattierten) Blechen mit unterschiedlicher Wärmeausdehnung. Das Metall mit dem größeren Wärmeausdehnungskoeffizienten heißt aktive Komponente, das andere passive Komponente.
Wird das Bimetall erwärmt, so dehnt sich die aktive Komponente stärker als die passive; das Bimetall krümmt sich in Richtung der passiven Komponente. Die Bewegung kann zum Auslösen von Schaltvorgängen, zum Messen von Temperaturen und dergleichen verwendet werden.

10.6 Magnetwerkstoffe

Welche Metalle lassen sich magnetisieren?

Die Metalle Eisen (Fe), Nickel (Ni) und Kobalt (Co) sind magnetisierbar. Diese Stoffe sind *ferromagnetisch*.

Worauf beruht die Magnetisierbarkeit ferromagnetischer Stoffe?

Ferromagnetische Stoffe enthalten sogenannte Elementarmagnete (Weißsche Bezirke).
Durch Anlegen eines magnetischen Feldes werden die Elementarmagnete ausgerichtet; sie verstärken dadurch das magnetische Feld.

Aus welcher Kennlinie werden die Eigenschaften eines Magnetwerkstoffes entnommen?

Die magnetischen Eigenschaften eines Werkstoffes werden aus seiner Ummagnetisierungskennlinie (Hystereseschleife) entnommen.
Die wichtigsten Werte sind dabei die Koerzitivfeldstärke H_c und die Remanenz B_r.

Aus welchen Verlusten setzen sich die Eisenverluste zusammen?

Die Eisenverluste bestehen aus den Ummagnetisierungsverlusten und den Wirbelstromverlusten.

Erklären Sie den charakteristischen Unterschied zwischen weichmagnetischen und hartmagnetischen Werkstoffen!

Weichmagnetische Werkstoffe haben eine möglichst kleine Koerzitivfeldstärke ($H_c < 12$ A/cm); die Hystereseschleife ist sehr schmal. Sie lassen sich leicht magnetisieren und entmagnetisieren.

Hartmagnetische Werkstoffe haben eine möglichst große Koerzitivfeldstärke ($H_c = 250$ A/cm bis 20 000 A/cm). Sie lassen sich nur schwer magnetisieren und entmagnetisieren.

Nennen Sie häufig verwendete weichmagnetische Werkstoffe!

Häufig verwendet werden: reines Eisen mit möglichst geringem C-Gehalt sowie Legierungen aus Fe-Si, Fe-Ni, Fe-Co, Fe-Al.
In der HF-Technik werden meist weichmagnetische Ferrite eingesetzt.

Nennen Sie häufig verwendete hartmagnetische Werkstoffe!

Häufig verwendet werden Legierungen aus Fe-Al-Ni, Fe-Al-Ni-Co, Fe-Co-V sowie hartmagnetische Ferrite.
Die höchste Koerzitivfeldstärke erreicht man mit Legierungen aus Kobalt und seltenen Erden (Samarium, Yttrium, Cer).

Was sind Elektrobleche und wozu werden sie verwendet?

Elektrobleche sind Bleche aus kohlenstoffarmem Stahl mit einem Legierungsanteil von etwa 1 bis 4% Silizium; die Blechdicke beträgt meist 0,35 oder 0,5 mm.
Elektrobleche benutzt man als Kernwerkstoff für Transformatoren, Meßwandler, Motoren, Generatoren, Schütz-, Relais- und Drosselspulen.

Welche Wirkung hat das Zulegieren von Silizium in Elektroblechen?

Durch Legieren mit Silizium steigt der ohmsche Widerstand von Eisen. Dadurch werden die Wirbelströme und die Eisenverluste verringert. Übersteigt der Si-Anteil 3% bis 4%, so wird der Werkstoff hart, spröde und schlecht stanzbar.

Was erreicht man durch Kaltwalzen von Elektroblechen?

Durch Kaltwalzen der Elektrobleche erreicht man:

1. Das Kristallgefüge wird in Walzrichtung ausgerichtet (kornorientierte Bleche, Texturbleche). In dieser Vorzugsrichtung erzielt man eine höhere magnetische Flußdichte (bis etwa 1,6 T).
2. Durch Kaltwalzen erhalten die Bleche eine sehr glatte Oberfläche; dadurch erzielt man einen hohen Füllfaktor ($> 0{,}95$).

Wozu werden Bleche aus Fe-Ni-Legierungen verwendet?

Bleche aus Fe-Ni-Legierungen eignen sich wegen ihrer kleinen Ummagnetisierungsverluste (schmale Hysteresekurve) als Kernwerkstoff für empfindliche Relais, Magnetverstärker, Übertrager, Meßwandler und für magnetische Abschirmungen.

Wozu werden weichmagnetische Ferrite verwendet?

Weichmagnetische Ferrite werden in der HF-Technik für Ferrit-Antennen, Magnetköpfe, Spulenkerne und Übertragerkerne verwendet.
Ferrite haben einen hohen spezifischen Widerstand und damit auch bei Hochfrequenz praktisch keine Wirbelstromverluste.
Für die Energietechnik haben sie wegen ihrer geringen magnetischen Sättigung ($B < 0{,}3$ T) keine Bedeutung.

10.7 Isolierstoffe

Welche Anforderungen müssen elektrische Isolierstoffe erfüllen?

Isolierstoffe müssen einen hohen Innenwiderstand, einen hohen Oberflächenwiderstand und eine große Durchschlagfestigkeit besitzen.
Sie sollen nicht brennbar, chemisch und thermisch beständig, nicht hygroskopisch und mechanisch fest sein. Die dielektrischen Verluste ($\tan\delta$) sollen klein, die Dielektrizitätskonstante ε_r je nach Verwendungszweck klein (bei Kabeln) oder groß (bei Kondensatoren) sein.

Was versteht man unter der Durchschlagfestigkeit eines Isolators?

Die Durchschlagfestigkeit E_d gibt die zulässige elektrische Beanspruchung (Feldstärke) eines Isolators an, z.B.:
Luft: E_d = 2 kV/mm, Gießharz: E_d = 50 kV/mm, Glimmer: E_d = 60 kV/mm.

Welche Information liefert die Isolierstoffklasse von Isolierstoffen?

Die Isolierstoffklasse gibt die zulässige Dauertemperatur des Werkstoffes an. Die Einteilung erfolgt in 7 Klassen:
Klasse Y bis 90 °C, Klasse A bis 105 °C, Klasse E bis 120 °C, Klasse B bis 130 °C, Klasse F bis 155 °C, Klasse H bis 180 °C und Klasse C über 180 °C.

Nennen Sie 3 anorganische Isolierstoffe, ihre wichtigsten Eigenschaften und einige Anwendungsgebiete!

Wichtige anorganische Isolierstoffe sind Keramik, Glimmer und Glas.
Sie zeichnen sich durch große Temperaturbeständigkeit (Klasse C) und gute elektrische Eigenschaften aus.

Keramik ist ein Sammelbegriff für gebrannte Tonwaren. Keramikteile haben hohe mechanische Festigkeit. Sie werden für Hoch- und Niederspannungsisolatoren, Träger für Widerstände und Heizwendeln, Klemmleisten, Sicherungen und Steckdosen eingesetzt.

Glimmer ist ein klares, in dünne Platten spaltbares Mineral.
Es dient als Isolation bei elektrischen Maschinen (Stromwender), Wärmegeräten und Leistungstransistoren (gegen den Kühlkörper), sowie als Dielektrikum von HF-Kondensatoren.

Glas ist eine durchsichtige, harte, spröde, erstarrte Schmelze, die bei etwa 700 °C leitfähig wird. Es wird für Isolatoren, Lampen- und Röhrenkolben, Instrumentenabdeckungen, Lichtleiter (Glasfaserkabel) eingesetzt. In Form von Geweben wird es als verstärkendes Füllmaterial für Kunstharze verwendet.

Der Werkstoff Asbest soll wegen seiner krebserzeugenden Wirkung nicht mehr verwendet werden.

Nennen Sie 3 organische Isolierstoffe und ihre Einsatzgebiete!

Organische Isolierstoffe sind z.B. Papier, Textilien und Gummi.

Papier wird zur Kabel- und Wicklungsisolation, als Dielektrikum für Kondensatoren und als Preßspan zum Auskleiden von Ständer- und Läufernuten benützt. Das Papier wird meist mit Lack getränkt.

Textilien (Jute, Leinen, Baumwolle, Seide) werden zum Umspinnen von Drähten und als Bandagen verwendet. Die Textilien werden mit Tränklack getränkt.

Gummi wird zum Isolieren von beweglichen Leitungen verwendet; je nach Anforderung wird Naturgummi oder Synthesekautschuk (Buna) bevorzugt.

Erklären Sie den Unterschied zwischen Thermoplasten und Duroplasten!

Thermoplaste bestehen aus Fadenmolekülen (Makromolekülen), die untereinander nicht oder nur wenig vernetzt sind. Sie werden beim Erwärmen über 100 °C weich und formbar.

Duroplaste bestehen aus Fadenmolekülen, die untereinander chemisch verbunden (vernetzt) sind. Dadurch bleibt der Stoff auch bei Erwärmung hart und fest.

Nennen Sie 4 häufig verwendete Thermoplaste!

Häufig verwendete Thermoplaste sind:
PVC (Polyvinylchlorid) für Leitungs- und Kabelisolationen
PE (Polyethylen) für Isolationen der HF- und Hochspannungstechnik
PA (Polyamid) für mechanisch feste Gehäuse, Steckvorrichtungen
PTFE (Polytetrafluorethylen) für hitzbeständige Isolationen
PS (Polystyrol) für billige Kleinteile, HF-Spulenkörper, geschäumt als Dämmstoff und Verpackungsmaterial (Handelsname: Styropor).

Nennen Sie 5 häufig verwendete Duroplaste!

Häufig verwendete Duroplaste sind:
PF (Phenolharz) für Leiterplatten, Spulenkörper, Klemmbretter
EP (Epoxidharz) als Gießharz für Wicklungen und Kabelmuffen
UP (ungesättigtes Polyesterharz) als Gießharz, insbesondere verstärkt mit Glasfasergeweben
PUR (Polyurethanharz) als Gießharz, Klebstoff und zum Ausschäumen (z.B. Wärmeisolation von Kühlschränken)
SI (Silikonharz) Gießharz für Wicklungen , bis etwa 300 °C belastbar.

10.8 Korrosion, Korrosionsschutz

Was versteht man unter Korrosion?

Korrosion ist die allmähliche Zerstörung von Werkstoffen durch chemische oder elektrochemische Einflüsse. Sie beginnt an der Oberfläche des Werkstücks und kann es vollständig zerstören.

Durch Korrosion entstehen allein in der Bundesrepublik jährlich Schäden in Milliardenhöhe. Korrosionsschutz gehört deshalb zu den dringlichen volkswirtschaftlichen Aufgaben.
Hinweis: Zerstörung durch mechanische Einflüsse heißt Erosion, durch strömende Flüssigkeiten Kavitation.

Erklären Sie das Prinzip der Kontaktkorrosion!

Kontaktkorrosion ist eine elektrochemische Korrosion. Sie entsteht, wenn 2 verschiedene elektrische Leiter (meist 2 Metalle) direkten Kontakt haben und gemeinsam von einem Elektrolyt benetzt werden. Dabei ensteht ein galvanisches Element. Das unedlere Metall bildet den Minus-Pol; es wird zerstört.

Beispiel: Kupfer-Aluminium-Element

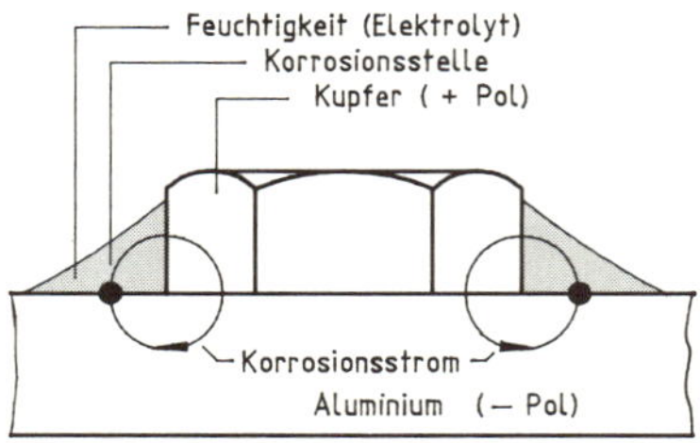

Nennen Sie die prinzipiellen Möglichkeiten um Metalle vor Korrosion zu schützen!

Korrosionsschutz ist möglich durch:

1. Metallische Überzüge
2. Lack- oder Kunststoffüberzüge
3. Einfetten, Einölen
4. Katodische Verfahren

Durch Schutzüberzüge wird verhindert, daß sich korrosionsfördernde Stoffe wie Elektrolyte, Sauerstoff, Industrieabgase an der Metalloberfläche festsetzen.
Durch katodische Schutzverfahren wird die Korrosion nicht verhindert, sondern auf eine *Opferanode* verlagert.

Welche Folgen hinsichtlich Korrosion sind zu erwarten, wenn bei einem verzinkten Bandstahl Risse in der Zink-Schicht auftreten?

Treten im metallischen Schutzüberzug Risse auf, so bilden sich bei Zutritt von Feuchtigkeit galvanische Elemente.
Da Zink das unedlere Metall ist, wird das Zink zerstört, das Grundmetall Eisen ist geschützt.

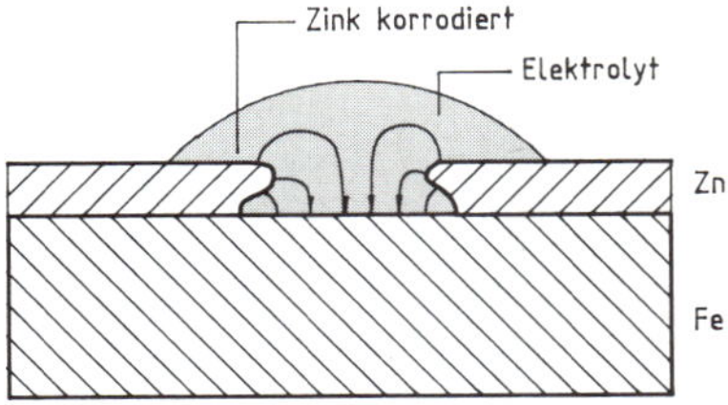

Erklären Sie die Wirkungsweise des katodischen Korrosionsschutzes!

Beim katodischen Korrosionsschutz werden die Korrosionsströme durch einen Gegenstrom kompensiert.
Der erforderliche Gegenstrom kann durch unedle Elektroden (Zink, Magnesium) oder eine zusätzliche Gleichspannungsquelle erzeugt werden.
Die Elektrode, die dabei allmählich zerstört wird, heißt *Opferanode*.

Beispiel: Schutz von Wasserspeichern

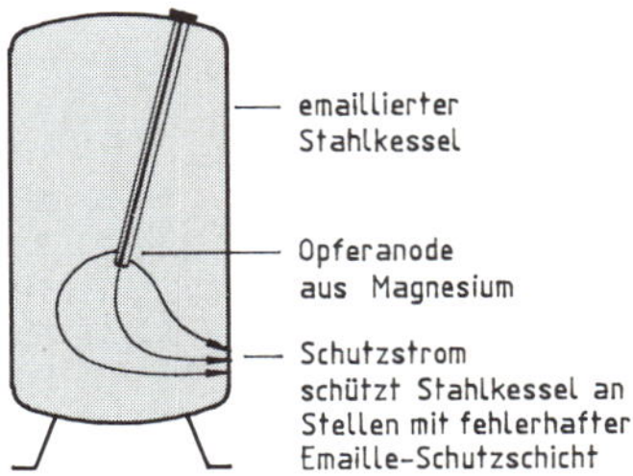

Wie kann Kontaktkorrosion beim Übergang von Kupfer- auf Aluminiumleitungen verhindert werden?

Kupfer- und Aluminiumleitungen werden zur Vermeidung von Kontaktkorrosion nicht direkt, sondern über spezielle Übergangsklemmen verbunden.
Handelsname:
Z.B. Cupal-Klemme

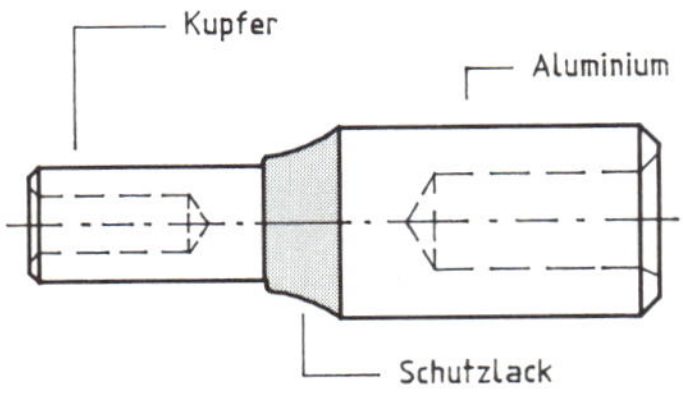

Sachwortverzeichnis